Jander • Blasius … ie

10	11	12	13	14	15	16	17	18

- Metalle
- Halbmetalle
- Nichtmetalle
- Edelgase

	18
	…02
	2,20 −272,2
	0,1785 −268,93
	2 **He** Helium

	13	14	15	16	17	18
	10,811	12,011	14,00674	15,9994	18,9984032	20,1797
	[He] $2s^2\,2p^1$	[He] $2s^2\,2p^2$	[He] $2s^2\,2p^3$	[He] $2s^2\,2p^4$	[He] $2s^2\,2p^5$	[He] $2s^2\,2p^6$
	3	−4, 2, 4	−3, 1, 2, 3, 4, 5	−2, −1	−1	
				+1,229 (4)	+2,87 (1)	
	2,04 2075	2,55 3642 (Subl.)	3,04 −210,01	3,44 −218,79	4,00 −219,62	−248,59
	2,460 3927	3,51	1,25 −195,81	1,429 −182,95	1,6965 −188,12	0,90 −246,08
	5 **B** Bor	6 **C** Kohlenstoff	7 **N** Stickstoff	8 **O** Sauerstoff	9 **F** Fluor	10 **Ne** Neon

	13	14	15	16	17	18
	26,981539	28,0855	30,973762	32,066	35,4527	39,948
	[Ne] $3s^2\,3p^1$	[Ne] $3s^2\,3p^2$	[Ne] $3s^2\,3p^3$	[Ne] $3s^2\,3p^4$	[Ne] $3s^2\,3p^5$	[Ne] $3s^2\,3p^6$
	3	−4, (2), 4	−3, 1, 3, 5	−1, −2, 2, 4, 6	−1, 1, 3, 5, 7	
	−1,662 (3)			−0,48 (2)	+1,358 (1)	
	1,61 660,32	1,90 1410	2,19 44,1	2,58 115,21	3,16 −101,50	−189,3
	2,70 2519	2,336 2355	1,82 281	2,07 444,62	2,90 −34,04	1,784 −185,8
	13 **Al** Aluminium	14 **Si** Silicium	15 **P** Phosphor	16 **S** Schwefel	17 **Cl** Chlor	18 **Ar** Argon

10	11	12	13	14	15	16	17	18
34	63,546	65,39	69,723	72,61	74,92159	78,96	79,904	83,798
$4s^2$	[Ar] $3d^{10}\,4s^1$	[Ar] $3d^{10}\,4s^2$	[Ar] $3d^{10}\,4s^2\,4p^1$	[Ar] $3d^{10}\,4s^2\,4p^2$	[Ar] $3d^{10}\,4s^2\,4p^3$	[Ar] $3d^{10}\,4s^2\,4p^4$	[Ar] $3d^{10}\,4s^2\,4p^5$	[Ar] $3d^{10}\,4s^2\,4p^6$
	1, 2	2	(−1), (−2), 3	2, 4	−3, 3, 5	−2, 4, 6	−1, 1, 3, 5, 7	2
(2)	+0,3419 (2)	−0,7618 (2)	−0,549 (3)	−0,150 (4)	+0,560 (3)	−0,924 (2)	+1,065 (1)	
1455	1,90 1084,62	1,65 419,53	1,81 29,77	2,01 938,25	2,18 817 (36 bar)	2,55 220,5	2,96 −7,25	3,00 −157,36
2913	8,92 2962	7,14 907	5,904 2204	5,323 2833	5,72 603 (Subl.)	4,819 684,9	3,12 58,8	3,7491 −153,22
Ni Nickel	29 **Cu** Kupfer	30 **Zn** Zink	31 **Ga** Gallium	32 **Ge** Germanium	33 **As** Arsen	34 **Se** Selen	35 **Br** Brom	36 **Kr** Krypton

10	11	12	13	14	15	16	17	18
2	107,8682	112,411	114,818	118,710	121,757	127,60	126,90447	131,293
$^{10}\,5s^0$	[Kr] $4d^{10}\,5s^1$	[Kr] $4d^{10}\,5s^2$	[Kr] $4d^{10}\,5s^2\,5p^1$	[Kr] $4d^{10}\,5s^2\,5p^2$	[Kr] $4d^{10}\,5s^2\,5p^3$	[Kr] $4d^{10}\,5s^2\,5p^4$	[Kr] $4d^{10}\,5s^2\,5p^5$	[Kr] $4d^{10}\,5s^2\,5p^6$
	1, 2, 3	2	1, 2, 3	2, 4	−3, 3, 5	−2, 4, 6	−1, 1, 3, 5, 7	2, 4, 6
(2)	+0,7996 (1)	−0,4030 (2)	−0,3382 (3)	−0,1375 (2)	+0,152 (3)	−1,143 (2)	+0,536 (2)	
1554,9	1,93 961,78	1,69 321,07	1,78 156,5985	1,96 231,93	2,05 630,63	2,10 449,51	2,66 113,60	2,60 −111,7
2963	10,49 2162	8,65 767	7,31 2072	7,265 6202	6,697 1587	6,24 988	4,94 184,35	5,8982 −108,0
Pd alladium	47 **Ag** Silber	48 **Cd** Cadmium	49 **In** Indium	50 **Sn** Zinn	51 **Sb** Antimon	52 **Te** Tellur	53 **I** Iod	54 **Xe** Xenon

10	11	12	13	14	15	16	17	18
84	196,96654	200,59	204,3833	207,20	208,98037	209,982	209,9871	222,0176
$^{14}\,5d^9\,6s^1$	[Xe] $4f^{14}\,5d^{10}\,6s^1$	[Xe] $4f^{14}\,5d^{10}\,6s^2$	[Xe] $4f^{14}5d^{10}6s^2 6p^1$	[Xe] $4f^{14}5d^{10}6s^2 6p^2$	[Xe] $4f^{14}5d^{10}6s^2 6p^3$	[Xe] $4f^{14}5d^{10}6s^2 6p^4$	[Xe] $4f^{14}5d^{10}6s^2 6p^5$	[Xe] $4f^{14}5d^{10}6s^2 6p^6$
	−1, 0, 1, 2, 3, 5	1, 2, 4	1, 3	2, 4	3, 5	(−2), 2, 4, 6	−1, 1, 3, 5, 7	2
(2)	+1,498 (3)	+0,8535 (2)	−0,3363 (1)	−0,1262 (2)	+0,317 (3)	+0,37 (2)		
1768,4	2,54 1064,18	2,00 −38,84	1,62 304	2,33 327,5	2,02 271,4	2,00 254	2,20 302	−71,0
3825	19,32 2856	13,5459 356,73	11,85 1473	11,342 1749	9,78 1564	9,196 962		9,73 −61,8
Pt Platin	79 **Au** Gold	80 **Hg** Quecksilber	81 **Tl** Thallium	82 **Pb** Blei	83 **Bi** Bismut	84 **Po** Polonium	85 **At** Astat	86 **Rn** Radon

10	11	12	13	14	15	16	17	18
	283	277	287	289	288	289	291	294
$^{14}\,6d^9\,7s^1$	[Rn] $5f^{14}\,6d^{10}\,7s^1$	[Rn] $5f^{14}\,6d^{10}\,7s^2$	[Rn] $5f^{14}6d^{10}7s^2 7p^1$	[Rn] $5f^{14}6d^{10}7s^2 7p^2$	[Rn] $5f^{14}6d^{10}7s^2 7p^3$	[Rn] $5f^{14}6d^{10}7s^2 7p^4$	[Rn] $5f^{14}6d^{10}7s^2 7p^5$	[Rn] $5f^{14}6d^{10}7s^2 7p^6$
Ds stadtium	111 **Rg** Röntgenium	112 **Cn** Copernicium	113 **Uut** Ununtrium	114 **Uuq** Ununquadium	115 **Uup** Ununpentium	116 **Uuh** Ununhexium	117 **Uus** Ununseptium	118 **Uuo** Ununoctium

5	158,92534	162,50	164,93032	167,26	168,93421	173,04	174,967
$5d^1\,6s^2$	[Xe] $4f^9\,6s^2$	[Xe] $4f^{10}\,6s^2$	[Xe] $4f^{11}\,6s^2$	[Xe] $4f^{12}\,6s^2$	[Xe] $4f^{13}\,6s^2$	[Xe] $4f^{14}\,6s^2$	[Xe] $4f^{14}\,5d^1\,6s^2$
	3, 4	3	3	3	2, 3, 4	2, 3	3
(3)	−2,30 (3)	−2,29 (3)	−2,33 (3)	−2,31 (3)	−2,31 (3)	−2,22 (3)	−2,30 (3)
1312	1356	1,22 1407	1,23 1461	1,24 1529	1,25 1545	824	1,27 1652
3250	8,253 3230	8,559 2567	8,78 2720	9,045 2868	9,318 1950	6,973 1196	9,84 3402
Gd dolinium	65 **Tb** Terbium	66 **Dy** Dysprosium	67 **Ho** Holmium	68 **Er** Erbium	69 **Tm** Thulium	70 **Yb** Ytterbium	71 **Lu** Lutetium

703	247,0703	251,0796	252,0829	257,0915	258,0986	259,1009	260,1053
$^7\,6d^1\,7s^2$	[Rn] $5f^8\,6d^1\,7s^2$	[Rn] $5f^{10}\,7s^2$	[Rn] $5f^{11}\,7s^2$	[Rn] $5f^{12}\,7s^2$	Rn] $5f^{13}\,7s^2$	[Rn] $5f^{14}\,7s^2$	Rn] $5f^{14}\,6d^1\,7s^2$
4	3, 4	3, 4	2, 3, (4)	2, 3	2, 3	2, 3	3
(3)	−1,970 (3)	−2,010 (3)	−1,98 (3)	−1,950 (3)	−1,660 (3)	−1,780 (3)	−2,060 (3)
1340	1,30 986	1,30 900	860				
3110	14,78	15,1	8,84 996				
Cm Curium	97 **Bk** Berkelium	98 **Cf** Californium	99 **Es** Einsteinium	100 **Fm** Fermium	101 **Md** Mendelevium	102 **No** Nobelium	103 **Lr** Lawrencium

Eberhard Schweda

Jander / Blasius
Anorganische Chemie II

Eberhard Schweda

Jander / Blasius Anorganische Chemie II

Quantitative Analyse und Präparate

16., völlig neu bearbeitete Auflage

Mit 117 Abbildungen, 31 Formeln und 67 Tabellen
und Poster „Taschenfalter"

Hirzel

Anschrift des Verfassers

Prof. Dr. Eberhard Schweda
Institut für Anorganische Chemie
Eberhard-Karls-Universität
Auf der Morgenstelle 18
72076 Tübingen

Alle Angaben in diesem Werk wurden sorgfältig geprüft.
Dennoch können Autor und Verlag keine Gewähr für deren Richtigkeit geben.

Bibliografische Information der Deutschen Nationalbibliothek
Die Deutsche Nationalbibliothek verzeichnet diese Publikation in der Deutschen Nationalbibliografie; detaillierte bibliografische Daten sind im Internet über http://dnb.d-nb.de abrufbar.

Die Vorauflagen dieses Buches erschienen unter dem Titel
„Jander/Blasius: Einführung in das anorganisch-chemische Praktikum".

16., völlig neu bearbeitete Auflage
ISBN 978-3-7776-2133-3

Birkenwaldstraße 44, 70191 Stuttgart
www.hirzel.de

Printed in Germany
Layout: deblik, Berlin
Satz: le-tex publishing services GmbH, Leipzig
Druck & Bindung: Kösel, Krugzell
Umschlaggestaltung: deblik, Berlin
Umschlagabbildung: © Pilipipa – Fotolia.com

Vorwort

Für die vorliegende 16. Auflage der bisherigen *„Einführung in das anorganisch-chemische Praktikum"* – quasi zum 60. Jahrestag –, wurde das *„Jander/Blasius"*-Gesamtwerk neu gegliedert, um den sich ständig verändernden Anforderungen im Studium gerecht zu werden. Nach der Umstrukturierung und -gruppierung der Kapitel ergeben sich nun zwei Lehrbücher für die anorganisch-chemischen Grundpraktika: Eines für den qualitativen Teil (*Anorganische Chemie I*) und eines für den quantitativen Teil (*Anorganische Chemie II*) der Ausbildung. Beide Bücher wurden nun auch erstmals in einem neuen, vierfarbigen Layout gedruckt.

Die *„Anorganische Chemie II"* umfasst die Versuche des quantitativen Praktikums, wie sie in den meisten Bachelor-Studiengängen eingebunden sind. Vorangestellt ist ein kurzes Kapitel „Basiswissen – Grundbegriffe", das nochmals die wichtigsten Grundlagen der Säure-Base Theorie, der Redoxchemie und der Komplexchemie auffrischt. Es werden anschließend die Grundlagen der Gravimetrie, der Titration und der elektroanalytischen und optischen Methoden besprochen. Auch werden die quantitative Bestimmung von Gasen sowie die verschiedenen Trennmethoden behandelt.

Im Teil „Präparative Chemie" sind nun die Präparate des *„Blauen Jander"* in einem gesonderten Kapitel zusammengefasst und durch die präparativ anspruchsvolleren Verbindungen (seither *„Roter Jander"*) ergänzt worden.

Abbildungen und Formeln wurden modernisiert und neu gestaltet. Die Auflage wurde ebenfalls nach den in der REACH- und CLP-Verordnung geltenden Kennzeichnungen für Gefahrstoffe aktualisiert. Für weiterführende Tabellenwerke, etwa der H- und P-Sätze zur Gefahrstoffkennzeichnung, sind Internet-Quellen angegeben. Für die „Erste Hilfe bei Unfällen" sei auf die in jedem Praktikum ausliegenden Poster und Schriftsätze der Unfallversicherer hingewiesen.

Sehr herzlich danke ich den Lesern für Hinweise auf Fehler und Unstimmigkeiten, die mich nach dem Erscheinen der 15. Auflage erreicht haben. Mein spezieller Dank gilt posthum Herrn Prof. Dr. Dr. Joachim Strähle, der dieses Lehrbuch 20 Jahre mit Begeisterung begleitet hat. Ihm war es immer wichtig, den Studierenden die Lehrinhalte in einem größeren Zusammenhang zu erschließen.

Der Dank für die Bearbeitung dieser Auflage gilt auch Frau Dr. Gabriele Lauser für die Modernisierung der Sprache und die notwendigen Korrekturen sowie meiner Frau, Dr. Susanne Dieterich für die Neuanfertigung der Formelzeichnungen. Extra erwähnt werden muss die vorbildliche Zusammenarbeit mit dem Verlag, insbesondere mit Herrn Dr. Tim Kersebohm, der zur Neugliederung ermutigte und für Satz und Druck die notwendigen Voraussetzungen schuf, damit das nun mehrfarbig gedruckte Werk in seiner neuen, klaren Gliederung ein hilfreicher Begleiter für Studenten durch die verschiedenen naturwissenschaftlichen Bachelor- und Diplom-Studiengänge ist.

Tübingen, im Herbst 2011 | Eberhard Schweda

Zur Geschichte des „Jander/Blasius"

Die Erstauflagen beider Lehrbücher unter diesem Namen wurden von Prof. Dr. Gerhart Jander und Dr. Hildegard Wendt herausgegeben.

Die „*Einführung in das anorganisch-chemische Praktikum*" (1949) war von den Autoren vor allem für die praktische Ausbildung der Studenten des Lehramts mit Chemie als Haupt- oder Nebenfach sowie für Studenten naturwissenschaftlicher Fächer konzipiert. Sie umfasste von Anfang an neben einigen theoretischen Grundlagen die qualitative und die quantitative Analyse sowie Vorschriften für das präparative Arbeiten und entwickelte sich sehr schnell zu einem Standardwerk für die praktische Ausbildung, das in der Folge auch an den Fachhochschulen benutzt wurde.

1951 ergänzten die Autoren die blaue „*Einführung*" durch ein rotes „*Lehrbuch der analytischen und präparativen Chemie*", das sich an Studenten des Diplomstudiengangs Chemie wandte und dementsprechend einen umfangreicheren Teil über die theoretischen Grundlagen enthielt.

Aufgrund seines Todes im Dezember 1961 konnte Prof. Jander die 6./7. Auflage der „*Einführung*" nicht mehr fertig stellen. Sie wurde von Prof. Dr. Ewald Blasius und seinen Mitarbeitern übernommen und erschien 1965. Frau Dr. Wendt war zu diesem Zeitpunkt aufgrund anderweitiger Verpflichtungen aus dem Autorenteam ausgeschieden. Prof. Blasius hat die „*Einführung*" in den folgenden Jahren mehrfach überarbeitet und ergänzt. So wurden beispielsweise elektroanalytische Methoden und die quantitative Analyse technischer Produkte sowie neu entwickelte Titrationen und die Gaschromatographie neu aufgenommen.

Während der deutschen Teilung wurde der „*Jander/Blasius*" auch am Ort des Stammhauses des unter staatlicher Verwaltung stehenden Hirzel Verlags Leipzig gedruckt und gelangte über vielfältige Kanäle, meistens von Buchhandlungen in der Tschechoslowakei, als Schmuggelware in den Westen. Nach der deutschen Wiedervereinigung wurden der Leipziger und der Stuttgarter Verlag wieder zusammengeführt, und so blieb die 13. Auflage die letzte mit einem unterschiedlichen Ost-West-Erscheinungsbild.

Mitten in der Neubearbeitung eben dieser 13. Auflage des Lehrbuchs starb überraschend Prof. Blasius im August 1987. Die Autorenschaft wurde dann ab der 14. Auflage von Prof. Dr. Dr. Joachim Strähle und Prof. Dr. Eberhard Schweda (Anorganisch-chemisches Institut der Universität Tübingen) übernommen.

In der Folgezeit änderte sich die Wahrnehmung der Chemie innerhalb der Gesellschaft, und in den Chemiepraktika richtete sich der Fokus darauf, Reaktionen auch unter Umweltgesichtspunkten zu sehen und noch stärker auf giftige oder umweltbelastende Konzentrationen der Stoffe hinzuweisen. Diese Sichtweise wurde auch bei den Neuauflagen des „*Jander/Blasius*" berücksichtigt und entsprechende Verbindungen durch Gefahrstoffsymbole gekennzeichnet.

Beide Bände wurden im Laufe ihrer 60-jährigen Geschichte ständig aktualisiert, ergänzt und erweitert. Die Wissenschaft Chemie hat in diesen Jahrzehnten bahnbrechende Fortschritte gemacht, welche natürlich stetig in die Neubearbeitungen beider Bücher mit eingeflossen sind.

Nach mehr als 20 Jahren unter der Leitung von Herrn Prof. Strähle, der 2008 verstarb, gilt der „*Jander/Blasius*" als Standardwerk für die Ausbildung in chemischen Praktika an Hochschulen.

Inhaltsverzeichnis

Vorwort V

Zur Geschichte des „Jander/Blasius" VI

1 Basiswissen – Grundbegriffe **1**

1.1 Periodensystem der Elemente – Aufbau der Materie **1**

1.2 Ionenlehre und Bindungsarten **8**

1.3 Säure-Base-Gleichgewichte **16**
1.3.1 Stoffmengenkonzentration, Äquivalentkonzentration, Molalität . 16
1.3.2 Säuren, Basen, Neutralisation 16

1.4 Chemisches Gleichgewicht, Massenwirkungsgesetz, Löslichkeitsprodukt **18**
1.4.1 Massenwirkungsgesetz (MWG) 18
1.4.2 Dissoziation und Dissoziationsgrad 20
1.4.3 Hydrolyse und Pufferlösungen 23
1.4.4 Löslichkeitsprodukt 24

1.5 Oxidation und Reduktion **24**
1.5.1 Wertigkeit, Oxidationsstufe 26
1.5.2 Periodensystem und Oxidationsstufen 27
1.5.3 Disproportionierung und Komproportionierung (Synproportionierung) 29
1.5.4 Spannungsreihe und Redoxpotenzial 30

1.6 Stöchiometrisches Rechnen **33**

1.7 Grundlagen der Komplexchemie **36**

1.8 Kolloidchemie **39**

1.9 Nomenklatur **43**

2 Analytische Chemie, Quantitative Analyse **49**

2.1 Einführung in die Analytische Chemie und Quantitative Analyse **49**
2.1.1 Arbeitsabschnitte 49
2.1.2 Bewertungsgrundlagen 51
2.1.3 Trennmethoden 53
2.1.4 Bestimmungsverfahren 55

2.2 Arbeitsgeräte **56**
2.2.1 Analytische Waagen 56
2.2.2 Messgefäße 57

2.2.3 Sonstige Grundgeräte 59
2.2.4 Sondergeräte 59

2.3 Gravimetrische Verfahren 60
2.3.1 Einführung in die Gravimetrie 60
2.3.2 Einzelbestimmung von Anionen 65
2.3.3 Einzelbestimmung von Kationen 70

2.4 Titrimetrische Verfahren 89
2.4.1 Einführung in die Titrimetrie 89
2.4.2 Neutralisationsverfahren 94
2.4.3 Redoxverfahren 114
2.4.4 Fällungsverfahren 132
2.4.5 Komplexbildungs-Titrationen 139

2.5 Trennungen 150
2.5.1 Trennung durch Fällung 150
2.5.2 Trennung durch Extraktion 155
2.5.3 Maskierung statt Trennung 158
2.5.4 Trennung über die Gasphase 161
2.5.5 Trennung durch Ionenaustauschchromatographie 165

2.6 Elektroanalytische Methoden 167
2.6.1 Einführung in die Elektroanalytik 167
2.6.2 Potenziometrie 172
2.6.3 Elektrogravimetrie 179
2.6.4 Polarographie 188
2.6.5 Konduktometrie 193

2.7 Optische Methoden 198
2.7.1 Kolorimetrie und Photometrie 198
2.7.2 Photometrische Bestimmungen 205
2.7.3 Atomemissionsspektroskopie, Flammenphotometrie 207
2.7.4 Atomabsorptionsspektroskopie, AAS 208

2.8 Gasanalyse 210
2.8.1 Grundlagen 211
2.8.2 Chemische Methoden der Gasanalyse 216
2.8.3 Physikalisch-chemische Methoden der Gasanalyse 225

2.9 Chemische Materialkontrolle technischer Produkte 227
2.9.1 Praktische Vorbemerkungen 227
2.9.2 Wasseranalyse 228
2.9.3 Mineralanalyse 231
2.9.4 Glasanalyse (Anorganische Gläser) 238
2.9.5 Legierungsanalyse 242
2.9.6 Analyse technischer Gase 259

3 Präparative Chemie ... 263

3.1 Geräte und Arbeitstechnik ... 263
3.1.1 Glasgeräte ... 263
3.1.2 Platingeräte ... 267
3.1.3 Arbeitstechnik ... 268
3.1.4 Chromatographische Methoden ... 275

3.2 Synthesevorschriften ... 281
3.2.1 Gase ... 282
3.2.2 Alkali- und Erdalkalimetalle ... 290
3.2.3 Darstellung von Metallen aus ihren Oxiden – Chrom, Mangan, Silicium, Bor (Aluminothermische Verfahren) ... 291
3.2.4 Darstellung von Metallen aus ihren Sulfiden – Blei, Antimon ... 294
3.2.5 Aufarbeitung von Rückständen ... 295
3.2.6 Oxide, Peroxoverbindungen, Sulfide, Nitride und verwandte Verbindungen ... 298
3.2.7 Säuren und Basen – Synthesevorschriften ... 302
3.2.8 Salze ... 307
3.2.9 Kovalente Verbindungen ... 320
3.2.10 Ester, Alkohole, Ether ... 335
3.2.11 Komplexverbindungen ... 336
3.2.12 Kolloide ... 343

4 Anhang ... 347

4.1 Umgang mit gefährlichen Stoffen ... 347
4.1.1 Einstufung ... 348
4.1.2 Kennzeichnung und Verpackung ... 348
4.1.3 Arbeitsplatzgrenzwerte TRGS 900 ... 352
4.1.4 Betriebsanweisung und Information der Beschäftigten, TRGS 555 353

4.2 Entsorgung von Laborabfällen ... 355
4.2.1 Hinweise auf besondere Entsorgungsmaßnahmen ... 355

4.3 Tabellen ... 358

4.4 Verzeichnis der Zeichen und Symbole ... 378

4.5 Verzeichnis der Wortabkürzungen ... 382

4.6 Literaturverzeichnis ... 382

Sachregister ... 385

Personenverzeichnis ... 392

Der Autor ... 393

1 Basiswissen – Grundbegriffe

1.1 Periodensystem der Elemente – Aufbau der Materie

Während geschichtlich gesehen die Physik – die Wissenschaft von den Naturerscheinungen ohne stoffliche Veränderung – seit frühen Zeiten (z. B. *Archimedes* † 212 v. Chr.) als eine exakte Naturwissenschaft mit mathematisch erfassbaren Gesetzen zu bezeichnen ist, war die Chemie – die Wissenschaft von den Eigenschaften und Umwandlungen der Stoffe – bis Ende des 18. Jahrhunderts vorwiegend eine auf empirischen Grundlagen beruhende beschreibende Naturwissenschaft.

Erst als der russische Gelehrte *Michail Lomonossow* (1711–1765) und der französische Chemiker *Antoine Lavoisier* (1743–1794) die Vorgänge bei der Verbrennung quantitativ mit der Waage verfolgten, trat in der Chemie die messende und quantitative Fragestellung in den Vordergrund. Beide entdeckten somit unabhängig voneinander das **Gesetz von der Erhaltung der Masse.**

■ **MERKE** **Gesetz von der Erhaltung der Masse:** Bei allen chemischen Umsetzungen bleibt die Gesamtmasse der Reaktionsteilnehmer erhalten.

Aufgrund des Massen-Energie-Äquivalenzgesetzes von *Albert Einstein* (1879–1955) wissen wir heute, dass das vorstehende Gesetz nur ein Grenzfall des allgemeinen Prinzips von der Erhaltung der Energie ist.

Durch Zusammenfassung zahlreicher quantitativer Untersuchungsergebnisse formulierte dann Anfang des 19. Jahrhunderts der französische Chemiker *Josèphe-Louis Proust* (1754–1826) das erste chemische Grundgesetz, das **Gesetz von den konstanten Proportionen:**

■ **MERKE** Zwei oder mehrere Elemente treten in einer Verbindung in einem ganz bestimmten Gewichtsverhältnis zusammen.

Das zweite chemische Grundgesetz, das **Gesetz von den multiplen Proportionen** von *John Dalton* (1766–1844), stellt nur eine Erweiterung des ersten dar:

MERKE Bilden zwei Elemente mehrere Verbindungen miteinander, so stehen die Gewichtsverhältnisse miteinander im Verhältnis kleiner ganzer Zahlen.

Die genannten Gesetze fasste 1808 *Dalton* zu seiner **Atomhypothese** zusammen:

MERKE Die chemischen Elemente (Grundstoffe, die chemisch nicht mehr zerlegt werden können) bestehen aus kleinsten Teilen, den Atomen. Die Atome verbinden sich in ganzzahligen Verhältnissen zu Verbindungen, die entweder aus kleinen Einheiten – den Molekülen – oder aus polymeren Verbänden wie z. B. den Salzen bestehen.

Der Beweis für das Auftreten von Molekülen wurde 1811 durch den italienischen Physiker *Amadeo Avogadro* (1776–1856) erbracht. Er stellte aufgrund von Untersuchungen an Gasen die nach ihm benannte Hypothese auf: Gleiche Volumina idealer Gase enthalten bei gleichem Druck und gleicher Temperatur die gleiche Anzahl von Molekülen.

Erst diese Erkenntnisse gestatten die Aufstellung sinnvoller Formeln, Gleichungen und damit auch die Ermittlung von relativen Atommassen. Diese wurden lange Zeit auf die gleich 16,0000 gesetzte Masse des Sauerstoffs bezogen.

Die Vielzahl der in der Zwischenzeit entdeckten Elemente regte die Forscher an, nach gemeinsamen Beziehungen zu suchen. Das Endergebnis war die Aufstellung des **Periodensystems der Elemente** (PSE) unabhängig voneinander durch *Lothar Meyer* (1830–1895) und *Dimitri Mendelejeff* (1834–1907) im Jahre 1869. Als Ordnungsprinzip diente die Atommasse. Sie ordneten die Elemente mit Ausnahme des Wasserstoffs mit steigender Atommasse in mehrere untereinander stehende Reihen (Perioden genannt), sodass chemisch ähnliche Elemente in senkrechten Gruppen untereinander angeordnet sind (s. Periodensystem, vorderer Buchdeckel innen). Die Gruppen des Periodensystems wurden in Haupt- und Nebengruppen eingeteilt (►S. 5), wobei die Gruppennummer in der Regel der Anzahl Valenzelektronen (►S. 4) entspricht. Heute wird jedoch eine durchgehende Nummerierung der Gruppen von 1 bis 18 empfohlen.

Bei Einordnung der Elemente nach der relativen Atommasse zeigte sich jedoch, dass in einigen Fällen Umstellungen notwendig waren. Und zwar mussten Argon (39,948) und Kalium (39,098), Tellur (127,60) und Iod (126,90) sowie Cobalt (58,93) und Nickel (58,69) aufgrund ihrer chemischen Eigenschaften ausgetauscht werden.

Diese und andere Tatsachen wiesen darauf hin, dass die Atommasse kein eindeutiges Ordnungsprinzip darstellt und dass das Atom selbst nicht unteilbar ist. Hierzu gehören die Entdeckung der Ionisation verdünnter Gase im elektrischen Feld, wobei positiv geladene Teilchen (Kanalstrahlen, entdeckt 1886 von *Goldstein*) und negative Teilchen sehr kleiner Masse (Kathodenstrahlen, entdeckt 1858 von *Plücker*) entstehen, sowie vor allem die Entdeckung der Radioaktivität (*Becquerel* 1896). Die darauf folgenden grundsätzlichen Untersuchungen, die u. a. mit den Namen des Ehepaares *Curie* (*Marie Curie* 1867–1934; *Pierre Curie* (1859–1906)) und *Ernest Rutherford* (1871–1937) verknüpft sind, ergaben ein vollständig neues Bild vom Aufbau der Materie. So konnte z. B. gezeigt werden, dass α-Strahlen (Heliumkerne) Materie sehr leicht durchdringen, was auf erheblichen freien Raum hinwies. Vor allem begründet auf die teilweise sehr starke Ablenkung der Bahnen der α-Strahlen bei Durchgang durch Materie entwarf 1911 *Rutherford* ein in der Zwischenzeit jedoch erheblich verfeinertes Atommodell.

> ■ **MERKE** Rutherford'sches Atommodell: Ein Atom besteht aus einem kleinen positiv geladenen Kern, der praktisch die Gesamtmasse enthält, und einer Hülle negativ geladener, den Kern umkreisender Elektronen, deren Anzahl der Kernladungszahl entspricht.

Nach *Niels Bohr* kreisen die Elektronen zwar um den Kern wie die Planeten um die Sonne, doch sind ihnen nur bestimmte Bahnen erlaubt. Die möglichen Bahnen ergeben sich aus der Anwendung der Quantentheorie für die Deutung der Spektrallinien. Mehrere Elektronen ähnlicher Energieniveaus sind in gesetzmäßiger Weise in einer Elektronenschale angeordnet. Bei einem neutralen Atom ist die Anzahl der positiven Kernladungen gleich der Gesamtzahl der Elektronen. Die Kernladungszahl ist identisch mit der Ordnungszahl des Elementes im Periodensystem. Es gilt daher aufgrund unseres heutigen Wissens:

> ■ **MERKE** Unter einem Element versteht man einen Stoff, dessen Atome die gleiche Kernladung besitzen.

Vor allem die Vorgänge der Radioaktivität zeigen, dass auch der Atomkern nicht unteilbar ist. Nachdem aufgrund der Arbeiten von *Bothe* und *Becker* durch *Chadwick* 1932 das Neutron entdeckt worden war, ergab sich endlich folgendes Bild:

> ■ **MERKE** Der Atomkern besteht aus Protonen (relative Masse ungefähr 1, eine positive Elementarladung) und Neutronen (relative Masse ungefähr 1, keine Ladung). Die Anzahl der Protonen ist identisch mit der Kernladungszahl (Ordnungszahl) des Elementes. Alle Atome eines Elementes besitzen also die gleiche Anzahl Protonen im Kern, die Anzahl Neutronen kann jedoch unterschiedlich sein. Derart verschiedene Atomsorten nennt man Isotope. Unsere natürlichen Elemente stellen in vielen Fällen ein Isotopengemisch dar.

Kohlenstoff besteht aus 98,89 % Kohlenstoff-12 und 1,11 % Kohlenstoff-13. Auf Kohlenstoff-12 beziehen sich neuerdings chemische und atomphysikalische Einheiten.

> ■ **MERKE** Alle relativen Atom- und Molekülmassen beziehen sich auf die gleich 12,0000 gesetzte Masse des Kohlenstoff-Isotops ^{12}C. Der 12te Teil der relativen Masse eines Atoms Kohlenstoff-12 ist die atomare Masseneinheit mit dem Kurzzeichen u. Die Anzahl Atome in 12 g Kohlenstoff-12 wird als Loschmidt'sche Zahl bezeichnet. Sie definiert die Teilchenzahl, aus der die Stoffmenge 1 Mol besteht. Kurzzeichen der Einheit ist mol.

Atommodelle

Die einzelnen Elektronenschalen, die konzentrisch um den Atomkern angeordnet sind, werden durch die Hauptquantenzahlen n charakterisiert. n kann alle ganzzahligen Werte beginnend mit n = 1 annehmen. n = 1 repräsentiert die innerste Schale. Mit steigendem n wird der radiale Abstand der Elektronen vom Kern größer. Die Hauptquantenzahl n ist zugleich ein Maß für die Energie der Elektronen. Mit steigendem n wird die Energie größer, d. h. um ein Elektron in eine Schale mit größerem n anzuheben, ist Energie erforderlich. Zur Bezeichnung der Elektronenschalen sind neben den Hauptquantenzahlen n = 1, 2, 3, 4, ... auch große Buchstaben K, L, M, N, ... gebräuchlich. Die auf den einzelnen Elektronenschalen maximal mögliche Anzahl Elektronen ist durch $2n^2$ gegeben, wobei n wiederum die Hauptquantenzahl ist. Somit kann die K-Schale mit n = 1 maximal 2 Elektronen aufnehmen. Bei der L-Schale (n = 2) sind es 8 und bei der M-Schale (n = 3) sind es 18 usw. Die chemischen Eigenschaften der Elemente werden weitgehend durch die Elektronen in den äußeren Schalen bestimmt, die auch als **Valenzelektronen** bezeichnet werden. Im Periodensystem ergeben sich die Perioden der Hauptgruppenelemente und die Gruppennummern durch schrittweisen Einbau von Elektronen in die äußerste Schale. Bei Helium ist mit 2, bei den anderen Edelgasen mit 8 Elektronen in der äußersten, n-ten Schale ein besonders stabiler Zustand erreicht. Dagegen wird bei den als Nebengruppen- oder Übergangselemente bezeichneten Elementen die noch nicht voll besetzte Schale mit der Hauptquantenzahl n – 1 besetzt. Dies ist bei den Elementen mit den Ordnungszahlen 21–30 die 3., bei den Elementen mit den Ordnungszahlen 39–48 die 4. und bei den Ordnungszahlen 57 sowie 72–80 die 5. Schale (s. Periodensystem, Umschlag).

Neben der Anzahl der Valenzelektronen werden die Eigenschaften der Atome ganz wesentlich auch vom Atomradius bestimmt. Er nimmt im Periodensystem von oben nach unten zu, da auch die Hauptquantenzahl n und damit die Anzahl der Elektronenschalen zunimmt. Innerhalb einer Periode nimmt der Radius von links nach rechts ab, da die Kernladung steigt und somit auch die Anziehungskraft auf die Elektronen, die in dieselbe Schale eingebaut werden, zunimmt. Die Elektronenanordnung der Elemente gibt die Aufstellung auf ▶ S. 369 wieder.

Das Periodensystem, wie es heute vorliegt (s. vorderer Buchdeckel innen) enthält 111 natürliche und künstliche Elemente. Aus der Stellung des jeweiligen Elements in diesem System lässt sich eine große Anzahl für den Chemiker wichtiger Eigenschaften ableiten (▶ S. 5).

Heute verwendet man statt des Bohr'schen Atommodells das **Orbitalmodell**. Dabei geht man davon aus, dass die Elektronen auch Wellencharakter haben können. Die Elektronen eines Atoms werden als dreidimensionale stehende Wellen angesehen, die als Orbitale bezeichnet werden. Zur Charakterisierung der Form der Orbitale benötigt man außer der Hauptquantenzahl n noch eine Nebenquantenzahl l, die alle ganzzahligen Werte von l = 0 bis l = n – 1 annehmen kann. Für Nebenquantenzahlen sind auch kleine Buchstaben gebräuchlich; *s* für l = 0, *p* für l = 1, *d* für l = 2 und *f* für l = 3. Die Orbitale werden entsprechend als *s*-, *p*-, *d*- oder *f*-Orbitale bezeichnet. Zur genaueren Charakterisierung muss außerdem noch die Hauptquantenzahl der Orbitalbezeichnung vorangestellt werden: z. B. 1*s*, 2*s*, 2*p*, 3*s*, 3*p*, 3*d* usw. Jedem Orbital und damit jeder Schwingungsform entspricht eine bestimmte Elektronenenergie. Außer bei den n*s*-Orbitalen gibt es jeweils mehrere Orbitale gleicher Form und Energie, aber unterschiedlicher Orientierung, und zwar, jeweils drei n*p*-Orbitale, die längs der Achsen eines orthogonalen Koordinatensystems ausgerichtet sind, sowie jeweils fünf n*d*-Orbitale und sieben n*f*-Orbitale. Jedes Orbital kann ein oder zwei Elektronen repräsentieren, d. h. dass jedes Orbital ein Aufenthaltsraum für maximal zwei Elektronen sein kann. Für ein weiteres Verständnis des Orbitalmodells muss auf die entsprechenden Lehrbücher verwiesen werden.

Zuvor haben wir festgestellt, dass die chemischen Eigenschaften im wesentlichen von den Valenzelektronen in den äußersten Schalen bestimmt werden. Diese befinden sich, nach dem Orbitalmodell, in den Orbitalen mit der bzw. den höchsten Hauptquantenzahlen. Bei den Hauptgruppenelementen sind dies ns- oder ns- und np-Orbitale; bei den Nebengruppenelementen die ns- und $(n-1)d$ Orbitale. Innerhalb der Nebengruppenelemente gibt es außerdem die auf das Element Lanthan folgenden 14 Lanthanoide und die auf das Element Actinium folgenden 14 Actinoide, bei denen die $4f$- bzw. $5f$-Niveaus aufgefüllt werden. In Übereinstimmung mit dem Bohr'schen Atommodell haben die Elektronen mit der höchsten Hauptquantenzahl auch den größten radialen Abstand vom Kern, d. h. mit steigender Hauptquantenzahl reichen die Orbitale weiter nach außen.

Periodensystem und Periodizität der Eigenschaften

Es wurde bereits dargelegt, dass im Periodensystem der Elemente die waagerecht verlaufenden Zeilen als Perioden und die senkrecht verlaufenden Spalten als Gruppen bezeichnet werden (►S. 2). Die Gruppen kann man in Haupt- und Nebengruppen einteilen. Dabei sind die Nebengruppenelemente alle **Metalle** mit niedrigen Ionisierungsenergien. Sie bilden daher relativ leicht Kationen. In den Hauptgruppen befinden sich sowohl Metalle als auch **Nichtmetalle**, die durch eine Diagonale, die vom Bor zum Astat verläuft, getrennt werden. Die der Trennungslinie unmittelbar benachbarten Elemente sind Halbmetalle mit weniger stark ausgeprägten metallischen Eigenschaften. Die Nichtmetalle, die rechts der Diagonalen eingeordnet sind, haben gegenüber den Metallen höhere Ionisierungsenergien und bilden eher Anionen.

Die Metalle unterscheiden sich von den Nichtmetallen durch niedrige Elektronenaffinität und Ionisierungsenergie. Wobei man unter **Ionisierungsenergie *I*** diejenige Energie versteht, die zur vollständigen Ablösung eines Elektrons aus einem Atom im Gaszustand erforderlich ist:

$$\mathrm{M} \longrightarrow \mathrm{M}^{+} + \mathrm{e}^{-} + I$$

Während die **Elektronenaffinität *A*** diejenige Energie ist, die bei der Aufnahme eines Elektrons durch ein Atom im Gaszustand umgesetzt wird.

$$\mathrm{X} + \mathrm{e}^{-} \longrightarrow \mathrm{X}^{-} \pm A$$

Betrachtet man Metalle und Nichtmetalle als Substanz, so unterscheiden sich die Metalle von den Nichtmetallen durch gute, bei Temperaturerhöhung abnehmende elektrische Leitfähigkeit, gute Wärmeleitfähigkeit, Undurchsichtigkeit und bei geeigneter Bearbeitung durch ihren metallischen Glanz. Nichtmetalle stehen nur in den Hauptgruppen des PSE. Sieht man vom Wasserstoff ab, der als leichtestes Element ganz allgemein eine Sonderstellung einnimmt, und zieht eine Diagonale durch die Anordnung der Hauptgruppen, so sind rechts oben Nichtmetalle und links unten Metalle zu finden. Die direkt an der Grenze stehenden Elemente können sowohl metallischen als auch nichtmetallischen Charakter aufweisen (◘ Tab. 1.1).

Allgemein nehmen die ersten Elemente einer Hauptgruppe jeweils eine Sonderstellung ein, da die Änderung der Eigenschaften zwischen dem ersten und zweiten Element jeder Gruppe größer ist als bei den folgenden Elementen. Diese Tatsache führt mit dazu, dass das erste Element einer Hauptgruppe mehr dem zweiten Element der folgenden Gruppe ähnelt. Diese als **„Schrägbeziehung"** bezeichnete Erscheinung zeigt sich bei den Elementpaaren Li–Mg, Be–Al, B–Si besonders gut.

I	II	III	IV	V	VI	VII	VIII
H							He
Li	Be	B	C	N	O	F	Ne
Na	Mg	Al	Si	P	S	Cl	Ar
K	Ca	Ga	Ge	As	Se	Br	Kr
Rb	Sr	In	Sn	Sb	Te	I	Xe
Cs	Ba	Tl	Pb	Bi	Po	At	Rn
Fr	Ra						

Tab. 1.1 Stellung der Metalle und Nichtmetalle im PSE

Die Oxide der Metalle bilden mit Wasser Hydroxide, die der Nichtmetalle Säuren, z. B.

$$Na_2O + H_2O \longrightarrow 2\ NaOH \qquad \text{Hydroxid}$$

$$SO_3 + H_2O \longrightarrow SO_2(OH)_2 = H_2SO_4 \qquad \text{Säure}$$

Die Oxide der Nichtmetalle werden daher auch als Säureanhydride bezeichnet. Die Säurestärke ist abhängig vom Metall- bzw. Nichtmetallcharakter, besser gesagt dem elektropositiven bzw. elektronegativen Charakter der Elemente.

Im PSE nimmt innerhalb einer Periode der Hauptgruppenelemente die Atomgröße von links nach rechts ab. Die Bindung zwischen diesen Elementen und dem Sauerstoff in Oxiden und Hydroxiden ist weitgehend elektrostatischer Natur. Ihre Stärke wird daher durch das Coulomb'sche Gesetz bestimmt:

$$F = k \cdot \frac{z' \cdot z''}{r^2}$$

wobei F die Kraft der elektrostatischen Anziehung, also ein Maß für die Bindungsfestigkeit, z' und z'' die Ladungen des Elementes bzw. des Sauerstoffs und r deren Abstand voneinander bedeuten. Der Abstand ist gleich der Summe der Ionenradien von Element und Sauerstoff. Die Bindung Element–Sauerstoff muss nach dem Coulomb'schen Gesetz um so fester sein, je größer die positive Ladung des Elementes – die Ladung des Sauerstoffions ist zweifach negativ – und je kleiner dessen Ionenradius, also auch der Abstand r ist. Je fester aber der Sauerstoff gebunden ist, desto schwerer lässt er sich abtrennen, desto weniger ist das Hydroxid dissoziiert. Andererseits wird mit zunehmender Festigkeit der Bindung infolge Deformation des Sauerstoffatoms – seine Elektronenhülle wird von dem positiv geladenen Element angezogen, sein positiver Kern dagegen abgestoßen – die Bindung zwischen Sauerstoff und Wasserstoff in den Hydroxiden immer mehr gelockert, die Abspaltung von H^+-Ionen also erleichtert, der saure Charakter muss demnach zunehmen. Beim Übergang von niedrigerer zu höherer Oxidationsstufe eines Elementes wirken Ladung und Abnahme des Ionenradius in gleichem Sinne. Aus beiden Gründen nimmt daher der saure Charakter zu. In den vertikalen Reihen des PSE bleibt zwar die elektrische Ladung gleich, der Ionenradius vergrößert sich jedoch erheblich; die Folge davon ist die Zunahme der Dissoziation und damit der Löslichkeit der Hydroxide.

Bei Hydroxiden in einer solchen Reihe, die den Übergang von überwiegend basischen zu überwiegend sauren Hydroxiden bilden, halten sich nun basischer und saurer Charakter angenähert die Waage. Diese Hydroxide können daher ebenso als sehr schwache Basen wie als sehr schwache Säuren reagieren, sie sind **amphoter** wie z. B. das Hydroxid des As(III), die arsenige Säure:

$$As^{3+} + 3\,H_2O \overset{H^+}{\rightleftharpoons} As(OH)_3 \xrightarrow{3\,OH^-} AsO_3^{3-} + 3\,H_2O$$

Nach dem Massenwirkungsgesetz (MWG) wird in saurer Lösung das Gleichgewicht nach links, in alkalischer dagegen vollständig nach rechts unter Bildung von Arsenitionen, AsO_3^{3-}, verschoben. In entsprechender Weise lässt sich auch die Dissoziation anderer amphoterer Hydroxide formulieren, sodass z. B. aus Zink- oder Aluminiumhydroxid Zincat- oder Aluminationen entstehen. Der einfachen Dissoziation nach dem Schema der arsenigen Säure überlagert sich hier allerdings das Bestreben dieser Elemente, statt der Anionen der Sauerstoffsäuren vorwiegend Hydroxokomplexe zu bilden, z. B.

$$Zn(OH)_2 + 2\,OH^- \rightleftharpoons [Zn(OH)_4]^{2-}$$
$$Al(OH)_3 + OH^- \rightleftharpoons [Al(OH)_4]^-$$

Sowohl durch Verdünnen als auch durch Temperaturerhöhung muss nach dem MWG Hydroxid zurückgebildet werden (► S. 18). Allgemein gilt nach den vorhergehenden Ausführungen:

1. In den Perioden der Hauptgruppen des PSE nimmt von links nach rechts der Säurecharakter der „Hydroxide" zu. $Al(OH)_3$ ist amphoter. H_4SiO_4 rechnet man zu den schwächsten Säuren, H_3PO_4 ist schon eine mittelstarke, H_2SO_4 eine starke und $HClO_4$ eine sehr starke Säure.
2. In derselben Reihenfolge geht die Löslichkeit in Wasser und ebenso auch die Bindefestigkeit des Wassers an das Oxid durch ein Minimum. So lösen sich $Al(OH)_3$ und H_4SiO_4 in Wasser kaum, das Wasser ist außerdem an Al_2O_3 bzw. SiO_2 nur recht locker gebunden.
3. In den Gruppen des PSE nimmt der saure Charakter mit steigender Ordnungszahl ab. Beispiel aus der V. Gruppe: HNO_2 und H_3PO_3 sind schwache Säuren, H_3AsO_3 und SbO(OH) sind amphoter.
4. Bei ein und demselben Element nehmen mit steigender Oxidationsstufe die Säureeigenschaften z. B.:

$$\overset{+I}{Cl}OH < O\overset{+III}{Cl}OH < O_2\overset{+V}{Cl}OH < O_3\overset{+VII}{Cl}OH$$

Das gilt auch für HNO_2–HNO_3, H_3PO_3–H_3PO_4 und H_2SO_3–H_2SO_4.

Der Aufbau der Anionen bzw. Säuren, die die Elemente von der dritten Hauptgruppe ab nach rechts bilden können, wird gleichfalls durch die Stellung der betreffenden Elemente im PSE bestimmt. Bei sukzessiver Anlagerung von Wasser an die Anhydride (in der maximalen Oxidationsstufe der Elemente) werden verschiedene Säure-Typen erhalten (◘ Tab. 1.2).

Die „wasserärmste" – die **meta-Form** – wird überall erreicht. Als ortho-Form wird streng genommen diejenige Verbindung benannt, die in ihrer Summenformel eine der jeweiligen Oxidationsstufe des Zentralions X entsprechende Anzahl Sauerstoffionen enthält. Die **meso-Formen** nehmen eine Zwischenstellung ein. In der Literatur wird jedoch

Tab. 1.2 Anlagerung von Wasser an die Anhydride (X = betreffendes Element)

	3. Gruppe	4. Gruppe	5. Gruppe	6. Gruppe	7. Gruppe
Anhydride (Oxide)	X_2O_3	XO_2	X_2O_5	XO_3	X_2O_7
meta-Formen	HXO_2	H_2XO_3	HXO_3	H_2XO_4	HXO_4
ortho-Formen	H_3XO_3	H_4XO_4	H_3XO_4	H_6XO_6	H_5XO_6

meist die beständigste wasserreichste Form als **ortho-Form** bezeichnet, z. B. H_3PO_4, Orthophosphorsäure.

Die Ausbildung der verschiedenen Formen ist von der Größe des Zentralions X abhängig. Da innerhalb der Gruppen mit steigender Ordnungszahl der Ionenradius zunimmt, können mehr Liganden in Form von Sauerstoff-Ionen angelagert werden. Die Beständigkeit der ortho-Formen wird demnach größer. So bildet z. B. in der sechsten Hauptgruppe Schwefel die Säure H_2SO_4, Tellur H_6TeO_6 und in der siebten Hauptgruppe Chlor $HClO_4$, Iod dagegen auch H_5IO_6.

Tritt ein Anionen bildendes Element in einer niedrigeren Oxidationsstufe auf, z. B. Arsen in der arsenigen Säure mit +III, so gelten die Säuretypen der entsprechenden Gruppe, hier der dritten Gruppe.

Allgemeine Zusammenhänge im Periodensystem

Aufgrund der gleichsinnigen Änderung der chemischen Eigenschaften der Elemente in den einzelnen Perioden (von links nach rechts) und in den einzelnen Gruppen (von oben nach unten, d. h., mit steigender Ordnungszahl) lässt sich aus der Stellung eines Einzelelementes im PSE Grundsätzliches über seine Eigenschaften aussagen (Tab. 1.3). Zu unterscheiden sind die Eigenschaften, die den jeweiligen Haupt- und Nebengruppenelementen gemeinsam sind, von denen, die nur für Haupt- oder nur für die Nebengruppen zutreffen.

1.2 Ionenlehre und Bindungsarten

Da bereits mehrfach Salze, Säuren und Basen behandelt wurden, ist es von Wichtigkeit, ihre Eigenschaften und die dabei gefundenen Gesetzmäßigkeiten näher kennen zu lernen. Zu ihrem Verständnis ist es notwendig, auf die „chemische Gleichgewichtslehre“ einzugehen.

Salze, Säuren und Basen bilden in wässeriger Lösung Ionen. Diese Lösungen leiten den elektrischen Strom und werden dementsprechend als Elektrolytlösungen bezeichnet. Bei Gleichstrom gehen an den Zuleitungen sog. Elektrodenreaktionen vor sich. Am negativen Pol, der Kathode, wird aus Säuren Wasserstoff entwickelt, aus Salzlösungen entweder auch Wasserstoff (bei Alkalisalzen) oder Metall abgeschieden (z. B. bei Kupfersalzen). Am positiven Pol, der Anode, entsteht Sauerstoff (aus Sulfaten, Nitraten) oder Chlor (aus Chloriden) bzw. ein anderes Nichtmetall (Brom aus Bromiden). Außerdem gelten folgende Gesetzmäßigkeiten:

1. Unter der Wirkung des elektrischen Stromes wandert ein Teil der Bestandteile des Elektrolyten zur Kathode. Diese Teilchen werden **Kationen** genannt; sie sind positiv gela-

Tab. 1.3 Periodizität der chemischen und physikalischen Eigenschaften der Elemente

Haupt- und Nebengruppen gemeinsam	Hauptgruppen	Nebengruppen
	Metallcharakter	
	Metalle und Nichtmetalle. Metallcharakter nimmt innerhalb einer Periode von links nach rechts ab. – In der Nähe der Diagonalen von links oben nach rechts unten stehen die Halbmetalle.	Nur Metalle.
	Basizität der Hydroxide	
Nimmt innerhalb einer Periode von links nach rechts und beim selben Element mit steigender Oxidationsstufe ab (►S. 5).	Nimmt innerhalb einer Gruppe mit steigender Ordnungszahl zu (►S. 5)	Nimmt innerhalb einer Gruppe mit steigender Ordnungszahl schwach zu.
	Säuretypen	
Durch die Stellung in der jeweiligen Gruppe gegeben (►S. 7).		
	Beständigkeit der Orthoverbindungen	
	Nimmt innerhalb einer Gruppe mit steigender Ordnungszahl zu (►S. 7)	
	Anzahl der Elektronen in der äußersten Schale	
	Identisch mit der Gruppennummer (►S. 27)	Maximal zwei. Ausnahme Pd. (►S. 27)
	Maximal mögliche Oxidationsstufe	
Identisch mit der Gruppennummer (►S. 27)	Ausnahme: O, F, Edelgase der 8. Hauptgruppe, die diese außer Xe nicht erreichen (►S. 27).	Ausnahme: Elemente der 1. Nebengruppe, die diese überschreiten und der 8. Nebengruppe, die diese außer Ru und Os nicht erreichen (►S. 27).

den. Der Rest, bei Säuren und Salzen also der Säurerest (SO_4^{2-} bei Sulfaten, NO_3^- bei Nitraten) und z. B. das OH^-, wandern zur Anode; sie werden als **Anionen** bezeichnet. Sie sind negativ geladen. Die Elektrolyte bestehen dementsprechend aus positiv und negativ geladenen Bestandteilen.

Tab. 1.3 (Fortsetzung) Periodizität der chemischen und physikalischen Eigenschaften der Elemente

Hauptgruppen	Nebengruppen
Oxidationsstufenintervall	
Oft zwei (►S. 27)	Meist eins (►S. 27)
Beständigkeit der maximalen Oxidationsstufe	
Nimmt innerhalb einer Gruppe mit steigender Ordnungszahl ab. Ausnahmen: 7. und 8. Hauptgruppe (►S. 27)	Nimmt innerhalb einer Gruppe mit steigender Ordnungszahl zu. Ausnahme: 2. Nebengruppe (►S. 27)
Minimal mögliche Oxidationsstufe ab 4. Gruppe	
Maximale Oxidationsstufe minus 8 = minimale Oxidationsstufe (►S. 27).	
Thermische Beständigkeit der Hydride in der minimalen Oxidationsstufe	
Nimmt innerhalb einer Gruppe mit steigender Ordnungszahl ab.	
Magnetismus, Farbe	
Bevorzugt diamagnetische, farblose Ionen (►S. 39).	Bevorzugt paramagnetische, farbige Ionen. Ion mit maximaler Oxidationsstufe wird mit steigender Ordnungszahl farbloser (►S. 39).
Basizität der Element–Wasserstoff-Verbindungen	
Nimmt innerhalb einer Gruppe mit steigender Ordnungszahl ab.	
Unstetige Änderung der chemischen Eigenschaften	
Starker Eigenschaftssprung zwischen dem ersten und zweiten Element innerhalb einer Gruppe. Schrägbeziehung!	

2. Die Elektrolyte werden nicht erst unter der Wirkung des elektrischen Stromes in Ionen gespalten, sondern ihre wässerigen Lösungen enthalten sie von Anfang an. Dies ergibt sich aus dem anomalen osmotischen Druck, den Elektrolytlösungen zeigen. Eine wässerige Lösung von Salzsäure besteht im wesentlichen aus positiv geladenen H_3O^+-Ionen und negativ geladenen Cl^--Ionen, ebenso eine KI-Lösung aus positiv geladenen K^+-Ionen und negativ geladenen I^--Ionen.
3. Die Ladung eines Ions hat einen bestimmten Wert, sie ist entweder gleich der elektrischen Elementarladung ($1{,}60 \cdot 10^{-19}$ Coulomb) oder ein ganzzahliges Vielfaches davon. Die Anzahl der elektrischen Elementarladungen wird als Ionenladung mit entsprechenden Vorzeichen bezeichnet. Das Wasserstoffion ist einfach positiv geladen, das Chlorid-

Na	Mg	Al	Si	P	S	Cl	Ar
$3s^1$	$3s^2$	$3s^2p^1$	$3s^2p^2$	$3s^2p^3$	$3s^2p^4$	$3s^2p^5$	$3s^2p^6$

Tab. 1.4 Außenelektronenkonfiguration der Elemente der 3. Periode

ion einfach negativ, das Sulfation, da in der Schwefelsäure 2 H^+ mit ihm verbunden sind, zweifach negativ (SO_4^{2-}). Weitere Beispiele sind:
PO_4^{3-} dreifach negativ entsprechend H_3PO_4,
Al^{3+} dreifach positiv entsprechend $AlCl_3$,
OH^- einfach negativ entsprechend NaOH.

4. Durch die Elektrizitätsmenge 96 485 Coulomb wird in allen Elektrolytlösungen an beiden Elektroden je ein Mol Elementarladungen umgesetzt und dadurch die äquivalente Stoffmenge Kationen bzw. Anionen abgeschieden (*Faraday*).

Alle diese Erscheinungen finden ihre Erklärung durch den Atombau und die Art der chemischen Bindung. Die Atome bestehen, wie bereits in ▸Kap. 1 angegeben wurde, aus einem positiven Atomkern und aus einer Hülle von negativ geladenen Elektronen. Die Elektronen sind in bestimmten, den Kern umgebenden Schalen angeordnet. Die Anzahl der Elektronen ist im neutralen Atom stets gleich der Anzahl der positiven Kernladungen, also gleich der Kernladungs- oder auch Ordnungszahl des Elements. Bei den Edelgasen ist die äußerste Schale mit 2 (He) oder 8 Elektronen besetzt.

Im Folgenden werden die Hauptgruppen des Periodensystems der Elemente betrachtet. Bei den Alkalielementen, die je ein Elektron mehr besitzen als die vor ihnen stehenden Edelgase, befindet sich dieses Elektron in der nächst höheren (äußersten) Elektronenschale, die erst beim Erreichen eines Edelgases wieder voll aufgefüllt ist.

Bringt man die Außenelektronen der Atome durch Punkte zum Ausdruck, so ergibt sich für die Elemente der 3. Periode das folgende Bild:

Verteilt man diese Elektronen noch auf das 3*s*- und die drei 3*p*-Orbitale, ergeben sich die folgenden Außenelektronenkonfigurationen (Tab. 1.4). Dabei bedeutet: 3 = Zahl der Periode (Hauptquantenzahl); *s*, *p* = Orbitaltyp (Nebenquantenzahl) und ^{x} = Anzahl der Elektronen.

Die der äußersten, noch nicht abgesättigten, Elektronenschale angehörenden Elektronen haben für das Zustandekommen der chemischen Bindung eine besondere Bedeutung. Sie werden daher **Valenzelektronen** genannt und lassen sich im Gegensatz zu den in den abgeschlossenen Schalen befindlichen Elektronen relativ leicht abspalten. So geht z. B. ein Natriumatom bei Abspaltung des Valenzelektrons aus der äußersten Schale in ein einfach positiv geladenes Natriumion über. Anzahl und Anordnung der dem Natriumion noch verbliebenen Elektronen entsprechen derjenigen des Edelgases Neon. Eine solche **„Edelgaskonfiguration"** (Oktett) der Elektronen, die sich durch besondere Stabilität auszeichnet und von den Elementen nach Möglichkeit angestrebt wird, ist ebenso auch durch Aufnahme von Elektronen in die äußerste, noch unvollständige Schale bis zu ihrer Auffüllung möglich. Tatsächlich kann eine solche Aufnahme von Elektronen nur stattfinden bei den Elementen, denen 1–4 Elektronen bis zum nächsten Edelgas fehlen. Ein Chloratom kann also durch Aufnahme eines Elektrons unter Auffüllung seiner äußersten Schale auf 8 Elektronen in ein einfach negativ geladenes Chloridion übergehen. Bei der Reaktion zwischen Natrium und Chlor wird das vom Natrium abgegebene Elektron von Chlor unter Bildung von Natrium- und Chloridionen aufgenommen, die dann beide über eine stabile Edelgaselektronenkonfiguration verfügen:

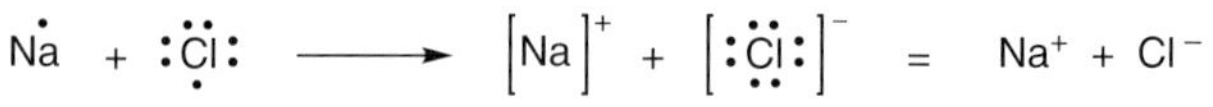

Diese beiden Ionenarten werden durch starke elektrostatische Kräfte aneinander gebunden. Es entsteht die **„Ionenbindung"**, auch „heteropolare" oder „salzartige" Bindung genannt. In Salzkristallen ist sie naturgemäß nicht gerichtet, da sich das durch die Ladung der einzelnen Ionen bedingte elektrische Feld gleichmäßig nach allen Richtungen hin erstreckt. So wirkt sich beispielsweise die Anziehungskraft eines Natriumions nicht nur auf ein einziges Chloridion aus und umgekehrt, sondern auf alle umliegenden Ionen mit entgegengesetzter Ladung. Verbindungen mit Ionenbindung kristallisieren infolgedessen in Form von „Ionengittern"; ein Kochsalzkristall ist somit aus Na^+- und Cl^--Ionen aufgebaut, welche sich in allen 3 Raumrichtungen abwechseln.

Eine zweite Art der chemischen Bindung ist die **„Atombindung"**, auch „homöopolare" oder „kovalente" Bindung genannt. Bei der Vereinigung von 2 Atomen, wie z. B. zweier Chloratome, wird das Ziel der stabilen Edelgaskonfiguration dadurch erreicht, dass 2 Atome ein gemeinsames, also beiden angehörendes Elektronenpaar besitzen:

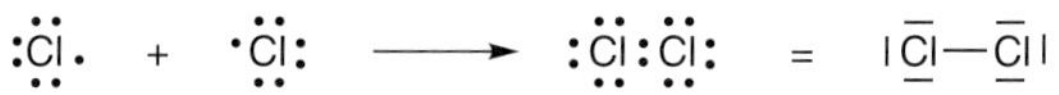

Die Anzahl der von einem Atom ausgehenden Atombindungen hängt von der Anzahl seiner Außenelektronen ab. In derselben Weise sind auch zahlreiche Verbindungen der Nichtmetalle untereinander aufgebaut, insbesondere der größte Teil der organischen Verbindungen, z. B.:

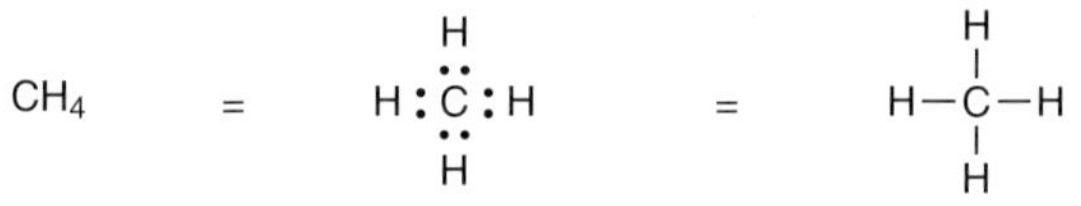

Methan

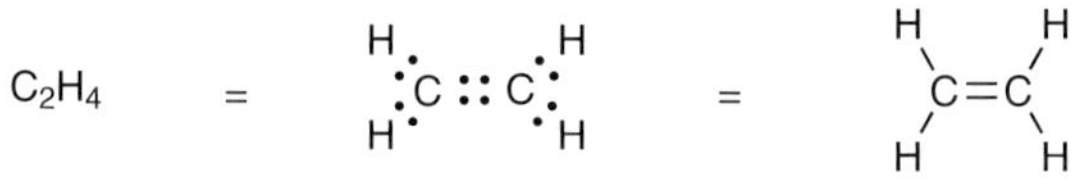

Ethen

Im Falle des Ethens ist je ein Wasserstoffatom mit dem Kohlenstoffatom durch eine Einfachbindung verknüpft, da der Wasserstoff und der Kohlenstoff je ein Elektron für die Bindung zur Verfügung stellen. Die beiden Kohlenstoffatome werden durch eine Doppelbindung vereinigt. Durch diese Elektronenanordnung hat jedes der beteiligten Atome die Auffüllung zur Edelgasschale erreicht. Dieses Primitivmodell der Bindung durch Ausbildung der Oktettschalen (**Oktettregel**) ist im wesentlichen bei den Elementen der ersten

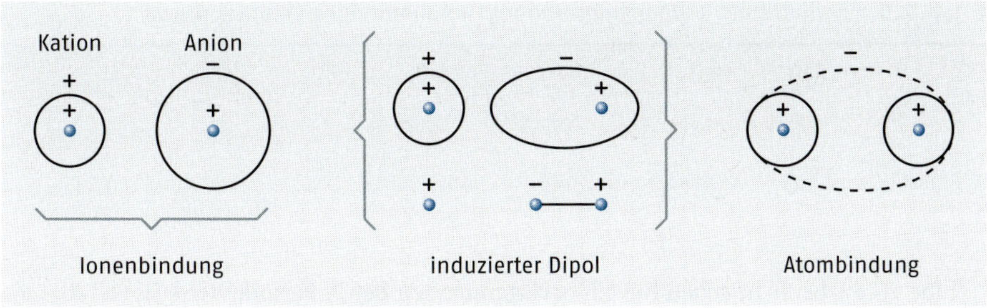

Abb. 1.1 Übergang Ionenbindung – Atombindung

Achterperiode (Li–Ne) anwendbar, während bei den übrigen Elementen Oktettaufweitungen auftreten können: z. B. PF_5, SF_6.

Beim Formulieren der sogenannten **Valenzstrichformeln** oder Lewis-Formeln vergewissert man sich zuerst, wie viel Valenzelektronen insgesamt im betreffenden Molekül oder Ion vorliegen. Dann verteilt man die Elektronen entsprechend der Oktettregel, die besagt, dass jedes Element nach Möglichkeit ein vollständiges Elektronenoktett anstrebt. Bei den Elementen der ersten Achterperiode darf das Oktett nicht überschritten werden. Bindungselektronenpaare werden dabei durch Valenzstriche symbolisiert. Ebenso kann man nicht bindende, freie Elektronenpaare durch einen Strich darstellen.

Der Idealfall einer Ionenbindung liegt annähernd bei den Alkalihalogeniden mit niedriger Ordnungszahl der Partner vor. Im Allgemeinen besitzen die Kationen und Anionen keine Kugelgestalt mehr, sondern es tritt eine Deformation bzw. **Polarisation der Elektronenhüllen** ein. Das kleinere Kation zieht die Elektronenhülle des Anions an sich und stößt dessen positiven Kern ab und umgekehrt. Da jedoch in der Regel die Elektronenhüllen der Anionen größer und daher weniger fest gebunden sind als bei den Kationen, macht sich die Deformation besonders stark bei den Anionen bemerkbar. Je größer der Radius und je höher geladen ein Anion ist, desto stärker wird es bei gegebenem Kation deformiert. Daher nimmt der Salzcharakter z. B. in der Reihe der Anionen Cl^-, Br^-, I^- und O^{2-}, S^{2-} ab. Bei gegebenem Anion wirkt ein Kation um so stärker deformierend, je kleiner sein Radius und je höher seine Ladung ist (Beispiel s. u.).

Der Idealfall einer Atombindung liegt vor, wenn die miteinander verbundenen Atome die gleiche Elektronegativität (s. u.) besitzen. Dies ist bei identischen Atomen wie z. B. beim H_2- und beim Cl_2-Molekül der Fall. Auch die Bindung der Kohlenstoffatome untereinander in den einfachen organischen Verbindungen gehört noch hierher. Geht jedoch der Kohlenstoff mit anderen Atomen wie O, N und S eine Bindung ein, so treten Atome verschiedener Elektronegativität in Wechselwirkung. Es zieht dann das Atom mit höherer Elektronegativität das Elektronenpaar näher zu sich heran und lädt sich damit negativ auf. Der Partner bekommt somit eine partielle positive Ladung. Es wird wie oben ein Molekül gebildet, welches einen Dipol besitzt. Es treten Moleküle mit sogenannten Übergangsbindungen auf. Abb. 1.1 gibt die Verhältnisse schematisch wieder.

Unter **Elektronegativität** versteht man das Vermögen eines Elements, die Elektronen einer kovalenten Bindung anzuziehen. Die Elektronegativitätswerte wurden von *L. Pauling* als empirische, dimensionslose Größen eingeführt. Die Werte liegen zwischen 0,7 für Cs und 4,0 für F.

Tab. 1.5 Ionenbindung → Übergangsbindung → Atombindung ([1] unter Druck)

	NaCl	$MgCl_2$	$AlCl_3$	$SiCl_4$	PCl_3	SCl_2	ClCl
Smp. /°C	800	712	192,5[1]	−67,6	−92	−78	−101
Sdp. /°C	1465	1418	subl. 180	56,7	74,5	59	−34,1

Eine gute Übersicht geben die Chlorverbindungen der 2. Periode des PSE (Tab. 1.5). Das NaCl mit typischer Ionenbindung besitzt einen hohen Schmelz- und Siedepunkt. Mit zunehmender Deformation nimmt der Molekülcharakter und damit die Flüchtigkeit zu. Cl_2 mit einer Atombindung ist gasförmig.

Eine weitere Bindungsart, die **Metallbindung** liegt bei den Metallen vor. Hierbei lagern die Atomrümpfe gleichsam in einem „Elektronengas"; die Elektronen der äußeren Schale sind jeweils wegen der geringen Ionisierungsenergien der Metalle und der relativ dichten Packung leicht verschiebbar, womit sich das gute Leitvermögen der Metalle für Elektrizität und Wärme sowie der metallische Glanz erklären lässt.

Schließlich kennen wir noch besondere Bindungsverhältnisse bei den Verbindungen höherer Ordnung, zu denen als wichtigste Bindungsart die sog. **koordinative Bindung** zählt, die für die Bildung von Komplexen in vielen Fällen maßgebend ist. Sie entspricht der Atombindung. Allerdings wird das Bindungselektronenpaar nur von einem Bindungspartner beigesteuert (näheres über Komplexsalze findet sich auf ► S. 36).

Wie aus der Elektronenformel für das Natriumchlorid (► S. 12) ersichtlich ist, hat das Chloridion vier nur einseitig beanspruchte (freie) Elektronenpaare, die zur Auffüllung unvollständiger Elektronenschalen dienen können. Demgegenüber hat beispielsweise das Boratom im BCl_3 eine Elektronenpaar-Lücke, d. h. es fehlen ihm zwei Elektronen zum vollständigen Oktett.

Nach der auf ► S. 18 gegebenen Definition ist BCl_3 eine Lewis-Säure, während das Cl^--Ion eine Lewis-Base ist. Durch Bindung von einem Cl^--Ion an BCl_3 wird das Elektronensextett zum Oktett ergänzt und es bildet sich der Komplex:

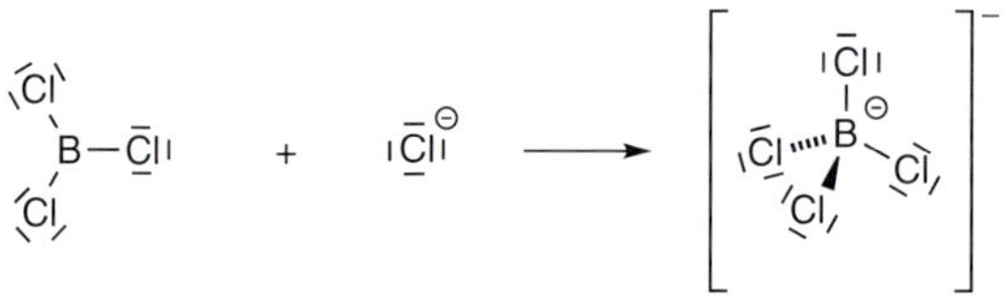

Auch eine Anzahl weiterer, vielfach als „komplex" bezeichneter Ionen, wie SO_3^{2-}, SO_4^{2-}, NO_2^-, NO_3^-, PO_4^{3-} oder CO_3^{2-}, können durch koordinative Bindung erklärt werden. Über die Bindungsverhältnisse bei Verbindungen mit Komplexbildung am Kation, vgl. ► S. 36.

Wird eine heteropolare Verbindung, z. B. ein Salz, in Wasser gelöst, so lagern sich die Wassermoleküle zwischen die Ionen und drängen sie auseinander (Dissoziation). Wird eine homöopolare Verbindung in Wasser gelöst, so sollten die Moleküle als solche in Wasser vorhanden sein. Das ist auch bei Zucker, Harnstoff, Alkohol u. a. der Fall. Bei manchen kann das Wasser aber auch eine Spaltung in Ionen hervorrufen. Das tritt insbesondere bei den Wasserstoffverbindungen der Halogene sowie bei anderen Verbindungen ein, die Säuren sind. HCl, das als Gas, in flüssigem und festem Zustand als homöopolare Verbindung

	Cs^+	Rb^+	NH_4^+	K^+	Na^+	Li^+	Ra^{2+}	Ba^{2+}	Sr^{2+}	Ca^{2+}
z/r	0,6	0,7	0,7	0,8	1,0	1,3	1,3	1,4	1,6	1,9
	La^{3+}	Ce^{3+}	Mg^{2+}	Y^{3+}	Sc^{3+}	Zr^{4+}	Hf^{4+}	Al^{3+}	Be^{2+}	Ti^{4+}
z/r	2,5	2,5	2,6	2,8	3,6	4,6	4,6	5,3	5,9	6,2

Tab. 1.6 Beispiele für Ionenpotenziale

anzusehen ist, löst sich in Wasser auf, wobei H^+ von Cl^- abgetrennt wird und sich an ein H_2O-Molekül anlagert:

$$HCl + H_2O \rightleftharpoons H_3O^+ + Cl^-$$

Wie bei Salzsäure bilden sich auch bei allen anderen Säuren neben Säurerestionen H_3O^+-Ionen, Oxoniumionen genannt (Hydroniumion ist eine ältere Bezeichnung für H_3O^+ oder ein hydratisiertes Proton mit unbestimmtem Hydratationsgrad). Häufig spricht man jedoch vereinfachend vom Wasserstoff-Ion, H^+, und schreibt in Reaktionsgleichungen statt H_3O^+ nur H^+.

In wässerigen Lösungen haben wir es bei den Umsetzungen der Salze mit Ionenreaktionen zu tun, z. B.:

$$(H^+ + Cl^-) + (Ag^+ + NO_3^-) \longrightarrow AgCl\downarrow + (H^+ + NO_3^-)$$

oder

$$(Na^+ + Cl^-) + (Ag^+ + NO_3^-) \longrightarrow AgCl\downarrow + (Na^+ + NO_3^-)$$

Da H^+, Na^+ und NO_3^- auf beiden Seiten der Gleichung stehen, kann man sie auch ohne Weiteres wegfallen lassen. Wir erhalten die einfache Ionengleichung:

$$Ag^+ + Cl^- \longrightarrow AgCl\downarrow$$

Ionenpotenzial

Das Ionenpotenzial ist der Quotient aus der Ladung (z) und dem kristallographischen Radius (r) eines Ions. z/r kann als ungefähres Maß für die Stärke des vom Ion ausgehenden elektrischen Feldes betrachtet werden. Jedoch ist streng genommen der Vergleich der chemischen Eigenschaften aufgrund des Ionenpotenzials nur auf Ionen mit gleicher Elektronenanordnung anwendbar. Weiterhin ist die Tatsache zu berücksichtigen, dass die Ionen in wässeriger Lösung nicht „nackt", sondern in Form von Hydraten vorliegen. Ein Beispiel möge die Reihe von Ionen geben, bei denen die äußere Elektronenhülle eine abgeschlossene Zweier- bzw. Achterkonfiguration aufweist. (Tab. 1.6: r in Å eingesetzt; 1 Å = 0,1 nm bzw. 100 pm.)

Ionen mit ähnlichem Ionenpotenzial weisen annähernd gleiche Eigenschaften auf. So haben z. B. die NH_4^+- und K^+-Salze vergleichbare Löslichkeiten. Die Dissoziation der Hydroxide nimmt mit fallendem Ionenpotenzial zu. Beryllium und Aluminium haben ähnliche chemische Eigenschaften (►S. 5).

1.3 Säure-Base-Gleichgewichte

1.3.1 Stoffmengenkonzentration, Äquivalentkonzentration, Molalität

In der Chemie wird die Konzentration einer Lösung gewöhnlich nicht in Prozenten, sondern als Stoffmengenkonzentration in mol/L angegeben. Die **Stoffmengenkonzentration** gibt die Stoffmenge des gelösten Stoffes pro Volumen der Lösung an. Da sich die Stoffmenge auf Atome, Formeleinheiten, Moleküle oder Bruchteile davon beziehen kann, ist die Teilchenart hinter dem Konzentrationssymbol anzugeben. Für dieselbe verdünnte Schwefelsäure ist demnach sowohl die Angabe $c(H_2SO_4) = 1\,mol \cdot L^{-1}$, als auch die Angabe $c(H^+) = 2\,mol \cdot L^{-1}$ möglich. Alte Bezeichnungen dafür sind einmolare Schwefelsäure, $1m$ H_2SO_4, und zweinormale Schwefelsäure, $2n$ H_2SO_4, die jedoch nicht mehr verwendet werden sollen.

Den Molekülbruchteil, d. h. die **Äquivalentkonzentration** (früher als Normalität bezeichnet), wählt man bei Säuren und Hydroxiden entsprechend der Anzahl ersetzbarer H^+- bzw. OH^--Ionen im Molekül, dagegen bei Lösungen reduzierender oder oxidierender Stoffe nach der Anzahl der pro Molekül umgesetzten Elektronen (►S. 24 f.), z. B. $c(\frac{1}{5}KMnO_4)$.

Für die Stoffmenge in 1 000 g Lösemittel ist die Bezeichnung Molalität üblich, d. h. 1-molal = 1 mol in 1 000 g Lösemittel.

1.3.2 Säuren, Basen, Neutralisation

Definition von Säuren und Basen nach Brønsted

Nach einer Definition von *Brønsted* wird als **Säure** ein Stoff bezeichnet, der Protonen abgeben kann (Protonendonator). Eine **Base** ist ein Stoff, der Protonen aufnimmt (Protonenakzeptor). Wenn eine Säure ein Proton abgibt, verbleibt ein Säurerest, der seinerseits eine Base ist, da er unter Rückbildung der Säure auch wieder ein Proton aufnehmen kann. Eine Säure und eine Base die auf diese Weise verknüpft sind, werden als **korrespondierendes oder konjugiertes Säure-Base-Paar** (man spricht auch von der zur Säure **konjugierten Base**) bezeichnet:

$$HB \rightleftharpoons B^- + H^+$$

$$\text{Säure} \rightleftharpoons \text{Base} + \text{Proton}$$

Da es sich bei einem Proton lediglich um einen H-Atomkern ohne Elektronenhülle handelt, können Protonen in Lösungen oder anderen kondensierten Phasen nicht isoliert auftreten. Dies bedeutet, dass eine Säure nur dann ein Proton abspalten kann, wenn eine Base vorhanden ist, die das Proton aufnimmt. Es führt zwangsläufig dazu, dass bei Säure-Base-Reaktionen stets zwei Säure-Base-Paare wechselwirken. Den Sachverhalt kann man sich anhand der Essigsäure klar machen. Reine Essigsäure HAc ($Ac^- = CH_3COO^-$) leitet den elektrischen Strom nicht, da sie praktisch nicht in Ionen dissoziiert ist. Das Proton kann erst abgegeben werden, wenn beispielsweise Wasser als Base anwesend ist:

$$\begin{aligned} HAc &\rightleftharpoons H^+ + Ac^- \\ H_2O + H^+ &\rightleftharpoons H_3O^+ \end{aligned}$$

$$\begin{aligned} HAc + H_2O &\rightleftharpoons H_3O^+ + Ac^- \\ \text{Säure 1} + \text{Base 2} &\rightleftharpoons \text{Säure 2} + \text{Base 1} \end{aligned}$$

Farbstoff	Farben		pH-Bereich des Farbumschlags
	Säuren	Basen	
Lackmus	rot	blau	5,0–8,0
Neutralrot	rot	gelb	6,8–8,0
Methylrot	rot	gelb	4,2–6,3
Methylorange	orangerot	gelb	3,1–4,4
Phenolphthalein	farblos	rot	8,3–10,0

Tab. 1.7 Farbindikatoren (zur Definition des pH-Werts ►S. 22)

1

Da zwei Säure-Base-Paare miteinander wechselwirken, führt die Protonenaustauschreaktion zu einem Gleichgewicht. Die Stärke einer Säure hängt davon ab, wie leicht sie ihr Proton abgeben kann. Entsprechend ist die Stärke einer Base proportional zu ihrer Fähigkeit, das Proton zu binden. Eine starke Säure spaltet ihr Proton leicht ab und korrespondiert daher mit einer schwachen Base, während umgekehrt eine starke Base zu einer schwachen Säure korrespondiert (►S. 96).

Schwefelsäure H_2SO_4 besitzt zwei Protonen, Orthophosphorsäure H_3PO_4 drei Protonen, die sie nacheinander abgeben können. In diesen Fällen liegen **mehrwertige oder mehrprotonige Säuren** vor. Einige Stoffe wie z. B. HPO_4^{2-} können sowohl als Säure, als auch als Base reagieren. Sie werden als **Ampholyte oder amphoter** bezeichnet:

$$HPO_4^{2-} \rightleftharpoons PO_4^{3-} + H^+$$

$$HPO_4^{2-} + H^+ \rightleftharpoons H_2PO_4^-$$

Ob ein Ampholyt als Säure oder Base reagiert, hängt vom jeweiligen Reaktionspartner ab. Ist der Reaktionspartner eine stärkere Säure, so reagiert der Ampholyt als Base. Ist der Reaktionspartner die stärkere Base, so reagiert er als Säure.

Die spezielle Säure-Base-Reaktion der Säure H_3O^+ mit der Base OH^- wird **Neutralisation** genannt.

$$H_3O^+ + OH^- \rightleftharpoons 2\,H_2O$$

Indikatoren

Indikatoren sind organische Farbstoffe, die selbst schwache Säuren oder Basen sind. Dabei hat die Säure eine andere Farbe als die korrespondierende Base.

Die verschiedenen Farbindikatoren ändern ihre Farbe nicht immer bei genau neutraler Reaktion, sondern teilweise in schwach saurem (Methylrot, Methylorange), teilweise in schwach alkalischem Gebiet (Phenolphthalein). Lackmus schlägt jedoch um, wenn die Lösung neutral reagiert (auch ◘ Tab. 1.7).

Bei qualitativen Arbeiten benutzt man meist mit Lackmus- oder Neutralrotlösung getränktes Filterpapier. Ersteres ist als Lackmuspapier im Handel. Oft wird auch Universalindikatorpapier benutzt, das abhängig von der Wasserstoffionenkonzentration bzw. Hydroxylionenkonzentration verschiedene Farbe zeigt.

Definition von Säuren und Basen nach Lewis

Eine Erweiterung der Definition von Säuren und Basen nach Brønsted hat *Lewis* eingeführt. Nach Lewis ist eine **Base ein Elektronenpaar-Donator** und eine Säure ein **Elektronenpaar-Akzeptor**. Zur Unterscheidung von Säuren und Basen der Brønsted'schen Definition spricht man hier von **Lewis-Säuren und Lewis-Basen**. Bei der Reaktion einer Lewis-Base mit einer Lewis-Säure wird eine koordinative Bindung ausgebildet. Eine Lewis-Base muss demnach über mindestens ein freies Elektronenpaar verfügen. Hier zeigt sich die Gemeinsamkeit mit der Definition nach Brønsted, denn eine Brønsted-Base kann nur dann ein Proton aufnehmen, wenn sie für die Bindung zum Proton ein freies Elektronenpaar besitzt. So sind z. B. NH_3, OH^-, CN^- usw. Basen im Sinne von Brønsted als auch von Lewis.

Die Definition unterscheidet sich jedoch in bezug auf die Säure. Nach Lewis ist das Proton die Säure, denn es wird von der Base gebunden und ist damit der Elektronenpaar-Akzeptor. Ganz allgemein ist eine Lewis-Säure ein Ion oder ein Molekül mit einer Elektronenpaar-Lücke. Dies ist beispielsweise bei den Borhalogeniden BX_3 (X = F, Cl, Br, I) oder beim PCl_5 der Fall. So reagieren NH_3 und BF_3 unter Ausbildung einer kovalenten B–N-Bindung:

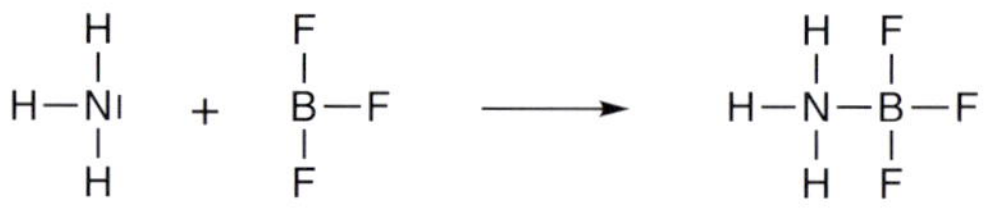

oder PCl_5 mit Cl^- zu PCl_6^-. Wie wir bei der Theorie der Komplexe noch sehen werden (►S. 36), sind Komplexe das Ergebnis einer Reaktion einer Lewis-Säure mit Lewis-Basen. Hier ist das Zentralatom die Lewis-Säure.

1.4 Chemisches Gleichgewicht, Massenwirkungsgesetz, Löslichkeitsprodukt

Viele Reaktionen verlaufen nicht quantitativ. So bilden sich bei einer Umsetzung $A + B \rightleftharpoons C + D$ zwar aus A + B die Stoffe C + D, es entstehen aber auch aus C + D teilweise wieder A + B. In dem System bleibt also ein Teil der Stoffe A + B zurück, es stellt sich ein Gleichgewicht ein. Als Beispiele seien folgende Gleichgewichte genannt:

1. $2\,SO_2 + O_2 \rightleftharpoons 2\,SO_3$ (wichtig für die Schwefelsäuredarstellung nach Knietsch),
2. $N_2 + 3\,H_2 \rightleftharpoons 2\,NH_3$ (Haber-Bosch-Verfahren: wichtig für die Gewinnung von Stickstoffverbindungen aus der Luft)
3. $H_2 + I_2 \rightleftharpoons 2\,HI$,
4. $$C_2H_5OH + CH_3COOH \rightleftharpoons C_2H_5OOCCH_3 + H_2O$$
$$(\text{Esterbildung} \rightleftharpoons \text{Esterverseifung}),$$
5. $CH_3COOH + H_2O \rightleftharpoons CH_3COO^- + H_3O^+$ (Dissoziation einer schwachen Säure).

1.4.1 Massenwirkungsgesetz (MWG)

Die Lage des Gleichgewichts ist vom Konzentrationsverhältnis der Reaktionspartner, von der Temperatur, bei Gasen vom Druck und bei Lösungen von der Konzentration abhängig. Betrachten wir zunächst die Verhältnisse bei konstanter Temperatur am Beispiel des Iodwasserstoffgleichgewichtes: H_2 und I_2 werden mit einer bestimmten Geschwindigkeit reagieren. Sie ist abhängig von der Anzahl der Zusammenstöße der H_2-Moleküle mit I_2-Molekülen und diese wiederum von der in der Volumeneinheit befindlichen Anzahl der H_2- und I_2-Moleküle. Bezeichnen wir die Reaktionsgeschwindigkeit der $(H_2 + I_2)$-Reaktion mit v_1, die Konzentration von Wasserstoff mit $c(H_2)$ und die von Iod mit $c(I_2)$, so ist:

$$v_1 = K_1 \cdot c(H_2) \cdot c(I_2)$$

wobei K_1 ein Proportionalitätsfaktor ist. Die gleiche Überlegung gilt auch für den Zerfall des Iodwasserstoffs. Nur ist dabei zu bedenken, dass zur Reaktion 2 Moleküle Iodwasserstoff aneinanderstoßen müssen. Daher gilt für die Reaktionsgeschwindigkeit:

$$v_2 = K_2 \cdot c(HI) \cdot c(HI) = K_2 \cdot c^2(HI)$$

Im Gleichgewicht müssen die Reaktionsgeschwindigkeit v_1 und v_2 einander gleich sein und damit auch

$$K_1 \cdot c(H_2) \cdot c(I_2) = K_2 \cdot c^2(HI)$$

oder

$$\frac{c^2(HI)}{c(H_2) \cdot c(I_2)} = \frac{K_1}{K_2} = \text{konstant}$$

Somit erhalten wir die spezielle Form des Massenwirkungsgesetzes für das Iodwasserstoffgleichgewicht: Das Produkt der Konzentrationen der Reaktionsprodukte dividiert durch das Produkt der Konzentrationen der Ausgangsstoffe (Edukte) ist eine Konstante. Der negative dekadische Logarithmus der Gleichgewichtskonstanten ist der pK-Wert. Selbstverständlich müssen die Konzentrationen in gleichen Maßeinheiten angegeben werden, also z. B. in Mol pro Liter. Wenn ein Reaktionspartner mit mehreren Molekülen an der Umsetzung teilnimmt, ist diese Zahl bei der mathematischen Formulierung als Exponent der Potenz einzusetzen. So kommen wir zur allgemeinen Fassung des MWG für eine Reaktion

$$x\text{A} + y\text{B} + z\text{C} + \cdots \rightleftharpoons m\text{D} + n\text{E} + o\text{F} + \cdots$$

Sie lautet:

$$\frac{c_D^m \cdot c_E^n \cdot c_F^o \cdots}{c_A^x \cdot c_B^y \cdot c_C^z \cdots} = \text{konstant}$$

Das MWG gibt uns sofort die Änderung der Konzentration an, wenn wir die Konzentration einer Komponente verändern. Vermehren wir z. B. bei der Reaktion $H_2 + I_2 \rightleftharpoons 2\,HI$ die Wasserstoffkonzentration, so muss sich diejenige des Iods so weit vermindern und damit die des Iodwasserstoffs so stark erhöhen, bis die gleiche Konstante wieder erreicht ist. Man kann demnach durch geeignete Wahl der Konzentration weitgehend Iod in Iodwasserstoff verwandeln.

Bei Erhöhung des Druckes verschiebt sich das Gleichgewicht bei Gasreaktionen stets nach der Seite, auf der die geringere Anzahl von Molekülen steht. Auch die Temperatur beeinflusst das Gleichgewicht. Während bei Konzentrations- bzw. Druckänderung die Gleichgewichtskonstante nicht geändert wird, wird durch Temperaturerhöhung eine Änderung der Konstanten und damit eine Gleichgewichtsverschiebung nach der Seite des Wärmeverbrauchs hervorgerufen. Die genannten Tatsachen sind Beispiele für das **Prinzip von Le Chatelier**, wonach die Verschiebung der Gleichgewichte nach der Seite des „kleinsten Zwanges“ vor sich geht.

Massenwirkungsgesetz und Ionenlehre

Genau wie bei Gasreaktionen kann das MWG auch auf Flüssigkeiten und Lösungen, also auch auf Ionenreaktionen angewandt werden. Nur darf man bei den letzteren nicht vergessen, dass neben den allgemeinen Bedingungen, die für das chemische Gleichgewicht verantwortlich sind, sich noch elektrische Anziehungskräfte maßgebend beteiligen. Das MWG ist demnach nur für schwache Elektrolyte und verdünnte Lösungen anwendbar. Will man das MWG auch für konzentriertere Lösungen oder stärkere Elektrolyte ansetzen, dann sind an Stelle der Konzentrationen c die sog. **Aktivitäten *a*** einzuführen, die ein Maß für die „wirksamen" Konzentrationen sind, die aufgrund der Wechselwirkungen zwischen den Ionen kleiner sind. Aktivität und Konzentration stehen gemäß

$$a = f \cdot c$$

miteinander in Beziehung, wobei der **Aktivitätskoeffizient** f einen Korrekturfaktor darstellt ($f \leq 1{,}0$).

Den folgenden auf dem MWG beruhenden Ableitungen liegen Systeme schwacher Elektrolyte bzw. verdünnte Lösungen zugrunde, sodass die Konzentrationen verwendet werden können (Näheres s. Lehrbücher der physikalischen Chemie).

1.4.2 Dissoziation und Dissoziationsgrad

Für die Dissoziation der Essigsäure $CH_3COOH + H_2O \rightleftharpoons H_3O^+ + CH_3COO^-$ lautet also das MWG:

$$\frac{c(H_3O^+) \cdot c(CH_3COO^-)}{c(CH_3COOH)} = K_{HAc} = 1{,}76 \cdot 10^{-5}\ \mathrm{mol \cdot L^{-1}}$$

$$\mathrm{p}K_S = 4{,}75 \quad (\text{bei } 25\,°C)$$

Die Konstante K_{HAc} oder allgemein K_S wird **Säurekonstante** genannt. Sie ist ein Maß für die Stärke einer Säure. Der pK_S-Wert ist der negative dekadische Logarithmus der Säurekonstante. Die Konzentration des Wassers wird dabei als konstant angesehen und in die Konstante K_S mit einbezogen.

Ganz allgemein nimmt beim Verdünnen die Dissoziation zu (vgl. unten). Das beruht auf der gleichen Erscheinung wie die Änderung eines Gleichgewichts mit dem Druck. So sind in 1 mol/L CH_3COOH bei Zimmertemperatur nur 0,4 %, in 0,1 mol/L CH_3COOH 1,3 % der Moleküle dissoziiert. Die Abhängigkeit der Dissoziation vom Verdünnungsgrad lässt sich quantitativ durch Messung der elektrischen Leitfähigkeit verfolgen (►S. 194).

Verdünnte Essigsäure enthält als schwache Säure sehr wenig H_3O^+-Ionen. Die Konstante ist also sehr klein. Durch Zugabe gleichioniger Salze kann die H_3O^+-Ionenkonzentration einer schwachen Säure verkleinert werden. Man „stumpft die Säure ab". Wie stark die Zurückdrängung ist, ersieht man leicht aus einem kleinen Zahlenbeispiel. Eine 1 mol/L CH_3COOH ist etwa zu $\alpha = 0{,}4\,\%$ dissoziiert. Der **Dissoziationsgrad** α ist das Verhältnis von dissoziierten zu insgesamt vorhandenen Essigsäuremolekülen. Folglich ist $c(H_3O^+) = c(CH_3COO^-) = 0{,}004$ mol/L, und die Gleichung lautet:

$$\frac{0{,}004\ \mathrm{mol \cdot L^{-1}} \cdot 0{,}004\ \mathrm{mol \cdot L^{-1}}}{0{,}996\ \mathrm{mol \cdot L^{-1}}} = K_{HAc} \approx 0{,}000016\ \mathrm{mol \cdot L^{-1}}$$

Löst man nun in der Essigsäure so viel festes Natriumacetat, dass auch $c(NaCH_3COO) = 1\,mol \cdot L^{-1}$ ist, so wird praktisch $c(CH_3COO^-) = 1\,mol \cdot L^{-1}$. Im Nenner kann 0,996 höchstens auf 1 steigen, ändert sich also praktisch kaum. Die H^+-Konzentration fällt daher von 0,004 auf rund $0{,}000\,016\,mol \cdot L^{-1}$, also auf etwa $1/250$ des ursprünglichen Wertes.

Verdünnung und Dissoziationsgrad

Nach der Gleichung

$$Fe(SCN)_3 \rightleftharpoons Fe^{3+} + 3\,SCN^-$$

entstehen aus der stark farbigen Verbindung beim Verdünnen durch Dissoziation Fe^{3+}- und farblose SCN^--Ionen.

Man fügt zu einigen Tropfen Eisen(III)-chloridlösung einige Tropfen NH_4SCN (Ammoniumthiocyanat) hinzu. Es entsteht eine blutrote Farbe von undissoziiertem Eisenthiocyanat, $Fe(SCN)_3$. Man verdünnt mit Wasser. Die rote Farbe verblasst und geht in Gelb über.

Änderung des Dissoziationsgrades von $Fe(SCN)_3$ durch Zusatz gleichioniger Salze

Erhöht man durch den Zusatz gleichioniger Salze nach der Gleichung

$$\frac{c(Fe^{3+}) \cdot c^3(SCN^-)}{c(Fe(SCN)_3)} = K$$

die Konzentration des Fe^{3+} bzw. SCN^-, so wird ein Faktor im Zähler größer. Da aber K konstant ist, muss der andere Faktor vermindert oder der Nenner vergrößert werden. Da beide Zahlen gemäß der Dissoziationsgleichung eng zusammenhängen, verschwinden bei Fe^{3+}-Zusatz SCN-Ionen, bei SCN-Zusatz Fe^{3+}-Ionen unter Bildung von undissoziiertem $Fe(SCN)_3$.

Man stellt sich wiederum eine gleiche $Fe(SCN)_3$-Lösung wie oben her, die so weit mit Wasser verdünnt wird, dass gerade die rote Farbe verschwindet. Dann teile man die Lösung und fügt zu dem einen Teil $FeCl_3$, zum anderen NH_4SCN oder KSCN hinzu. Beide Male tritt die rote Farbe wieder auf. Es ist also erneut undissoziiertes $Fe(SCN)_3$ entstanden.

Änderung des Dissoziationsgrades von Essigsäure durch Zusatz von Natriumacetat

Die Verringerung der H^+-Ionenkonzentrationen in Essigsäure durch Zugabe von Natriumacetat kann durch Anwendung von Indikatoren erkannt werden.

2–3 Tropfen verd. Essigsäure versetzt man mit etwa 2 mL Wasser, gibt als Indikator Metyhlrot oder Methylorange und dann tropfenweise eine konz. Natriumacetatlösung hinzu. Der Indikator schlägt von Rot bzw. Orange nach Gelb um.

Änderung des Dissoziationsgrades von Ammoniak durch Zusatz von Ammoniumchlorid

Genau wie bei einer schwachen Säure wird bei einer schwachen Base durch ein gleichioniges Salz die Basizität abgestumpft.

Man fügt zu etwa 2 mL Wasser 2–3 Tropfen verd. Ammoniak und 1–2 Tropfen Phenolphthalein hinzu. Durch Zusatz von konz. NH_4Cl-Lösung geht die Farbe des Indikators von Rot in Farblos über.

Dissoziation des Wassers, Ionenprodukt des Wassers, pH-Wert

Wasser ist ebenfalls, wenn auch äußerst gering, in H^+ und OH^- gespalten. Und zwar sind in 10 Millionen Liter reinen Wassers etwa 1 g H^+-Ionen und 17 g OH^--Ionen vorhanden. Die H^+- und OH^--Ionenkonzentration ist dementsprechend 10^{-7} mol · L^{-1}.

Der Dissoziationsgrad, d. h. der Prozentgehalt an dissoziierten Molekülen, nimmt bei Temperaturerhöhung stark zu. Dadurch steigt die H^+-Konzentration von $0{,}34 \cdot 10^{-7}$ mol · L^{-1} bei 0 °C über $0{,}83 \cdot 10^{-7}$ mol · L^{-1} bei 20 °C und $2{,}3 \cdot 10^{-7}$ mol · L^{-1} bei 50 °C auf $7{,}4 \cdot 10^{-7}$ mol · L^{-1} bei 100 °C.

Für die Dissoziationskonstante des Wassers gilt nach dem MWG:

$$K = \frac{a(\mathrm{H^+}) \cdot a(\mathrm{OH^-})}{a(\mathrm{H_2O})} = \frac{f \cdot c(\mathrm{H^+}) \cdot f \cdot c(\mathrm{OH^-})}{a(\mathrm{H_2O})} \,.$$

Da die Aktivität des Wassers wegen des geringen Dissoziationsgrades praktisch der Gesamtkonzentration entspricht, wird $a(\mathrm{H_2O}) = 997\,\mathrm{g} \cdot \mathrm{L^{-1}} : 18\,\mathrm{g} \cdot \mathrm{mol^{-1}} = 55{,}4\,\mathrm{mol} \cdot \mathrm{L^{-1}}$ in die Konstante K mit einbezogen. Weiterhin dürfen wegen der sehr geringen H^+- und OH^--Konzentration die Aktivitätskoeffizienten ebenfalls gleich eins gesetzt werden. Man erhält unter diesen Voraussetzungen eine neue, als **Ionenprodukt des Wassers** bezeichnete Konstante K_W. Sie hat bei 25 °C den Wert

$$K_\mathrm{w} = c(\mathrm{H^+}) \cdot c(\mathrm{OH^-}) = 1{,}00 \cdot 10^{-14}\,\mathrm{mol^2} \cdot \mathrm{L^{-2}}$$

Setzt man reinem Wasser wenig Säure oder Base hinzu, so muss das Ionenprodukt selbstverständlich konstant bleiben. Daher sind auch in saurer Lösung OH^--Ionen und in alkalischer H^+-Ionen vorhanden. Eine 0,001 mol/L NaOH [$c(\mathrm{OH^-}) = 10^{-3}\,\mathrm{mol} \cdot \mathrm{L^{-1}}$] enthält also noch eine Wasserstoffionenkonzentration $c(\mathrm{H^+}) = 10^{-11}\,\mathrm{mol} \cdot \mathrm{L^{-1}}$. Für eine 0,001 mol/L HCl ergeben sich entsprechend die Konzentration neu $c(\mathrm{H^+}) = 10^{-3}\,\mathrm{mol} \cdot \mathrm{L^{-1}}$ und $c(\mathrm{OH^-}) = 10^{-11}\,\mathrm{mol} \cdot \mathrm{L^{-1}}$.

Im Allgemeinen gibt man statt der H^+-Konzentration bzw. -Aktivität in mol · L^{-1} ihren negativen dekadischen Logarithmus an und bezeichnet diesen als **pH-Wert**. Wegen verschiedener messtechnischer und theoretischer Schwierigkeiten musste die konventionelle pH-Skala allerdings durch eine Reihe von Standard-Pufferlösungen festgelegt werden.

$$\mathrm{pH} = -\lg c(\mathrm{H^+})$$

Der pH-Wert kann bei 25 °C Werte zwischen 0 und 14 annehmen. Bei pH = 7 liegen gleich viele H_3O^+- wie OH^--Ionen vor, die Lösung ist neutral. Bei pH < 7 reagiert die Lösung sauer und bei pH > 7 alkalisch.

Für 0,05 mol/L HCl, bei der $a(\mathrm{H^+}) \approx c(\mathrm{H^+})$ ist, erhält man

$$\mathrm{pH} \approx -\lg 0{,}05 = -(-2 + 0{,}7) = 1{,}3$$

Im umgekehrten Fall ist der Numerus zum Logarithmus zu suchen, z. B. für pH = 4,5 ist $c(\mathrm{H^+}) \approx 10^{-4{,}5} = 10^{-5} \cdot 10^{+0{,}5} = 0{,}000032\,\mathrm{mol} \cdot \mathrm{L^{-1}}$.

Anwendungen des MWG auf andere Erscheinungen wie Hydrolyse, Pufferlösungen, Löslichkeitsprodukt usw. s. u.

1.4.3 Hydrolyse und Pufferlösungen

$NaCH_3COO$ ist in Wasser wie viele andere Salze praktisch völlig in Na^+ und CH_3COO^- gespalten. Infolge der Eigendissoziation des Wassers sind in der Natriumacetatlösung ferner H^+- und OH^--Ionen vorhanden. Da Essigsäure eine schwache Säure ist und sich das Acetation entsprechend als Base verhält, treten die H^+-Ionen mit den CH_3COO^--Ionen zu undissoziierter Essigsäure zusammen. Dies geht so lange, bis sich die Gleichgewichte:

$$\frac{c(H^+) \cdot c(CH_3COO^-)}{c(CH_3COOH)} = K_{HAc} = 1{,}76 \cdot 10^{-5}\ mol \cdot L^{-1} \qquad (a)$$

und

$$c(H^+) \cdot c(OH^-) = K_w = 10^{-14}\ (mol \cdot L^{-1})^2 \qquad (b)$$

eingestellt haben. Beim Lösen des Natriumacetats verschwinden somit H^+-Ionen, und dafür treten OH^--Ionen im Überschuss auf, bis die H^+-Ionenkonzentration ihren Gleichgewichtswert erreicht hat und somit $c(H^+)$ in der Gleichung (a) den gleichen Wert wie in der Gleichung (b) hat. Die Lösung reagiert dann alkalisch.

1

NH_4Cl ist dagegen ein Salz, das als Kation die schwache Säure NH_4^+ enthält. Sie kann mit Wasser H_3O^+ und NH_3 bilden und so eine schwach saure Reaktion verursachen.

Wenn die Ionen eines Salzes als Säure oder Base mit H_2O reagieren oder mit H_2O eine Säure bilden, so spricht man von **Hydrolyse.** Zn^{2+}- und Al^{3+}-Ionen werden hydratisiert. Die Aquakomplexe sind Säuren:

$$Al^{3+} + 6\ H_2O \longrightarrow [Al(OH_2)_6]^{3+} \rightleftharpoons [Al(OH_2)_5(OH)]^{2+} + H^+$$

Allgemein kann man feststellen: Anionen, die sich von schwachen Säuren ableiten, sind Basen: z. B. CH_3COO^-, CN^-, CO_3^{2-}. Kationen, die sich von schwachen Basen ableiten, sind Säuren: z. B. NH_4^+, $[Al(OH_2)_6]^{3+}$.

Auch Moleküle, wie $SiCl_4$, PCl_3 usw., können hydrolysieren. Dabei werden kovalente Bindungen gespalten:

$$PCl_3 + 3\ H_2O \longrightarrow H_3PO_3 + 3\ HCl$$

Von großem praktischem Interesse sind Lösungen, zu denen man sowohl H^+-Ionen (z. B. HCl) als auch OH^--Ionen (NaOH) hinzufügen kann, ohne dass sich die tatsächliche H^+-Ionenkonzentration wesentlich ändert. Geeignet sind Systeme, die aus vergleichbaren Mengen einer schwachen Säure oder Base und der korrespondierenden Base bzw. Säure (z. B. CH_3COOH/CH_3COO^-; NH_3/NH_4^+) bestehen.

Solche **Pufferlösungen** werden oft gebraucht, wenn man Reaktionen bei konstanter H^+-Ionenkonzentration ablaufen lassen will, was besonders in der physiologischen Chemie sehr wichtig ist.

Beispiel: Pufferlösungen.

Man füllt zwei Reagenzgläser mit Wasser, zwei weitere mit 5 ml 2 mol/L CH_3COOH +5 mL 2 mol/L $NaCH_3COO$ und fügt zu allen 2 Tropfen Methylorange hinzu. Ein Reagenzglas mit Wasser versetzt man mit 1–2 Tropfen 2 mol/L HCl. Es tritt sofort die rote Farbe auf. Im Acetatpuffer dagegen bleibt die Mischfarbe des Indikators auch bei Zugabe von weiterer Salzsäure bestehen. Die entsprechenden Ergebnisse erhält man bei tropfenweiser Zugabe von Natronlauge zu Wasser bzw. dem Puffer.

1.4.4 Löslichkeitsprodukt

Lösungen über einem festen Bodenkörper des gelösten Salzes werden als gesättigt bezeichnet. Die Stoffmengenkonzentrationen **gesättigter Lösungen** zeigen große Unterschiede, sodass eine Einteilung in leicht lösliche (mehr als $1\,\mathrm{mol \cdot L^{-1}}$), mäßig lösliche (0,1 bis $1\,\mathrm{mol \cdot L^{-1}}$) und schwer lösliche (weniger als $0{,}1\,\mathrm{mol \cdot L^{-1}}$) Verbindungen zweckmäßig ist. Die Löslichkeit wird in starkem Maße durch die Temperatur, durch die Art des Lösemittels und durch die Teilchengröße des Bodenkörpers beeinflusst.

Bei schwerlöslichen Salzen wie $KClO_4$, AgCl, $BaSO_4$ kann vorausgesetzt werden, dass der gelöste Salzanteil über einem entsprechenden Bodenkörper fast völlig dissoziiert ist. Für $KClO_4$ gilt das MWG in der Form

$$\frac{c(\mathrm{K^+}) \cdot c(\mathrm{ClO_4^-})}{c(\mathrm{KClO_4})} = K$$

In einer gesättigten Lösung ist die Gesamtkonzentration C bei einer bestimmten Temperatur konstant. Bei vollständiger Dissoziation folgt dann:

$$c(\mathrm{K^+}) = c(\mathrm{ClO_4^-}) = C$$

Die Konzentration des gelösten undissoziierten Anteils ist klein und bei Gegenwart des Bodenkörpers konstant und kann in eine Konstante einbezogen werden. Man erhält damit:

$$c(\mathrm{K^+}) \cdot c(\mathrm{ClO_4^-}) = K \cdot c(\mathrm{KClO_4}) = K_\mathrm{L} = C^2$$

K_L nennt man das **Löslichkeitsprodukt**. Es kann im vorliegenden Fall durch Quadrieren der Gesamtkonzentration C in einfacher Weise berechnet werden. Wird das Löslichkeitsprodukt überschritten, indem man zu einer gesättigten Lösung von $KClO_4$ weitere K^+- oder ClO_4^--Ionen hinzugibt und damit $c(\mathrm{K^+})$ oder $c(\mathrm{ClO_4^-})$ erhöht, so müssen so viel K^+ und ClO_4^--Ionen zu undissoziierten Molekülen zusammentreten, bis das Produkt der Ionenkonzentrationen wieder auf den Wert K_L gesunken ist. Da nun aber in gesättigten Lösungen die Konzentration des undissoziierten Anteils konstant ist und nicht überschritten werden kann, muss das gebildete undissoziierte $KClO_4$ auskristallisieren.

1.5 Oxidation und Reduktion

Unter **Oxidation** wird allgemein die Abgabe von Elektronen bzw. Erhöhung der Oxidationsstufe (►S. 25), unter **Reduktion** die Aufnahme von Elektronen bzw. Erniedrigung der Oxidationsstufe verstanden. Beide Vorgänge sind immer miteinander gekoppelt, da bei jeder Redox-(= Reduktions-Oxidations-)Reaktion die Anzahl der aufgenommenen Elektronen gleich der der abgegebenen sein muss; außerdem können Elektronen ebenso wie Protonen in kondensierter Phase nicht frei auftreten.

Nach den im vorhergehenden Kapitel besprochenen Tatsachen sind z. B. bei den Elementen der linken Hauptgruppen des PSE die äußeren Elektronen unter Bildung der entsprechenden positiven Ionen mit Edelgaskonfiguration leicht abtrennbar, d. h. die **Ionisierungsenergie** (►S. 5) ist gering. Bei der Aufnahme eines Elektrons durch das neutrale Atom wird nur wenig Energie frei, die sog. **Elektronenaffinität** (►S. 5) ist also gering. In einigen Fällen ist die Elektronenaffinität sogar positiv, d. h. bei der Aufnahme eines Elektrons muss Energie aufgewandt werden. Demgegenüber besitzen Atome von Elementen der rechten Hauptgruppen große Ionisierungsenergie und Elektronenaffinität.

Bei der Bildung von NaCl aus Chlor und Natrium wird Natrium oxidiert und Chlor reduziert:

$$Na \longrightarrow Na^{+} + e^{-}$$
$$Cl + e^{-} \longrightarrow Cl^{-}$$

Die Oxidationsstufe des Natriums im $\overset{+I}{Na}\overset{-I}{Cl}$ hat sich von ±0 auf +I erhöht, die des Chlors von ±0 auf –I erniedrigt. Kennt man also den Wechsel der Oxidationsstufe der an einer Redoxgleichung beteiligten Moleküle und Ionen, so ist die Aufstellung von Reaktionsgleichungen aus den Teilreaktionen der „Redox-Reaktion“ sehr einfach:

1. Auflösung eines Metalls in Säure:

$$Zn \longrightarrow Zn^{2+} + 2\,e^{-}$$
$$2\,H^{+} + 2\,e^{-} \longrightarrow H_2$$
$$\overset{\pm 0}{Zn} + \overset{+I}{H_2}SO_4 \longrightarrow \overset{+II}{Zn}SO_4 + \overset{\pm 0}{H_2}\uparrow$$

2. In einer Verbindung bzw. einem komplexen Ion wird die **Oxidationsstufe** ermittelt, indem man alle Partner als Ionen in Rechnung stellt, z. B. MnO_4^- (Permanganation):

Oxidationsstufe des Sauerstoffs	–II:	–II × 4 = –VIII
Oxidationsstufe des Mangans	+VII:	+VII × 1 = +VII
Ladung des MnO_4^--Ions		– 1

Die Ionenladung ergibt sich als Summe aller Oxidationsstufen.

Ganz allgemein kann man die Oxidationsstufen auch aus der Valenzstrichformel ableiten, indem man die Bindungselektronen vollständig dem elektronegativeren Bindungspartner zuordnet und dann die Differenz zu der Elektronenanzahl berechnet, die das entsprechende Atom als Element aufweist. Bei gleichen Atomen werden die Bindungselektronen aufgeteilt.

Bei der Oxidation von Fe^{2+} zu Fe^{3+} durch MnO_4^- in saurer Lösung entsteht Mn^{2+}:

$$\overset{+VII}{Mn}O_4^- + 8\,H^{+} + 5\,e^{-} \longrightarrow \overset{+II}{Mn}{}^{2+} + 4\,H_2O \qquad |\cdot 1$$
$$\overset{+II}{Fe}{}^{2+} \longrightarrow \overset{+III}{Fe}{}^{3+} + e^{-} \qquad |\cdot 5$$

Da nun in saurer Lösung ein MnO_4^--Ion 5 Elektronen aufnimmt, ein Fe^{2+}-Ion dagegen nur 1 Elektron abgibt, müssen 5 Fe^{2+}-Ionen oxidiert werden, um die zur Reduktion eines MnO_4^--Ions notwendigen Elektronen zu liefern. Die zweite Teilreaktion muss also mit 5 multipliziert werden, damit bei der Addition der beiden Teilgleichungen die in ihnen auftretenden freien Elektronen herausfallen. Letztlich läuft es darauf hinaus, das kleinste gemeinsame Vielfache für die Anzahl der abgegebenen und aufgenommenen Elektronen zu finden (hier 5 × 1 = 5). Der Stoff, der 5 Elektronen aufnimmt, ist demnach mit 1, derjenige, der 1 Elektron abgibt, mit 5 zu multiplizieren. Die aus den Teilgleichungen sich ergebende Gleichung für die Gesamtreaktion lautet dann:

$$MnO_4^- + 8\,H^{+} + 5\,Fe^{2+} \longrightarrow Mn^{2+} + 5\,Fe^{3+} + 4\,H_2O$$

Bei komplizierten Redoxreaktionen geht man am besten so vor, dass man die **Oxidationsteilreaktion** getrennt von der **Reduktionsteilreaktion** formuliert. Wir wollen dies am Beispiel der Reaktion von As_2O_3 mit BrO_3^- ausführen. Zunächst schreibt man Edukt und Produkt auf, bestimmt die Oxidationsstufen und berechnet daraus den **Elektronenübergang**:

$$\overset{+III}{As}_2O_3 \longrightarrow 2\,H_2\overset{+V}{As}O_4^- + 4\,e^-$$

$$\overset{+V}{Br}O_3^- + 6\,e^- \longrightarrow \overset{-I}{Br}{}^-$$

Bei einer Ionengleichung muss die Summe der unkompensierten Ladungen auf beiden Seiten gleich sein. Als nächster Schritt ist daher ein **Ladungsausgleich** zweckmäßig, den man bei Reaktionen in wässeriger Lösung je nach pH-Wert mit H^+ oder mit OH^- ausführt:

$$\overset{+III}{As}_2O_3 \longrightarrow 2\,H_2\overset{+V}{As}O_4^- + 4\,e^- + 6\,H^+$$

$$\overset{+V}{Br}O_3^- + 6\,e^- + 6\,H^+ \longrightarrow \overset{-I}{Br}{}^-$$

Anschließend folgt der **Stoffausgleich**, der häufig mit H_2O erfolgen kann:

$$\overset{+III}{As}_2O_3 + 5\,H_2O \longrightarrow 2\,H_2\overset{+V}{As}O_4^- + 4\,e^- + 6\,H^+ \qquad |\cdot 3$$

$$\overset{+V}{Br}O_3^- + 6\,e^- + 6\,H^+ \longrightarrow \overset{-I}{Br}{}^- + 3\,H_2O \qquad |\cdot 2$$

Da sich die Elektronen in der Summengleichung herausheben sollen, muss man noch das kleinste gemeinsame Vielfache suchen ($3 \cdot 4\,e^- = 12\,e^-$ und $2 \cdot 6\,e^- = 12\,e^-$):

$$3\,\overset{+III}{As}_2O_3 + 2\,\overset{+V}{Br}O_3^- + 9\,H_2O \longrightarrow 6\,H_2\overset{+V}{As}O_4^- + 2\,\overset{-I}{Br}{}^- + 6\,H^+\,;$$

weitere Beispiele ►S. 28.

1.5.1 Wertigkeit, Oxidationsstufe

Im Anschluss soll noch auf den wichtigen Wertigkeitsbegriff hingewiesen werden. Dieser Begriff hat eine starke Wandlung durchgemacht und umfasst heute eine Anzahl selbständiger Aussagen. Man unterscheidet:

1. Die **stöchiometrische Wertigkeit:** Sie gibt an, wie viel einwertige Atome oder Atomgruppen ein Atom des betrachteten Elements binden oder ersetzen kann. Durchweg einwertig ist der Wasserstoff, in der Regel zweiwertig der Sauerstoff.
2. Die **Ionenladung:** Sie ist die Anzahl der elektrischen Elementarladungen eines Ions, z. B. Na^+, Ca^{2+} (vgl. ►S. 11).
3. Die **Bindigkeit oder Bindungszahl:** Sie bezeichnet die Anzahl der Atombindungen, die von einem Atom betätigt werden. Sie ist beim Chlor im Cl_2 eins, beim Kohlenstoff im CH_4 vier. Die Bindigkeit kann in einigen Fällen mit der Koordinationszahl in Komplexen identisch sein.
4. Die **Formale Ladung:** Sie ergibt sich aus dem Vergleich der Elektronenanzahl, die dem betrachteten Atom in der Elektronenformel zukommt, mit der des neutralen Atoms. Für jedes überschüssige Elektron erhält das Atom eine negative, für jedes fehlende Elektron eine positive Ladung zugeordnet. Gemeinsame Elektronenpaare (Bindungsstriche

in Valenzstrichformeln) gehören zur Hälfte dem einen und zur Hälfte dem anderen Atom. Die Summe der formalen Ladungen entspricht der Ionenladung.

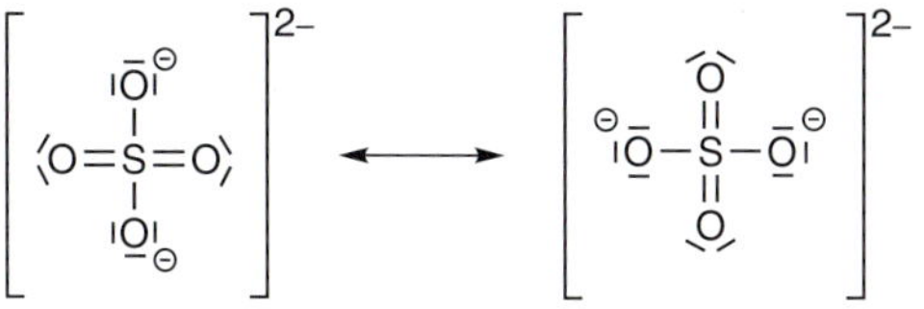

5. Im SO_4^{2-}-Anion ist demnach die formale Ladung des S-Atoms: 0, eines O-Atoms im Mittel: −0,5.
6. Die **Oxidationsstufe oder Oxidationszahl** (elektrochemische Wertigkeit ►S. 25): Sie bezeichnet die Ladung eines Atoms im Molekül unter der Annahme, dass das Molekül nur aus Ionen aufgebaut ist. Sie wird als römische Zahl mit dem entsprechenden Vorzeichen über das betreffende Element geschrieben (Schreibweise in Verbindungsnamen ►S. 43), z. B.:

$$H_2\overset{+VI}{S}O_4\,,\quad \overset{-III}{N}H_3\,,\quad K\overset{+VII}{Mn}O_4\,,\quad H_2\overset{+III}{C}_2O_4\,,\quad \overset{+I}{N}_2O$$

Die Kenntnis der Oxidationsstufe gestattet bei Redox-Prozessen eine Ermittlung der Elektronenbilanz. Sie ist demnach äußerst wichtig zur Ableitung von Redox-Gleichungen und der elektrochemisch äquivalenten Stoffmengen.

1.5.2 Periodensystem und Oxidationsstufen

Das Periodensystem lässt einige Aussagen über die auftretenden Oxidationsstufen zu: Die maximal mögliche Oxidationsstufe eines Elementes ist identisch mit der Gruppennummer im PSE. Dies ist bei den Hauptgruppen leicht einzusehen, da die Anzahl der Valenzelektronen mit der Gruppennummer übereinstimmt. Jedoch können die Nebengruppenelemente, die auf ihrer äußersten Schale mit nur wenigen Ausnahmen (z. B. Cu, Cr, Pd) maximal zwei Elektronen haben, und bei denen demnach häufig die Oxidationsstufe +II realisiert ist, auch aus der nächsten weiter innen liegenden Schale Elektronen (*d*-Elektronen) abgeben. Sie erreichen so die ihrer Gruppennummer entsprechende maximale Oxidationsstufe. Werden dagegen von den Elementen der 4. bis 7. Hauptgruppe Elektronen zur Auffüllung der nächst höheren Edelgasschale aufgenommen, so ergibt sich die minimal mögliche Oxidationsstufe aus der Gruppennummer minus 8.

Maximale Oxidationsstufe z. B. bei

$$H_4\overset{+IV}{Si}O_4\quad H_3\overset{+V}{P}O_4\quad H_2\overset{+VI}{S}O_4\quad H\overset{+VII}{Cl}O_4$$

Minimale Oxidationsstufe z. B. bei

$$\overset{-III}{P}H_3\quad H_2\overset{-II}{S}\quad H\overset{-I}{Cl}$$

Die maximal mögliche Oxidationsstufe wird nicht erreicht von den Hauptgruppenelementen Fluor, das nur in den Oxidationsstufen −I und 0, Sauerstoff, der nur maximal als +II (OF_2) auftritt, und den Edelgasen, bei denen nur Xenon im XeO_4 +VIII erreicht, sowie den Elementen der 8. Nebengruppe mit Ausnahme von Ruthenium und Osmium. Nur letztere erreichen in den Tetraoxiden die Oxidationsstufe +VIII.

Überschritten wird die durch die Regel genannte maximale Oxidationsstufe nur von den Elementen der 1. Nebengruppe (Kupfer, Silber, Gold), die auch mit höheren Oxidationsstufen als +I auftreten.

Da die Nebengruppenelemente auch Elektronen aus der nächsten weiter innen liegenden Schale abzugeben vermögen, ist bei diesen die Variationsmöglichkeit der Oxidationsstufen größer als bei den Hauptgruppenelementen. So tritt z. B. das Element Mangan in allen Oxidationsstufen von −III bis +VII auf. Bei den Hauptgruppen beobachtet man dagegen oft einen Unterschied von jeweils 2 Elektronen, z. B. beim Schwefel die Oxidationsstufen −II, ±0, +II, +IV, +VI. Eine Ausnahme liegt hier allerdings beim Disulfidion, S_2^{2-}, mit der Oxidationsstufe −I vor.

In der 3. bis 5. Hauptgruppe nimmt die Beständigkeit der Verbindungen in der maximalen Oxidationsstufe des Elementes mit steigender Ordnungszahl ab, die Beständigkeit der Verbindungen mit einer niedrigeren Oxidationsstufe zu, z. B. liegt in der 5. Hauptgruppe beim Stickstoff die beständigsten Verbindungen in der Oxidationsstufe +V vor. Bismut dagegen tritt vorwiegend mit der Oxidationsstufe +III auf. Bi(V)-Verbindungen sind sehr starke Oxidationsmittel.

Bei den Nebengruppen liegen die Verhältnisse umgekehrt. Ein gutes Beispiel ist die 7. Nebengruppe.

Weitere Ableitungen von Redox-Gleichungen

Bei der Oxidation der schwefligen Säure zu Sulfat durch MnO_4^- in saurer Lösung entsteht Mn^{2+}:

$$\overset{+IV}{H S}O_3^- + H_2O \longrightarrow \overset{+VI}{S}O_4^{2-} + 2\,e^- + 3\,H^+$$

Für die Reduktion des MnO_4^--Ions, das in saurer Lösung in Mn^{2+} übergeht, werden fünf Elektronen benötigt:

$$\overset{+VI}{Mn}O_4^- + 5\,e^- + 8\,H^+ \longrightarrow \overset{+II}{Mn}{}^{2+} + 4\,H_2O$$

Zur Aufstellung der Summengleichung muss daher die Oxidationsgleichung mit 5 und die Reduktionsteilgleichung mit 2 multipliziert werden: Bei H_2O_2 muss man beachten, dass eine O–O-Bindung vorliegt (H–O–O–H), dadurch kommt dem Sauerstoff hier die Oxidationsstufe −I zu. Der Sauerstoff hat somit im H_2O_2 eine mittlere Oxidationsstufe, die zwischen −II im H_2O und ±0 im O_2 liegt. Daher kann H_2O_2 in Abhängigkeit vom Reaktionspartner sowohl zu H_2O reduziert als auch zu O_2 oxidiert werden:

$$\text{Reduktion:}\quad H_2\overset{-I}{O}_2 + 2\,e^- + 2\,H^+ \longrightarrow 2\,H_2\overset{-II}{O}$$

$$\text{Oxidation:}\quad H_2\overset{-I}{O}_2 \longrightarrow \overset{\pm 0}{O}_2 + 2\,e^- + 2\,H^+$$

Die Teilreaktionen bei der Oxidation des H_2O_2 mit MnO_4^- in saurer Lösung lauten demnach:

$$MnO_4^- + 8\,H^+ + 5\,e^- \longrightarrow Mn^{2+} + 4\,H_2O$$

und

$$H_2O_2 \longrightarrow 2\,H^+ + O_2 + 2\,e^-$$

Damit in beiden Teilreaktionen die gleiche Anzahl von Elektronen auftritt, ist die erste Teilreaktion mit 2, die zweite mit 5 zu multiplizieren. Durch Addition ergibt sich dann die Gesamtreaktion:

$$2\,MnO_4^- + 6\,H^+ + 5\,H_2O_2 \longrightarrow 2\,Mn^{2+} + 8\,H_2O + 5\,O_2$$

Bei der Oxidation oder Reduktion organischer Verbindungen geht man wie in den vorausgehenden Beispielen vor und ordnet dem C-Atom die entsprechende Oxidationsstufe zu.

Zerlegt man das Oxalation schematisch in Atomionen, wobei verbindende Elektronenpaare dem Element mit größerer Elektronegativität zugeteilt werden und nur zwischen gleichen Elementen eine Aufteilung des Elektronenpaares erfolgt, so erhält man für die Oxidationsstufe des Kohlenstoffs +III.

Bei der Oxidation des Oxalations zu CO_2 werden 2 Elektronen gemäß der Teilreaktion abgegeben:

$$\overset{+III}{C}_2O_4^{2-} \longrightarrow 2\,\overset{+IV}{C}O_2 + 2\,e^-$$

Bei wasserstoffhaltigen Verbindungen ist zu beachten, dass der Kohlenstoff eine größere Elektronegativität als Wasserstoff besitzt. Deshalb liefert die gleiche schematische Zerlegung beim Ethylalkohol für das C-Atom der CH_3-Gruppe die Oxidationsstufe –III, dagegen –I für das der OH-Gruppe benachbarte C-Atom. Nur dieses C-Atom wechselt bei der Oxidation zu Acetaldehyd unter Abgabe zweier Elektronen seine Oxidationsstufe auf +I gemäß der Teilgleichung:

$$\overset{-III}{C}H_3{-}\overset{-I}{C}H_2{-}OH \longrightarrow \overset{-III}{C}H_3{-}\overset{+I}{C}HO + 2\,H^+ + 2\,e^-$$

Bei der Oxidation des $C_2O_4^{2-}$ bzw. C_2H_5OH durch MnO_4^- ergibt sich demnach wieder als kleinstes gemeinsames Vielfaches $(2 \times 5) = 10$. Die Gleichungen lauten daher:

$$2\,MnO_4^- + 5\,C_2O_4^{2-} + 16\,H^+ \longrightarrow 2\,Mn^{2+} + 10\,CO_2 + 8\,H_2O$$

bzw.

$$2\,MnO_4^- + 5\,C_2H_5OH + 6\,H^+ \longrightarrow 2\,Mn^{2+} + 5\,CH_3CHO + 8\,H_2O$$

An Hand der hier aufgeführten Beispiele lassen sich alle Redoxgleichungen mit organischen Komponenten leicht ableiten und formulieren.

1.5.3 Disproportionierung und Komproportionierung (Synproportionierung)

Geht bei einer Reaktion ein Element von einer mittleren Oxidationsstufe in eine höhere und eine niedere über, so nennt man diesen Vorgang **Disproportionierung**. Bei der Aufstellung der Reaktionsgleichung ist wie bei den Redoxreaktionen zu verfahren, z. B.:

$$\overset{\pm 0}{Cl}_2 + 2\,OH^- \longrightarrow \overset{-I}{Cl}^- + O\overset{+I}{Cl}^- + H_2O$$

$$2\,H_2\overset{-I}{O}_2 \longrightarrow 2\,H_2\overset{-II}{O} + \overset{\pm 0}{O}_2$$

Der umgekehrte Vorgang wird als **Kom**- oder **Synproportionierung** bezeichnet.

1.5.4 Spannungsreihe und Redoxpotenzial

Das Bestreben eines Elementes, in eine andere Oxidationsstufe überzugehen, kann qualitativ oder auch quantitativ festgelegt werden.

Gibt man z. B. in eine Cu^{2+}-Lösung elementares Zn, so schlägt sich elementares Cu nieder und Zn^{2+}-Ionen gehen in Lösung. Das Kupfer hat demnach eine geringere Tendenz, als hydratisiertes Ion in Lösung zu gehen, es ist „edler" als das Zink.

Die ablaufende Redox-Reaktion lässt sich beim Vorliegen der Elemente X und Y allgemein formulieren:

1. $X + Y^{2+} \longrightarrow X^{2+} + Y$ (X unedler als Y) und in die Teilreaktionen
2. $X \longrightarrow X^{2+} + 2\,e^-$ (Elektronen liefernde Reaktion, Oxidation) und
3. $Y^{2+} + 2\,e^- \longrightarrow Y$ (Elektronen verbrauchende Reaktion, Reduktion).

Den Elektronenaustausch kann man in einem **galvanischen Element**, z. B. einem Daniell-Element, direkt nachweisen und messen. Man taucht die Metalle X und Y in die Lösungen ihrer Salze (also X z. B. in XSO_4 und Y in YSO_4), und erhält so zwei (galvanische) **„Halbelemente"**. Verbindet man nun die beiden Lösungen durch einen mit der Lösung eines Elektrolyten (z. B. KCl) gefüllten Flüssigkeitsheber und die beiden eintauchenden Metalle, die beiden „Elektroden", über ein Ampèremeter, so fließt ein elektrischer Strom. Er kommt dadurch zustande, dass die Atome des Metalles X als Ionen X^{2+} in Lösung gehen unter Abgabe von Elektronen, die nun von X durch den Draht nach Y wandern und an dessen Oberfläche mit den Ionen Y^{2+} reagieren unter Bildung der Atome Y, die sich an der Oberfläche des Metalles Y abscheiden. Es findet also die Umsetzung 1 statt, nur reagieren hier X und Y^{2+} nicht direkt miteinander. Die beiden Teilreaktionen 2 und 3 verlaufen örtlich voneinander getrennt, wobei die Elektronen durch den metallischen Leiter vom Ort der Teilreaktion 2 zu dem der Teilreaktion 3 transportiert werden. Ein Flüssigkeitsheber sorgt für den Anionenausgleich (Gesetz der Elektroneutralität).

Die zwischen den Metallstäben auftretende Spannung ist ein Maß für den Unterschied in den Lösungstendenzen der Metalle X und Y.

Die Reihe, die man erhält, wenn man die Metalle nach abnehmender Lösungstendenz geordnet aufschreibt, wird **Spannungsreihe** genannt:

K, Ca, Na, Mg, Al, Mn, Zn, Fe, Cd, Ni, Sn, Pb, **H**, Sb, As, Cu, Hg, Ag, Au, Pt

In ihr befindet sich auch der Wasserstoff. Alle Metalle, die vor ihm stehen, sind unedler und werden schon von nichtoxidierenden Säuren aufgelöst. Diejenigen, die hinter ihm stehen, sind edler und können nur durch oxidierende Säuren in den Ionenzustand überführt werden. Die Reaktion:

$$X \rightleftharpoons X^{2+} + 2\,e^-$$

die auf der einen Seite eines galvanischen Elementes vor sich geht, ist eine Gleichgewichtsreaktion. Das Bestreben, in den Ionenzustand überzugehen, wird daher nicht nur vom Metall selbst, sondern auch von den schon in Lösung befindlichen Ionen abhängen, und zwar muss es um so kleiner sein, je größer die Ionenkonzentration ist. Die obige Reihenfolge gilt daher nur unter gleichen Bedingungen, d. h. nur für gleiche Ionenkonzentrationen. Quantitativ misst man daher das Bestreben, in Lösung zu gehen, bei der Ionenaktivität $a = f \cdot c = 1\,mol \cdot L^{-1}$ und nennt die erhaltene Spannung das **Standardpotenzial E^0** (◘ Tab. 1.9), wobei als Gegenelektrode eine **Wasserstoffelektrode** dient, deren Standardpotenzial man – da man nur so die Potenzialdifferenzen messen kann – willkürlich gleich

	E^0 /V
$Li^+ + e^- \rightleftharpoons Li_{(fest)}$	−3,04
$K^+ + e^- \rightleftharpoons K_{(fest)}$	−2,92
$Ca^{2+} + 2\,e^- \rightleftharpoons Ca_{(fest)}$	−2,87
$Na^+ + e^- \rightleftharpoons Na_{(fest)}$	−2,713
$Mg^{2+} + 2\,e^- \rightleftharpoons Mg_{(fest)}$	−2,36
$Al^{3+} + 3\,e^- \rightleftharpoons Al_{(fest)}$	−1,67
$Mn^{2+} + 2\,e^- \rightleftharpoons Mn_{(fest)}$	−1,18
$Zn^{2+} + 2\,e^- \rightleftharpoons Zn_{(fest)}$	−0,762
$Fe^{2+} + 2\,e^- \rightleftharpoons Fe_{(fest)}$	−0,44
$Cd^{2+} + 2\,e^- \rightleftharpoons Cd_{(fest)}$	−0,40
$Co^{2+} + 2\,e^- \rightleftharpoons Co_{(fest)}$	−0,28
$Ni^{2+} + 2\,e^- \rightleftharpoons Ni_{(fest)}$	−0,257
$Sn^{2+} + 2\,e^- \rightleftharpoons Sn_{(fest)}$	−0,137
$Pb^{2+} + 2\,e^- \rightleftharpoons Pb_{(fest)}$	−0,126
$2\,H^+ + 2\,e^- \rightleftharpoons H_2$	0,00
$SbO^+ + 2\,H^+ + 3\,e^- \rightleftharpoons Sb_{(fest)} + H_2O$	0,20
$H_3AsO_3 + 3\,H^+ + 3\,e^- \rightleftharpoons As_{(fest)} + 3\,H_2O$	0,25
$Cu^{2+} + 2\,e^- \rightleftharpoons Cu_{(fest)}$	0,34
$Hg^{2+} + 2\,e^- \rightleftharpoons Hg_{(flüssig)}$	0,854
$Ag^+ + e^- \rightleftharpoons Ag_{(fest)}$	0,800
$Pt^{2+} + 2\,e^- \rightleftharpoons Pt_{(fest)}$	1,188
$Au^{3+} + 3\,e^- \rightleftharpoons Au_{(fest)}$	1,52

Tab. 1.9 Spannungsreihe der Metalle

Null setzt. Dabei ist die Standardwasserstoffelektrode wie folgt definiert: Platiniertes Platinblech, eintauchend in eine H^+-Ionenlösung mit der Aktivität 1 (Aktivität ►S. 20), umspült von Wasserstoffgas mit dem Wasserstoffpartialdruck 1013,25 mbar (1 atm) bei 18 °C.

Die Abhängigkeit der Spannung *E* (gemessen in Volt) des galvanischen Halbelementes von der Ionenkonzentration *c* ist nach *Nernst* gegeben durch die Formel:

$$E = E^0 + \frac{0{,}059}{z} \lg a \approx E^0 + \frac{0{,}059}{z} \lg c$$

wobei E^0 das Standardpotenzial des Metallions und z die Anzahl der ausgetauschten Elektronen bedeuten. Der für Zimmertemperatur gültige Wert 0,059 ändert sich mit der Temperatur (►S. 172).

In dem obigen Beispiel hat die Elektrode zwei Funktionen. Erstens stellt sie den Bestandteil in der niederen Oxidationsstufe in den beiden Halbelementen dar, zweitens dient sie als Medium für den Elektronenaustausch. Soll nun das Redoxpotenzial in Lösung wie z. B.

$$Fe^{2+} \rightleftharpoons Fe^{3+} + e^-$$

oder

$$Mn^{2+} + 4\,H_2O \rightleftharpoons MnO_4^- + 8\,H^+ + 5\,e^-$$

gemessen werden, so ist die Einführung einer „indifferenten" Edelmetallelektrode notwendig. An ihr geht der Elektronenaustausch vonstatten. Taucht man also z. B. sowohl in eine $FeSO_4$-Lösung, als auch in eine saure Permanganatlösung je einen Platindraht, verbindet wieder die beiden Lösungen durch einen Flüssigkeitsheber und die Platindrähte mit einem Metalldraht über ein Messinstrument, so fließt ein Strom. Denn Fe^{2+} gibt an den Platindraht Elektronen ab, die dann das MnO_4^- in der anderen Lösung reduzieren.

Das Oxidationsvermögen eines Oxidationsmittels hängt in gleicher Weise von dem Konzentrationsverhältnis aller an der Umsetzung beteiligten Ionen ab, wie das Potenzial eines Metalls von der Ionenkonzentration der Lösung. Der einzige Unterschied besteht darin, dass jetzt nicht eine einzige Konzentration, sondern die von allen an der Reaktion beteiligten Ionen berücksichtigt werden muss.

Als Maß für das Oxidationsvermögen kann man auch die Potenzialmessung zu Hilfe nehmen und erhält z. B. für die obigen Systeme

$$E = E^0 + \frac{0{,}059}{1} \lg \frac{c(Fe^{3+})}{c(Fe^{2+})}$$

und

$$E = E^0 + \frac{0{,}059}{5} \lg \frac{c(MnO_4^-) \cdot c^8(H^+)}{c(Mn^{2+})}$$

Die Konzentration (Aktivität) des H_2O kann in der letzten Gleichung fortgelassen werden, da in wässeriger Lösung gearbeitet wird und die Wasserkonzentration praktisch konstant bleibt. Für das Redoxgleichgewicht mit z ausgetauschten Elektronen

$$x\mathrm{A} + y\mathrm{B} + \cdots \rightleftharpoons r\mathrm{D} + q\mathrm{E} + ze^-$$

gilt allgemein bei 25 °C (E in Volt, c in mol/L)

$$E = E^0 + \frac{0{,}059}{z} \lg \frac{c_\mathrm{D}^r \cdot c_\mathrm{E}^q}{c_\mathrm{A}^x \cdot c_\mathrm{B}^y}$$

Wird der logarithmische Ausdruck 0, so entspricht E dem Standardpotenzial E^0. Es ist nicht berechenbar, sondern nur als Potenzialdifferenz zwischen der Standardwasserstoffelektrode (►S. 31) und dem betrachteten System messbar.

Das Redoxpotenzial verschiebt sich in positiver Richtung, d. h., das Oxidationsvermögen nimmt zu, wenn die Konzentration des Oxidationsmittels zu- oder die des Reduktionsmittels abnimmt. Bei einer Konzentrationsänderung um eine Zehnerpotenz beträgt die Potenzialänderung $0{,}059/z$ Volt (►S. 171).

1.6 Stöchiometrisches Rechnen

Alle Reaktionsgleichungen geben nicht nur eine qualitative, sondern auch eine quantitative Beschreibung der chemischen Vorgänge wieder. Hinsichtlich Anzahl und Art der Atome muss die linke Seite einer Gleichung mit der rechten übereinstimmen. Aus dem Gesetz der Erhaltung der Masse (►S. 1), folgt weiterhin, dass auch die Summe der Massen beider Seiten identisch sein muss.

Beim Umsatz größerer Stoffportionen berechnet man die Massen aus den Stoffmengen und molaren Massen der Atome oder Moleküle. Einheit der Stoffmenge ist das Mol. Die **Stoffmenge 1 Mol** besitzt ein System bestimmter Zusammensetzung, das aus ebenso vielen Teilchen besteht, wie Atome in 12 g des Kohlenstoffnuklids ^{12}C enthalten sind. Die Teilchen können Atome, Moleküle, Ionen oder Elektronen sein. Die Anzahl Teilchen, die ein Mol eines jeden Stoffes enthält, wird als Avogadro-Konstante N_A bezeichnet. Sie beträgt $N_A = 6{,}022137 \cdot 10^{23}\ \mathrm{mol}^{-1}$. Die Masse (in g) einer Verbindung ist das Produkt aus Stoffmenge (in mol) und Summe der molaren Massen (in $\mathrm{g \cdot mol^{-1}}$). Als Beispiel wird die Gleichung der Sauerstoffabspaltung aus $KClO_3$ angeführt:

$$2\,KClO_3 \longrightarrow 2\,KCl + 3\,O_2$$

Aus 2 mol $KClO_3$ entstehen neben 2 mol KCl demnach 3 mol O_2. Für die Massen erhält man:

$$2\,\mathrm{mol} \cdot (39{,}10 + 35{,}45 + 3 \cdot 16{,}00 = 122{,}55)\,\mathrm{g \cdot mol^{-1}}$$
$$= 2\,\mathrm{mol} \cdot (39{,}10 + 35{,}45 = 74{,}55)\,\mathrm{g \cdot mol^{-1}} + 3\,\mathrm{mol} \cdot (2 \cdot 16{,}00 = 32)\,\mathrm{g \cdot mol^{-1}}$$

oder ausgerechnet

$$245{,}10\,\mathrm{g} = 149{,}10\,\mathrm{g} + 96{,}00\,\mathrm{g}\,.$$

Die Gleichung der Massen dient auch zur Berechnung beliebiger Massen der einzusetzenden und entstehenden Stoffe.

Beispiele für stöchimetrisches Rechnen

1. Nach einer Sauerstoffabspaltung aus $KClO_3$ wurden 100 g KCl gefunden. Wie groß war die eingesetzte Masse $KClO_3$?

   Reaktionsgleichung: $2\,KClO_3 \longrightarrow 2\,KCl + 3\,O_2$

   Massengleichung: $245{,}10\,\mathrm{g} = 149{,}10\,\mathrm{g} + 96{,}00\,\mathrm{g}$

   Multiplizieren der Gleichung mit $\frac{100}{149{,}10}$: $\frac{245{,}10}{1{,}491}\,\mathrm{g} = 100{,}00\,\mathrm{g} + \frac{96{,}00}{1{,}491}\,\mathrm{g}$

   Man rechnet nun den benötigten Bruch aus: $m(KClO_3) = \frac{245{,}10}{1{,}491}\,\mathrm{g} = 164{,}4\,\mathrm{g}$

2. Wie viel g Sauerstoff liefern 50 g HgO?
   Reaktionsgleichung: $2\,HgO \longrightarrow 2\,Hg + O_2$. Demnach geben 2 Mol HgO also 1 Mol O_2.
   Unter Verzicht auf die vollständige Massengleichung erhält man:

   $$2\,\mathrm{mol} \cdot (216{,}60\,\mathrm{g \cdot mol^{-1}})\ HgO \text{ geben } 1\,\mathrm{mol} \cdot (32{,}00\,\mathrm{g \cdot mol^{-1}})\ O_2$$

   $$433{,}20\,\mathrm{g}\ HgO \text{ geben } 32{,}00\,\mathrm{g}\ O_2$$

   $$50\,\mathrm{g}\ HgO \text{ geben } \frac{50}{433{,}20} \cdot 32{,}00\,\mathrm{g}\ O_2 = 3{,}69\,\mathrm{g}\ O_2$$

3. Eine weitere wichtige Anwendung der Stöchiometrie besteht in der Aufstellung von Formeln für unbekannte Verbindungen aus analytisch gefundenen Massenanteilen w der einzelnen Elemente an der Gesamtmasse. Hierzu dividiert man jeden Massenanteil $w(\mathrm{X})$ durch die entsprechende molare Masse $M(\mathrm{X})$, erhält also Stoffmenge/Masseneinheit mit der Dimension $\mathrm{mol \cdot g^{-1}}$. Diese massenbezogene Stoffmenge muss für jedes Element in der Verbindung berechnet werden. Aus dem Verhältnis aller massenbezogenen Stoffmengen findet man durch systematisches Probieren die ganzzahligen Koeffizienten der Verbindung (Gesetz der konstanten und multiplen Proportionen, ▶S. 1).
In einem Eisenoxid wurde der Eisenanteil $w(\mathrm{Fe}) = 72{,}36\,\%$ gefunden. Welches Oxid liegt vor? Der Sauerstoffanteil ergibt sich aus dem analytisch gefundenen Eisenanteil als Differenz zu 100 %:

$$w(\mathrm{O}) = 100{,}00\,\% - w(\mathrm{Fe}) = 27{,}64\,\%$$

Das Massenverhältnis Eisen zu Sauerstoff beträgt:

$$w(\mathrm{Fe}) : w(\mathrm{O})$$

Das Verhältnis der massenbezogenen Stoffmengen:

$$\frac{w(\mathrm{Fe})}{M(\mathrm{Fe})} : \frac{w(\mathrm{O})}{M(\mathrm{O})}$$

Nach Einsetzen der Werte:

$$= \frac{72{,}36\,\%}{55{,}85\,\mathrm{g \cdot mol^{-1}}} : \frac{27{,}64\,\%}{16{,}00\,\mathrm{g \cdot mol^{-1}}}$$

100 g Verbindung enthalten das Stoffmengenverhältnis:

$$\frac{w(\mathrm{Fe})}{M(\mathrm{Fe})} : \frac{w(\mathrm{O})}{M(\mathrm{O})} = \left(1{,}296\,\mathrm{mol \cdot g^{-1}}\right) : \left(1{,}728\,\mathrm{mol \cdot g^{-1}}\right)$$

Daraus durch Probieren:

$$= 1{,}296 : 1{,}728 = 0{,}75 : 1 = 3 : 4$$

Es liegt also Fe_3O_4 vor.

4. In einer aus K, Cl und O bestehenden Verbindung wurden $w(\mathrm{K}) = 31{,}91\,\%$ und $w(\mathrm{Cl}) = 28{,}93\,\%$ gefunden. Welche Verbindung liegt vor?
Der Sauerstoffanteil ergibt sich aus der Differenz

$$w(\mathrm{O}) = 100 - \left[w(\mathrm{K}) + w(\mathrm{Cl})\right] = 100 - (31{,}91\,\% + 28{,}93\,\%) = 39{,}16\,\%\,.$$

Daraus erhält man die massenbezogenen Stoffmengen und Atom-% an Kaliumatomen

$$\frac{w(\mathrm{K})}{M(\mathrm{K})} = \frac{31{,}91\,\%}{39{,}10\,\mathrm{g \cdot mol^{-1}}} = 0{,}816\,\mathrm{mol \cdot g^{-1}}\ \ \mathrm{K}$$

an Chloratomen

$$\frac{w(\mathrm{Cl})}{M(\mathrm{Cl})} = \frac{28{,}93\,\%}{35{,}45\,\mathrm{g \cdot mol^{-1}}} = 0{,}816\,\mathrm{g \cdot mol^{-1}}\ \ \mathrm{Cl}$$

an Sauerstoffatomen

$$\frac{w(\mathrm{O})}{M} = \frac{39{,}16\,\%}{16{,}00\,\mathrm{g\cdot mol^{-1}}} = 2{,}448\,\mathrm{mol\cdot g^{-1}}\ \mathrm{O}$$

$$\text{Summe} = 4{,}080\,\mathrm{mol\cdot g^{-1}}$$

In der Verbindung verhalten sich $n(\mathrm{K}) : n(\mathrm{Cl}) : n(\mathrm{O})$ wie $0{,}816 : 0{,}816 : 2{,}448 = 1 : 1 : 3$, es handelt sich also um $KClO_3$.

Die Beispiele zeigen, dass zur Aufstellung der Formel einer Verbindung mit z Komponenten mindestens $z - 1$ Anteile w erforderlich sind. Die noch fehlende Komponente ergibt sich aus der Differenz gegen 100 %. Speziell in der organischen Chemie reicht die analytische Gehaltsbestimmung vielfach nicht aus. So kann ein Stoffmengenverhältnis $n(\mathrm{C}) : n(\mathrm{H}) : n(\mathrm{O}) = 1 : 2 : 1$ sowohl dem Formaldehyd CH_2O als auch den formalen Polymeren $(C_6H_{12}O_6)_n$, wie Zucker, Stärke oder Cellulose zugeordnet sein. Hier sind zur Klärung weitere, oft komplizierte Untersuchungen notwendig.

5. Der Ni-Gehalt eines Nickelsulfates wurde zu $w(\mathrm{Ni}) = 20{,}9\,\%$ gefunden. Wie lautet die wahrscheinliche Formel?

Angenommene Voraussetzung: $n(\mathrm{Ni}) : n(\mathrm{SO_4}) = 1 : 1$ und damit $n(\mathrm{Ni}) = n(\mathrm{NiSO_4})$. Aus

$$\frac{w(\mathrm{Ni})}{M(\mathrm{Ni})} = \frac{w(\mathrm{NiSO_4})}{M(\mathrm{NiSO_4})}$$

folgt

$$w(\mathrm{NiSO_4}) = \frac{w(\mathrm{Ni})}{M(\mathrm{Ni})} \cdot M(\mathrm{NiSO_4}) = \frac{20{,}90\,\%}{58{,}70\,\mathrm{g\cdot mol^{-1}}} \cdot 154{,}76\,\mathrm{g\cdot mol^{-1}} = 55{,}10\,\%\,.$$

Der Rest ist Wasser:

$$w(\mathrm{H_2O}) = (100 - 55{,}10) = 44{,}90\,\%$$

Für das Verhältnis der massenbezogenen Stoffmengen gilt:

$$\frac{w(\mathrm{NiSO_4})}{M(\mathrm{NiSO_4})} : \frac{w(\mathrm{H_2O})}{M(\mathrm{H_2O})} = \frac{55{,}10\,\%}{154{,}76\,\mathrm{g\cdot mol^{-1}}} : \frac{44{,}90\,\%}{18{,}02\,\mathrm{g\cdot mol^{-1}}}$$

$$= 0{,}356 : 2{,}492$$

Unter obiger Voraussetzung handelt es sich also um $NiSO_4 \cdot 7\,H_2O$.

6. Werden bei einer Reaktion Gase gebildet, so sind häufig ihre Volumina bei bestimmtem Druck und bestimmter Temperatur von Bedeutung. In Erweiterung der Avogadro'schen Hypothese (► S. 2) gilt die allgemeine Zustandsgleichung für ein ideales Gas, $p \cdot V = n \cdot R \cdot T$, annähernd auch für reale Gase bei Atmosphärendruck. Die allgemeine molare Gaskonstante setzt man hier zweckmäßig $R = 8{,}314\,\mathrm{J\cdot mol^{-1}\cdot K^{-1}} = 0{,}08314\,\mathrm{bar\cdot L\cdot mol^{-1}\cdot K^{-1}}$.

Wie viel Liter CO_2 werden bei 500 °C und 1060 mbar aus 18 g Kohlenstoff gebildet?

Da ein Mol C ein Mol CO_2 liefert, hat das entstehende CO_2 die Stoffmenge:

$$n(CO_2) = \frac{m(C)}{M(C)} = \frac{18\,g}{12{,}01\,g \cdot mol^{-1}} = 1{,}5\,mol$$

Die Celsius-Temperatur 500 °C ist gleich der thermodynamischen Temperatur $T = 273{,}15\,K + 500\,K = 773{,}15\,K$. Außerdem gilt 1060 mbar = 1,060 bar. Es entstehen

$$V = \frac{n \cdot R \cdot T}{p} = \frac{1{,}5\,mol \cdot 0{,}08314\,bar \cdot L \cdot mol^{-1} \cdot K^{-1} \cdot 773{,}15\,K}{1{,}060\,bar}$$

$$= 90{,}962\,\text{Liter}\;\; CO_2$$

Beispiel 6 zeigt, dass die molare Masse des gesuchten Gases (hier CO_2) nicht in die Rechnung eingeht.

1.7 Grundlagen der Komplexchemie

Häufig beobachtet man, dass die für ein Ion charakteristischen Reaktionen ganz oder teilweise ausbleiben, wenn bestimmte andere Ionen oder Moleküle zugegen sind. In diesen Fällen verbinden sich einzelne Ionen oder Moleküle zu neuen Verbindungen, die als Komplexe bezeichnet werden. Einen **Komplex** kann man danach als eine Gruppe von Teilchen definieren, die bei vielen Reaktionen als Ganzes auftritt, obwohl andererseits die einzelnen Komponenten in einem Gleichgewicht (Komplexbildungs- bzw. Dissoziations-Gleichgewicht s. u.) miteinander stehen. Ein Komplex ist durch ein **Zentralatom** und die an das Zentralatom gebundenen **Liganden** charakterisiert. Die Anzahl der an das Zentralatom gebundenen Nachbarn bezeichnet man als **Koordinationszahl.** Ein Komplex ist meist das Ergebnis einer Lewis-Säure–Lewis-Base-Reaktion (►S. 18), wobei das Zentralatom die Säure und die Liganden die Basen darstellen. Als Beispiele kann man die Komplexe $[Fe(CN)_6]^{4-}$, $[NiCl_4]^{2-}$ und $[Ag(NH_3)_2]^+$, als auch BF_4^- oder ClO_4^- aufführen. Man erkennt daraus, dass das Zentralatom sowohl ein Hauptgruppenelement als auch ein Übergangsmetall sein kann. Im Fall des $[Fe(CN)_6]^{4-}$ liegt ein Komplex mit der Koordinationszahl sechs und oktaedrisch angeordneten CN^--Liganden vor (**o** Abb. 1.2). $[NiCl_4]^{2-}$, BF_4^- und ClO_4^- bilden Tetraeder (**o** Abb. 1.2). Das Zentralatom hat die Koordinationszahl 4.

Im $[Ag(NH_3)_2]^+$ hat Ag^+ die Koordinationszahl 2 mit linearer Anordnung N–Ag–N. Bei den aufgeführten Beispielen sind die Ionen bzw. Moleküle CN^-, Cl^-, F^-, O^{2-} und NH_3 die Liganden, sie werden als **einzähnig oder einwertig** bezeichnet, da sie jeweils eine Koordinationsstelle am Zentralatom besetzen. Andere Moleküle oder Ionen, wie Ethylendiamin 2,2′-Bipyridin, Oxin, Diacetyldioxim oder EDTA (Ethylendiamintetraacetat) verfügen über mehrere Donoratome und können mehrere Koordinationsstellen besetzen. Sie sind **zwei- oder mehrzähnig** und bilden mit dem Zentralatom einen bzw. mehrere Ringe, die in der Regel aus 5 oder 6 Ringgliedern bestehen. Kleinere Ringe weisen eine Ringspannung auf und sind daher weniger stabil. Allgemein werden Komplexe, in denen ein mehrzähniger Ligand an das Zentralatom gebunden ist, als **Chelatkomplexe** ($\chi\eta\lambda\eta$ = Schere) oder Chelate bezeichnet. Die Chelatbildung bedingt eine deutliche Zunahme der Komplexstabilität (sog. Chelateffekt) gegenüber vergleichbaren Komplexen mit einzähnigen Liganden. Typische Chelatkomplexe sind Ni(II)-diacetyldioxim (**o** Abb. 1.3) oder Mg(II)-oxinat (Mg-8-hydroxy-chinolinolat).

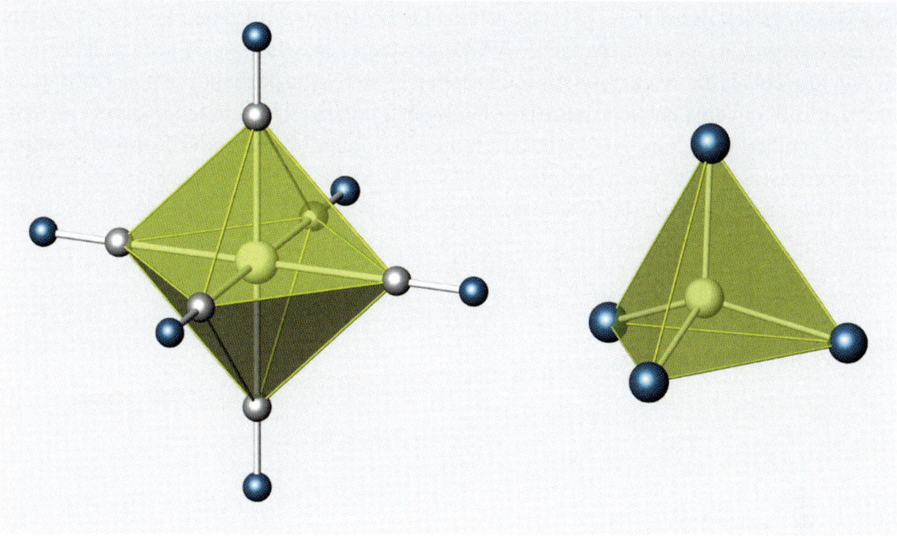

Abb. 1.2 $[Fe(CN)_6]^{4-}$ als Beispiel eines oktaedrischen Komplexes und $[NiCl_4]^{2-}$ als Beispiel eines tetraedrischen Komplexes

Je nach der Art der Bindung zwischen Zentralatom und Liganden kann man Komplexe in zwei Typen unterteilen. Beim ersten Typ sind die Liganden durch kovalente Bindungen am Zentralatom gebunden, während die Bindung beim zweiten Typ besser durch eine elektrostatische Ion-Dipol-Wechselwirkung beschrieben wird. Zum ersten Typ, der auch als **Durchdringungskomplex** oder Inner-sphere-Komplex bezeichnet wird, gehören z. B. Cyano-, Carbonyl- und Oxo-Komplexe als auch Chelatkomplexe. Der zweite Typ wird **Anlagerungskomplex** oder Outer-sphere-Komplex genannt. Hierzu zählen z. B. die Aquakomplexe, in denen das H_2O-Molekül als Dipol gebunden ist.

Unter einem **Dipol** versteht man Teilchen, bei denen der Schwerpunkt der positiven und negativen Ladung nicht zusammenfällt, obwohl sie insgesamt elektrisch neutral sind.

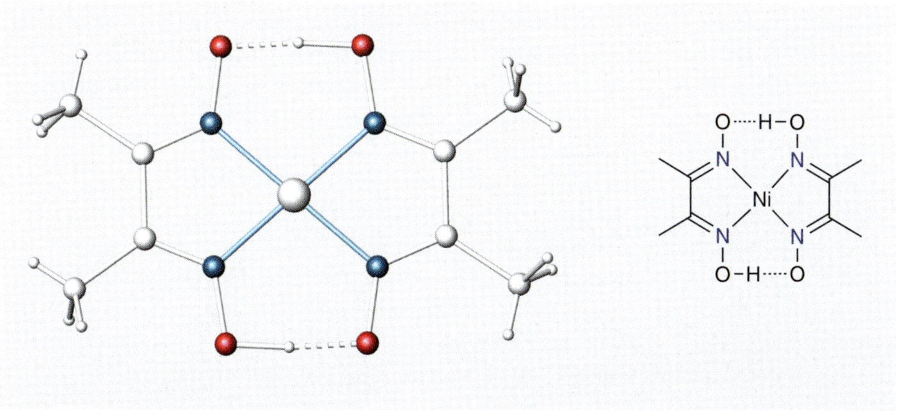

Abb. 1.3 Struktur und Valenzstrichformel von quadratisch planarem Ni-Diacetyldioxim

Das Wassermolekül ist z. B. nicht linear gebaut. Der Bindungswinkel beträgt 104,5°. Da das Sauerstoffatom, als elektronegativerer Bindungspartner (► S. 13), die Bindungselektronen stärker anzieht als die Wasserstoffatome, erhalten letztere eine partielle positive Ladung $\delta+$ und das O-Atom eine partielle negative Ladung $\delta-$, sodass ein elektrischer Dipol entsteht.

Die Stabilität der Komplexe kann durch die **Komplexbildungs**- oder **Komplexbeständigkeitskonstante** K bzw. ihren Kehrwert $1/K = K'$, die **Komplexdissoziationskonstante** quantitativ angegeben werden. Diese ergeben sich aus dem MWG, wie dies für das Beispiel $[Ni(CN)_4]^{2-}$ angegeben ist:

$$Ni^{2+} + 4\,CN^- \rightleftharpoons [Ni(CN)_4]^{2-}$$

Komplexbildungskonstante:

$$\frac{c([Ni(CN)_4]^{2-})}{c(Ni^{2+}) \cdot c^4(CN^-)} = K = 10^{31}$$

Komplexdissoziationskonstante:

$$\frac{c(Ni^{2+}) \cdot c^4(CN^-)}{c([Ni(CN)_4]^{2-})} = K' = 10^{-31}$$

Je größer die Dissoziationskonstante K′ ist, um so mehr Einzelionen befinden sich in der Lösung und um so unbeständiger ist dementsprechend der Komplex.

Das Zentralion oder die Liganden eines Komplexes werden nur dann von einem Fällungsmittel ausgefällt, wenn die Dissoziation des Komplexes so groß ist, dass das Löslichkeitsprodukt (► S. 24) der entstehenden schwerlöslichen Verbindung überschritten wird. So entsteht aus $[Cd(CN)_4]^{2-}$ mit H_2S in gleicher Weise ein gelber Niederschlag von CdS, wie aus einer Lösung von freien Cd^{2+}-Ionen ($K_{[Cd(CN)_4]^{2-}} = 1{,}4 \cdot 10^{19}$). Hingegen fällt aus einer Lösung des wesentlich beständigeren Cu(I)-Komplexes $[Cu(CN)_4]^{3-}$ ($K_{[Cu(CN)_4]^{3-}} = 10^{28}$) mit H_2S kein Cu_2S, obwohl das Löslichkeitsprodukt von Cu_2S mit $K_{L(Cu_2S)} = 10^{-47}$ sehr viel kleiner ist als das Löslichtkeitsprodukt von CdS ($K_{L(CdS)} = 10^{-28}$). Diese Eigenschaften können z. B. zur Trennung von Cu und Cd ausgenutzt werden. Komplexe mit großer Bildungskonstante werden als starke Komplexe bezeichnet. Umgekehrt nennt man solche mit kleiner Bildungskonstante schwache Komplexe.

Die Tatsache, ob ein Komplex stabil ist, hängt wesentlich von der Anzahl der Elektronen des Zentralatoms in seinen äußeren Schalen ab. Eine stabile Situation ergibt sich immer dann, wenn das Zentralatom mit den von den Liganden zur Verfügung gestellten Bindungselektronen eine Edelgaskonfiguration erreicht. Dies bedeutet, dass bei den Nebengruppenelementen das $(n-1)d$-Niveau mit 10 Elektronen, das ns-Niveau mit 2 und das np-Niveau mit 6 Elektronen besetzt sein muss. In der Summe ergeben sich somit 18 Elektronen (**18-Elektronen-Regel**). Cu^+ verfügt über 10 d-Elektronen und erhält je CN^--Ligand 2 Elektronen, sodass sich 18 Elektronen ergeben. Im entsprechenden Cu(II)-Komplex $[Cu(CN)_4]^{2-}$ erreicht das Zentralatom nur 17 Elektronen. Er ist daher instabil und wird unter Oxidation von CN^- zu $(CN)_2$ zum Cu(I)-Komplex reduziert:

$$2\,\overset{+II}{Cu}{}^{2+} + 10\,\overset{+II}{C}N^- \rightleftharpoons 2\,[\overset{+I}{Cu}(CN)_4]^{3-} + (\overset{+III}{C}N)_2$$

Ebenso begründet sich die höhere Stabilität des Hexacyanoferrat(II)komplexes $[Fe(CN)_6]^{4-}$ ($6 + 2 \cdot 6 = 18\,e^-$) gegenüber dem Hexacyanoferrat(III)komplex $[Fe(CN)_6]^{3-}$ ($5 + 2 \cdot 6 = 17\,e^-$). Aus dem gleichen Grund wird auch Co^{2+} bei Anwesenheit von CN^--Ionen durch Sauerstoff zu $[\overset{+III}{Co}(CN)_6]^{3-}$ oxidiert ($6 + 2 \cdot 6 = 18\,e^-$).

$$4\,\overset{+II}{Co}{}^{2+} + 24\,CN^- + \overset{\pm 0}{O_2} + 2\,H_2O \rightleftharpoons 4\,[\overset{+III}{Co}(CN)_6]^{3-} + 4\,\overset{-II}{O}H^-$$

Die 18-Elektronen-Regel erklärt auch, dass Cu^+ sich nur mit 4 CN^--Ionen vereinigt, während Fe^{2+} und Co^{3+} jeweils 6 CN^- binden. Allerdings gibt es auch viele Ausnahmen. Metallionen mit 8 *d*-Elektronen wie Ni^{2+} bilden mit CN^- quadratisch-planare $[M(CN)_4]^{2-}$-Komplexe, obwohl dabei nur $8 + 2 \cdot 4 = 16\,e^-$ erreicht werden und Ag^+ bildet sogar nur den linearen $[Ag(CN)_2]^-$-Komplex, in dem das Ag-Atom über $10 + 2 \cdot 2 = 14\,e^-$ verfügt.

Dia- und Paramagnetismus

In diamagnetischen Stoffen werden die Feldlinien eines homogenen Magnetfeldes auseinandergedrängt, in paramagnetischen verdichtet. Diamagnetisch sind Ionen, Atome oder Moleküle, die eine gerade Elektronenanzahl und eine abgeschlossene Elektronenschale bzw. nur doppelt besetzte Orbitale besitzen, sodass sich die magnetischen Momente der einzelnen Elektronen aufheben. Paramagnetisch sind solche Ionen, Atome oder Moleküle, die eine ungerade Anzahl von Elektronen bzw. ein oder mehrere einfach besetzte Orbitale aufweisen. Infolge des leichten Wechsels der Oxidationsstufen sind die Nebengruppenelemente in der Lage, paramagnetische Ionen zu bilden.

1.8 Kolloidchemie

In gewöhnlichen „echten“ Lösungen liegen die gelösten Stoffe in molekulardisperser Verteilung entweder als Ionen oder Moleküle vor. Die einzelnen Teilchen haben eine Größe von < 1 nm. Teilchen in der Größenordnung von 1–100 nm bilden mit dem Dispersionsmittel **kolloidale Lösungen**. Alle Stoffe können unter gewissen Bedingungen in den kolloidalen Zustand überführt werden, wenn sie in dem betreffenden Dispersionsmittel schwer molekulardispers verteilbar (schwerlöslich) sind. Eine Anzahl von Stoffen tritt jedoch nur kolloid auf (die sog. Eukolloide). Im Gegensatz zu den Suspensionen, bei denen sich die Teilchen aufgrund ihrer Schwere mehr oder weniger schnell absetzen, bleiben die kolloidalen Teilchen in dem Dispersionsmittel schweben. Dass es sich dabei nicht um echte, also molekulare Lösungen handelt, erkennt man daran, dass ein durch die Lösung hindurchtretender Lichtstrahl das Tyndallphänomen zeigt. An den Kolloidteilchen wird das Licht gestreut. Im Ultramikroskop, d. h. durch mikroskopische Untersuchungen des Tyndallkegels senkrecht zum Lichtstrahl, kann man sehr häufig die Einzelteilchen durch ihre Beugungskegel erkennen.

Gewisse kolloidal verteilte Stoffe können ähnlich wie die Ionen mit dem Dispersionsmittel in Wechselwirkung treten. Bildet sich z. B. in wässeriger Lösung eine Hydrathülle aus, so spricht man von **hydrophilen Kolloiden**. Im Gegensatz hierzu stehen die **hydrophoben Kolloide**. Anorganische hydrophile Kolloide sind u. a. Kieselsäure und Zinn(IV)-oxid-Hydrat, dagegen bilden die Metalle und Metallsulfide hydrophobe Teilchen.

Die kolloidalen Lösungen (**Sole**) sind nur beständig, wenn eine Aggregation der Teilchen, die aufgrund der Kohäsionskräfte eintreten müsste, behindert ist. Dies ist der Fall, wenn die einzelnen Teilchen gleichsinnig geladen sind oder die Hydrathülle eine Annä-

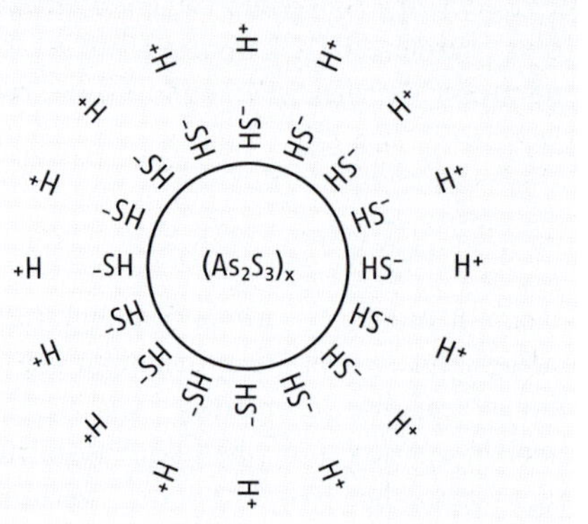

Abb. 1.4 As_2S_3-Kolloidteilchen

herung erschwert. Eine elektrische Aufladung der Teilchen wird entweder durch Abgabe von Ionen in die Lösung oder durch Adsorption von Ionen aus der Lösung bewirkt.

Ein Beispiel für positiv geladene Kolloidteilchen, bei denen eine Ionendissoziation vorliegt, bildet das Eisen(III)-oxid-Hydrat-Sol (►S. 343). Im Gegensatz hierzu sorbieren die As_2S_3-Kolloidteilchen HS^--Ionen und laden sich somit negativ auf (Abb. 1.4). Wird jetzt durch Zugabe von Säure die H^+-Ionenkonzentration erhöht, so bilden die HS^--Ionen undissoziiertes H_2S, die Oberflächenladung verschwindet, und die Teilchen flocken aus.

Ein „Flocken" oder „Koagulieren" der Kolloide erfolgt demnach durch Aufhebung der Ladung. So werden z. B. die unter dem Einfluss des elektrischen Stromes wandernden Teilchen (Elektrophorese) an den entsprechenden Elektroden ausgefällt. Das Ausflocken kann jedoch auch durch Elektrolytzusatz erreicht werden. Negativ geladene Kolloidteilchen (u. a. Edelmetalle, Metallsulfide, Kieselsäure, Molybdänblau) werden durch Kationen, positiv geladene Teilchen (u. a. Hydroxide von Eisen, Aluminium, Chrom) durch Anionen koaguliert. Außerdem tritt Flockung bei Zusammengabe gegensinnig geladener Kolloidteilchen (z. B. As_2S_3–$Fe(OH)_3$, SiO_2-Gelatine) ein.

Die Ionengleichgewichte, die sich zwischen der Oberfläche der Kolloidteilchen und der Lösung einstellen, sind analog zu den Ionenaustauschern (►S. 110) von der Konzentration und der Bindungsfestigkeit abhängig. Entsprechend nimmt auch die Flockungsfähigkeit der Anionen bzw. Kationen mit steigender Ladung erheblich zu.

Der Punkt, an dem die Ladung der Teilchen gerade aufgehoben ist, wird **isoelektrischer Punkt** genannt. Wird er überschritten, so kommt es oft zur Wiederaufladung, jetzt jedoch mit entgegengesetztem Vorzeichen. Geht der Vorgang schnell vor sich, so kann die Flockung unterbleiben. Versetzt man z. B. eine Cl^--Lösung tropfenweise mit Ag^+-Ionen, so bindet das zuerst gebildete AgCl überschüssige Cl^--Ionen (schematisch $[(AgCl)_xCl^-]^-$), am isoelektrischen Punkt liegt ungeladenes AgCl vor, beim Überschuss von Ag^+ laden sich die Teilchen positiv auf (schematisch $[(AgCl)_yAg^+]^+$ s. a. ►S. 134).

Sind die Teilchen einmal aggregiert, so ist der umgekehrte Vorgang, die Überführung in den Solzustand (Peptisation), nur bei den hydrophilen Kolloiden (Wiederaufbau der Hydrathülle) möglich.

Die einzelnen kolloiden Teilchen können aus kleinen Kristallen bestehen, wie bei den Metallen, oder amorph sein, wie bei den Hydroxiden von Fe, Al, und Cr. Flockt man sie aus oder fällt sie unter Überspringen des kolloidalen Zustandes aus Salzlösungen mit OH^--

Ionen aus, so entstehen amorphe Niederschläge, Gele, die wegen ihrer schwammartigen Struktur viele Lösemittel enthalten. Beim längeren Aufbewahren des Gels tritt langsam weitere Aggregation ein. Verbunden hiermit ist auch eine Abnahme der Adsorptions- und Peptisationsfähigkeit, der Lösegeschwindigkeit in Säuren oder, falls es sich um amphotere Hydroxide handelt, in Basen. Dieses **„Altern“** des Gels ist durch chemische und physikalische Umwandlungen bedingt. Teilweise gehen die amorphen Gebilde langsam in den höheren, kristallinen Ordnungszustand über.

Aus den Hydroxid-Gelen kann das kapillar gebundene Wasser nur bei höheren Temperaturen entfernt werden. Gleichzeitig wird jedoch auch das chemisch gebundene Wasser abgespalten und das Oxid gebildet.

Für den Analytiker sind die in Lösung vor sich gehenden kolloidchemischen Erscheinungen von erheblicher Bedeutung, und zwar hinsichtlich der quantitativen Abscheidung amorpher Niederschläge und der „Mitfällung“ unerwünschter Ionen.

Oft werden bei Fällungsreaktionen anstatt filtrierbarer Niederschläge kolloide, durch das Filter laufende Lösungen erhalten (z. B. NiS, CoS, As_2S_3, $SiO_2 \cdot aq$). Man hilft sich hier durch Elektrolytzusatz (Menge und Art des Elektrolyten beachten!), Zusatz eines gegensinnig geladenen Kolloid-Sols, Kochen der Lösung (Vergrößerung der Teilchen), Kochen bei Gegenwart von Filterschnitzeln oder Aktivkohle.

1

Mitfällung

Bedingt durch die chemische Natur und die große Oberflächenentwicklung der Niederschläge können während des Fällungsvorganges Fremdionen mitgefällt werden. So kommt es, dass häufig eine quantitative Trennung, die aufgrund der Löslichkeitsverhältnisse möglich sein müsste, nur unter ganz bestimmten Vorsichtsmaßnahmen oder auch gar nicht durchgeführt werden kann. Die Mitfällungen von Fremdionen können grundsätzlich auf 4 Ursachen zurückgeführt werden:

1. Es tritt eine **Adsorption** von Ionen oder/und Kolloiden an der Oberfläche der fertig ausgebildeten Kristalle ein. Hierbei spielt die Oberflächenentwicklung – bedingt durch den Zeitraum des Fällungsvorganges – eine Rolle.
   Diese Adsorptionsvorgänge erfolgen im Allgemeinen sehr schnell. Es stellt sich ein von der Konzentration der Ionen in der Lösung und der Temperatur abhängiges reversibles Gleichgewicht zwischen den adsorbierten Ionen in der Grenzschicht und den in der Lösung befindlichen ein. Nach einer Regel von *Kolthoff* wird ein Ion durch einen Niederschlag um so stärker adsorbiert, je höher seine Ladung ist. Die Adsorption tritt besonders dann hervor, wenn der Niederschlag schon einen Überschuss an Gitterionen einer Ladung enthält, die derjenigen des zu adsorbierenden Ions entgegengesetzt ist.
   Über diese Regel hinaus spielen die Löslichkeit der Adsorptionsverbindung, die Ionengröße und die polarisierende Eigenschaft der zu adsorbierenden Fremdionen eine Rolle. Ist die Verbindung des zu adsorbierenden Ions mit dem entgegengesetzt geladenen Ion des Gitters schwer löslich (z. B. diejenige des Anions A_2 mit dem Kation M^+ in ○ Abb. 1.5), so ist zu erwarten, dass auch diese adsorptive Anlagerung leicht erfolgt. (Beispiel der Bindung von Cl^- an AgCl, ► S. 40.) Bei der elektrostatischen Wechselwirkung zwischen einem Ion und einer Oberfläche kommt es nicht nur auf die Anziehungskräfte zwischen dem Ion und dem entgegengesetzt geladenen Ion des Gitters, sondern auch auf Abstoßungskräfte zwischen gleichgeladenen Ionen an (○ Abb. 1.5). Hierbei gilt, dass die Adsorption mit steigender Ionengröße abnimmt, da sich die Abstoßung durch

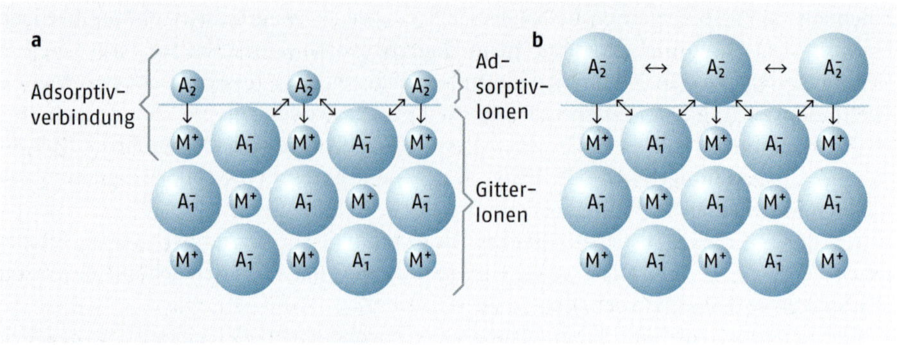

Abb. 1.5 Adsorption (⟶) entgegengesetzt geladener ($A_2^- \longrightarrow M^+$) und Abstoßung (⟷) gleichgeladener Ionen ($A_2^- \longleftrightarrow A_1^-$) an der Oberfläche eines Kristallgitters (schematische Darstellung: a) kleine Adsorptivionen, gute Adsorption, b) große Adsorptivionen, schlechte Adsorption)

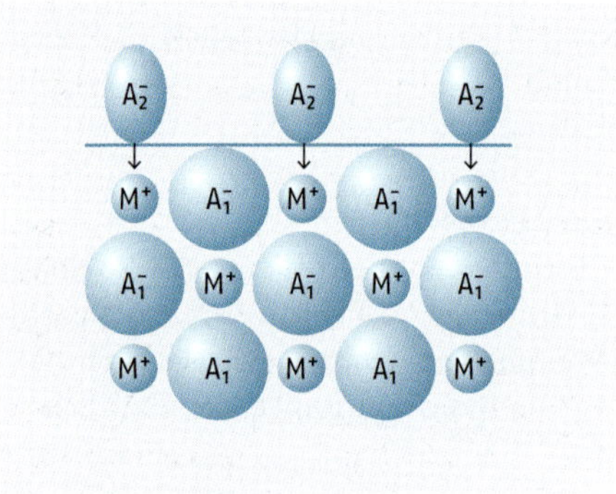

Abb. 1.6 Polarisationserscheinungen bei der Adsorption der Anionen A_2^- an der Oberfläche eines Kristallgitters (schematische Darstellung)

gleichgeladene Ionen am Gitter stärker bemerkbar macht. Üben die entgegengesetzt geladenen gittereigenen Ionen auf die Adsorptivionen einen starken polarisierenden Einfluss aus, so besitzen letztere auch ein starkes Anlagerungsbestreben (Abb. 1.6).
Ein Beispiel für mögliche Adsorptionsvorgänge bildet die Trennung von Fe^{3+}, Cr^{3+} und Al^{3+} von den Ionen Zn^{2+}, Mn^{2+}, Ni^{2+} und Co^{2+}. Versetzt man z. B. eine Lösung von Fe^{3+} und Ni^{2+} mit Ammoniak, so müsste Nickel als $[Ni(NH_3)_6]^{2+}$ in Lösung bleiben, während $Fe(OH)_3$ ausfällt.
Der Niederschlag von Eisen enthält aber stets Nickel adsorbiert. Die adsorbierte Ionen-Art hängt nun sehr stark von dem Medium, insbesondere vom pH der Lösung ab. Fällt man Fe^{3+}, Al^{3+} und Cr^{3+} aus alkalischer Lösung, so werden Kationen weitgehend adsorbiert. Nehmen wir die Hydrolyse dagegen in saurer Lösung vor, also mit Natriumacetat oder Urotropin oder mit aufgeschlämmtem Bariumcarbonat, so adsorbiert das Gel Anionen, also Acetationen, Cl^-, SO_4^{2-} usw.
Erscheinungen, die scheinbar im Widerspruch zu den Voraussetzungen für eine erfolgreiche Adsorption stehen, finden ihre Erklärung durch die sog. Kolloidadsorption. Der mitgerissene Stoff liegt hier in geringster Menge und meist – infolge hydrolytischer Spaltung – in kolloider Form vor. Diese kolloid gelösten Bestandteile werden beinahe auf jeder Oberfläche adsorbiert.

2. Es tritt **Okklusion**, d. h. Einschluss von Fremdstoffen im Kristallinnern im Verlaufe des Kristallwachstums durch **Mischkristallbildung** oder mechanische Umhüllung auf. Eine Okklusion wird bei schneller Fällung aus kalten Lösungen durch Bildung kleiner Kristalle erhalten, die an ihrer Oberfläche Fremdionen adsorbieren und weiterwachsen. Mischkristallbildung wird vorwiegend eintreten, wenn Ionen ähnlicher Größe und Struktur gemeinsam gefällt werden. Eine Übereinstimmung der Ionen in den chemischen und physikalischen Eigenschaften ist jedoch nicht erforderlich. Durch Umfällen kann der Niederschlag nur in sehr geringem Maße von Fremdstoffen, die Mischkristalle bilden, befreit werden. Dagegen können Fehler durch mechanische Umhüllung vermieden werden, wenn man aus heißer, verdünnter Lösung umfällt.
3. **Bildung definierter chemischer Verbindungen oder von Einschlussverbindungen.** Bei Trennungsreaktionen kann die ausfallende Verbindung Ionen aus der Lösung in Form schwerlöslicher Verbindungen mitfällen. Beispielsweise wird bei der Mangandioxid-Hydrat-Fällung in Gegenwart von Zinkionen Zn^{2+} adsorbiert, in alkalischer Lösung bilden Chrom(III)-Verbindungen mit Mg^{2+}, Zn^{2+} und anderen Ionen schwerlösliches Chromat(III). Um die Mitfällung durch Verbindungsbildung zu verhüten, trennt man am besten die störenden Ionen vor der Fällung ab. In vielen Fällen erreicht man schon durch Änderung der Oxidationsstufe der störenden Ionen ein Ausbleiben der Mitfällung.
   Vom theoretischen Standpunkt aus sind weiterhin die Einschlussverbindungen (Clathrate) von Interesse. So finden sich im Kristallgitter gewisser organischer Verbindungen käfigartige Hohlräume, in denen die verschiedenartigsten Moleküle beim Aufbau des Kristallgitters eingeschlossen werden können. Zu den Einschlussverbindungen gehören eine große Anzahl weiterer Stoffe, wie Edelgashydrate und Iodstärke (►S. 123).
4. Die nachfolgende Fällung tritt durch **Abscheidung eines weiteren Niederschlags** beim Stehenlassen in der Mutterlauge ein (s. a. Mischkristallbildung). Beispielsweise bildet sich Magnesiumoxalat bei Fällung von Calciumoxalat und Zink-, Gallium- und Indiumsulfid bei Fällung von Kupfer- und Quecksilbersulfid. Die koagulierten Sulfidniederschläge z. B. enthalten auf ihrer Oberfläche eine Schicht von sorbiertem HS^--Ionen (►S. 40, ○ Abb. 1.4). Bei Gegenwart von Zinkionen scheidet sich infolge der erhöhten HS^--Konzentration an der Oberfläche der gefällten Sulfide ZnS ab, obgleich der pH-Wert der Lösung für diese Fällung zu klein ist.

Die Mitfällung ist durch Zusätze beeinflussbar, die entweder die Löslichkeit der Adsorptivverbindung erhöhen oder die ebenfalls adsorbiert werden und infolge ihrer großen Menge die Sorption der betrachteten Fremdionen zurückdrängen (Zurückhalteträger, ►S. 123). Im Allgemeinen kann eine Nachfällung vermieden werden, wenn der erhaltene Niederschlag sofort abfiltriert bzw. abzentrifugiert wird.

1.9 Nomenklatur

Die International Union of Pure and Applied Chemistry (IUPAC) lässt von ihren Kommissionen international gültige Regeln für die chemische Nomenklatur und Terminologie erarbeiten. Im Folgenden sind die wichtigsten Regeln für die Nomenklatur der anorganischen Verbindungen aufgeführt.

Tab. 1.10 Trivialnamen für funktionelle Gruppen

HO	Hydroxyl	S_2O_5	Disulfuryl
CO	Carbonyl	SeO	Seleninyl
CSe	Selenocarbonyl	SeO_2	Selenonyl
NO	Nitrosyl	ClO	Chlorosyl
NO_2	Nitryl	ClO_2	Chloryl
PO	Phosphoryl	ClO_3	Perchloryl (entsprechendes gilt für andere Halogene)
SO	Sulfinyl (Thionyl)	CrO_2	Chromyl
SO_2	Sulfonyl (Sulfuryl)	(BiO ist keine klar abgegrenzte Atomgruppe)	
UO_2	Uranyl	NpO_2	Neptunyl
PuO_2	Plutonyl (entsprechend für andere Elemente der Actinoiden-Reihe)		

Trivialnamen statt der den Regeln entsprechenden systematischen Namen können weiterhin für einige Säuren und Wasserstoffverbindungen benutzt werden, z. B.: Kohlensäure für H_2CO_3, Ammoniak für NH_3, Flusssäure für HF, Arsan für AsH_3, Orthokieselsäure für H_4SiO_4, Hydrazin für N_2H_4, Salpetersäure für HNO_3, Phosphan für PH_3, Salzsäure für HCl sowie Wasser für H_2O.

In der technischen und volkstümlichen Literatur ist gegen den Gebrauch weiterer Trivialnamen nichts einzuwenden, z. B.: Ätzkalk für $Ca(OH)_2$ für Calcium-hydroxid, Kochsalz für NaCl für Natrium-chlorid, Chilesalpeter für $NaNO_3$ für Natrium-nitrat und Soda für Na_2CO_3 für Natrium-carbonat.

Namen mit entstellender chemischer Aussage sollten aber verschwinden, wie essigsaure Tonerde für $Al(CH_3COO)_3$ richtig: Aluminium-acetat, kohlensaurer Kalk für $CaCO_3$ richtig: Calcium-carbonat und schwefelsaure Magnesia für $MgSO_4$ richtig: Magnesium-sulfat.

Trivialnamen gibt es auch für Atomgruppen, die als Ionen oder als Teile von Molekülen, Salzen oder Komplexen vorkommen. Soweit es sich um klar abgegrenzte Atomgruppen handelt, können diese Trivialnamen noch weiter benutzt werden (Tab. 1.10).

Formeln

Formeln geben die stöchiometrische Zusammensetzung einer Verbindung an, sollen aber oft auch die strukturelle Beziehung zwischen den Atomen darstellen. Der elektropositive Bestandteil (das Kation) steht stets an erster Stelle, z. B. KCl, $CaSO_4$. Bei Verbindungen aus zwei Nichtmetallen wird der elektronegativere Bindungspartner an zweiter Stelle genannt, z. B. SiC, H_2S, ClO_2, OF_2. Dagegen soll in kettenförmigen Verbindungen mit drei oder mehr Elementen die Reihenfolge in der Formel mit der tatsächlichen Reihenfolge der Atome im Molekül übereinstimmen, z. B. HOCN (Cyansäure), HONC (Knallsäure).

$FeCl_2$	Eisen-dichlorid	Eisen(II)-chlorid
		Eisen(2+)-chlorid
K_3MnO_4	Trikalium-tetraoxomanganat	Kalium-manganat(V)
		Kalium-manganat(3–)
$Pb^{II}_2Pb^{IV}O_4$	Triblei-tetraoxid	Diblei(II)-blei(IV)-oxid

Tab. 1.11 Beispiele für Stock'sches und Ewens-Basset-System

Systematische Namen

In den systematischen Namen wird der elektropositive Bestandteil zuerst genannt und sprachlich nicht verändert. Ist der elektronegative Bestandteil einatomig oder besteht er nur aus mehreren gleichen Atomen, so erhält sein (manchmal gekürzter oder lateinischer) Name die Endung -id, z. B. Galliumarsenid GaAs, Natriumhydrid NaH. Heteropolyatomige elektronegative Bestandteile erhalten, bis auf wenige Ausnahmen, die Endung -at, z. B. Natrium-nitrat $NaNO_3$. Liegen verschiedene elektronegative bzw. -positive Bestandteile vor, wird in jeder Gruppe alphabetisch geordnet, z. B. Kalium-magnesium-phosphat $KMgPO_4$, Bismut-chlorid-oxid BiClO.

Zur Angabe von stöchiometrischen Proportionen werden außerdem multiplikative Vorsilben benutzt: mono, di, tri, tetra, penta, hexa, hepta, octa, nona (ennea), deca, undeca (hendeca), dodeca usw., Beispiele: Tetraphosphortrisulfid P_4S_3, Distickstofftetraoxid N_2O_4.

Mit diesen Vorsilben bezeichnet man auch den Umfang einer Substitution (z. B. Dichlorsilan $SiCl_2H_2$), die Anzahl identischer koordinierter Gruppen in Komplexen (s. Komplexe), die Anzahl gleichartiger Zentralatome in kondensierten Säuren (z. B. Dischwefelsäure $H_2S_2O_7$) sowie die Anzahl der Atome desselben Elements, die das Gerüst bestimmter Moleküle oder Ionen bilden (z. B. Disilan Si_2H_6, Tetrathionat-Ion $S_4O_6^{2-}$).

Um Mehrdeutigkeit auszuschließen, ist daher eine zweite Gruppe rein multiplikativer Vorsilben notwendig: bis, tris, tetrakis, pentakis usw., Beispiele: Tris(decyl)phosphan $P(C_{10}H_{21})_3$, nicht zu verwechseln mit Tridecylphosphan $PH_2(C_{13}H_{27})$, Pentacalcium-fluorid-tris(phosphat) $Ca_5F(PO_4)_3$, im Gegensatz zu Triphosphaten, den Salzen der Triphosphorsäure.

Indirekt ergeben sich die stöchiometrischen Proportionen, wenn man die Oxidationsstufe des Elements in einer Verbindung durch eine in Klammern gesetzte nachgestellte römische Zahl angibt (Stock'sches System) oder die Ionenladung in Klammern hinter den Namen von Ionen setzt (Ewens-Basset-System, Tab. 1.11).

Säuren

Die systematische Nomenklatur verzichtet grundsätzlich auf jede funktionelle Bezeichnungsweise. Bei Säuren erscheint eine konsequente Umbenennung z. Z. kaum durchführbar, z. B. Dihydrogensulfat statt Schwefelsäure.

In einigen Fällen werden Säuren den Regeln entsprechend so bezeichnet wie Verbindungen, die neben Wasserstoff als elektropositivem Bestandteil nur einen elektronegativen einfachen Bestandteil enthalten, z. B. HCl Hydrogenchlorid, HCN Hydrogencyanid,

HN_3 Hydrogenazid, H_2S Hydrogensulfid, H_2S_2 Dihydrogendisulfid, H_2Se Hydrogenselenid, H_2Te Hydrogentellurid usw.

Oxosäuren (Sauerstoffsäuren) und ihre Salze

Säuren, die sich von mehratomigen Anionen ableiten, werden meist benannt, indem -säure an den Namen des charakteristischen Elements gehängt wird, z. B. H_3BO_3 Borsäure. Manchmal muss die Oxidationsstufe des Elements angegeben werden, damit die Bezeichnung eindeutig wird, z. B. H_2MnO_4 Mangan(VI)säure (zum Unterschied von H_3MnO_4 Mangan(V)säure). Die Salze erhalten die Endung -at, z. B. Natrium-borat, Kalium-manganat(VI), Kalium-manganat(V).

Bei einer Reihe von Oxosäuren bzw. -salzen wird die Oxidationsstufe des Elements durch besondere Vorsilben oder Endungen bezeichnet. Den Namen der bekanntesten Säure bildet man durch Anhängen von -säure an den Elementnamen, z. B. H_2SO_4 Schwefelsäure. Die Salze erhalten die Endung -at ohne Angabe von Oxidationsstufe, z. B. Na_2SO_4 Natriumsulfat. Die Säure mit dem charakteristischen Element in niedrigerer Oxidationsstufe erhält das aus dem Elementnamen gebildete, auf -ige endende Adjektiv vor dem Wort Säure, während die Salze die Endung -it erhalten. Beispiele sind: H_2SO_3 Schweflige Säure, Na_2SO_3 Natriumsulfit, H_3AsO_3 Arsenige Säure, Ag_3AsO_3 Silberarsenit, $HClO_2$ Chlorige Säure, $NaClO_2$ Natriumchlorit, HNO_2 Salpetrige Säure und KNO_2 Kaliumnitrit.

Der Gebrauch der Vorsilbe Hypo- ist auf folgende Fälle beschränkt: HClO Hypochlorige Säure, NaClO Natrium-hypochlorit, HBrO Hypobromige Säure, NaBrO Natrium-hypobromit, HIO Hypoiodige Säure, NaIO Natrium-hypoiodit, $H_2N_2O_2$ Hyposalpetrige Säure, $Na_2N_2O_2$ Natrium-hyponitrit, $H_4P_2O_6$ Hypodiphosphorsäure und $Na_4P_2O_6$ Natrium-hypodiphosphat.

Die Vorsilbe Per- soll nur bei den Säuren der Elemente der VII. Haupt- bzw. Nebengruppe und ihren Salzen verwendet werden. So z. B.: $HClO_4$ Perchlorsäure, $NaClO_4$ Natrium-perchlorat usw. sowie $HMnO_4$ Permangansäure, $KMnO_4$ Kalium-permanganat, $HTcO_4$ Pertechnetiumsäure, $KTcO_4$ Kalium-pertechnetat, $HReO_4$ Perrheniumsäure und $KReO_4$ Kalium-perrhenat.

Ortho- und Meta- sollen nur noch bei folgenden Säuren und ihren Salzen zur Unterscheidung nach verschiedenem „Wassergehalt" dienen (►S. 8): H_3BO_3 Orthoborsäure, $(HBO_2)_n$ Metaborsäure, H_4SiO_4 Orthokieselsäure, $(H_2SiO_3)_n$ Metakieselsäure, H_3PO_4 Orthophosphorsäure, $(HPO_3)_n$ Metaphosphorsäure, H_5IO_6 Orthoperiodsäure, HIO_4 Periodsäure (Metaperiodsäure), H_6TeO_6 Orthotellursäure und $(H_2TeO_4)_n$ Metatellursäure.

Thio- und Peroxosäuren

Säuren, die sich von Oxosäuren durch Ersatz von Sauerstoff durch Schwefel ableiten, werden als Thiosäuren bezeichnet. Kann mehr als ein Sauerstoffatom ersetzt werden, ist stets die Zahl der Schwefelatome anzugeben: $H_2S_2O_3$ Thioschwefelsäure, $Na_2S_2O_3$ Natrium-thiosulfat, $H_3PO_2S_2$ Dithiophosphorsäure, $Na_3PO_2S_2$ Natrium-dithiophosphat, H_2CS_3 Trithiokohlensäure, Na_2CS_3 Natrium-trithiocarbonat, H_3AsO_2S Monothioarsenige Säure, Na_3AsO_2S Natrium-monothioarsenit, H_3AsS_4 Tetrathioarsensäure und Na_3AsS_4 Natrium-tetrathioarsenat.

Durch Peroxo- vor dem Trivialnamen einer Oxosäure wird die Substitution von O^{2-} durch O_2^{2-} angegeben: H_2SO_5 Peroxomonoschwefelsäure, K_2SO_5 Kalium-peroxomonosulfat, $H_2S_2O_8$ Peroxodischwefelsäure und $K_2S_2O_8$ Kalium-peroxodisulfat.

Isopolysäuren

Entstehen Säuren formal oder tatsächlich durch Kondensation von Molekülen einer Monosäure, so genügt es, mit einer multiplikativen Vorsilbe wie Di-, Tri- usw. vor dem Trivialnamen der Säure die Anzahl der Atome des charakteristischen Elements in den Molekülen der gebildeten Polysäure anzugeben, wie $H_2S_2O_7$ Dischwefelsäure, $Na_2S_2O_7$ Natrium-disulfat, $H_2S_2O_5$ Dischweflige Säure und $Na_2S_2O_5$ Natrium-disulfit.

Säurewasserstoff enthaltende Salze (saure Salze)

Die im Salz noch vorhandenen ersetzbaren Wasserstoffatome werden, durch einen Bindestrich abgesetzt und eventuell mit multiplikativer Vorsilbe versehen, als „hydrogen" an letzter Stelle der elektropositiven Bestandteile (Kationen) genannt. Danach folgt ohne Bindestrich der Name des Anions, z. B. KH_2PO_4 Kaliumdihydrogenphospat.

Oxid- und Hydroxid-Salze (Basische Salze)

Die Namen ergeben sich, indem hydroxid bzw. oxid unter den elektronegativen Bestandteilen entsprechend der alphabetischen Reihenfolge genannt wird und MgCl(OH) Magnesium-chlorid-hydroxid und $VO(SO_4)$ Vanadium(IV)-oxid-sulfat.

1

Komplexe und Heteropolysäuren

In der Formel eines Komplexes steht zuerst das Symbol des Zentralatoms. Darauf folgen die anionischen und dann die neutralen Liganden, und zwar jeweils in alphabetischer Reihenfolge der Symbole. Die Formel des genannten Komplexes wird in eckige Klammern gesetzt.

Im Namen werden zuerst alle Liganden alphabetisch genannt, d. h. ohne Einteilung in anionische und neutrale und ohne Berücksichtigung ihrer Anzahl, d. h. der multiplikativen Vorsilben. Daher wird z. B. Dimethylamin unter „d" eingeordnet, Diammin dagegen unter „a". Die Vorsilbe mono wird meist weggelassen. Ganz am Schluss steht der Name des als Zentralatom vorliegenden Elements. Anionische Komplexe enthalten immer die Endung -at.

Namen anionischer Liganden enden stets auf -o. An Anionennamen, die auf -id, -it oder -at enden, wird -o angehängt. Andere Bildungsform besitzen: F^- fluoro, Cl^- chloro, Br^- bromo, I^- iodo, O^{2-} oxo, OH^- hydroxo, O_2^{2-} peroxo, HO_2^- hydrogenperoxo, S^- thio, CN^- cyano, H^- hydrido.

Neutrale Liganden haben keine bestimmte Endung, werden jedoch in Klammern gesetzt. Ausnahmen sind aqua (für H_2O) und ammin (für NH_3) sowie Carbonyl (CO) bzw. Nitrosyl (NO). Letztere gelten als neutral, z.B. $[Cr(NH_3)_6]Cl_3$ Hexaamminchrom(III)-chlorid, $Na_3[Ag(S_2O_3)_2]$ Natrium-bis(thiosulfato)argentat(I) und $K[Co(CN)(CO)_2(NO)]$ Kalium-dicarbonylcyanonitrosylcobalt(0).

Bilden sich durch Kondensation aus verschiedenen Monosäuren ketten- oder ringförmige Heteropolysäuren, so wird das Anion, dessen vom charakteristischen Element abgeleiteter Name im Alphabet an vorderer Stelle steht, als Ligand am charakteristischen Atom der anderen Säure behandelt. $H_2O_2Se{-}O{-}SO_3$ Selenatoschwefelsäure (Hydrogenselenatosulfat).

Enthalten die Heteropolysäureanionen dreidimensionale Netzwerke, werden etwas veränderte Namen benutzt, z. B. Wolframo statt Wolframato: $H_4[SiW_{12}O_{40}]$ 12-Wolframokieselsäure oder Dodecawolframokieselsäure.

Additionsverbindungen

Nur „Wasser" wird oft als „Hydrat" bezeichnet. Sonst werden die Namen von Additionsverbindungen gebildet, indem man die Namen der Bestandteile durch Bindestriche verbindet und die Anzahl der Moleküle hinter dem Namen durch in Klammern gesetzte arabische Ziffern angibt, die durch einen Schrägstrich getrennt sind. Wasser wird immer zuletzt genannt, die anderen Moleküle nach steigender Anzahl. Ist ihre Anzahl gleich, wird in alphabetischer Reihenfolge zitiert, z. B.: $Al_2(SO_4)_3 \cdot K_2SO_4 \cdot 24\,H_2O$ Aluminiumsulfat-Kaliumsulfat-Wasser (1/1/24) und $CaCl_2 \cdot 8\,NH_3$ Calciumchlorid-Ammoniak (1/8).

Wenn Angaben über die Struktur vorliegen, kann ein Teil des Addukts oft nach den Regeln für Komplexliganden benannt werden, z. B.: $[Fe(H_2O)_6]SO_4 \cdot H_2O$ Hexaaquaeisen(II)-sulfat-Monohydrat.

2 Analytische Chemie, Quantitative Analyse

Die vollständige Beurteilung einer Substanz ist nur bei Kenntnis von Art und Menge der in ihr enthaltenen Einzelkomponenten möglich. Die zahlreichen Untersuchungsmethoden der analytischen Chemie geben Antworten auf die Fragen: Was liegt vor? – Qualitative Analyse, Wie viel liegt vor? – Quantitative Analyse, Wie liegt etwas vor? – Strukturanalyse.

Insbesondere die quantitative Analyse bildet eine wesentliche Grundlage der Stoffbeurteilung, sodass ihr Anwendungsbereich in Wissenschaft und Technik keinesfalls auf nur chemisch orientierte Forschungsgebiete oder Industriezweige beschränkt ist. Grundlagen und praktische Anwendungen der wichtigsten quantitativen Analysenverfahren sollen im Folgenden behandelt werden. Viele der hier angegebenen klassischen, chemischen Analysenmethoden sind heute durch moderne instrumentalanalytische Verfahren ersetzt worden. Aus didaktischen Gründen werden sie jedoch in diesem Lehrbuch weiterhin aufgeführt, da sie wesentliche Grundlagen und Gesetzmäßigkeiten vermitteln, die für die Ausbildung der Studierenden wichtig sind.

2.1 Einführung in die Analytische Chemie und Quantitative Analyse

Die theoretischen Vorbemerkungen umfassen die Arbeitsabschnitte: Bewertungsgrundlagen, Trennmethoden und Bestimmungsverfahren und stellen eine Zusammenfassung aus der Sicht des Analytikers dar. Anfänger ohne analytische Vorkenntnisse werden sich in der Regel zuerst mit den Grundlagen (▸Kap. 2.2 usw.) bekannt machen.

2.1.1 Arbeitsabschnitte

Bei der Durchführung einer quantitativen Untersuchung können die aufeinanderfolgenden Arbeitsabschnitte

- Probenahme
- Probevorbehandlung (Auflösen oder Aufschluss, Teilung, Trennung)
- Bestimmung
- Berechnung und Interpretation des Analysenergebnisses

unterschieden werden.

Eine fehlerhafte Probenahme kann auch die sorgfältigste weitere Arbeit entwerten. Die teilweise komplizierte Probenahme kann wegen ihres Umfanges hier nicht behandelt werden, zumal sie bei wertvollen Produkten ohnehin durch speziell geschulte und oft sogar vereidigte Probenehmer erfolgt. Es sollte aber beachtet werden, dass das Zerkleinern und Mischen sowie die Einwaage oder das Abmessen von Volumina bereits einfache Arbeitsvorgänge der Probenahme sind.

Sieht man von speziellen Untersuchungsmethoden wie etwa der direkten Spektralanalyse von Metallproben ab, so muss die Analysensubstanz im nächsten Arbeitsabschnitt mit einem geeigneten Lösemittel verdünnt werden. In der anorganischen Analyse wird als Grundkomponente aller Lösungen Wasser verwendet, dessen Eigenschaft durch Zusätze von bestimmten Stoffen ergänzt wird. So steigern Säurezusätze bis zu 2 mol/L HCl, H_2SO_4 oder HNO_3 vor allem die Acidität. Bei 5 mol/L zeigen sich neben einer weiter erhöhten Konzentration der Wasserstoffionen komplexbildende (HCl) oder oxidierende Eigenschaften (HNO_3; $HClO_4$; H_2SO_4). Eine oft wesentliche Verstärkung des Auflösevermögens erzielt man durch Zugabe von typischen Komplexbildnern wie Tartrat, Citrat, Oxalat und Fluorid. Neben den sauren kommen in einigen Fällen auch alkalische Lösemittel wie 2 oder 5 mol/L NH_3 bzw. NaOH in Betracht, die zu Ammin- oder Hydroxokomplexen führen können. Ganz allgemein sollte beim Auflösen beachtet werden, dass es zwangsläufig mit einer „Verunreinigung" der ursprünglichen Probe durch Fremdstoffe einhergeht. Zur Vermeidung unkontrollierbarer Störungen der nachfolgenden Arbeitsoperationen ist daher eine dosierte Zugabe der Lösemittel wesentliche Voraussetzung für eine schnelle und zuverlässige Arbeitsweise. Dosierung und kontrolliertes Arbeiten gestalten sich besonders einfach, wenn die erforderlichen Stoffmengen n_i auf der Basis der Äquivalenzbeziehung abgeschätzt werden:

$$n(X) = c_1 \cdot V_1 = c_2 \cdot V_2 \quad \text{erfordert} \quad n(R) = c_3 \cdot V_3 = c_4 \cdot V_4 = \cdots$$

Als Einheit wählt man zweckmäßig mmol für die Stoffmenge, mmol/mL für die Konzentration, mL für das Volumen.

Zur Erläuterung soll folgendes Beispiel (◘ Tab. 2.1) dienen: In Dolomit mit der mittleren molaren Masse $m(CaCO_3 \cdot MgCO_3) = 184{,}41$ g/mol soll der Ca- und Mg-Gehalt in Gew.-% bestimmt werden; Einwaage von 730 ± 30 mg (ca. 4 mmol) Dolomit.

Einige Substanzen werden von den Lösemitteln nur sehr langsam oder gar nicht angegriffen. Sie müssen vor der eigentlichen Auflösung durch einen Aufschluss in eine lösliche Form überführt werden. Bei den Aufschlüssen liegen die Temperaturen über 200 oder sogar 300 °C. Neben hochsiedenden Flüssigkeiten wie H_2SO_4 und H_3PO_4 verwendet man Salzschmelzen mit oxidierendem, reduzierendem oder sulfidierendem sowie saurem oder alkalischem Charakter.

Dosierung und somit Kenntnis der Gesamtmenge und des Überschusses an Aufschlussmitteln sind neben Temperatur, Zeitdauer und Aufschlussgerät von entscheidender Bedeutung für den Erfolg. Auch der sich anschließende Löseprozess verlangt die Einhaltung bestimmter Versuchsbedingungen.

Wird eine Bestimmung durch Art und Menge der Begleitsubstanzen in einer Analysenprobe gestört, so muss zwischen dem Auflösen und der Bestimmung eine Trennung eingeschaltet werden. Zahlreiche prinzipiell mögliche Trennmethoden werden in ►Kap. 2.1.3 aufgeführt. Der letzte Arbeitsabschnitt einer quantitativen Analyse ist die Bestimmung mit anschließender Berechnung, bei der aus einer Messgröße W die gesuchte Masse m oder die Konzentration c ermittelt wird. Hierzu bringt ►Kap. 2.1.4 die allgemeinen Grundlagen.

Tab. 2.1 Dolomit: Bestimmung Ca- und Mg-Gehalt

Löseprozess:	$CaCO_3 \cdot MgCO_3 + 4\,H^+ \longrightarrow Ca^{2+} + Mg^{2+} + 2\,H_2O + 2\,CO_2$ 1 mmol Dolomit erfordert 4 mmol HCl, für 4 mmol also: $n(HCl) = 4 \cdot 4$ mmol = 16mmol, das sind 8 mL 2 mol/L HCl oder 3,2 mL 5 mol/L HCl.
Lösung in 100-mL-Messkolben:	Säurekonzentration soll $c(HCl) = 0{,}2$ mol/L sein, d. h., es werden zusätzlich 0,2 mmol/mL · 100 mL = 20 mmol HCl benötigt, das sind 10 mL 2 mol/L HCl oder 4 mL 5 mol/L HCl Überschuss.
Praktische Auflösung:	Einwaage in 18 mL 2 mol/L HCl oder 7,2 mL 5 mol/L HCl direkt im Messkolben lösen und mit Wasser auf 100,0 mL auffüllen.
Neutralisation:	Ein aliquoter Anteil dieser Lösung, z. B. von 25,0 mL enthält 0,2 mmol · mL^{-1} · 25 mL = 5,0 mmol H^+ und wird durch 2,5 mL 2 mol/L NaOH neutralisiert.

2.1.2 Bewertungsgrundlagen

Vergleich, Auswahl und Bewertung verschiedener Analysenverfahren oder der dabei benutzten Bestimmungsverfahren sowie die richtige Beurteilung der Ergebnisse sind nur bei einer allgemeinen Festlegung der folgenden maßgebenden Begriffe möglich, von denen jedoch nur die ersten 4 näher behandelt werden sollen:

- Arbeitsbereiche,
- Selektivität,
- Fehler,
- Probemenge und Gehalt,
- Schwierigkeitsgrad,
- apparativer Aufwand,
- Zeitbedarf,
- Kosten.

Ein Analysenverfahren enthält mehrere Arbeitsabschnitte (vgl. ►S. 49), bei denen die Arbeitstechnik weitgehend vom Untersuchungsgegenstand abhängt. Nur das Bestimmungsverfahren selbst ist ziemlich unabhängig davon, weil durch die Probevorbehandlung auch verschiedenartige Probematerialien an die genau festgelegten Arbeitsbedingungen des Bestimmungsverfahrens angepasst werden. Daher kann z. B. ein einziges spektralphotometrisches Bestimmungsverfahren für Eisen mittels Bipyridin in Analysenverfahren für Blut oder Glas oder Leichtmetall eingesetzt werden, ohne dass die Arbeitstechnik geändert werden muss.

Jedes Bestimmungsverfahren hat einen begrenzten **Arbeitsbereich**. Im oben genannten Beispiel muss eine Mindestmenge Eisen vorliegen, andererseits darf aber eine Höchstmenge Eisen nicht überschritten werden, weil im Bestimmungsverfahren nur eine genau angegebene Menge Bipyridin zur Komplexbildung vorgesehen ist. Zweckmäßig gibt man für ein Bestimmungsverfahren den Stoffmengen-Arbeitsbereich an, nicht den Massen-, Volumen- oder Konzentrations-Arbeitsbereich. Hierbei wird zuerst die größere Stoffmenge genannt, dann die kleinere. Die obere Grenze ist wichtiger, weil sie auf keinen Fall

Tab. 2.2 Standard-Arbeitsbereiche

Benennung	Arbeitsbereich	Benennung	Arbeitsbereich
Millimol-Verfahren 3	1000–100 mmol	Mikromol-Verfahren 3	1000–100 µmol
Millimol-Verfahren 2	100–10 mmol	Mikromol-Verfahren 2	100–10 µmol
Millimol-Verfahren 1	10–1 mmol	Mikromol-Verfahren 1	10–1 µmol

überschritten werden darf, da sonst das Bestimmungsverfahren wegen Reagenzmangel oder dergleichen versagt. Bei Überschreiten der unteren Grenze erhöht sich dagegen nur der Fehler der Bestimmung.

Umfasst der Stoffmengen-Arbeitsbereich glatte Zehnerpotenzen, spricht man von Standard-Arbeitsbereichen (Tab. 2.2).

Analoge Benennungen und Arbeitsbereiche werden für Nanomol-10^{-9}-, Picomol-10^{-12}-, Femtomol-10^{-15}- und Attomol-10^{-18}-Verfahren benutzt.

Zuverlässige analytische Aussagen setzen 2 bis 4 Einzelbestimmungen voraus. Daher muss soviel Probesubstanz vorliegen, dass darin vom zu bestimmenden Stoff mindestens das Fünffache der unteren Arbeitsbereichsgrenze enthalten ist. Nach der für eine Analyse benötigten **Probesubstanzmasse** (Einwaage m_E) teilt man grob ein in Makroanalysenverfahren mit m_E über 100 mg, Halbmikroanalysenverfahren mit m_E zwischen 100 und 10 mg und Mikroanalysenverfahren mit m_E unter 10 mg.

Legt ein Analysenverfahren neben dem Bestimmungsverfahren auch die Einwaage fest, ist damit der Gehaltsbereich, den der zu bestimmende Stoff in der Probesubstanz besitzen darf, ebenfalls gegeben. Gehalte gibt man meist als Massen-Anteile, bzw. bei Gasen als Volumen-Anteile an, oft auch als Stoffmengenkonzentration (z. B. in mmol/L) oder Massenkonzentration (z. B. in mg/m^3). Stoffe mit Anteilen über 0,1 (10 %) bezeichnet man als **Hauptbestandteile**, bei 0,1 bis 0,001 (10 % bis 0,1 %) als **Nebenbestandteile**, darunter als **Spurenbestandteile**.

Jedes einzelne Ergebnis x_i einer Bestimmung bzw. Analyse weicht vom „wahren" Wert mehr oder weniger ab. Als Ursache der Abweichung, des **Fehlers**, kommen in Betracht:

Arbeitsbedingungen: Einfluss der Änderung von Zustandsgrößen wie Druck, Temperatur, Volumen, Konzentration der Reagenzien und Fremdstoffe sowie von Wasch- und Trocknungsprozessen u. a. m.

Arbeitsgeräte: Beständigkeit des Materials, Ablesegenauigkeit, Fehler von Bauteilen und mangelnde Konstanz apparativer Größen.

Arbeitstechnik: Persönliche Fehler, deren Größe auch von Geschicklichkeit und Übung abhängig ist.

Nach der Art der Abweichung muss zwischen zufälligen Fehlern und systematischen Fehlern unterschieden werden. Bei eindeutig festgelegten Arbeitsbedingungen sind die **zufälligen Fehler** vom Willen des Beobachters unabhängige zweiseitige Abweichungen (Streuung). Der mit einem ±-Symbol gekennzeichnete Streubereich gibt Aussagen über die Re-

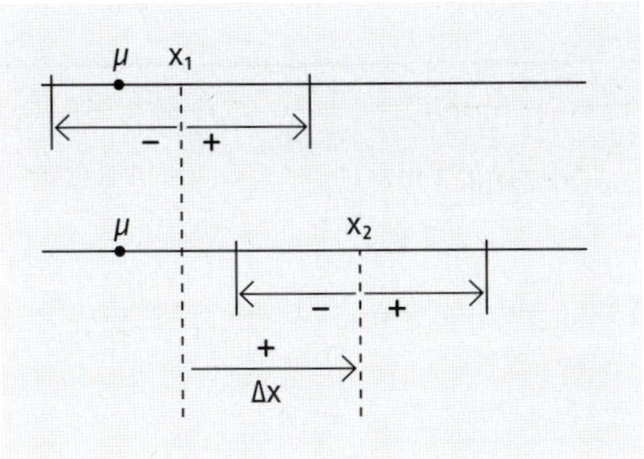

○ Abb. 2.1 Messergebnis x_1 „numerisch richtig", da wahrer Wert μ im Bereich der zufälligen Fehler liegt. Messergebnis x_2 trotz gleicher Reproduzierbarkeit „numerisch falsch", da durch systematischen Fehler Δx der wahre Wert μ nicht mehr im Bereich der zufälligen Fehler liegt

produzierbarkeit. **Systematische Fehler** sind einseitige Abweichungen, die im Gegensatz zur ersten Fehlergruppe vermeidbar oder zumindest eliminierbar sind. Die Ausschaltung der negativen oder positiven systematischen Fehler, d. h. von Unter- bzw. Überbefunden, ist für die Richtigkeit eines Ergebnisses von entscheidender Bedeutung. Der Aussagegehalt der Fehlerarten kann aus der ○ Abb. 2.1 ersehen werden.

Fehler können absolut oder proportional zum Betrag des Ergebnisses auftreten, wobei absolute Fehler stets die Dimension des zugehörigen Ergebnisses (Stoffmenge, Masse, Volumen, Konzentration usw.) besitzen. Relative Fehler werden oft in Prozent angegeben und zur Vermeidung von Irrtümern ausdrücklich mit Rel.-% bezeichnet.

Typische systematische Absolutfehler sind z. B. Blindwerte (►S. 94) bei gravimetrischen und titrimetrischen Bestimmungen. Faktoren der Maßlösungen sind als Korrekturgrößen für systematische Relativfehler einzustufen. Viele Analysenverfahren besitzen „innere" systematische Fehler, die nur durch eine Reihe von Modellanalysen oder Eichmessungen entdeckt werden und sodann bei praktischen Analysen Berücksichtigung finden müssen.

Der Einfluss von Fremdionen und Begleitsubstanzen auf das Analysenergebnis wird durch den Begriff der **Selektivität** des Verfahrens beschrieben.

2.1.3 Trennmethoden

Besitzt ein Verfahren eine unzureichende Selektivität, so müssen die störenden Begleitstoffe vor der eigentlichen Bestimmung abgetrennt werden. Hierfür stehen zahlreiche Trennmethoden zur Verfügung, unter denen eine zweckmäßige Auswahl zu treffen ist. □ Tab. 2.3 gibt einen Überblick.

Bei den **physikalischen Trennmethoden** bleiben die Substanzen in chemischer Hinsicht unverändert. Unter den Methoden nach dem Siebprinzip findet man die so geläufigen Arbeitsoperationen des Filtrierens, die für den Analytiker unentbehrlich sind. Als Beispiel für das Absetzprinzip seien das Dekantieren und das noch wirksamere Zentrifugieren als Ersatz für die oft langwierige Filtration genannt. Zu den thermischen Trennmethoden gehören die fraktionierte Destillation und Kristallisation, ebenso das Trocknen und Glühen von Niederschlägen zur Entfernung letzter Lösemittelreste.

Bei den **physikalisch-chemischen Trennmethoden** sind neben physikalischen auch chemische Vorgänge zu berücksichtigen. So treten bei der Löslichkeitstrennung Wechselwirkungen zwischen gelöstem Stoff und Lösemittel auf, die bis zu komplexähnlichen Verbindungen führen. Besondere Aufmerksamkeit verdienen Extraktionsmethoden, die auf einer unterschiedlichen Stoffverteilung in zwei nicht bzw. begrenzt miteinander

Tab. 2.3 Trennmethoden

Physikalische Methoden	1.	**Mechanische Trennung:** Siebprinzip, z. B. Sieben und Filtrieren, sowie Absetzprinzip, z. B. Dekantieren, Zentrifugieren und Windsichten
	2.	**Thermische Trennung:** Trennung bei verschiedenen Siede-, Sublimations- und Schmelzpunkten
Physikalisch-chemische Methoden	1.	**Löslichkeitstrennung:** Kristallisation und Extraktion
	2.	**Chromatographische Trennung:** Gas- und Flüssigkeitschromatographie
	3.	**Elektrophoretische Trennung:** Zonenelektrophorese, Isotachophorese, Elektrophoretische Fokussierung
	4.	**Elektrochemische Trennung:** Abscheidung durch Elektrolyse
Chemische Methoden	1.	**Trennung durch Fällung:** Überführen in schwerlösliche Verbindungen
	2.	**Trennung über die Gasphase:** Bildung von leicht flüchtigen Wasserstoff- und Halogenverbindungen usw.
	3.	**Trennung durch Ionenaustauscher:** äquivalenter Ionenumtausch, Chromatographie an Ionenaustauschern

mischbaren Flüssigkeiten basieren. Geringer Zeitbedarf und Schwierigkeitsgrad bei großer Trennschärfe sind als wichtige Vorteile zu werten. Eine Weiterentwicklung der Extraktion findet man in den chromatographischen Methoden, die besonders bei komplizierten Systemen und bei extrem kleinen Probemengen unersetzlich geworden sind. Bei den elektrochemischen Methoden nutzt man die verschiedenen stoffspezifischen Abscheidungsspannungen oder die unterschiedlichen Wanderungsgeschwindigkeiten im elektrischen Feld aus.

Bei den **chemischen Methoden** geht der Trennung eine Stoffumsetzung voraus. Die klassische Trennmethode beruht auf der Erzeugung schwerlöslicher Niederschläge und anschließender Filtration. Weniger zeitraubend und störanfällig arbeitet die Maskierung. Störende Begleitsubstanzen werden hierbei durch selektiv wirkende Komplexbildner so verändert, dass die Bestimmung durch sie nicht mehr beeinflusst wird. Einige Elemente lassen sich in Form von Wasserstoffverbindungen (HCl, AsH_3 usw.) oder als Halogenide (SiF_4, $AsCl_3$ usw.) leicht verflüchtigen und somit abtrennen. Als eine weitere Trennmethode bietet sich die Verwendung von Ionenaustauschern an, wobei eine Trennung von Kationen und Anionen in besonders einfacher Weise durchführbar ist. Weitere Einzelheiten und praktische Beispiele zu den wichtigsten Trennmethoden bringt ▸Kap. 2.5.

2.1.4 Bestimmungsverfahren

Bestimmungsverfahren dienen zur quantitativen Ermittlung einer Stoffmenge $n(\mathrm{B})$, einer Masse $m(\mathrm{B})$ bzw. einer Konzentration c über eine Messgröße W, wobei $m(\mathrm{B})$ und W zumeist durch den einfachen linearen Zusammenhang

$$m(\mathrm{B}) = [\lambda] \cdot W \quad \text{bzw.} \quad c = [\omega] \cdot W$$

miteinander in Beziehung stehen. Eine Erklärung der Faktoren $[\lambda]$ und $[\omega]$ wird weiter unten gegeben. Auf Grund der prinzipiellen Unterschiede in der Arbeits-, Mess- und Auswertetechnik unterscheidet man „klassische" und „physikalische" Analysenverfahren.

Als klassische Verfahren sind alle Methoden einzustufen, bei denen die Messgröße W als Masse (Auswaage = W) oder als Volumen (Maßvolumen = W) erhalten wird. So gehören in diese Gruppe die **Gravimetrie** mit ihren Teilgebieten der Fällung und der elektrolytischen Abscheidung schwerlöslicher Verbindungen (Elektrogravimetrie), aber auch die **Titrimetrie** mit den verschiedenen Indikationsmöglichkeiten durch visuell erkennbare Farbumschläge, durch Leitfähigkeitsänderungen (Konduktometrie) oder Änderungen des elektrischen Potenzials einer Lösung (Potenziometrie). Auch die klassische Gasanalyse misst Volumenänderungen. Bei diesen Verfahren wird stets die gesamte in die Analyse eingehende Masse $m(\mathrm{B})$ umgesetzt und dadurch die Messgröße W erhalten. Die Errechnung von $m(\mathrm{B})$ aus der Auswaage in mg oder aus dem Volumen in mL erfolgt über Umrechnungsfaktoren $[\lambda]$, die in einfacher Weise aus bekannten molaren Massen der Elemente oder Verbindungen ableitbar sind.

Im Gegensatz hierzu erfasst die Messgröße W bei den physikalischen Verfahren eine konzentrationsabhängige Eigenschaft von vorbehandelten oder unbehandelten Lösungen, aber auch von Festkörpern, Gasen und Dämpfen. Konzentration bedeutet Stoffmenge pro Volumeneinheit, und es ist ein charakteristischer Vorteil dieser Verfahren, dass W aus einem beliebigen Anteil eines definierten Gesamtvolumens bestimmt werden kann. Die jeweilige Masse $m(\mathrm{B})$ in mg ergibt sich aus der primär erhaltenen Stoffmengenkonzentration durch Multiplikation mit dem Faktor

$$M \cdot V_\mathrm{M}$$

(M = molare Masse in mg/mmol, V_M = Volumen des verwendeten Messkolbens in mL).

Als Beispiele von Messgrößen seien die Extinktion E in der Photometrie (►S. 200), die Stufenhöhe h von Stromstärke-Spannungskurven in der Polarographie (►S. 189) und die Strahlungsintensität I in der Flammenphotometrie und quantitativen Spektralanalyse genannt. Der maßgebende Umrechnungsfaktor $[\omega]$ ist in seinem numerischen Wert entscheidend von den chemischen, physikalischen und apparativen Versuchsbedingungen abhängig. Er kann nicht theoretisch abgeleitet werden, sondern muss durch sorgfältige Eichmessungen mit bekannten vorgegebenen Konzentrationen c gemäß

$$[\omega] = \frac{c}{W}$$

ermittelt werden. Als Vorteile physikalischer Verfahren sind die Erfassung sehr kleiner Arbeitsbereiche, die oft sehr viel bessere Selektivität und ein geringerer Zeitbedarf hervorzuheben. Viele dieser Methoden erreichen aber nicht die Genauigkeit gravimetrischer oder titrimetrischer Verfahren. Die Durchführung verlangt besonders große Sorgfalt, um

Tab. 2.4 Eigenschaften analytischer Waagen

	Typ	Maximalbelastung /g	Empfindlichkeit /Skalenteile pro mg	Ablesegenauigkeit /mg
I	Makrowaage	2000	1–0,1	1–5
II	Makrowaage	200	10	0,05
III	Halbmikrowaage	100	20	0,01
IV	Mikrowaage	20	200	0,001

die zahlreichen systematischen Fehlerquellen zu vermeiden, deren Ursachen vielfach nur bei gründlichen apparativen Kenntnissen zu ermitteln sind.

2.2 Arbeitsgeräte

Die Arbeitsgeräte für eine quantitative Analyse sind vor allem die analytische Waage und Messgefäße, wie Messkolben, Pipette und Bürette. Heute werden vielfach auch Dosimate mit Digitalanzeige eingesetzt. Hinzu kommen für die einzelnen Arbeitsabschnitte einige allgemeine und spezielle Grundgeräte.

2.2.1 Analytische Waagen

Bis auf wenige Ausnahmen beginnt jede quantitative Analyse mit einer Wägung. Die Einwaage gehört zur Probenahme, deren grundsätzliche Bedeutung bereits behandelt wurde. Beherrschung der Wägetechnik und die sorgfältige Behandlung und Kontrolle der analytischen Waage sind unerlässliche Voraussetzungen einwandfreier Analysenergebnisse.

Die gebräuchlichsten Analysenwaagen sind Balkenwaagen mit Schwingungsdämpfung, beleuchteter Projektionsskala oder Ziffernanzeige und vollautomatischer Gewichtsauflage, oft auch mit Ausdruck der Ergebnisse. Nach der Belastbarkeit und Empfindlichkeit unterscheidet man Makro-, Halbmikro- und Mikrowaagen (Tab. 2.4). Die angeführten Daten variieren geringfügig bei den einzelnen Fabrikaten. Am häufigsten werden die Typen II und III benötigt.

Man muss bei der Aufstellung der Waage auf eine horizontale, erschütterungsfreie Unterlage achten, wozu schwere Tische oder spezielle Wandkonsolen geeignet sind. Die horizontale Aufstellung kann durch eine Dosenlibelle kontrolliert und durch Stellschrauben an den Füßen der Waage korrigiert werden. Häufige Erschütterungen, insbesondere Vibrationen, beschädigen Schneiden und Lager und bedingen instabile Gleichgewichtslagen und geringere Empfindlichkeiten. Für die Aufstellung sollte ein besonderes Wägezimmer und ein Schutzkasten für jede Waage vorgesehen werden, da nur so der erforderliche Schutz vor Staub, aggressiven Dämpfen und hoher Luftfeuchtigkeit gewährleistet ist. Auch Temperaturschwankungen und Zugluft sind weitgehend auszuschalten. Man sollte daher direkte Sonneneinstrahlung sowie die Nähe von Heizkörpern, Außentüren und Fenstern vermeiden. Staub wird mit einem nicht haarenden Pinsel entfernt. Zum Entfetten sind Ethanol oder Benzin und ein Leinenläppchen geeignet. Durch einen Silicageltrockenturm im Waagengehäuse wird Kondensatbildung verhindert. Grobe systematische Fehler können durch elektrostatische Aufladungen verursacht werden, die man durch Erdung sicher ausschaltet.

Die erreichbare Genauigkeit (Präzision) von Wägungen ist nicht nur von der Konstruktion und der richtigen Aufstellung abhängig, sondern wird auch vom Wägeverfahren, von der Qualität des Gewichtssatzes, vom Luftauftrieb und von der Vorbehandlung des Wägegutes beeinflusst.

Die Wägung unter wechselseitiger Vertauschung von Gewichten und Wägegut (Gauß'sche Doppelwägung) ist zwar die genaueste Methode, doch erfordert sie einen relativ großen Zeitbedarf. Moderne Waagen bevorzugen daher die direkten Methoden (Proportional- und Substitutionsmethoden) und verkürzen durch vollautomatische Gewichtsauflage und starke Dämpfung den Wägevorgang auf weniger als 30 Sekunden.

Die verwendeten Gewichte müssen der Empfindlichkeit und Ablesegenauigkeit der Waage angepasst sein. Die Gewichte dürfen nicht mit den Fingern angefasst werden und sind staub- und fettfrei zu halten. Bei häufigem Gebrauch können im Verlaufe der Zeit Änderungen auftreten. Ebenso wie die Waage sollten auch die Gewichtssätze daher turnusmäßig durch Fachleute überprüft werden.

Bei den üblichen Wägungen in Luft erhält man nicht die Masse, sondern nur das Tauchgewicht (Archimedisches Prinzip), das geringfügig von der Masse abweicht. Bei den ohnehin üblichen Differenzwägungen sind diese Unterschiede zu vernachlässigen.

Wesentlich ist die richtige Vorbehandlung des Wägegutes. Flüssigkeiten, hygroskopische und verwitternde Substanzen sind in geschlossenen Behältern (Wägegläsern) einzuwiegen. Sonstige Festkörper müssen nach Trocken- und Glühprozessen vor der Wägung in Exsikkatoren aufbewahrt werden, wo sie auf Raumtemperatur abkühlen. Das Gewicht des Wägegutes und das des leeren Gefäßes sollen in vernünftiger Relation zueinander stehen, deren untere Grenze etwa bei einem Gewichtsverhältnis von 1 : 200 liegt.

2

2.2.2 Messgefäße

Neben der analytischen Waage bilden die Volumen-Messgeräte die zweite Gruppe wichtiger Hilfsmittel, wobei Fein- und Grobgeräte zu unterscheiden sind. ◘ Tab. 2.5 und ○ Abb. 2.2 bringen eine Zusammenstellung häufig gebrauchter Geräte und ihrer Volumina. Der Inhalt der Messgefäße wird durch eingeätzte Marken in mL für eine Temperatur von 20 °C angegeben. Messkolben, Mess- und Mischzylinder sind im Allgemeinen mit Wasser auf Einguss (Kennzeichnung In, früher E), Pipetten und Büretten auf Auslauf (Kennzeichnung Ex, früher A) graduiert.

Messkolben und Vollpipetten dienen der Messung eines Gesamtvolumens, während Büretten, Messpipetten sowie Mess- und Mischzylinder mit einer Graduierung versehen sind und beliebige Volumenanteile erfassen. Das Material der Messgeräte besteht aus resistentem Hartglas und nur in Sonderfällen aus Quarz. Daneben gibt es Messzylinder aus Kunststoff etwa zum Abmessen der Glas und Quarz angreifenden Flusssäure. Glasstopfen werden in neuerer Zeit häufig durch besser dichtende Kunststoffstopfen ersetzt. Sehr vorteilhaft sind auch die selbstdichtenden Hahnküken aus Teflon in glatter, d. h. nicht geschliffener Glashülse für Büretten.

Eine einwandfreie Volumenmessung setzt eine völlig staub- und fettfreie Oberfläche voraus, an der Flüssigkeiten ohne Tröpfchen- und Inselbildung ablaufen. Zum Entfetten behandelt man die vorgereinigten Gefäße mit oberflächenaktiven Laborreinigungsmitteln. Für Feinmessungen sollten ausschließlich Geräte der Qualität „eichfähig" verwendet

Tab. 2.5 Volumen-Messgefäße

Gruppe	Gerät	Typ und Inhalt
Feinmessgefäße (eichfähige und amtlich geeichte)	Messkolben	Enghals und Weithals auch mit Normschliff mit 25, 50, 100, 250, 500, 1000 und 2000 mL Inhalt
	Zylinder	Messzylinder; Mischzylinder mit Normschliff
	Pipetten	Vollpipetten auf Auslauf, Messpipetten mit teilw. Ablauf, Messpipetten auf Auslauf mit 1, 2, 5, 10, 20, 25, 50, 100 und 200 mL Inhalt
	Büretten	Normalgraduierung mit Schellbachstreifen mit 10, 25, 50 und 100 mL Inhalt
Grobmessgefäße (nicht eichfähig)	wie oben, aber größere Fehlergrenzen	wie oben, außerdem alle Kunststoffausführungen sowie Saugkolbenpipetten, schnellablaufende und Ausblasvollpipetten mit 5, 10, 25, 50, 100, 250, 500, 1000 und 2000 mL Inhalt

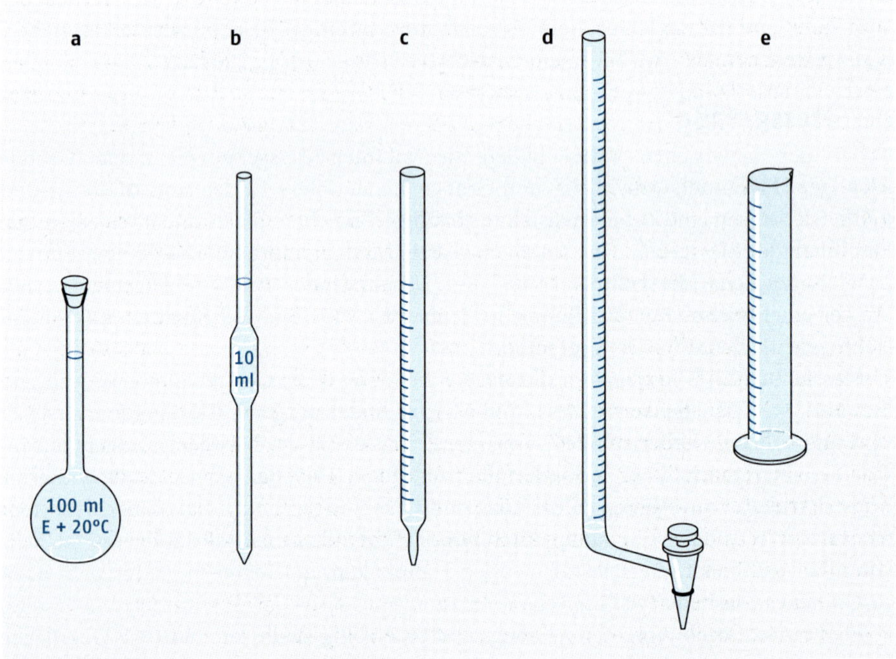

Abb. 2.2 a) Messkolben, b) Vollpipette, c) Messpipette, d) Bürette, e) Messzylinder

werden. Beschädigte Geräte (angesplitterte Spitzen von Pipetten und Büretten, stark verätzte Messkolben und anderes) sollten nicht benutzt werden.

Die Volumenangaben gelten für Wasser von 20 °C. Für je 5 °C Temperaturabweichung differieren die Volumina um 0,1–0,2 Rel.-%, d. h., z. B. für einen 100-mL-Messkolben um 0,1–0,2 mL oder bei einem titrimetrischen Verbrauch von 10 mL um 0,01–0,02 mL. Dieser relative systematische Fehler ist bei hohen Genauigkeitsansprüchen zu berücksichtigen. Für den Ansatz von Standard- oder Maßlösungen ist aus gleichen Gründen ein Thermostat empfehlenswert. Zur Vermeidung irreversibler Volumenänderungen dürfen Messkolben nicht über 100 °C erhitzt werden. Kochen von Lösungen im Messkolben mit dem offenen Brenner ist auf jeden Fall zu vermeiden. Erwärmen im Wasserbad ist zulässig.

Zur definierten Entleerung der auf Auslauf justierten Vollpipetten streicht man die Spitze der ausgelaufenen Pipette nach 15 Sekunden Wartezeit unter Drehen an der Gefäßwandung ab. Die Pipette darf nicht ausgeblasen werden. Bei der Füllung von Messkolben und Entleerung von Büretten und Messpipetten muss vor dem genauen Auffüllen oder Ablesen 1–2 Minuten gewartet werden, damit letzte Flüssigkeitsreste von der Wand ablaufen können. Bei den Auslaufgeräten gibt die Volumenmessung nur für Wasser, verdünnte Lösungen und Flüssigkeiten mit wasserähnlicher Viskosität richtige Werte. Hochviskose Systeme wie konzentrierte H_2SO_4, H_3PO_4 oder Glycerin sind nicht mehr einwandfrei pipettierbar. Soweit nicht stark gefärbte Flüssigkeiten vorliegen, wird die Marke stets auf die tiefste Meniskusstelle eingestellt. Einstellen oder Ablesen muss unter horizontaler Beobachtung erfolgen. Bei Büretten und Messpipetten kann das richtige Ablesen durch einen farbigen Streifen auf Milchglasuntergrund (Schellbach-Streifen) erleichtert werden. Häufige Ursache „unerklärlicher" Fehlresultate ist mangelhafte Übereinstimmung von Messkolben und Pipette bei Entnahme aliquoter Anteile. Dass mit einer 25-mL-Pipette stets genau ein Viertel aus einem 100-mL-Messkolben entnommen wird, ist keinesfalls selbstverständlich. Diese Voraussetzung ist nur bei sachgemäßer Arbeitsweise und sauberem, einwandfreiem Arbeitsgerät erfüllt. Auch hier ist eine praktische Überprüfung zu empfehlen.

2.2.3 Sonstige Grundgeräte

Außer der Waage und den Messgefäßen benötigt man eine Reihe weiterer vielseitig verwendbarer Geräte und Hilfsmittel, deren ausführliche Beschreibung hier nicht erfolgen kann. Neben den wichtigsten Reagenzien-Standflaschen, bei denen Glas in neuerer Zeit oft durch Kunststoffe ersetzt wird, sind als allgemeine Geräte Stative mit verschiedenem Zubehör wie Muffen, Klemmen und Ringe sowie Dreifüße, Gummi- und Kunststoffschläuche zu nennen. Als Reaktionsgefäße verwendet man Bechergläser, Eng- und Weithals-Erlenmeyerkolben, Schalen und Tiegel und zum Abdecken geeignete Uhrgläser und Deckel. Als Material werden nicht nur Glas, sondern auch Quarz, Porzellan, Kunststoff sowie Edelmetalle (Platin, Silber) verwendet. Als Wärmeerzeuger dienen Gasbrenner, elektrische Heizplatten und Öfen, Wasserbäder und Trockenschränke. Zur Kontrolle werden Thermometer und zur Einhaltung konstanter Temperaturen doppelwandige Gefäße oder Thermostaten benötigt.

Soweit es von Bedeutung ist, wird auf den Gebrauch und die Behandlung noch in den folgenden Beschreibungen der einzelnen Verfahren eingegangen.

2.2.4 Sondergeräte

Die Grundgeräte sind einfache Hilfsmittel, die in jedem analytischen Laboratorium vorhanden sind. Bestimmte Untersuchungen und Verfahren erfordern daneben spezielle Geräte, z. B. Mohr'sche Waagen und Pyknometer zur Dichtebestimmung, Extraktionsapparate, Destillierkolonnen, Gasbüretten, elektroanalytische Geräte und Ionenaustauscher.

Für die physikalischen Analysenverfahren benötigt man Geräte wie z. B. Kolorimeter oder Photometer, Polarographen, Flammenphotometer und Spektrometer. Die oft einfache Bedienung darf nicht darüber hinwegtäuschen, dass Fehlresultate auf die Dauer nur bei guter Kenntnis des Funktionsprinzips der Geräte vermieden werden können.

2.3 Gravimetrische Verfahren

Die ersten wissenschaftlichen Arbeiten auf diesem Gebiet sind mit den Namen *M. H. Klaproth* (1743–1817) und *J. J. Berzelius* (1779–1848) verbunden. Letzterer befasste sich besonders mit der genauen Bestimmung der relativen Atommassen. Eine hervorragende Zusammenfassung der damaligen Ergebnisse findet sich im „Handbuch der analytischen Chemie" (II. Band, 3. Aufl., Berlin 1834) von *Heinrich Rose* (1795–1864).

Die Gravimetrie erfordert gegenüber anderen Verfahren verhältnismäßig viel Zeit und weist einen hohen Schwierigkeitsgrad auf. Dieser Nachteil hat dazu geführt, dass gravimetrische Bestimmungen in den Betriebslaboratorien in wachsendem Maße durch schnellere titrimetrische oder physikalische Methoden ersetzt werden. Für viele wissenschaftliche Arbeiten ist die Gravimetrie wegen ihrer hohen Genauigkeit aber durchaus geschätzt, auch da sie eine Fülle notwendiger theoretischer und praktischer Kenntnisse vermittelt.

2.3.1 Einführung in die Gravimetrie

Bei gravimetrischen Verfahren werden die zu bestimmenden Ionen oder Moleküle unter genau festgelegten Arbeitsbedingungen in Form einer schwerlöslichen Verbindung (**Fällungsform**) abgeschieden, filtriert, gewaschen und durch Trocknen oder Glühen in eine definierte **Wägeform** überführt, z. B.:

	Fe^{3+}	$\xrightarrow{NH_3}$	$Fe(OH)_3 \cdot xH_2O$	$\xrightarrow{800\,°C}$	Fe_2O_3
	Lösung		Fällungsform		Wägeform
erhalten nach:	Vorbehandlung		Abscheidung, Filtration, Waschen		Glühen, Auswaage

Aus der ausgewogenen Masse $m(\mathrm{B})$ in mg folgt nach $m(\mathrm{B}) \cdot [\lambda] = m$, durch Multiplikation mit dem Umrechnungsfaktor $[\lambda]$ die Masse m an zu bestimmendem Element in mg, wobei

$$[\lambda] = \frac{\text{stöchiometrischer Koeffizient} \cdot \text{molare Masse der gesuchten Substanz}}{\text{molare Masse der Wägeform}} ,$$

d. h., im Beispiel ist

$$[\lambda] = \frac{2M(\mathrm{Fe})}{M(\mathrm{Fe_2O_3})} = \frac{2 \cdot 55{,}847\,\mathrm{g \cdot mol^{-1}}}{159{,}692\,\mathrm{g \cdot mol^{-1}}} = 0{,}6994 .$$

Der stöchiometrische Koeffizient, im obigen Beispiel gleich 2, berücksichtigt die verschiedene Anzahl der maßgebenden Atome in der Formeleinheit von gesuchter Substanz und

Wägeform. Entsprechend der Genauigkeit der molaren Massen der Elemente reichen 4- oder besser 5-ziffrige numerische Werte für $[\lambda]$ aus, wobei vorstehende Nullen nicht gezählt werden. Der $[\lambda]$-Wert ist mit dem theoretischen Massenanteil des zu bestimmenden Elements in der Wägeform identisch. Ein Massenanteil wird statt als echter Dezimalbruch oft in Prozent angegeben, z. B. $w(\mathrm{Fe}) = 69{,}94\,\%$. Dies entspricht der früher üblichen Angabe als Gehalt $H = 69{,}94\,\%$ Massenanteil Eisen.

Zum besseren Verständnis der gravimetrischen Arbeitstechnik sollen zunächst die einzelnen Stufen theoretisch und praktisch erläutert werden.

Vorbehandlung

Vor Beginn der Fällung müssen die Bedingungen der Arbeitsvorschrift eingestellt und kontrolliert werden, wobei vor allem der pH-Wert, die Zusätze an Hilfsreagenzien, das Ausgangsvolumen und nicht zuletzt die richtige Oxidationsstufe des abzuscheidenden Elementes von Bedeutung sind.

Abscheidung

Die Fällung erfolgt, soweit nicht ausdrücklich anders vorgeschrieben, unter Rühren aus warmer oder sogar siedender Lösung durch Zutropfen des Fällungsreagenz. Die Reagenzzugabe wird nach Auftreten einer ersten Trübung kurzzeitig (5 Minuten) unterbrochen, um den Keimen Gelegenheit zum Wachsen zu geben. Bei Eintropfen der restlichen Reagenzmenge sollen die Keime zu gröberen Partikeln zusammenwachsen und diffuse Trübungen verschwinden. Keimbildungs- und Wachstumsgeschwindigkeiten können sich bei den einzelnen Fällungen beträchtlich unterscheiden, worauf auch die Unterschiede der Eigenschaften der Niederschläge wie fein- oder grobkristallin, voluminös und schleimig zurückzuführen sind. Erwünscht sind kristalline Formen mit mittlerer Partikelgröße, die einerseits schnell filtriert und andererseits wirkungsvoll gewaschen werden können. Man nähert sich dem Idealzustand oft nur durch längeres Ausrühren unter Erwärmen oder Stehenlassen über Nacht. Schleimige Niederschläge verstopfen die Filterporen, absorbieren störende Fremdstoffe (►S. 41) und gehen während des Waschprozesses allzu leicht kolloidal in Lösung. Sehr grobe Kristalle lassen sich ausgezeichnet filtrieren, schließen aber häufig durch Waschen nicht mehr entfernbare Verunreinigungen ein. Zur Erzielung ausreichend reiner Abscheidungen kommt man bisweilen nicht ohne Umfällung aus. Hierzu werden Niederschlag und Lösung durch Filtrieren oder schneller durch Zentrifugieren und Abgießen der überstehenden Lösung getrennt. Nach Auflösen ist erneut nach Vorschrift zu fällen. Sehr vorteilhaft ist die „Abscheidung aus homogener Lösung". Es sind dies Lösungen, denen das Fällungsreagenz unter Bedingungen zugesetzt wurde, bei denen noch keine Abscheidung eintritt. Die Fällung wird etwa durch langsames Erhöhen des pH-Wertes (Fällungen mit 8-Hydroxychinolin) oder durch thermische Zersetzung von inerten Reagenzverbindungen (Hydrolysefällungen, Fällungen von Sulfiden mit Thioacetamid) eingeleitet und gesteuert. Die Endprodukte zeichnen sich durch eine kompaktere Form und größere Reinheit aus.

Die Vollständigkeit einer Abscheidung wird durch die Löslichkeit und die Reaktionsgeschwindigkeit unter den vorgegebenen Versuchsbedingungen bestimmt. Besonders schnell verlaufen Reaktionen zwischen Kationen und Anionen (z. B. $Ag^+ + Cl^- \longrightarrow AgCl$). Bei anderen Partnern wie Ionen und Molekülen oder ausschließlich Molekülen wird eine Umsetzung nur durch starkes Erhitzen über einen längeren Zeitraum erzwungen. Allgemein kann die Löslichkeit unter den speziellen Fällungsbedingungen

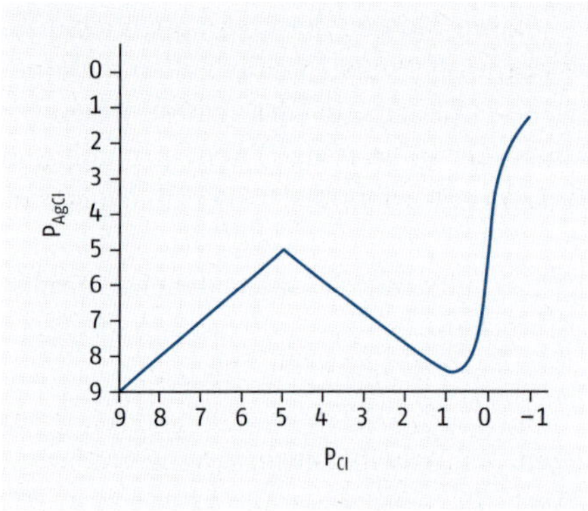

Abb. 2.3 Abhängigkeit der Löslichkeit des AgCl von der Cl^--Konzentration in der Lösung

nur als ein praktisch gemessener Wert (mg/mL oder µg/mL bzw. molar) angegeben werden. Bei einfachen schwerlöslichen Salzen ist eine Abschätzung auch theoretisch über das bereits auf ► S. 24 behandelte Löslichkeitsprodukt möglich; dies soll am Beispiel der Fällung von Chlorid-Ionen mit Silbernitrat gezeigt werden.

$$K_L = c(Cl^-) \cdot c(Ag^+) = 1{,}10 \cdot 10^{-10}\,\text{mol}^2 \cdot \text{L}^{-2} \quad (20\,°\text{C})$$

Bei einer Fällung von 0,5 mmol Cl^- (17,7 mg) mit insgesamt 2 mmol Ag^+ (10 mL 0,2 mol/L $AgNO_3$) in einem Endvolumen von V_E = 150 mL verbleiben rund 1,5 mmol Ag^+ in Lösung. Mit der entsprechenden Konzentration

$$c(Ag^+) = \frac{1{,}5\,\text{mmol}}{150\,\text{mL}} = \frac{0{,}0015\,\text{mol}}{0{,}150\,\text{L}} = 0{,}01\,\text{mol} \cdot \text{L}^{-1}$$

errechnet sich die in Lösung verbleibende Stoffmenge Chloridionen nach

$$c(Cl^-) = \frac{K_L}{c(Ag^+)} = 1{,}10 \cdot 10^{-8}\,\text{mol} \cdot \text{L}^{-1}$$

zu $n(Cl^-) = c(Cl^-) \cdot V_E = 1{,}65 \cdot 10^{-9}\,\text{mol} \mathrel{\hat{=}} m(Cl^-) = 58{,}497 \cdot 10^{-6}\,\text{mg}$.

Wie Abb. 2.3 zeigt, liegt entsprechend dem Löslichkeitsprodukt ein Maximum der Löslichkeit von AgCl bei einer Konzentration $c(Cl^-) = 10^{-5}$ mol/L vor. An diesem Punkt ist keines der beiden Ionen im Überschuss vorhanden, es gilt:

$$c(Cl^-) = c(Ag^+) = \sqrt{K_{L_{AgCl}}} = 1{,}05 \cdot 10^{-5}\,\text{mol} \cdot \text{L}^{-1} \quad (20\,°\text{C})$$

Die tatsächlich gelöste Menge wird aber meist sehr viel größer sein, da eine zusätzliche Kolloidbildung, unvollständige Gleichgewichtseinstellung, wachsende Löslichkeit durch Komplexbildung mit überschüssigem Reagenz und Verluste durch den Waschprozess keine Berücksichtigung finden.

So geht z. B. bei der Fällung von Ag^+ mit Cl^- AgCl bei Konzentrationen $c(Cl^-) > 10^{-1}$ mol/L unter Komplexbildung ($[AgCl_2]^-$) teilweise wieder in Lösung (Abb. 2.3).

In der Abb. 2.3 sind als Konzentrationsmaß die p_{AgCl}- bzw. p_{Cl}-Werte aufgetragen; diese sind analog dem pH-Wert als der negative dekadische Logarithmus der Konzentration definiert. Es zeigt sich, dass die vollständigste Fällung von Ag^+ als AgCl bei einer

Konzentration $c(Cl^-) = 10^{-1}$ mol/L erreicht wird. Ein größerer Cl^--Überschuss ist nicht nur nutzlos, sondern sogar schädlich (Komplexbildung). Analoge Überlegungen gelten auch für andere Fällungsreaktionen.

Für den Fällungsprozess benötigt man sehr saubere und fettfreie Bechergläser (hohe Form), Dreifüße mit Ceran®-Kochplatten und Brennern (oder elektrische Heizplatten) sowie Magnetrührer und Büretten bzw. Pipetten.

Filtration

Nach Absetzen des Niederschlages wird dieser durch dekantierende Filtration von der Lösung getrennt. Hierzu gießt man zuerst die überstehende Lösung bis auf einen geringen Rest durch ein geeignetes Filter und überführt nach Umschwenken anschließend weitgehend auch den Lösungsrest mit dem Niederschlag. Zur Vermeidung von Löslichkeitsverlusten ist es empfehlenswert, das klare Filtrat in einer sauberen Spritzflasche aufzufangen und in kleinen Portionen zum Ausbringen letzter im Becherglas verbliebener Niederschlagsreste zu verwenden. Man achte während der Filtration und des anschließenden Waschens darauf, dass der Niederschlag stets von einer Flüssigkeitshaut bedeckt bleibt, da andernfalls eine Verstopfung der Filterporen eintreten kann. Stark an der Gefäßwandung haftende Niederschläge werden nach Bedecken mit Lösung vorsichtig durch eine Gummifahne abgestreift. Wird das Filter danach verascht, so kann man für die Überführung von Restmengen des Niederschlages auch Stückchen von quantitativen Filtern (s. unten) verwenden, mit denen man die Wand des Gefäßes abreibt und die dann dem Filtergut zugegeben werden. Bei Verwendung unsauberer Arbeitsgeräte kann Kleben und Kriechen des Niederschlags auftreten.

Das Filtriergerät besteht entweder aus Glastrichtern mit eingelegten Filtrierpapier oder Saugtöpfen bzw. Saugflaschen und Filtertiegeln. Entsprechende Anordnungen zeigt die ○ Abb. 2.4.

Quantitative Filter sind aschefrei, d. h. hinterlassen bei der stets erforderlichen Veraschung praktisch nur unwägbare Rückstände. Nach der Teilchengröße des Niederschlags richtet sich die zu verwendende Filterart. Voluminöse und grobkristalline Niederschläge werden durch weiche Filter (Schwarzband), solche mittlerer Körnung durch mittelharte (Weißband) und pulvrige bzw. feinkristalline Fällungen durch harte Sorten (Blauband) filtriert (Schwarz-, Weiß- und Blauband sind Handelsnamen von Sorten der Firma Schleicher & Schüll als Beispiel.). Mit den Abstufungen der mittleren Porengrößen 8, 6 und 2 µm wachsen die Filtrationszeiten bereits für reines Wasser etwa im Verhältnis 1 : 3 : 30. Bei einem harten Filter von 15 cm Durchmesser liegt die Zeit für 100 mL H_2O bei 5–7 Minuten. Die Wahl einer falschen Papiersorte macht die geleistete Vorarbeit wertlos und ist nur durch Wiederholung der Bestimmung zu korrigieren.

Darf das Filter auf Grund der Temperaturempfindlichkeit des Fällungsproduktes nicht verascht werden, kann aber das Fällungsprodukt durch Trocknen bis etwa 250 °C in eine definierte Wägeform gebracht werden, so lässt sich eine Filtration mit der in ○ Abb. 2.4 gezeigten Anordnung unter Verwendung von **Glasfiltertiegeln** einfacher und schneller durchführen. Für quantitative Arbeiten eignen sich Tiegel mit Fritten D 3 (relativ grob) und D 4. Bewährte Tiegelformen sind die Typen 63 a D 4 und die etwas größeren Tiegel 1 D 3 bzw. 1 D 4. Allgemein nimmt bei den Glasfritten die Porengröße von D 1 zu D 4 hin ab (D ≙ Duranglas; G ≙ Geräteglas; auch Aufdruck Pyrexglas). Neben den Glasfiltertiegeln gibt es für höhere Nachbehandlungstemperaturen noch solche aus Quarz oder Porzellan. Bei den **Porzellanfiltertiegeln** hat A 1 die kleinsten, A 4 die größten Poren.

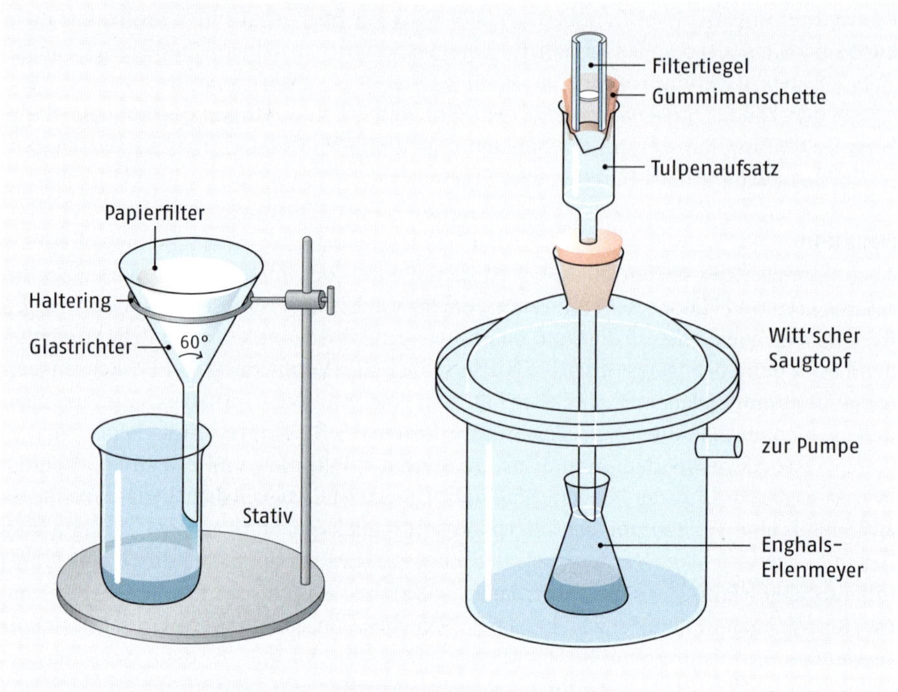

Abb. 2.4 Filtrieranordnungen, Witt'scher Saugtopf

Man beginnt die Filtration durch Einfüllen von Lösung bis etwa zur halben Höhe und saugt den Tiegel durch einen gelinden Unterdruck (Wasserstrahlpumpe) an. Danach wird stetig filtriert, wobei Unterdruck und Durchlaufgeschwindigkeit aufeinander abzustimmen sind.

Der isolierte Niederschlag enthält noch Reste der Lösung mit ihren Bestandteilen. Man wäscht daher mit dosierten Mengen einer geeigneten Waschflüssigkeit durch Auftropfen aus einer Pipette. Die Waschlösungen enthalten vielfach Elektrolytzusätze, die eine Peptisation des Niederschlages verhindern sollen. Manchmal wird mit Ethanol, Aceton oder Ether nachgewaschen, um eine vereinfachte Nachbehandlung zu ermöglichen.

Nachbehandlung

Der gewaschene Niederschlag muss im letzten Arbeitsabschnitt in eine definierte luftstabile Wägeform überführt werden. Papierfilter sind hierzu in Porzellantiegeln zu veraschen und die Kohlereste zu verglühen. Die Anwendung von Papierfiltern bleibt damit auf glühbeständige Wägeformen wie Oxide und einige Pyrophosphate und Sulfate beschränkt. Da beim **Veraschungsprozess** Reduktion eintreten kann, ist eine weitere Nachbehandlung oft nicht zu umgehen. Durch Glühen bei bestimmten Temperaturen erreicht man Gewichtskonstanz.

Wägeformen mit organischen Anteilen oder wenig temperaturstabile Verbindungen müssen in jedem Fall im Filtertiegel gesammelt und durch **Trocknen** bei 105–140 °C von der Restfeuchtigkeit befreit werden. Zur Entfernung von fester gebundenem Kristallwasser sind Trocknungstemperaturen von 140–240 °C erforderlich. Eine schnelle, jedoch nicht immer anwendbare Möglichkeit ist das Durchsaugen von Luft nach Waschen mit leicht flüchtigen organischen Flüssigkeiten.

Im Allgemeinen wird zunächst 60 Minuten und danach in Intervallen von 30 Minuten bis zur Gewichtskonstanz getrocknet oder geglüht. Vor jeder Wägung müssen die Tiegel in einem Exsikkator auf Raumtemperatur abkühlen, was mindestens weitere 60 Minuten erfordert. Dabei ist zu beachten, dass das Leergewicht der Tiegel nur bei gleichartiger Trocken- oder Glühbehandlung zuverlässig konstant ist. Gewichtskonstanz bedeutet, dass die Unterschiede zweier aufeinanderfolgender Wägungen eine bestimmte Größe nicht überschreiten. Bei Verwendung der üblichen analytischen Waagen sollen die Auswaagen im Bereich von 100 bis höchstens 800 mg liegen. Bei Unterschieden von 0,1 mg und weniger kann die Nachbehandlung abgebrochen werden.

Die Reproduzierbarkeit gravimetrischer Bestimmungen ist bei sorgfältigem Arbeiten bemerkenswert gut. Der Selektivitätsgrad vieler gravimetrischer Bestimmungen ist relativ klein. Durch Einhaltung bestimmter pH-Werte oder Zusatz von Maskierungsmitteln können Störungen durch anwesende Fremdionen in begrenztem Umfang vermieden werden. Man kennt aber auch vereinzelt Verfahren mit fast spezifischem Charakter, z. B. die Ni-Bestimmung mit Dimethylglyoxim (►S. 87).

2

2.3.2 Einzelbestimmung von Anionen

Im Folgenden werden die gravimetrischen Bestimmungen von Cl^-, SO_4^{2-} und PO_4^{3-} beschrieben.

Bestimmung von Chlorid als Silberchlorid

Reaktionsprinzip: Aus verdünnter salpetersaurer Lösung werden Chloridionen durch Zusatz von Silberionen als schwerlösliches Silberchlorid gefällt, das sich gut filtrieren lässt und nach dem Trocknen direkt gewogen werden kann.

$$\begin{array}{ccccc} Cl^- & + & Ag^+ & \longrightarrow & AgCl\downarrow \\ 35{,}453 & & 107{,}868 & & 143{,}321 \end{array}$$

Fällungs- und Wägeform: AgCl; Farbe: weiß

$$K_L(20\,°C) = c(Ag^+) \cdot c(Cl^-) = 1{,}1 \cdot 10^{-10}\ mol^2 \cdot L^{-2}$$

Löslichkeit von AgCl: 0,14 mg (20 °C) und 2,2 mg (100 °C) in 100 mL H_2O, $1{,}4 \cdot 10^{-3}$ mg in 100 mL 10^{-3} mol/L $AgNO_3$-Lösung.

Die Löslichkeit des Silberchlorids hängt weitgehend von der Fällungsbeschaffenheit (flockig, schwammig, kristallin), von der Anwesenheit von Ammonium- oder Alkalisalzen sowie von der Säurekonzentration der Probelösung ab. Silberchlorid fällt anfangs kolloidal (►S. 40) und ballt sich, sowie Ag^+-Ionen in geringem Überschuss vorhanden sind, beim Erwärmen und kräftigem Rühren zusammen. Die Bestimmung von Cl^--Ionen als Silberchlorid ist sehr genau und wurde daher zur Ermittlung von relativen Atommassen herangezogen.

Störende Ionen: Die Anionen Br^-, I^-, CN^-, SCN^- müssen abwesend sein, da sie in gleicher Weise mit Ag^+-Ionen schwerlösliche Fällungen ergeben. Schwermetallionen sind wegen evtl. Mitfällung vorher abzutrennen.

Verfahrensfehler: AgCl ist lichtempfindlich. Unter Einwirkung des Lichtes wird Silber ausgeschieden, das im AgCl kolloidal gelöst bleibt und es dunkel färbt. Da die Zersetzung nur an der Oberfläche erfolgt, genügt es, die Fällung von hellem Licht zu schützen (Zusatz von Methylorange und Aufbewahren im Dunkeln). Weiter muss in einer schwefelwasserstofffreien Atmosphäre gearbeitet werden, damit keine Bildung von Ag_2S eintritt. Die Salpetersäurekonzentration ist klein zu halten, um eine Löslichkeitszunahme des Niederschlags, besonders in der Hitze, zu vermeiden. Andererseits soll die Säuremenge so bemessen sein, dass Fällungen von Phosphat und Carbonat nicht eintreten.

Arbeitsgeräte: 400-mL-Bechergläser (hohe Form); Rührwerk; Witt'scher Saugtopf; Porzellanfiltertiegel A 1 oder Glasfiltertiegel 1 D 4; 50-mL-Bürette; Uhrgläser; Pipetten; Heizplatte; Trockenschrank.

Reagenzien: Fällungsreagenz 0,1 mol/L $AgNO_3$ (1,7 g $AgNO_3$ p. a. zu 100 mL gelöst); 2 mol/L HNO_3 (chloridfrei!); H_2O (chloridfrei!); Methylorange-Lösung (0,1 % wässerige Lösung); Waschflüssigkeit: 1 mL 2 mol/L HNO_3 und 200 mL H_2O.

Arbeitsbereich: 2,0–0,5 mmol Cl (70,9–17,7 mg Cl)

Arbeitsvorschrift: Entsprechend dem Arbeitsbereich 10, 20 oder 25 mL neutrale Probelösung in Becherglas bringen, 1 mL HNO_3 zusetzen und mit H_2O auf 175 mL (Füllhöhe vorher mit Filzschreiber markieren) verdünnen (pH = 2–3). 10 Tropfen Methylorange-Lösung zugeben und unter ständigem Rühren langsam 25 mL $AgNO_3$-Lösung aus Bürette eintropfen. Niederschlag absetzen lassen und überstehende Lösung mit ein paar Tropfen $AgNO_3$-Lösung auf Vollständigkeit der Fällung prüfen. Unter ständigem Rühren bis nahe zum Sieden erhitzen und bei dieser Temperatur mit bedecktem Uhrglas bis zum Zusammenballen des Niederschlags belassen. Von der Heizplatte nehmen und im Dunkeln abkühlen lassen. Filtrieren über Glasfiltertiegel und letzte Niederschlagsmenge mit 25 mL Waschflüssigkeit in den Tiegel bringen. 4–5-mal mit 20 mL Waschflüssigkeit und mit 10 mL kaltem H_2O waschen, bis das Filtrat Ag^+-frei ist. Tiegel im Trockenschrank langsam auf 120–130 °C erhitzen und den Niederschlag bei dieser Temperatur bis zur Gewichtskonstanz trocknen. Auswaage $m(\mathrm{AgCl})$ in mg.

Anmerkung: Tiegelreinigung erfolgt durch heiße 5 mol/L NH_3-Lösung und nachfolgendes Sauberspülen mit heißem H_2O.

Berechnung:

$$\text{Umrechnungsfaktor } [\lambda] = \frac{M(\mathrm{Cl})}{M(\mathrm{AgCl})} = 0{,}24737$$

Bestimmung von Sulfat als Bariumsulfat

Reaktionsprinzip: Aus schwach salzsaurer Lösung werden Sulfationen durch Zugabe von Bariumchloridlösung in der Siedehitze als Bariumsulfat gefällt und bestimmt.

$$\begin{array}{ccccc} Ba^{2+} & + & SO_4^{2-} & \longrightarrow & BaSO_4\downarrow \\ 137{,}33 & & 96{,}06 & & 233{,}39 \end{array}$$

Säure	Konzentration	Löslichkeit von $BaSO_4$ in 100 mL Lösung bei 20 °C
HCl	0,1 mol/L	1,0 mg
	0,5 mol/L	4,7 mg
	1,0 mol/L	8,9 mg
	2,0 mol/L	10,1 mg
HNO_3	2,0 mol/L	17,0 mg

Tab. 2.6 pH-Abhängigkeit der Löslichkeit von $BaSO_4$

Fällungs- und Wägeform: $BaSO_4$; Farbe: weiß

$$K_L(25\,°C) = c(Ba^{2+}) \cdot c(SO_4^{2-}) = 1{,}1 \cdot 10^{-10}\ mol^2 \cdot L^{-2}$$

Störende Ionen: Frischgefälltes Bariumsulfat hat die Eigenschaft, andere leicht lösl. Salze, z. B. $BaCl_2$, $Ba(NO_3)_2$ usw. mitzureißen (Mitfällung). Dieser Effekt wird um so stärker, je höher die Konz. der Fremdionen ist. An Anionen werden mitgefällt: Cl^-, NO_3^-, ClO_3^-, PO_4^{3-}, CrO_4^{2-} und MnO_4^-. Während eine Cl^--Mitfällung durch sehr langsame Bariumchloridzugabe unter ständigem Rühren weitgehend vermieden werden kann, müssen NO_3^-- und ClO_3^--Ionen auf jeden Fall durch mehrmaliges Abrauchen mit konz. Salzsäure entfernt werden. PO_4^{3-}-Ionen werden durch Fällung, CrO_4^{2-}- und MnO_4^--Ionen durch Reduktion und anschließende Ausfällung abgetrennt. Von den Kationen werden mitgefällt: Fe^{3+}, Cr^{3+} und in starkem Maße Ca^{2+}; sie sind vorher zu entfernen. Fe^{2+}, Al^{3+}, Mn^{2+}, Na^+, K^+ und NH_4^+ werden, sofern sie in kleiner Konzentration zugegen sind, in verd. Lösung nur schwach adsorbiert. Durch EDTA (►S. 140) können fast alle Kationen der Ionenladung +2 und +3 maskiert, oder durch Kationenaustauscher (►S. 110) entfernt werden.

Verfahrensfehler: Es muss in schwach saurer Lösung (pH = 2,0–2,5) gearbeitet werden, da die Löslichkeit von $BaSO_4$ mit steigender Säurekonzentration erheblich zunimmt (◘ Tab. 2.6).

Bei Verwendung von Blaubandfilter zur Filtration kann das $BaSO_4$ bei hoher Temperatur leicht durch eingeschlossene Filterkohle reduziert werden.

$$BaSO_4 + 4\,C \longrightarrow BaS + 4\,CO\uparrow$$

Daher trocknet man zuvor das Filter mit dem Niederschlag und verascht es bei möglichst niedriger Temperatur bei vollem Luftzutritt.

Arbeitsgeräte: 400-mL-Bechergläser (hohe Form); Rührwerk; Witt'scher Saugtopf; Porzellanfiltertiegel A 1 und Tiegelschuhe; 25-mL-Bürette; Uhrgläser; 5-mL-Pipette; Wasserbad oder Heizplatte; elektr. Muffelofen (800 °C); Trockenschrank.

Reagenzien: 0,2 mol/L $BaCl_2$-Lösung (4,9 g $BaCl_2 \cdot 2\,H_2O$ zu 100 mL gelöst); 2 mol/L HCl; 2 mol/L NH_3; pH-Papier.

Arbeitsbereich: 1,5–0,3 mmol SO_4^{2-} (144,2–28,8 mg SO_4^{2-}).

Arbeitsvorschrift: 20 bzw. 25 mL schwach saure Probelösung in ein Becherglas geben, 2–5 mL HCl zusetzen und mit H_2O auf 200 mL verdünnen und evtl. mit HCl oder Ammoniak auf pH = 2,0–2,5 bringen. Becherglas mit Uhrglas bedecken. Flüssigkeit zum Sieden erhitzen und unter ständigem Rühren langsam aus einer Bürette heiße $BaCl_2$-Lösung zutropfen. Von Zeit zu Zeit den Niederschlag absetzen lassen und überstehende Lösung mit 1–2 Tropfen Reagenzlösung prüfen, ob Fällung quantitativ ist. Die Lösung bleibt 2–3 h im bedeckten Becherglas bei 70–80 °C stehen (nicht kochen!). Noch einmal mit 1 Tropfen $BaCl_2$-Lösung die Vollständigkeit der Fällung kontrollieren. Dann dekantierend über Porzellanfiltertiegel filtrieren. Zum Aufbringen letzter Niederschlagsmengen klares Filtrat verwenden. Mit je 5 mL heißem H_2O (Auftropfen durch Pipette) so lange waschen, bis durchgelaufene Waschflüssigkeit Cl-frei ist. Bei 600 °C den Niederschlag bis zu Gewichtskonstanz glühen (ca. 65 min). Auswaage $m(BaSO_4)$ in mg $BaSO_4$.

Anmerkung: Zur Filtration ist auch Blaubandfilter geeignet; s. dazu Abschnitt Verfahrensfehler. Die Reinigung der Filtertiegel erfolgt durch warme konz. H_2SO_4 oder durch Kochen mit konz. Na_2CO_3-Lösung.

Berechnung:

$$m(SO_4) = [\lambda] \cdot m(BaSO_4)$$

$$\text{Umrechnungsfaktor } [\lambda] = \frac{M(SO_4)}{M(BaSO_4)} = 0{,}41158$$

Bestimmung von Phosphat als 8-Hydroxychinolinium-12-molybdo-1-phosphat

Reaktionsprinzip: In stark saurer Lösung bilden Phosphationen mit Molybdationen ein gelbes Molybdophosphation (**o** Abb. 2.5).

Dieses auch in stark HCl-haltiger Lösung aus Chloromolybdationen entstehende Anion gibt mit 8-Hydroxychinolin (abgekürzt HOx oder einfach Oxin genannt) einen schwerlöslichen Niederschlag von Oxinium-12-molybdo-1-phosphat, der bei 160 °C getrocknet und

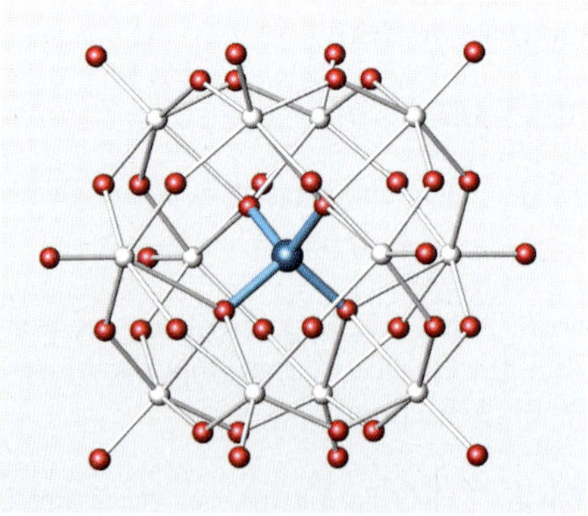

o Abb. 2.5 Struktur des Anions $[PMo_{12}O_{40}]^{3-}$. Mo = weiss, P = blau und O = rot in wasserfreier Form direkt gewogen wird.

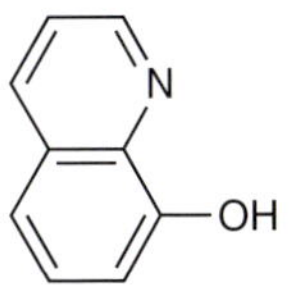

8-Hydroxychinolin

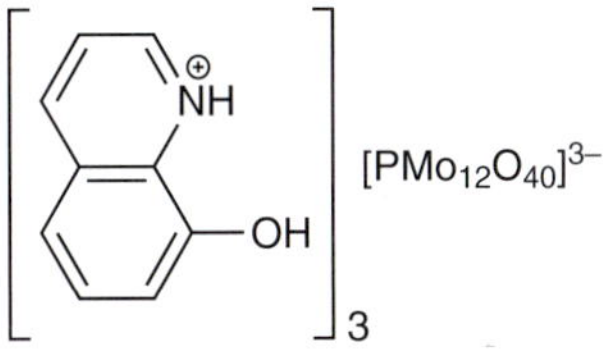

Oxinium-12-Molybdophosphat

$$\begin{array}{llll} H_2PO_4^- & + 12\,[MoO_2Cl_3(H_2O)]^- & \longrightarrow & [PMo_{12}O_{40}]^{3-} + 26\,H^+ + 36\,Cl^- \\ [PMo_{12}O_{40}]^{3-} + & 3\,HOx + 3\,H^+ & \longrightarrow & (H_2Ox)_3[PMo_{12}O_{40}]\downarrow \\ 1822{,}2 & 3 \cdot 145{,}16 & & 2260{,}7 \end{array}$$

Der Niederschlag ist relativ grobkristallin und enthält nur 1,370 % P, sodass vor allem kleinere Phosphatmengen noch gut bestimmbar sind (Mikromol-Verfahren).

Fällungsform:	$(H_2Ox)_3[PMo_{12}O_{40}] \cdot xH_2O$	
Wägeform:	$(H_2Ox)_3[PMo_{12}O_{40}]$	Farbe: dunkelorange

Oxin reagiert amphoter, d. h., es bildet sowohl mit Säuren als auch mit Basen Salze, in denen Oxin entweder Kationen- ($pH < 7$) oder Anionencharakter ($pH > 7$) besitzt (Nähere Angaben über Löslichkeit und Struktur von Oxin s. Bestimmung von Al als Al-Oxinat, ►S. 75).

$$[H_2Ox]^+ \xleftarrow{H^+} HOx \xrightarrow{OH^-} [Ox]^- + H_2O$$

Statt 8-Hydroxychinolin können auch andere organische Basen wie Chinolin verwendet werden.

Störende Ionen: AsO_4^{3-} und VO_4^{3-}-Ionen sowie Kieselsäure geben nur in größerer Menge Niederschläge; diese Ionen werden am besten reduziert oder abgetrennt.

Verfahrensfehler: Das Fällungsreagenz ist nur kurze Zeit haltbar und muss vor Gebrauch durch Mischen zweier getrennter Lösungen A und B stets frisch hergestellt werden. Die Einzellösungen A und B sind zu verwerfen, sofern sie Trübungen oder Bodensatz aufweisen. Die angegebene Mischungsfolge der Lösungen A und B ist unbedingt einzuhalten, um Niederschläge von $MoO_2(Ox)_2$, MoO_3 etc. zu vermeiden.

Arbeitsgeräte: 400-mL-Bechergläser (hohe Form); 100-mL-Erlenmeyerkolben mit Schliffstopfen; Uhrgläser; Witt'scher Saugtopf; Glasfiltertiegel 63 a G 4 (notfalls 1 G 4); Heizquelle; Rührwerk; Trockenschrank; 50-mL-Bürette, 20-mL-Pipette, 100-mL-Messzylinder; pH-Papier.

Reagenzien: Das eigentliche Fällungsreagenz wird aus 2 getrennten Lösungen A und B gemischt.
Lösung A: 4,40 g Oxin in 10 mL 25%iger HCl lösen und mit 90 mL H_2O verdünnen.

Lösung B: 21 g $(NH_4)_6Mo_7O_{24} \cdot 4\,H_2O$ in 325 mL 25%iger HCl lösen, abkühlen und 40 mL H_2O zugeben.
Mischung: Im Becherglas unter kräftigem Rühren zu 160 mL Lösung B langsam 40 mL Lösung A hinzufügen. Die vollkommen klare Reagenzlösung besitzt $c(\text{Mo}) = 0{,}24$ mol/L, $c(\text{Oxin}) = 0{,}06$ mol/L und $c(\text{HCl}) \approx 5$ mol/L (pH ≈ 0) (das Stoffmengenverhältnis $n(\text{Mo}) : n(\text{Ox})$ entspricht mit 4 : 1 dem Stoffmengenverhältnis dieser Komponenten im Komplex).
Waschflüssigkeit: 3 mL 5 mol/L NH_4NO_3 mit H_2O zu 100 mL verdünnen (oder 1,2 g NH_4NO_3 zu 100 mL lösen). 2 mol/L NaOH; 2 mol/L HCl; 25%ige HCl (ca. 7,7 mol/L) zur Reagenzherstellung.

Arbeitsbereich: 0,3–0,03 mmol PO_4^{3-} (28,5–2,9 mg PO_4^{3-})

Arbeitsvorschrift: Entsprechend dem Arbeitsbereich 10 oder 20 mL Probelösung ins Becherglas bringen und mit H_2O auf 100 mL verdünnen (Füllhöhe vorher mit Filzschreiber markieren). Lösung mit NaOH-Lösung (bzw. HCl) auf pH = 4–7 einstellen und auf 70–75 °C erwärmen. Unter stetigem Rühren 40 mL frisch angesetztes Fällungsreagenz innerhalb von etwa 15 min aus einer Bürette zutropfen, sodann 30 min lang bei 70 °C ausrühren und unter Erkalten 30 min lang absetzen lassen. Den Niederschlag über Glasfiltertiegel dekantierend filtrieren. Letzte Niederschlagsreste mit aufgefangenem klarem Filtrat in den Tiegel bringen. Der Niederschlag wird durch Auftropfen mit insgesamt 10 mL Waschflüssigkeit und anschließend mit 2 mL klarem H_2O gewaschen. In Intervallen von 60 min bei 160 °C konstant trocknen. Der Niederschlag ist schwach hygroskopisch. Auswaage $m\{(H_2Ox)_3[PMo_{12}O_{40}]\}$ in mg.

Berechnung:

$$m(PO_4) = [\lambda] \cdot f_R \cdot m\{(H_2Ox)_3[PMo_{12}O_{40}]\}$$

$$\text{Umrechnungsfaktor } [\lambda] = \frac{M(PO_4)}{M\{(H_2Ox)_3[PMo_{12}O_{40}]\}} = 0{,}042009$$

$$f_R = 1{,}00258 \quad \text{(empirischer Korr.-Faktor)}$$

2.3.3 Einzelbestimmung von Kationen

Im Folgenden werden die gravimetrischen Bestimmungen von K^+, Mg^{2+}, Al^{3+}, Pb^{2+}, Sb^{3+}, Cu^{2+}, Zn^{2+}, Mn^{2+}, Fe^{3+}, Co^{2+} und Ni^{2+} beschrieben.

Bestimmung von Kalium als Kaliumtetraphenylborat

Reaktionsprinzip: Kaliumionen reagieren mit Tetraphenylborationen zu schwerlöslichem Kaliumtetraphenylborat, das gewogen wird.

$$\underset{39{,}089}{K^+} + \underset{319{,}23}{[B(C_6H_5)_4]^-} \longrightarrow \underset{358{,}33}{K[B(C_6H_5)_4]\downarrow}$$

Fällungs- und Wägeform: $K[B(C_6H_5)_4]$. Farbe: weiß.

$$K_L(20\,°C) = c(K^+) \cdot c([B(C_6H_5)_4]^-) = 2{,}2 \cdot 10^{-8}\ \text{mol}^2 \cdot \text{L}^{-2}$$

Optimale Fällungsbedingungen werden im pH-Bereich 4–5 und bei einer Fällungstemperatur von 70 °C erhalten.

Störende Ionen: NH_4^+, Rb^+, Cs^+, Ag^+, Tl^+ und Hg^{2+} müssen abwesend sein, da sie ebenfalls eine schwerlösliche Fällung ergeben.

Verfahrensfehler: Der Niederschlag von $K[B(C_6H_5)_4]$ ist relativ voluminös und neigt zur Mitfällung unmaskierter Fremdionen der Ladung +2 und höher. In Anwesenheit sehr großer Na^+-Konzentration sind die Auswaagen zu hoch, sodass der Niederschlag umzufällen ist.

Arbeitsgeräte: 400-mL-Bechergläser (hohe Form); Rührwerk; Witt'scher Saugtopf; Glasfiltertiegel 63 a G 4 oder 1 G 4; 10-mL-Bürette; Trockenschrank.

Reagenzien: 0,1 mol/L $Na[B(C_6H_5)_4]$ (in kaltem H_2O gelöst; M = 342 g/mol); Waschlösung 0,2 mol/L CH_3COOH mit 0,005 mol/L $Na[B(C_6H_5)_4]$; 2 mol/L CH_3COOH; 2 mol/L NaOH. Reagenz- und Waschlösung vor Gebrauch durch Blaubandfilter filtrieren.

Arbeitsbereich: 1–0,1 mmol K (39–3,9 mg K)

Arbeitsvorschrift: Bis zu 40 mL neutrale Probelösung (pH = 5–8) ins Becherglas bringen. Zugabe von 10,0 mL NaOH; 50 mL Lösung 5 min lang kochen. 20,0 mL CH_3COOH zugeben und mit H_2O auf 180 mL verdünnen (pH = 4,6 ± 0,2). Erwärmen auf 60–70 °C und unter Rühren 20 mL $Na[B(C_6H_5)_4]$-Lösung im Verlaufe von 20 min eintropfen (Bürette). Unter Rühren erkalten lassen. Dekantierend über Glasfiltertiegel filtrieren. Klares Filtrat zum Aufbringen der Niederschlagsreste verwenden. Waschen durch Auftropfen aus Pipette mit 5 × 5 mL Waschlösung und 2 × 2 mL H_2O. Zunächst 60 min und danach in Intervallen von 30 min bei 115 ± 5 °C bis zur Gewichtskonstanz trocknen. Auswaage $m(K[B(C_6H_5)_4])$ in mg.

Berechnung:

$$m(K) = [\lambda] \cdot m(K[B(C_6H_5)_4]) + \Delta m(K[B(C_6H_5)_4])$$

$\Delta m(K[B(C_6H_5)_4])$ = 1,04 mg (Fehlerkorrektur für Verlust durch Löslichkeit)

$$\text{Umrechnungsfaktor } [\lambda] = \frac{M(K)}{M(K[B(C_6H_5)_4])} = 0{,}10911$$

Bestimmung von Magnesium als Magnesiumdiphosphat

Reaktionsprinzip: Mg^{2+}-Ionen ergeben mit PO_4^{3-}-Ionen in ammoniakalischer Lösung (pH = 7,5–10) eine schwerlösliche Fällung von Ammoniummagnesiumphosphat:

$$Mg^{2+} + NH_4^+ + PO_4^{3-} + 6\,H_2O \longrightarrow MgNH_4PO_4 \cdot 6\,H_2O\downarrow$$

Lösemittel	
H_2O	51,6 mg
5%ige NH_4Cl-Lösung	105,5 mg
1,1 mol/L NH_3	9,8 mg
1,1 mol/L NH_3 + 5 % NH_4Cl	16,5 mg
1,1 mol/L NH_3 + 10 % NH_4Cl	54,1 mg

Tab. 2.7 Löslichkeit von Magnesiumdiphosphat in verschiedenen Lösemitteln

Der Niederschlag wird mit ammoniakalischer Ammoniumnitratlösung gewaschen und durch Glühen in Magnesiumdiphosphat überführt, das zur Auswaage gelangt.

$$\underset{490{,}81}{2\,MgNH_4PO_4 \cdot 6\,H_2O} \longrightarrow \underset{222{,}55}{Mg_2P_2O_7} + 2\,NH_3 + 13\,H_2O$$

Fällungsform: $MgNH_4PO_4 \cdot 6\,H_2O$. Farbe: weiß; Wägeform: $Mg_2P_2O_7$.
Löslichkeit von $MgNH_4PO_4 \cdot 6\,H_2O$ in 100 mL Lösemittel bei 20 °C (Tab. 2.7).

Die Fällung erfolgt aus heißer Lösung auf folgende Weise: Die saure Probelösung wird mit Diammoniumhydrogenphosphatlösung versetzt. Durch langsames Zufügen von Ammoniak wird das Ammoniummagnesiumphosphat zur Abscheidung gebracht (Fällung aus homogener Lösung). Man erhält einen flockigen Niederschlag, der nach mehrstündigem Stehen grobkristallin wird, sich leicht absetzt und sich gut filtrieren lässt. Unter ähnlichen Bedingungen können Mn^{2+}-Ionen als $MnNH_4PO_4 \cdot 6\,H_2O$, AsO_4^{3-}-Ionen als $MgNH_4AsO_4 \cdot 6\,H_2O$ und PO_4^{3-}-Ionen als $MgNH_4PO_4 \cdot 6\,H_2O$ gefällt werden.

Störende Ionen: Mit Ausnahme von Alkaliionen bilden alle Kationen schwerlösliche Phosphate, sodass Phosphatfällungen für Trennungen nicht zu verwenden sind.

Verfahrensfehler: Ammoniummagnesiumphosphat ist in Wasser merklich löslich. Daher muss zur Verringerung der Löslichkeit nach der Fällung ein Ammoniaküberschuss zugesetzt werden. Des Weiteren verhindert der Überschuss die Zersetzung des Niederschlags:

$$MgNH_4PO_4 \longrightarrow MgHPO_4 + NH_3$$

Bei ungenauer Einstellung der Fällungsbedingungen können $Mg(NH_4)_4(PO_4)_2$ (zu kleine NH_3-Konzentration) und $Mg_3(PO_4)_2$ (zu große NH_3-Konzentration) entstehen. Es dürfen keine Bechergläser verwendet werden, die innen an der Glaswand Kratzer aufweisen. Der Niederschlag haftet sehr fest an diesen und ist mechanisch nur schwer zu entfernen. Aus diesem Grund benutzt man Magnetrührstäbchen mit Polytetrafluorethylenüberzug (PTFE). Wegen der großen Löslichkeit des $MgNH_4PO_4 \cdot 6\,H_2O$ wird der Niederschlag sparsam mit kalter Ammoniaklösung gewaschen. Schmilzt der Niederschlag beim Glühen, so ist das Ammoniumphosphat nicht restlos ausgewaschen worden. Liegen in der Probelösung neben Mg^{2+}-Ionen größere Mengen an Alkaliionen vor, so ist eine Umfällung ratsam; vor allem in Anwesenheit von Kaliumionen, da diese die Ammoniumionen im Niederschlag teilweise ersetzen. Mäßige Citrat- bzw. Tartratmengen stören nicht. Oxalationen verzögern mitunter die Fällung, in größerer Konzentration bilden sie mit Mg^{2+}-Ionen Komplexe, sodass $MgNH_4PO_4 \cdot 6\,H_2O$ nicht quantitativ abgeschieden wird.

Arbeitsgeräte: 400-mL-Bechergläser (hohe Form und nach Möglichkeit ungebraucht); Magnetrührer mit Rührstäbchen; Porzellanfiltertiegel A 1 (mit Tiegelschuh); Witt'scher Saugtopf, Heizquelle; Trockenschrank; elektrischer Muffelofen (1000 °C); 50-mL-Bürette; Pipetten (5, 20 und 25 mL).

Reagenzien: Fällungsreagenz: 0,1 mL $(NH_4)_2HPO_4$ (1,32 g Diammoniumhydrogenphosphat p. a. in wenig H_2O lösen und auf 100 mL auffüllen); Waschflüssigkeit: 1 mol/L NH_3, die 0,1 mol/L NH_4NO_3 enthält; 2 mol/L HCl; 2 mol/L NH_3; 14 mol/L NH_3; Phenolphthaleinlösung (0,1 % in 60%igem Alkohol); NH_4Cl.

Arbeitsbereich: 1,5–0,5 mmol (36,5–12,1 mg Mg)

Arbeitsvorschrift: 20 mL neutrale bzw. schwach saure Probelösung in Becherglas bringen, 10 mL HCl zufügen und mit Wasser auf 150 mL verdünnen (Füllhöhe vorher mit Filzschreiber markieren!). Sodann zur Lösung 2 g NH_4Cl und 20 mL Reagenzlösung zugeben und zum Sieden erhitzen. Lösung von der Heizquelle nehmen und auf ca. 70 °C abkühlen lassen (≈ 10 min). Nach Zusatz von 3 Tropfen Phenolphthaleinlösung unter stetigem Rühren langsam aus Bürette 2 mol/L NH_3 eintropfen, bis eben eine Trübung auftritt. Zutropfen unterbrechen und Lösung 2–3 min lang rühren, bis der Niederschlag kristallin wird. Lösung 20 min lang stehen lassen. 15 mL 14 mol/L NH_3 zufügen und 5 min lang rühren. Nach Absetzen des Niederschlags klare Lösung mit 2–3 Tropfen Reagenzlösung auf Vollständigkeit der Fällung prüfen. Analysenlösung mindestens 4 h, besser über Nacht, kalt stehen lassen. Über Filtertiegel A 1 dekantierend filtern und die Niederschlagsreste mit 20 mL kalter 1 mol/L NH_3 in den Tiegel bringen. Mit 10 mL kalter Waschflüssigkeit durch Auftropfen aus 5-mL-Pipette Niederschlag waschen (Filtrat muss Cl^--frei sein!). Filter im Tiegelschuh im Trockenschrank bei 110 °C trocknen (etwa 20 min) und anschließend den Niederschlag im Ofen bei 1000 °C in Intervallen von 30 min bis zur Gewichtskonstanz glühen. Auswaage $m(Mg_2P_2O_7)$ in mg.

Berechnung:

$$2m(\mathrm{Mg}) = [\lambda] \cdot m(\mathrm{Mg_2P_2O_7})$$

$$\text{Umrechnungsfaktor}[\lambda] = \frac{2M(\mathrm{Mg})}{M(\mathrm{Mg_2P_2O_7})} = 0{,}21842$$

Bestimmung von Magnesium als Magnesiumoxinat

Reaktionsprinzip: In ammoniakalischer Lösung bei pH = 9–10 reagieren Mg^{2+}-Ionen mit 8-Hydroxychinolin (Oxin, abgekürzt HOx) zu schwerlöslichem Magnesiumoxinat, das nach dem Filtrieren und Trocknen direkt zur Auswaage gelangt.

$$\begin{array}{ccccc} \mathrm{Mg^{2+}} & + & 2\,\mathrm{Ox^-} & \longrightarrow & \mathrm{Mg(Ox)_2}\downarrow \\ 24{,}305 & & 2 \cdot 144{,}15 & & 312{,}61 \end{array}$$

Fällungsform: $Mg(Ox)_2 \cdot 2\,H_2O$; Farbe: hellgelb; Wägeform: $Mg(Ox)_2$;
Löslichkeit: 0,5 mg $Mg(Ox)_2$/200 mL H_2O.

Magnesiumoxinat ist ein neutraler Chelatkomplex. Es besitzt einen günstigen Umrechnungsfaktor und ist im Gegensatz zum $Al(Ox)_3$ auch aus alkalischer, ammoniumsalzfreier Tartratlösung (pH = 11–14) fällbar.

Störende Ionen: Es stören Cu^{2+}-, Cd^{2+}-, Co^{2+}-, Ni^{2+}-, Zn^{2+}- und Ca^{2+}-Ionen, da sie gleichfalls mit Oxin schwerlösliche Niederschläge ergeben (s. $Al(Ox)_3$-Bestimmung, ◘ Tab. 2.8 über die pH-Abhängigkeit von Oxinatfällungen). Kationen der Oxidationsstufe +III und höher (Al^{3+}, Fe^{3+}, Cr^{3+}, Sb^{3+}, Ti^{4+}, Zr^{4+} usw.) sind vorher durch NaOH-Natriumtartrat zu maskieren (Fällungsbereich von pH = 11 bis pH = 14).

Verfahrensfehler: Bei Gegenwart von sehr viel Alkaliionen ist eine Umfällung des $Mg(Ox)_2$ ratsam. Es ist in heißer 2 mol/L HCl leicht löslich. Ein zu großer Überschuss an Fällungsreagenz ist zu vermeiden, da sich evtl. mitgefälltes freies Oxin nur schwer auswaschen lässt. Die Trocknungstemperatur darf wegen Zersetzung des $Mg(Ox)_2$ 150 °C nicht übersteigen. Der End-pH-Bereich von pH = 9–10 ist genau einzustellen.

Arbeitsbereich: 1,0–0,1 mmol Mg (24,3–2,4 mg Mg)

Arbeitsgeräte: 400-mL-Bechergläser (hohe Form); Rührwerk; Glasfiltertiegel 1 G 4; Witt'scher Saugtopf; Heizquelle; Trockenschrank; 50-mL-Büretten; Pipetten (10 mL, 20 mL, 5 mL); pH-Papier.

Reagenzien: Fällungsreagenz 0,1 mol/L $(H_2Ox)CH_3COO$ (Oxinacetatlösung): 14,52 g Oxin in 60 g (= 57 mL) Eisessig unter schwachem Erwärmen vollständig lösen und nach dem Abkühlen die klare Lösung mit Wasser auf 1000 mL verdünnen. Waschflüssigkeit: 1 mL 2 mol/L $NaCH_3COO$ (272,17 mg $NaCH_3COO \cdot 3\,H_2O$) mit H_2O auf 100 mL verdünnt (pH = 8–9); 2 mol/L NaOH; 2 mol/L NH_3; evtl. 1 mol/L $C_4H_6O_6$ (Weinsäure).

Arbeitsvorschrift: Entsprechend dem Arbeitsbereich 10 oder 20 mL der mineralsauren Probelösung in Becherglas bringen, mit NaOH pH = 4–6 einstellen und mit H_2O auf 150 mL verdünnen (Füllhöhe vorher mit Filzschreiber markieren!). Unter Rühren 25 mL Oxinacetatlösung aus einer Bürette einfließen lassen. Die nach wie vor klare Lösung unter Rühren auf 75–85 °C erwärmen und langsam innerhalb 10–15 min 25 mL Ammoniak eintropfen. pH-Wert prüfen (pH = 9–10). Falls notwendig, durch weiteren Zusatz an Ammoniak auf den richtigen Wert korrigieren. Lösung mit Uhrglas bedecken und 30 min lang bei 60 bis 70 °C rühren. Nach Absetzen des Niederschlags warm dekantierend filtrieren, dabei Hauptmenge der überstehenden Lösung zuerst über Glasfiltertiegel gießen und dann Fällung mit Restlösung weitgehend in Tiegel bringen. Zum Aufbringen der Fällungsreste wieder erwärmtes Filtrat verwenden. Den Niederschlag mit 25 mL heißer (80–90 °C) Waschflüssigkeit und anschließend mit 5 mL heißem H_2O durch Auftropfen (Pipette) waschen. Zunächst 2 h bei 140 °C und dann in 60-Minuten-Intervallen konstant trocknen. Auswaage $m(MgOx_2)$ in mg.

Anmerkung: Tiegelreinigung erfolgt durch heiße 5 mol/L HCl und nachfolgendes Sauberspülen mit heißem H_2O.

Berechnung:

$$2m(\mathrm{Mg}) = [\lambda] \cdot m(\mathrm{MgOx_2})$$

$$\text{Umrechnungsfaktor } [\lambda] = \frac{M(\mathrm{Mg})}{M(\mathrm{Mg(C_9H_6NO)_2})} = 0{,}077748$$

Bestimmung von Aluminium als Aluminiumoxinat

Reaktionsprinzip: Al^{3+}-Ionen bilden in essigsaurer, acetatgepufferter Lösung mit 8-Hydroxychinolin (Oxin, abgekürzt HOx) einen schwerlöslichen Niederschlag von Aluminiumoxinat, der nach dem Trocknen direkt zur Auswaage gebracht wird.

$$\begin{array}{ccccc} \mathrm{Al^{3+}} & + & 3\,\mathrm{Ox^-} & \longrightarrow & \mathrm{Al(Ox)_3}\downarrow \\ 26{,}982 & & 3 \cdot 144{,}15 & & 459{,}44 \end{array}$$

Fällungs- und Wägeform = $Al(Ox)_3$; Farbe: grüngelb;
Löslichkeit: 1 mg $Al(Ox)_3$/200 mL H_2O.

Aluminiumoxinat ist ein Chelatkomplex. Auf Grund des kleinen Al-Gehaltes der Verbindung ergibt sich ein besonders günstiger Umrechnungsfaktor. $Al(Ox)_3$ ist in organischen Lösemitteln (z. B. Methanol, Ethanol usw.) teilweise löslich; in warmer 2 mol/L HCl löst es sich völlig.

Die Fällung erfolgt daher mit einer essigsauren Oxinacetatlösung bei ≈ 80 °C zwischen pH = 4,2 und pH = 5. Sie kann auch in ammoniakalischer tartrathaltiger Lösung (bis pH ≈ 9,5) vorgenommen werden; dagegen nicht aus NaOH-Lösung. Beim Arbeiten zwischen pH = 4,2 und pH = 5 kann man Al^{3+} sicher von Alkaliionen, Be^{2+}, Mg^{2+} und Ca^{2+} abtrennen. Überschüssiges Oxin in Filtraten kann durch Extraktion mit organischen Lösemitteln oder durch Eindampfen bei wiederholtem Zusatz von NH_3 restlos entfernt werden.

Störende Ionen: Oxin bildet bei verschiedenen pH-Werten mit zahlreichen Metallionen schwerlösliche Verbindungen. Es müssen daher die Ionen: Cu^{2+}, Cd^{2+}, Zn^{2+}, Fe^{3+}, Sb(III), Bi^{3+} usw. abwesend bzw. vorher abgetrennt worden sein. Eine allgemeine Übersicht über die pH-Abhängigkeit der Oxinatfällungen einer Reihe von Metallionen gibt ◘ Tab. 2.8.

◘ **Tab. 2.8** pH-Abhängigkeit der Oxinatfällungen

Ion	Fällungsbeginn beim pH-Wert	Quantitative Fällung im pH-Bereich	Ion	Fällungsbeginn beim pH-Wert	Quantitative Fällung im pH-Bereich
Al^{3+}	2,9	4,2–9,8	Ni^{2+}	3,5	4,6–10,0
Bi^{3+}	3,7	5,0–9,4	Co^{2+}	3,6	4,9–11,6
MoO_2^{2+}	2,0	3,6–7,3	Mn^{2+}	4,3	5,9–9,5
Cu^{2+}	3,0	3,3–14,5	Zn^{2+}	3,3	4,4–13,5
Cd^{2+}	4,5	5,5–13,2	Mg^{2+}	7,0	8,7–10,0
Pb^{2+}	4,8	8,4–12,3	Ca^{2+}	6,8	9,2–12,7
Fe^{3+}	2,5	4,1–11,2			

Verfahrensfehler: Der optimale Bereich von pH = 4,2–5 muss genau eingestellt und mithilfe des Puffersystems $NaCH_3COO/CH_3COOH$ unbedingt eingehalten werden, insbesonders bei einer $Al(Ox)_3$-Fällung in Gegenwart anderer Ionen. Daher ist stets nach Beendigung der Fällung die Lösung mit pH-Papier zu prüfen. Mitgefälltes Oxin ist aus dem Niederschlag nur mit heißem Wasser herauszuwaschen.

Arbeitsbereich: 1,0–0,1 mmol Al (27,0–2,7 mg Al)

Arbeitsgeräte: 400-mL-Bechergläser (hohe Form); Rührwerk; Glasfiltertiegel 1 G 4; Witt'scher Saugtopf; Heizquelle; Trockenschrank; 50-mL-Büretten; Pipetten (5 mL, 10 mL, 20 mL), pH-Papier.

Reagenzien: Fällungsreagenz 0,1 mol/L $(H_2Ox)CH_3COO$: 14,52 g Oxin in 60 g (= 57 mL) Eisessig unter schwachem Erwärmen vollständig lösen und nach dem Abkühlen die klare Lösung auf 1000 mL verdünnen (sie enthält 1 mol/L CH_3COOH und ist in braunen Glasflaschen unbegrenzt haltbar); Waschflüssigkeit: 1 mL 2 mol/L CH_3COOH und 0,5 mL 2 mol/L NaOH mit H_2O auf 100 mL verdünnen (pH = 4,6–4,8); 2 mol/L NaOH; 2 mol/L NH_3; 2 mol/L HCl; 2 mol/L CH_3COOH; evtl. 1 mol/L $C_4H_6O_6$ (Weinsäure).

Arbeitsvorschrift: Entsprechend dem Arbeitsbereich 10 oder 20 mL mineralsaure Probelösung in Becherglas bringen, 25 mL H_2O zugeben und mit NaOH tropfenweise bis zur ersten Trübung versetzen (pH = 4–9). Dann 5 mL HCl zugeben und klare Lösung mit H_2O auf 140 mL verdünnen (Füllhöhe vorher mit Filzschreiber markieren!). Unter Rühren 40 mL Oxinacetatlösung aus Bürette einfließen lassen. Die nach wie vor klare Lösung auf 75–85 °C erwärmen und langsam innerhalb 10–15 min 15 mL Ammoniak als Pufferkomponente eintropfen. Beim Auftreten einer ersten Trübung Zugabe der Pufferlösung für 2 min unterbrechen, jedoch weiter rühren und pH-Wert prüfen. Sodann den Rest der Pufferlösung eintropfen und erneut prüfen (Sollwert pH = 4,2–4,8). Falls notwendig, durch weitere Tropfen Ammoniak auf den gewünschten Wert korrigieren und 30 min lang bei 60–70 °C rühren. Nach Absetzen des Niederschlags heiß dekantierend filtrieren, dabei Hauptmenge der überstehenden Lösung zunächst über Glasfiltertiegel abgießen und dann Fällung mit Restlösung weitgehend in Tiegel bringen. Zum Aufbringen der Niederschlagsreste das gelb gefärbte und wieder erwärmte Filtrat verwenden. Den Niederschlag mit 25 mL heißer Waschflüssigkeit (80–90 °C) und 5 mL heißem Wasser durch Auftropfen (Pipette) waschen. 2 h lang bei 130 °C und dann in Intervallen von 60 min konstant trocknen. Auswaage $m(AlOx_3)$ in mg.

Anmerkung: Tiegelreinigung erfolgt durch heiße 5 mol/L HCl und nachfolgendes Spülen mit heißem H_2O.

Berechnung:

$$m(\mathrm{Al}) = [\lambda] \cdot m(\mathrm{AlOx_3})$$

$$\text{Umrechnungsfaktor } [\lambda] = \frac{M(\mathrm{Al})}{M(\mathrm{Al(C_9H_6NO)_3})} = 0{,}058727$$

Bestimmung von Blei als Bleisulfat

Reaktionsprinzip: Bleiionen werden durch Abrauchen mit Schwefelsäure in schwerlösliches Bleisulfat überführt, das nach dem Filtrieren bei 500–600 °C geglüht und direkt ausgewogen wird.

$$\begin{array}{ccccc} Pb^{2+} & + & SO_4^{2-} & \longrightarrow & PbSO_4\downarrow \\ 207{,}2 & & 96{,}06 & & 303{,}26 \end{array}$$

Fällungs- und Wägeform: $PbSO_4$; Farbe: weiß

$$\text{Löslichkeit:}\quad \left.\begin{array}{l} 4{,}5\,\text{mg} \\ 82\,\text{mg} \end{array}\right\}\ PbSO_4/100\,\text{mL}\ H_2O\ \left\{\begin{array}{l} \text{bei } 20\,°\text{C}, \\ \text{bei } 100\,°\text{C}, \end{array}\right.$$
$$0{,}5\,\text{mg}\quad PbSO_4/100\,\text{mL Waschflüssigkeit A}\quad \text{bei } 20\,°\text{C}.$$

Der $PbSO_4$-Niederschlag ist feinkristallin und in Ethanol sehr schwer löslich.

Störende Ionen: Ba^{2+}-, Sr^{2+}-, Ca^{2+}-, Hg_2^{2+}-, Hg^{2+}-, Ag^{+}-, Bi^{3+}-, Sb^{3+}-, WO_4^{2-}-Ionen sowie Kieselsäure müssen abwesend sein.

Verfahrensfehler: In Mineralsäuren (vor allem in HNO_3) ist $PbSO_4$ erheblich löslich. Auch höhere H_2SO_4-Konzentration (> 20 %) wirken stark lösend. Beim Waschen mit einem Alkohol-H_2O-Gemisch ist darauf zu achten, dass bei Anwesenheit von Verunreinigungsspuren keine in Alkohol schwerlösliche Sulfate (z. B. $CuSO_4$ oder $ZnSO_4$) gefällt werden. Sind dagegen Fremdionen in größerer Konzentration zugegen, so wird das $PbSO_4$ in konz. ammoniakalischer Ammoniumacetatlösung gelöst, die Verunreinigung abfiltriert und aus dem Filtrat das $PbSO_4$ erneut mit Schwefelsäure gefällt. Zum Filtrieren verwendet man einen Filtertiegel, da $PbSO_4$ durch Filterkohle teilweise reduziert wird.

$$PbSO_4 + 4\,C \longrightarrow PbS + 4\,CO\uparrow$$

Das Konstantglühen des $PbSO_4$ soll in Abwesenheit von reduzierenden Gasen bei schwacher Rotglut (500–600 °C) erfolgen. Bei Temperaturen > 700 °C tritt thermische Zersetzung ein.

$$PbSO_4 \xrightarrow{>700\,°C} PbO + SO_3\uparrow$$

Mitunter ist das geglühte $PbSO_4$ durch Spuren Fe_2O_3 leicht bräunlich gefärbt.

Arbeitsgeräte: 200-mL-Bechergläser (breite Form); Uhrgläser; Witt'scher Saugtopf; Porzellanfiltertiegel A 1 mit Tiegelschuh; Heizplatte oder Sandbad; elektrischer Muffelofen (600 °C); Trockenschrank; Messzylinder.

Reagenzien: Fällungsreagenz: Konzentration H_2SO_4; Waschflüssigkeiten: A) 1 mL 18 mol/L H_2SO_4 auf 200 mL H_2O und B) 50%ige Ethanollösung mit 0,5 % H_2SO_4.

Arbeitsbereich: 1,0–0,2 mmol Pb (207,2–41,4 mg Pb)

2

Arbeitsvorschrift: Entsprechend dem Arbeitsbereich 20 oder 25 mL salpetersaure Probelösung ins Becherglas geben, 3–4 mL H_2SO_4 zugeben und auf Heizplatte unter Abzug langsam eindampfen (Spritzgefahr!), bis reichlich weiße SO_3-Nebel entweichen (Rückstand muss schwefelsäurefeucht bleiben!). Nach Abkühlen vorsichtig mit 70 mL H_2O und 30 mL Ethanol versetzen und Lösung im bedeckten Becherglas 60 min lang bei Zimmertemperatur stehen lassen. Sodann dekantierend über Porzellanfiltertiegel filtrieren. Hierbei letzte Niederschlagsmengen mit klarem Filtrat in den Tiegel bringen. Den Niederschlag zuerst 4-mal mit je 5 mL Waschflüssigkeit A und anschließend 2-mal mit je 5 mL Waschflüssigkeit B kalt waschen. Filtertiegel 20–30 min lang in der Muffel auf 500–600 °C erhitzen, im Exsikkator abkühlen lassen und wiegen. Vorgang solange wiederholen, bis Gewichtskonstanz vorliegt. Auswaage $m(PbSO_4)$ in mg.

Berechnung:

$$2m(Pb) = [\lambda] \cdot m(PbSO_4)$$

$$\text{Umrechnungsfaktor } [\lambda] = \frac{M(Pb)}{M(PbSO_4)} = 0{,}6832$$

Bestimmung von Antimon als Antimon(III)-sulfid

Reaktionsprinzip: Antimonionen reagieren mit Sulfidionen in saurer Lösung zu schwerlöslichem Antimon(III)-sulfid.

$$\begin{array}{ccccc} Sb^{3+} & + & 3\,S^{2-} & \longrightarrow & Sb_2S_3\downarrow \\ 243{,}53 & & 96{,}18 & & 339{,}68 \end{array}$$

Mit Thioacetamid, CH_3CSNH_2 an Stelle von Schwefelwasserstoffgas als Fällungsreagenz wird ein körniger, gut filtrierbarer Niederschlag von Sb_2S_3 erhalten (Fällung aus homogener Lösung!). Das Antimonsulfid kann ohne Gefahr einer Peptisation mit klarem heißem Wasser gewaschen und nach dem Filtrieren direkt gewogen werden (Näheres über Thioacetamid als Fällungsmittel s. gravimetrische Bestimmung von Cu als CuS, ►S. 79).

Fällungs- und Wägeform = Sb_2S_3. Farbe: dunkelrot bzw. graurot.

$$K_L = c^2(Sb^{3+}) \cdot c^3(S^{2-}) = 3 \cdot 10^{-59}\ mol^5 \cdot L^{-5} \text{ bei Zimmertemperatur.}$$

Störende Ionen: Alle Ionen, die in saurer Lösung ebenfalls schwerlösliche Sulfide bilden, müssen abwesend sein. Oxidationsmittel wie NO_3^- (> 0,1 mol/L), NO_2^-, Fe^{3+}, $Cr_2O_7^{2-}$ usw. stören.

Verfahrensfehler: Vor der Sulfidfällung muss die Lösung mit Weinsäure und Ascorbinsäure versetzt werden. Weinsäure dient zur Komplexierung, da Antimonsalze stark zur Hydrolyse neigen. Ascorbinsäure soll evtl. vorhandenes Sb(V) zu Sb(III) reduzieren. Größere Konzentration an Fremdionen, vor allem an Alkaliionen, bewirken eine Löslichkeitserhöhung von Sb_2S_3. Es ist eine frisch hergestellte Thioacetamidlösung zu verwenden (Haltbarkeit der Lösung ca. 4 Tage!). Um Fehler infolge Oxidation des feuchten Sulfids durch Luftsauerstoff zu vermeiden, sollen Fällung, Filtration und Trocknung unmittelbar hintereinander erfolgen.

Arbeitsgeräte: 250-mL-Bechergläser (hohe Form); Uhrgläser; Witt'scher Saugtopf; Glasfiltertiegel 1 G 4; Rührwerk; Heizquelle; Wasserbad; Trockenschrank; Pipetten (25, 20 und 5 mL); Messzylinder (25 mL).

Reagenzien: Fällungsreagenz: 0,25 mol/L CH_3CSNH_2 (M = 75,136 g/mol, vor Gebrauch 1,88 g Thioacetamid in H_2O zu 100 mL lösen); 2 mol/L NH_3; 1 mol/L $C_4H_6O_6$ (Weinsäurelösung); Ascorbinsäure.

Arbeitsbereich: 1,0–0,1 mmol Sb (121,8–12,2 mg Sb)

Arbeitsvorschrift: Entsprechend dem Arbeitsbereich 25 oder 20 mL saure Probelösung in Becherglas geben, 30 mL H_2O zugeben und mit Ammoniak bis zur ersten Trübung versetzen. Sodann 200 mg Ascorbinsäure und 5 mL Weinsäurelösung zugeben und Lösung auf dem Wasserbad bis zur beginnenden Kristallisation eindampfen. Danach mit 50 mL HCl ansäuren, mit H_2O auf 100 mL auffüllen (Füllhöhe vorher mit Filzschreiber markieren!) und Lösung zum Sieden erhitzen. Unter Rühren in die siedende Lösung 15 mL Thioacetamidlösung eingießen und Lösung mit einem Uhrglas abgedeckt 15 min lang sieden lassen, wobei sich der Niederschlag zusammenballt. Nach kurzem Absetzen warm über Glasfiltertiegel dekantierend filtern, dabei letzte Niederschlagsreste mit dem aufgefangenen Filtrat in den Tiegel bringen. Fällung durch Auftropfen (Pipette) 4-mal mit je 5 mL warmem H_2O (60–70 °C) elektrolytfrei waschen (pH = 4–7). Anschließend 60 min lang bei 110 °C und dann in Intervallen von 30 min bis zur Gewichtskonstanz trocknen. Auswaage $m(Sb_2O_3)$ in mg.

Anmerkung: Tiegelreinigung erfolgt mit heißer 5 mol/L HCl. **Vorsicht: Thioacetamid kann möglicherweise Krebs erzeugen!**

Berechnung:

$$2m(\mathrm{Sb}) = [\lambda] \cdot m(\mathrm{Sb_2S_3})$$

$$\text{Umrechnungsfaktor } [\lambda] = \frac{2 \cdot M(\mathrm{Sb})}{M(\mathrm{Sb_2S_3})} = 0{,}71685$$

Bestimmung von Kupfer als Kupfer(II)-sulfid

Reaktionsprinzip: Kupfer(II)-Ionen bilden in salzsaurer Lösung mit Sulfidionen schwerlösliches Kupfer(II)-sulfid.

$$\begin{array}{ccccc} \mathrm{Cu^{2+}} & + & 3\,\mathrm{S^{2-}} & \longrightarrow & \mathrm{CuS}\downarrow \\ 63{,}546 & & 32{,}06 & & 95{,}606 \end{array}$$

Bei Verwendung von Thioacetamid (Vorsicht: s. oben) an Stelle von gasförmigem Schwefelwasserstoff als Fällungsmittel wird ein körniger und gut filtrierbarer Niederschlag von CuS erhalten (Fällung aus homogener Lösung), der nach dem Waschen mit warmem Wasser direkt zur Auswaage gelangt.

Fällungs- und Wägeform: CuS; Farbe: schwarz

$$K_\mathrm{L} = c(\mathrm{Cu^{2+}}) \cdot c(\mathrm{S^{2-}}) = 6 \cdot 10^{-36}\ \mathrm{mol^2 \cdot L^{-2}} \text{ bei Zimmertemperatur.}$$

2

Thioacetamid CH_3CSNH_2 ist ein weißes kristallines Pulver, das sich in H_2O und Alkohol gut löst. In der Siedehitze zerfällt die Verbindung in H_2S und Ammoniumacetat, und zwar um so schneller, je saurer die Lösung ist.

$$CH_3CSNH_2 + 2\,H_2O \longrightarrow NH_4^+ + CH_3COO^- + H_2S$$

H_2S-Dissoziation: $H_2S \longrightarrow 2\,H^+ + S^{2-}$

$$\frac{c^2(H^+) \cdot c(S^{2-})}{c(H_2S)} = K_{H_2S} = 1{,}1 \cdot 10^{-22}\,\mathrm{mol}^2 \cdot \mathrm{L}^{-2}$$

Da bei Zimmertemperatur $c(H_2S) \approx 10^{-1}\,\mathrm{mol} \cdot \mathrm{L}^{-1}$ ist, ergibt sich die einfache Beziehung: $c^2(H^+) \cdot c(S^{2-}) = K_{H_2S} \cdot c_{H_2S} = 1{,}1 \cdot 10^{-23}\,\mathrm{mol}^3 \cdot \mathrm{L}^{-3}$.

Im Gegensatz zum gasförmigen Schwefelwasserstoff ist Thioacetamid gegen 1 mol/L HNO_3 praktisch unempfindlich. Der pH-Wert ändert sich bei der Fällung kaum, da die entstehenden H^+-Ionen durch das Ammoniumacetat abgepuffert werden.

In der gleichen Weise wie Cu können mit Thioacetamid die folgenden Elemente als Sulfide gefällt und direkt gravimetrisch bestimmt werden: As(III), Sb(III), Bi, Sn(II), Pb, Cd und Hg.

Störende Ionen: Es stören alle Ionen, die in saurer Lösung mit H_2S ebenfalls schwerlösliche Niederschläge geben. Weiter müssen Oxidationsmittel wie NO_3^- (> 1 mmol/L), NO_2^-, Fe^{3+} usw. abwesend sein.

Verfahrensfehler: Man setzt frisch angesetzte Thioacetamidlösung ein, da diese in der Kälte nur etwa 4 Tage haltbar ist. Größere Mengen an Fremdionen, vor allem Alkaliionen, wirken infolge Komplexbildung lösend. Der feuchte Sulfidniederschlag kann bei längerem Stehen an der Luft zum Sulfat oxidiert werden. Daher sind Fällung, Filtration und Trocknung unmittelbar hintereinander durchzuführen.

Arbeitsgeräte: 400-mL-Bechergläser (hohe Form); Uhrgläser; Rührwerk; Witt'scher Saugtopf; Glasfiltertiegel 1 G 4; Heizquelle; Trockenschrank; Pipetten (25, 20 und 5 mL); Wasserbad; Messzylinder (10 mL).

Reagenzien: Fällungsreagenz: 0,25 mol/L CH_3CSNH_2 (M = 75,136 g/mol; vor Gebrauch 1,88 g Thioacetamid in H_2O zu 100 mL lösen); 2 mol/L HCl; 2 mol/L NaOH.

Arbeitsbereich: 1,0–0,2 mmol Cu (63,5–12,7 mg Cu)

Arbeitsvorschrift: Entsprechend dem Arbeitsbereich 20 oder 25 mL saure Probelösung in Becherglas geben, 30 mL H_2O zusetzen und mit NaOH auf pH = 4–6 (bzw. erste Trübung) bringen. Sodann 25 mL HCl hinzufügen, mit H_2O auf 100 mL verdünnen (Füllhöhe vorher mit Filzschreiber markieren!) und Lösung zum Sieden erhitzen. Zur siedenden Lösung in einem Guss 7 mL Thioacetamidlösung unter Rühren zugeben und die Lösung 15 min lang im Sieden belassen. Danach weitere 3 mL Thioacetamidlösung zusetzen, mit H_2O auf 100 mL auffüllen und Lösung mit Uhrglas 30 min lang auf dem Wasserbad stehen lassen. Anschließend warm über Glasfiltertiegel dekantierend filtrieren. Niederschlagsreste mithilfe des in einem sauberen Becherglas aufgefangenen Filtrats in den Tiegel bringen. 4-mal mit je 5 mL H_2O (60–70 °C) durch Auftropfen (Pipette!) waschen und den Niederschlag bis zur Gewichtskonstanz bei 110 °C trocknen. Auswaage $m(\mathrm{CuS})$ in mg.

Anmerkung: Tiegelreinigung erfolgt mit heißer 5 mol/L HCl **Vorsicht: Thioacetamid kann möglicherweise Krebs erzeugen!**

Berechnung:

$$2m(\mathrm{Cu}) = [\lambda] \cdot m(\mathrm{CuS})$$

$$\text{Umrechnungsfaktor } [\lambda] = \frac{M(\mathrm{Cu})}{M(\mathrm{CuS})} = 0{,}66467$$

Bestimmung von Kupfer als Kupfer(I)-thiocyanat

Reaktionsprinzip: In schwach saurer Lösung werden Kupfer(II)-Ionen mit schwefliger Säure reduziert und mit Thiocyanationen als schwerlösliches Kupfer(I)-thiocyanat gefällt.

$$2\,\mathrm{Cu^{2+}} + \mathrm{HSO_3^-} + \mathrm{H_2O} \longrightarrow 2\,\mathrm{Cu^+} + \mathrm{HSO_4^-} + 2\,\mathrm{H^+}$$

$$\underset{63{,}546}{\mathrm{Cu^+}} + \underset{58{,}08}{\mathrm{SCN^-}} \longrightarrow \underset{121{,}62}{\mathrm{CuSCN}\downarrow}$$

Fällungs- und Wägeform: CuSCN; Farbe: weiß

$$K_\mathrm{L} = c(\mathrm{Cu^+}) \cdot c(\mathrm{SCN^-}) = 1{,}6 \cdot 10^{-11}\ \mathrm{mol^2 \cdot L^{-2}} \text{ bei Zimmertemperatur}$$

Die Methode kann mit Vorteil bei Anwesenheit von As(III)-, Sb(III)-, Sn^{2+}-, Bi^{3+}-, Cd^{2+}-, Fe^{2+}- (wenig), Ni^{2+}-, Co^{2+}-, Zn^{2+}- und Mn^{2+}-Ionen angewendet werden, da diese lösliche Thiocyanate bilden. Sb(III), Sn^{2+} und Bi^{3+} komplexiert man durch Zusatz von 2–3 g Weinsäure, um ihre Hydrolyse im schwach sauren Medium zu verhindern.

Störende Ionen: Pb^{2+}-, Hg^{2+}-, Hg_2^{2+}-, Ag^+- und Tl^+-Ionen dürfen nicht zugegen sein, da sie schwerlösliche Thiocyanate bilden.

Verfahrensfehler: Die Lösung muss schwach sauer sein (pH = 3–5), da die Löslichkeit von CuSCN mit abnehmendem pH-Wert zunimmt. Ein zu großer Überschuss an Reagenzlösung ist wegen Bildung eines löslichen $[Cu(SCN)_2]^-$-Komplexes zu vermeiden. Oxidationsmittel, wie NO_3^-, müssen abwesend sein, damit zum einen keine Zersetzung des SCN^--Ions eintritt und zum anderen die Reduktion von Cu(II) zu Cu(I) quantitativ verläuft.

Arbeitsgeräte: 400-mL-Bechergläser (hohe Form); Rührwerk; Witt'scher Saugtopf; Glasfiltertiegel 1 G 4; 10-mL-Bürette; Uhrgläser; Heizplatte; Trockenschrank; 5-mL-Pipette; pH-Papier.

Reagenzien: Frisch hergestellte 0,2 mol/L NH_4SCN (1,52 g NH_4SCN zu 100 mL gelöst); 1,7 mol/L H_2SO_3; 2 mol/L HCl und 2 mol/L NH_3; Waschflüssigkeit: 100 mL kaltes H_2O mit 5 Tropfen H_2SO_3-Lösung; 6 mol/L Methanol (ca. 20%ig).

Arbeitsbereich: 1,5–0,5 mmol Cu (95,2–31,7 mg Cu)

Arbeitsvorschrift: 20 bzw. 25 mL neutrale oder schwach saure Probelösung (pH = 3–5) in Becherglas füllen und 30 mL H_2O zugeben. Versetzen mit 30 mL H_2SO_3 und anschließend mit Ammoniak bis zur Trübung oder Blaufärbung. Den Niederschlag mit ein paar Tropfen H_2SO_3 gerade wieder lösen bzw. entfärben und mit H_2O auf 150 mL verdünnen. Sodann in einem Zeitraum von 15 min unter Rühren 10 mL NH_4SCN aus einer Bürette tropfenweise zugeben. 10 min lang rühren und Lösung 2 h lang mit einem Uhrglas abgedeckt stehen lassen. Prüfen auf Vollständigkeit der Fällung mit einigen Tropfen Reagenzlösung und anschließend den Niederschlag über einen Glasfiltertiegel dekantierend filtrieren. Mit klarem Filtrat Niederschlagsreste in die Fritte bringen. Waschen mit 5 × 5 mL kalter Waschlösung (Pipette) und 2 × 5 mL Methanol. 45 min trocknen und dann in Intervallen von 15 min bei 115 °C konstant trocknen. Auswaage $m(\mathrm{CuSCN})$ in mg.

Berechnung:

$$2m(\mathrm{Cu}) = [\lambda] \cdot m(\mathrm{CuSCN})$$

$$\text{Umrechnungsfaktor } [\lambda] = \frac{M(\mathrm{Cu})}{M(\mathrm{CuSCN})} = 0{,}52248$$

Bestimmung von Zink als Zinktetrathiocyanatomercurat(II)

Reaktionsprinzip: In neutraler oder schwach salpetersaurer Lösung ergeben Zinkionen mit Tetrathiocyanatomercurationen einen schwerlöslichen Niederschlag von Zinktetrathiocyanatomercurat(II):

$$\underset{65{,}38}{Zn^{2+}} + \underset{432{,}9}{[Hg(SCN)_4]^{2-}} \longrightarrow \underset{498{,}28}{Zn[Hg(SCN)_4]\downarrow}$$

Fällungs- und Wägeform: $Zn[Hg(SCN)_4]$; Farbe: weiß

Störende Ionen: Cu^{2+}, Ni^{2+}, Mn^{2+}, Cd^{2+}, Hg^{2+}, Ag^{+}, Fe^{2+}, Fe^{3+}, Bi^{3+} und As(III) stören.

Verfahrensfehler: Der Niederschlag ist etwas in Wasser, Alkohol oder Ether löslich. Er wird bei 105–110 °C getrocknet.

Arbeitsgeräte: 400-mL-Bechergläser (hohe Form); Rührwerk; Witt'scher Saugtopf; Porzellanfiltertiegel A 1 oder Glasfiltertiegel 1 G 4; 50-mL-Bürette; Pipetten; Trockenschrank.

Reagenzien: 2 mol/L HNO_3; Fällungsreagenz: 0,1 mol/L $K_2[Hg(SCN)_4]$ (3,9 g KSCN in 20 mL Wasser lösen, mit 2,7 g $HgCl_2$ unter Rühren versetzen und mit Wasser auf 100 mL verdünnen; wenn notwendig, filtrieren).

Arbeitsbereich: 1,0–0,1 mmol Zn (65,38–6,54 mg Zn)

Arbeitsvorschrift: 20 bzw. 25 mL neutrale Probelösung in Becherglas bringen, 1 mL HNO_3 zusetzen und mit Wasser auf 100 mL verdünnen (Füllhöhe vorher mit Filzstift markieren!). Aus Bürette unter ständigem Rühren Reagenzlösung eintropfen lassen, bis sich in der klaren überstehenden Lösung kein Niederschlag mehr bildet. Sodann Lösung eine Stunde lang ausrühren. Nach Prüfung auf Vollständigkeit der Fällung den Niederschlag über Filtertiegel abfiltrieren und letzte Niederschlagsmengen mit Filtrat in Tiegel bringen. Den Niederschlag mit wenig Wasser waschen und bei 105–110 °C in Intervallen von 30 min bis zur Gewichtskonstanz trocknen. Auswaage $m(Zn[Hg(SCN)_4])$ in mg.

Berechnung:

$$m(Zn) = [\lambda] \cdot m(Zn[Hg(SCN)_4])$$

$$\text{Umrechnungsfaktor } [\lambda] = \frac{M(Zn)}{M(Zn[Hg(SCN)_4])} = 0{,}13121$$

Bestimmung von Mangan als Mangandiphosphat

Reaktionsprinzip: In schwach ammoniakalischer Lösung bilden Mn^{2+}-Ionen mit PO_4^{3-}-Ionen schwerlösliches Ammoniummanganphosphat

$$Mn^{2+} + NH_4^+ + HPO_4^{2-} + OH^- + 5\,H_2O \longrightarrow MnNH_4PO_4 \cdot 6\,H_2O \downarrow$$

Der Niederschlag wird filtriert, mit verdünnter kalter Ammoniumnitratlösung gewaschen und bei 900 °C zum Mangandiphosphat geglüht, das ausgewogen wird.

$$\underset{552{,}096}{2\,MnNH_4PO_4 \cdot 6\,H_2O} \longrightarrow \underset{283{,}83}{Mn_2P_2O_7} + 2\,NH_3 + 13\,H_2O$$

2

Fällungsform: $MnNH_4PO_4 \cdot 6\,H_2O$; Farbe: weiß; Wägeform: $Mn_2P_2O_7$
Die Fällung erfolgt analog der des Magnesiums aus homogener Lösung (►S. 71). Der erhaltene Niederschlag von $MnNH_4PO_4 \cdot 6\,H_2O$ ist anfangs amorph, wird aber bei längerem Stehen in der Wärme leicht kristallin.

Störende Ionen: Bis auf die Alkaliionen müssen alle anderen Kationen abwesend sein, da sie gleichfalls schwerlösliche Phosphatfällungen geben.

Verfahrensfehler: Ammoniummanganphosphat ist im Gegensatz zum Ammoniummagnesiumphosphat sehr viel weniger löslich. Die Probelösung muss frei von Oxidationsmitteln sein, um die Bildung von Mangan(IV)-oxid zu vermeiden. Nie trockensaugen, ehe aller Niederschlag im Tiegel ist.

Arbeitsgeräte: 400-mL-Bechergläser (hohe Form und nach Möglichkeit ungebraucht); Magnetrührer mit Rührstäbchen; Porzellanfiltertiegel A 2 (mit Tiegelschuh); Witt'scher Saugtopf; Heizquelle; Trockenschrank; elektrischer Muffelofen (1000 °C); 50-mL-Bürette; Pipetten (5, 20 und 25 mL).

Reagenzien: Fällungsreagenz 0,1 mol/L $(NH_4)_2HPO_4$ (1,32 g Diammoniumhydrogenphosphat p. a. in wenig H_2O lösen und auf 100 mL auffüllen); Waschflüssigkeit: 0,1 mol/L NH_4NO_3 (0,8 g zu 100 mL mit H_2O lösen); 2 mol/L HCl; 2 mol/L NH_3; 14 mol/L NH_3; Methylrotlösung (0,2 % in 90%igem Ethanol).

Arbeitsbereich: 1,0–0,1 mmol (54,9–5,5 mg Mn)

Arbeitsvorschrift: 20 mL neutrale bis schwach saure Probelösung ins Becherglas bringen. 10 mL HCl zusetzen und mit H_2O auf 150 mL verdünnen (Füllhöhe vorher mit Filzschreiber markieren!). Darauf 2 g NH_4Cl, 20 mL Reagenzlösung zufügen und kurz zum Sieden erhitzen. Nach Zusatz einiger Tropfen Methylrotlösung unter stetigem Rühren langsam aus Bürette 2 mol/L NH_3 eintropfen, bis der Farbumschlag nach gelb auftritt. Lösung mit 2 mL 14 mol/L NH_3 versetzen (pH = 6,5–7,5), 5 min lang rühren und anschließend 30 min lang auf dem Wasserbad stehen lassen. Klare überstehende Lösung mit 3–4 Tropfen Reagenzlösung auf Vollständigkeit der Fällung prüfen. Nach zweistündigem Abkühlen den Niederschlag über Filtertiegel A 2 dekantierend filtrieren und Reste mit 10 mL 0,1 mol/L NH_3 in Tiegel bringen. Den Niederschlag zweimal mit je 5 mL 0,1 mol/L NH_3 durch Auftropfen aus 5-mL-Pipette waschen (Filtrat Cl^--frei!). Filtertiegel im Tiegelschuh im Trockenschrank bei 110 bis 120 °C etwa 40 min lang trocknen. Den Niederschlag im Muffelofen bei 900–1000 °C in Intervallen von 20 min bis zur Gewichtskonstanz glühen. Auswaage $m(Mn_2P_2O_7)$ in mg.

Berechnung:

$$m(\mathrm{Mn}) = [\lambda] \cdot m(\mathrm{Mn_2P_2O_7})$$

$$\text{Umrechnungsfaktor } [\lambda] = \frac{2\,M(\mathrm{Mn})}{M(\mathrm{Mn_2P_2O_7})} = 0{,}38713$$

Bestimmung von Eisen als Eisen(III)-oxid

Reaktionsprinzip: Eisen(III)-Ionen werden durch Hydroxidionen als schwerlösliches wasserhaltiges Eisen(III)-oxid-Hydrat gefällt.

$$\underset{55{,}847}{\mathrm{Fe^{3+}}} + \underset{3\cdot 17{,}007}{3\,\mathrm{OH^-}} \longrightarrow \mathrm{Fe(OH)_3}\downarrow$$

Der Niederschlag wird mit 0,1 mol/L NH_4NO_3 gewaschen, anschließend bei mäßiger Rotglut (600 °C) in Eisen(III)-oxid überführt und ausgewogen.

$$2\,\mathrm{Fe(OH)_3} \longrightarrow \underset{159{,}69}{\mathrm{Fe_2O_3}} + 3\,\mathrm{H_2O}$$

$$\text{Fällungsform} = \mathrm{Fe(OH)_3} \cdot x\mathrm{H_2O}$$

$$\text{Wägeform} = \mathrm{Fe_2O_3} \qquad \text{Farbe: rotbraun}$$

$$K_\mathrm{L} = c(\mathrm{Fe^{3+}}) \cdot c^3(\mathrm{OH^-}) = 4 \cdot 10^{-38}\ \mathrm{mol^4 \cdot L^{-4}}$$

bei Zimmertemperatur

Die Fällung des $Fe(OH)_3$ erfolgt aus homogener Lösung unter Verwendung von Urotropin (Hexamethylentetraamin), das in der Siedehitze in Ammoniak und Formaldehyd gespalten wird.

$$\mathrm{C_6H_{12}N_4} + 6\,\mathrm{H_2O} \rightleftharpoons 4\,\mathrm{NH_3} + 6\,\mathrm{HCHO}$$

$$4\,\mathrm{NH_3} + 4\,\mathrm{H^+} \rightleftharpoons 4\,\mathrm{NH_4^+}$$

Das Urotropinverfahren besitzt gegenüber Ammoniak als Fällungsmittel wesentliche Vorteile: Es wird erstens in einem definierten pH-Bereich (pH = 4,5–5,5) gearbeitet, sodass

Tab. 2.9 pH-Bereiche der Hydroxidfällungen

Kationen	Ti^{4+}	Fe^{3+}	Al^{3+}	Fe^{2+}	Zn^{2+}	Ni^{2+}	Co^{2+}	Mn^{2+}	Mg^{2+}
pH-Bereich von Hydroxidfällungen	0 bis 13,0	2,2 bis 7,0	3,8 bis 6,5	5,8 bis 8,5	6,0 bis 7,0	6,7 bis 8,0	6,8 bis 8,5	8,4 bis 10,0	10,5 bis 11,0

eine Abtrennung des Fe^{3+} von Zn^{2+}, Co^{2+}, Ni^{2+} und Mn^{2+} möglich ist (Tab. 2.9). Dabei verhindert der reduzierend wirkende Formaldehyd die Oxidation von Mn(II) zu schwerlöslichem Mn(IV). Zweitens wird ein grobflockiger, sich relativ schnell absetzender und gut filtrierbarer $Fe(OH)_3$-Niederschlag erhalten. Drittens bietet die Urotropinmethode die Gewähr, dass die Reagenzlösung kieselsäure- und CO_2-frei ist, was sonst nur bei frisch hergestelltem Ammoniak zutrifft.

Einen Überblick über die pH-Bereiche, in denen die wichtigsten Metallionen als Hydroxide gefällt werden, gibt die Tab. 2.9. Der pH-Wert des Fällungsbeginns hängt zudem von der Kationenkonzentration und vom anwesenden Anion (Cl^-, ClO_4^-, NO_3^-, SO_4^{2-} usw.) ab.

2

Störende Ionen: Ti^{4+}-, Al^{3+}- und Cr^{3+}-Ionen müssen abwesend sein, da sie in gleicher Weise gefällt werden. Ebenfalls stören die Anionen: PO_4^{3-}, AsO_4^{3-} und SiO_4^{4-}, weil sie entweder schwerlösliche Fe-Salze bilden oder vom Niederschlag stark adsorbiert werden. Tartrate, Citrate, Fluoride und Pyrophosphate komplexieren Fe^{3+}-Ionen; es tritt keine Fällung von $Fe(OH)_3$ ein.

Verfahrensfehler: Es dürfen nur Fe^{3+}-Ionen vorliegen. Eventuell vorhandene Fe^{2+}-Ionen werden nicht quantitativ gefällt; sie müssen daher vorher durch einige Tropfen H_2O_2 (Perhydrol) oder 14 mol/L HNO_3 oxidiert werden (Überschuss verkochen!). Bei Gegenwart größerer Mengen an Fremdionen (vor allem an SO_4^{2-}) ist es wegen des großen Adsorptionsvermögens des Hydroxids ratsam, den Niederschlag umzufällen. Die $Fe(OH)_3$-Fällung muss Cl^--frei gewaschen werden, um die Bildung des flüchtigen $FeCl_3$ beim Glühen zu verhindern.

$$Fe_2O_3 + 6\,NH_4Cl \longrightarrow 2\,FeCl_3 + 6\,NH_3 + 3\,H_2O$$

Bei zu hoher Glühtemperatur (> 800 °C) wird Eisen(III)-oxid durch Kohlenstoff aus dem Filterpapier leicht zu Fe_3O_4 reduziert.

Arbeitsgerät: 400-mL-Becherglas (hohe Form); Uhrgläser; Porzellantiegel; Schwarzband-Filter; Rührwerk; Heizquelle; elektr. Muffelofen 600 °C; Trockenschrank; Pipetten (25, 20 und 10 mL); 50-mL-Bürette; pH-Papier.

Reagenzien: Fällungsreagenz: 0,5 mol/L $C_6H_{12}N_4$ (Urotropinlösung; 7,01 g Urotropin mit H_2O zu 100 mL lösen); NH_4Cl; 0,1 mol/L NH_4NO_3; 2 mol/L HCl; Methylrot.

Arbeitsbereich: 2,0–0,2 mmol Fe (117,7–11,8 mg Fe)

Arbeitsvorschrift: 25 oder 20 mL saure (Fe^{3+} enthaltende!) Probelösung in Becherglas geben, 20 mL HCl zufügen und mit H_2O auf 150 mL verdünnen (Füllhöhe vorher mit Filzschreiber markieren!). Lösung mit 1 g NH_4Cl versetzen, zum Sieden erhitzen und unter Rühren Urotropinlösung aus Bürette so lange zutropfen lassen, bis pH = 5–6 erreicht ist (oder Methylrot gerade von rot nach gelb umschlägt). Danach Lösung einige min lang kochen lassen (pH-Kontrolle!) und den Niederschlag möglichst heiß über Schwarzbandfilter dekantierend filtrieren. Niederschlagsreste mit einem Teil des Filtrats auf das Filter bringen. Sodann den Niederschlag mit heißer NH_4NO_3-Lösung Cl^--frei waschen. Filter mit Inhalt in einen Porzellantiegel bringen, im Trockenschrank trocknen (110 °C) und anschließend veraschen. Rückstand in Intervallen von 20 min im Muffelofen bei 600 °C bis zur Gewichtskonstanz glühen. Auswaage $m(Fe_2O_3)$ in mg.

Anmerkung: Tiegelreinigung erfolgt durch heiße 5 mol/L HCl.

Berechnung:

$$2m(\mathrm{Fe}) = [\lambda] \cdot m(\mathrm{Fe_2O_3})$$

$$\text{Umrechnungsfaktor } [\lambda] = \frac{2M(\mathrm{Fe})}{M(\mathrm{F_2O_3})} = 0{,}69943$$

Bestimmung von Cobalt als Tetrakis(pyridin)cobalt(II)-thiocyanat

Reaktionsprinzip: Aus neutraler Lösung werden Cobalt(II)-Ionen durch Zusatz von Ammoniumthiocyanat und Pyridin als feinkristallines Tetrakis(pyridin)cobalt(II)-thiocyanat gefällt, das nach dem Trocknen direkt zur Auswaage gebracht wird.

$$\underset{58{,}933}{Co^{2+}} + \underset{116{,}156}{2\,SCN^-} + \underset{316{,}156}{4\,C_5H_5N} \longrightarrow \underset{491{,}496}{Co(C_5H_5N)_4(SCN)_2\downarrow}$$

Fällungs- und Wägeform: $[Co(C_5H_5N)_4(SCN)_2]$; Farbe: rosa

Die Komplexverbindung ist schwerlöslich in alkalithiocyanat- und pyridinhaltigem Wasser, in verdünntem alkalithiocyanat- und pyridinhaltigem Ethanol sowie pyridinhaltigem Ether. Sie eignet sich zur Auswaage kleiner Mengen Cobalt, da der Umrechnungsfaktor bei dem kleinen Gehalt der Komplexverbindung an Cobalt (12 %) sehr günstig liegt.

Störende Ionen: Viele andere Schwermetallionen geben ähnliche Niederschläge und müssen deshalb vor der Bestimmung quantitativ abgetrennt werden.

Verfahrensfehler: Salzsaure Cobalt(II)-Lösungen, die keinesfalls > 0,1 g Co enthalten dürfen, müssen durch Eindampfen vom Salzsäure-Überschuss befreit werden.

Arbeitsgeräte: 400-mL-Bechergläser (hohe Form); Rührwerk; Glasfiltertiegel 1 G 4; Witt'scher Saugtopf; Heizquelle; Vakuumexsikkator; 20-mL-Pipette; Messpipetten; Messzylinder.

Reagenzien: Fällungsreagenzien: NH_4SCN (p. a.), Pyridin; Waschflüssigkeit: 10%iges Ethanol (= 0,984g/mL), das 1,5 % Pyridin und 0,1 % NH_4SCN enthält; abs. Ethanol, das in 100 mL 8 mL Pyridin enthält; Ether, auf 100 mL ca. 15 Tropfen Pyridin zusetzen; reiner Ether.

Arbeitsbereich: 1,0–0,1 mmol Co (58,9–5,9 mg Co)

Arbeitsvorschrift: Neutrale Analysenlösung oder Eindampfrückstand mit Wasser auf ca. 75 mL verdünnen bzw. lösen, mit 0,5 g NH_4SCN versetzen und zum Sieden erhitzen. Unter lebhaftem Rühren 5 mL Pyridin zusetzen und langsam unter gelegentlichem Umrühren abkühlen lassen. Nach völligem Abkühlen auf Raumtemperatur über Glasfiltertiegel dekantierend filtrieren, wobei die Niederschlagsreste mit einem Teil des Filtrats in den Tiegel zu bringen sind. Mit 180 mL 10%igem Ethanol, dann ein- bis zweimal mit je 1 mL abs. Ethanol und schließlich mit 250 mL pyridinhaltigem Ether waschen und 5–10 min lang im Exsikkator trocknen. Auswaage $m([Co(C_5H_5N)_4](SCN)_2)$ in mg.

Berechnung:

$$2m(\mathrm{Co}) = [\lambda] = m([\mathrm{Co(C_5H_5N)_4](SCN)_2})$$

$$\text{Umrechnungsfaktor } [\lambda] = \frac{M(\mathrm{Co})}{M([\mathrm{Co(C_5H_5N)_4](SCN)_2})} = 0{,}11991$$

Bestimmung von Nickel als Bis-[dimethylglyoximato]-nickel(II)

Reaktionsprinzip: Nickelionen ergeben in schwach ammoniakalischer Lösung mit Dimethylglyoxim ($H_2C_4H_6N_2O_2$ = H_2dmg) einen schwerlöslichen flockigen Niederschlag von Bis-[dimethylglyoximato]-nickel(II), der direkt zur Auswaage gebracht wird.

$$\begin{array}{ccccc} \mathrm{Ni^{2+}} & + & 2\,\mathrm{Hdmg^-} & \longrightarrow & [\mathrm{Ni(Hdmg)_2}]\downarrow \\ 58{,}69 & & 2\cdot 115{,}11 & & 288{,}91 \end{array}$$

Fällungs- und Wägeform: $[Ni(HC_4H_6N_2O_2)_2]$; Farbe: rot
Löslichkeit = 0,6 mg $[Ni(Hdmg)_2]$ in 100 mL heißem H_2O, < 0,1 mg $[Ni(Hdmg)_2]$ in 100 mL kaltem H_2O.

$[Ni(Hdmg)_2]$ ist ein Chelatkomplex. Die Verbindung besitzt einen sehr günstigen Umrechnungsfaktor. Sie ist löslich in Mineralsäuren, in alkoholischen Lösungen (> 50 %) und in konzentrierten ammoniakalischen Lösungen, vor allem in Gegenwart von Co^{2+}-Ionen. Mit Vorteil lassen sich Ni^{2+}-Ionen mit H_2dmg neben Zn^{2+}, Mn^{2+} und Fe^{2+} in schwach essigsaurer mit Natrium- oder Ammoniumacetat gepufferter Lösung bestimmen. Durch Zugabe von Wein- oder Citronensäure zur sauren Probelösung werden evtl. vorhandene Fe^{3+}-, Cr^{3+}- und Al^{3+}-Ionen komplex gebunden, sodass die Ni-Ausfällung im schwach ammoniakalischen Medium ohne Störung vorgenommen werden kann. Struktur der Verbindung ►S. 37.

Störende Ionen: Dimethylglyoxim ist ein spezifisches Reagenz, da es außer mit Ni^{2+} nur mit Pd^{2+} und Au^{3+} in ammoniakalischer Lösung schwerlösliche Chelatkomplexe bildet. Bi^{3+}-Ionen werden nur in stark alkalischem Medium gefällt.

Verfahrensfehler: Durch Verwendung einer wässerigen Natriumdimethylglyoximatlösung an Stelle der bisher üblichen ethanolischen Reagenzlösung werden folgende mögliche

Fehler ausgeschlossen: Einmal die Löslichkeit des Ni-Niederschlags in Ethanol und zum anderen das Mitfiltrieren von in Wasser schwerlöslichem Dimethylglyoxim, das sich bei zu großem Reagenzüberschuss und längerem Stehen oder beim Kochen der Lösung nach der Fällung durch Verdampfen des Ethanols abscheidet. Sind größere Mengen an Fremdionen, vor allem Fe^{2+}- und Co^{2+}-Ionen, zugegen, so muss zur Erzielung einer quantitativen Ni-Fällung mehr Reagenzlösung als vorgeschrieben zugegeben werden, da H_2dmg mit zahlreichen Ionen, aber im Gegensatz zum Ni^{2+}, lösliche Chelatkomplexe bildet. Es ist in diesem Falle ratsam, den $[Ni(Hdmg)_2]$-Niederschlag umzufällen. Eine weitere Fehlermöglichkeit bei der Ni-Bestimmung ergibt sich dadurch, dass die beim Lösen einer Metallprobe entstandenen nitrosen Gase nicht vollkommen verkocht worden sind.

Arbeitsgeräte: 400-mL-Bechergläser (hohe Form); Rührwerk; Glasfiltertiegel 1 G 4; Witt'scher Saugtopf; Heizquelle; Trockenschrank; 50-mL-Bürette; Pipetten; pH-Papier.

Reagenzien: Fällungsreagenz 0,1 mol/L $Na_2C_4H_6N_2O_2$ (wäss. Natriumdimethylglyoximatlösung: 30,4 g $Na_2C_4H_6N_2O_2 \cdot 8\,H_2O$ werden in Wasser gelöst und nach evtl. Filtrieren mit Wasser auf 1000 mL verd.; die Lösung reagiert alkalisch). 2 mol/L HCl; 2 mol/L CH_3COOH; 2 mol/L NaOH; 2 mol/L NH_3 und 0,2 mol/L NH_3; zur Maskierung 1 mol/L $C_4H_6O_6$ (Weinsäure-Lösung; 15 g $C_4H_6O_6$ in H_2O lösen und auf 100 mL verdünnen).

Arbeitsbereich: 1,0–0,1 mmol Ni (58,7–5,9 mg Ni)

Arbeitsvorschrift: Entsprechend dem Arbeitsbereich 10 oder 20 mL der mineralsauren Probelösung in Becherglas bringen, 2 mL HCl zugeben und mit H_2O auf 200 mL verdünnen (Füllhöhe vorher mit Filzschreiber markieren!). 20–30 mL/L NH_3 zusetzen bis pH = 3–4. Lösung zum Sieden erhitzen, von der Heizplatte nehmen und unter Rühren 25 mL Reagenzlösung aus Bürette langsam einfließen lassen. Sodann mit Ammoniak tropfenweise pH = 8–9 einstellen. In bedecktem Becherglas 10 min lang rühren, den Niederschlag absetzen lassen und klare Lösung mit 0,5 mL Reagenzlösung auf Vollständigkeit der Fällung prüfen. Nach 30 min warm über Glasfiltertiegel dekantierend filtrieren, wobei die Niederschlagsreste mit einem Teil des Filtrats in den Tiegel zu bringen sind. Mit 10 mL warmem und anschließend mit 20 mL kaltem Wasser waschen (Pipette). Zuerst 2 h lang bei 110–120 °C und dann in Intervallen von 45 min bis zur Gewichts-Konstanz trocknen. Auswaage $m([Ni(C_4H_7N_2O_2)_2])$ in mg.

Anmerkung: Bei Anwesenheit von Fe^{3+}-, Al^{3+}- und Cr^{3+}-Ionen mineralsaure Probelösung mit 20 mL Weinsäure-Lösung versetzen und weiter wie oben verfahren. (Tritt bei pH = 4–5 eine Fällung auf, so war die Menge an Maskierungsmittel nicht ausreichend.)

Berechnung:

$$2m(\mathrm{Ni}) = [\lambda] \cdot m(\mathrm{Ni}(\mathrm{C_4H_7N_2O_2})_2)$$

$$\text{Umrechnungsfaktor } [\lambda] = \frac{M(\mathrm{Ni})}{M([\mathrm{Ni}(\mathrm{C_4H_7N_2O_2})_2])} = 0{,}20317$$

2.4 Titrimetrische Verfahren

Die Titrimetrie oder Maßanalyse wurde zuerst von *J. L. Gay-Lussac* (1788–1850) im Jahre 1830 in die analytische Chemie eingeführt. Hierunter versteht man ein quantitatives Verfahren, bei dem die Bestimmung einer unbekannten Menge eines gelösten Stoffes durch Zugabe einer geeigneten Reagenzlösung bekannten Gehaltes (Titerlösung) bis zur quantitativen Umsetzung (Reaktionsendprodukt oder Äquivalenzpunkt) erfolgt. Bei Kenntnis des chemischen Reaktionsablaufes kann aus dem Verbrauch und der Konzentration der Reagenzlösung die gesuchte Stoffmenge berechnet werden.

Gegenüber der Gravimetrie weisen die maßanalytischen Verfahren eine Reihe von Vorteilen auf. So tritt zum einen an die Stelle vieler Einzelwägungen die Volumenmessung (Bürettenablesung); die analytische Waage wird also nur noch zur Herstellung der Titerlösungen gebraucht. Zum anderen entfallen die zeitraubenden gravimetrischen Arbeitsgänge wie Filtrieren, Waschen, Trocknen und Glühen. Daher findet die Maßanalyse vor allem für Reihenuntersuchungen in der Betriebsanalyse ausgedehnte Verwendung.

Daneben darf jedoch nicht übersehen werden, dass es sich in der Titrimetrie sehr oft um nichtspezifische Reaktionen handelt. Man kann sie nur dann verwenden, wenn die qualitative Zusammensetzung des zu untersuchenden Minerals oder technischen Produktes bzw. der zu analysierenden Legierung genau bekannt ist, da die in gleicher Weise reagierenden Ionen vor der eigentlichen Bestimmung entweder durch Ausfällung, Destillation oder Komplexierung entfernt werden müssen.

2.4.1 Einführung in die Titrimetrie

Die Ausführung titrimetrischer Bestimmungen ist an folgende Voraussetzungen gebunden:

1. Eindeutiger Reaktionsablauf mit schneller und quantitativer Umsetzung;
2. Herstellung von Maßlösungen mit einem über längere Zeit konstanten Titer;
3. Erkennbarkeit des Endpunktes der Titration.

Der Zusammenhang zwischen der gesuchten Masse $m(\mathrm{B})$ und dem verbrauchten Volumen V der Maßlösung kann aus den stöchiometrischen Verhältnissen der Reaktionsgleichung abgeleitet werden. Für die Umsetzung $x \cdot \mathrm{B} + y \cdot \mathrm{R} \rightleftharpoons \mathrm{B}_x\mathrm{R}_y$ mit B als Teilchen (Molekül oder Ion) des zu bestimmenden Stoffes, R als Reagenzteilchen sowie x und y als stöchiometrische Koeffizienten ergibt sich, dass ein Teilchen B auf y/x Reagenzteilchen R kommt. Für die Stoffmengen gilt dann die Gleichung

$$n(\mathrm{B}) = \frac{x}{y} \cdot n(\mathrm{R})$$

Oft wird in der Maßanalyse nicht auf Moleküle bzw. Ionen des Reagenz bezogen, sondern auf sogenannte Äquivalent-Teilchen, gedachte Bruchteile der tatsächlich vorliegenden Moleküle bzw. Ionen. Aus einem Reagenzteilchen R werden so z^* Äquivalent-Teilchen (R/z^*), von denen jedes nur noch ein einziges ersetzbares H-Atom enthält oder bei einer Redox-Reaktion nur ein einziges Elektron abgibt bzw. aufnimmt. Daraus ergibt sich für die Stoffmengengleichung (vgl. ►S. 114)

$$n(\mathrm{B}) = \frac{1}{z^*} \cdot \frac{x}{y} \cdot n(\mathrm{R}/z^*)$$

Ersetzt man jetzt $n(B)$ und $n(R/z^*)$ anhand der Beziehung $n(B) = m(B)/M(B)$ bzw. $n(R/z^*) = V_t \cdot c(R/z^*)$ und löst nach $m(B)$ auf, erhält man die Grundgleichung der Maßanalyse für die Bestimmung einer unbekannten Masse $m(B)$:

$$m(B) = \frac{1}{z^*} \cdot \frac{x}{y} M(B) \cdot V_t \cdot c(R/z^*) = [\lambda] \cdot V_t$$

Der Umrechnungsfaktor $[\lambda]$ setzt sich nur aus bekannten Größen zusammen:

x/y	Verhältnis der Umsetzungskoeffizienten vom gesuchten Stoff zu Reagenz,
$c(R/z^*)$	Stoffmengenkonzentration der Maßlösung, bezogen auf Äquivalent-Teilchen, mmol/mL,
z^*	Äquivalentzahl; Zahl der reaktionsfähigen Teile in einem Reagenzmolekül,
$M(B)$	molare Masse des gesuchten Stoffes, mg/mmol,
V_t	verbrauchtes Volumen Maßlösung, mL.

Je nach Art der reagierenden Anteile des Reagenz sind folgende Untergruppen maßanalytischer Methoden zu unterscheiden:

Neutralisationstitrationen	(z^* = Zahl der reaktionsfähigen H^+- oder OH^--Ionen),
Redoxtitrationen	(z^* = Zahl aufgenommener oder abgegebener Elektronen),
Fällungstitrationen	(z^* = Zahl der reagierenden Verbindungsanteile),
Komplexbildungstitrationen	(z^* = Zahl der den Komplex bildenden Liganden).

Die auf Äquivalent-Teilchen bezogene molare Masse (Äquivalentmasse) hängt von den verschiedenen chemischen Umsetzungen und vom Reaktionstyp ab. Man erhält sie, indem man die molare Masse der ganzen Teilchen durch das sich aus der Reaktionsgleichung ergebende z^* dividiert (◘ Tab. 2.10).

Wie aus ◘ Tab. 2.10 hervorgeht, ergeben sich für dieselbe Verbindung, z. B. das Kaliumpermanganat, verschiedene Äquivalentmassen. Jedes Manganatom darin vermag in saurer Lösung 5 und in schwach alkalischer Lösung 3 Elektronen aufzunehmen. Für eine Lösung mit c(Äquivalent-Teilchen) = 0,1 mol/L benötigt man
im ersten Fall:

$$M(KMnO_4/z^*) \cdot c(KMnO_4/z^*) = 31{,}6\,g/mol \cdot 0{,}1\,mol/L = 3{,}16\,g/L$$

im zweiten Fall:

$$M(KMnO_4/z^*) \cdot c(KMnO_4/z^*) = 52{,}7\,g/mol \cdot 0{,}1\,mol/L = 5{,}27\,g/L$$

Als weiteres Beispiel kann Iodsäure HIO_3 angeführt werden. Als Säure ist wegen $z^* = 1$ ihre Äquivalentmasse $M(HIO_3) = 175{,}91$ g/mol. Dagegen als Oxidationsmittel – Aufnahme von 6 Elektronen, d. h. $z^* = 6$ – resultiert eine Äquivalentmasse $M(HIO_3/6) = 29{,}318$ g/mol. Die Verwendung von Maßlösungen mit auf Äquivalent-Teilchen bezogenen Konzentrationen hat den Vorteil, dass alle gleichkonzentrierten Lösungen bei gleicher Umsetzungsart einander äquivalent sind. So entsprechen z. B. einander gleiche Volumina von Lösungen mit $c(KMnO_4/5) = 0{,}1$ mol/L und $c(K_2Cr_2O_7/6) = 0{,}1$ mol/L.

Tab. 2.10 Beispiele für maßanalytische Reaktionen

Titrationsmittel	Teilreaktion	Äquivalentzahl z*	Äquivalentmasse / g · mol⁻¹
Neutralisationstitration			
HCl	$HCl \longrightarrow H^+ + Cl^-$	1	36,461
HIO_3	$HIO_3 \longrightarrow H^+ + IO_3^-$	1	175,91
H_2SO_4	$H_2SO_4 \longrightarrow 2\,H^+ + SO_4^{2-}$	2	49,037
H_3PO_4	$H_3PO_4 \longrightarrow H^+ + H_2PO_4^-$	1	97,995
	$H_3PO_4 \longrightarrow 2\,H^+ + HPO_4^{2-}$	2	48,997
NaOH	$NaOH \longrightarrow Na^+ + OH^-$	1	39,997
$Ba(OH)_2$	$Ba(OH)_2 \longrightarrow Ba^{2+} + 2\,OH^-$	2	85,67
Redoxtitration			
$KMnO_4$ (s.)	$\overset{+VII}{Mn}O_4^- + 8\,H^+ + 5\,e^- \longrightarrow \overset{+II}{Mn}{}^{2+} + 4\,H_2O$	5	31,607
$KMnO_4$ (alk.)	$\overset{+VII}{Mn}O_4^- + 2\,H_2O + 3\,e^- \longrightarrow \overset{+IV}{Mn}O_2 + 4\,OH^-$	3	52,678*
$K_2Cr_2O_7$ (s.)	$\overset{+VI}{Cr_2}O_7^{2-} + 14\,H^+ + 6\,e^- \longrightarrow 2\,\overset{+III}{Cr}{}^{3+} + 7\,H_2O$	6	49,031
HIO_3 (s.)	$\overset{+V}{I}O_3^- + 6\,H^+ + 6\,e^- \longrightarrow \overset{-I}{I}{}^- + 3\,H_2O$	6	29,318
$H_2C_2O_4$ (s.)	$\overset{+III}{C_2}O_4^{2-} \longrightarrow 2\,\overset{+IV}{C}O_2$	2	45,018
KI (s.)	$\overset{-I}{I}{}^- \longrightarrow e^- + 1/2\,\overset{0}{I_2}$	1	166,003
Fällungstitration			
$AgNO_3$	$Ag^+ + Cl^- \longrightarrow AgCl\downarrow$	1	169,873
Komplexbildungstitration			
$AgNO_3$	$Ag^+ + 2\,CN^- \longrightarrow [Ag(CN)_2]^-$	2	84,936

(s.) = in saurer Lösung; (alk.) = in schwach alkalischer Lösung; * = nicht gebräuchlich

1 mL dieser Maßlösungen kann jeweils 0,1 mmol Elektronen aufnehmen. Äquivalenz besteht auch zu Oxalsäurelösung mit $c(H_2C_2O_4/2) = 0{,}1$ mol/L, sodass bei Mischung gleicher Volumina völliger Umsatz stattfindet.

Erwähnt werden muss, dass außer den stoffmengenbezogenen Lösungen in den Industrielaboratorien für Reihenuntersuchungen sehr oft „empirische" Standardlösungen benutzt werden. Diese Lösungen sind so hergestellt, dass die bei der Titration verbrauchten Milliliter den gesuchten Wert direkt in Milligramm oder in Prozenten angeben. Weitere Einzelheiten zu den Titrationsarten bringen die Vorbemerkungen zu den folgenden Arbeitsvorschriften.

2

Die **Herstellung der Maßlösungen** kann nach 2 Methoden erfolgen, und zwar direkt oder indirekt.

Bei der direkten Methode wird von einer Substanz hoher Reinheit genau die Masse entsprechend (k/z^*) mol Reagenz B eingewogen ($k = 1$ oder 0,1 usw.), in einen 1000-mL-Messkolben gegeben, gelöst und die Lösung bei 20 °C zur Marke aufgefüllt. Man beachte hierbei unbedingt die Hinweise in ▶Kap. 2.2.2 zum Gebrauch der Messgefäße.

Die gewöhnlich benutzte indirekte Methode besteht darin, die erforderliche Masse nur ungefähr, aber unter Berücksichtigung des erfahrungsgemäß vorliegenden Gehalts an wirksamem Reagenz abzuwägen und in einem bestimmten Volumen Wasser zu lösen. Da die Konzentration der erhaltenen Maßlösung die erstrebte nur angenähert erreicht, muss durch eine Titration eine exakte Konzentrationsbestimmung – die „Titerstellung" – vorgenommen werden. Hierzu benutzt man entweder als Titranten eine Lösung mit bekanntem Gehalt oder, wenn solche nicht zur Verfügung steht, die sog. **„Urtiter"-Substanzen**. Als Urtiter kommen nur Substanzen in Frage, die folgende Eigenschaften aufweisen:

1. Sie müssen absolut rein und definiert zusammengesetzt sein.
2. Sie müssen unbegrenzt haltbar und gegenüber der Atmosphäre indifferent, d. h. nicht hygroskopisch, nicht durch CO_2 veränderlich, nicht oxidierbar sein.
3. Sie müssen mit der Maßlösung rasch und einheitlich reagieren.
4. Sie müssen eine hohe Äquivalentmasse (auf Äquivalent-Teilchen bezogene molare Masse) haben, damit der Wägefehler klein bleibt.
5. Sie müssen bei Verwendung als Maßlösung längere Zeit titerbeständig sein.

Näheres über die in der Maßanalyse gebräuchlichen Urtitersubstanzen und ihre Anwendungen wird in den speziellen Abschnitten berichtet.

Um das etwas umständliche Verfahren des Herstellens von Maßlösungen mit glattem Konzentrationswert zu vermeiden, werden in der Praxis vielfach Lösungen verwendet, deren erstrebte Konzentration nur angenähert erreicht ist. In solchen Fällen wird die Abweichung rechnerisch berücksichtigt, und zwar entweder durch eine entsprechende Angabe der Konzentration – z. B. 0,1021 mol/L – oder durch einen besonderen Korrekturfaktor f_n. Dieser Faktor – auch als „Normierfaktor" der Maßlösung bezeichnet – stellt die Zahl dar, mit dem das bei der Titration verbrauchte Volumen V der verwendeten Maßlösung multipliziert werden muss, um das normierte Volumen V_n zu erhalten, das bei Verwendung einer Maßlösung mit glattem Konzentrationswert benötigt worden wäre (theoretisches Volumen).

$$V \cdot f_n = V_n \quad \text{bzw.} \quad f_n = \frac{V_n}{V}$$

Beispiel: Es seien $V = 20{,}43$ mL einer ungefähr 0,1 mol/L enthaltenden Maßlösung mit einem Faktor $f_n = 1{,}021$ verbraucht worden. Die für dieselbe Titration notwendigen Milliliter einer Maßlösung mit genau 0,1000 mol/L berechnen sich danach zu

$$V_n = 20{,}43 \cdot 1{,}021 = 20{,}86\,\text{mL}\,.$$

Unter den Namen „Titrisol", „Fixanal" usw. sind fertig abgepackte Reagenzmengen auch zu kaufen. Es handelt sich hierbei um Ampullen aus Glas oder Kunststoff, die eine der Äquivalentmasse entsprechende Menge an wirksamer Substanz fest oder als konzentrierte Lösung enthalten. Man öffnet die Ampulle, spült den Inhalt direkt in einen Messkolben und verdünnt sodann zu einem Liter. Die an Hand der jeweiligen Gebrauchsanweisung dargestellten Lösungen haben den Faktor $f_n = 1{,}000$ (▶S. 94).

Die Maßlösungen werden in Standflaschen aus Glas oder Kunststoff von 1 oder 5 Liter Inhalt gut verschlossen und bei möglichst gleich bleibender Temperatur aufbewahrt. Auf dem Schild der Vorratsflasche ist zu vermerken: Art der Maßlösung, genaue Konzentration oder Faktor der Lösung und Datum der letzten Titerstellung.

Der gesuchte Endpunkt einer Titration ist durch den **Äquivalenzpunkt** gegeben, bei dem für x Mol B genau x Mol R des Reagenzes in Form der Maßlösung zugesetzt werden. Die richtige Erkennung (**Indikation**) dieses Punktes ist notwendig, da die Grundformel der Titrimetrie nur für den Äquivalenzpunkt streng gilt. Die Erkennung des Endpunktes gelingt durch Beobachtung charakteristischer Änderungen der Löseeigenschaften. Außer Farbumschlägen von Farbstoffen und Klarpunkten von Fällungen werden hierzu auch Änderungen des Potenzials, der Leitfähigkeit und der optischen Durchlässigkeit herangezogen. Wegen der einfachen und schnellen Handhabung nehmen die Farbindikatoren nach wie vor eine bevorzugte Stellung in der Maßanalyse ein. In Sonderfällen, wie bei Lösungen mit starker Eigenfarbe, müssen sie naturgemäß versagen und durch elektrochemische Indikationen ersetzt werden, die im Kapitel „Elektroanalytische Verfahren" eingehender behandelt sind. Als Farbindikatoren sind Stoffe geeignet, die entweder mit noch nicht umgesetzten Teilen des zu bestimmenden Stoffes B oder mit sehr geringen Reagenzüberschüssen reagieren. Die Farbe der Reaktionsprodukte muss sich eindeutig vom freien Farbstoff unterscheiden. Neben Titrationsgleichgewichten liegen in den Lösungen zusätzlich Farbstoffgleichgewichte vor, die sich auf Grund des Massenwirkungsgesetzes stark beeinflussen. Nur bei kleinen Farbstoffkonzentrationen und dennoch scharfem Umschlag sowie Titrationsreaktionen mit praktisch vollständigem Umsatz fallen Äquivalenz- und Umschlagspunkt tatsächlich zusammen. Jeder größere Unterschied zwischen diesen beiden Punkten wirkt sich zwangsläufig als ein verfahrensbedingter systematischer Fehler aus.

2

Für die praktische **Durchführung einer Titration** benötigt man neben den in ▸Kap. 2.2.2 bereits ausführlich beschriebenen Fein-Messgefäßen (Messkolben, Vollpipetten und Büretten) noch Weithals-Erlenmeyerkolben oder hohe Bechergläser.

Die zu bestimmende Lösung wird in einem Messkolben (in der Regel 100 mL Inhalt) mit Wasser genau bis zur Marke aufgefüllt und gut durchgemischt. Von dieser Lösung wird mit einer Pipette ein aliquoter Teil (meistens 20 oder 25 mL) entnommen und in einen Weithals-Erlenmeyerkolben von 200 oder 250 mL Fassungsvermögen gebracht.

Vor Beginn der Titration sind die Bedingungen der jeweiligen Arbeitsvorschrift wie pH-Wert, Reagenz- und Indikatorzusätze, Oxidationsstufe des zu titrierenden Ions und Ausgangsvolumen genau einzustellen und zu kontrollieren. Nach Einstellen und Ablesen des Bürettenstandes (Nullmarke) beginnt die Titration mit einem stetig schnellen Eintropfen der Maßlösung, wobei der Kolben zur guten Durchmischung laufend geschwenkt wird. Gegen Ende der Titration, das sich zumeist durch eine Farbverschiebung oder Zwischenfarbe ankündigt, wird langsam Tropfen für Tropfen titriert. Nach eben erfolgtem Umschlag liest man den Bürettenstand nach einer Wartezeit von 1 Minute ab. Zur einwandfreien Erkennung der Farbnuancen sollte auf einer weißen Unterlage (Kachel, Filterpapier) in heller diffuser Beleuchtung evtl. gegen eine Vergleichslösung titriert werden. Häufig ist es angebracht, den Flüssigkeitsstand bereits kurz vor dem Endpunkt abzulesen, um auch im Fall eines evtl. Übertitrierens noch ein Ergebnis zu erhalten.

Diese Titrierart wird als **„Direkte Titration"** bezeichnet. Dagegen wird bei der sog. **„Rücktitration"** ein angemessener Überschuss an Maßlösung in die zu titrierende Lösung gegeben und dann mittels einer zweiten Maßlösung der nicht verbrauchte Anteil der ersten

Maßlösung titrimetrisch erfasst. Mitunter ist es auch zweckmäßig, die zu bestimmende Lösung in die Bürette zu geben und sie in ein vorgelegtes, abgemessenes Volumen der Maßflüssigkeit bis zum Endpunkt einfließen zu lassen. Man spricht dann von einer **„Umgekehrten Titration“**.

Die zufälligen Fehler (**Reproduzierbarkeiten**) von Titrationen werden bei scharfen Umschlägen praktisch allein von der Tropfengröße bestimmt, die bei einwandfreien Bürettenspitzen 0,02–0,04 mL betragen soll. Bei schleppenden Umschlägen kann der Endpunkt nur innerhalb einiger Tropfen erkannt werden, wodurch die zufälligen Fehler um ein Mehrfaches anwachsen. Bei den systematischen Fehlern, die sich entscheidend auf die numerische Richtigkeit des Endergebnisses auswirken, sind arbeitsbedingte und verfahrensbedingte Fehler zu unterscheiden. Die arbeitsbedingten Abweichungen können durch einen Faktor F (relativ) und einen Blindverbrauch V_b korrigiert werden. Die aus mehreren, mindestens aber 4 Titerstellungen und 4 Blindanalysen erhaltenen Mittelwerte $\bar{V}_x$ bzw. $\bar{V}_b$ gestatten die Errechnung des „wahren“ Verbrauches V nach:

$$V = F(\bar{V}_x - \bar{V}_b)\ \text{mL}$$

Bei den **Blindanalysen** werden alle verwendeten Reagenzien vorgelegt und die Lösungen bis zum Auftreten der Umschlagsfarbe titriert. Ein typisches Beispiel findet man bei Titrationen mit Permanganat, dessen violettrote Eigenfarbe als Indikator dient. Der unvermeidliche Mehrverbrauch bis zum Erkennen einer Rosafärbung ist vom Titrationsvolumen und von der Konzentration der Maßlösung abhängig. In vielen anderen Fällen wird ein Blindverbrauch durch Verunreinigung der Reagenzien mit dem zu bestimmenden Stoff verursacht.

Die Titerstellung kann man sich bei Verwendung käuflicher Reagenz-Ampullen zum Ansatz der Maßlösungen zwar ersparen, doch garantiert der Hersteller nur eine Titerkonstanz auf 0,2 %. Auch bei sorgfältigem Arbeiten liegt damit der Faktor im Bereich von 0,998 bis 1,002.

Die durch gegenseitige Beeinflussung von Titrations- und Farbstoffgleichgewichten verursachten systematischen Fehler sind verfahrensbedingt. Sie können ähnlich wie in der Gravimetrie durch Modellanalysen ermittelt und als Korrekturgrößen berücksichtigt werden.

2.4.2 Neutralisationsverfahren

Einführung in die Neutralisationsanalyse

Unter der Neutralisationsanalyse versteht man die maßanalytische Bestimmung basisch reagierender Substanzen mit Säuren (Acidimetrie) bzw. sauer reagierender Substanzen mit Basen (Alkalimetrie). Die allen diesen Umsetzungen zugrunde liegende Reaktion ist der mit großer Geschwindigkeit erfolgende Zusammentritt von hydratisierten Protonen mit Hydroxylionen zu kaum dissoziiertem Wasser (Neutralisation).

$$H^+ + OH^- \rightleftharpoons H_2O$$

Die Grundlagen der Neutralisation sind bereits in ►Kap. 1.3 und ►Kap. 1.4 besprochen worden.

Grundsätzlich lassen sich nach dem Neutralisationsverfahren alle Stoffe titrieren, die in wässeriger Lösung eine merkliche Abweichung vom Neutralpunkt pH = 7 des reinen Wassers verursachen. Praktisch ist eine Titration aber nur für Ausgangslösungen mit pH ≤ 4 bzw. pH ≥ 10 möglich, was Dissoziationskonstanten von $K \geq 10^{-8}$ mol · L^{-1} voraussetzt. Danach können also alle freien starken Säuren und Basen ohne Weiteres titriert werden. Durch Umtausch an einem Ionenaustauscher lassen sich durch Salze äquivalente Mengen H^+- oder OH^--Ionen in Freiheit setzen. Titrierbar sind auch Salze schwacher Säuren (Na_2CO_3; $Na_2B_4O_7$) mit starken Säuren (▶ S. 106) oder Salze schwacher Basen ($ZnCl_2$; $AlCl_3$) mit starken Basen, deren Lösungen durch Hydrolyse eine stark alkalische bzw. stark saure Reaktion zeigen (Verdrängungstitration).

Titrationskurven

Die Vorgänge der Neutralisation seien am Beispiel der Titration von 100 mL 0,01 mol/L HCl mit 1 mol/L NaOH bei 20 °C näher erläutert. Bei diesem Modellversuch wird angenommen, dass sich das Ausgangsvolumen nicht verändert, was bei Verwendung von 1 mol/L NaOH annähernd der Fall ist, und dass die starke Säure bzw. Base als 100%ig dissoziiert anzusehen ist. In der ◘ Tab. 2.11 sind die jeweilig zugegebene Laugenmenge im Vergleich mit der vorgelegten Säure, die Wasserstoffionen- und Hydroxylionenkonzentration in mol · L^{-1} sowie der pH-Wert der Lösung angegeben.

Zur graphischen Darstellung dieser Werte trägt man auf der Ordinate die pH-Werte und auf der Abszisse die zugesetzten mL der Natronlauge auf (○ Abb. 2.6).

Man erhält einen für alle Titrationen typischen Kurvenzug, in diesem Falle eine Neutralisationskurve. Während der pH-Wert bei Laugezusatz anfangs nur sehr langsam zunimmt, ändert er sich in der Nähe des Äquivalenzpunktes sprunghaft um mehrere Einheiten, um danach nur noch langsam anzusteigen. Am Wendepunkt der Kurve, wo ein sehr geringer Hydroxylionenzusatz eine beträchtliche Änderung des pH-Wertes bewirkt, liegt der Äquivalenzpunkt, bei dem sich die zur Neutralisation der Säure erforderliche äquivalente Menge Lauge umgesetzt hat. Man bezeichnet den pH-Wert des Äquivalenzpunktes auch als **Titrierexponenten** und gibt ihm das Symbol **pT**.

Als Beispiel der Neutralisation einer schwachen Säure wird die Neutralisationskurve für die Titration von 0,1 mol/L CH_3COOH mit 10 mol/L NaOH bei 20 °C berechnet. Dazu müssen die pH-Werte der 0,1 mol/L CH_3COOH, verschiedener Puffergemische aus

1 mol/L NaOH /mL	neutralisiert /%	$c(H^+)$ /mol · L^{-1}	$c(OH^-)$ /mol · L^{-1}	pH
0,000	0,0	10^{-2}	10^{-12}	2
0,900	90,0	10^{-3}	10^{-11}	3
0,990	99,0	10^{-4}	10^{-10}	4
0,999	99,9	10^{-5}	10^{-9}	5
1,000	100,0	10^{-7}	10^{-7}	7
1,001	(100,1)	10^{-9}	10^{-5}	9
1,010	(101,0)	10^{-10}	10^{-4}	10
1,100	(110,0)	10^{-11}	10^{-3}	11

◘ **Tab. 2.11** Neutralisation von 100 mL 0,01 mol/L HCl mit 1 mol/L NaOH

2

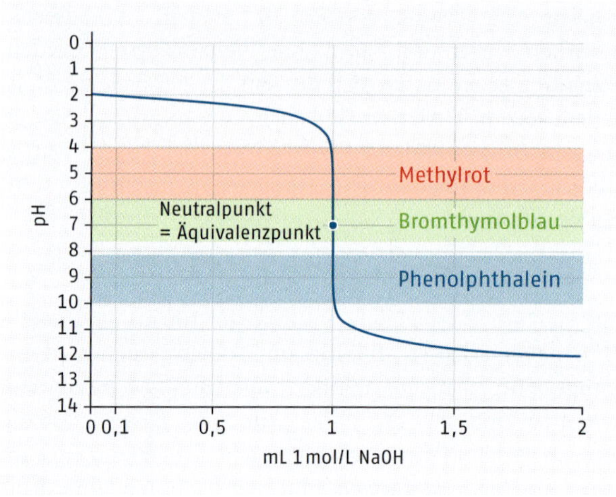

Abb. 2.6 Neutralisationskurve einer starken Säure mit einer starken Base

Essigsäure und Natriumacetat, wie sie bei der Neutralisation gebildet werden, und von 0,1 mL/L $NaCH_3COO$, das am Äquivalenzpunkt vorliegt und der Hydrolyse unterliegt, bestimmt werden. Die Dissoziation einer schwachen Säure HA bzw. schwachen Base B

$$HA \rightleftharpoons H^+ + A^- \quad \text{bzw.} \quad B + H_2O \rightleftharpoons BH^+ + OH^-$$

wird quantitativ durch das MWG beschrieben:

$$\frac{c(H^+) \cdot c(A^-)}{c(HA)} = K_S \quad \text{bzw.} \quad \frac{c(BH^+) \cdot c(OH^-)}{c(B)} = K_B$$

Für 0,1 mol/L CH_3COOH, $K_S = 1{,}76 \cdot 10^{-5}\ \text{mol} \cdot \text{L}^{-1}$ (vgl. ►S. 20), kann man wegen ihrer geringen Dissoziation vereinfachend annehmen, dass sie insgesamt undissoziiert vorliegt, sodass $c(HA) = 0{,}1$ mol/L ist. Weiterhin folgt aus der obigen Dissoziationsgleichung, dass $c(H^+) = c(CH_3COO^-)$ ist. Der Ausdruck des MWG lautet also:

$$\frac{c^2(H^+)}{0{,}1\ \text{mol} \cdot \text{L}^{-1}} = 1{,}76 \cdot 10^{-5}\ \text{mol} \cdot \text{L}^{-1}$$

oder

$$\begin{aligned} c(H^+) &= \sqrt{1{,}76 \cdot 10^{-6}\ \text{mol}^2 \cdot \text{L}^{-2}} = 1{,}33 \cdot 10^{-3}\ \text{mol} \cdot \text{L}^{-1} \\ -\lg c(H^+) &= \text{pH} = -(\lg\ 1{,}33 - 3\ \lg\ 10) \\ &= 3 - \lg\ 1{,}33 \\ &= 3 - 0{,}12 = 2{,}88 \end{aligned}$$

Sind z. B. 10 % neutralisiert, dann sinkt die Konzentration $c(CH_3COOH)$ von 0,1 mol/L auf 0,09 mol/L, dafür steigt die Acetationenkonzentration auf $c(CH_3COO^-) =$ 0,01 mol/L.

Der Ausdruck des MWG lautet dann:

$$\frac{c(H^+)\, 0{,}01\ \text{mol} \cdot \text{L}^{-1}}{0{,}09\ \text{mol} \cdot \text{L}^{-1}} = 1{,}76 \cdot 10^{-5}\ \text{mol} \cdot \text{L}^{-1}$$

oder

$$c(H^+) = 9 \cdot 1{,}76 \cdot 10^{-5}\,\text{mol} \cdot L^{-1} = 1{,}58 \cdot 10^{-4}\,\text{mol} \cdot L^{-1}$$
$$\text{pH} = 3{,}80$$

Analog berechnet man die weiteren Punkte der Neutralisationskurve. Bei 100%iger Neutralisation liegt reine Natriumacetatlösung vor, die infolge der Hydrolyse alkalisch reagiert, d. h., der pT-Wert liegt über pH = 7.

Allgemein reagieren Anionen schwacher Säuren A^- mit Wasser nach folgender Gleichung:

$$A^- + H_2O \rightleftharpoons OH^- + HA$$

Im Hydrolysengleichgewicht des Salzes einer schwachen Säure mit einer starken Base muss die aus dem Ionenprodukt des Wassers (▸S. 22) folgende Wasserstoffionenkonzentration

$$c(H^+) = \frac{K_W}{c(OH^-)}$$

gleich derjenigen aus dem Gleichgewicht der schwachen Säure sein:

$$c(H^+) = \frac{K_S\, c(HA)}{c(A^-)}$$

also

$$\frac{K_W}{c(OH^-)} = K_S \frac{c(HA)}{c(A^-)} \quad \text{bzw.} \quad c(OH^-) \cdot c(HA) = \frac{K_W}{K_S} c(A^-)$$

Bei der Reaktion des A^- mit Wasser werden nach der Hydrolysengleichung die gleichen Mengen OH^- und HA gebildet: $c(OH^-) = c(HA)$. Nimmt man vereinfachend weiterhin an, dass die Menge der zu HA umgesetzten Säureanionen A^- klein ist, praktisch also die Konzentration des $c(A^-)$ gleich der Gesamtkonzentration C des Salzes ist, dann gilt

$$c^2(OH^-) = \frac{K_W}{K_S} \cdot C \quad \text{bzw.} \quad c(OH^-) = \sqrt{\frac{K_W}{K_S} \cdot C}$$

Für das Beispiel der Natriumacetatlösung mit $c(NaCH_3COO) = 0{,}1$ mol/L gilt:

$$c(OH^-) = \sqrt{\frac{10^{-14}}{1{,}76 \cdot 10^{-5}} \cdot 0{,}1\,\text{mol}^2 \cdot L^{-1}}$$
$$= 7{,}54 \cdot 10^{-6}\,\text{mol} \cdot L^{-1} = 10^{-5{,}12}\,\text{mol} \cdot L^{-1}$$

$c(OH^-) \cdot c(H^+) = 10^{-14}\,\text{mol}^2 \cdot L^{-2}$ also

$$c(H^+) = \frac{10^{-14}\,\text{mol}^2 \cdot L^{-2}}{10^{-5{,}12}\,\text{mol} \cdot L^{-1}} = 10^{-8{,}88}\,\text{mol} \cdot L^{-1}$$
$$-\log c(H^+) = \text{pT} = 8{,}88$$

Der Äquivalenzpunkt der Titration liegt bei pT = 8,88.

◘ Tab. 2.12 gibt eine Zusammenstellung der berechneten Werte bei der Neutralisation von 0,1 mol/L CH_3COOH mit 10 mL/L NaOH.

Tab. 2.12 Neutralisation von 100 mL 0,1 mol/L CH_3COOH mit 10 mol/L NaOH

10 mol/L NaOH Zugabe /mL	neutralisiert /%	$c(H^+)$ /mol · L^{-1}	$c(OH^-)$ /mol · L^{-1}	pH
0,000	0,0	$1{,}32 \cdot 10^{-3}$	$7{,}58 \cdot 10^{-12}$	2,88
0,100	10,0	$1{,}60 \cdot 10^{-4}$	$6{,}25 \cdot 10^{-11}$	3,80
0,500	50,0	$1{,}78 \cdot 10^{-5}$	$5{,}62 \cdot 10^{-10}$	4,75
0,900	90,0	$1{,}98 \cdot 10^{-6}$	$5{,}05 \cdot 10^{-9}$	5,70
0,990	99,0	$1{,}80 \cdot 10^{-7}$	$5{,}56 \cdot 10^{-8}$	6,75
0,998	99,8	$3{,}56 \cdot 10^{-8}$	$2{,}81 \cdot 10^{-7}$	7,45
0,999	99,9	$1{,}78 \cdot 10^{-8}$	$5{,}62 \cdot 10^{-7}$	7,75
1,000	100,0	$1{,}35 \cdot 10^{-9}$	$7{,}48 \cdot 10^{-6}$	8,88
1,001	(100,1)	$1{,}01 \cdot 10^{-10}$	$9{,}90 \cdot 10^{-5}$	10,0
1,002	(100,2)	$5{,}01 \cdot 10^{-11}$	$1{,}99 \cdot 10^{-4}$	10,3
1,010	(101,0)	$1{,}01 \cdot 10^{-11}$	$9{,}90 \cdot 10^{-4}$	11,0

Die ○ Abb. 2.7 zeigt zunächst ein stärkeres Absinken der Wasserstoffionenkonzentration. Die Erklärung hierfür liegt darin, dass durch die Neutralisation der Essigsäure mit Natronlauge Natriumacetat gebildet wird, welches infolge Pufferwirkung die an und für sich schon geringe Wasserstoffionenkonzentration der schwachen Essigsäure stark vermindert (►S. 23). Bei 50 % Neutralisation ist der **Pufferpunkt** erreicht. Das anschließende Kurvenstück entspricht wiederum der zunächst langsamen, dann sehr schnellen sprung-

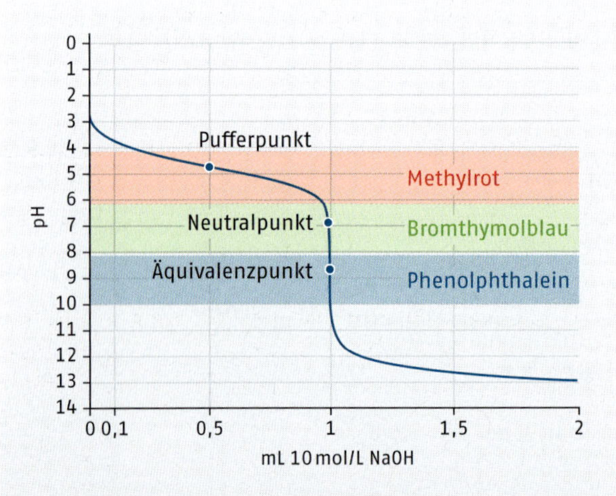

○ **Abb. 2.7** Neutralisationskurve einer schwachen Säure mit einer starken Base

haften Änderung der Wasserstoffionenkonzentration, wie sie bereits bei der Titration einer starken Säure mit einer starken Lauge besprochen wurde.

Der Äquivalenzpunkt der Neutralisationskurve liegt nach dem alkalischen Gebiet hin verschoben. Diese Verschiebung ist um so größer und der pH-Sprung um so kleiner, je schwächer die vorgelegte Säure ist. Entsprechendes gilt für die Titration schwacher Basen mit starken Säuren, wo der Äquivalenzpunkt bei pH-Werten < 7 liegt. Die Lage und Schärfe des Äquivalenzpunktes hängt also von der Dissoziationskonstanten und der Konzentration der zu titrierenden schwachen Säure oder Base ab. Er liegt bei dem pH-Wert, den die gleichkonzentrierte Lösung des bei der Neutralisation gebildeten Salzes in wässeriger Lösung zeigt.

Bei Säuren mit mehreren dissoziationsfähigen H-Atomen (mehrbasig) oder entsprechenden Basen (mehrsäurig) existieren mehrere Äquivalenzpunkte, die man einzeln titrimetrisch erfassen kann, wenn sich die Dissoziationskonstanten der Stufen um mehr als 4 Zehnerpotenzen unterscheiden und geeignete Indikatoren vorhanden sind. Ein typisches Beispiel ist H_3PO_4, die mit

$$K_1 = 7{,}4 \cdot 10^{-3}\ \mathrm{mol \cdot L^{-1}};$$
$$K_2 = 6{,}3 \cdot 10^{-8}\ \mathrm{mol \cdot L^{-1}}$$
$$K_3 = 4{,}4 \cdot 10^{-13}\ \mathrm{mol \cdot L^{-1}}$$

gut titrierbare Äquivalenzpunkte bei pT = 4,6 und 9,4 liefert, wenn man eine 0,01 mol/L H_3PO_4 vorlegt.

Der hier an einigen Beispielen näher gezeigte Kurvenverlauf ist nicht nur für die Neutralisationsanalyse, sondern auch für alle übrigen Titrationen charakteristisch. In jedem Falle hat man den negativen dekadischen Logarithmus der sich am Äquivalenzpunkt stark ändernden Konzentrationen eines Ions gegen die zugesetzte Menge einer geeigneten Maßlösung aufzutragen. Bei den Neutralisationsanalysen ist die Wasserstoffionenkonzentration maßgebend, und es wird der pH-Wert aufgetragen.

In der Komplexometrie und bei den Fällungstitrationen bestimmt die Metallionenkonzentration den Kurvenverlauf; man trägt den pM-Wert auf, der in diesen Fällen aus dem Dissoziationsgleichgewicht der Chelatbildung bzw. aus dem Löslichkeitsprodukt berechnet wird (►S. 24).

Indikatoren

Die Ermittlung des Äquivalenzpunktes einer Neutralisationsanalyse ist gleichbedeutend mit der möglichst genauen Bestimmung eines pH-Bereiches. Dazu eignen sich Farbindikatoren. Das sind organische Farbstoffe, die den Charakter schwacher Säuren, HR, oder schwacher Basen, R^-, besitzen und bei denen die Säure eine andere Farbe und Konstitution hat als die korrespondierende Base.

Die Farbänderungen werden durch tautomere Umlagerungen im Indikatormolekül bewirkt, deren Reaktionsmechanismus häufig noch nicht völlig geklärt ist. Nach den Anschauungen von *Wilhelm Ostwald* gilt für Indikatorsäuren bzw. Indikatorbasen das Dissoziationsschema:

$$HR \rightleftharpoons H^+ + R^-$$

Der Farbumschlag eines Indikators kann z. B. an der übersichtlichen Reaktion des Methylorange (Natriumsalz) der p-Dimethylaminoazobenzolsulfonsäure, gezeigt werden:

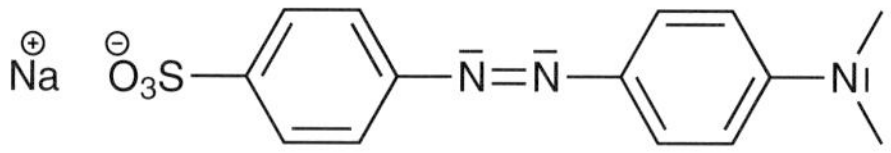

In wässeriger Lösung besteht folgendes von der Wasserstoffionenkonzentration abhängiges Gleichgewicht:

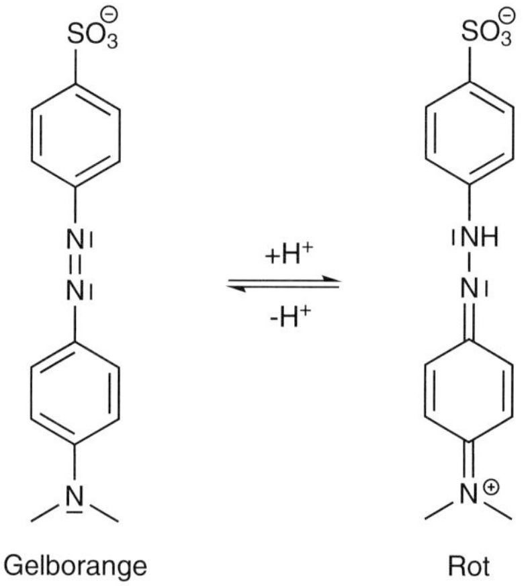

Bei steigender Wasserstoffionenkonzentration lagert sich ein Proton an die Azogruppe an. Dabei geht ein Benzolring in eine chinoide Form über, und die Dimethylaminogruppe nimmt den Charakter eines Ammoniumderivates an. Bei dieser Umwandlung ändert sich die Farbe des Indikators von gelborange in rot.

Ohne die komplizierten Veränderungen, die bei der Umwandlung des Indikators vor sich gehen, im einzelnen zu kennen, kann man z. B. die Abhängigkeit des Dissoziationsgleichgewichtes einer Indikatorsäure von der Wasserstoffionenkonzentration quantitativ durch das MWG beschreiben:

$$\frac{c(\mathrm{H^+}) \cdot c(\mathrm{R^-})}{c(\mathrm{HR})} = K_{\mathrm{HR}}$$

Der Umschlagspunkt pT liegt bei demjenigen pH-Wert, für den die Konzentration des farbigen Indikatorions R^- ebenso groß ist wie die Konzentration des andersfarbigen oder gelegentlich auch farblosen, nicht dissoziierten Indikators HR. Es ist also:

$$c(\mathrm{R^-}) = c(\mathrm{HR})$$

und damit

$$c(\mathrm{H^+}) = K_{\mathrm{HR}}$$

Für den Umschlagspunkt gilt also:

$$\mathrm{pT} = -\log K_{\mathrm{HR}}$$

d. h., die Wasserstoffionenkonzentration des Umschlagspunktes hat denselben Wert wie die Gleichgewichtskonstante K_{HR}. Das menschliche Auge vermag die 1 : 1-Mischung

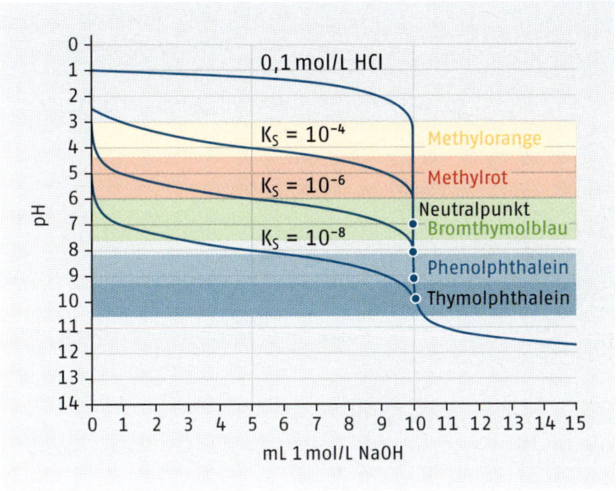

Abb. 2.8 Neutralisationskurven verschieden starker Säuren und Umschlagsbereiche einiger Indikatoren

der Farbkomponenten nur selten scharf zu erkennen, wohl aber sind Abweichungen von den reinen Grundfarben, bei Verhältnissen von etwa $c(HR) : c(R^-) = 9 : 1$ bzw. $1 : 9$, wahrnehmbar. Das pH-Gebiet der Mischfarben wird mit Umschlagsbereich bezeichnet und erstreckt sich über 1–2 pH-Einheiten. Innerhalb des Bereiches liegen bestimmte Zwischenfarbtöne, bei denen eine optimale Farbänderung durch Zugaben kleiner Mengen an Maßlösung eintritt. Dieser praktisch wichtige „visuelle Umschlagspunkt" kann auf weniger als 0,2 pH-Einheiten reproduziert werden, wenn man gegen entsprechenden Farbvergleich oder mit einfarbigen Indikatoren titriert. Theoretischer und visueller Umschlagspunkt stimmen nur in Sonderfällen überein, da der optische Eindruck durch verschiedene Intensitäten der Grenzfarben und der Augenempfindlichkeit beeinflusst wird.

Für ein Neutralisationssystem ist also der Indikator so auszuwählen, dass dessen Umschlagspunkt bei dem gleichen pH-Wert liegt wie der Äquivalenzpunkt. Für die Praxis genügt es, wenn der Äquivalenzpunkt innerhalb des Umschlagsbereichs liegt.

In Abb. 2.8 sind Neutralisationskurven von 100 mL 0,1 mol/L HCl als einer starken Säure und von einigen schwachen Säuren mit 1 mol/L NaOH, in Abb. 2.9 entsprechend die Kurven für die Neutralisation von 100 mL 0,1 mol/L NaOH als einer starken Base und von einigen schwachen Basen mit 1 mol/L HCl dargestellt. Die Dissoziationskonstanten für die schwachen Säuren K_S und für die schwachen Basen K_B sind angegeben, die Äquivalenzpunkte durch Punkte am pH-Sprung markiert, und die Umschlagsbereiche einiger gebräuchlicher Indikatoren sind eingezeichnet. Bei Titrationen starker Säuren oder Basen mit Maßlösungen von $c(H^+)$ bzw. $c(OH^-) \geq 0{,}1$ mol/L sind alle Indikatoren mit visuellen Umschlagspunkten zwischen pH = 4 und 10 verwendbar, da am Äquivalenzpunkt 1 Tropfen Maßlösung einen pH-Sprung über diesen Bereich verursacht. Mit abnehmender Stärke der maßgebenden Säure oder Base sowie allgemein bei Verwendung von Maßlösungen mit $c(H^+)$ bzw. $c(OH^-) \leq 0{,}1$ mol/L schrumpft der Äquivalenzsprung zusammen, sodass systematische Fehler nur bei weitgehender Angleichung von Äquivalenz- und visuellem Umschlagspunkt vermieden werden können.

Von den Indikatorlösungen, die als verdünnte wässerige oder ethanolische Lösungen verwendet werden (vgl. die letzte Spalte der Tab. 2.13), setzt man jeweils nur einen oder einige wenige Tropfen aus einer kleinen Tropfpipette hinzu und man muss dabei beachten,

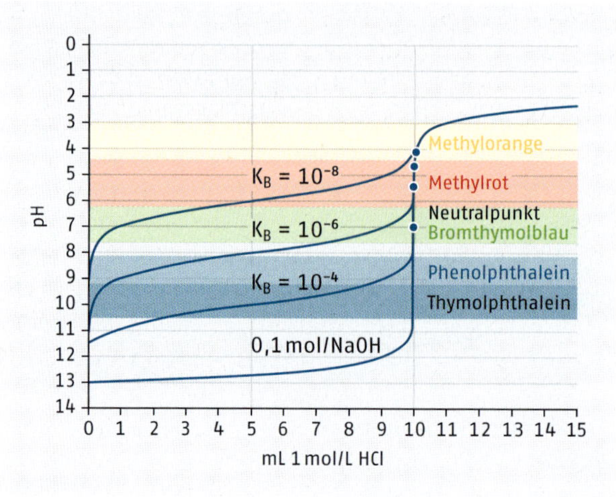

Abb. 2.9 Neutralisationskurven verschieden starker Basen und Umschlagsbereiche einiger Indikatoren

dass auch der Indikator eine bestimmte kleine Menge der Reagenzlösung verbraucht. Man verwendet daher sowohl bei den Titerstellungen als auch bei den analytischen Bestimmungen die gleiche Anzahl von Tropfen der Indikatorlösung und wählt möglichst auch die gleichen Konzentrationsverhältnisse.

Arbeitsbedingungen und Fehlerquellen

Die Fehlergrößen wurden bereits im ▸Kap. 2.1.2 behandelt. Zusätzlich gilt zu beachten, dass Titer von Maßlösungen mit $c(H^+)$ bzw. $c(OH^-) \leq 0{,}1$ mol/L merklich vom jeweiligen Indikator abhängen. Entsprechendes gilt für die Blindwerte.

Tab. 2.13 Merkmale einiger Säure-Base-Indikatoren

Indikator	pH des Umschlagsbereichs	pT-Wert	Farbe im Sauren	Farbe im Alkalischen	Farbe beim Umschlag	Konz. der Indikatorlösung
Methylorange	3,1–4,4	4,0	rot	orangegelb	orange	0,1%ig in Wasser
Methylrot	4,2–6,3	5,8	rot	gelb	orange	0,2%ig in 60%igem Ethanol
Bromthymolblau	6,0–7,6	7,1	gelb	blau	grün	0,1%ig in 20%igem Ethanol
Lackmus	5,0–8,0	6,8	rot	blau	blaurot	0,5%ig in 90%igem Ethanol
Phenolphthalein	8,2–10,0	8,4	farblos	rot	schwach rosa	0,1%ig in 70%igem Ethanol
Thymolphthalein	9,3–10,6	10,0	farblos	blau	schwach bläulich	0,1%ig in 90%igem Ethanol

Die Selektivität der Neutralisationsverfahren ist sehr gering, sodass man bei Stoffgemischen selten ohne Vortrennung auskommt. Ihr Anwendungsbereich erstreckt sich daher vorzugsweise auf Gehaltsermittlungen in reinen Stoffen. Die nachfolgenden Beispiele beschränken sich auf Titrationen mit Maßlösungen von $c(H^+)$ bzw. $c(OH^-) = 0{,}1$ mol/L. Einzelheiten zur Titrationstechnik sind im ▸Kap. 2.4.1 nachzulesen.

Konzentration, Dosierung und Farbvergleiche für die angegebenen Indikatoren kann man ▫Tab. 2.13 entnehmen. Ansatz der Maßlösungen und Verdünnen von Proben sollte ausschließlich mit frisch ausgekochtem oder frisch durch vollständige Entionisierung an Ionenaustauschern gewonnenem Wasser durchgeführt werden, um eine Störung durch gelöste Kohlensäure weitgehend zu vermeiden. Gewöhnliches H_2O nimmt aus der Luft immerhin soviel CO_2 auf, dass sein pH-Wert bei 5–6 liegt. Mit CO_2 gesättigtes H_2O enthält 0,035 mol/L CO_2 und zeigt pH = 3,9 (20 °C, 1 bar CO_2).

Maßlösung und Titerstellung

Als Maßlösungen dienen starke Säuren oder starke Basen, bei denen die titrationswirksamen Bestandteile H_3O^+ bzw. OH^- zu mehr als 50 % in freier Form vorliegen. Vorzugsweise wird mit HCl- oder NaOH-Lösungen und weniger häufig mit H_2SO_4-, $H_2C_2O_4$-, KOH- oder $Ba(OH)_2$-Lösungen titriert. Die für den Ansatz von Maßlösungen maßgebende Zahl z^* liest man unmittelbar aus den Formeln ab, ▫Tab. 2.10. Eine Oxalsäurelösung mit $c(H_2C_2O_4/z^*) = 0{,}1$ mol/L enthält wegen $z^* = 2$ und $n = c \cdot V$ also 0,05 mol $H_2C_2O_4$ im Liter. Vom handelsüblichen Dihydrat wird die Einwaage gelöst und zum Liter aufgefüllt:

$$\begin{aligned} m_E &= n(H_2C_2O_4/z^*) \cdot M(H_2C_2O_4 \cdot 2\,H_2O/z^*) \\ &= 0{,}1\,\text{mol} \cdot \frac{126{,}07}{2}\,\text{g/mol} = 6{,}304\,\text{g} \end{aligned}$$

Die direkte Herstellung von Maßlösungen der üblichen Säuren und Basen mit genau der geforderten Konzentration ist nicht möglich, sofern man von den käuflichen vorgewogenen Reagenzien in Ampullen (Fixanal, Titrisol etc.) absieht. Die Ausgangsstoffe besitzen entweder einen hohen Dampfdruck (HCl) oder zeigen durch Aufnahme von Luftfeuchtigkeit (konz. H_2SO_4) und CO_2 (Basen) eine wenig definierte und wechselnde Zusammensetzung. Saure Maßlösungen mit $c(H^+) = 1$ mol/L behalten aber über längere Zeit ihre Konzentration, während in zunächst einwandfreien alkalischen Lösungen recht bald eine CO_2-Aufnahme und damit oft starke Verminderung der freien OH^--Ionen nach

$$OH^- + CO_2 \longrightarrow HCO_3^-$$

eintritt. Zur Herstellung der Maßlösungen geht man von den handelsüblichen konzentrierten Lösungen der Säuren oder von den festen reinen Hydroxiden aus. Durch eine grobe Einwaage wird eine Maßlösung hergestellt, deren Konzentration der erwünschten nahe kommt und durch Titerstellung mit einer geeigneten Urtitersubstanz genau ermittelt wird. Es eignen sich für Säurelösungen: Natriumcarbonat, Natriumhydrogencarbonat und Quecksilberoxid; für Basen: kristalline Oxalsäure. Häufig stellt man die Lösungen durch Titration mit Maßlösung bekannter Konzentration ein.

Herstellung von 0,1 mol/L HCl

Arbeitsvorschrift Man misst ein berechnetes Volumen konzentrierter Salzsäure ab und füllt in einem 1-Liter-Messkolben bis zur Marke auf. Hat die Säure die Dichte 1,19 g/L

2

(bei 20 °C), d. h. $c(\text{HCl; konz.}) = 12{,}15\,\text{mol/L}$, dann sind abzumessen

$$V_\text{x} = \frac{V_\text{Kolben} \cdot c(\text{HCl; Maßlsg.})}{c(\text{HCl; konz.})} = \frac{1000\,\text{mL} \cdot 0{,}1\,\text{mol/L}}{12{,}15\,\text{mol/L}} = 8{,}2\,\text{mL}$$

Einstellung einer Salzsäure-Maßlösung mit Natriumcarbonat

Arbeitsvorschrift Zur Titerstellung wägt man mehrere Proben von etwa 0,12–0,15 g Natriumcarbonat ein und titriert sie nach ►S. 110 f.

Soll Na_2CO_3 als Urtitersubstanz verwendet werden, so darf es kein NaOH, $NaHCO_3$, Cl^-, SO_4^{2-} oder Wasser enthalten. Hierzu wird eine bei Zimmertemperatur gesättigte Lösung von 250 g kristallisiertem Natriumcarbonat durch ein Faltenfilter in einen Kolben filtriert und durch das Filtrat ein langsamer Gasstrom von reinem, mit $NaHCO_3$-Lösung gewaschenem CO_2 unter Kühlen und Umschütteln geleitet. Das ausgeschiedene $NaHCO_3$ wird nach ca. 2 h abgenutscht (Glasfritte) und mit CO_2-haltigem Eiswasser chlorid- und sulfatfrei gewaschen. Nach Trocknen des Salzes bei 105 °C wird es bei 270–300 °C 1 h lang in einem Platintiegel unter zeitweiligem intensivem Umrühren mit einem Platindraht erhitzt. Nach Erkalten in einem mit frischem Calciumchlorid gefüllten Vakuumexsikkator wird gewogen. Erhitzen und Wägen werden bis zur Gewichtskonstanz fortgesetzt. Die titerreine, leicht stäubende und stark hygroskopische Substanz muss in einem gut verschlossenen Glasgefäß aufbewahrt werden.

Berechnung: 1 mol HCl verbraucht bis zum Neutralpunkt 0,5 mol Na_2CO_3. Da 1 mL 0,1 mol/L HCl nur die Stoffmenge $n(\text{HCl}) = V \cdot c(\text{HCl}) = 1\,\text{mL} \cdot 0{,}1\,\text{mmol/mL} = 0{,}1\,\text{mmol}$ enthält, wird damit auch nur die Stoffmenge $n(Na_2CO_3) = 0{,}05\,\text{mmol}$ umgesetzt. Dies entspricht einer Masse $m(Na_2CO_3) = 5{,}2994\,\text{mg}$.

Für eine Einwaage von z. B. $m_\text{E}(Na_2CO_3) = 158{,}5\,\text{mg}$ ist dann folglich das 158,5 mg/5,2994 mg = 29,9-Fache an HCl erforderlich, also 2,99 mmol HCl, enthalten in 29,9 mL Salzsäure, wenn deren Stoffmengenkonzentration genau $c(\text{HCl}) = 0{,}1000\,\text{mol/L}$ beträgt. Tatsächlich sind von der hergestellten Salzsäure jedoch 31,5 mL verbraucht worden. Ihre Konzentration ist demnach $c(\text{HCl}) = 2{,}99\,\text{mmol/L}\ 31{,}5\,\text{mL} = 0{,}09494\,\text{mol/L}$. Als Normierfaktor berechnet man f_n = Sollverbrauch/tatsächlichen Verbrauch = 29,9/31,5 = 0,9494.

Einstellung einer Salzsäure-Maßlösung mit Quecksilberoxid

Reaktionsprinzip: Das Verfahren zur Einstellung von Säuren nach *Incze* hat den Vorteil, dass hierbei aus dem H_2O eine starke Base (KOH) gebildet wird. Als Urtitersubstanz wird das nicht hygroskopische Quecksilberoxid, eine Verbindung mit hoher Äquivalentmasse und definierter Zusammensetzung, verwendet. Quecksilberoxid reagiert mit überschüssigem Kaliumiodid und Wasser nach:

$$\text{HgO} + 4\,\text{KI} + \text{H}_2\text{O} \longrightarrow \text{K}_2[\text{HgI}_4] + 2\,\text{KOH}$$

Das gebildete Kaliumtetraiodomercurat reagiert neutral, sodass die in Freiheit gesetzten 2 Äquivalente Kaliumhydroxid ohne Weiteres mit der Säure titriert werden können.

Verfahrensfehler: Das zur Titerstellung verwendete Wasser muss kohlensäurefrei sein! Es darf deshalb nur frisch ausgekochtes Wasser benutzt werden.

Arbeitsgeräte: Vakuumexsikkator; 300-mL-Weithals-Erlenmeyerkolben; Natronkalkrohr; 50-mL-Bürette; Heizplatte.

Reagenzien: Indikator: Phenolphthalein bzw. Methylorange; Quecksilberoxid p. a.; Kaliumiodid p. a.

Arbeitsvorschrift: Etwa 0,4 g HgO, das zuvor im Vakuumexsikkator über H_2SO_4 bis zur Gewichtskonstanz getrocknet wurde, löst man in einem Erlenmeyerkolben mit ca. 6 g KI zusammen in nicht mehr als 20 mL Wasser unter schwachem Erwärmen. Um den Zutritt von CO_2 aus der Luft zu der Lösung zu vermeiden, wird auf den Kolben ein Natronkalkrohr aufgesetzt. Die klare Lösung verdünnt man mit Wasser auf ca. 100 mL und titriert dann mit der einzustellenden Säure gegen den Indikator.

Berechnung: 1 mL 0,1 mol/L HCl entspricht 0,05 mmol HgO bzw. 10,83 mg HgO. Da der Einsatz von Quecksilberverbindungen vermieden werden sollte, wird die Einstellung der Salzsäure-Maßlösung mit Natriumcarbonat (►S. 104) empfohlen.

2

Herstellung und Einstellung einer Natronlauge-Maßlösung

Reaktionsprinzip: Die durch Auflösen von Natriumhydroxid im Wasser erhaltene Lauge wird mit einer Säure bekannten Titers oder auch einer Urtitersubstanz (z. B. Oxalsäure) eingestellt.

Verfahrensfehler: Das zur Titerstellung verwendete dest. Wasser muss kohlensäurefrei sein! Es darf deshalb nur frisch ausgekochtes Wasser benutzt werden. Durch Aufsetzen eines Natronkalk-Trockenröhrchens auf die Vorratsflasche wird die Aufnahme von CO_2 aus der Luft durch die Lauge weitgehend verhindert.

Arbeitsgeräte: 1-Liter-Vorratsflasche; Natronkalk-Trockenrohr; Waage; 300-mL-Weithals-Erlenmeyerkolben; 20-mL-Pipette; 50-mL-Bürette; Heizplatte.

Reagenzien: Indikator: Methylorange oder Methylrot; NaOH-Plätzchen p. a.; Maßlösung: 0,1 mol/L HCl bzw. 0,05 mol/L H_2SO_4 genau bekannter Konzentration.

Arbeitsvorschrift: Ca. 6 g NaOH werden zur Entfernung der an der Oberfläche vorhandenen Carbonatschicht schnell mit dest. Wasser abgespült und in der Vorratsflasche zu 1 Liter Lauge gelöst. Zur Titerstellung werden 20 mL Säure vorgelegt und mit der einzustellenden Lauge gegen Methylorange oder Methylrot als Indikator titriert.

Berechnung: In entsprechender Weise wie bei der Titerstellung der Säure.

Titration mit Laugen

Titration der Schwefelsäure mit Natronlauge

Reaktionsprinzip: Als Beispiel für die Gehaltsbestimmung von Lösungen starker Säuren unbekannter Konzentration mit starken Basen soll die Titration von Schwefelsäure mit

Arbeitsbereich: 1,0–0,1 mmol H_3BO_3 (62–6,2 mg H_3BO_3)

Arbeitsgeräte: S. unter Titration der Schwefelsäure (►S. 105).

Reagenzien: Indikator: Phenolphthalein; Maßlösung: 0,1 mol/L NaOH; Mannit oder Glycerin.

Arbeitsvorschrift: 20 mL Glycerin mit Maßlösung nach Zusatz von 2–3 Tropfen Indikator und 5 mL Wasser neutralisieren (Blindverbrauch V_b) und nach Hinzufügen von 20 mL Analysenlösung ohne weitere Verdünnung mit Maßlösung unter dauerndem Umschwenken des Titrierkolbens kalt titrieren, bis Rosafärbung mindestens 1 min bestehen bleibt.

Bei Verwendung von Mannit 20 mL Analysenlösung mit Wasser auf 100 mL verdünnen, 3,6 g Mannit und 2–3 Tropfen Indikator zusetzen. Dann wie oben weiterverfahren.

Berechnung: 1 mL 0,1 mol/L NaOH ≙ 0,10 mmol H_3BO_3 bzw. 6,1832 mg H_3BO_3 oder 3,481 mg B_2O_3.

$$V = f_n(V_t - V_b)$$

Titration der Ammoniumsalze mit Natronlauge

Reaktionsprinzip: Ammoniumsalze, z. B. NH_4Cl oder $(NH_4)_2SO_4$, bilden mit Formaldehyd (CH_2O) im alkalischen Medium Hexamethylentetraamin:

$$4\,NH_4X + 6\,CH_2O + 4\,NaOH \longrightarrow C_6H_{12}N_4 + 4\,NaX + 10\,H_2O$$

Hexamethylentetraamin ist eine sehr schwache Base mit $K_B = 10^{-9}\ mol \cdot L^{-1}$. Bewirken die gebildeten Salze NaX in Wasser einen pH-Wert zwischen 7 und 9, so liegt der pT-Wert im Bereich von 8–9. Als Indikator kann Phenolphthalein benutzt werden.

Verfahrensfehler: S. unter Titration der Schwefelsäure (►S. 105).

Arbeitsbereich: 1,0–0,1 mmol NH_4^+ (18–1,8 mg NH_4^+)

Arbeitsgeräte: S. unter Titration der Schwefelsäure.

Reagenzien: Indikator: Phenolphthalein; 35%ige (ca. 13 mol/L) Formaldehydlösung, Maßlösung: 0,1 mol/L NaOH.

Arbeitsvorschrift: 10 mL CH_2O mit 3 Tropfen Indikator versetzen, mit Wasser auf 100 mL verdünnen und mit Maßlösung neutralisieren (Blindverbrauch V_b). 20 mL der Analysenlösung hinzufügen und mit Maßlösung aus Bürette unter dauerndem Umschwenken des Titrierkolbens kalt weitertitrieren, bis Rosafärbung mindestens 60 Sek. lang bestehen bleibt.

Berechnung: 1 mL 0,1 mol/LNaOH ≙ 0,1 mmol NH_4^+ bzw. 1,8038 mg NH_4^+.

$$V = f_n\,(V_t - V_b)$$

Titration mit Säuren

Titration des Calciumcarbonats mit Salzsäure

Reaktionsprinzip: Da Calciumcarbonat nur in Lösungen mit pH-Werten < 3 hinreichend schnell löslich ist, wird die feste Probe mit einer bestimmten Salzsäuremenge gelöst und der Überschuss mit Natronlauge zurücktitriert.

Lösevorgang:	$CaCO_3$	+	2 HCl	$\longrightarrow$	$CaCl_2$	+	H_2O	+	$CO_2\uparrow$
	100,09		72,922		110,99		18,015		44,010
Rücktitration:	HCl	+	NaOH	$\longrightarrow$	NaCl	+	H_2O		
	36,461		39,997		58,443		18,015		

Nach gleicher Vorschrift lassen sich auch $SrCO_3$ und $BaCO_3$ bestimmen.

Verfahrensfehler: Carbonathaltige NaOH. Daher Titerstellung der NaOH analog der unten angegebenen Arbeitsvorschrift unter Vorlage von V_l = 20 mL HCl.

Arbeitsbereich: 0,5–0,05 mmol $CaCO_3$ (50–5 mg $CaCO_3$)

Arbeitsgeräte: S. unter Titration der Schwefelsäure (►S. 105).

Reagenzien: Indikator: Bromthymolblau; Maßlösungen: 0,1 mol/L HCl und 0,1 mol/L NaOH mit evtl. Normierfaktor f_{HCl} bzw. f_{NaOH}.

Arbeitsvorschrift: Genau abgewogene feste Probe im Titrierkolben mit 10 mL Wasser anfeuchten, mit V_l = 20 mL HCl kalt lösen, mit Wasser auf 100 mL verdünnen, 1 min kochen und abkühlen. Nach Zusatz von 0,5 mL Indikatorlösung mit NaOH bis zur bleibenden Blaufärbung titrieren. Verbrauchtes Volumen der NaOH-Maßlösung V_1.

Berechnung: 1 mL von $\Delta V \mathrel{\hat{=}} 0{,}05$ mmol $CaCO_3$ bzw. 5,0045 mg $CaCO_3$.

$$\Delta V = V_l \cdot f_{HCl} - V_t \cdot f_{NaOH}$$

Titration von Borax mit Salzsäure – Bestimmung des Alkaligehaltes

Reaktionsprinzip: Der Alkaligehalt löslicher Alkalisalze bestimmter schwacher Säuren kann durch direkte Titration mit einer eingestellten Säure bestimmt werden. Dabei wird z. B. die schwache Borsäure von der starken Mineralsäure verdrängt.

$Na_2B_4O_7$	+	2 HCl	+	5 H_2O	$\longrightarrow$	2 NaCl	+	4 H_3BO_3
201,22		72,922		90,076		116,886		247,33

Die in Freiheit gesetzte Borsäure beeinflusst auf Grund ihrer geringen Dissoziation die im mehr sauren Bereich (pH < 4,9) umschlagenden Indikatoren nicht.

Arbeitsbereich: 1,0–0,1 mmol $Na_2B_4O_7$ (200–20 mg $Na_2B_4O_7$). Tatsächlich erfasst wird aber nur Na_2O

Arbeitsgeräte: S. unter Titration der Schwefelsäure (►S. 105).

Reagenzien: Indikatorlösung: Methylrot als Na-Salz; Maßlösung: 0,1 mol/L HCl.

Arbeitsvorschrift: 20 mL der Analysenlösung mit Wasser auf 100 mL verdünnen und 3 Tropfen Indikator zusetzen. Mit Maßlösung aus der Bürette unter dauerndem Umschwenken des Titrierkolbens kalt titrieren, bis die erste schwache Orangerotfärbung auftritt (Vergleichslösung: 100 mL Wasser und 3 Tropfen Indikator).

Berechnung: 1 mL 0,1 mol/L HCl ≙ 0,05 mmol Na_2O bzw. 3,0990 mg Na_2O.

$$V_n = f_n(V_t - V_b)$$

Titration des Natriumcarbonats mit Salzsäure
Reaktionsprinzip:

$$Na_2CO_3 + HCl \longrightarrow NaHCO_3 + NaCl$$
$$NaHCO_3 + HCl \longrightarrow NaCl + H_2O + CO_2$$
$$\overline{Na_2CO_3 + 2\,HCl \longrightarrow 2\,NaCl + H_2O + CO_2}$$

Na_2CO_3	2 HCl	2 NaCl	H_2O	CO_2
105,989	72,922	116,886	18,015	44,010

Arbeitsbereich: 1,0–0,1 mmol Na_2CO_3 (106–10,6 mg Na_2CO_3)

Arbeitsgeräte: S. unter Titration der Schwefelsäure (►S. 105).

Reagenzien: Indikator: Methylorange; Maßlösung: 0,1 mol/L HCl.

Arbeitsvorschrift: 20 mL der Analysenlösung mit Wasser auf 100 mL verdünnen und 2–3 Tropfen Indikator zusetzen. Mit Maßlösung aus der Bürette unter dauerndem Umschwenken des Titrierkolbens kalt titrieren, bis der Farbton gerade umschlägt (Vergleichslösung). Dann 2–3 min lang kochen, schnell abkühlen und zu Ende titrieren.

Berechnung: 1 mL 0,1 mol/L HCl ≙ 0,05 mmol Na_2CO_3 bzw. 5,2994 mg Na_2CO_3.

Titration nach Ionenaustausch

Ionenaustauscher auf Kunstharzbasis, ursprünglich für die Entsalzung des Wassers entwickelt, haben auch eine erhebliche Bedeutung in der analytischen und präparativen Chemie erlangt (►S. 112).

Als Grundgerüst für die Austauscher dienen Kondensations- oder Polymerisationsharze, in die ionenaustauschende Gruppen eingebaut sind. Es enthalten stark saure Kationenaustauscher die $-SO_3^-$- Gruppe, schwach saure die $-COO^-$-Gruppe, stark basische Anionenaustauscher quartäre Ammoniumgruppen, z. B.

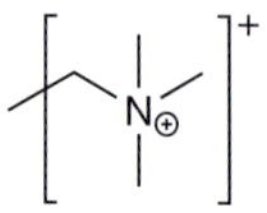

Durch den Einbau der entsprechenden Gruppen entsteht ein wasserhaltiger, jedoch

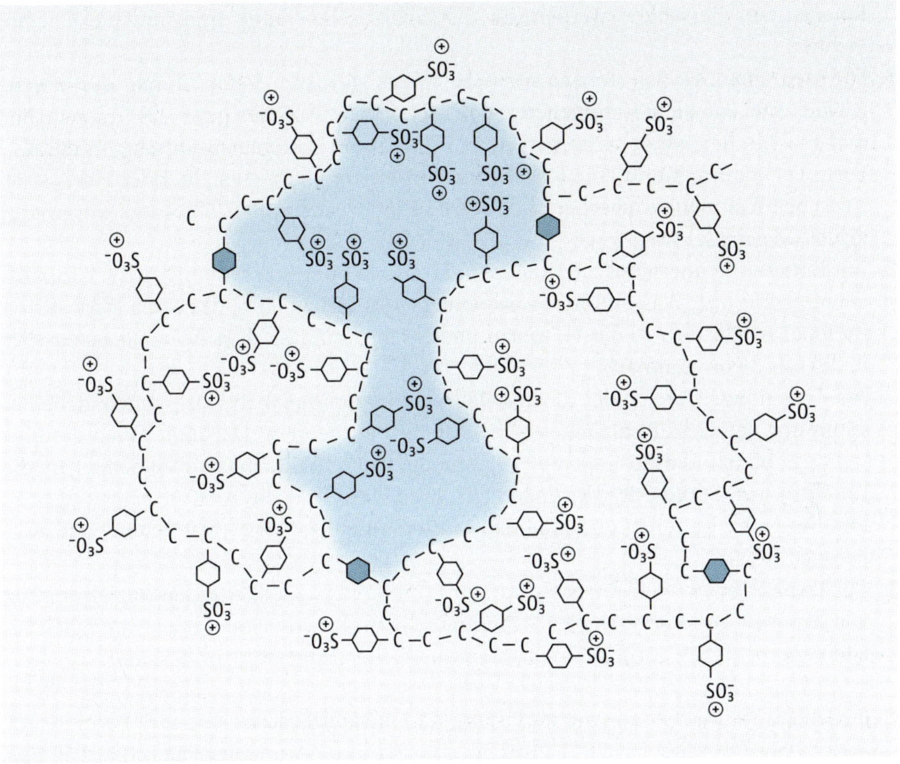

o Abb. 2.10 Aufbau eines gequollenen Kationenaustauschers auf Polystyrolbasis. Die austauschfähigen Kationen sind mit ⊕ bezeichnet. Die H-Atome der Methylenbrücken sind der Übersicht halber fortgelassen. Die Ringe des Divinylbenzols sind gestrichelt. Die Markierung entlang der C-Kette gibt die Grenzlinie einer Pore wieder.

wasserunlöslicher Gelkörper, der als Polyanion $[RSO_3^-]_x$ (R = Harzgerüst) Kationen bzw. als Polykation $[R{-}CH_2N(CH_3)_2C_2H_4OH)^+]_x$ Anionen zu binden vermag. Der schwammartige Aufbau des Gelkörpers, in dessen wasserhaltige Poren die ionenaustauschfähigen Gruppen hineinragen, gestattet die Diffusion der am Austausch beteiligten Ionen.

Den chemischen Aufbau eines stark sauren Kationenaustauschers, hergestellt durch Polymerisation von Vinylbenzol (Styrol) und Divinylbenzol als Vernetzer und anschließende Sulfonierung, zeigt **o** Abb. 2.10.

Die an der $-SO_3^-$-Gruppe gebundenen Kationen können durch andere Kationen reversibel ausgetauscht werden, z. B.

$$RSO_3H + M^+ \rightleftharpoons RSO_3M + H^+$$

Je höher die Ladung des Kations ist, um so stärker liegt das Gleichgewicht auf der Seite der RSO_3M-Form, d. h., bei der Kationenaufnahme nimmt größenordnungsmäßig die Haftfestigkeit am Harz in der Reihenfolge M^+, M^{2+}, M^{3+} usw. zu. Die Lage des Gleichgewichts wird nach rechts verschoben, wenn das ausgetauschte Ion aus dem Gleichgewicht entfernt wird. Dies ist bei dem Säulenverfahren der Fall. Hierbei gelangt das in Freiheit gesetzte Ion in das Filtrat.

Ionenaustauschersäulen werden in der analytischen und präparativen Chemie verwendet:

1. Für den quantitativen Ionenaustausch, Ersatz gewisser Ionen durch das jeweils gewünschte, vor allem Kationen gegen H^+-Ionen bzw. Anionen gegen OH^--Ionen. Für maßanalytische Zwecke wird man einen stark sauren Kationenaustauscher in der H^+-Form verwenden, wenn eine lösliche und titrierbare Säure entsteht, oder einen stark basischen Anionenaustauscher in der OH^--Form, wenn ein lösliches und titrierbares Hydroxid gebildet wird.
2. Zur Entfernung unerwünschter Ionen und zur Reinigung von Lösemitteln (z. B. zur Totalentsalzung von Wasser unter Anwendung eines Mischbettes, das einen stark sauren Kationenaustauscher in der H^+-Form und einen stark basischen Anionenaustauscher in der OH^--Form enthält).
   Als Anwendungsbereich der Ionenaustauscher in der Maßanalyse ist vor allem die Bestimmung der Gesamtsalzmengen in Lösungen zu nennen. Darunter fallen die Einstellung von Standardlösungen aus Salzen, die keine Urtitersubstanzen darstellen, die Kontrolle von Standardsalzlösungen auf ihren Titer und die Analyse schwieriger zu bestimmender Kationen und Anionen, wie z. B. Alkali-, Nitrat-, Perchlorat- und Acetationen (►S. 113).
3. Zur Trennung von Ionen durch Ausnutzung ihrer unterschiedlichen Ladung (Trennung von Anionen und Kationen bzw. Abtrennung neutraler Moleküle) oder, wenn gleiches Ladungsvorzeichen vorliegt, ihrer unterschiedlichen Haftfestigkeit (►S. 165).

Geeignete im Handel befindliche stark saure Kationenaustauscher sind z. B. Permutit RS, Lewatit S 100, Amberlite IR-120, Dowex 50; stark basische Anionenaustauscher, z. B. Permutit ES, Amberlite IRA-410, Dowex 2.
Die Aufnahmekapazität eines Austauschers richtet sich nach der Anzahl der vorhandenen ionenaustauschenden Gruppen pro Gewichtseinheit Trockenharz bzw. Volumeneinheit handelsfeuchten Harzes (Angabe in mmol/g oder mmol/mL Harz) und beträgt, bezogen auf M^+ bzw. A^-, für die genannten stark sauren Kationenaustauscher etwa 2 mmol/mL, für die stark basischen Anionenaustauscher etwa 1 mmol/mL.
Eine einfache Austauschersäule zeigt ○ Abb. 2.11. Als Abschluss nach unten dient entweder ein Glaswollebausch oder eine eingeschmolzene Fritte. Die Dimensionen der Säule richten sich nach der einzusetzenden Austauschermenge. Der schmale Teil der Säule wird etwa zu ¾ mit dem Harz gefüllt. Es ist darauf zu achten, dass das Harz ständig mit Wasser bedeckt ist und sich keine Luftblasen in der Säule befinden. Nach dem Füllen deckt man das Harz mit einem zweiten Glaswollebausch ab, um beim Eingießen der Lösung ein Aufwirbeln zu vermeiden.

Falls die Austauscher nicht als p. a.-Ware bezogen werden, müssen sie vor Gebrauch von Verunreinigungen (z. B. Fe^{3+}) befreit werden. Zur Überführung der Kationenaustauscher in die H^+-Form dient 3 mol/L HCl. Für die Überführung der Anionenaustauscher in die OH^--Form benutzt man 2 mol/L NaOH.
Vor jedem Austauscherversuch wird das Harz solange mit destilliertem Wasser gewaschen, bis die abtropfende Flüssigkeit Cl^- bzw. Na^+-frei ist und neutral reagiert. Bei Nichtbenutzung wird die Säule mit destillierten Wasser gefüllt und beiderseits verschlossen. Die Durchlaufgeschwindigkeit beim Austausch ist von mehreren Faktoren des Harzes, Korngröße, Packungsdichte, Höhe der Flüssigkeitssäule, Größe der Ausflussöffnung und anderem abhängig. Um einen einwandfreien Austausch zu gewährleisten, darf die Tropfge-

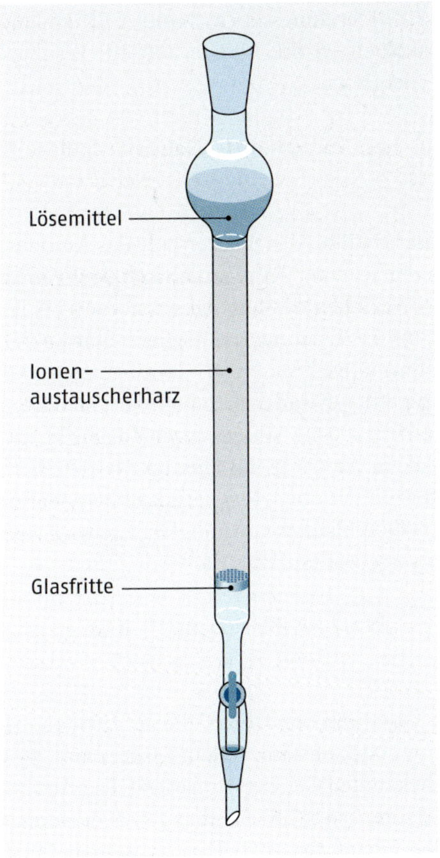

Abb. 2.11 Austauschersäule

schwindigkeit nicht zu groß sein, soll aber aus Zeitersparnisgründen im Verlauf mehrerer Versuche auch nicht zu klein werden. Die vom Harz aufgenommenen Kationen bzw. Anionen werden wie bei der Regeneration durch portionsweise Aufgabe von ca. 3 mol/L HCl bzw. 2 mol/L NaOH eluiert.

Bestimmung von Phosphat oder Perchlorat durch Anionenaustausch

Reaktionsprinzip: An Anionenaustauschern in der OH^--Form werden Phosphat- bzw. Perchlorationen gegen äquivalente Mengen Hydroxylionen ausgetauscht. Die entstandene Base wird durch Titration mit Säure bestimmt.

$$ROH + ClO_4^- \longrightarrow RClO_4 + OH^-$$

Verfahrensfehler: In der Austauschersäule darf der Flüssigkeitsspiegel niemals in die Harzschicht eindringen, da sonst Luftblasen im Harzbett entstehen und der Austauscher dann nicht mehr einwandfrei arbeitet.

Arbeitsbereich: 1,0–0,1 mmol M_2HPO_4 bzw. 2,0–0,2 mmol $MClO_4$ (98,0–9,8 mg H_3PO_4 bzw. 200,9–20,1 mg $HClO_4$)

Arbeitsgeräte: Austauschersäule nach Abb. 2.11 (Durchmesser ca. 2 cm, ca. 22 cm lang, Höhe des Harzbettes ca. 17 cm); 100-mL-Messkolben; 20-mL-Pipette; 300-mL-Weithals-Erlenmeyerkolben; 50-mL-Bürette; 1-Liter-Bechergläser.

Reagenzien: Stark basischer Anionenaustauscher; ca. 2 mol/L NaOH; Maßlösung: 0,1 mol/L HCl; Indikator: Methylrot; pH-Papier.

Arbeitsvorschrift: In die mit destilliertem Wasser gefüllte Austauschersäule das Anionenaustauscherharz einfüllen. Mit 1 L NaOH-Lösung bei einer Tropfgeschwindigkeit von ca. 60 Tropfen/min (5–6 mL/min) waschen. Nach Absinken des Flüssigkeitsspiegels bis zur Harzoberfläche so lange mit Wasser waschen, bis das Eluat neutral reagiert. Eine so vorbereitete Säule braucht erst nach ca. 15–20 Bestimmungen mit NaOH-Lösung regeneriert zu werden. Die Analysenlösung auf die Säule pipettieren und evtl. anhaftende Salzlösung mit wenig Wasser von den Wänden abspülen, mit ca. 200 mL Wasser durch Zugabe kleiner Portionen (30–50 mL) waschen, dabei jedes Mal das Absinken des Flüssigkeitsspiegels bis zur Harzoberfläche abwarten. Tropfgeschwindigkeit wie oben. Reagiert das Eluat neutral, noch mit 50–30 mL Wasser bei etwas schnellerer Durchlaufgeschwindigkeit nachwaschen. Das erhaltene Eluat mit 2–3 Tropfen Indikator versetzen und mit Maßlösung titrieren.

Berechnung: 1 mL 0,1 mol/L HCl ≙ 4,900 mg H_3PO_4 bzw. 10,0465 mg $HClO_4$.

2.4.3 Redoxverfahren

Als Redoxtitrationen werden maßanalytische Verfahren bezeichnet, die auf Oxidations-Reduktions-Vorgängen beruhen. Die zu bestimmende Substanz wird mit einer oxidierend oder reduzierend wirkenden Titrationslösung bekannten Gehaltes umgesetzt. Der Äquivalenzpunkt kann mithilfe von sog. „Redoxindikatoren“ (► S. 115) sichtbar gemacht werden, falls nicht – wie z. B. beim Permanganat – die Eigenfarbe eines Reaktionspartners zur Indizierung ausreicht.

Einführung in die Redoxreaktion

Nach dem Gesetz der Elektroneutralität reagieren Oxidations- mit Reduktionsmitteln in derartigen Stoffmengenverhältnissen, dass die Anzahl der aufgenommenen gleich der Anzahl der abgegebenen Elektronen ist. Daher lässt sich jede Teilgleichung einer Redox-Titration in allgemeiner Form schreiben:

$$\mathrm{Ox} + z^* \cdot \mathrm{e}^- \rightleftharpoons \mathrm{Red}$$

(Ox = Oxidationsmittel, Red = Reduktionsmittel, z^* = Anzahl der Elektronen).

Bezieht man für eine gegebene Portion Reagenzsubstanz, z. B. 49 g $K_2Cr_2O_7$, bei Angabe der Stoffmengen zuerst auf Äquivalent-Teilchen, dann auf Moleküle, so erhält man $n(\frac{1}{6}\,K_2Cr_2O_7) = 1$ mol und $n(K_2Cr_2O_7) = \frac{1}{6}$ mol. Daraus folgt $n(\frac{1}{6}\,K_2Cr_2O_7) = 6 \cdot n(K_2Cr_2O_7)$ und allgemein $n(R/z^*) = z^* \cdot n(R)$.

In Analogie zu starken und schwachen Säuren bzw. Basen kann man starke und schwache Oxidations- bzw. Reduktionsmittel unterscheiden. Ein Maß für die Fähigkeit der betrachteten Ionen, oxidierend oder reduzierend zu wirken, ist E, das Redoxpotenzial. Es wird durch die **Nernst'sche Gleichung** (► S. 169f.) beschrieben.

In der Tab. 2.14 sind die für Redoxtitrationen gebräuchlichsten oxidierenden und reduzierenden Substanzen mit ihren Standardpotenzialen zusammengestellt.

Tab. 2.14 Standardpotenziale

Reagenz	Reaktionsvorgang	Ox-Form	Red-Form	E^0 /V	z*
$KMnO_4$	$MnO_4^- + 4\,H^+ + 3\,e^- \rightleftharpoons MnO_2 + 2\,H_2O$	MnO_4^-	MnO_2	1,70	3
	$MnO_4^- + 8\,H^+ + 5\,e^- \rightleftharpoons Mn^{2+} + 4\,H_2O$	MnO_4^-	Mn^{2+}	1,51	5
$KBrO_3$	$BrO_3^- + 6\,H^+ + 6\,e^- \rightleftharpoons Br^- + 3\,H_2O$	BrO_3^-	Br^-	1,44	6
$K_2Cr_2O_7$	$Cr_2O_7^{2-} + 14\,H^+ + 6\,e^- \rightleftharpoons 2\,Cr^{3+} + 7\,H_2O$	$Cr_2O_7^{2-}$	Cr^{3+}	1,38	6
$FeSO_4$	$Fe^{2+} \rightleftharpoons Fe^{3+} + e^-$	Fe^{3+}	Fe^{2+}	0,771	1
H_3AsO_4	$AsO_3^{3-} + H_2O \rightleftharpoons AsO_4^{3-} + 2\,H^+ + 2\,e^-$	AsO_4^{3-}	AsO_3^{3-}	0,56	2
KI	$2\,I^- \rightleftharpoons I_2 + 2\,e^-$	I_2	I^-	0,535	2
$Ce(SO_4)_2$	$Ce^{3+} \rightleftharpoons Ce^{4+} + e^-$ (E^0 in 1 mol/L H_2SO_4)	Ce^{4+}	Ce^{3+}	1,72	1

Titrationskurven

Im Äquivalenzpunkt ändert sich das Potenzial sprunghaft, da die Konzentration eines der Reaktionspartner gegen Null geht. Die Größe des Potenzialsprunges beeinflusst, wie der pH-Sprung bei der Neutralisationsanalyse, die Titrationsgenauigkeit und ist durch den Unterschied der Standardpotenziale gegeben.

Der Verlauf der Potenzialänderung während einer Titration wird im Folgenden an der Reaktion

$$Cr_2O_7^{2-} + 14\,H^+ + 6\,Fe^{2+} \longrightarrow 2\,Cr^{3+} + 6\,Fe^{3+} + 7\,H_2O$$

dargestellt. Ebenso wie bei Modellversuchen der Neutralisation (► S. 95) wird das Volumen und zusätzlich der pH-Wert konstant gehalten. Dies ist möglich durch Anwendung eines Lösungsvolumens, welches groß genug ist, damit die bei Titration mit einer konzentrierten Lösung auftretende Volumenvergrößerung vernachlässigt werden kann. Rechnet man nach der Nernst'schen Gleichung die Potenziale für Lösungen aus, die verschiedene Konzentrationen an Fe^{3+} und Fe^{2+} sowie $Cr_2O_7^{2-}$ und Cr^{3+} aufweisen, so erhält man die Werte in ◘ Tab. 2.15.

In ○ Abb. 2.12 ist der Potenzialverlauf von Fe^{3+}/Fe^{2+} und $Cr_2O_7^{2-}/2\,Cr^{3+}$ (bei konstantem pH-Wert) dargestellt. Vor der Titration erfolgt aber eine Zugabe von PO_4^{3-} zur Bildung von Phosphatoeisen(III)-Komplexen, wodurch der theoretische Potenzialverlauf bei Fe^{3+}/Fe^{2+} (◘ Tab. 2.15) erheblich verändert wird, wie in der gemessenen Kurve zu sehen ist. Durch diesen Zusatz wird die Fe^{3+}-Konzentration soweit vermindert, dass der Indikator für diese Titration gut verwendbar ist (► S. 128).

Das Redoxpotenzial von Reaktionen, bei denen H^+-Ionen beteiligt sind, ist vom pH-Wert abhängig. Dies trifft z. B. für die Systeme $Cr_2O_7^{2-}/2\,Cr^{3+}$ sowie MnO_4^-/Mn^{2+} zu. Die Abhängigkeit des Redoxpotenzials vom pH-Wert bei einer Reihe von Redoxsystemen zeigt ○ Abb. 2.13.

Redoxindikatoren

Um den Äquivalenzpunkt sichtbar zu machen, werden Redoxindikatoren verwendet. Das sind organische Farbstoffe, die durch Oxidation oder Reduktion reversibel ihre Farbe verändern. Sie stellen selbst ein Redoxsystem dar. Als Beispiel kann der in der Cerimetrie

$c_{Fe^{3+}}$	$c_{Fe^{2+}}$	*E* /V	$c_{Cr_2O_7^{2-}}$	$c_{Cr^{3+}}$	*E* /V
0,1	0,9	0,715	0,001	0,018	1,365
0,2	0,8	0,735	0,002	0,016	1,369
0,3	0,7	0,749	0,003	0,014	1,372
0,4	0,6	0,761	0,004	0,015	1,374
0,5	0,5	0,771	0,005	0,010	1,377
0,6	0,4	0,781	0,006	0,008	1,379
0,7	0,3	0,793	0,007	0,006	1,383
0,8	0,2	0,807	0,008	0,004	1,387
0,9	0,1	0,827	0,009	0,002	1,393
0,94	0,06	0,842			
0,98	0,02	0,871			

Tab. 2.15 Potenzialwerte der Redoxsysteme Fe^{3+}/Fe^{2+} und $Cr_2O_7^{2-}/2\,Cr^{3+}$

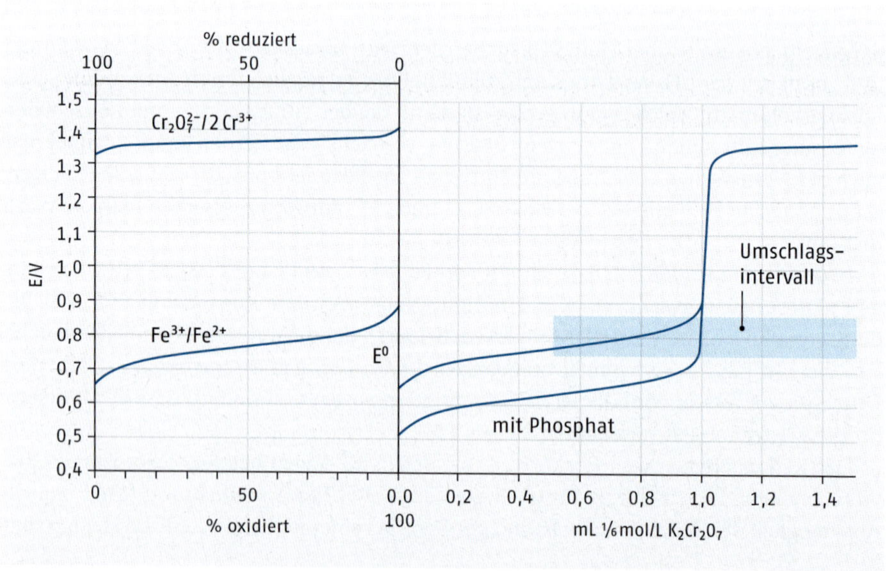

Abb. 2.12 Theoretischer Potenzialverlauf der Redoxsysteme Fe^{3+}/Fe^{2+} und $Cr_2O_7^{2-}/2\,Cr^{3+}$ (links) und Titrationskurve von Eisen(II) mit Dichromat in Gegenwart von Phosphat (rechts). Indikator: Na-N-Methyldiphenylamin-p-sulfonat

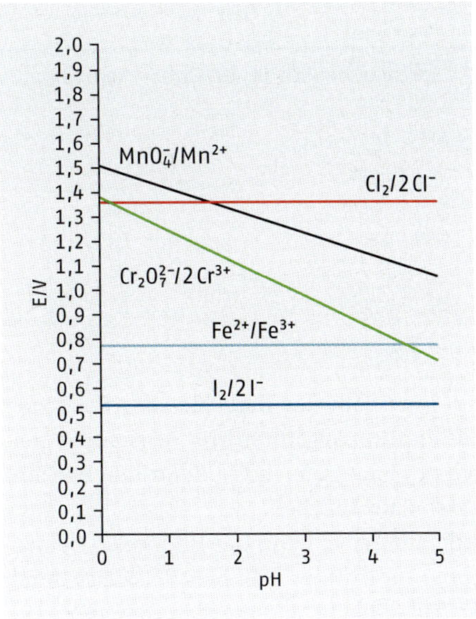

Abb. 2.13 Abhängigkeit des Redoxpotenzials vom pH-Wert

verwendete Indikator Ferroin (Abb. 2.14) genannt werden, dessen reversibler Farbwechsel auf den Übergang des chelatgebundenen Eisens aus der Oxidationsstufe + II in die Oxidationsstufe + III zurückzuführen ist:

$$Fe(C_{12}H_8N_2)_3^{2+} \rightleftharpoons Fe(C_{12}H_8N_2)_3^{3+} + e^-$$

Bei den meisten anderen organischen Indikatoren treten potenzialabhängige, aber oft unübersichtliche, Veränderungen im Molekül ein. Ein Spezialfall ist der nur für die Iodometrie verwendbare Iodstärkekomplex (►S. 123).

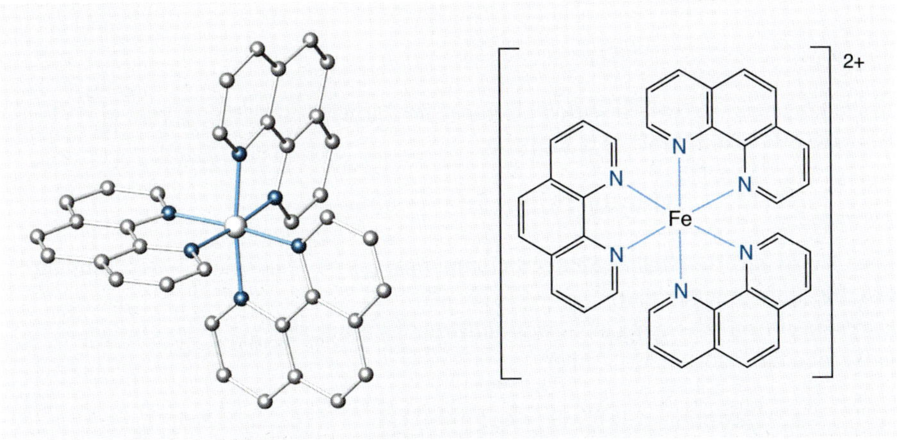

Abb. 2.14 Struktur des Kations von Ferroin $[Fe(phen)_3]SO_4$. Sechs N-Atome (blau) dreier Phenathrolin-Liganden koordinieren oktaedrisch an das Eisenatom (blaue Bindungen).

Tab. 2.16 Redoxindikatoren

Indikator	E^0 /V	Umschlagsbereich /V	Ox-Farbe	Red-Farbe
Ferroin (o-Phenanthrolineisen(II)-sulfat)	1,14	1,08–1,20	blau	tiefrot
Na-Diphenylamin-p-sulfonat	0,76	0,70–0,80	violett	farblos
Na-N-Methyldiphenylamin-p-sulfonat	0,80	0,74–0,86	purpurrot	farblos
I-KI-Stärke	0,535	0,532–0,538	blau	farblos

Das Umschlagsintervall des Indikators muss innerhalb des Bereiches des Potenzialsprunges liegen, so wie ein Indikator bei Neutralisationsverfahren im Bereich des pH-Sprunges umschlagen muss. Einige gebräuchliche Indikatoren sind in der Tab. 2.16 aufgeführt. Na-N-Methyldiphenylamin-p-sulfonat ist nicht käuflich.

Gibt es für ein System keine brauchbaren Indikatoren, so kann der Endpunkt elektrometrisch (►S. 172 und ►S. 193) oder durch externe Indikation, d. h. beispielsweise durch Tüpfeln mit einem Tropfen der Lösung auf einer Tüpfelplatte, angezeigt werden (►S. 129).

Fehler

Als Fehlerquellen bei Redoxverfahren treten oft unerwünschte Reaktionen auf, z. B. mit Luftsauerstoff oder mit Verunreinigungen in den Gefäßen (Alkoholreste vom Spülen der Gefäße, Reste anderer organischer Substanzen, Fett, Teile von Filtrierpapier und ähnliches).

Permanganatometrie

Die Wirkungsweise des Kaliumpermanganats als Oxidationsmittel ist verschieden, je nachdem, ob der Oxidationsvorgang in stark saurer oder in schwach saurer Lösung verläuft. Die meisten Oxidationsreaktionen finden in stark saurer Lösung statt: Mn(VII) im Kaliumpermanganat wird bei Gegenwart von Wasserstoffionen zu Mn(II) reduziert.

$$MnO_4^- + 8\,H^+ + 5\,e^- \longrightarrow Mn^{2+} + 4\,H_2O$$

In alkalischen bzw. schwach sauren Lösungen lautet die Reaktionsgleichung: Mn(VII) im Permanganat geht in Mn(IV) über.

$$MnO_4^- + 4\,H^+ + 3\,e^- \longrightarrow MnO_2 + 2\,H_2O$$

Herstellung und Titerstellung einer Kaliumpermanganat-Maßlösung – Bestimmung von Oxalsäure und Oxalaten

Reaktionsprinzip: Permanganat oxidiert in saurer Lösung $H_2C_2O_4$ oder Oxalate zu CO_2 und geht dabei selbst in Mn^{2+} über:

$$2\,MnO_4^- + 5\,H_2C_2O_4 + 6\,H^+ \longrightarrow 2\,Mn^{2+} + 10\,CO_2 + 8\,H_2O$$

Die Reaktion verläuft zu Anfang sehr langsam. Ein Zusatz von Mn^{2+} beschleunigt die Reaktion katalytisch.

Verfahrensfehler: Die Konzentration nimmt durch Staubteilchen im Wasser in den ersten Tagen nach der Herstellung meist nicht unwesentlich ab. Die Permanganatlösung muss vor der Titerstellung etwa 14 Tage stehen, oder die Lösung wird einige Stunden auf dem Wasserbad erhitzt. In jedem Fall wird durch eine Glasfilternutsche (nicht Papierfilter) in eine sorgfältig gereinigte Flasche filtriert, um ausgeschiedenen Braunstein abzutrennen, der die Zersetzung beschleunigt. Auch eine Lösung, welche längere Zeit nicht benutzt wurde, kann sich verändert haben und macht eine neue Konzentrationsbestimmung notwendig.

Arbeitsbereich: 1,0–0,1 mmol $H_2C_2O_4 \cdot 2\,H_2O$ bzw. $Na_2C_2O_4$ (126–12,6 mg $H_2C_2O_4 \cdot 2\,H_2O$; 90–9 mg $H_2C_2O_4$; 134–13,4 mg $Na_2C_2O_4$).

Arbeitsgeräte: Braune Schliffflasche (1 L); Wasserbad; Glasfilternutsche (17 G 4); Trockenschrank; 300-mL-Weithals-Erlenmeyerkolben; 20-mL-Pipette; 50-mL-Bürette.

Reagenzien: Etwa 3,2 g $KMnO_4$ (p. a.); $H_2C_2O_4 \cdot 2\,H_2O$ (p. a.) oder Natriumoxalat (p. a.); 1 mol/L H_2SO_4; 1 mol/L $MnSO_4$; 0,02 mol/L $KMnO_4$.

Arbeitsvorschrift: Natriumoxalat bei 230–250 °C im Trockenschrank trocknen und davon Proben von ca. m_E = 150–180 mg in Wägegläschen geben, genau wägen und in 200 mL Wasser lösen; oder 20 mL einer $C_2O_4^{2-}$-haltigen Lösung unbekannter Konzentration verwenden. Lösung mit 10 mL H_2SO_4 versetzen und auf 80 °C erwärmen. Unter Umschütteln titrieren, bis schwache Rosafärbung bestehen bleibt. Evtl. zu Beginn einige Tropfen $MnSO_4$-Lösung zufügen.

Berechnung: 1 mL 0,02 mol/L $KMnO_4$ entspricht 0,05 mmol $H_2C_2O_4$ bzw. 4,401 mg $C_2O_4^{2-}$ oder 6,3033 mg $H_2C_2O_4 \cdot 2\,H_2O$.

Titerstellung: Aus m_E: $M(Na_2C_2O_4/2) = f_n \cdot V_t \cdot c(KMnO_4/5)$ ergibt sich für den Normierfaktor $f_n = 0{,}14925 \cdot (m_E \text{ in mg})/(V_t \text{ in mL})$.

Bestimmung von Calcium

Reaktionsprinzip: Ca^{2+} bildet mit $C_2O_4^{2-}$ einen schwerlöslichen Niederschlag von $CaC_2O_4 \cdot aq$, der sich in verdünnter Schwefelsäure löst.

$$Ca^{2+} + C_2O_4^{2-} + nH_2O \longrightarrow CaC_2O_4 \cdot nH_2O\downarrow \quad (n = 1 \text{ bis } 3)$$

Anschließend wird $C_2O_4^{2-}$ mit Permanganat bestimmt.

Verfahrensfehler: Die Löslichkeit von CaC_2O_4 beträgt bei 18 °C 0,6 mg in 100 mL Wasser. Größere Mengen an Cl^- müssen abwesend sein, weil sonst Oxidation zu Chlor und damit Mehrverbrauch eintritt.

Arbeitsbereich: 1,0–0,1 mmol Ca (40–4 mg Ca)

Arbeitsgeräte: 300-mL-Becherglas (breite Form); Filtertiegel G 4; 20-mL-Pipette; 50-mL-Bürette; 10-mL-Messkolben.

2

Reagenzien: Maßlösung: 0,02 mol/L $KMnO_4$; 1 mol/L H_2SO_4; 6 mol/L HCl; CO_2-freie NH_3-Lösung; 0,4 mol/L $(NH_4)_2C_2O_4$; 0,01 mol/L $(NH_4)_2C_2O_4$.

Arbeitsvorschrift: 20 mL Analysenlösung in einem Becherglas mit 5 mL HCl versetzen und mit Wasser auf 100 mL verdünnen. NH_3-Lösung zufügen, bis Flüssigkeit schwach alkalisch reagiert. Zum Sieden erhitzen und mit siedender 0,4 mol/L $(NH_4)_2C_2O_4$ in kleinen Anteilen solange versetzen, bis kein Niederschlag mehr entsteht. Geringen Überschuss hinzufügen und nach mehrstündigem Stehen durch Glasfiltertiegel (oder ersatzweise Blauband-Filter) dekantierend filtrieren. Den Niederschlag 5-mal mit 0,01 mol/L $(NH_4)_2C_2O_4$, dann einmal mit Wasser waschen, Glasfiltertiegel in Becherglas bringen und den Niederschlag spülen und H_2SO_4 durch Filter und Trichter geben, um alle Reste zu lösen. Auf etwa 300 mL verdünnen und mit Maßlösung titrieren.

Berechnung: 1 mL 0,02 mol/L $KMnO_4$ ≙ 0,05 mmol Ca^{2+} bzw. 2,004 mg Ca oder 2,804 mg CaO.

Bestimmung von Wasserstoffperoxid

Reaktionsprinzip: Die Umsetzung von H_2O_2 erfolgt in saurer Lösung nach

$$2\,MnO_4^- + 5\,H_2O_2 + 6\,H^+ \longrightarrow 2\,Mn^{2+} + 5\,O_2\uparrow + 8\,H_2O$$

Nach der gleichen Methode können auch andere Peroxoverbindungen bestimmt werden.

Verfahrensfehler: H_2O_2 ist leicht zersetzlich. Bei Gegenwart organischer Stabilisatoren kann ein Mehrverbrauch an Oxidationsmittel eintreten.

Arbeitsbereich: 1,0–0,1 mmol H_2O_2 (34–3,4 mg H_2O_2)

Arbeitsgeräte: 300-mL-Weithals-Erlenmeyerkolben; 20-mL-Pipette; 50-mL-Bürette; 100-mL-Messkolben.

Reagenzien: Maßlösung: 0,02 mol/L $KMnO_4$; 1 mol/L H_2SO_4

Arbeitsvorschrift: 20 mL Analysenlösung mit 60 mL H_2SO_4 versetzen und mit Wasser auf 200 mL verdünnen. In der Kälte titrieren und besonders bei Beginn der Titration vor jeder neuen Zugabe an Maßlösung warten, bis völlige Entfärbung eingetreten ist.

Berechnung: 1 mL 0,02 mol/L $KMnO_4$ ≙ 0,05 mmol H_2O_2 bzw. 1,7007 mg H_2O_2.

Bestimmung von Eisen(II) in schwefelsaurer Lösung

Reaktionsprinzip: Fe^{2+} wird in schwefelsaurer Lösung schnell zu Fe^{3+} oxidiert:

$$MnO_4^- + 5\,Fe^{2+} + 8\,H^+ \longrightarrow Mn^{2+} + 5\,Fe^{3+} + 4\,H_2O$$

Um die Färbung durch die bei der Titration entstehenden Fe(III)-Ionen zu unterdrücken, kann ein Zusatz von Phosphorsäure erfolgen; diese bildet mit Fe(III) farblose Komplexverbindungen.

Verfahrensfehler: Alles zu bestimmende Fe muss als Fe(II) vorliegen; die Lösung darf keine NO_3^- und Cl^- enthalten.

Arbeitsbereich: 2,0–0,2 mmol Fe (112–11 mg Fe)

Arbeitsgerät: 300-mL-Weithals-Erlenmeyerkolben; 20-mL-Pipette; 50-mL-Bürette; 100-mL-Messkolben.

Reagenzien: Maßlösung: 0,02 mol/L $KMnO_4$-Lösung; 2,5 mol/L H_2SO_4; 1 mol/L H_3PO_4.

Arbeitsvorschrift: 20 mL Analysenlösung mit 10 mL H_2SO_4 versetzen und mit ausgekochtem Wasser auf 200 mL auffüllen. In der Kälte titrieren. Die Umsetzung ist beendet, wenn $KMnO_4$ nicht mehr verbraucht wird und ein geringfügiger Überschuss an der Farbe zu erkennen ist. Dieser Endpunkt tritt schärfer hervor, wenn man etwas H_3PO_4 hinzufügt.

Berechnung: 1 mol 0,02 mol/L $KMnO_4$ $\hat{=}$ 0,1 mmol Fe^{2+} bzw. 5,5847 mg Fe.

Bestimmung von Eisen(II) und Eisen(III) in schwefelsaurer Lösung

Soll die Bestimmung von Fe(II) und Fe(III) nebeneinander erfolgen, so titriert man zuerst in schwefelsaurer Lösung den Eisen(II)-Gehalt (s. oben). In einer zweiten Probe wird nach Reduktion in schwefelsaurer Lösung der Gesamteisengehalt ermittelt, und schließlich wird aus der Differenz dieser beiden Werte der Gehalt der Lösung an Fe(III) berechnet. Zur Reduktion verwendet man Reduktionsmittel, deren Überschuss leicht zu entfernen ist, wie z. B. nascierenden Wasserstoff. Dieser wird erzeugt, indem die schwefelsaure Lösung mit metallischem Zn versetzt wird.

Bestimmung von Eisen(II) in salzsaurer Lösung

Reaktionsprinzip: In salzsaurer Lösung erfolgt die Oxidation von Fe(II) in Gegenwart von Reinhardt-Zimmermann-Lösung.

Verfahrensfehler: Bei Titration der salzsauren Lösung treten Störungen auf, da eine induzierte Oxidation von Chlorid zu Chlor erfolgt. Diese Störung wird durch Zusatz von Reinhardt-Zimmermann-Lösung (s. Reagenzien) verhindert.

Arbeitsbereich: 2,0–0,2 mmol Fe (112–11 mg Fe)

Arbeitsgeräte: 300-mL-Weithals-Erlenmeyerkolben; 200-mL-Pipette; 50-mL-Bürette; 100-mL-Messkolben.

Reagenzien: Maßlösung 0,02 mol/L $KMnO_4$-Lösung; Reinhardt–Zimmermann-Lösung: 1 Liter 6 mol/L H_3PO_4, 600 mL Wasser und 400 mL 18 mol/L H_2SO_4 mit einer Lösung von 200 g $MnSO_4 \cdot H_2O$ in 1 Liter Wasser vereinen.

Arbeitsvorschrift: 20 mL Analysenlösung mit Wasser auf 100 mL verdünnen, 10 mL Reinhardt-Zimmermann-Lösung hinzufügen. Bei Zimmertemperatur unter Umschwenken mit Maßlösung titrieren.

Berechnung: 1 mL 0,02mol/L $KMnO_4$ ≙ 0,1 mmol Fe^{2+} bzw. 5,5847 mg Fe.

Bestimmung von Eisen(III) in salzsaurer Lösung nach vorheriger Reduktion

Reaktionsprinzip: Soll der Gehalt einer salzsauren Eisen(III)-Salzlösung permanganometrisch bestimmt werden, so muss das Fe(III) vor der Titration reduziert werden. Als Reduktionsmittel eignet sich Zinn(II)-chlorid:

$$Sn^{2+} + 2\,Fe^{3+} \longrightarrow 2\,Fe^{2+} + Sn^{4+}$$

Zinn(II)-chlorid darf nur in geringem Überschuss in der Lösung vorhanden sein; dieser lässt sich leicht mit Quecksilber(II)-chlorid nach

$$Sn^{2+} + 2\,Hg^{2+} + 2\,Cl^{-} \longrightarrow Sn^{4+} + Hg_2Cl_2 \downarrow$$

entfernen. Es fällt rein weißes, wie Perlmutt schimmerndes Hg_2Cl_2 aus.

Zur Vermeidung von Hg-Abfällen ist es besser, Fe^{3+} mit Zn in saurer Lösung (H_2SO_4) zu reduzieren. Es muss dabei jedoch sicher gestellt sein, dass vor Beginn der Titration alles Zn aufgelöst ist.

Verfahrensfehler: Bei zu großem Überschuss von $SnCl_2$ fällt mit $HgCl_2$ körniger, evtl. ein grau gefärbter Niederschlag, der ebenfalls Permanganat verbraucht, aus V und Cu stören.

Arbeitsbereich: 2,0–0,2 mmol Fe (112–11 mg Fe)

Arbeitsgeräte: Tropfpipette; 1-L-Becherglas; 20-mL-Pipette; 50-mL-Bürette; 100-mL-Messkolben.

Reagenzien: Maßlösung: 0,02 mol/L $KMnO_4$; 0,2 mol/L $SnCl_2$ (1 g $SnCl_2 \cdot 2\,H_2O$, 10 mL 10 mol/L HCl, 15 mL H_2O); $HgCl_2$-Lösung, kalt gesättigt; Reinhardt-Zimmermann-Lösung (s. oben).

Arbeitsvorschrift: 20 mL Analysenlösung mit konz. Salzsäure auf $c(HCl) \approx 3$ mol/L bringen und in der Siedehitze tropfenweise mit $SnCl_2$-Lösung versetzen, bis die Flüssigkeit farblos ist. Abkühlen, 10 mL $HgCl_2$-Lösung schnell eingießen. Nach 3 bis 5 min auf 600 mL verdünnen, mit 10 mL Reinhardt-Zimmermann-Lösung versetzen und mit Maßlösung titrieren.

Berechnung: 1 mL 0,02 mol/L $KMnO_4$ ≙ 0,1 mmol Fe^{3+}, Fe^{2+} bzw. 5,5847 mg Fe.

Bestimmung von Mangan(II) nach *Volhard-Wolff*

Reaktionsprinzip: In neutraler Lösung findet zwischen MnO_4^- und Mn^{2+} Komproportionierung statt, weil hier Mn(IV) als MnO_2 die beständigste Oxidationsstufe ist.

$$3\,Mn^{2+} + 2\,MnO_4^- + 2\,H_2O \longrightarrow 5\,MnO_2 \downarrow + 4\,H^+$$

Um die Bildung von Mn(II)-haltigen Niederschlägen zu verhindern, wird $ZnSO_4$ hinzugefügt, sodass statt Mn^{2+} überwiegend Zn^{2+} gebunden wird (► S. 42). Fe^{3+} wird durch ZnO als Hydroxid gefällt.

Verfahrensfehler: Die Berechnung muss nach der oben angegebenen Formel erfolgen. Ein gutes Absetzen des Niederschlages wird erreicht, wenn beim ersten Titrieren gleich eine größere Permanganatmenge angewendet wird. Das Gefäß muss sauber und völlig fettfrei sein; es darf sich kein Braunstein an der Gefäßwandung abscheiden.

Arbeitsbereich: 2,0–0,2 mmol Mn (110–11 mg Mn)

Arbeitsgeräte: 1-L-Becherglas; 1-L-Stehkolben; 20-mL-Pipette; 50-mL-Bürette; 100-mL-Messkolben; 100-mL-Pipette; Faltenfilter.

Reagenzien: Maßlösung: 0,02 mol/L $KMnO_4$; $ZnSO_4$; ZnO; Eisessig.

Arbeitsvorschrift: 20 mL schwachsaure, Fe(III)-haltige Analysenlösung in 500-mL-Messkolben bringen, 25 mL Wasser und 2 g $ZnSO_4$ zusetzen, portionsweise mit einer ZnO-Aufschlämmung versetzen, bis $Fe(OH)_3$ quantitativ ausgefallen ist, mit Wasser bis zur Marke auffüllen und durch ein trockenes Filter in ein trockenes Becherglas abfiltrieren. Vom Filtrat 100 mL (oder 20 mL Fe- und Al-freie Analysenlösung) in den Stehkolben abpipettieren, mit Wasser auf ca. 500 mL verdünnen und mit wenig ZnO versetzen, sodass auch nach dem Erhitzen noch ein geringer Bodenkörper vorhanden ist. Erhitzen und in der Siedehitze mit Maßlösung titrieren. Kurz vor Erreichen des Endpunktes 1 mL Eisessig hinzufügen. Der Endpunkt ist erreicht, wenn die über dem Niederschlag befindliche klare Lösung schwach rosa gefärbt ist.

2

Berechnung: 1 mL 0,02 mol/L $KMnO_4$ ≙ 0,03 mmol Mn^{2+} bzw. 1,648 mg Mn.

Iodometrie

Die Iodometrie beruht auf der oxidierenden Wirkung von elementarem Iod sowie auf der reduzierenden Wirkung von I^-. Diese Reaktion, die auch umkehrbar ist, kann wiedergegeben werden durch

$$I_2 + 2\,e^- \rightleftharpoons 2\,I^-$$

Reduktionsmittel können in neutraler Lösung direkt mit Iodlösung titriert werden (Bestimmung von As_2O_3, ►S. 124), während Oxidationsmittel Iodid zu Iod oxidieren. Das elementare Iod kann mit eingestellter Thiosulfatlösung titriert werden, wobei Thiosulfat zu Tetrathionat oxidiert wird (Cu-Bestimmung, ►S. 126):

$$I_2 + 2\,S_2O_3^{2-} \longrightarrow 2\,I^- + S_4O_6^{2-}$$

Das Auftreten bzw. Verschwinden von elementaren Iod im Äquivalenzpunkt wird durch Zugabe einer Lösung aus löslicher Stärke, die mit elementarem Iod eine tiefblaue Verbindung bildet, besonders deutlich. Die Farbreaktion ist recht empfindlich, Konzentrationen bis zu 10^{-5} mol/L (≙ 1,27 mg Iod/L = 0,13 mg Iod/100 mL) an Iod sind noch zu erkennen. Die hohe Empfindlichkeit der Iodstärkereaktion ist jedoch an die gleichzeitige Anwesenheit von Iodidionen gebunden. Die blaue Iodstärke ist eine Verbindung, die Iod mit Amylose, einem Bestandteil der Stärke bildet. Sie gehört zu den sog. „Einschlussverbindungen" (►S. 43). Die Amylose besteht aus schraubenförmig angeordneten Molekülketten. In den kanalartigen Hohlräumen im Innern dieses Schraubenganges werden die Polyiodid-Ketten (I_5^-–I_{15}^-) eingelagert.

Herstellung und Einstellung einer Natriumthiosulfat-Maßlösung

Reaktionsprinzip: $Na_2S_2O_3$-Lösung wird durch Iod zu Tetrathionat oxidiert (s. oben).

Verfahrensfehler: Thiosulfatlösung ist nicht haltbar. Es erfolgt Zersetzung durch CO_2, Luftsauerstoff und Schwefelbakterien. Ein Zusatz von 1 mL Amylalkohol zu 1 L Lösung macht diese etwas haltbarer.

Arbeitsgeräte: Trockenschrank; 300-mL-Weithals-Erlenmeyerkolben; 20-mL-Pipette; 50-mL-Bürette.

Reagenzien: $Na_2S_2O_3 \cdot 5\,H_2O$ (p. a.); KIO_3 (p. a.); KI (p. a.): 2 mol/L HCl; **Stärkelösung** (ca. 0,5 g lösliche Stärke mit Wasser anrühren und dann in ca. 100 mL siedendem Wasser lösen. Nach Absetzen der Trübung klare Lösung dekantieren und zur Verhütung von Pilzbildung mit ca. 5 mg HgI_2 versetzen.)

Arbeitsvorschrift: Etwa 0,1 mol $Na_2S_2O_3 \cdot 5\,H_2O$ in 1 L ausgekochtem Wasser lösen. Ca. 100 mg KIO_3 (genaue Einwaage), das bei 180 °C getrocknet wurde, in 200 mL Wasser lösen. 1 g KI in wenig Wasser lösen und zur zweiten Lösung hinzufügen, mit 20 mL 2 mol/L HCl versetzen und mit der Thiosulfatlösung titrieren. Wenn die Lösung nur noch schwach gelb ist, 2 mL Stärkelösung hinzufügen und bis zur Entfärbung titrieren.

Berechnung: 1 mol 0,1 mol/L $Na_2S_2O_3 \mathrel{\hat{=}} 3{,}567$ mg KIO_3.

Herstellung einer Iod-Maßlösung

Reaktionsprinzip: Die Zubereitung einer Iodlösung geschieht in der Weise, dass eine KIO_3-Lösung hergestellt wird, die im Bedarfsfalle abpipettiert und mit KI und HCl versetzt wird. KIO_3 reagiert mit überschüssigem KI in schwach saurer Lösung zu Iod:

$$IO_3^- + 5\,I^- + 6\,H^+ \longrightarrow 3\,I_2 + 3\,H_2O$$

Arbeitsgeräte: 25-mL-Pipette; 300-mL-Weithals-Erlenmeyerkolben; 1-L-Messkolben; 50-mL-Messkolben; 50-mL-Bürette; Trockenschrank.

Reagenzien: KIO_3 (p. a.); 0,5 mol/L KI; 7 mol/L HCl.

Arbeitsvorschrift: KIO_3 im Trockenschrank bei 180 °C trocknen und 7,1334 g in Wasser lösen und zu 1 L auffüllen. Hiervon 25 mL entnehmen, mit 20 mL KI-Lösung und 1 mL HCl versetzen und mit Wasser auf 50 mL auffüllen. Nach gründlichem Durchmischen wird die Lösung in die Bürette gefüllt und zum Titrieren verwendet.

Berechnung: 178,34 mg $KIO_3 \mathrel{\hat{=}} \frac{5}{6}$ mmol KIO_3 ergeben 50 mL 0,05 mol/L I_2.

Arsentrioxid als Urtitersubstanz

Reaktionsprinzip: Arsenige Säure reagiert mit Iod nach der Gleichung

$$AsO_3^{3-} + H_2O + I_2 \rightleftharpoons AsO_4^{3-} + 2\,H^+ + 2\,I^-$$

Hierzu wird 0,05 mol As_2O_3 in Natronlauge gelöst und zur Titerstellung ein aliquoter Teil entnommen, mit Schwefelsäure schwach angesäuert und mit Iodlösung titriert. Die Werte für die Oxidationspotenziale von Arsenat(V)/Arsenat(III) und Iod/Iodid sind in schwach saurer Lösung einander sehr ähnlich, sodass sich für diese Umsetzung ein Gleichgewicht einstellt, das nach dem MWG nach rechts verschoben werden kann, wenn man die Konzentration der entstehenden Wasserstoffionen erniedrigt. Hierbei darf jedoch die Konzentration der OH^--Ionen nicht so stark erhöht werden, dass sich unter Iodverbrauch Iodid-, Hypoiodit- oder Iodationen bilden. Aus diesem Grunde arbeitet man nicht in alkalischer Lösung, sondern im „Kohlensäure-Hydrogencarbonat-Puffer".

$$I_2 + AsO_3^{3-} + 2\,HCO_3^- \longrightarrow 2\,I^- + AsO_4^{3-} + 2\,CO_2\uparrow + H_2O$$

Umgekehrt lässt sich in stark saurer Lösung Iodid durch Arsenat(V) zu Iod oxidieren.

Verfahrensfehler: $NaHCO_3$ muss in so großer Menge anwesend sein, dass es ständig als Bodenkörper vorhanden ist.

Arbeitsbereich: 0,5–0,05 mmol As_2O_3 (99–9,9 mg As_2O_3)

2

Arbeitsgeräte: 300-mL-Weithals-Erlenmeyerkolben; 20-mL-Pipette; 50-mL-Bürette; 100-mL-Messkolben.

Reagenzien: Maßlösung: 0,05 mol/L I_2; $NaHCO_3$, fest; Stärkelösung (►S. 124); 1 mol/L NaOH; 1 mol/L H_2SO_4.

Arbeitsvorschrift: Ca. 0,1–0,15 g des 2 Stunden bei 110 °C getrockneten As_2O_3 genau einwiegen, in 10 mL NaOH-Lösung lösen und sofort mit 12 mL H_2SO_4 ansäuern (oder 20 mL der mit H_2SO_4 aufgefüllten Analysenlösung), mit Wasser auf 100 mL auffüllen und mit ca. 2 g $NaHCO_3$ versetzen. Nach Zugabe von 2 mL Stärkelösung mit Maßlösung bis zu bleibender schwacher Blaufärbung (ca. 30 s ohne Umschütteln) titrieren.

Berechnung: 1 mL 0,05 mol/L I_2 ≙ 0,025 mmol As_2O_3 bzw. 4,9460 mg As_2O_3 oder 3,7461 mg As(III).

Bestimmung von Antimonat(III)

Reaktionsprinzip: Analog der Arsenbestimmung wird auch die Bestimmung des Antimons in hydrogencarbonathaltiger Lösung ausgeführt:

$$SbO_3^{3-} + I_2 + H_2O \longrightarrow 2\,H^+ + SbO_4^{3-} + 2\,I^-$$

Verfahrensfehler: Antimonsalze unterliegen leicht der Hydrolyse, wobei sich schwerlösliche basische Antimonverbindungen abscheiden; durch Zusatz von Weinsäure oder Tartrat bilden sich komplexe Antimonoxidtartratverbindungen. Bei der Titration muss ständig ein $NaHCO_3$-Bodenkörper vorhanden sein.

Arbeitsbereich: 0,5–0,05 mmol Sb_2O_3 (146–15 mg Sb_2O_3)

Arbeitsgeräte: 300-mL-Weithals-Erlenmeyerkolben; 20-mL-Pipette; 50-mL-Bürette; 100-mL-Messkolben

Reagenzien: Maßlösung: 0,05 mol/L I_2; Seignettesalz (Kaliumnatriumtartrat); $NaHCO_3$, fest; Stärkelösung (►S. 124); 1 mol/L H_2SO_4.

Arbeitsvorschrift: 20 mL der mit H_2SO_4 aufgefüllten Analysenlösung mit 3 g Seignettesalz und danach mit ca. 2 g $NaHCO_3$ versetzen. Nach Auffüllung mit Wasser auf ca. 100 mL und Zugabe von 2 mL Stärkelösung mit Maßlösung bis zu bleibender schwacher Blaufärbung (ca. 30 s ohne Umschütteln) titrieren.

Berechnung: 1 mL 0,05 mol/L I_2 ≙ 0,025 mmol Sb_2O_3 bzw. 7,2875 mg Sb_2O_3 oder 6,0875 mg Sb(III).

Bestimmung von Kupfer

Reaktionsprinzip: Kupfer(II)-salze reagieren mit Iodid zu schwerlöslichem Kupfer(I)-iodid unter gleichzeitiger Oxidation des Iodids zu elementarem Iod:

$$2\,Cu^{2+} + 4\,I^- \rightleftharpoons 2\,CuI\downarrow + I_2$$

Das ausgeschiedene Iod kann mit Thiosulfatlösung bestimmt werden. Um die Reaktion vorwiegend im Sinne des oberen Pfeiles zu leiten, ist ein größerer Überschuss von Kaliumiodid erforderlich, und das gebildete Iod muss aus dem Reaktionsgleichgewicht entfernt werden, was durch die Titration mit Thiosulfatlösung erreicht wird.

Verfahrensfehler: Die iodometrische Cu-Bestimmung wird durch Fe und As sowie größere Mengen HCl gestört. Da Cu(I)-iodid durch Luftsauerstoff oxidiert wird, muss dieser möglichst fern gehalten werden; zum Auffüllen der Lösung darf nur ausgekochtes Wasser verwendet werden. Am Endpunkt der Titration muss die Blaufärbung etwa 0,5 bis 1 min lang verschwunden bleiben.

Arbeitsbereich: 2,0–0,2 mmol Cu (127–13 mg Cu)

Arbeitsgeräte: 20-mL-Pipette; 50-mL-Bürette.

Reagenzien: Maßlösung: 0,1 mol/L $Na_2S_2O_3$; 3 mol/L H_2SO_4 (25%ig); KI (p. a.), Stärkelösung (►S. 124).

Arbeitsvorschrift: 20 mL Analysenlösung mit soviel H_2SO_4 versetzen, dass die Gesamtlösung $c(H_2SO_4) \approx$ 0,75 mol/L besitzt; eine wässerige Lösung von 2 g KI hinzufügen. Kolben schließen und von Zeit zu Zeit durchschütteln. Nach 1 min mit Maßlösung titrieren. Gegen Ende der Titration, wenn die Lösung nur noch schwach gelb ist, 2 mL Stärkelösung hinzufügen und bis zum ersten völligen Verschwinden der Blaufärbung titrieren.

Berechnung: 1 mL 0,1 mol/L $Na_2S_2O_3$ ≙ 0,1 mmol Cu bzw. 6,3546 mg Cu.

Bromatometrie

Die Bromatometrie ist ein Redox-Verfahren, das die Bestimmung von As(III), Sb(III) und Sn(II) in saurer Lösung gestattet. Sie beruht auf der Oxidation der zu bestimmenden Substanz durch Bromat:

$$BrO_3^- + 6\,H^+ + 6\,e^- \longrightarrow Br^- + 3\,H_2O$$

Nach dem Äquivalenzpunkt entsteht aus Bromat und Bromid elementares Brom:

$$BrO_3^- + 5\,Br^- + 6\,H^+ \longrightarrow 3\,Br_2 + 3\,H_2O$$

Das Brom ent- oder verfärbt einen als Indikator zugesetzten Farbstoff in langsamer Reaktion meist irreversibel durch Bromierung oder Oxidation. Als Indikator können Methylrot, Methylorange oder andere Farbstoffe verwendet werden.

Herstellung einer Kaliumbromat-Maßlösung

Reaktionsprinzip: $KBrO_3$ wirkt oxidierend und geht selbst in Bromid über (s. oben). Es dient als Urtitersubstanz.

Arbeitsgeräte: Trockenschrank; 1-L-Messkolben.

Reagenzien: $KBrO_3$ (p. a.).

Arbeitsvorschrift: $KBrO_3$ (p. a.) bei 180 °C im Trockenschrank trocknen. 2,7833 g in einem Messkolben zu 1 Liter auflösen. Die Lösung ist titerbeständig. Eine $KBrO_3$-Lösung unbekannten Gehaltes kann gegen As_2O_3 als Urtitersubstanz eingestellt werden (►S. 124 f.), die Lösung muss jedoch hier stark salzsauer sein, d. h., es wird in HCl gelöst und nicht abgepuffert. Sonst wird wie unten verfahren.

Berechnung: 2,7833 g $KBrO_3 \mathrel{\hat{=}} \frac{1}{60}$ mol $KBrO_3$, d. h., $c(KBrO_3) = \frac{1}{60}$ mmol/mL.

Bestimmung von Arsenat(III) oder Antimonat(III)

Reaktionsprinzip: Die bromatometrische As-Bestimmung erfolgt nach:

$$3\,AsO_3^{3-} + BrO_3^- \longrightarrow 3\,AsO_4^{3-} + Br^-$$

In gleicher Weise kann auch Sb(III) bestimmt werden.

Verfahrensfehler: Die Bromatlösung soll langsam unter gutem Umschwenken einlaufen, weil sonst der Indikator durch an der Eintropfstelle gebildetes Brom vorzeitig zerstört wird.

Arbeitsbereich: 1,0–0,1 mmol As oder Sb (75–7,5 mg As oder 122–12 mg Sb)

Arbeitsgeräte: 200-mL-Weithals-Erlenmeyerkolben; 20-mL-Pipette; 50-mL-Bürette.

Reagenzien: Indikator: Methylorange, Maßlösung: $\frac{1}{60}$ mol/L $KBrO_3$; 7 mol/L HCl.

Arbeitsvorschrift: 20 mL Analysenlösung mit Wasser auf 150 mL auffüllen. 10 mL HCl zufügen und auf 50 °C erhitzen. 2 Tropfen Indikator zufügen und langsam unter Umschwenken bis zum Verschwinden der Farbe titrieren. Gegen Ende der Titration noch 2 Tropfen Indikator zusetzen.

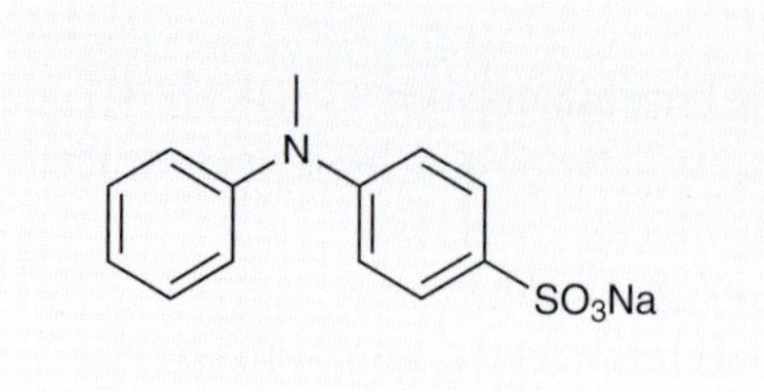

○ Abb. 2.15 Na-N-Methyldiphenylamin-p-sulfonat

Berechnung: 1 mL $\frac{1}{60}$ mol/L $KBrO_3$ ≙ 0,05 mmol As(III) oder Sb(III) bzw. 3,7461 mg As oder 6,0875 mg Sb.

Dichromatometrie

Eine $K_2Cr_2O_7$-Maßlösung hat gegenüber einer Permanganatlösung den Vorteil, dass sie titerbeständig und direkt durch Einwägen herstellbar ist. Die Titration kann auch in Gegenwart von nicht allzu viel Chlorid durchgeführt und zur Bestimmung von Eisen in Erzen benutzt werden. Die Reaktion verläuft nach:

$$Cr_2O_7^{2-} + 14\,H^+ + 6\,e^- \longrightarrow 2\,Cr^{3+} + 7\,H_2O$$

Als Indikatoren geeignet sind N-Phenylanthranilsäure, Na-Diphenylamin-p-sulfonat sowie Na-N-Methyl-diphenylamin-p-sulfonat (○ Abb. 2.15). Dieser besser umschlagende Indikator ist jedoch nicht mehr im Handel erhältlich.

Bestimmung von Eisen(II) mit $K_2Cr_2O_7$

Reaktionsprinzip: Das Erz wird gelöst oder aufgeschlossen und nach dem Lösen das vorhandene Eisen zu Fe(II) reduziert. Hierfür wird die Lösung mit $SnCl_2$ versetzt und der Überschuss des Reduktionsmittels mit $HgCl_2$-Lösung entfernt (►S. 122). Dann wird mit Indikator versetzt und titriert. Dabei wird Fe(II) zu Fe(III) oxidiert, und die Farbe der Lösung schlägt von grün nach violett um.

Verfahrensfehler: ►S. 122, Bestimmung von Fe(III).

Arbeitsbereich: 2,0–0,2 mmol (112–11 mg Fe)

Arbeitsgeräte: 300-mL-Weithals-Erlenmeyerkolben; 20-mL-Pipette; 50-mL-Bürette.

Reagenzien: Maßlösung: $\frac{1}{60}$ mol/L $K_2Cr_2O_7$; Indikator: 0,1%ige Na-N-Methyldiphenylamin-p-sulfonat-Lösung; 0,2 mol/L $SnCl_2$ (1 g $SnCl_6 \cdot 2\,H_2O$, 10 mL 10 mol/L HCl, 15 mL H_2O); $HgCl_2$-Lösung, kalt gesättigt; Gemisch aus 1 Teil 6 mol/L H_3PO_4 und 1 Teil 3 mol/L H_2SO_4 (25%ig).

Arbeitsvorschrift: 20 mL der Analysenlösung zur Fe-Reduktion nach Vorschrift auf ►S. 122 behandeln. Mit 10 mL des H_2SO_4/H_3PO_4-Gemisches versetzen, mit Maßlösung nach Zusatz von Indikator bis zur Violettfärbung titrieren.

Berechnung: 1 mL $\frac{1}{60}$ mol/L $K_2Cr_2O_7$ ≙ 0,1 mmol Fe^{2+}, Fe^{3+} bzw. 5,5847 mg Fe.

Bestimmung von Eisen(II) mit $K_2Cr_2O_7$ und $K_3[Fe(CN)_6]$ als Tüpfelindikator

Reaktionsprinzip: Die Fe(II)-Salzlösung wird in schwefelsaurer Lösung mit $K_2Cr_2O_7$-Lösung titriert. Zum Erkennen des Endpunktes wird im Verlauf der Titration jeweils ein Tropfen entnommen und auf einer Tüpfelplatte oder auf Filterpapier mit einem Tropfen $K_3[Fe(CN)_6]$-Lösung zusammengebracht. Bei Anwesenheit von Fe(II) bildet sich hierbei Berliner Blau ($Fe_4[Fe(CN)_6]_3$). Der Endpunkt der Titration ist erreicht, wenn beim Tüpfeln keine Blaufärbung mehr auftritt.

Verfahrensfehler: Die erste Titration dient zur ungefähren Ermittlung der Fe(II)-Menge. Bei der zweiten Titration wird der größte Teil der $K_2Cr_2O_7$-Lösung mit einem Male zugegeben, sodass der Endpunkt mit nur zwei- oder dreimaligem Tüpfeln erkannt werden kann.

Arbeitsbereich: 2,0–0,2 mmol Fe (112–11 mg Fe)

Arbeitsgeräte: Tüpfelplatte oder Filterpapier; 20-mL-Pipette; 50-mL-Bürette; Glasstäbe; 300-mL-Weithals-Erlenmeyerkolben.

Reagenzien: Indikator: 0,05 mol/L $K_3[Fe(CN)_6]$, frisch hergestellt (Kristalle vorher gut abspülen!); Maßlösung: $\frac{1}{60}$ mol/L $K_2Cr_2O_7$; 1 mol/L H_2SO_4.

Arbeitsvorschrift: 20 mL Analysenlösung mit 10 mL H_2SO_4 versetzen und mit Wasser auf ca. 100 mL auffüllen. Mit Maßlösung titrieren und mehrmals während der Titration mit Glasstab einen Tropfen entnehmen und auf Tüpfelplatte oder Filterpapier prüfen, ob mit Indikator noch Blau- bis Grünfärbung eintritt. So lange titrieren, bis beim Tüpfeln keine Blaufärbung, sondern reine Braunfärbung auftritt.

Berechnung: 1 mL $\frac{1}{60}$ mol/L $K_2Cr_2O_7$ $\triangleq$ 0,1 mmol Fe^{2+} bzw. 5,5874 mg Fe.

Cerimetrie

Ce(IV)-Salzlösung ist ein starkes Oxidationsmittel, das im Gegensatz zu Permanganat ein Arbeiten auch in stark salzsaurer Lösung gestattet. Der Redoxvorgang verläuft nach:

$$Ce^{4+} + e^- \longrightarrow Ce^{3+}$$

Die Titerstellung der Lösung kann gegen eine Fe(II)-Salzlösung erfolgen.

Herstellung einer Cer(IV)-sulfat-Maßlösung

Reaktionsprinzip: $Ce^{4+} + Fe^{2+} \longrightarrow Ce^{3+} + Fe^{3+}$. Ein gut geeigneter Redoxindikator ist Ferroin (►S. 115).

Arbeitsbereich: 2,0–0,2 mmol Fe (112–11 mg Fe)

Arbeitsgeräte: 1-L-Messkolben; 20-mL-Pipette; 50-mL-Bürette.

Reagenzien: $Cd(SO_4) \cdot 4\,H_2O$; 1 mol/L H_2SO_4; Maßlösung: 0,1 mol/L $FeSO_4$ mit Normierfaktor f_{Fe}; Indikator: Ferroinlösung.

Arbeitsvorschrift: Etwa 41 g $Ce(SO_4)_2 \cdot 4\,H_2O$ in soviel 1 mol/L H_2SO_4 lösen, dass klare Lösung erfolgt, dann mit 0,1 mol/L H_2SO_4 im Messkolben auffüllen. Umschütteln und mit Pipette V_{Ce} = 20 mL entnehmen und mit Wasser auf 100 mL verdünnen. 1 Tropfen Indikator zufügen und mit $FeSO_4$-Maßlösung bis zur Rotfärbung titrieren; normierter Verbrauch an $FeSO_4$-Maßlösung $V_t \cdot f_{Fe}$.

Berechnung: 40,32 g $Ce(SO_4)_2 \cdot 4\,H_2O \mathrel{\hat{=}}$ 0,1 mol $Ce(SO_4)_2$, d. h. $f_{Ce} = (V_t \cdot f_{Fe}) V_{Ce}$.

Bestimmung von $K_4[Fe(CN)_6]$

Reaktionsprinzip: Ce(IV) oxidiert in saurer Lösung $K_4[Fe(CN)_6]$ nach:

$$[Fe(CN)_6]^{4-} + Ce^{4+} \longrightarrow [Fe(CN)_6]^{3-} + Ce^{3+}$$

Arbeitsbereich: 2,0–0,2 mmol $K_4[Fe(CN)_6]$ (737–74 mg $K_4[Fe(CN)_6]$)

Arbeitsgeräte: 300-mL-Weithals-Erlenmeyerkolben; 20-mL-Pipette; 50-mL-Bürette.

Reagenzien: Indikator: Ferroinlösung; Maßlösung: 0,1 mol/L $Ce(SO_4)_2$; 7 mol/L HCl.

Arbeitsvorschrift: Lösung auf 100 mL verdünnen. Mit 10 mL HCl und einem Tropfen Ferroinlösung versetzen. Bei Zimmertemp. von orangebraun bis grüngelb titrieren.

Berechnung: 1 mL 0,1 mol/L $Ce(SO_4)_2 \mathrel{\hat{=}}$ 0,1 mmol $K_4[Fe(CN)_6]$ bzw. 36,836 mg $K_4[Fe(CN)_6]$.

Ferrometrie

Bei der Ferrometrie dient eine Fe(II)-Salzlösung als Maßlösung. Diese läuft vor der Titration über einen Cadmiumreduktor, in welchem die quantitative Reduktion zu Fe^{2+} erfolgt. Der auf o Abb. 2.16 abgebildete Reduktor besteht aus einem Glaszylinder (Durchmesser 14 mm, Betthöhe 140 mm), in dem sich eine Glasfritte G 1 befindet. Dieser Zylinder wird etwa bis zur Hälfte mit grob gepulvertem Cadmium (Merck) gefüllt und in der aus der o Abb. 2.16 ersichtlichen Weise mit einer Bürette verbunden. Als Maßlösung dient eine $FeSO_4$-Lösung, die soviel Salz- oder Schwefelsäure enthält, dass ihre Wasserstoffionenkonzentration etwa 0,3 mol/L ist. Die Titerstellung kann gegen eine Permanganatlösung erfolgen.

Bestimmung von $Cr_2O_7^{2-}$ (bzw. Vanadat)

Reaktionsprinzip: In saurer Lösung reagieren

$$Cr_2O_7^{2-} + 6\,Fe^{2+} + 14\,H^+ \longrightarrow 2\,Cr^{3+} + 6\,Fe^{3+} + 7\,H_2O$$

und

$$VO_2^+ + Fe^{2+} + 2\,H^+ \longrightarrow VO^{2+} + Fe^{3+} + H_2O$$

Fe(II) wird hierbei zu Fe(III) oxidiert.

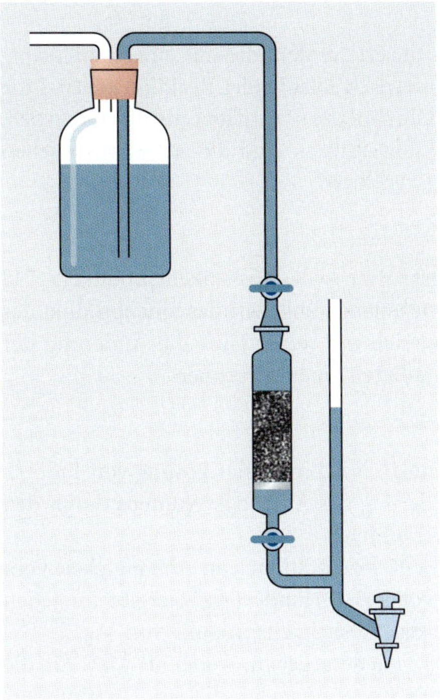

Abb. 2.16 Bürette mit Reduktor

Verfahrensfehler: Zu geringe H^+-Konzentration; die Lösung soll stark sauer sein, d. h. $c(H^+) = 0{,}5\text{–}2$ mol/L.

Arbeitsbereich: 0,3–0,03 mmol (88–9 mg) $K_2Cr_2O_7$ oder 2–0,2 mmol (234–23 mg) NH_4VO_3

Arbeitsgeräte: 300-mL-Weithals-Erlenmeyerkolben; 50-mL-Bürette mit Reduktor; 20-mL-Pipette.

Reagenzien: Indikator: 0,1%ige Na-N-Methyldiphenylamin-p-sulfonat-Lösung; Maßlösung: 0,1 mol/L Fe(II)-Lösung, Gemisch aus 1 Teil 6 mol/L H_3PO_4 und 1 Teil 3 mol/L H_2SO_4.

Arbeitsvorschrift: 20 mL Analysenlösung mit ca. 100 mL Wasser verdünnen. 10 mL H_2SO_4/H_3PO_4-Gemisch und 0,3 mL Indikator (oder 0,1 mL 0,025 mol/L Ferroin bei $Cr_2O_7^{2-}$) zufügen. Wenn nach 1 min der Indikator eine satte, rote Farbe hat, mit Maßlösung titrieren, bis die Farbe über violett schlagartig nach blaugrün umschlägt.

Berechnung: 1 mL 0,1 mol/L Fe(II)-Lösung ≙ 4,9032 mg $K_2Cr_2O_7$ bzw. 11,698 mg NH_4VO_3.

2.4.4 Fällungsverfahren

Mithilfe der Fällungsverfahren können Stoffe titriert werden, die mit einer Maßlösung einen schwerlöslichen Niederschlag in stöchiometrisch ablaufender Reaktion geben. Eine Abtrennung des Niederschlags – wie bei der Gravimetrie – ist dabei nicht erforderlich. Am wichtigsten aus dieser Gruppe von Analysenverfahren sind die argentometrischen Bestimmungen und die hydrolytischen Fällungsverfahren.

Einführung in die Fällungsanalyse

Von grundsätzlicher Bedeutung bei der Fällungsanalyse ist das Löslichkeitsprodukt (►S. 18 und ►S. 62). Es spielt in der Fällungsanalyse eine analoge Rolle wie das Ionenprodukt des Wassers in der Neutralisationsanalyse. So lässt sich mit seiner Hilfe die Änderung der Konzentration der an einer Fällungsanalyse beteiligten Ionen berechnen.

Titrationskurven

Als Beispiel soll die Fällung von 100 mL 0,01 mol/L NaCl mit einer Lösung von 1 mol/L $AgNO_3$ bei 20 °C erläutert werden. Die Veränderung des Ausgangsvolumens durch den Zusatz der Maßlösung soll dabei vernachlässigt werden.

In ◘ Tab. 2.17 sind die Änderungen der Ionenkonzentrationen in Abhängigkeit vom $AgNO_3$-Zusatz wiedergegeben. Das Produkt von $c(Cl^-)$ und $c(Ag^+)$ ergibt für jeden Punkt der Kurve $1{,}1 \cdot 10^{-10}\,mol^2 \cdot L^{-2}$, d. h. das Löslichkeitsprodukt von AgCl. Die Werte der Tabelle sind graphisch in ○ Abb. 2.17 wiedergegeben, wobei als Maß für die Konzentration der pCl-Wert verwendet wird (►S. 62). Auch bei diesem Titrationsverfahren ändert sich die Ionenkonzentration der an der Fällung beteiligten Ionen in der unmittelbaren Umgebung des Äquivalenzpunktes sprungartig. Voraussetzung für einen genügend großen Konzentrationssprung ist ein ausreichend kleines Löslichkeitsprodukt, es sollte z. B. für 1 : 1-Salze $\leq 10^{-8}\,mol^2 \cdot L^{-2}$ sein. Am Äquivalenzpunkt erreicht die Löslichkeit des Niederschlags ein Maximum (►S. 62 und ○ Abb. 2.3).

Der Konzentrationssprung wird um so größer, je höher die Konzentrationen der Analysen- und der Maßlösung liegen. Einer beliebigen Konzentrationserhöhung sind Grenzen gesetzt (Volumenänderung, Mitfällung).

mL $AgNO_3$	% Cl^- gefällt	$c(Cl^-)$ /mol · L^{-1}	$c(Ag^+)$ /mol · L^{-1}	pCl
0,000	0,0	$1{,}0 \cdot 10^{-2}$	0	2
0,90	90,0	$1{,}0 \cdot 10^{-3}$	$1{,}1 \cdot 10^{-7}$	3
0,99	99,0	$1{,}0 \cdot 10^{-4}$	$1{,}1 \cdot 10^{-6}$	4
1,00		$1{,}05 \cdot 10^{-5}$	$1{,}05 \cdot 10^{-5}$	5
1,01		$1{,}1 \cdot 10^{-6}$	$1{,}0 \cdot 10^{-4}$	6
1,10		$1{,}1 \cdot 10^{-7}$	$1{,}0 \cdot 10^{-3}$	7

◘ **Tab. 2.17** Titration von 100 mL 0,01 mol/L NaCl mit 1 mol/L $AgNO_3$-Lösung

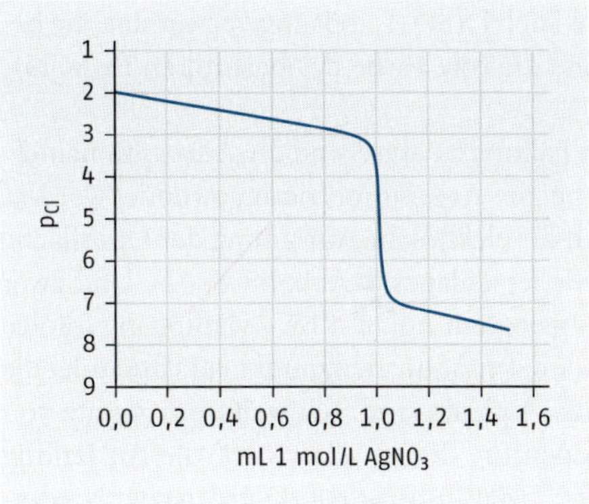

Abb. 2.17 Titration von NaCl-Lösung mit $AgNO_3$

2

Indikatoren

Ohne spezielle Endpunktanzeige lässt sich **Ag^+ mit NaCl-Lösung nach *Gay-Lussac*** bestimmen. Als Kriterium für den Endpunkt dient die deutliche Zusammenballung des ausgefallenen Niederschlags und das Ausbleiben einer erneuten Trübung (Klarpunkt) bei Zusatz weiterer Maßlösung.

Eine Reihe von Indikatoren der Fällungsverfahren geben mit der Maßlösung einen farbigen Niederschlag, wie z. B. K_2CrO_4 bei der **argentometrischen Halogenidbestimmung nach *Mohr***. CrO_4^{2-} bildet mit Ag^+ in neutraler oder sehr schwach alkalischer Lösung einen rotbraunen Niederschlag von Ag_2CrO_4. Das Löslichkeitsprodukt des zur Indizierung dienenden Niederschlags bezogen auf $c(Ag^+)$ muss größer sein als das des bei der Titration gebildeten Niederschlags. Um eine einwandfreie Erkennung des Endpunktes zu erreichen, ist es notwendig, die Konzentration des Indikators in einem bestimmten Bereich zu halten. Die Menge an $AgNO_3$-Lösung, die über den Äquivalenzpunkt hinaus zur Erkennung des Endpunktes der Titration zugesetzt werden muss, ist von der CrO_4^{2-}-Konzentration abhängig, und zwar soll diese etwa bei 10^{-2} mol/L liegen, wie aus folgender Rechnung hervorgeht.

Im Äquivalenzpunkt ist $c(Ag^+) = \sqrt{K_{L(AgCl)}} = 10^{-5}\ \text{mol} \cdot \text{L}^{-1}$. Außerdem gilt bei Fällung von Ag_2CrO_4: $K_{L(Ag_2CrO_4)} = c^2(Ag^+) \cdot c(CrO_4^{2-})$.

$$c(CrO_4^{2-}) = \frac{K_{L(Ag_2CrO_4)}}{c^2(Ag^+)} = \frac{10^{-12}\ \text{mol}^3 \cdot \text{L}^{-3}}{10^{-10}\ \text{mol}^2 \cdot \text{L}^{-2}} = 10^{-2}\ \text{mol} \cdot \text{L}^{-1}$$

Tatsächlich wählt man die CrO_4^{2-}-Konzentration etwas geringer (ca. $0{,}5 \cdot 10^{-2}$ mol/L), um die Farbe des ausfallenden Ag_2CrO_4 nicht durch die des CrO_4^{2-}-Ions zu überdecken.

Falls der zur Indizierung dienende Niederschlag schwerer löslich als die Analysenfällung ist, kann man den Indikator nur zum Tüpfeln verwenden. Ein Beispiel ist die Titration von Zn^{2+} mit Na_2S. Als Indikatorlösung dient hier $Co(NO_3)_2$-Lösung. CoS hat ein kleineres Löslichkeitsprodukt als ZnS, deshalb kann man das $Co(NO_3)_2$ nicht direkt der Analysenlösung zusetzen, es würde dann zuerst CoS ausfallen. Man hilft sich, indem man klare, ZnS-freie Lösungsproben entnimmt und mit $Co(NO_3)_2$-Lösung tüpfelt. Sonst würde sich ZnS mit Co^{2+} zu CoS und Zn^{2+} umsetzen. Erst am Äquivalenzpunkt reicht die S^{2-}-Konzentration aus, um beim Tüpfeln das schwarze CoS zu fällen. Weiterhin kann man einen Indikator zusetzen, der mit der Maßlösung nach Überschreitung des Endpunktes eine lösliche, farbige Verbindung bildet. Dies gilt z. B. für die **Titration von Ag^+ mit SCN^-**

nach *Volhard*. Zur Endpunktsanzeige wird eine $FeNH_4(SO_4)_2$-Lösung verwendet, die bereits mit einem sehr geringen SCN^--Überschuss die rote Farbe des bekannten $Fe(SCN)_3$ bildet.

Eine besondere Gruppe von Indikatoren der Fällungsanalyse sind die Adsorptionsindikatoren, wie z. B. Rhodamin 6 G und Eosin, die bei der Argentometrie angewendet werden.

Im Verlauf einer Fällungstitration ändert sich die elektrische Aufladung der Oberfläche des zum Teil in kolloider Form vorliegenden Niederschlages (○ Abb. 1.5, S. 42). Und zwar ist das kolloide AgBr bei einer Titration von vorgelegtem Ag^+ mit Br^--Maßlösung infolge des Ag^+-Überschusses zunächst positiv aufgeladen. Im Äquivalenzpunkt verschwindet die Aufladung der Oberfläche, da $c(Ag^+)$ und $c(Br^-)$ gleich sind. Bei weiterem Zusatz von Br^- werden vorzugsweise die jetzt überschüssigen Br^--Ionen adsorbiert, die Aufladung des AgBr wird negativ. Wenn dagegen Br^- mit Ag^+-Maßlösung titriert wird, ist der Niederschlag zuerst negativ aufgeladen, im Äquivalenzpunkt neutral und wird bei weiterem Ag^+-Zusatz schließlich positiv geladen. Entsprechend diesen Umladungen des Niederschlags muss man im ersten Fall kationische Farbstoffe (z. B. Rhodamin 6 G) als Indikator anwenden, da diese nach Überschreiten des Äquivalenzpunktes durch den negativ geladenen Niederschlag adsorbiert werden. Für den zweiten Fall verwendet man analog anionische Farbstoffe (z. B. Eosin). Bei der Adsorption der Farbstoffionen wird deren Elektronenhülle deformiert (Polarisation, ►S. 42). Dadurch ändert sich der Farbton des Indikators.

Bei der **CN^--Bestimmung mit $AgNO_3$-Lösung nach *Liebig*** dient als Endpunktsanzeige das Auftreten einer Trübung. Zunächst bildet sich der lösliche $[Ag(CN)_2]^-$-Komplex. Am Äquivalenzpunkt reicht die CN^--Konzentration nicht mehr aus, um alles Ag^+ komplex in Lösung zu halten, und es tritt Fällung von AgCN ein.

Als letztes seien die Säure-Basen-Indikatoren erwähnt, die bei den hydrolytischen Fällungsverfahren Anwendung finden. Hier erfolgt am Äquivalenzpunkt eine sprunghafte Änderung des pH-Wertes, sodass z. B. bei der Titration von Ca^{2+} und Mg^{2+} mit Kaliumpalmitat die Rotfärbung von Phenolphthalein als Endpunktsanzeige benutzt wird.

Argentometrie

Ag^+ gibt mit den Halogenid- und Pseudohalogenidionen stöchiometrisch zusammengesetzte Niederschläge oder Komplexe.

Herstellung einer $AgNO_3$-Lösung

Verfahrensfehler: Das verwendete Silbernitrat darf kein metallisches Silber enthalten, seine wässerige Lösung muss neutral reagieren. Die fertige Lösung muss vor Licht und Staub geschützt werden.

Arbeitsgeräte: 1000-mL-Messkolben; Trockenschrank; Wägeglas; Analysenwaage.

Reagenzien: $AgNO_3$ (p. a.)

Arbeitsvorschrift: $AgNO_3$ im Trockenschrank bei 150 °C bis zur Gewichtskonstanz trocknen, davon 16,9875 g abwiegen, in Wasser lösen und im Messkolben auf 1000 mL auffüllen. Die Konzentration ist genau $c(AgNO_3) = 0{,}1000$ mol/L. Eine Titerstellung ist nicht notwendig; bei älteren Lösungen ist eine Titerstellung mit NaCl (p. a.) zu empfehlen.

Herstellung einer NH_4SCN-Maßlösung
Reaktionsprinzip: Thiocyanat gibt mit Ag^+ schwerlösliches AgSCN.

Verfahrensfehler: Das verwendete Ammoniumthiocyanat muss völlig frei von Chlorid sein.

Arbeitsgeräte: 1-L-Flasche; Wägeschiffchen; Waage.

Reagenzien: NH_4SCN (p. a.)

Arbeitsvorschrift: NH_4SCN ist hygroskopisch und zersetzt sich bei höheren Temperaturen. Circa 8–9 g möglichst trockenes NH_4SCN abwiegen und in 1 L Wasser lösen. Die fertige Maßlösung gegen 0,1 mol/L $AgNO_3$ einstellen.

Bestimmung von Chlorid nach *Mohr*
Reaktionsprinzip: Die Titration verläuft nach folgender Reaktionsgleichung:

$$\underset{35{,}453}{Cl^-} + \underset{107{,}868}{Ag^+} \longrightarrow \underset{143{,}321}{AgCl\downarrow}$$

Sobald der Äquivalenzpunkt überschritten ist, reicht die Ag^+-Konzentration aus, um mit dem als Indikator zugesetzten K_2CrO_4 einen rotbraunen Niederschlag von Ag_2CrO_4 zu bilden (► S. 133 f.). Br^- ist ebenfalls so titrierbar.

Verfahrensfehler: Die Endpunktsanzeige erfolgt in sauren Lösungen zu spät oder gar nicht, da hier vorwiegend $Cr_2O_7^{2-}$ vorliegt, das mit Ag^+ keinen Niederschlag bildet. Andererseits darf die Lösung nicht zu alkalisch sein, da sonst Ag_2O ausfällt. Am besten ist pH = 6,5–7,2, einzustellen mit $NaHCO_3$ oder CH_3COOH. Alle Titrationen sollen möglichst unter den gleichen Bedingungen wie die Einstellungen der Maßlösung erfolgen. Damit wird der Fehler ausgeglichen, der durch den zur Erreichung einer sichtbaren Rotfärbung notwendigen Mehrverbrauch von $AgNO_3$ entsteht.

Arbeitsbereich: 1,0–0,1 mmol Cl^- (35–3,5 mg Cl)

Arbeitsgeräte: 100-mL-Messkolben; 20-mL-Pipette; 300-mL-Weithals-Erlenmeyerkolben; 50-mL-Bürette.

Reagenzien: Indikator: 0,3 mol/L K_2CrO_4; Maßlösung: 0,1 mol/L $AgNO_3$.

Arbeitsvorschrift: 20 mL der Analysenlösung mit Wasser auf 100 mL verdünnen, 2 mL der Indikatorlösung zugeben. Mit Maßlösung unter gutem Schütteln nicht zu schnell bis zum Umschlag titrieren. Die Rotfärbung soll etwa 1 min lang bestehen bleiben.

Berechnung: 1 mL 0,1 mol/L $AgNO_3$ $\hat{=}$ 0,1 mmol Cl^- bzw. 3,5453 mg Cl.

Bestimmung von Silber nach *Volhard*

Reaktionsprinzip: Die Fällung des Ag^+ erfolgt mit einer SCN^--Maßlösung nach folgender Reaktionsgleichung:

$$\underset{107{,}868}{Ag^+} \quad + \quad \underset{58{,}08}{SCN^-} \quad \longrightarrow \quad \underset{165{,}948}{AgSCN\downarrow}$$

Ein Überschuss an SCN^- wird durch einen Zusatz von Fe^{3+} erkannt. Auf diese Weise ist die direkte Bestimmung von Ag^+ möglich. Durch Rücktitration lassen sich nach *Volhard* auch Cl^- (AgCl muss vor der Rücktitration abfiltriert werden), Br^-, I^-, CN^-, SCN^- bestimmen.

Verfahrensfehler: Die salpetersaure Lösung darf keine NO_2^--Ionen enthalten, da diese mit SCN^- eine rote Färbung geben. Die Lösung muss 0,5–1,5 mol/L HNO_3 enthalten, höhere Konzentrationen verzögern die Bildung des farbigen $Fe(SCN)_3$-Komplexes. Bei Temperaturen oberhalb 25 °C ist die Farbintensität des Indikators zu gering.

Arbeitsbereich: 1,0–0,1 mmol Ag (108–11 mg Ag)

Arbeitsgeräte: 100-mL-Messkolben; 20-mL-Pipette; 300-mL-Weithals-Erlenmeyerkolben; 50-mL-Bürette.

Reagenzien: Indikator: Kalt gesätt. $FeNH_4(SO_4)_2$-Lösung so lange tropfenweise mit ausgekochter konz. HNO_3 versetzen, bis die anfangs entstehende Braunfärbung wieder verschwunden ist; Maßlösung: 0,1 mol/L NH_4SCN.

Arbeitsvorschrift: 20 mL der Analysenlösung mit Wasser auf 100 mL verdünnen, 2 mL Indikatorlösung zusetzen. Mit SCN^--Maßlösung bis zum Umschlag titrieren.

Berechnung: 1 mL 0,1 mol/L NH_4SCN ≙ 0,1 mmol Ag^+ bzw. 10,7868 mg Ag.

Bestimmung von Bromid nach *Fajans*

Reaktionsprinzip: Die Titration verläuft nach folgender Reaktionsgleichung:

$$\underset{79{,}904}{Br^-} \quad + \quad \underset{107{,}868}{Ag^+} \quad \longrightarrow \quad \underset{187{,}772}{AgBr\downarrow}$$

Nach Überschreiten des Äquivalenzpunktes ist das AgBr-Kolloid durch überschüssige Ag^+-Ionen an der Oberfläche positiv aufgeladen (►S. 134) und vermag Eosinanionen unter Deformation ihrer Elektronenhülle (Farbänderung) zu adsorbieren. In gleicher Weise sind mit anderen Indikatoren Cl^-, I^-, SCN^- titrierbar.

Verfahrensfehler: In Lösungen mit mehr als 0,1 mol/L HNO_3 wird der Farbstoff zerstört; wenn möglich, soll in essigsaurer Lösung gearbeitet werden.

Arbeitsbereich: 1,0–0,1 mmol Br^- (80–8 mg Br)

Arbeitsgeräte: 100-mL-Messkolben; 20-mL-Pipette; 30-mL-Weithals-Erlenmeyerkolben; 50-mL-Bürette.

Reagenzien: Indikator: 1%ige Eosinnatrium-Lösung; Maßlösung: 0,1 mol/L $AgNO_3$.

Arbeitsvorschrift: 20 mL der Analysenlösung mit Wasser auf 100 mL verdünnen, 2 Tropfen Indikatorlösung für je 10 mL Verbrauch zusetzen, bis zur Flockung und zum Umschlag von rosa nach rot mit Maßlösung titrieren.

Berechnung: 1 mL 0,1 mol/L $AgNO_3$ ≙ 1 mmol Br^- bzw. 7,9909 mg Br.

Bestimmung von Cyanid nach *Liebig*

Reaktionsprinzip: Dieser Titration liegt zwar eine Komplexbildungsreaktion zu Grunde (►S. 36), sie gehört aber wegen der Art ihrer Endpunktsanzeige zu den Fällungsanalysen. Bis zum Äquivalenzpunkt erfolgt Komplexbildung:

$$\underset{52{,}036}{2\,CN^-} + \underset{107{,}868}{Ag^+} \longrightarrow \underset{159{,}904}{[Ag(CN)_2]^-}$$

Bei Überschreitung des Äquivalenzpunktes beginnt die Fällung von AgCN nach:

$$[Ag(CN)_2]^- + Ag^+ \longrightarrow 2\,AgCN\downarrow$$

Verfahrensfehler: Die Bestimmung muss in schwach alkalischer Lösung ausgeführt werden, in saurer Lösung wird HCN frei, in stark alkalischer Lösung fällt Ag_2O aus. Der Reagenzzusatz soll besonders gegen Ende der Titration langsam erfolgen, da sich primär an der Eintropfstelle gebildetes AgCN in einem geringen Überschuss von CN^- nur sehr langsam wieder löst. NH_4^+-Ionen stören durch Komplexbildung, Halogenid- und Thiocyanationen stören nicht. Zur besseren Sichtbarmachung des Endpunktes ist ein Zusatz von Diphenylcarbazid als Adsorptionsindikator zu empfehlen, dieses zeigt bereits vor einer sichtbaren Trübung einen Umschlag von rosa nach blassviolett.

Arbeitsbereich: 2,0–0,2 mmol CN^- (52–5,2 mg CN)

Arbeitsgeräte: 100-mL-Messkolben; 20-mL-Pipette; 300-mL-Weithals-Erlenmeyerkolben; 50-mL-Bürette.

Reagenzien: Indikator: 0,1%ige Lösung von Diphenylcarbazid in Ethanol; Maßlösung: 0,1 mol/L $AgNO_3$.

Arbeitsvorschrift: 20 mL Analysenlösung mit Wasser auf 100 mL verdünnen (**Achtung!** Cyanid ist ein sehr starkes, tödlich wirkendes Gift, beim Entnehmen der Analysenlösung mit der Pipette auf keinen Fall mit dem Mund ansaugen; Pipettierball benutzen! Oder Analysenlösung in eine Bürette füllen!), 2–3 Tropfen Indikatorlösung zusetzen, bis zum bleibenden Umschlag nach blassviolett mit Maßlösung titrieren.

Berechnung: 1 mL 0,1 mol/L $AgNO_3$ ≙ 0,2 mmol CN^- bzw. 5,2036 mg CN.

Hydrolytische Fällungsverfahren

Es werden Salze schwacher Säuren als Titrationsmittel verwendet, deren Anionen mit den zu bestimmenden Kationen schwerlösliche Niederschläge bilden. Der Endpunkt wird daran erkannt, dass ein Reagenzüberschuss als Base wirkt und den pH-Wert der Lösung sprunghaft erhöht.

Herstellung und Einstellung einer Kaliumpalmitat-Maßlösung

Reaktionsprinzip: $KC_{15}H_{31}COO$ gibt mit Mg^{2+} und Ca^{2+} schwerlösliche Niederschläge stöchiometrischer Zusammensetzung.

Verfahrensfehler: Die Maßlösung muss genau neutral sein. Bei Einstellung der Lösung mit einer $CaCl_2$-Lösung aus HCl und $CaCO_3$ muss CO_2 vor der Titration verkocht werden.

Arbeitsgeräte: 1000-mL-Messkolben; Wägeschiffchen; Waage.

Reagenzien: Palmitinsäure; Phenolphthalein; Propanol; KOH; Ethanol.

Arbeitsvorschrift: 25,6 g Palmitinsäure abwiegen und zusammen mit 0,1 g Phenolphthalein in einem Gemisch von 500 mL Propanol und 300 mL Wasser lösen. 15 g KOH in 100 mL Ethanol in der Wärme lösen. Die ethanolische KOH-Lösung in Portionen zur ersten Lösung zusetzen, bis sich die Palmitinsäure klar gelöst hat und die Lösung schwach rosa geworden ist. Wenn zu viel KOH-Lösung zugegeben wurde, mit einigen Tropfen HCl entfärben und mit KOH tropfenweise bis zum Umschlag titrieren. Gegebenenfalls muss filtriert werden. Die fertige Maßlösung muss gegen CO_2-freie $MgCl_2$- oder $CaCl_2$-Lösung bekannter Konzentration eingestellt werden. Als Urtitersubstanz eignet sich $CaCO_3$.

Bestimmung von Magnesium mit Kaliumpalmitat

Reaktionsprinzip: Die Fällung des Magnesiumpalmitats erfolgt nach:

$$\underset{24{,}305}{Mg^{2+}} + \underset{510{,}84}{2\,C_{15}H_{31}COO^-} \longrightarrow \underset{535{,}145}{Mg(C_{15}H_{31}COO)_2}$$

Beim Überschreiten des Äquivalenzpunktes reagiert das überschüssige Palmitat nach:

$$C_{15}H_{31}COO^- + H_2O \longrightarrow C_{15}H_{31}COOH + OH^-$$

Die alkalische Reaktion wird durch Neutralisationsindikatoren, die bei hohem pH-Wert umschlagen, sichtbar gemacht.

Verfahrensfehler: Bei zu hohen Mg^{2+}-Konzentrationen ($c(Mg^{2+}) > 0{,}015$ mol/L) erfolgt Mitfällung von Kaliumpalmitat. Bei sehr geringen Mg^{2+}-Konzentrationen tritt ebenfalls ein zu hoher Verbrauch ein, da allein für den Umschlag des Indikators eine bestimmte Kaliumpalmitatmenge notwendig ist. Dieser Blindverbrauch beträgt maximal $V_b = 1$ mL bei $c(Mg^{2+}) < 5 \cdot 10^{-4}$ mol/L. Die Analysenlösung muss neutral sein.

Arbeitsbereich: 1,5–0,05 mmol Mg^{2+} (37–1,2 mg Mg)

Arbeitsgeräte: 100-mL-Messkolben; 20-mL-Pipette; 300-mL-Weithals-Erlenmeyerkolben; 50-mL-Bürette.

Reagenzien: Indikator: 0,1%ige ethanolische Lösung von Phenolphthalein; Maßlösung: 0,1 mol/L Kaliumpalmitatlösung (s. oben); 0,1 mol/L HCl.

Arbeitsvorschrift: 20 mL neutrale Analysenlösung mit Wasser auf 100 mL verdünnen, mit 2 Tropfen Indikatorlösung versetzen, evtl. mit 0,1 mol/L HCl bis zur Entfärbung titrieren, aufkochen und mit Maßlösung bis zum Umschlag nach rosa titrieren. $V_n = f_n \cdot (V_t - V_b)$.

Berechnung: 1 mL 0,1 mol/L Kaliumpalmitat ≙ 0,05 mmol Mg^{2+} bzw. 1,215 mg Mg.

2.4.5 Komplexbildungs-Titrationen

Bei den komplexbildenden Titrationen werden Ionen mit Maßlösungen umgesetzt, die komplexbildende Liganden enthalten. Ein klassisches Beispiel ist die Bestimmung von Alkalicyaniden nach der Methode von Liebig (►S. 137).

Einführung in die Komplexometrie

Allgemein ist die einfache Komplexbildung nur in Sonderfällen brauchbar, da die maßanalytischen Grundbedingungen, das Vorliegen einer eindeutigen und vollständigen Reaktion sowie einer zuverlässigen Indikation des Endpunktes, nicht erfüllt sind. Ihre große Bedeutung erreichten die komplexbildenden Titrationen erst nach Darstellung von neuen Verbindungen, z. B. der Aminopolycarbonsäuren, und der in den 10 Jahren danach erfolgten Aufklärung des Komplexbildungs-Mechanismus. Da die neuen Reagenzien ausschließlich Chelatkomplexbildner sind, spricht man von **chelatometrischen Titrationen**.

Zu nennen sind vor allem die nach 1945 von *Schwarzenbach* in die analytische Chemie eingeführten komplexometrischen Titrationen und die von *Wickbold* entwickelten carbamatometrischen Titrationen.

Als Maßlösung werden Natriumsalze der chelatbildenden Säuren Ethylendiamintetraessigsäure, EDTA, kurz H_4Y, oder Diethyldithiocarbamat DDTC, kurz HC, verwendet.

Allgemein lassen sich die stattfindenden Umsetzungen formulieren zu

$$M^{n+} + Y^{4-} \rightleftharpoons [MY]^{-4+n}$$

$$M^{n+} + n \cdot C^{-} \rightleftharpoons [MC_n]^{0}$$

Aus dem MWG ergeben sich die Stabilitätskonstanten (►S. 38) der Komplexe:

$$K_M = \frac{c([MY]^{-4+n})}{c(M^{n+}) \cdot c(Y^{4-})} \quad \text{bzw.} \quad K_M = \frac{c([MC_n])}{c(M^{n+}) \cdot c^n(C^-)}$$

Da sie bei den angeführten Titrationsarten sehr große Werte besitzen, ist es üblich, sie im logarithmischen Maß anzugeben:

$$pK = \lg K_M$$

Die vergleichsweise sehr große Stabilität dieser Komplexe ist im wesentlichen eine Folge der Bildung von Chelatringen.

Statt der Metallionenkonzentrationen werden die analog den pH-Werten definierten Werte angegeben:

$$pM = -\lg c(M^{n+})$$

Trägt man die pM-Werte als Funktion des Verbrauches V an Maßlösung in ein pM-V-Diagramm ein, so erhält man Titrationskurven, die denjenigen bei Neutralisationstitrationen entsprechen. Es tritt auch hier am Äquivalenzpunkt eine sprunghafte pM-Änderung auf.

Zur Endpunktserkennung verwendet man hauptsächlich Metallindikatoren, in Sonderfällen elektrometrische Verfahren (►Kap. 2.6). Ein Metallindikator ist ein Farbstoff, der mit dem zu titrierenden Kation einen anders farbigen Farbstoffkomplex bildet, der weniger stabil ist als der entsprechende Chelat-Komplex. Versetzt man die Analysenlösung mit dem Metallindikator, so bildet sich der entsprechende Farbstoffkomplex aus. Beim Titrieren mit dem Chelatbildner werden zuerst die freien Metallionen komplexiert. Am Äquivalenzpunkt aber wird auch der Indikatorkomplex zerstört. Es folgt der Umschlag in die Farbe des freien Metallindikators.

Komplexometrie

Unter dem von *Schwarzenbach* geprägten Sammelbegriff Komplexone fasst man eine Anzahl von Verbindungen zusammen, wie Nitrilotriessigsäure (Komplexon I), Ethylendiamintetraessigsäure (Komplexon II) und das Dinatriumsalz der Ethylendiamintetraessigsäure (Komplexon III) sowie Diaminocyclohexantetraessigsäure (Komplexon IV).

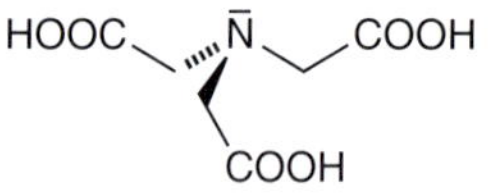

Komplexon I

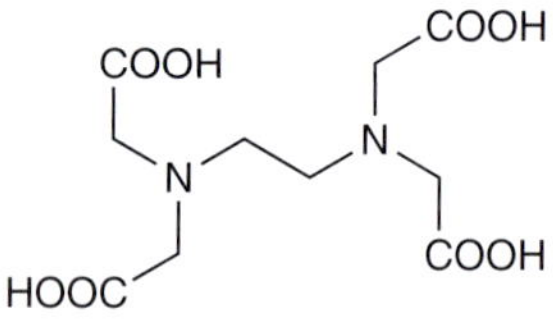

Komplexon II

Die weitaus größte Bedeutung hat das Dinatriumsalz der Ethylendiamintetraessigsäure, kurz als Na_2H_2Y bezeichnet. Es dissoziiert in wässeriger Lösung hauptsächlich nach

$$Na_2H_2Y \rightleftharpoons 2\,Na^+ + H_2Y^{2-}$$

Außerdem findet eine intramolekulare Umlagerung statt. Es wandern nämlich die H^+-Ionen der beiden nicht neutralisierten Carboxylgruppen an die Stickstoffatome, sodass eine sog. Betainstruktur (○ Abb. 2.18) entsteht. Dieses Ion kann in neutraler oder alkalischer Lösung mit zweifach positiv geladenen Kationen M^{2+} einen 1 : 1-Komplex bilden, wobei 2 H^+-Ionen frei werden.

Wie aus ○ Abb. 2.18 und ○ Abb. 2.19 hervorgeht, bilden sich über Stickstoff- und Carbonylsauerstoffatome mehrere besonders stabile Fünfringe aus. Die EDTA-Komplexe (EDTA = Ethylendiamintetraacetat = Y^{4-}) besitzen fast ausschließlich die Koordinationszahl 6, dabei können bis zu 2 Koordinationsstellen durch Wasser oder andere Liganden ersetzt werden. Damit verringert sich die Anzahl von Fünfringen, die wie im vorliegenden Beispiel maximal fünf beträgt. Die Komplexstabilität wird von der Anzahl der Chelatringe bestimmt. So steigert jeder Chelatring die Stabilität von EDTA-Komplexen etwa um den 100-fachen Wert (2 pK-Einheiten). Deshalb fällt z. B. aus den Nickel-, Cobalt- und Zinkkomplexonaten mit $(NH_4)_2S$ kein schwerlösliches Sulfid. Ebenso fällt Ca-Oxalat in Gegenwart von Komplexon nicht aus ammoniakalischer Lösung, und $BaSO_4$ wird von dem Chelatbildner aufgelöst.

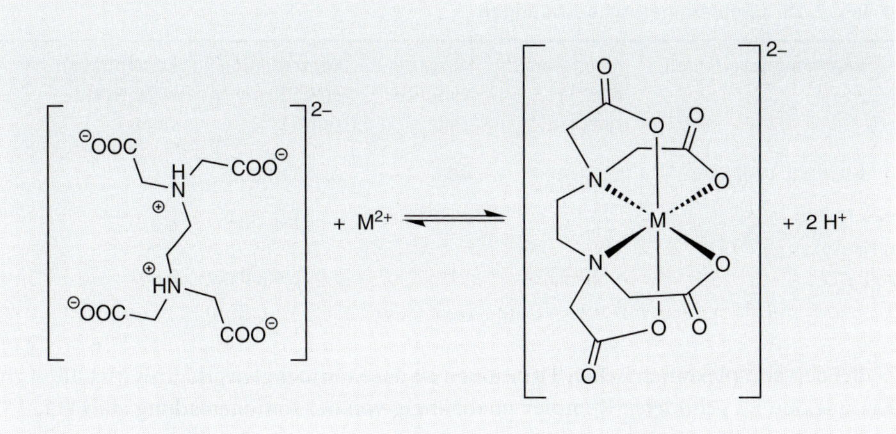

Abb. 2.18 Schematische Darstellung der Bildung eines EDTA-Komplexes

Für 3- und 4-fach positiv geladene Kationen kann man analoge Strukturen aufstellen. Die Reaktionen werden durch die folgenden Gleichungen beschrieben.

$$H_2Y^{2-} + M^{3+} \longrightarrow MY^- + 2\,H^+$$

und

$$H_2Y^{2-} + M^{4+} \longrightarrow MY + 2\,H^+$$

Diese Komplexe sind fast immer im sauren Gebiet beständig. Die EDTA-Komplexe tragen meist eine negative Ladung. Ihre hydrophilen Sauerstoffatome sind nach außen gerichtet. Hierauf beruht die gute Wasserlöslichkeit der Komplexe und ihre Schwerlöslichkeit in inerten organischen Lösemitteln. EDTA wird deshalb auch oft als ausgezeichnetes Maskierungsmittel für Kationen in wässeriger Lösung verwendet (►S. 159).

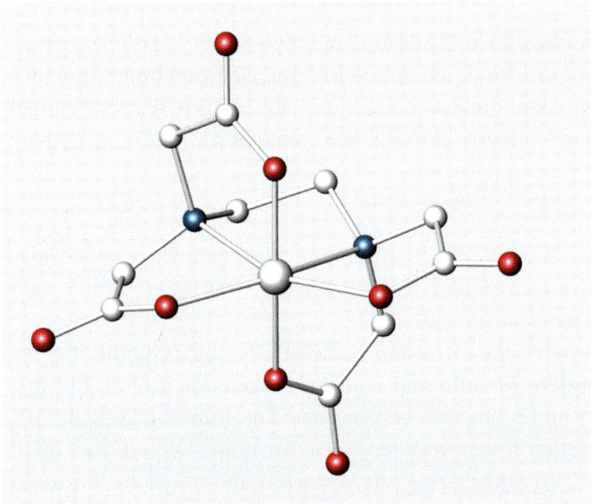

Abb. 2.19 Räumlicher Aufbau eines EDTA-Komplexes (N-Atome blau, O-Atome rot, C-Atome weiß, H-Atome sind nicht mit abgebildet)

Tab. 2.18 Komplexometrische Titrationen

Bestimmungsverfahren		Arbeitsbereich $n(M^{n+})$ /µmol · L^{-1}	Ausgangs-volumen /mL	Konzentration $c(M^{n+})$ /mol · L^{-1}	Konzentration $c(Na_2H_2Y)$ /mol · L^{-1}
Mikromol-Verfahren	3	1000–100	200	0,005–0,0005	0,1
	2	100–10	50	0,002–0,0002	0,01
	1	10–1	10	0,001–0,0001	0,001

Bei den komplexometrischen Titrationen ist das Stoffmengenverhältnis Metallion zu Komplexion im gebildeten Komplex unabhängig von der Kationenladung stets 1 : 1.

Ein wesentlicher Vorteil komplexometrischer Titrationen ist, dass Mengen des Makro-, Halbmikro- und in vielen Fällen auch des Mikro-Arbeitsbereiches ohne größeren Zeitaufwand und Schwierigkeitsgrad titriert werden können. Hierin erweist sich die Komplexometrie allen bisher bekannten Titrationsmethoden überlegen. Bei Titrationen mit 10-mL-Büretten haben sich die in Tab. 2.18 angeführten Versuchsbedingungen ausgezeichnet bewährt.

Komplexbeständigkeit

Die durch den p*K*-Wert definierten Komplexstabilitäten zeigen eine starke pH-Abhängigkeit. Dies beruht auf der Tatsache, dass das vierbasige EDTA 2 Protonen sehr fest bindet, wie man es aus den entsprechenden pK_S-Werten für die Dissoziation ersehen kann:

$$\begin{aligned} H_4Y &\longrightarrow H_3Y^- + H^+; & pK_{S_1} &= 2{,}0 \\ H_3Y^- &\longrightarrow H_2Y^{2-} + H^+; & pK_{S_2} &= 2{,}67 \\ H_2Y^{2-} &\longrightarrow HY^{3-} + H^+; & pK_{S_3} &= 6{,}16 \\ HY^{3-} &\longrightarrow Y^{4-} + H^+; & pK_{S_4} &= 10{,}26 \end{aligned}$$

HY^{3-} und H_2Y^{2-} werden folgerichtig auch als Protonenkomplexe der EDTA bezeichnet. Unterhalb von pH = 9 verursacht ihre konkurrierende Bildung eine zunehmende Schwächung der Metallkomplex-Stabilitäten, die durch einen pH-abhängigen Wasserstoffkoeffizienten α_H Berücksichtigung finden kann. Die effektive Stabilität pK' ist:

$$pK' = pK - \log \alpha_H$$

Naturgemäß können auch andere Komplexbildner den pK'-Wert zusätzlich erniedrigen. So greift freies Ammoniak bei Amminkomplexbildnern wie Co^{2+}, Ni^{2+}, Cu^{2+}, Zn^{2+}, Cd^{2+} schwächend in die Titrationsgleichgewichte ein.

Allgemein setzen komplexometrische Titrationen effektive Komplexstabilitäten von $pK' > 7$ voraus. Anwesende andere Metallionen sind im Allgemeinen ohne Einfluss, wenn ihr $pK' < 3$ ist. Tab. 2.19 und Tab. 2.20 bringen eine Zusammenstellung der p*K*-Werte der Komplexe der wichtigsten Ionen und der Werte für lg α_H. Diese Daten erlauben eine gute Abschätzung der Durchführbarkeit, der Grenzen und mögliche Störungen komplexometrischer Titrationen. Bei der komplexometrischen Mg-Bestimmung, p*K* von

Tab. 2.19 p*K*-Werte der Komplexe einiger Ionen

Ion	p*K*-Wert	Ion	p*K*-Wert
Li^+	2,79	Gd^{3+}	17,37
Na^+	1,66	Lu^{3+}	19,83
K^+	1,1	Mn^{2+}	13,79
Cs^+	0,9	Fe^{2+}	14,33
Mg^{2+}	8,69	Fe^{3+}	25,1
Ca^{2+}	10,70	Co^{2+}	16,31
Sr^{2+}	8,63	Ni^{2+}	18,62
Ba^{2+}	7,76	Cu^{2+}	18,80
Al^{3+}	16,13	Zn^{2+}	16,50
Sc^{3+}	23,1	Cd^{2+}	16,46
Y^{3+}	18,09	Pb^{2+}	18,04
La^{3+}	15,50	Hg^{2+}	21,80
Ce^{3+}	15,98		

Tab. 2.20 lg α_H als Funktion des pH-Wertes

pH-Wert	lg α_H	pH-Wert	lg α_H
12,0	0,03	5,5	5,51
11,0	0,07	5,0	6,45
10,5	0,20	4,5	7,43
10,0	0,45	4,0	8,44
9,5	0,83	3,5	9,48
9,0	1,28	3,0	10,60
8,5	1,77	2,5	11,89
8,0	2,27	2,0	13,44
7,5	2,78	1,5	15,22
7,0	3,32	1,0	17,13
6,5	3,92	0,5	19,10
6,0	4,65	0,0	21,09

Mg^{2+} = 8,69, darf also lg α_H nicht über 1,69 liegen, d. h., der pH-Wert muss größer als 8,5 sein. Weiterhin erkennt man, dass die Alkaliionen bei komplexometrischen Titrationen nicht stören.

Metallindikatoren

Die wichtigsten Indikatoren sind Eriochromschwarz T (Erio T), Murexid, Metallphthalein, Brenzcatechinviolett, 1-[2-Pyridylazo]-2-naphthol (PAN), 4-[2-Pyridylazo]-resorcin (PAR), Calconcarbonsäure (CC), Xylenolorange usw.
Erio T ist ein Azofarbstoff.

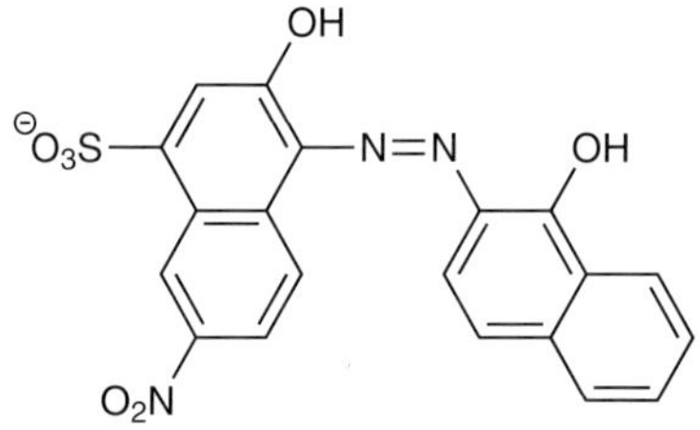

Als dreibasige Säure, H_3X, treten bei Eriochromschwarz T in den einzelnen pH-Gebieten folgende Farbstoffionen auf:

H_2X^-	rot	bei pH < 6
HX^{2-}	blau	bei pH = 7–11
X^{3-}	gelborange	bei pH > 12

Mit zahlreichen Metallionen werden in ammoniakalischen Lösungen intensiv farbige Komplexe gebildet:

$$\underset{}{M^{2+}} + \underset{\text{blau}}{HX^{2-}} \longrightarrow \underset{\text{weinrot}}{MX^-} + H^+$$

Eine komplexometrische Titration im pH-Bereich 7–11 lässt sich durch folgende Gleichungen beschreiben:
Hauptreaktion

$$M^{n+} + [H_2Y]^{2-} \longrightarrow [MY]^{-4+n} + 2\,H^+$$

Indikatorreaktion

$$\underset{\text{rot}}{MX^{-3+n}} + H_2Y^{2-} \longrightarrow [MY]^{-4+n} + \underset{\text{blau}}{HX^{2-}} + H^+$$

Bei der Hauptreaktion entstehen je Metallion 2 Wasserstoffionen, die eine wesentliche Änderung des pH-Wertes verursachen. Um diesen störenden Einfluss auszuschalten, lässt man die Reaktion in einem Puffersystem ablaufen. Bei der Erio-T-Indikation verwendet man hierzu oft einen Ammoniumsalz-Ammoniak-Puffer: $c(NH_4^+) : c(NH_3) = 1 : 5$

und stabilisiert damit einen pH-Bereich von 10,2–10,5. **Dabei ist die sorgfältige Einstellung und Einhaltung des pH-Wertes eine Grundforderung aller komplexometrischen Titrationen.** Saure Ausgangslösungen müssen vor der Zugabe der Pufferkomponenten mit NaOH neutralisiert werden. Der Farbumschlag am Äquivalenzpunkt ist meist sehr scharf; Erio T wird daher sehr häufig benutzt. Mit einigen Kationen, z. B. Al^{3+}, Co^{2+} und Ni^{2+} bildet der Indikator allerdings so starke Komplexe, dass sie von Komplexon nicht mehr angegriffen werden.

Erio T wird mit der 100-fachen Menge NaCl verrieben und spatelspitzenweise unmittelbar vor der Titration der Analysenlösung zugesetzt. Sowohl bei $pH \leq 8$ als auch bei $pH > 11$ ist das gelöste Erio T besonders oxidationsempfindlich und wird bereits durch Luft relativ schnell in bräunliche Oxidationsprodukte überführt. Der gleiche Effekt tritt auch bei zu hohen Salzkonzentrationen auf. **Die Gesamtkonzentration der Ionen soll 0,5 mol/L nicht überschreiten.**

Prinzipiell ähnliches Reaktionsverhalten zeigen auch die übrigen Indikatoren. Zu ihrer Anwendung werden sie ebenfalls mit der 100- bis 200-fachen Menge NaCl verrieben. Einige Indikatoren finden auch als verdünnte Lösungen Verwendung.

2

Herstellung und Einstellung einer EDTA-Maßlösung

Das Dinatriumsalz der Ethylendiamintetraessigsäure, $Na_2H_2C_{10}H_{12}O_8N_2 \cdot 2\,H_2O$ (M = 372,1 g/mol), ist ein weißes, in Wasser leicht lösliches Pulver, das analysenrein unter Warenbezeichnungen wie Komplexon III, Titriplex III, Idranal III im Handel ist. Der Feuchtegehalt von erfahrungsgemäß 0,4 % ist bei der Einwaage zu berücksichtigen.

Das zur Herstellung der Maßlösung verwendete Wasser darf keine Spuren von Schwermetall- oder Erdalkaliionen enthalten. Um solche Verunreinigungen, die bisweilen auch im destillierten Wasser vorkommen, zu beseitigen, kann man einen stark sauren Kationenaustauscher in der Alkaliform benutzen (►S. 110 f.).

Je nach zu bestimmender Stoffmenge verwendet man EDTA-Lösungen mit 0,1; 0,01 oder 0,001 mol/L und titriert mit 10-mL-Büretten oder Kolbenbüretten ähnlichen Inhalts. Die Maßlösungen sind in Kunststoff-Flaschen (Polyethylen) aufzubewahren, da sie aus Glas im Laufe der Zeit merkliche Mengen Kationen (Mg^{2+}, Ca^{2+} etc.) herauslösen und damit ihren Titer ändern. Im Übrigen sind die Lösungen unbegrenzt haltbar.

Zur Einstellung der Maßlösungen benutzt man am besten hochreine Metalle (99,9 %) wie Zn, Al, Cu, Ni oder bei 110 °C getrocknete Salze bzw. Oxide wie $CaCO_3$, $PbCl_2$, Fe_2O_3.

Bestimmung von Magnesium

Reaktionsprinzip: Mg^{2+}-Ionen können in alkalischer Lösung direkt komplexometrisch titriert werden. Nach gleicher Vorschrift sind auch Zn^{2+}, Cd^{2+}, Sc^{3+}, Y^{3+}, La^{3+}, Ga^{3+}, In^{3+}, Tl^{3+} und Seltenerdmetallionen titrierbar.

Mit Pb^{2+}, Mn^{2+}, Hg^{2+}, Ca^{2+}, Sr^{2+} und Ba^{2+} reagiert Erio T weniger gut, doch kann durch Zugabe von 10 mL (Makroverfahren) bzw. 1 mL (Halbmikroverfahren) 0,1 mol/L der EDTA-Komplexe, K_2MgY oder Na_2ZnY in die saure oder neutrale Analysenlösung über die Substitutionsreaktionen

$$[MgY]^{2-} + M^{2+} \longrightarrow [MY]^{2-} + Mg^{2+}$$
$$[ZnY]^{2-} + M^{2+} \longrightarrow [MY]^{2-} + Zn^{2+}$$

der sehr scharfe Mg- oder Zn-Umschlag erhalten werden. Diese Substitutionstitration ist auch für Ce^{3+} empfehlenswert. Wegen der Oxidationsempfindlichkeit werden bei Titrationen von Mn^{2+} zusätzlich 100 (bzw. 50) mg Ascorbinsäure in die Lösung gegeben. Werte in Klammern gelten für 0,01 mol/L EDTA.

Indikator: ErioT

Störende Ionen: Fe^{2+}, Fe^{3+}, Co^{2+}, Ni^{2+}, Cu^{2+}, Au^{3+}, Al^{3+}, Ti^{4+}, Zr^{4+}, Ge^{4+} sowie Ionen der Platinelemente blockieren, selbst in Spuren, den Indikator, da ihre Farbstoffkomplexe stabiler als die entsprechenden EDTA-Komplexe sind. Diese Störung kann durch Zugabe der Maskierungsmittel KCN oder Triethanolamin ausgeschalten werden. KCN maskiert auch Zn^{2+}, Cd^{2+} und Hg^{2+} und verhindert den Einsatz von Na_2ZnY bei Substitutionstitrationen. Triethanolamin maskiert andererseits auch Mn^{2+}.

Verfahrensfehler: Bei der evtl. notwendigen Zugabe der stark alkalischen Maskierungsmittel ist eine sorgfältige Dosierung und pH-Kontrolle unerlässlich. Zur Vermeidung schleppender und unscharfer Umschläge sind maximal nur 10 mmol KCN (650 mg) oder 5 mL Triethanolamin zulässig. Weitere Einzelheiten zur Maskierung ▸S. 158 ff.

Arbeitsbereich: 1,0–0,1 mmol Mg^{2+} (24,3–2,4 mg Mg); beim Mikromol-Verfahren 2: 0,10 bis 0,001 mmol Mg^{2+} (2,4–0,24 mg Mg). Im Weiteren sind die Zahlenangaben für den Arbeitsbereich beim Mikromol-Verfahren 2 in Klammern gesetzt.

Arbeitsgeräte: 100-(25)-mL-Messkolben; 20-(5)-mL-Pipetten; 300-(100)-mL-Weithals-Erlenmeyerkolben oder 400-(100)-mL-Bechergläser (hohe Form) bei mechanischer Rührung; Bürette; pH-Papier.

Reagenzien: Indikatoren: 1,0 g Erio T und 100 g NaCl (Umschlag rot/blau) oder 1,0 g Erio T, 0,30 g Methylrot und 100 g NaCl (Umschlag: rot/grau/grün) staubfein verrieben; unbegrenzt haltbar: 2 mol/L NH_3. Maßlösung: 0,1 (0,01) mol/L Na_2H_2Y.

Arbeitsvorschrift: 20 (5) mL der Analysenlösung neutralisieren, mit Wasser auf ca. 100 (25) mL auffüllen. 2,0 (0,5) mL 2 mol/L HCl, danach 2,0 (0,5) mL 13,5 mol/L NH_3 hinzufügen und mit H_2O auf 200 (50) mL auffüllen (pH = 10,3–10,5). Nach Zusatz von 100 (50) mg Indikator mit Maßlösung von rot nach rein blau bzw. grün titrieren.

Berechnung: 1 mL 0,1 mol/L $Na_2H_2Y \mathrel{\hat{=}} 0{,}1$ mmol Mg^{2+} bzw. 2,4305 mg Mg.

Bestimmung von Calcium

Reaktionsprinzip: Ca^{2+}-Ionen können in stark alkalischer Lösung direkt komplexometrisch titriert werden.

Indikator: Calconcarbonsäure; sie ist ein dem Erio T ähnlicher Azofarbstoff, der oberhalb pH = 12 mit Ca^{2+}, nicht aber mit Mg^{2+}, violettrote Farbstoffkomplexe bildet. Bei pH > 13 reagiert im übrigen Mg^{2+} nicht mit EDTA, sondern fällt als Hydroxid aus. Durch

Oberflächenadsorption des Ca-Farbstoffkomplexes an $Mg(OH)_2$ resultiert ein mehr roter Farbton, und der Umschlag gewinnt an Schärfe. Insgesamt sind bis zu 1,0 (bzw. 0,1) mmol Mg^{2+} ohne negativen Einfluss auf die Ca^{2+}-Titration. Enthält die Probe bereits Mg^{2+} (Leitungswasser, Dolomit), so kann der $MgCl_2$-Zusatz entfallen.

Störende Ionen: Pb^{2+}, Sr^{2+} und teilweise auch Ba^{2+} reagieren wie Ca^{2+} und sind als Sulfate vorher abzutrennen. Blockierend wirken Phosphat und Oxalat sowie die bereits bei Magnesium aufgeführten Ionen (s. oben), die aber auch hier durch KCN oder Triethanolamin maskierbar sind.

Verfahrensfehler: S. oben unter Magnesium. Schleppender Umschlag bei Verwendung nicht ganz CO_2-freier NaOH-Lösung ($CaCO_3$-Bildung) oder Mitreißen von Ca^{2+} bei Fällung größerer $Mg(OH)_2$-Mengen lassen sich durch Titration mit partieller EDTA-Maskierung verhindern. Hierbei werden etwa 95 % der vorberechneten oder durch Vortitration ermittelten Menge an Maßlösung bereits in die noch saure Probelösung gegeben. Nach Einstellen der vorgeschriebenen Versuchsbedingungen wird der Rest titriert.

2

Arbeitsbereich: 1,0–0,1 mmol Ca^{2+} (40–0,4 mg Ca); beim Mikromol-Verfahren 2: 0,10–0,01 mmol Ca^{2+} (4,0–0,4 mg Ca). Im Weiteren sind die Zahlenangaben für das Mikromol-Verfahren 2 in Klammern gesetzt.

Arbeitsgeräte: S. unter Magnesium (s. o.).

Reagenzien: Indikator: 1,0 g Calconcarbonsäure und 100 g NaCl oder K_2SO_4 staubfein verrieben; unbegrenzt haltbar. 2 mol/L HCl, 2 mol/L NaOH (weitgehend CO_2-frei). 0,01 mol/L $MgCl_2$. Maßlösung: 0,1 (0,01) mol/L $Na_2(H_2Y)$.

Arbeitsvorschrift: 20 (5) mL der Analysenlösung neutralisieren, mit Wasser auf ca. 100 (25) mL auffüllen. 2,0 (1,0) mL HCl, 10 (1) mL $MgCl_2$-Lösung, danach 12,0 (4,0) mL NaOH-Lösung hinzufügen und mit H_2O auf 200 (50) mL auffüllen (pH = 13–14). Nach Zusatz von 100 (50) mg Indikator mit Maßlösung von rot nach rein blau titrieren.

Berechnung: 1 mL 0,1 mol/L $Na_2H_2Y \mathrel{\hat{=}}$ 0,1 mmol Ca^{2+} bzw. 4,008 mg Ca.

Bestimmung von Cobalt

Reaktionsprinzip: Co^{2+}-Ionen können in ammoniakalischer Lösung direkt komplexometrisch titriert werden. Nach gleicher Vorschrift sind auch Cu^{2+} und Ni^{2+} bestimmbar.

Indikator: Murexid

Störende Ionen: Bis zu 0,1 mmol Mg^{2+}, Ca^{2+}, Sr^{2+}, Ba^{2+} pro 100 mL sind ohne Einfluss. Ihre Komplexstabilitäten pK bzw. pK' sind sehr viel kleiner, und sie sprechen bei pH < 10 auch nicht auf Murexid an. Eine ältere Vorschrift für die Bestimmung des Ca verwendet eine Murexid-Indikation bei pH > 12,5, doch ist der Umschlag violettrot/blauviolett ungünstig.

Andere Ionen mit pK > 16 werden jedoch mit erfasst. Sie reagieren zwar nicht unmittelbar mit Murexid (H_3Mu^{2-}), werden aber in einer „inneren“ Substitution umgesetzt, z. B.

$$\underset{}{[CoY]^{2-}} + Zn^{2+} + \underset{\text{violett}}{H_3Mu^{2-}} \longrightarrow \underset{\text{gelb}}{[ZnY]^{2-}} + [CoH_2Mu]^{-} + H^{+}$$

Verfahrensfehler: Co^{2+} bildet relativ stabile Amminkomplexe, sodass die NH_3-Konzentration möglichst klein gehalten werden muss, um eine einwandfreie Titration zu gewährleisten. Sollte die Lösung im Verlaufe der Titration langsam einen violetten Farbton bekommen, so ist der pH-Wert zu prüfen und evtl. ein weiterer Tropfen 2 mol/L NH_3 zuzusetzen. Die violette Endfärbung wird hierdurch nicht beeinflusst. Die pH-Korrektur kann vermieden werden, wenn mit partieller Maskierung durch die Maßlösung gearbeitet wird (s. oben).

Arbeitsbereich: 1,0–0,1 mmol Co^{2+} (58,9–5,9 mg Co); beim Mikromol-Verfahren 2: 0,10 bis 0,01 mmol Co^{2+} (5,9–0,59 mg Co). Im weiteren sind die Zahlenangaben für das Mikromol-Verfahren 2 in Klammern gesetzt.

Arbeitsgeräte: S. unter Magnesium, ►S. 146.

Reagenzien: Indikator: 1,0 g Murexid und 100 g NaCl staubfein verrieben; unbegrenzt haltbar. Pufferlösung: 2 mol/L HCl, 2 mol/L NH_3. Maßlösung: 0,1 (0,01) mol/L Na_2H_2Y.

Arbeitsvorschrift: 20 (5) mL der Analysenlösung neutralisieren, mit Wasser auf ca. 100 (25) mL auffüllen. 2,0 (0,5) mL HCl und 100 mg des Indikators zugeben. In die rotviolette Lösung sofort Ammoniak eintropfen, bis eben Gelbfärbung auftritt. Mit Wasser auf 200 (50) mL auffüllen (pH = 7,7–8,5). Mit Maßlösung von gelb nach violett titrieren.

Berechnung: 1 mL 0,1 mol/L $Na_2H_2Y \mathrel{\hat{=}}$ 0,1 mmol Co^{2+} bzw. 5,893 mg Co.

Bestimmung von Aluminium

Reaktionsprinzip: Al^{3+}-Ionen werden komplexometrisch durch Rücktitration bestimmt. Direkte Titrationen sind mit Dithizon nicht einwandfrei durchführbar, da die Metalldithizonate schnell zu mischfarbenen Produkten oxidiert werden.

Nach gleicher Vorschrift können auch Zn^{2+}, Cd^{2+}, Pb^{2+}, Sn^{2+}, In^{3+}, Sc^{3+}, Y^{3+}, La^{3+} und Seltenerdmetallionen titriert werden.

Indikator: Dithiazon

Störende Ionen: Bei Cu^{2+} und Bi^{3+} ist der Umschlag irreversibel, während Hg^{2+}, Ag^{+} und Platinmetallionen blockierend wirken. Wegen zu kleiner pK'-Werte sind in 100 mL Titrationsvolumen 5 mmol Mg^{2+}, Sr^{2+}, Ba^{2+} und 1 mmol Ca^{2+} ohne Einfluss. Auch stören bis zu 2 mmol PO_4^{3-} nicht.

Verfahrensfehler: Zur leichteren homogenen Verteilung der Indikatorlösung und zur Erhöhung der Stabilität durch Solvatationseffekte muss 50%iges Ethanol (kein Methanol!) zugegeben werden. Bei pH = 4,5 tritt mit Ethanol folgende Reaktion ein:

$$\underset{\substack{\text{3 Chelatringe} \\ pK' = 8{,}7}}{[Al(H_2O)_2Y]^-} + C_2H_5OH \longrightarrow \underset{\substack{\text{4 Chelatringe} \\ pK' = 10{,}7}}{[Al(H_2O)Y]^-} + C_2H_5OH \cdot H_2O$$

Arbeitsbereich: 0,95–0,1 mmol Al^{3+} (26–2,7 mg Al); beim Mikromol-Verfahren 2: 0,10–0,01 mmol Al^{3+} (2,7–0,27 mg Al). Im weiteren sind die Zahlenangaben für das Mikromol-Verfahren 2 in Klammern gesetzt.

Arbeitsgeräte: S. unter Magnesium, ►S. 146.

Reagenzien: Indikator: 50 mg Dithizon in 100 mL frisch destilliertem Trichlorethylen gelöst, in brauner Glasflasche nur ca. 2 Wochen haltbar. Pufferlösung: 2 mol/L HCl, 2 mol/L $NaCH_3COO$. 50%iges Ethanol. Maßlösung: 0,1 (0,01) mol/L Na_2H_2Y mit bekanntem Faktor f_{EDTA} und 0,1 (0,01) mol/L $Zn(CH_3COO)_2$.

Arbeitsvorschrift: 20 (5) mL neutralisierte Analysenlösung mit 10,00 mL 0,1 (0,01) mol/L Na_2H_2Y (V_0) und 8,0 (4,0) mL HCl versetzen. Nach Erwärmen bis zur Klärung der Lösung 10,0 (5,0) mL $NaCH_3COO$-Lösung (pH = 4,0–4,5) zugeben. 10 min lang im siedenden Wasserbad erwärmen und nach Abkühlen mit Wasser auf 50 (25) mL auffüllen. Sodann 50 (25) mL Ethanol und 0,5 (0,2) mL Indikator zusetzen und die blaugrüne Lösung mit 0,1 (0,01) mol/L $Zn(CH_3COO)_2$ nach rot titrieren. Verbrauchtes Maßlösungsvolumen V_t. Nach der Titration der Probe wird unter gleichen Bedingungen eine „Leertitration" durchgeführt, wobei von der $Zn(CH_3COO)_2$-Maßlösung ein Volumen V_{leer} verbraucht wird. Die Leertitration erspart eine gesonderte Bestimmung des Normierfaktors f_{Zn} und die hier sehr umständliche Feststellung des Blindwerts.

Berechnung: 1 mL 0,1 mmol/L Na_2H_2Y ≙ 0,1 mmol Al^{3+} bzw. 2,698 mg Al. Der gesuchte normierte Verbrauch an EDTA-Maßlösung durch Al^{3+} ergibt sich zu

$$V_n = V_0 \cdot f_{EDTA} - V_t \cdot f_{Zn} = V_0 \cdot f_{EDTA} \cdot \left(1 - \frac{V_t}{V_{leer}}\right)$$

Weitere komplexometrische Titrationen sind im ►Kap. 2.9 angeführt, das Vorschriften zur chemischen Materialkontrolle technischer Produkte enthält.

Carbamato-Komplexe

Zur Darstellung der Carbamato-Komplexe verwendet man das Natrium-diethyldithiocarbamat, DDTC (systematischer Name: Natrium-diethylamidodithiocarbonat), das in wässeriger Lösung folgendes, kurz als $DDTC^-$ bezeichnetes, Anion bildet:

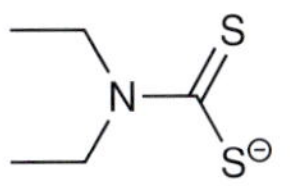

Im Gegensatz zum EDTA, das zu den besonders stabilen Fünfringchelaten reagiert, bilden die Amidothiocarbonate nur Vierringchelate, doch verhindern die besonders großen S-Atome in diesem Spezialfall eine stabilitätsmindernde Spannung des Ringsystems. Ein weiterer Unterschied zu den 1 : 1-EDTA-Komplexen ist die Anlagerung von *n* DDTC-Liganden an ein *n*-fach geladenes Kation, wodurch stets neutrale Chelatkomplexe entstehen, wie z. B. für ein M^{2+}-Ion:

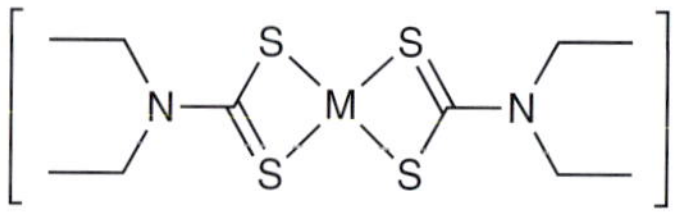

Die ungeladenen DDTC-Komplexe mit ihren hydrophoben (wasserabstoßenden) organischen Außengruppen sind erwartungsgemäß in wässerigen Lösungen (pH > 7) sehr schwer, in organischen Lösemitteln – insbesondere Chlorkohlenwasserstoffen – relativ leicht löslich. In Lösungen von pH < 7 werden sowohl das Reagens als auch die Komplexe schnell zersetzt. Diese Stoffgruppe wird wegen ihrer Löslichkeitseigenschaften auch mit Vorteil bei Fällungs- und Extraktionstrennungen eingesetzt, worauf in ►Kap. 2.5.1 (►S. 150) und ►Kap. 2.5.2 (►S. 155) noch ausführlich eingegangen wird.

Die Komplexstabilitäten nehmen im ammoniakalischen Medium in folgender Reihenfolge ab:

$$\mathrm{Hg} \longrightarrow \begin{matrix}\mathrm{Pd}\\ \\ \mathrm{Ag}\end{matrix} \longrightarrow \mathrm{Cu} \longrightarrow \mathrm{Ni} \longrightarrow \mathrm{Co} \longrightarrow \mathrm{Pb} \longrightarrow \mathrm{Bi} \longrightarrow \mathrm{Cd} \longrightarrow \mathrm{Tl(III)}$$

$$\longrightarrow \mathrm{Sb(III)} \longrightarrow \begin{matrix}\mathrm{Zn}\\ \\ \mathrm{Fe}\end{matrix} \longrightarrow \mathrm{Mn}$$

Hg^{2+} vermag alle Ionen vom Cu^{2+} ab aus ihren Komplexen zu verdrängen. Es bildet sich der fast farblose Komplex $[Hg(DDTC)_2]$. In wässerigen Lösungen sind alle Komplexe schwerlöslich, werden aber von anwesenden Chlorkohlenwasserstoffen gelöst. Unter den Chlorkohlenwasserstoffen besitzt Trichlorethylen die beste Löslichkeit für DDTC-Komplexe, doch ist auch Chloroform brauchbar.

Auf die Fällung mit DDTC und die Extraktionsmöglichkeiten wird noch ausführlicher im ►Kap. 2.5.1 eingegangen.

2.5 Trennungen

Zur quantitativen Trennung von Ionengemischen stehen mehrere Verfahren zur Verfügung. Die Trennung durch Fällung besitzt wie die Gravimetrie einen hohen Schwierigkeitsgrad und erfordert viel Zeit. Schneller und wirksamer sind eine Reihe neuer Trennmethoden – insbesondere Extraktionen, gezielte Maskierungen (►Kap. 2.5.3) oder Ionenaustauschchromatographie (►Kap. 2.5.5).

2.5.1 Trennung durch Fällung

Bei der Trennung durch Fällung wird die unterschiedliche Löslichkeit geeigneter Verbindungen durch Filtration, Dekantation oder auch Extraktion ausgenutzt. Hierzu stehen zahlreiche Fällungsreagenzien zur Verfügung, doch sollten die auf mehrere Ionen anspre-

Tab. 2.21 pH-Werte des Beginns der Hydroxidfällung

pH =	2	3	4	5	6	7	8	9	10	11	12
	Sb(V)	Sn(IV)	Mn(IV)	Cr(III)	Zn(II)	Y(III)	La(III)				
	Ti(IV)	Zr(IV)	Ce(IV)	Be(II)	Pb(II)	Pr(III)	Ce(III)		Mg(II)	Ca(II)	
		Th(IV)	Bi(III)	Cu(II)		Mn(III)	Hg(II)				
			Fe(III)			Co(II)	Mn(II)				
			Al(III)			Ni(II)					
			UO_2^{2+}			Cd(II)					
						Seltenerdmetalle					

chenden Gruppenreagenzien von den selektiven oder sogar spezifischen Einzelreagenzien unterschieden werden. Bei den Gruppenreagenzien erreicht man eine ausreichende Selektivität durch sorgfältige Einstellung bestimmter pH-Werte oder Zugabe von Maskierungsmitteln. Die zu bestimmenden Ionen können u. a. als Hydroxide, organische Komplexverbindungen, Sulfide, organische Sulfidderivate, Carbonate, Sulfate oder Halogenide gefällt werden. Bei der praktischen Durchführung einer Fällungstrennung ist die bereits bei der Gravimetrie (►S. 60 f.) beschriebene Arbeitsweise anzuwenden, doch kann die Filtration oft mit beträchtlichem Zeitvorteil durch Zentrifugieren ersetzt werden.

Stoffmengen in Makro- und Halbmikroanalysen, d. h. mehr als 0,01 mmol fällbare Ionen, lassen sich im Allgemeinen ohne Hilfsmittel abscheiden. Bei Mikromengen von wenigen Mikromol gelingt eine vollständige Abscheidung nur durch Mitfällung (►S. 41). Hierzu müssen Stoffe zugesetzt werden, die gleichartig reagieren und die gesuchten Stoffe mitreißen. Ein Beispiel ist die Mitfällung von Ti-, Zr- oder Fe-Spuren bei Zugabe von $AlCl_3$ mit dem $Al(OH)_3$-Niederschlag. Der zugesetzte Stoff darf die anschließende Bestimmung nicht stören.

Abtrennung als Hydroxide

Mehr als 50 Kationen lassen sich als schwerlösliche Hydroxide oder Oxidhydrate mit wechselndem Wassergehalt ausfällen. Tab. 2.21 gibt einen Überblick über die pH-Bereiche, in denen bei steigendem pH-Wert die Fällung dieser Ionen (1–0,1 mmol) als Hydroxide oder Hydrolyseprodukte (basische Salze) erfolgt.

Eine ausreichende Trennung setzt mindestens einen Unterschied der Fällungs-pH-Werte von 2 Einheiten voraus. Die Löslichkeit vieler Hydroxide im Überschuss der Fällungsmittel NaOH oder NH_3 kann jedoch durch Hydroxo- oder Amminkomplexbildung bis zur Leichtlöslichkeit ansteigen.

Am wirkungsvollsten sind die Hydrolysentrennungen der unterhalb von pH = 5 ausfallenden Ionen von solchen, die erst oberhalb von pH = 7 abgeschieden werden. Hierbei wird die bereits in wässeriger Lösung vorhandene Dissoziation z. B.

$$[M(H_2O)_6]^{3+} \rightleftharpoons [M(OH)(H_2O)_5]^{2+} + H^+$$

durch Zugabe von Reagenzien verstärkt, die H^+-Ionen aufnehmen. Es sind dies neben NH_3 und Hexamethylentetraamin (Urotropin) vor allem gut dosierbare Salze schwacher Säuren, wie Acetat, Thiosulfat und Nitrit, schwerlösliche Oxide (ZnO) oder Carbonate ($BaCO_3$).

Hydrolysentrennung

Reaktionsprinzip: Nach der Acetatmethode können Ti oder Eisen(III) von Alkali-, Erdalkaliionen, Mg, Mn(II), Co(II), Ni(II), Cd(II), Zn(II) und Pb(II) getrennt werden, wobei Ti und Fe als schwerlösliche basische Acetate bzw. Hydroxide ausfallen. Die hierbei gebildete Essigsäure wirkt mit dem überschüssigen Natriumacetat als Puffer, sodass der pH-Wert während der Fällung im engen Bereich konstant bleibt.

Störende Ionen: Al^{3+} und Cr^{3+} werden weitgehend mitgefällt. Bei Stoffmengenverhältnissen $c(Cr^{3+}) : c(Fe^{3+}) > 1 : 10$ bleiben wachsende Fe-Mengen in Form leicht löslicher Acetatochrom(III)-eisen(III)-Komplexe in Lösung. NO_3^--Ionen müssen durch zweimaliges Eindampfen mit HCl entfernt werden.

Verfahrensfehler: Vor der Fällung muss eine absolut klare salzsaure Lösung vorliegen. Sind mehr als 1,0 (5,0) mmol Fremdionen in der Lösung enthalten, so muss umgefällt werden. Bei Anwesenheit größerer H_2SO_4-Mengen muss die Probelösung vorher mit NaOH neutralisiert werden.

Arbeitsbereich: 1,0–0,1 (5,0–0,5) mmol Ti entsprechend 56–5,6 (280–28) mg Fe. Alle Zahlen in Klammern gelten für die höheren Stoffmengen.

Arbeitsgeräte: 400-(1000)-mL-Bechergläser (hohe Form); Rührwerk; Schwarzbandfilter; Trichter, 10-(20)-mL-Pipette, 50-mL-Bürette; Uhrgläser; Heizplatte.

Reagenzien: KCl; 2 mol/L NaOH; 2 (5) mol/L HCl; 2 mol/L $NaCH_3COO$, frisch hergestellt und mit CH_3COOH angesäuert; Waschflüssigkeit: 5 mL 2 mol/L CH_3COOH und 5 mL 2 mol/L $NaCH_3COO$, mit H_2O auf 1000 mL verdünnen.

Arbeitsvorschrift: Zur Entfernung eines starken Säureüberschusses maximal 50 (250) mL salzsaure Probelösung auf dem Wasserbad unter Zusatz von 1 g KCl fast bis zur Trockne eindampfen. Rückstand in wenig kaltem Wasser (ca. 30 mL) lösen. Diese schwach salzsaure Lösung mit 5,0 (25,0) mL $NaCH_3COO$-Lösung versetzen, auf ca. 400 mL mit Wasser verdünnen und unter stetigem Rühren bis nahe zum Sieden erhitzen (kurz vor dem Sdp. setzt schlagartig die Abscheidung des dunkelbraunen Niederschlags ein). Nach kurzem Absitzen dekantierend über Schwarzbandfilter filtrieren und den Niederschlag im Becherglas und auf dem Filter mit Portionen von 20 (50) mL heißer Waschlösung chloridfrei waschen. Die auf das Filter gelangten Niederschlagsanteile durch Auftropfen von 10 (20) mL heißer HCl lösen und die ablaufenden Filtrate im Becherglas auffangen, in dem sich noch der Hauptanteil des Niederschlags befindet. Mit heißem H_2O nachwaschen und Filtrat bis zur klaren Lösung kochen. Fe z. B. kann nach der Methode auf ▸S. 84 bestimmt werden.

Fe(III) von Al, Cr, Ni, Co	aus 5 mol/L Säure
Ti(IV) von Al, PO_4^{3-}, U, Cr, Ni, Co	aus 5 mol/L Säure
Cu(II) von Zn, Cd	bei pH = 4,5
Bi(III) von Ag, Hg, Pb, Cd, As, Sb, Cr, Mn, Ni, Co	aus 1 mol/L HNO_3

Tab. 2.22 Bewährte Trennungen

Abtrennung als organische Komplexe

Oft viel schwerer löslich als Hydroxide oder basische Salze sind eine Reihe von Komplexen mit organischen Liganden, wobei die Schwerlöslichkeit auf Wechselwirkungskräften zwischen den Ionen und den organischen Hydroxy-, Amin- oder auch Nitrosogruppen beruht. So wird z. B. Pyrogallol zur Fällung von Sb und Bi oder Tannin zur Trennung der Kationen mit der Ionenladung 3+ und höher von zweifach positiv geladenen Ionen herangezogen. Häufiger jedoch wird Cupferron, das NH_4^+-Salz des N-Nitroso-N-phenylhydroxylamins, angewendet. (**Vorsicht:** Cupferron ist giftig.)

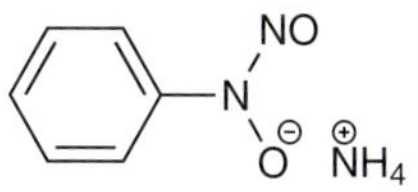

M = 155,16 g·mol⁻¹

Bei pH < 1 lassen sich Pd, Ge, Fe, Ga, Sb, Bi, Ti, Zr, V, Nb, Ta, Mo und W von Cu, Al, Tl(III) und Th abtrennen, da diese erst bei pH = 4–5 ausfallen. Bewährte Trennungen ◘ Tab. 2.22

Als Vertreter der Oxime kann das ähnlich wie Cupferron reagierende Cupron (α-Benzoinoxim) genannt werden.

Während die bisher angeführten Reagenzien fast ausschließlich wenig definierte Fällungen liefern, erhält man mit 8-Hydroxychinolin, Chinaldinsäure, Salicylaldoxim, Anthranilsäure usw. so gut definierte Niederschläge, dass sie nach geeigneter Trocknung direkt ausgewogen werden können. Sie ermöglichen Trennung und gravimetrische Bestimmung in einem Arbeitsgang, wie die Beispiele für Oxinatfällungen (s. Mg, ►S. 73; Al, ►S. 75) zeigen.

Abtrennung als Sulfide

Die Ionen von mehr als 30 Elementen lassen sich aus wässeriger Lösung als Sulfide ausfällen, wobei neben den für quantitative Zwecke schwer dosierbaren H_2S und Alkalisulfiden auch Stoffe wie Natriumthiosulfat, Thioharnstoff, Dithioessigsäure und Ammoniumamidothiocarbonat, die sich in der Siedehitze unter H_2S-Bildung zersetzen, Verwendung gefunden haben. Ein besonders gut geeignetes Fällungsmittel für die meisten Sulfide ist Thioacetamid.

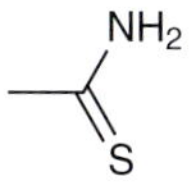

Thioacetamid

M = 75,13 g·mol⁻¹

Die weiße kristalline Verbindung (Schmelzpunkt 108 °C) ist in analysenreiner Qualität im Handel. Sie wird als wässerige Lösung der Konzentration 0,25 mol/L (1,88 g pro 100 mL, jeweils frisch bereitet) angewendet. **Beim Arbeiten mit Thioacetamid bitte beachten, dass es möglicherweise Krebs erzeugen kann.**

Als Beispiel einer definierten Sulfidfällung wurde bereits die Sb-Fällung (►S. 78) ausführlich beschrieben. Als weiteres Beispiel wird im Folgenden die CdS-Abscheidung angeführt.

CdS-Abtrennung

Reaktionsprinzip: Aus schwefelsaurer Lösung lässt sich Cd als Sulfid von 10 mmol der Alkali-, Be-, Mg-, Al-, Sc-, Y-, La-, Seltenerdmetall-, Cr(III)-, Ga-, Mn(II)-, Zn-, Tl(I)- und UO_2^{2+}- sowie 1 mmol der Zr-, Th-, V-, Co- und Ni-Ionen einwandfrei abtrennen.

Störende Ionen: Die Mengen der angeführten Elemente dürfen nicht höher als angegeben sein.

Arbeitsbereich: 1,0–0,1 mmol Cd^{2+} (112–11,2 mg Cd)

Arbeitsgeräte: 250-mL-Bechergläser (hohe Form); Witt'scher Saugtopf; Glasfiltertiegel 63 a G 4 oder 1 G 4; Pipette; Uhrgläser; Siedeglocken; kleine Spritzflaschen; Heizplatte; 300-mL-Titrierbecher.

Reagenzien: 0,25 mol/L Thioacetamid; 2 mol/L NaOH; 2 mol/L H_2SO_4; 5 mol/L HCl.

Arbeitsvorschrift: Maximal 50 mL Probelösung im Becherglas bis zur eben beginnenden Trübung tropfenweise mit NaOH-Lösung und danach sofort mit 10 mL H_2SO_4 versetzen. Nach Einstellen einer Siedeglocke bis zur klaren Lösung erhitzen, mit H_2O auf 100 mL verdünnen und nach erneutem Sieden 25 mL Thioacetamidlösung eingießen. Nach Auflegen eines Uhrglases 10 min lang schwach am Sieden halten, wobei sich der Niederschlag zusammenballt. Dann Siedeglocke (nach Abspritzen mit 10 mL H_2O) und Heizquelle entfernen. Kurz abkühlen und den dichten orangeroten Niederschlag über Glasfiltertiegel bei nur schwachem Unterdruck filtrieren. Filtrat in einer kleinen Spritzflasche auffangen und zum Aufbringen der Niederschlags-Reste verwenden. Nach Waschen durch Auftropfen von 10 mL heißem H_2O löst man den Niederschlag durch Auftropfen von insgesamt 10 mL heißer HCl. Die salzsaure Cd-Lösung wird im Titrierbecher aufgefangen und nach Verkochen des H_2S komplexometrisch (Magnesium-Vorschrift, ►S. 145) titriert.

Abtrennung als organische Sulfidderivate

Eine Reihe organischer Sulfidderivate reagiert mit den Ionen der Sulfidbildner zu schwerlöslichen Chelatkomplexen. Häufig eingesetzte Fällungsmittel sind: Natriumdiethylamidodithiocarbonat (Carbamat, DDTC), Thionalid und Mercaptobenzthiazol.

Besonders die Carbamatfällungen (►S. 149) gestatten einen vollständigen Trennungsgang, der ähnlich wie die H_2S-Gruppentrennungen eine große Anzahl von Ionen erfasst.

Als Reagenz verwendet man eine frisch bereitete Lösung mit 0,1 mol/L DDTC (2,25 g des Na-Salzes, 1 mL 0,1 mol/L NaOH und H_2O auf 100 mL). Die ▫Tab. 2.23 gibt einen Überblick der Trennmöglichkeiten. Lösung und Fällung können hier nicht nur durch Filtrieren, Dekantieren oder Zentrifugieren, sondern auch durch Extrahieren getrennt werden, da die in H_2O sehr schwerlöslichen Metallcarbamate im Gegensatz zu den Sulfiden gut in Chlorkohlenwasserstoffen wie Trichlorethylen und Dichlormethan löslich sind.

Tab. 2.23 Fällungsgruppen der Metallcarbamate

Gruppe	I	II	III
Grundlösung	0,1 mol/L NaOH	0,1 mol/L NH_3	0,1 mol/L CH_3COOH
	0,1 mol/L Tartrat	0,1 mol/L NH_4Cl	0,2 mol/L $NaCH_3COO$
		0,1 mol/L Tartrat	
pH-Wert	13 ± 0,5	9,5 ± 0,5	5 ± 0,5
Fällungen ohne Maskierung	weiß: Hg, Pb, Cd, Tl(I) gelb: Ag, Pt, Pd, Rh, Tl(III) grün: Co(III), Ni braun: Cu, Ru, Os, Ir, Au	Gruppe I sowie weiß: Mn(II), Zn, In, Sn(II) gelb: Sb(III), Bi orange: Te(IV) schwarzbraun: Mn(III), Fe(III)	Gruppen I und II sowie weiß: Nb, Ga, As(III) gelb: Se(IV), Sn(IV), V, U(VI) blau: Cr(III) violett: Mo(VI)
Fällungen bei Anwesenheit von KCN	Pb, Tl teilweise maskiert: Cd	In, Sn(II), Sb(III), Bi, Te(IV)	–
Fällungen bei Anwesenheit von KCN + EDTA	Tl teilweise maskiert: Pb	Sb(III), Bi, Te(IV) teilweise maskiert: Sn(II)	–

2.5.2 Trennung durch Extraktion

Die Trennung durch Extraktion basiert auf den unterschiedlichen Löslichkeitseigenschaften von bestimmten Verbindungen in zwei nicht miteinander mischbaren Lösemitteln. Im Gleichgewichtszustand gilt für jeden einzelnen Stoff das **Nernst'sche Verteilungsgesetz** (auch ►S. 274).

$$\frac{c_1}{c_2} = \alpha = \text{konstant.}$$

Der **Verteilungskoeffizient** α ist bei einem bestimmten zweiphasigen System von der Temperatur und in der Nähe des Sättigungszustandes einer der Phasen auch von der Gesamtstoffmenge des zu extrahierenden Stoffes abhängig. Wie auf ►S. 274 f. näher erläutert, ist wiederholtes Extrahieren mit kleinen Volumina wirksamer als die einmalige Operation mit einem großen Volumen. In der Praxis kommt man nur in Sonderfällen mit einer einmaligen Extraktion aus, da eine geringfügige Mischbarkeit der Phasen unvermeidlich und vollständige Phasentrennung kaum möglich ist. Eine wirksame Trennung durch Extraktion ist an folgende Voraussetzungen gebunden:

- Unterschiede der Verteilungskoeffizienten der zu trennenden Stoffe mindestens von einer Zehnerpotenz.
- Gegenseitige Mischbarkeit der Phasen kleiner als 1 Vol.-%.
- Ausreichend schnelle und gut erkennbare Ausbildung der Phasengrenzfläche.

Bei der anorganischen Analyse ist eine der Phasen stets eine wässerige Lösung mit einer Dichte von 0,9–1,2 $g \cdot cm^{-3}$. Als leichtere organische Lösemittel werden oft (Dichte in Klammern in g/cm^3) Ether (0,719), Methylisobutylketon (MIK; 0,803), Butylalkohol

(0,810) und Amylalkohol (0,887) verwendet. Sie bilden bei einer Extraktion die obere Schicht. Schwerere organische Lösemittel sind fast ausschließlich Halogenkohlenwasserstoffe, insbesondere Trichlorethylen (1,466), Chloroform (1,498). In einigen Fällen wird auch mit Mischungen verschiedener Lösemittel gearbeitet.

Die Ionen werden in Form von Ionenassoziaten oder Komplexen von der organischen Phase aufgenommen. Zur ersten Gruppe gehören Verbindungen wie Fluoride, Chloride, Bromide, Iodide, Thiocyanate, Nitrate, Heteropolysäuren, aber auch solche mit Alkylphosphaten und höhermolekularen Aminen.

Die Aufnahme dieser Stoffe ist häufig mit einer Koordination der organischen Moleküle am Metallzentrum (innerer Solvationseffekt) gekoppelt, wie z. B.

$[FeCl_x]^{3-x}$	$[FeCl_3(MIK)_3]_0$
salzsaure Phase	Methylisobutylketon-Phase

Bei den extrahierbaren Komplexen handelt es sich um ungeladene Chelatkomplexe mit hydrophoben Außengruppen. Sie sind in wässerigen Systemen sehr schwer löslich und lösen sich auf Grund äußerer Solvatationseffekte relativ leicht in einer geeignet gewählten organischen Phase. Charakteristische Vertreter dieser Gruppe sind: Acetylacetonate, Oxinate, Cupferronate und Carbamate. Auch der Dimethylglyoxim-Komplex des Ni(II) gehört hierher (►S. 37).

Der Trenneffekt kann nicht nur durch den pH-Wert und die Reagenzkonzentration in der wässerigen Phase, sondern auch durch Maskierungsmittel wie Cyanid und EDTA gesteuert und gesteigert werden. Allgemein ist zu beachten, dass bei $pH < 7$ viele Säuren wie HCl, HSCN, HI, H-Oxinat, H-Carbamat usw. in beträchtlicher Menge ebenfalls von der organischen Phase aufgenommen werden.

Extraktion des Eisen(III) mit Methylisobutylketon (MIK)

Reaktionsprinzip: Für dieses Beispiel gibt ◘ Tab. 2.24 zunächst einen Überblick des prozentualen Anteils *H* von der Gesamtmenge in der Oberphase bei gleichen Volumina der beiden Phasen und des Extraktionskoeffizienten $D = H/(100\text{-}H)$ des Fe(III) im klassischen Extraktionsmittel Diethylether sowie im weitaus wirksameren MIK. *D* steht statt α, weil mehrere Fe(III)-Komplexe vorliegen.

Die optimale Säurekonzentration liegt danach bei 5,0–7,0 mol/L HCl. Oberhalb von 7 mol/L HCl nimmt *D* scheinbar ab, da sich die Phasen nicht nur schwer trennen, sondern auch eine mit der Säurekonzentration anwachsende gegenseitige Löslichkeit zeigen.

◘ **Tab. 2.24** Eisen-Extraktion mit Ether oder MIK nach *Specker* und *Doll*. Prozentualer Anteil *H* der Gesamtmenge in der Oberphase

HCl-Konz.	$/mol \cdot L^{-1}$	0,0	2,0	3,0	4,0	5,0	5,5	6,0	7,0	8,0
Ether	*H*/%	0,00	1	17,8	81,5	96	–	99	97,8	97
D	0,00	0,01	$0{,}20_8$	4,40	24	–	99	45	32	
MIK	*H*/%	0,00	25	77	98,4	99,8	$99{,}9_3$	$99{,}9_5$	$99{,}9_8$	≈ 99
D	0,00	0,33	3,35	61,5	499	1430	2000	5000	≈ 99	

Ion	H /%	Ion	H /%	Ion	H /%	Ion	H /%
Cr(VI)	98	Se(IV)	99	Ga(III)	99,9	Cd(II)	13
Mo(VI)	96	Ge(IV)	98	In(III)	94	Zn(II)	6
U(VI)	22	Te(IV)	96	As(III)	88	Cu(II)	4
Sb(V)	99	Sn(IV)	93	Sb(III)	69	Co(II)	3
V(V)	81	Th(IV)	1	Bi(III)	0,5	Ni(II)	1
As(V)	28	Fe(III)	99,98	Hg(II)	44	Mn(II)	0,7

Tab. 2.25 MIK-Extraktion aus 7 mol/L HCl. Prozentualer Anteil *H* der Gesamtmenge in der Oberphase

Schließlich bewirkt eine HCl-Konzentration über 8 mol/L eine völlige Mischbarkeit. Für Li, Na, K, Rb, Cs, Be, Mg, Ca, Sr, Ba, Al, Ce(III) und Seltenerdmetalle, Ti, Zr, Ag, Cr(III) und Pb(II) liegt *H* unter 0,1 %, wenn aus 7 mol/L HCl extrahiert wird. Tab. 2.25 bringt angenäherte *H*-Werte anderer Ionen.

2

Arbeitsbereich: 1,0–0,0001 mmol (z. B. 56 mg–5,6 µg Fe). Ausdrücklich erwähnt werden sollte die große Anwendungsbreite, die ohne wesentliche Änderung der Versuchsbedingungen von keinem anderen Trennverfahren erreicht wird.

Arbeitsgeräte: Birnen- oder zylinderförmige Scheidetrichter (Abb. 2.20); Porzellanschale; Bechergläser; Wasserbad.

Reagenzien: Methylisobutylketon (MIK); 5 mol/L HCl.

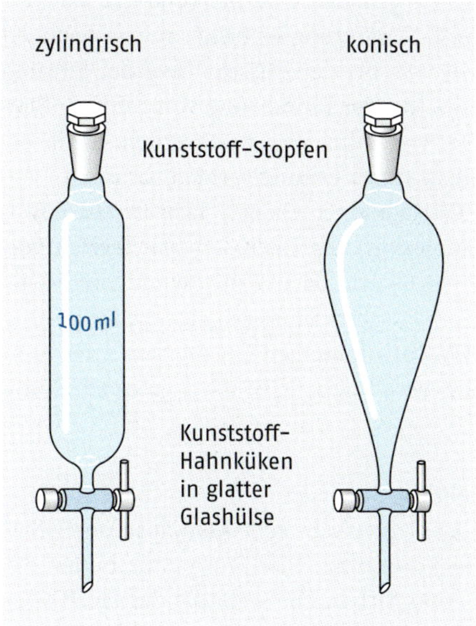

Abb. 2.20 Tropf- und Scheidetrichter

Arbeitsvorschrift: Probelösung mit Fe(III) in einer Porzellanschale auf dem Wasserbad zur Trockne oder sirupösen Konsistenz eindampfen. Rückstand in 10,0 mL HCl lösen und die Lösung 3-mal mit je 5,0 mL HCl quantitativ in den Scheidetrichter überführen. Nach Zugabe von 25,0 mL MIK 1 min lang kräftig schütteln und wässerige Phase nach Phasentrennung in ein Becherglas ablassen. Die MIK-Phase, die 99,8 % des vorhandenen Fe(III) enthält, mit 25 mL reiner HCl extrahieren, um mitextrahierte Fremdionen in die wässerige Phase zurückzuführen. HCl-Phase ebenfalls in das Becherglas ablassen, das nun die Fremdionen enthält, die nach einem geeigneten Verfahren bestimmt werden können. Das in der MIK-Phase befindliche Fe durch zweimalige Extraktion mit je 25,0 mL H_2O wieder in eine wässerige Phase bringen und sodann in dieser bestimmen.

2.5.3 Maskierung statt Trennung

Eine schnelle und einfache „innere" Trennung erzielt man durch Überführung störender Ionen in Verbindungen, die zwar nach wie vor löslich sind, jedoch ein anderes Verhalten als das ursprüngliche Ion zeigen. Neben der Überführung in eine andere Oxidationsstufe ist hierzu vor allem eine gezielte Komplexbildung geeignet.

Als Beispiel der Trennung über verschiedene Oxidationsstufen kann die Fe/Cr-Trennung angeführt werden, bei der Cr(III) in alkalischer Lösung zu Chromat oxidiert wird. Fe(III) kann z. B. als Hydroxid abgeschieden werden, während Chromat in Lösung bleibt.

Im weitaus häufigeren Fall der Komplexbildung spricht man auch von Maskierung. Wirksame Maskierungsmittel sind neben Fluoriden, Halogeniden und organischen Hydroxysäuren vor allem Cyanide und Aminopolycarbonsäuren. Bei der Zugabe von Maskierungsmitteln sollte in jedem Falle eine möglichst genaue Dosierung vorgenommen werden, da zu große Überschüsse oft auch die Bestimmungsreaktion ungünstig beeinflussen.

Reine Fluorokomplexe mit einer zur Maskierung ausreichenden Stabilität werden von Be, Al, Sc, Ti, Zr, Nb, Fe(III), B, Ga, In, Si und Ge gebildet. Oberhalb von pH = 8 werden sie schnell hydrolytisch zersetzt. Die Fluorid-Maskierung ist bisher nur in wenigen Sonderfällen analytisch verwendet worden, wie etwa bei der Ausschaltung der Störung durch Fe(III) beim Co-Nachweis mit Thiocyanat. Mit der Einführung von Kunststoffgeräten (PTFE) kann der Anwendungsbereich aber wesentlich erweitert werden, da die oft störende Ätzwirkung von Fluorid auf Glasgeräte in saurer Lösung vermeidbar ist.

Von den organischen Säuren werden die Chelatbildner Oxalat, Tartrat und Citrat relativ häufig verwendet, zumal sich ihre Komplexwirkung über den pH-Bereich von 1–14 erstreckt. Ein Beispiel ist die Sulfidfällung von Sb(III), bei der anwesendes Sn(IV) als Oxalatokomplex in Lösung verbleibt. Da diese organischen Säuren in alkalischer Lösung oft starke Komplexe bilden, werden störende Hydroxidfällungen der meisten zwei- und mehrfach positiv geladenen Kationen wirksam verhindert (z. B. die Carbamatfällung ►S. 154).

Quecksilberbestimmung durch Maskierungsreaktion

Reaktionsprinzip: Die Halogenide bilden im Allgemeinen schwache Komplexe, deren Stabilität jedoch in der Reihenfolge Cl ⟶ Br ⟶ I zunimmt. Eine Ausnahme bilden die starken Iodokomplexe des Hg(II) sowie Sb(III) und Bi(III). Die Stabilität des Hg(II)-Tetraiodokomplexes übertrifft im ammoniakalischen Medium sogar diejenige des Hg(II)-

EDTA-Komplexes. Bei Zugabe von KI wird also das an Hg(II) gebundene EDTA nach

$$[HgY]^{2-} + 4\,I^- + 2\,H_2O \longrightarrow [HgI_4]^{2-} + H_2Y^{2-} + 2\,OH^-$$

in Freiheit gesetzt und kann dann mit einer Mg^{2+}-Maßlösung titriert werden.

Die KI-Maskierung in Verbindung mit einer komplexometrischen Rücktitration der freigesetzten EDTA ist eine sehr schnelle und zuverlässige Untersuchungsmethode für zahlreiche Hg-haltige Legierungen (Amalgame usw.). Empfehlenswerte Praktikumsübungen sind die Analysen von Lösungsgemischen mit den Ionenpaaren Mg/Hg, Zn/Hg, Cd/Hg und Pb/Hg.

Störende Ionen: Fe^{2+}, Fe^{3+}, Co^{2+}, Ni^{2+} oder Cu^{2+} blockieren den Indikator Erio T, können aber nicht durch Cyanidzusatz maskiert werden, da auch Hg sehr stabile Cyanokomplexe bildet.

Verfahrensfehler: Hg entzieht sich einer einfachen Bestimmung, wenn es von vornherein durch entsprechende KI-Zugabe maskiert wird. Ein Zusatz von K_2MgY bzw. Na_2ZnY (►S. 145) ist empfehlenswert, um evtl. Fällungen (Chlorid, Hydroxid) zu vermeiden.

Arbeitsbereich: 0,9–0,1 mmol Hg^{2+} (180–20 mg Hg); für 0,09–0,01 mmol Hg^{2+} (18–2 mg Hg) gelten im Folgenden die Zahlenangaben in Klammern.

Arbeitsgeräte: 20-(5)-mL-Pipetten; 300-(100)-mL-Weithals-Erlenmeyerkolben oder 400-(150)-mL-Bechergläser (hohe Form) bei mechanischer Rührung; Bürette; pH-Papier.

Reagenzien: Festes KI; Indikator: 1,0 g Erio T und 100 g NaCl staubfein verrieben; Pufferlösung: 2 mol/L NH_3; Maßlösung: 0,1 (0,01) mol/L $Na_2[H_2Y]$ und 0,1 (0,01) mol/L Mg^{2+}-Lösung; 0,1 mol/L Mg- oder Zn-EDTA.

Arbeitsvorschrift: 20 (5) mL der Analysenlösung neutralisieren, mit H_2O auf ca. 100 (25) mL auffüllen. 10,0 (1,0) mL 0,1 mol/L Mg-EDTA (oder Zn-EDTA), 2,0 (0,5) mL HCl, danach 2,0 (0,5) mL Ammoniak hinzufügen und mit H_2O auf 200 (50) mL auffüllen (pH = 10,3–10,5). Nach Zusatz von 100 (50) mg Indikator mit 0,1 (0,01) mol/L $Na_2[H_2Y]$ (Y^{4-} = EDTA) von rot nach rein blau titrieren. 6 (2) g festes KI in die Lösung geben und mit 0,1 (0,01) mol/L Mg^{2+}-Lösung auf rein rot zurücktitrieren.

Berechnung: Bei der ersten Titration entspricht der EDTA-Verbrauch der gesamten Stoffmenge an komplexierbaren Ionen (Ca^{2+}, Sr^{2+}, Zn^{2+}, Cd^{2+}, Pb^{2+}, Mn^{2+}, Hg^{2+} usw.). Der Verbrauch V_{Mg} bei der Rücktitration ergibt dann die Hg-Menge. 1 mL 0,1 mol/L Mg^{2+}-Lösung $\hat{=}$ 20,06 mg (0,1 mmol) Hg.

Zink- oder Cadmiumbestimmung durch Maskierung/Demaskierung

Reaktionsprinzip: Viele Cyanokomplexe sind bei pH > 6 sehr stabil. So lassen sich mit 10 mmol (650 mg) KCN pro 100 mL Lösungsvolumen je 1,4 mmol Fe, Co, Ru, Rh, Os, Ir, Zn, Cd; 2,0 mmol Ni, Cu, Pd, Pt; 3,3 mmol Ag, Au, Hg sicher maskieren. Zur Bildung stabiler Komplexe müssen Fe(III) und Cu(II) in alkalischer Lösung durch Ascorbinsäure reduziert werden. Von praktischer Bedeutung ist die selektive Zerstörung der Cyanokomplexe von Zn und Cd durch Formaldehyd in ammoniakalischer Lösung:

$$[M(CN)_4]^{2-} + 4\,NH_3 + 4\,CH_2O \cdot HCl \longrightarrow [M(NH_3)_4]^{2+} + NC{-}CH_2{-}OH + 4\,Cl^-$$

Die anderen Cyanokomplexe reagieren unter diesen Verhältnissen nur sehr träge, wodurch eine selektive Zn- oder Cd-Bestimmung durch komplexometrische Titration ermöglicht wird. Als Praktikumsübungen können die Trennungen Zn/Cu, Cd/Cu, Zn/Ni, Cd/Ni, aber auch Mg/Zn, Mg/Cd empfohlen werden.

Arbeitsbereich: 1,0–0,1 mmol Zn oder Cd (65–6,5 mg Zn oder 112–11,2 mg Cd). Beim Mikromolverfahren 2 0,1–0,01 mmol Zn oder Cd (6,5–0,65 mg Zn oder 11–1 mg Cd).

Störende Ionen: Es dürfen nicht mehr als 6 (1,5) mmol Ag, Au und Hg, 4 (1) mmol Ni, Cu, Pd, Pt, 2,5 (0,8) mmol Fe und Co vorhanden sein. Alle Zahlenangaben in Klammern gelten hier und im Folgenden für das Mikromolverfahren 2.

Verfahrensfehler: Das zur Maskierung benutzte KCN muss analysenrein sein.

Arbeitsgeräte: 20-(5)-mL-Pipetten; 300-(100)-mL-Weithals-Erlenmeyerkolben oder 400-(150)-mL-Bechergläser (hohe Form) bei mechanischem Rühren; Bürette, pH-Papier.

Reagenzien: Indikator: 1,0 g Erio T und 100 g NaCl staubfein verrieben, unbegrenzt haltbar; Pufferlösung: 2 mol/L NaOH, 2 mol/L HCl, 13,5 mol/L NH_3; KCN; Ascorbinsäure; Formaldehyd-HCl (5,0 mL 35%iges CH_2O und 10 mL 5 mol/L HCl; die Lösung enthält 4,3 mol/L an CH_2O); Maßlösung: 0,1 (0,01) mol/L $Na_2[H_2Y]$.

Arbeitsvorschrift: 20 (5) mL Analysenlösung mit NaOH-Lösung neutralisieren und mit H_2O auf 10 (25) mL verdünnen. Die klare Lösung mit 2,0 (1,0) mL HCl, 2,0 (1,0) mL Ammoniak, danach mit 1,3 (0,4) g KCN und bei Anwesenheit von Cu oder Fe zusätzlich mit 200 (50) mg Ascorbinsäure versetzen. Nach Erwärmen auf 90 °C (Abzug!) mit H_2O auf 200 (50) mL verdünnen (pH = 10,7 ± 0,3). Nach Zugabe von 200 (50) mg Indikator mit Maßlösung von rot nach rein blau titrieren, wobei Mg, Mn(II), Pb, Y, Ga, In, La und bei Zusatz von $K_2[MgY]$ auch Ca, Sr und Ba erfasst werden. Dann in „Pendeltitration" unter Umschütteln tropfenweise $CH_2O \cdot HCl$ bis rot zusetzen und jeweils sofort mit Maßlösung auf rein blau titrieren. Die Titration ist beendet, wenn die blaue Endfarbe nach Zusatz eines Tropfens $CH_2O \cdot HCl$ mindestens 30 s lang bestehen bleibt.

Berechnung: Der Gesamtverbrauch der Pendeltitration entspricht der Zn- oder Cd-Menge.

Die Maskierung als Cyanokomplex wird nicht nur bei Titrationen, sondern auch bei zahlreichen anderen Bestimmungsmethoden angewendet, wie etwa das Schema der Carbamatfällungen (►S. 154) zeigt. Sie ist ebenfalls ein wertvolles Hilfsmittel bei Extraktionstrennungen, da weder die Cyanokomplexe noch freies KCN bei pH > 8 in die organische Phase gehen.

Maskierung durch Aminopolycarbonsäuren

Eine ähnlich starke Komplexwirkung wie die Cyanide besitzen die Aminopolycarbonsäuren auf fast alle Kationen der Ionenladung +2 und +3. Als ein Beispiel von vielen kann die selektive Abscheidung von W und Mo mit 8-Hydroxychinolin erwähnt werden, wobei fast alle störenden Kationen durch EDTA maskiert werden. Auch die Störungen bei der Abscheidung von Ba^{2+} oder SO_4^{2-} als $BaSO_4$ durch Mitreißen von Kationen der Ionenladung +3 und höher werden durch EDTA weitgehend ausgeschaltet.

2.5.4 Trennung über die Gasphase

Eine weitere Trennmöglichkeit ist die Überführung einzelner Komponenten in die Gasphase. An eine geeignete chemische Umsetzung schließt sich eine physikalische Trennung durch Abdampfen oder Destillation an, wobei Druck und Temperatur maßgebenden Einfluss haben. Neben einigen leicht verdampfbaren Elementen findet man besonders unter den Wasserstoffverbindungen, Fluoriden, Oxiden und Halogeniden viele leicht flüchtige Verbindungen.

Sieht man von den Gasen wie Edelgase, H_2, N_2, F_2 und von Cl_2 ab, so sind folgende bei 1 bar unter 1000 °C siedende Elemente verdampfbar: Na, K, Rb, Cs, Zn, Cd, Hg, P, As, S, Se, Br_2 und I_2. Als ein Beispiel ist hier die N-Abtrennung über N_2, das gasvolumetrisch (► S. 221) gemessen werden kann, angeführt:

$$\text{Nitritzersetzung:}\quad NO_2^- + NH_4^+ \longrightarrow N_2\uparrow + 2\,H_2O$$

I_2 wird durch Oxidation von Iodiden erhalten und ist bereits mit Wasserdampf beträchtlich flüchtig.

Die höheren Oxidationsstufen vieler Elemente oxidieren HCl oder HBr zu Cl_2 bzw. Br_2, die nach einer weiteren Umsetzung mit Iodid

$$Cl_2(Br_2) + 2\,KI \longrightarrow 2\,KCl(KBr) + I_2$$

iodometrisch titriert werden können (► S. 123 f.).

Beim Auflösen von Metallen und Legierungen in nicht oxidierenden Säuren werden durch Hydrolyse oder Reduktion häufig die leicht flüchtigen Wasserstoffverbindungen B_2H_6, CH_4, SiH_4, GeH_4, NH_3, PH_3, AsH_3, SbH_3, H_2S, H_2Se, H_2Te gebildet. Bei der Bestimmung dieser Bestandteile muss zur Vermeidung grober Fehler stets in Gegenwart starker Oxidationsmittel (konz. HNO_3; H_2O_2; $KMnO_4$) gelöst werden. Andererseits ist die Entfernung von Fluoriden, Halogeniden und sonstigen Anionen leicht flüchtiger Säuren durch Abrauchen mit H_2SO_4 oder $HClO_4$ gebräuchlich.

Durch Abrauchen mit HF und H_2SO_4 (oder $HClO_4$) oder durch Schmelzen mit NH_4F werden Verbindungen von B, Si und Ge aufgeschlossen, wobei jedoch BF_3, SiF_4 und GeF_4 ausgetrieben werden und verloren gehen. Ein allgemein anwendbares Trennverfahren für Fluoride ist die Willard-Winter-Destillation. Hierbei wird die fluoridhaltige Substanz in Gegenwart von Quarzmehl mit H_2SO_4 oder $HClO_4$ erhitzt. Das entstehende SiF_4 wird in eine mit schwach alkalischer Lösung beschickte Vorlage überdestilliert, wo es hydrolysiert:

$$SiF_4 + 6\,NaOH \longrightarrow Na_2SiO_3 + 4\,NaF + 3\,H_2O$$

Eine Methode zur Bestimmung von As-Spuren in Metallen, Legierungen, Oxiden und sonstigen Verbindungen ist die AsH_3-Entwicklung und die anschließende Bewertung der Färbung auf Papierstreifen, die mit $HgBr_2$ getränkt wurden. **Vorsicht:** AsH_3 ist sehr giftig.

Schwefelspuren in Metallen sowie die Sulfidgehalte vieler Verbindungen sind durch Behandlung mit Zn und HCl in Form von H_2S zu erhalten. Nach Absorption in einer Cadmiumacetat-Lösung kann H_2S direkt oder indirekt bestimmt werden (▶Kap. 2.8).

Bestimmung stickstoffhaltiger Verbindungen durch Kjeldahl-Destillation

Die Bedingungen der als „Kjeldahl-Destillation" bezeichneten N-Abtrennung als NH_3 sind in ◘ Tab. 2.26 zusammengestellt.

Mischindikator: 29 mg Methylrot + 279 mg Bromkresolgrün + 8,0 mL 0,1 mol/L NaOH in 100 mL Ethanol lösen, mit H_2O auf 500 mL auffüllen, orangerot pH = 4,0 bis blau pH = 5,6.

Arbeitsvorschrift: Bei organischen Amino-, Nitro-, Cyan- und sonstigen N-Verbindungen muss zunächst mit Phenol-Schwefelsäure aufgeschlossen werden. Bei heterocyclisch gebundenem N (Pyridin, Chinolin etc.) versagt aber auch diese Methode. Umsetzung, Destillation und die anschließende titrimetrische Bestimmung erfolgen in der Kjeldahl-Apparatur (○ Abb. 2.21). Während der Destillation darf sich die orangerote Färbung der sauren Lösung in der Vorlage nicht ändern. Erfolgt ein Umschlag nach blau, so muss die Bestimmung mit einer kleineren Einwaage wiederholt werden.

Nach Durchführung der Destillation ist der Liebigkühler mit wenig H_2O nachzuspülen. Danach wird die überschüssige 0,05 mol/L H_2SO_4 bzw. 0,1 mol/L HCl im Vorlagekolben mit 0,1 mol/L NaOH zurücktitriert (grauer Zwischenton). Man beachte in diesem Zusammenhang den bereits merklichen CO_2-Einfluss.

Halogeniddestillation – Arsen/Antimon/Zinn

Reaktionsprinzip: Unter den Halogeniden finden sich zahlreiche leicht flüchtige Verbindungen, deren Siedepunkte im Allgemeinen in der Reihenfolge Cl ⟶ Br ⟶ I ansteigen. Daher arbeitet man vorzugsweise mit den Chloriden, die man durch Erhitzen der festen feingepulverten Probesubstanzen in einem Gasstrom von Cl_2, $CHCl_3$, S_2Cl_2 oder HCl

◘ **Tab. 2.26** Kjeldahl-Trennungen für 5–0,5 mmol Stickstoff

N-Verbindung	Arbeitsbedingungen	Destillation
NH_4-Salze	50 mL 2 mol/L NaOH + 100 mL H_2O	100 mL innerhalb von etwa 30 min in eine Vorlage destillieren, die 50 mL Maßlösung 0,05 mol/L H_2SO_4 (oder 0,1 mol/L HCl) und Mischindikator enthält
Nitrate	2 g gepulverte Devarda-Legierung (50 % Cu, 45 % Al, 5 % Zn) 50 mL H_2O 100 mL 2 mol/L NaOH	
Nitrite	3 g Eisenpulver (reinst) 10 mL 5 mol/L H_2SO_4 30 min sieden in 100 mL H_2O lösen und danach 50 mL 2 mol/L NaOH zusetzen	

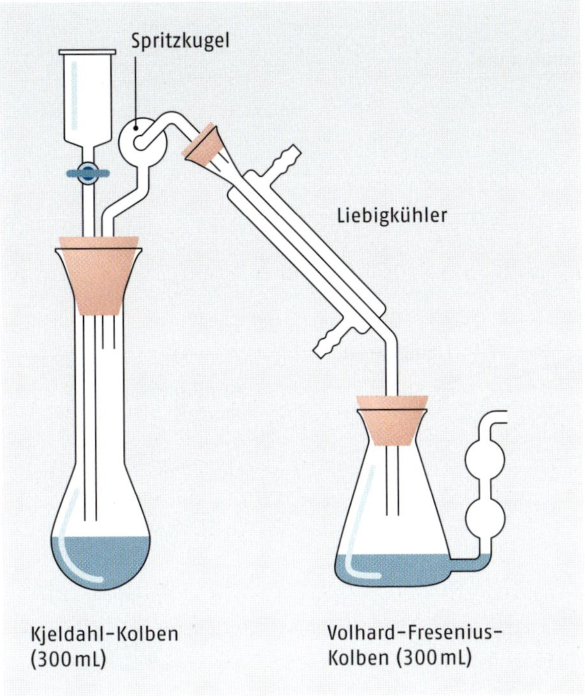

Abb. 2.21 Kjeldahl-Destillationsapparatur

wasserfrei erhalten kann. Wird z. B. Silumin (eine Al–Si-Legierung) im Cl_2-Strom erhitzt, so verbleibt als Rückstand Al_2O_3 (aus Oxidhäuten), während sich im Reaktionsrohr entsprechend dem Temperaturgefälle Sublimate von $FeCl_3$ (317 °C), $AlCl_3$ (183 °C), $TiCl_4$ (136 °C) und $SiCl_4$ (58 °C) abscheiden. Aus wässeriger Lösung sind nur wenige Chloride in wasserfreier Form abdampfbar. Aus konz. HCl (37–38%ig) sind $AsCl_3$ (130 °C), $SbCl_3$ (223 °C) und $GeCl_4$ (83 °C) destillierbar. $SnCl_4$ (114 °C) kann wegen der bereits sehr starken Hydrolyse nur bei wesentlich höheren Temperaturen (über 140 °C) abgedampft werden. Als Beispiel soll im Folgenden eine Trennung von As/Sb/Sn ausführlicher behandelt werden.

Verfahrensfehler: Zeitbedarf und Schwierigkeitsgrad dieser Dreistofftrennung sind verhältnismäßig groß. Eine Streuung von weniger als 2 % kann – abgesehen von verfälschenden systematischen Fehlern – nur bei sorgfältiger Einhaltung der Arbeitsbedingungen erwartet werden.

Arbeitsbereich: Jeweils nicht mehr als 2 mmol As, Sb, Sn, d. h. maximal 6 mmol Gesamtsubstanz

Arbeitsgeräte: Destillations-Apparatur (Abb. 2.22); Spritzkugel; langstielige Trichter; Thermometer (200–250 °C), kurze Form; pH-Papier.

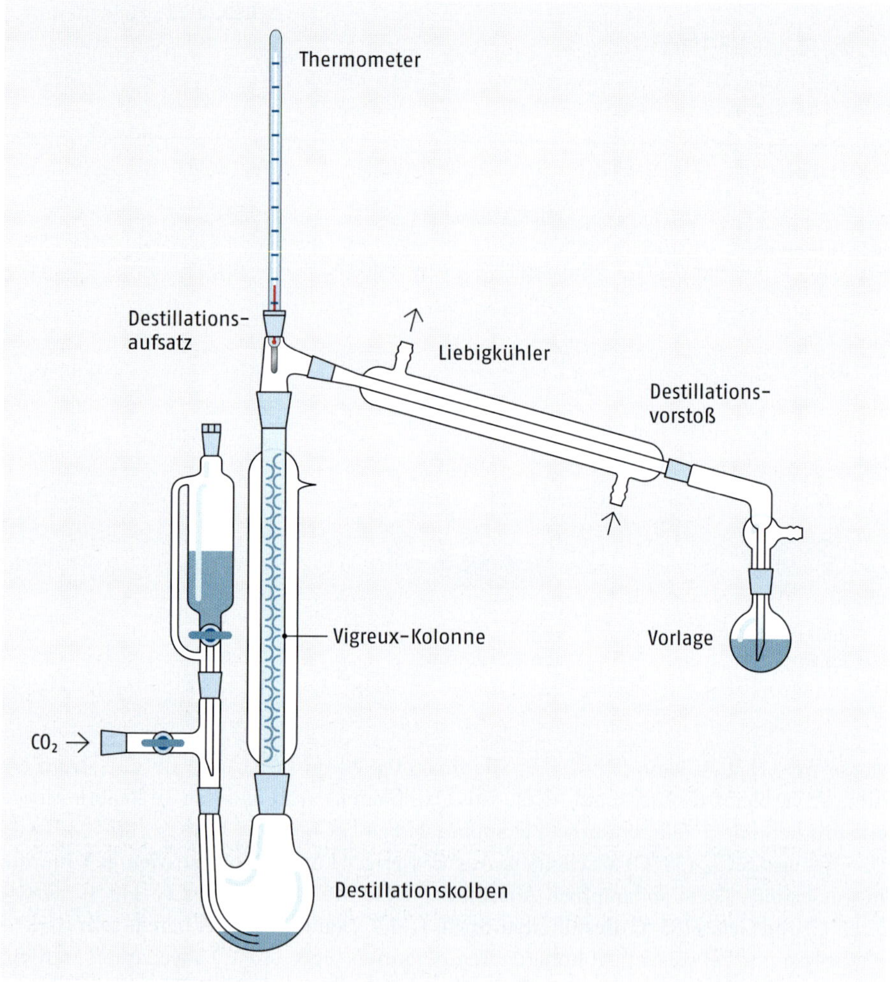

Abb. 2.22 Destillationsapparatur zur As/Sb/Sn-Trennung

Reagenzien: 18 mol/L H_2SO_4; Hydraziniumsulfat; KBr; 12,5 mol/L HCl; CO_2 (Stahlflasche oder Kipp); Thioacetamid oder H_2S; H_3PO_4 (85%ig); 5 mol/L NaOH; HBr (40%ig); 2 mol/L HNO_3.

Arbeitsvorschrift: Die in 5 mL H_2SO_4 gelöste Substanz bzw. eine auf 5 mL eingeengte schwefelsaure Lösung mit 3-mal 5 mL H_2O über einen langstieligen Trichter in den Destillationskolben bringen und mit 1 g Hydraziniumsulfat und 1 g KBr versetzen. Bis zur weitgehenden Auflösung (hydrolytische Trübungen durch Sn sind ohne Belang) schütteln und Apparatur zusammensetzen, dabei die Vorlage mit 100 mL H_2O beschicken. Durch den Tropftrichter 50 mL HCl einfüllen und Kolbeninhalt unter Durchleiten von 2–3 Blasen CO_2 pro Sekunde bis auf 20–30 mL abdestillieren. Destillation mit weiteren 50 mL HCl wiederholen. Kurz vor Ende 1 mL Destillat in einem Reagenzglas auffangen und nach Zusatz einiger Körnchen Thioacetamid (oder Einleiten von H_2S) aufkochen.

Bei Gelbfärbung nochmals mit 50 mL HCl destillieren. Das in der Vorlage befindliche As(III) bromatometrisch (►S. 128) bestimmen.

Zur Sb-Trennung abkühlen lassen, Fraktionieraufsatz mit zweimal 25 mL HCl spülen und dann durch einfache Spritzkugel ersetzen. 10 mL H_3PO_4 einfüllen, Thermometer in den Destillationskolben stellen, Apparatur zusammensetzen und neue Vorlage mit 100 mL H_2O unterstellen. Wie bei As destillieren, bis die Temperatur 160 ± 5 °C erreicht hat. Nun 45 min lang bei dieser Temperatur unter kontinuierlichem Zutropfen der erforderlichen Menge HCl destillieren. Gegen Ende der Destillation wie bei As auf Vollständigkeit prüfen. Bei Rotfärbung der mit NaOH-Lösung auf pH = 1–3 abgestumpften Lösung weiter 10 min lang destillieren. Das in der Vorlage befindliche Sb(III) ebenfalls bromatometrisch bestimmen.

Nach Auswechseln der Vorlage Sn(IV) sowie Sb(III) unter kontinuierlichem Zutropfen eines Gemisches aus 1 Teil HBr und 3 Teilen HCl bei einer Temperatur von 145 ± 5 °C abdestillieren. Das in der Vorlage befindliche Sn(IV) durch Zusatz von HNO_3 und Eindampfen als SnO_2 abscheiden und auswägen.

2.5.5 Trennung durch Ionenaustauschchromatographie

Die einfachen Trennungen basieren auf der Tatsache, dass Kationen nur an Kationenaustauscher und Anionen nur an Anionenaustauscher gebunden werden (►Kap. 2.4.2).

Ein weiteres Verfahren ist die chromatographische Trennung (auch ►S. 275 f.) gleichsinnig geladener Ionen. Sie hat ihre Ursache in der unterschiedlichen Bindungsfestigkeit der Ionen am Austauscher. Oft wird das Auseinanderziehen der Zonen auch durch einen Komplexbildner im Elutionsmittel erreicht, der mit den zu trennenden Ionen unterschiedlich starke Komplexe bildet. Allgemein werden nach dieser Methode chemisch sehr ähnliche Ionen (wie z. B. diejenigen der Seltenerdmetalle) getrennt.

Die einfache Trennung von Kationen und Anionen ist zur Beseitigung von Störungen bei gravimetrischen und maßanalytischen Bestimmungen gut geeignet. So macht z. B. die gravimetrische Bestimmung des Sulfats als Bariumsulfat (►S. 66) bei Gegenwart einer Anzahl Kationen Schwierigkeiten, da diese bei der Fällung teilweise mitgerissen werden. Auch die acidimetrische Titration der Borsäure in Gegenwart mehrwertiger Alkohole (►S. 107) wird durch bestimmte Kationen gestört. Durch Anwendung eines stark sauren Kationenaustauschers in der H^+-Form sind diese Kationen einwandfrei durch Austausch zu entfernen (►S. 112).

Trennung von Cobalt und Nickel

Reaktionsprinzip: Einige Schwermetalle werden in konz. salzsaurer Lösung von stark basischen Anionenaustauschern als anionische Chlorokomplexe gebunden. Zum quantitativen Austausch sind bei Raumtemperatur Lösungen mit etwa 9 mol/L HCl erforderlich. Aber selbst in dieser Lösung ist z. B. die Bindung des Cobalts so schwach, dass eine Abtrennung größerer Cobaltmengen von Nickel, das nicht gebunden wird und deshalb die Austauschersäule glatt durchläuft, Schwierigkeiten bereitet.

Bei Erhöhung der Arbeitstemperatur sind zur qualitativen analytischen Trennung wesentlich geringere Salzsäurekonzentrationen erforderlich, da sich dabei die Gleichgewichte in der salzsauren Lösung zugunsten der anionischen Chlorokomplexe der Schwermetalle verschieben. Die Elution der als Chlorokomplexe gebundenen Schwermetalle lässt sich bei Raumtemperatur mit Wasser durchführen.

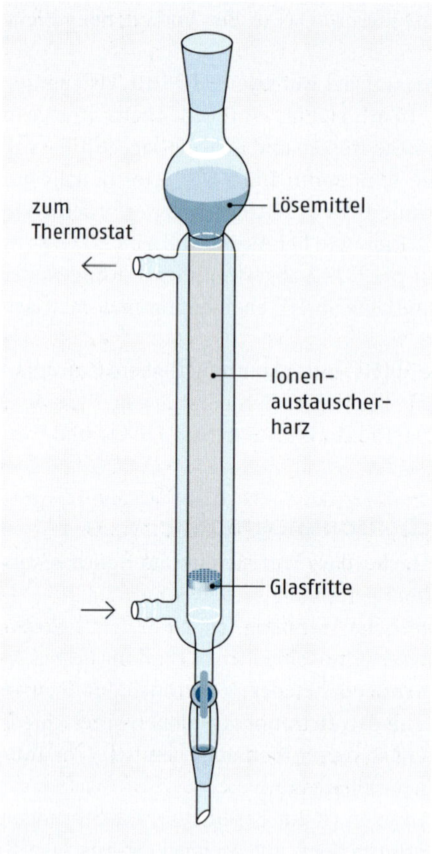

o Abb. 2.23 Heizbare Austauschersäule

Störende Ionen: Viele Schwermetallionen stören sowohl den Austausch als auch später die Cobaltbestimmung (►S. 86 f.).

Verfahrensfehler: In der Austauschersäule darf der Flüssigkeitsspiegel niemals in die Harzschicht eindringen, da sonst Luftblasen im Harzbett entstehen und der Austauscher dann nicht mehr einwandfrei arbeitet.

Arbeitsgeräte: Heizbare Austauschersäule nach o Abb. 2.23 (Säulendurchmesser ca. 2 cm, Gesamtlänge ca. 55 cm; Mantelrohrlänge ca. 33 cm; Manteldurchmesser ca. 5 cm; Höhe des Harzbettes ca. 18 cm); Wasserumlauf-Thermostat; 100-mL-Messkolben; 20-mL-Pipette; 400-mL-Bechergläser (hohe Form).

Reagenzien: Stark basischer Anionenaustauscher; 7 mol/L HCl.

Arbeitsvorschrift: Analysenlösung im Messkolben mit HCl auffüllen. In mit dest. Wasser gefüllte Austauschersäule Anionenaustauscher einfüllen. Säule mithilfe des Thermostaten auf ca. 80 °C aufheizen. Nach Ablassen des Wassers bis zur Harzoberfläche mit 30 mL warmer HCl vorwaschen und dabei Tropfgeschwindigkeit auf ca. 25 Tropfen/min

(2,5 mL/min) einstellen. Nach Absinken des HCl-Spiegels bis zur Harzoberfläche Vorlage wechseln und 20 mL der auf 80 °C erwärmten Analysenlösung auf die Säule pipettieren. Dreimal mit je 30 mL heißer HCl waschen. Die Co-Zone erfüllt ca. 75 % des Austauscherbettes. Das in der Vorlage befindliche Ni^{2+} nach Einengen durch Fällen mit Dimethylglyoxim (►S. 87) bestimmen. Co^{2+} mit ca. 200 mL Wasser bei Zimmertemperatur eluieren und nach Eindampfen bis zur Trockne gravimetrisch als Tetrakis(pyridin)cobalt-thiocyanat (►S. 86) bestimmen.

2.6 Elektroanalytische Methoden

In einem analytischen Laboratorium werden heute zahlreiche physikalisch-chemische Methoden eingesetzt. Es sind hier vor allem die optischen und elektroanalytischen Verfahren zu nennen. Gegenüber den bisher beschriebenen rein chemischen Methoden haben hier physikalische Vorgänge chemische Reaktionen zur Folge, wie z. B. bei der Elektrogravimetrie und der Polarographie, oder aber das physikalische Verhalten einer Lösung erlaubt Schlüsse über den Verlauf einer Reaktion, sodass, wie bei der Potenziometrie und der Konduktometrie, der Endpunkt einer Reaktion erkannt werden kann. Der Vorteil der Methoden liegt vor allem darin, dass Bestimmungen, die auf anderem Wege nicht oder nur unter großem Arbeitsaufwand durchgeführt werden können, oft auf recht elegante Weise ermöglicht werden. Erwähnt seien hier nur die zahlreichen potenziometrischen Redoxtitrationen, für die kein geeigneter Indikator zur Verfügung steht, oder die recht genauen und bei Serienanalysen sehr schnell durchführbaren polarographischen Mikroanalysen. Darüber hinaus erlaubt eine elektrische Messgröße in den meisten Fällen die Registrierung durch Analogschreiber oder eine automatische Steuerung von Reaktionen. Diesen erheblichen Vorteilen steht allerdings als Nachteil der oft teure apparative Aufwand gegenüber.

2.6.1 Einführung in die Elektroanalytik

Die im Folgenden kurz beschriebenen Grundlagen beschränken sich nur auf das unbedingt Notwendige. Für ein eingehendes Studium muss daher auf die einschlägige Fachliteratur und die Lehrbücher der physikalischen Chemie verwiesen werden (►S. 382).

Elektrochemische Einheiten

Das kleinste Elementarteilchen in diesem Zusammenhang ist das Elektron mit nur 1/1836 der Masse eines Protons und einer negativen Elementarladung. Diese Elementarladung beträgt $1{,}6021917 \cdot 10^{-19}$ C (Coulomb). Daraus ergibt sich die molare Ladung der Elektronen, die sogenannte **Faraday-Konstante**

$$F \approx 6{,}02 \cdot 10^{23}\ \text{mol}^{-1} \times 1{,}602 \cdot 10^{-19}\ \text{C} = 96\,485\ \text{C} \cdot \text{mol}^{-1}.$$

Durch eine Anhäufung oder auch durch einen Mangel an Elektronen wird ein Körper elektrisch aufgeladen. Zwischen zwei Körpern mit unterschiedlicher Tendenz, Elektronen abzugeben, d. h. unterschiedlichem Potenzial, besteht eine **Potenzialdifferenz oder Spannung** U, die in Volt gemessen wird. Verbindet man nun diese beiden Körper mit einem Elektronenleiter (Metalldraht), so werden die Elektronen vom elektronenreicheren negativen zum elektronenärmeren, weniger negativen oder positiven Körper fließen. Die Stärke dieses Elektronenstromes, die **Stromstärke** ***I***, wird in Ampere (A) angegeben. Der

Stromstärke 1 A = 1 C/s entspricht ungefähr ein Fluss von $6{,}2 \cdot 10^{18}$ Elektronen pro Sekunde. Sie ist abhängig von der Potenzialdifferenz oder Spannung U und dem **elektrischen Widerstand** R, der dem Elektronenstrom entgegengesetzt wird. Der Widerstand wird in Ohm (Ω) gemessen. 1 Ω ist gleich dem elektrischen Widerstand zwischen zwei Punkten eines fadenförmigen homogenen Leiters, durch den infolge der Spannung 1 V zwischen beiden Punkten ein elektrischer Strom der Stärke 1 A fließt (A ist Basiseinheit im Internationalen Einheitensystem). Zwischen beiden Punkten wird dabei die **Leistung 1 Watt** (1 W) = 1 V A = $1\,\mathrm{J} \cdot \mathrm{s}^{-1}$ umgesetzt. Bei zeitlich unveränderter Spannung und Stromstärke wird je Sekunde die Energie 1 J = 1 V A s = 1 W s umgesetzt. Die mathematische Beziehung zwischen den drei Größen Stromstärke, Spannung und Widerstand ist das **Ohm'sche Gesetz**:

$$I = \frac{U}{R}$$

Der reziproke Wert des Widerstandes R ist der **elektrische Leitwert** G mit der Einheit Siemens (S); $1\,\mathrm{S} = 1\,\Omega^{-1}$.

Die Begriffe elektrischer Strom, Stromstärke, Elektronenfluss usw. erinnern an den Wasserstrom, den Fluss. Tatsächlich wurden die Begriffe der Elektrodynamik aus der Hydrodynamik entlehnt, sodass weitgehende Parallelen bestehen. So ist die Potenzialdifferenz oder Spannung mit dem Niveauunterschied zwischen zwei Wasserbehältern zu vergleichen. Verbindet man beide durch eine geeignete Leitung, strömt das Wasser aus dem höher gelegenen Behälter in den darunter liegenden. Die Stromstärke ist gegeben durch die in der Zeiteinheit ausströmende Wassermenge. Umgekehrt kann man selbstverständlich aus der Stromstärke und der Zeit die Wassermenge berechnen. Die Stromstärke ist abhängig vom Widerstand der Leitungen. So wird z. B. durch ein glattes Rohr mehr Wasser pro Zeiteinheit strömen als durch ein Rohr mit rauher Wandung. Außerdem wird sie um so größer sein, je größer das Gefälle ist. Die Arbeit, die z. B. in einem Wasserkraftwerk geleistet wird, ergibt sich aus der Fallhöhe und der Wassermenge pro Zeiteinheit, also der Stromstärke in den Leitungen.

In Elektrolyten (Leiter 2. Klasse) erfolgt der Stromtransport nicht durch Elektronen, sondern durch die wesentlich größeren und damit langsameren Ionen. In verdünnten Lösungen ist die Wanderung der Kationen und Anionen praktisch unabhängig voneinander (**Kohlrausch'sches Gesetz** von der unabhängigen Wanderung der Ionen).

Ihre Wanderungsgeschwindigkeiten w^+ bzw. w^- in $\mathrm{cm} \cdot \mathrm{s}^{-1}$ errechnen sich nach:

$$w^+ = \frac{z^+ \cdot e \cdot E}{W} \text{ (Kationen)} \quad \text{bzw.} \quad w^- = \frac{z^- \cdot e \cdot E}{W} \text{ (Anionen)}$$

(z^+, z^- = Ladung der Ionen, e = Elementarladung, E = Feldstärke in $\mathrm{V} \cdot \mathrm{cm}^{-1}$, W = hydrodynamischer Widerstand) Wird die Wanderungsgeschwindigkeit durch die Feldstärke dividiert, so erhält man die **Ionenbeweglichkeit**

$$u^\pm = \frac{z^\pm \cdot e}{W} = \frac{w^\pm}{E} \quad \text{in} \quad \left[\frac{\mathrm{cm}}{\mathrm{s}} \Big/ \frac{\mathrm{V}}{\mathrm{cm}}\right] = \left[\frac{\mathrm{cm}^2}{\mathrm{V} \cdot \mathrm{s}}\right]$$

Die Ionenbeweglichkeiten liegen zwischen 2 und $7 \cdot 10^{-4}\,\mathrm{cm}^2 \cdot \mathrm{V}^{-1} \cdot \mathrm{s}^{-1}$.

Die Multiplikation der Ionenbeweglichkeiten mit der Faradaykonstanten F und Division durch $|z|$ ergibt die in den Nachschlagewerken tabellierten **Ionenäquivalentleitfähig-**

keiten $\lambda^{\pm}$ bei unendlicher Verdünnung (vgl. ►S. 194).

$$\begin{aligned}\lambda^{+} &= (u^{+}/z^{+}) \cdot F \\ \lambda^{-} &= (u^{-}/z^{-}) \cdot F\end{aligned} \quad \text{in} \quad \left[\frac{\text{cm}^2 \cdot \text{A} \cdot \text{s}}{\text{V} \cdot \text{s} \cdot \text{mol}}\right] = \left[\frac{\text{cm}^2}{\Omega \cdot \text{mol}}\right]$$

In älterer Literatur wird die Ionenäquivalentleitfähigkeit oft fälschlich als Beweglichkeit bezeichnet. Neuere Tabellen enthalten molare Ionenleitfähigkeiten.

Beim Ladungstransport führt es auf dasselbe hinaus, ob positive Ladungen in der einen oder negative Ladungen in der entgegengesetzten Richtung wandern. Daher addieren sich beide Ladungstransporte zu der Gesamtleitfähigkeit (Kohlrausch'sches Gesetz), der sogenannten **Äquivalentleitfähigkeit** (molaren Leitfähigkeit) Λ. Für einen starken 1:1-Elektrolyten gilt bei unendlicher Verdünnung:

$$\Lambda = \lambda^{+} + \lambda^{-}$$

Bei unvollständig dissoziierten Verbindungen muss der Dissoziationsgrad berücksichtigt werden. Es gilt dann:

$$\Lambda = (\lambda^{+} + \lambda^{-})\alpha$$

Bei einer beliebig konzentrierten Lösung interessiert die elektrische **Leitfähigkeit** κ. Sie hängt mit der Äquivalentleitfähigkeit für einen 1:1-Elektrolyten durch folgende Beziehung zusammen:

$$\kappa = \Lambda \cdot c$$

Der in der Praxis gemessene **Leitwert** G hängt außer von der Lösung vor allem vom Querschnitt q der Elektroden und ihrem Abstand l ab. Für einen elektrolytgefüllten quaderförmigen Trog mit den beiden Elektroden als Vorder- und Rückwand gilt:

$$G = \kappa \cdot \frac{q}{l} = \kappa \cdot K^{-1}$$

Um reproduzierbare Ergebnisse erhalten zu können, darf die Zellenkonstante K nicht verändert werden. Deshalb sind auch in den Leitfähigkeitszellen die Elektroden meist so angeordnet, dass man sie nicht durch versehentliche Berührung verbiegen oder verschieben kann. Die Konstante wird meist mit Eichlösungen genau bekannter spezifischer Leitfähigkeit bestimmt. Die Kenntnis der Konstanten ist jedoch nur für Absolutmessungen, z. B. Ionenbeweglichkeiten, nicht aber für konduktometrische Titrationen notwendig. Einen Überblick ber Größen, Einheiten und Konstanten gibt ◘ Tab. 2.27.

Potenzialbildung und Nernst'sches Gesetz

Durch Elektronenüberschuss oder -unterschuss eines Körpers gegenüber seiner Umgebung treten Potenziale auf. Taucht man z. B. ein Metall in eine Lösung eines Salzes, so entsteht an der Phasengrenzfläche ein elektrisches Potenzial, dessen Größe neben der Temperatur vor allem von der Art des Metalls und der Konzentration (oder genauer der Aktivität) der Lösung anhängt.

Nach *Nernst* besteht einerseits eine Lösetendenz (ein Lösedruck) des Metalls (Bildung von Kationen), andererseits ein Abscheidungsbestreben der Kationen (Reduktion zum elementaren Metall). Der elektrolytische Lösungsdruck ist bei gegebener Temperatur für

Tab. 2.27 Zusammenstellung der Größen, Einheiten und Konstanten

elektr. Ladung Q:	1 Coulomb(1 C) = 1A · 1 s
Faraday-Konstante:	F = 96 485 Coulomb · mol^{-1} bzw. C · mol^{-1}
Elektronenladung:	$e = F/N_A$ = 96 485C · mol^{-1}/6,02 · 10^{-23} mol^{-1} = 1,602 · 10^{-19} C
elektr. Stromstärke I:	1 A = 1 C/s = 1 V/1 Ω
elektr. Widerstand R:	1 Ω = 1 V/1 A
elektr. Leitwert G:	1 Siemens(1 S) = 1/Ω
elektr. Spannung U:	1 V = 1 A · 1 Ω = 1 C/s · 1 Ω
Leistung P:	1 W = 1 A · 1V = 1 C/s · 1 V
Arbeit, Energie W:	1 Joule(1 J) = 1 C · 1 V = 1 A · 1 s · 1 V
Ionenäquivalentleitfähigkeit:	$\lambda^{\pm} = F \cdot u^{\pm} \; / \left[\frac{cm^2 \cdot A \cdot s}{V \cdot s \cdot mol}\right] = \left[\frac{cm^2}{\Omega \cdot mol}\right]$
Ionenbeweglichkeit:	u / [(cm/s)/(V/cm)]
Äquivalentleitfähigkeit:	$\Lambda = \lambda^- + \lambda^-$ (starke Elektrolyte)
für 1 : 1-Elektrolyte:	$\Lambda = (\lambda^+ + \lambda^-)\alpha$ (schwache Elektrolyte)
Elektrische Leitfähigkeit:	
für 1 : 1-Elektrolyte:	$\kappa = \Lambda \cdot c$ / 1/(Ω · cm)

ein bestimmtes Metall eine charakteristische Konstante, das Abscheidungsbestreben dagegen ist eine Funktion des osmotischen Druckes und damit der Konzentration bzw. der Aktivität der Lösung. Zwischen beiden Kräften stellt sich ein Gleichgewicht ein. Ist das Abscheidungsbestreben größer (wie z. B. bei Cu), scheiden sich einige Ionen auf dem Metall ab und laden es positiv gegenüber der Lösung auf. Die zurückbleibende äquivalente Menge Anionen umgibt die Elektrode und bildet mit ihr eine **Helmholtz'sche Doppelschicht** (**o** Abb. 2.24 a).

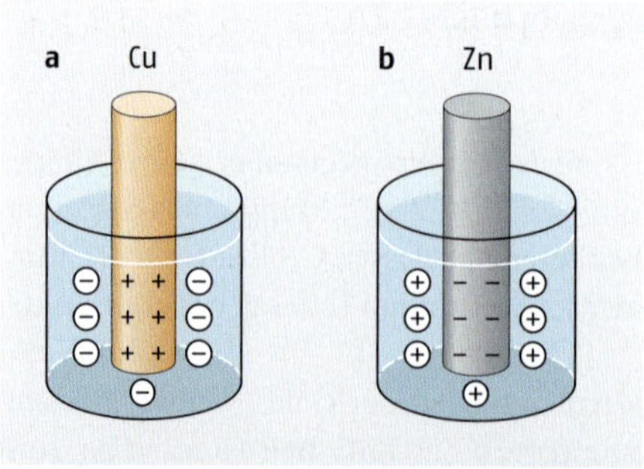

o Abb. 2.24 Potenzialbildung a) an edlen und b) an unedlen Metallen

Ist dagegen der Lösungsdruck größer (wie z. B. bei Zn), so geht etwas Metall in Lösung, die zurückbleibenden Elektronen laden das Metall negativ gegenüber der Lösung auf, und die Zn^{2+}-Ionen bilden dann die positive Seite der Doppelschicht (o Abb. 2.24 b). Eine solche Kombination aus Metall und Lösung bezeichnet man als **galvanisches Halbelement**. Die potenzialbildenden Vorgänge lassen sich durch die folgenden Gleichungen beschreiben (► S. 30 ff.):

$$Cu \rightleftharpoons Cu^{2+} + 2\,e^- \quad \text{bzw.} \quad Zn \rightleftharpoons Zn^{2+} + 2\,e^-$$

Das Material der Elektrode nimmt in diesen Fällen an der Reaktion teil.

An die Stelle der Metalle können auch Gase treten. Als „Träger“ oder Ableitungselektroden dienen dann unangreifbare, indifferente Metallelektroden, z. B. platiniertes Platin, die von dem betreffenden Gas umspült werden. Das Bestreben der Gasmoleküle, in Ionen überzugehen, ist hier allerdings nicht mehr eine Materialkonstante, sondern abhängig von der Konzentration c des gelösten Gases, die wiederum nach dem **Henry-Dalton'schen Gesetz** vom Partialdruck p des Elektrodengases abhängig ist (k = Konstante):

$$c = k \cdot p$$

Ein Beispiel für derartige Gaselektroden ist die **Wasserstoffelektrode**, ein Pt-Blech, das in eine H^+-Ionen enthaltende Lösung taucht und von H_2 umspült wird. Der potenzialbildende Vorgang ist:

$$\tfrac{1}{2}\,H_2 \rightleftharpoons H^+ + e^-$$

Die Beispiele zeigen, dass diese Vorgänge mit einem Elektronenaustausch verbundene Redoxreaktionen sind. Auch Redoxsysteme, an denen nur Ionen beteiligt sind, bilden Potenziale. Zur Messung dienen hier meist blanke Platinbleche, an denen der Elektronenaustausch zwischen den Ionen teilweise erfolgt und die dadurch entsprechend aufgeladen werden. Als Beispiel für potenzialbildende Vorgänge seien genannt:

$$Fe^{2+} \rightleftharpoons Fe^{3+} + e^-$$

$$Mn^{2+} + 4\,H_2O \rightleftharpoons MnO_4^- + 8\,H^+ + 5\,e^-$$

Im Gegensatz zu den Metallelektroden, die sowohl als Medium für den Elektronenaustausch dienen als auch gleichzeitig Reaktionsteilnehmer sind, also spezifische chemische Eigenschaften haben müssen, bilden in den letztgenannten Fällen die Platinelektroden lediglich das Medium für den Elektronenaustausch.

Die **Konzentrationsabhängigkeit des Potenzials** wird durch die **Nernst'sche Gleichung** (► S. 31) beschrieben; die je nach der Art der Elektrode verschiedene Formen hat. Für ein Metall, das in seine Salzlösung eintaucht, z. B. Cu in $CuSO_4$-Lösung, beträgt das Potenzial E:

$$E = E^0 + \frac{RT}{zF} \ln c = E^0 + \frac{RT}{2F} \ln c(Cu^{2+})$$

Dabei bedeuten R: molare Gaskonstante (8,31 J · mol^{-1} · K^{-1}), T: Kelvin-Temperatur, z: Anzahl der ausgetauschten Elektronen, F: Faraday-Konstante (96 485 C · mol^{-1}), E^0: Standardpotenzial, c: Konzentration in mol · L^{-1}.

Für die Wasserstoff-Elektrode gilt (p_{H_2} = H_2-Druck relativ zu $p^0_{H_2}$):

$$E = E^0 + \frac{RT}{F} \ln \frac{c(H^+)}{p(H_2)}$$

Für das System Mn^{2+}/MnO_4^- ergibt sich:

$$E = E^0 + \frac{RT}{5F} \ln \frac{c(MnO_4^-) \cdot c^8(H^+)}{c(Mn^{2+})}$$

Zur Vereinfachung rechnet man den natürlichen Logarithmus in den dekadischen um, setzt für RTundF die entsprechenden Zahlenwerte ein und erhält dann z. B.

$$E = E^0 + \frac{0{,}059 \text{ Volt}}{z} \lg c \quad (25\,°C)$$

Das absolute Potenzial E einer Elektrode gegenüber der Lösung ist außerordentlich schwierig und nur wenig genau zu bestimmen. Man misst daher meist relative Werte, die sich auf eine willkürlich gewählte Elektrode beziehen. Als solche dient die **Standardwasserstoffelektrode**, ein Pt-Blech, das in eine Säure mit $a(H^+) = 1$ mol/L eintaucht und von H_2 unter 1,01325 bar umspült wird. Deren Potenzial E und damit auch deren Standardpotenzial E^0 werden definitionsgemäß gleich Null gesetzt.

Schaltet man zwei gleichartige Halbelemente verschiedener Konzentration, die durch einen Flüssigkeitsheber verbunden sind, gegeneinander, so misst man ebenfalls ein Potenzial, nämlich das **Potenzial einer Konzentrationskette**, das durch die folgende Gleichung beschrieben wird:

$$E = \frac{RT}{zF} \ln \frac{c_1}{c_2} = \frac{0{,}059 \text{ Volt}}{z} \lg \frac{c_1}{c_2} \quad (25\,°C)$$

Taucht z. B. eine Silberelektrode in 1 mol/L $AgNO_3$, eine zweite aber in 0,1 mol/L $AgNO_3$, so misst man, wenn beide Lösungen durch einen Flüssigkeitsheber verbunden sind, eine Spannung von 59 mV.

2.6.2 Potenziometrie

Die potenziometrische Titration ist eine maßanalytische Methode, bei der der Potenzialverlauf in Abhängigkeit vom Reagenzzusatz aufgenommen wird. Der Äquivalenzpunkt zeichnet sich bei dieser Methode durch eine sprunghafte Änderung des Potenzials aus. Der gesamte Kurvenverlauf entspricht in der Regel dem einer Neutralisationskurve (vgl. ○ Abb. 2.6, S. 96). Der Vorteil der potenziometrischen Bestimmung gegenüber Titrationen mit Indikatoren liegt darin, dass auch in trüben oder farbigen Lösungen gearbeitet werden kann. Darüber hinaus können Reaktionen maßanalytisch ausgewertet werden, für die kein geeigneter Indikator bekannt ist.

Indikator- und Bezugselektroden

In der Praxis vergleicht man das unbekannte, zu messende Potenzial der Indikatorelektrode mit einem bekannten, konstanten Potenzial der **Bezugselektrode**. Als Bezugselektrode dienen im Allgemeinen die **Kalomelelektrode**, die aus Hg, Hg_2Cl_2 und gesättigter KCl-Lösung besteht, oder die Ag/AgCl-Elektrode (○ Abb. 2.25).

Potenzialbildender Vorgang der Bezugselektrode ist die Relation $2\,Hg \rightleftharpoons Hg_2^{2+} + 2\,e^-$. Das Potenzial wird beschrieben durch

$$E = E^0 + \frac{RT}{2F} \ln c(Hg_2^{2+})$$

Die Hg_2^{2+}-Ionenkonzentration steht jedoch mit dem Löslichkeitsprodukt in Beziehung:

$$K_L = c(Hg_2^{2+}) \cdot c^2(Cl^-)$$

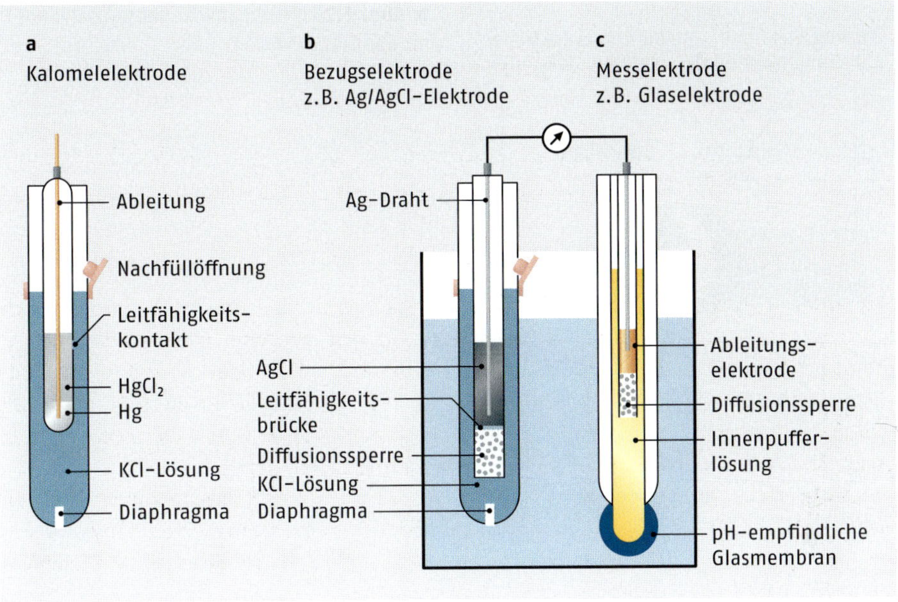

Abb. 2.25 Bezugselektroden: a) Kalomelelektrode, b) Ag/AgCl-Elektrode und c) Glaselektrode

So wird das Potenzial indirekt durch die Cl^--Ionenkonzentration bestimmt, die aufgrund der gesättigten Lösung konstant ist:

$$E = E^0 + \frac{RT}{2F} \ln \frac{K_L}{c^2(Cl^-)} = E^0 + \frac{RT}{F} \ln \frac{\sqrt{K_L}}{c(Cl^-)}$$

Als **Mess- oder Indikatorelektrode** muss eine Elektrode benutzt werden, die auf das zu bestimmende Ion anspricht, d. h. entweder selbst Partner der potenzialbildenden Redoxreaktion ist (z. B. Ag-Elektroden für argentometrische Bestimmungen) oder aber als Ableitungselektrode für den Elektronenaustausch der gelösten Redoxpartner dienen kann (z. B. blanke Pt-Elektroden für Systeme wie Fe^{2+}/Fe^{3+}, Mn^{2+}/MnO_4^-, Cr^{3+}/CrO_4^{2-}, Chinhydron, platinierte Pt-Elektroden für Gaselektroden wie H_2/H^+ usw.). Für acidimetrische Bestimmungen werden als Indikatorelektroden vor allem die Glas-, die Chinhydron- und die Wasserstoffelektrode eingesetzt.

Die **Glaselektrode** (Abb. 2.25) besteht aus einem Glasschaft, an den eine dünne Membran in Kölbchen- oder Kugelform angeschmolzen ist. Sie ist gefüllt mit einer Innenlösung (z. B. Acetatpuffer, pH = 4,6), in die eine Ableitungselektrode, z. B. eine Ag/AgCl-Elektrode eintaucht. Vor dem ersten Gebrauch muss die Glaselektrode gewässert werden, damit das Glas an der Außen- und Innenseite der Membran zu einer dünnen Gelschicht aufquellen kann, die als Kieselsäure-Silicat-Puffer wirkt und so einen annähernd konstanten, von dem pH-Wert der angrenzenden Lösung unabhängigen pH-Wert besitzt. Austrocknen macht die Glaselektrode unbrauchbar.

An den Grenzflächen zwischen den Lösungen und den Gelschichten bilden sich Potenziale aus, deren Größe von dem Verhältnis der H^+-Ionenkonzentration in der Lösung und

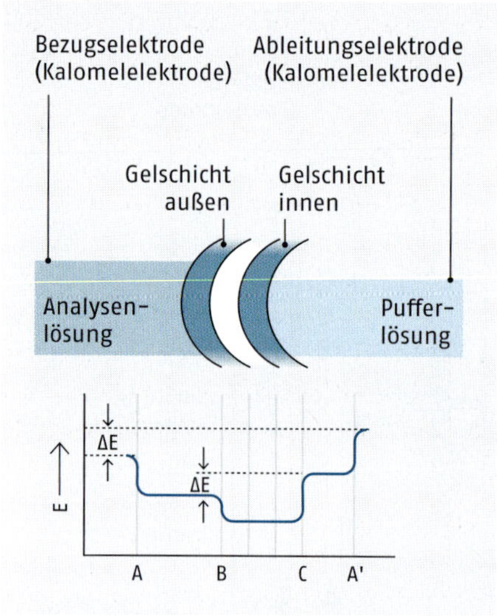

○ Abb. 2.26 Schematischer Potenzialverlauf an der Glaselektrode

der in der angrenzenden Gelschicht nach der Nernst'schen Gleichung abhängt:

$$E = \frac{RT}{F} \ln \frac{c_1}{c_2}$$

Berücksichtigt man die Potenziale der Vergleichs- und der Ableitungselektrode, so ergibt sich der in ○ Abb. 2.26 schematisch aufgezeichnete Potenzialverlauf.

Die Größe der Potenzialsprünge A und A′ an der Vergleichs- und an der Ableitungselektrode sind für eine bestimmte Elektrode stets konstant, da ihr Potenzial nicht von der H^+-Ionenkonzentration beeinflusst wird. Auch das Potenzial C zwischen der inneren Gelschicht und der Pufferlösung ändert sich nicht. Lediglich das Potenzial B an der Grenzfläche zwischen der Analysenlösung und der äußeren Gelschicht ist variabel und wird beschrieben durch die Gleichung:

$$E = \frac{RT}{F} \ln \frac{c(\mathrm{H^+};\ \text{Lösung})}{c(\mathrm{H^+};\ \text{Gel})} = 0{,}059\ \text{Volt} \cdot \lg \frac{c(\mathrm{H^+};\ \text{Lösung})}{c(\mathrm{H^+};\ \text{Gel})}$$

$c(\mathrm{H^+}; \text{Gel})$ ist aber wegen der Pufferwirkung des Kieselsäure-Silicat-Puffers ebenfalls von der H^+-Ionenkonzentration der Analysenlösung praktisch unabhängig, sodass der Potenzialsprung B nur von $c(\mathrm{H^+}; \mathit{Lösung})$ abhängig ist:

$$E = E' + 0{,}059\ \text{Volt} \cdot \lg c(\mathrm{H^+};\ \text{Lösung})$$

Wie nun die graphische Darstellung zeigt, ist die an den beiden Elektroden gemessene Potenzialdifferenz ΔE nur vom Potenzialsprung B und damit ausschließlich, von gewissen Fehlern (Säurefehler, Asymmetriepotenzial usw.) abgesehen, von der H^+-Ionenkonzentration der Lösung abhängig. Das Potenzial verschiebt sich bei einer Änderung der Konzentration um eine Zehnerpotenz (eine pH-Einheit) um 59 mV.

Für pH-Messungen wird die Elektrode mit Pufferlösungen genau bekannten pH-Wertes geeicht. Die Kenntnis der Größe der einzelnen Potenzialsprünge ist dann nicht erforderlich. Für potenziometrische Titrationen, bei denen aus dem Kurvenverlauf der Titrationsendpunkt ermittelt wird, kann auf die Eichung verzichtet werden; es genügen Relativmessungen.

Die im Handel erhältlichen Glaselektroden enthalten als Innenlösung 0,01 mol/L HCl, in die als Ableitungselektrode ein Silberdraht (Ag/AgCl-Elektrode) eintaucht. Die normalen Ausführungen der Glaselektrode arbeiten im Allgemeinen ohne größere Fehler im pH-Bereich von 1–9, die sog. Hochalkalielektroden aus Spezialgläsern zwischen pH = 4 und 14. Auch für erhöhte Temperaturen (bis ca. 100 °C) stehen Spezialausführungen zur Verfügung.

Die **Chinhydronelektrode** besteht aus einem blanken Pt-Blech, das in die mit Chinhydron (1 : 1-Additionsverbindung von Chinon, $C_6H_4O_2$, und Hydrochinon, $C_6H_4(OH)_2$) gesättigte Analysenlösung eintaucht. Der potenzialbildende Vorgang kann vereinfacht beschrieben werden durch:

$$\tfrac{1}{2}\,C_6H_4(OH)_2 \rightleftharpoons \tfrac{1}{2}\,C_6H_4O_2 + H^+ + e^-$$

Die Nernst'sche Gleichung lautet hierfür:

$$E = E^0 + \frac{RT}{F} \ln \frac{c^{1/2}(C_6H_4O_2) \cdot c(H^+)}{c^{1/2}(C_6H_4(OH)_2)}$$

Da das Verhältnis von Chinon zu Hydrochinon gleich 1 ist, ist auch diese Elektrode nur von der H^+-Ionenkonzentration der Lösung abhängig. Sie ist jedoch oberhalb pH = 7,5 wegen Zersetzung des Chinhydrons nicht mehr verwendbar.

Die **Wasserstoffelektrode** wurde bereits beschrieben (► S. 172). Sie wird wegen ihrer Unhandlichkeit nur selten angewendet, an Genauigkeit aber von keiner anderen Elektrode übertroffen.

Die **Silberelektrode** besteht aus einem Ag-Blech oder -Draht, der in die Analysenlösung eintaucht. Sie wird zur Bestimmung von Ag^+-Ionen, Halogeniden und Pseudohalogeniden benutzt. Der potenzialbildende Vorgang ist

$$Ag \rightleftharpoons Ag^+ + e^-$$

Taucht die Elektrode in eine Ag^+-Ionenlösung, so liegt eine Elektrode 1. Art vor, taucht sie dagegen in eine Halogenid- oder Pseudohalogenidionenlösung ein, kann sie als Elektrode 2. Art aufgefasst werden. In der Nernst'schen Gleichung wird dann $c(Ag^+)$ durch $K_L/c(Hal^-)$ ersetzt (► S. 173).

Messanordnungen

Die Potenzialdifferenz oder Spannung zwischen Indikator- und Bezugselektrode $\Delta E = E_x - E_{Bezug}$ ist wegen der Konstanz von E_{Bezug} nur abhängig von E_x. Die Messung dieser Spannung muss grundsätzlich stromlos erfolgen, da durch einen Stromfluss eine Elektrolyse auftreten würde, die die Potenziale der Elektroden verändert. Außerdem ist die gemessene Klemmenspannung nicht identisch mit der Gleichgewichtsspannung. Sie ist vielmehr von dem inneren Widerstand der Messzelle und dem äußeren Widerstand, vor allem dem des Messinstrumentes, abhängig. Eine stromlose Messung erreicht man mit der **Poggendorf'schen Kompensationsschaltung** (○ Abb. 2.27), bei der eine veränderliche Spannung ΔE an dem an einer Gleichstromquelle (Akkumulator) liegenden Widerstand

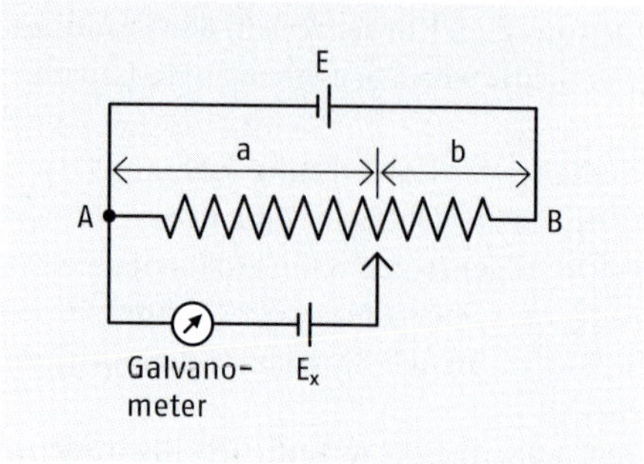

Abb. 2.27 Poggendorf'sche Schaltung

AB abgegriffen und dem unbekannten Element entgegengeschaltet wird. Wenn das Galvanometer Stromlosigkeit anzeigt, gilt

$$E_x = E \cdot \frac{\mathrm{a}}{\mathrm{a + b}}$$

An Stelle der Kompensationsschaltung können direkt anzeigende Millivoltmeter benutzt werden, wenn sie einen sehr hohen Eingangswiderstand ($\approx 10^{12}\ \Omega$) besitzen und dadurch ebenfalls eine stromlose Messung erlauben. Diesen Anforderungen entsprechen Transistor-Voltmeter. Für Messungen mit der Glaselektrode sind sie unbedingt erforderlich.

Titrationen mit potenziometrischer Endpunktsanzeige

Versuchsanordnung Zur **alkalimetrischen** Titration von Säuren mit der Glaselektrode ist wegen des hohen Membranwiderstandes ein Messinstrument mit elektronischer Verstärkung notwendig. Zu dessen Bedienung muss die Gebrauchsanweisung des Gerätes beach-

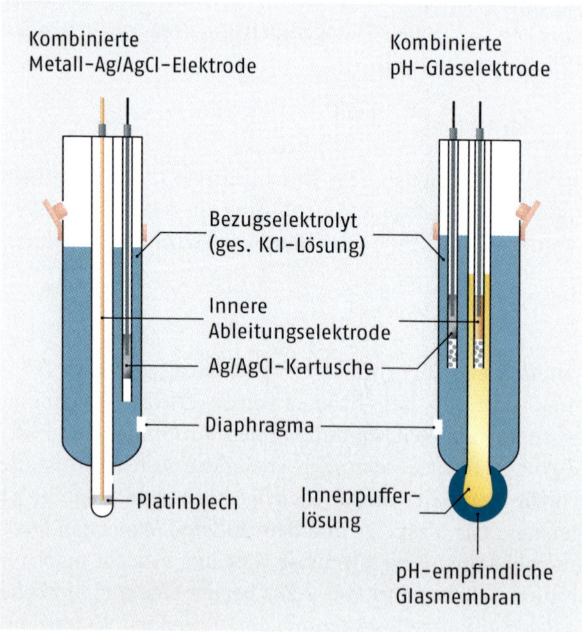

Abb. 2.28 Messstäbe für eine kombinierte Metall-Ag/AgCl-Elektrode und für eine kombinierte Glas-Ag/AgCl-Elektrode

tet werden. Als Vergleichselektrode dient eine Ag/AgCl-Elektrode, als Indikatorelektrode eine Glaselektrode. Beide Elektroden werden an das Messgerät angeschlossen und zusammen mit einem Rührer in die Analysenlösung eingetaucht. Dabei muss die Membran der Glaselektrode vollständig mit Flüssigkeit bedeckt sein. Ist die Elektrodenkombination auf das Gerät geeicht, kann man jetzt den pH-Wert der Lösung direkt ablesen. Für die Titration ist aber eine Eichung nicht notwendig, da der Kurvenverlauf ausgewertet werden soll. In solchen Fällen liest man Millivolt ab. Solche Bestimmungen werden heute mit kombinierten Elektroden ausgeführt (**o** Abb. 2.28), in denen die Bezugselektrode und die Messelektrode in einer Messzelle untergebracht sind.

Zur **argentometrischen** Titration von Halogenidionen dient als Indikatorelektrode ein Silberblech von ca. 0,5 cm^2 und als Bezugselektrode eine Ag/AgCl-Elektrode. Diese darf jedoch nicht direkt in die Analysenlösung eintauchen, da sonst KCl-Lösung eindiffundieren und das Analysenergebnis verfälschen kann. Vielmehr lässt man sie in ein Gefäß mit gesättigter NH_4NO_3-Lösung eintauchen und verbindet dieses mit der Analysenlösung

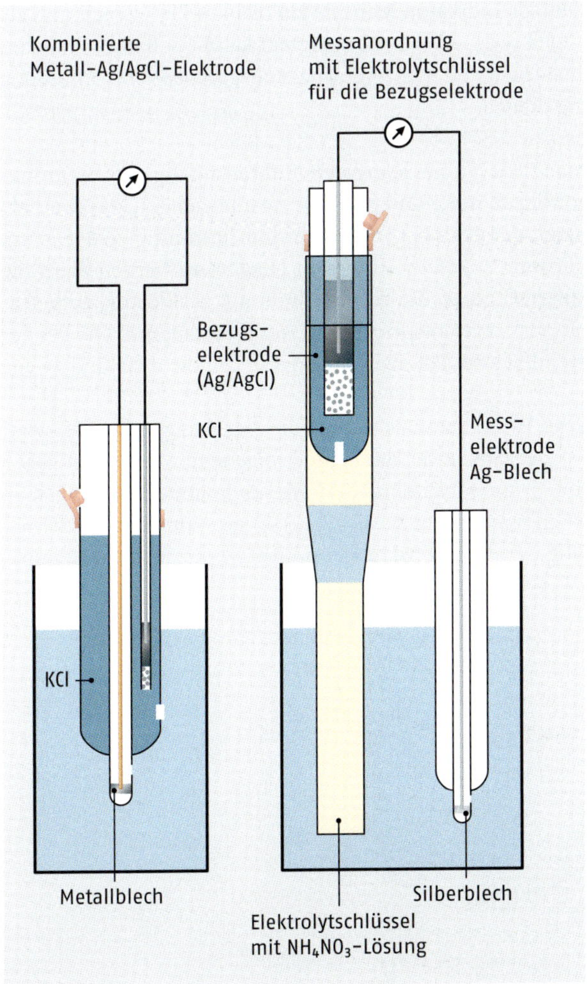

o Abb. 2.29 Titrationsanordnung für argentometrische Titrationen

Tab. 2.28 Messwerte für die genaue Bestimmung des Wendepunktes einer Titrationskurve

pH-Wert	5,0		5,1		5,2		5,4		5,8		6,8		7,2		7,4		7,5
ΔpH-Wert		0,1		0,1		0,2		0,4		1,0		0,4		0,2		0,1	
V	1,00		1,01		1,02		1,03		1,04		1,05		1,06		1,07		1,08
$(V_1 + V_2)/2$		1,005		1,015		1,025		1,035		1,045		1,055		1,065		1,075	

durch einen Elektrolytheber, der ebenfalls mit gesättigter NH_4NO_3-Lösung gefüllt ist. Die käuflichen Heber sind meist an den beiden Enden mit kleinen Glasfritten verschlossen, um ein Auslaufen zu verhindern. Fertigt man sie selbst aus einem Glasröhrchen an, so verschließt man sie am besten mit Filtrierpapierstopfen. An Stelle des zweiten Gefäßes benutzt man häufig auch nur ein mit gesättigter NH_4NO_3-Lösung gefülltes Zwischengefäß (Abb. 2.29).

Für alle **Redoxtitrationen** dient als Indikatorelektrode ein blankes Platinblech und als Bezugselektrode eine Ag/AgCl-Elektrode. Als Messinstrument kann ein handelsübliches elektronisch verstärkendes Millivoltmeter oder ein einfaches Galvanometer in Verbindung mit der Kompensationsschaltung dienen.

Ausführung und Auswertung Man titriert unter ständigem Rühren anfangs jeweils immer 0,1 mL der Maßlösung aus einer Mikrobürette und liest den entsprechenden Messwert ab. In der Nähe des Äquivalenzpunktes, der in einer groben Titration bestimmt werden kann, werden jeweils genau 0,01 mL Lösung zugesetzt. In einem Diagramm werden dann die abgelesenen Messwerte (mV bzw. pH) gegen die verbrauchten mL Maßlösung aufgetragen. Der Wendepunkt der Titrationskurve entspricht dem Äquivalenzpunkt. Die bei der Bestimmung der H_3PO_4 auftretenden zwei Potenzialsprünge zeigen die erste und zweite Stufe der H_3PO_4 an.

Zur genaueren Bestimmung des Wendepunktes werden die Änderungen des Messwertes (ΔpH bzw. ΔmV, Tab. 2.28) zwischen zwei aufeinanderfolgenden Messungen gegen $(V_1 + V_2)/2$ aufgetragen (V_1 und V_2 = zwei aufeinanderfolgende Volumenablesungen an der Bürette mit Maßlösung; Differenzmethode; Abb. 2.30). Diese Kurve ist, mathematisch gesehen, die erste Ableitung der Titrationskurve und besitzt am Äquivalenzpunkt

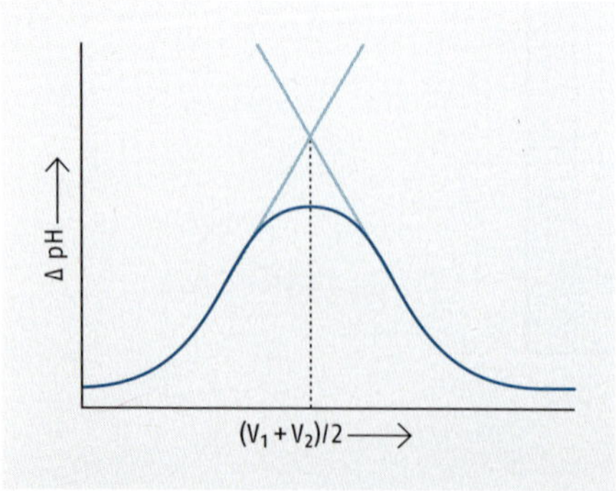

Abb. 2.30 Ermittlung des Wendepunktes einer Titrationskurve

ein Maximum. Durch Extrapolation der beiden ansteigenden Kurvenäste erhält man einen Schnittpunkt, der dem Äquivalenzpunkt entspricht.

2.6.3 Elektrogravimetrie

Die Elektrogravimetrie dient vor allem zur Bestimmung von Kationen, die durch den elektrischen Strom entweder kathodisch zum Metall reduziert oder anodisch zu einem schwerlöslichen Oxid oxidiert werden. Besonders gut lassen sich die Edelmetalle, sowie Cu, Ni und Co im elementaren Zustand abscheiden, aber auch Zn und Cd werden gelegentlich elektrolytisch bestimmt. Pb und Mn werden dagegen als Dioxide niedergeschlagen. Vorteilhaft wirkt sich bei dieser Methode aus, dass die Analysenlösung nicht durch Reagenzzusätze verunreinigt wird und daher nach der Abscheidung einer Komponente ohne Zwischenoperationen weiter verarbeitet werden kann.

Darüber hinaus sind während der Elektrolyse meist nur kurze Kontrollen der Versuchsbedingungen notwendig, sodass bequem mehrere Analysen nebeneinander durchgeführt werden können. Der Zeitbedarf für eine Elektrolyse beträgt bei vielen Bestimmungen eine halbe Stunde oder weniger (z. B. Kupfer aus schwefelsaurer Lösung, Nickel), kann allerdings in einzelnen Fällen auch bei 3–4 Stunden liegen (Kupfer aus salpetersaurer Lösung).

2

Theoretische Grundlagen

Legt man an zwei in einen Elektrolyten eintauchende, gleichartige Elektroden eine langsam steigende Gleichspannung an, so können je nach den Bedingungen recht unterschiedliche Effekte auftreten. Bei der Elektrolyse einer Kupfersulfatlösung, bei der blanke Kupferbleche als Elektroden dienen, ergibt sich, dass die Stromstärke von der äußeren angelegten Spannung in gewissen Grenzen annähernd geradlinig abhängig ist, wie die Kurve a der **o** Abb. 2.31 zeigt. An der Anode geht das Kupfer als Kupfersulfat in Lösung, an der Kathode wird dieselbe Menge Kupfer aus der Kupfersulfatlösung abgeschieden. Die Gesamtmenge an gelöstem Kupfersulfat ändert sich also nicht. Die Stromstärke-Spannungs-Kurve steigt von Anfang an geradlinig an. Derartige angreifbare Elektroden bezeichnet man als unpolarisierbar.

Benutzt man dagegen unangreifbare Elektroden (z. B. Platinelektroden) bei der Elektrolyse der Kupfersulfatlösung, so fließt bei kleinen Spannungen fast kein Strom. Erst oberhalb eines gewissen Wertes wird der Elektrolyt unter Abscheidung von Cu an der Kathode

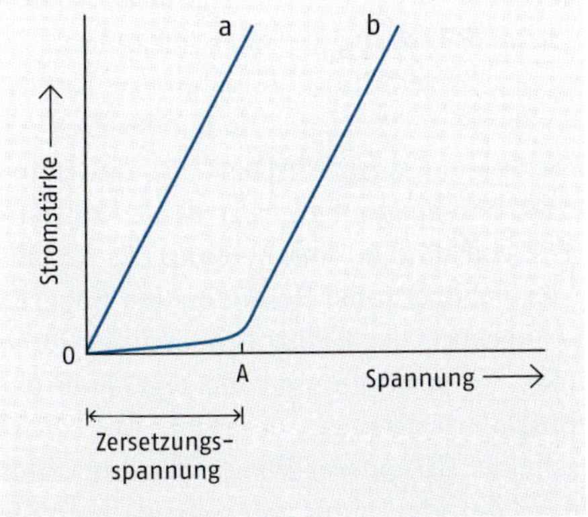

o Abb. 2.31 Stromstärke-Spannungskurven

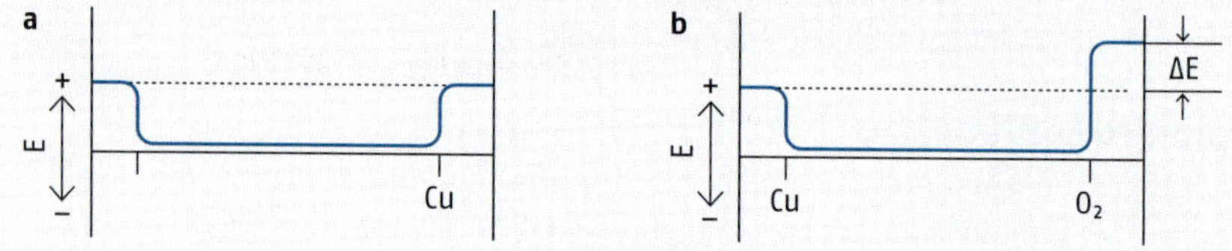

o Abb. 2.32 Potenzialverlauf a) bei unpolarisierten und b) bei polarisierten Elektroden

und O_2 an der Anode zersetzt. Diese Spannung wird als **Zersetzungsspannung** bezeichnet. Steigert man die Spannung weiter, so erhält man eine Stromstärke-Spannungs-Kurve von der in o Abb. 2.31, Kurve b, gezeigten Gestalt. Schaltet man nach einigen Minuten die Stromquelle ab, so zeigt ein angelegtes Voltmeter eine Spannung an, die erst allmählich zusammenbricht. Zum Verständnis dieser Erscheinung seien die Vorgänge an den beiden Elektroden betrachtet.

Taucht man eine Kupferelektrode in eine $CuSO_4$-Lösung ein, bildet sich ein Potenzial aus (vgl. ►S. 171). Eine zweite Kupferelektrode, die in die gleiche Lösung eintaucht, nimmt selbstverständlich das gleiche Potenzial an. Zwischen beiden Elektroden besteht also keine Potenzialdifferenz (o Abb. 2.32 a). Legt man nun eine sehr kleine äußere Spannung an, dann wird das Gleichgewicht zwischen Lösungsdruck und osmotischem Druck verschoben, an der Anode geht Kupfer in Lösung und an der Kathode scheiden sich äquivalente Mengen Kupferionen ab. Je größer die angelegte Spannung ist, um so schneller läuft dieser Vorgang ab, um so größer wird also die Stromstärke. Es resultiert die Kurve a (o Abb. 2.31). Taucht man dagegen zwei Platinelektroden in die gleiche $CuSO_4$-Lösung, wird man anfangs zwar ebenfalls keine Potenzialdifferenz zwischen beiden Elektroden feststellen. Legt man jedoch eine kleine äußere Spannung an, so scheidet sich an der Kathode ganz wenig Kupfer, an der Anode etwas Sauerstoff ab. Damit haben sich die Elektroden unterschiedlich verändert: aus der Kathode ist eine Kupferelektrode, aus der Anode eine Sauerstoffelektrode geworden, die nun unterschiedliche Potenziale haben (o Abb. 2.32 b).

Man misst also eine Spannung ΔE, die sog. **Polarisationsspannung**, die der angelegten entgegengerichtet ist und eine weitere Elektrolyse verhindert. Ein merklicher Strom kann erst dann fließen, wenn die äußere angelegte Spannung etwas größer wird als die maximale Polarisationsspannung, die gleich der Zersetzungsspannung ist. Die Entstehung der Gegenspannung bezeichnet man meist als chemische Polarisation. Unter **polarisierbaren Elektroden** versteht man Elektroden, die beim Stromdurchgang ihr Potenzial ändern.

Elektrolysiert man eine $CuSO_4$-Lösung einige Zeit, so verarmt sie allmählich an Kupfer. Nach dem Nernst'schen Gesetz wird also das Potenzial der Kupferkathode negativer, ΔE demnach größer. Das bedeutet, dass eine größere Spannung zur Abscheidung der letzten wägbaren Kupfermengen notwendig ist. Die Zersetzungsspannung ist also keine Konstante, sondern von der Konzentration abhängig. Die vollständige Abscheidung des Metalls erfolgt in einem gewissen Spannungsbereich, der Fällungszone. Besonders bei höheren Stromstärken bilden sich in der unmittelbaren Umgebung der Elektroden, bedingt durch die schnelle Abscheidung der Elektrolyseprodukte, Konzentrationsgefälle gegenüber der Lösung aus. Sie bewirken die sog. **Konzentrationspolarisation**.

Benutzt man an Stelle des Sulfates $CuCl_2$, scheidet sich an der Platinelektrode Chlor ab und erteilt ihr damit das Potenzial einer Chlorelektrode. Damit unterscheidet sich die

Tab. 2.29 Zersetzungsspannung in Elektrolytlösungen bei Zimmertemperatur

0,5 mol/L $ZnSO_4$:	2,35 Volt	13 mol/L H_3PO_4:	1,70 Volt
0,5 mol/L $ZnBr_2$:	1,80 Volt	0,5 mol/L H_2SO_4:	1,67 Volt
0,5 mol/L $NiSO_4$:	2,04 Volt	1 mol/L HCl:	1,31 Volt
0,5 mol/L $NiCl_2$:	1,85 Volt	1 mol/L HBr:	0,94 Volt
0,5 mol/L $CdSO_4$:	2,03 Volt	1 mol/L $NH_3 \cdot H_2O$:	1,74 Volt
0,5 mol/L $Cd(NO_3)_2$:	1,98 Volt	1 mol/L NaOH:	1,69 Volt
0,5 mol/L $CdCl_2$:	1,88 Volt	1 mol/L KOH:	1,67 Volt

Polarisations- und die Zersetzungsspannung von der im vorigen Beispiel genannten. Zur Kennzeichnung dieses Sachverhaltes sind in Tab. 2.29 für einige Lösungen die Zersetzungsspannungen angegeben.

Neben diesen theoretisch berechenbaren, sog. reversiblen Polarisationserscheinungen gibt es noch eine Reihe irreversibler, von denen die **Überspannung des Wasserstoffs** die wichtigste ist. Die elektrolytische Abscheidung des Wasserstoffs erfolgt lediglich an platinierten Platinelektroden in Übereinstimmung mit dem nach der Nernst'schen Gleichung berechneten theoretischen Wert. In der Praxis zeigt sich aber, dass an fast allen anderen Metallelektroden hierzu negativere Potenziale erforderlich sind, dass also die Entladung der H^+-Ionen gehemmt ist. Die Differenz zwischen dem an Platin gemessenen Gleichgewichtspotenzial des Wasserstoffs und dem zur Einleitung der elektrolytischen Wasserstoffentwicklung an einer Metallkathode notwendigen Potenzial bezeichnet man als Überspannung des Wasserstoffs. Ihr Betrag ist vom Elektrodenmaterial (vgl. Tab. 2.30), von der Stromdichte, der Temperatur, der Beschaffenheit der Oberfläche, usw. abhängig.

Sie hat zur Folge, dass bei der Elektrolyse in manchen Fällen an Stelle einer nach der Spannungsreihe zu erwartenden H_2-Entwicklung ein anderer elektrochemischer Prozess vor sich geht. Dieses Verhalten des Wasserstoffs ist für die Durchführung elektrogravimetrischer Bestimmungen von Wichtigkeit, da es hierdurch möglich ist, solche Metalle, die

Tab. 2.30 Überspannung von Wasserstoff an verschiedenen Metallen

Pt (platiniert)	0,00 Volt
Ag	0,15 Volt
Ni	0,21 Volt
Cu	0,23 Volt
Pb	0,64 Volt
Zn	0,70 Volt
Hg	0,78 Volt

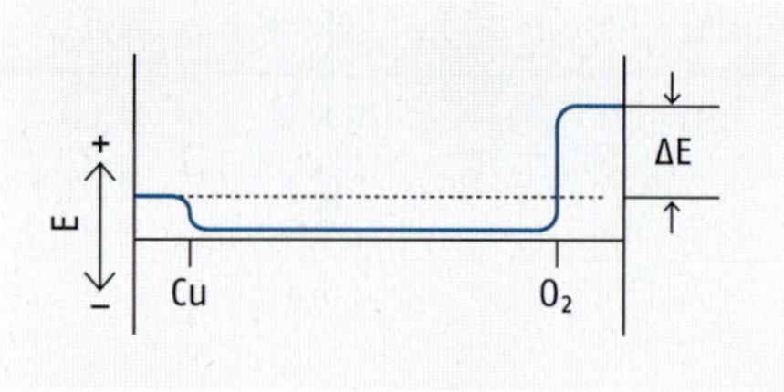

Abb. 2.33 Potenzialverlauf ohne Berücksichtigung des Ohm'schen Widerstandes in der Lösung

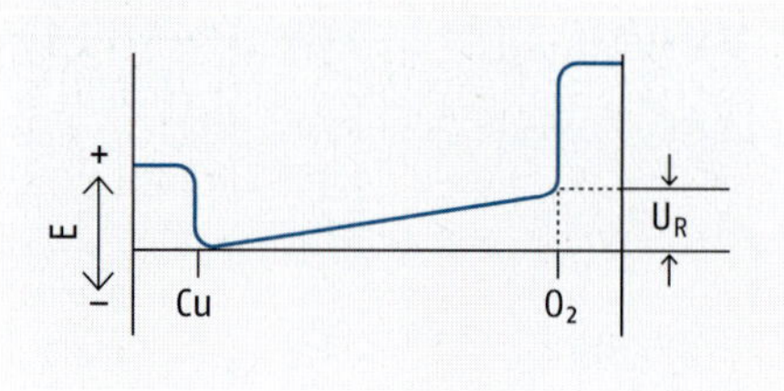

Abb. 2.34 Potenzialverlauf unter Berücksichtigung des Ohm'schen Widerstandes in der Lösung

nach ihrer Stellung in der Spannungsreihe unedler sind als der Wasserstoff, trotzdem aus saurer Lösung zur Abscheidung zu bringen.

Ähnliche Polarisationserscheinungen können auch bei der Abscheidung von Metallen auftreten, sind aber meist so gering, dass sie vernachlässigt werden können.

Betrachtet man die Elektrolyseanordnung als geschlossenen Stromkreis, so stellt die Lösung zwischen den Elektroden einen Ohm'schen Widerstand dar, zu dessen Überwindung ebenfalls ein bestimmter Spannungsbetrag notwendig ist. Die in Abb. 2.33 dargestellten Potenzialniveaus zwischen den Elektroden müssten also genauer etwas geneigt sein (Abb. 2.34), wobei U_R dem Spannungsabfall in der Lösung entspricht.

Dieser Widerstand kann durch Elektrolytzusatz klein gehalten werden. In gleicher Richtung wirkt eine Temperaturerhöhung, da hierdurch die Beweglichkeit der Ionen steigt (vgl. ►S. 194 f.).

Die zur Abscheidung eines Ions notwendige Badspannung U setzt sich demnach im wesentlichen wie folgt zusammen:

$$U = (E_A - E_K) + U_P + \eta + U_R$$

wobei $(E_A - E_K)$ die bei der Elektrolyse auftretende Polarisationsspannung, U_P die Konzentrationspolarisation, η die Reaktionshemmungen wie z. B. die Überspannung des Wasserstoffs und U_R die zur Überwindung des Ohm'schen Widerstandes notwendige Spannung bedeuten.

Jede elektrogravimetrische Einzelbestimmung eines Metallkations muss im Prinzip als eine Trennung vom Wasserstoffion aufgefasst werden, die nur gelingt, wenn das abzuscheidende Metall genügend edler als der Wasserstoff ist. Dies ist der Fall bei den Edelmetallen, Ag und Cu. Zn, Ni und Co dagegen sind unedler. In solchen Fällen arbeitet man dann in alkalischer oder ammoniakalischer Lösung, in der das Abscheidungspotenzial des Wasserstoffs erheblich negativer ist. Zwar wird dabei auch die Konzentration der Metallionen durch Komplexbildung ($[Zn(OH)_4]^{2-}$, $[Ni(NH_3)_6]^{2+}$) herabgesetzt, allerdings wegen der geringen Komplexstabilität wesentlich weniger als die der H^+-Ionen. Eine andere Möglichkeit ist die Ausnutzung der Überspannung des Wasserstoffs an geeignetem Elektrodenmaterial. So kann Zn aus essigsaurer Lösung an verkupferten Platinelektroden abgeschieden werden. Hat sich auf der Cu-Schicht eine dünne Zn-Schicht gebildet, erhöht sich die Überspannung, sodass eine quantitative Abscheidung möglich ist.

Mehrere Metalle können analog aus einer Lösung nacheinander abgetrennt werden, wenn die Fällungszonen genügend unterschiedlich sind. Die angelegte Spannung muss dabei so geregelt werden, dass zunächst nur die Fällungszone des edleren Metalls (oder auch Metalloxids) und erst später – nach Elektrodenwechsel – die des unedleren erreicht wird. Liegen die Zonen der zu trennenden Metalle besonders nahe beieinander oder überschneiden sie sich, so ist eine elektrolytische Trennung nicht ohne Weiteres möglich, weil man zur Abscheidung der letzten Anteile des ersten Metalls die Spannung so hoch steigern muss, dass bereits die Fällungszone des zweiten Metalls erreicht wird. Diese Schwierigkeit lässt sich recht häufig umgehen, wenn man das zweite Metall komplexiert und damit die Konzentration seiner freien Ionen so weit herabsetzt, dass die vollständige elektrolytische Abscheidung des ersten Metalls ermöglicht wird.

Die Güte der Niederschläge und damit die Genauigkeit der Ergebnisse ist wesentlich von den Versuchsbedingungen abhängig. Anzustreben ist ein homogener, bei Metallen möglichst glänzender Überzug, wie er bei der Kupferelektrolyse aus schwefelsaurer Lösung leicht zu erhalten ist. Demgegenüber neigen manche Metalle, wie das Silber, zur Bildung von Dendriten (Nadelkristalle), die leicht abfallen und schlecht auswaschbar sind. In vielen Fällen hilft hier der Zusatz eines Komplexbildners (Ag aus cyanidhaltiger Lösung), der die Abscheidung verlangsamt. Liegt das Abscheidungspotenzial des Metalls in der Nähe des Wasserstoffs, kommt es oft infolge von H_2-Entwicklung zur Bildung eines Metallschwammes, der leicht Mutterlauge einschließt (Cd aus schwefelsaurer Lösung). Auch hier hilft man sich gerne mit einem Zusatz eines Komplexbildners (Cyanid in ammoniakalischer Lösung).

Manche Niederschläge (z. B. Ni) neigen zur Oxidation, zumal sulfathaltige Analysenlösungen durch die anodische O_2-Entwicklung ständig mit O_2 gesättigt sind. Die Elektrolyse soll daher nicht länger als notwendig laufen. Um eine Oxidation zu vermeiden, werden Reduktionsmittel, wie Hydroxylamin zugesetzt.

Die Stromdichte ist auf die Beschaffenheit des abgeschiedenen Niederschlags ebenfalls von Einfluss. Eine hohe Stromdichte beschleunigt die Abscheidung, hat aber andererseits häufig eine nicht zusammenhängende, schwammige und zum Abfallen neigende Abscheidung zur Folge. Elektrolysiert man mit sehr kleiner Stromdichte, so scheidet sich das Metall oder Metalloxid häufig in feinen, nadelförmigen Kriställchen ab, welche bei Erschütterungen ebenfalls leicht abfallen. Fehlresultate werden auch in Gegenwart von Chloridionen erzielt. Diese werden anodisch zu Chlor oxidiert, das allmählich das Platin der Anode auflöst. Das gelöste Platin wird dann ganz oder teilweise mit dem zu bestimmenden Metall an der Kathode wieder abgeschieden. In Gegenwart von organischen Säuren fallen die Ergebnisse oft infolge Kohlenstoffabscheidung zu hoch aus. Im Gegensatz hierzu verhindern Eisensalze eine quantitative Abscheidung, da Fe(II)-Ionen anodisch oxidiert und kathodisch wieder zu Fe(II) reduziert werden. Dieser Kreislauf kann einen großen Teil des Stromes verbrauchen und die normale Abscheidung stören.

Versuchsanordnung

Die Versuchsanordnung besteht aus den beiden Elektroden, den Elektrodenhalterungen, dem Rührer, der Heizquelle, der Gleichstromquelle und den Messgeräten, einem Volt- und einem Amperemeter. Als Elektrodenmaterial benutzt man im Allgemeinen Platin. Als Kathode wird meistens ein zylinderförmig gebogenes Drahtnetz, als Anode ein Platindraht

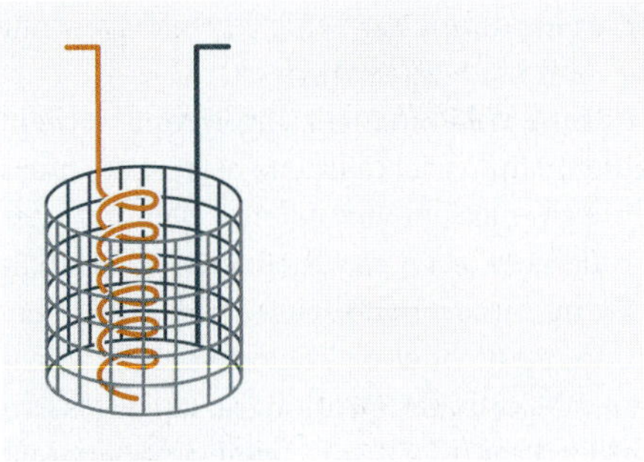

Abb. 2.35 Platinnetzkathode und Platinspirale als Anode

in Form einer Spirale verwendet (Abb. 2.35). Zur Bestimmung von Pb oder Mn als PbO_2 bzw. MnO_2 dient eine Platinschale als Anode und eine rotierende durchlochte Scheibe als Kathode.

Befindet sich die zu elektrolysierende Lösung in einem Becherglas, so hängt man Drahtnetz und Spirale an der Halterung derart auf, dass sie nicht völlig in die Analysenlösung eintauchen, sondern ca. 1 bis 2 cm herausragen. Die Spirale muss sich etwa im Zentrum der Netzelektrode befinden. Die Größe des Becherglases ist so zu wählen, dass die Elektroden von der Wandung des Becherglases einen möglichst kleinen Abstand haben. Geeignet sind besonders 150 oder 250 mL fassende hohe Bechergläser. Zur Befestigung der Elektroden dienen am besten käufliche Elektrodenhalterungen, die ein Kunststoffteil enthalten und dadurch die isolierte Befestigung der Elektroden erlauben. Als Rührer dient die Platinspirale oder es wird ein Magnetrührer benutzt, der sich unterhalb des Netzraumes befindet. Er sorgt für gute Durchmischung und kürzt dadurch die Elektrolysendauer erheblich ab.

Benutzt man eine Platinschale, die die Lösung aufnimmt, so wird diese auf einen mit der Stromzuleitung versehenen Ring gestellt. Ist die Schale stabil genug, kann auch ein kleines Platinblech angelötet werden, an das die Leitung über eine Klemme angeschlossen wird. Als Stromquelle dient ein Akkumulator (oder eine andere Spannungsquelle) mit 4–6 V Spannung, der über einen Schalter mit einem Schiebewiderstand in Spannungsteilerschaltung verbunden ist. Die abgegriffene Spannung wird den Elektroden über ein Amperemeter zugeführt. Die Spannung wird durch ein Voltmeter kontrolliert (Abb. 2.36). Wesentlich bequemer ist jedoch die Benutzung handelsüblicher Elektrolysegeräte, die Stromquelle mit Messgeräten, Elektrodenhalterungen, Rührmotor und elektrische Heizplatte in geeigneter Anordnung besitzen.

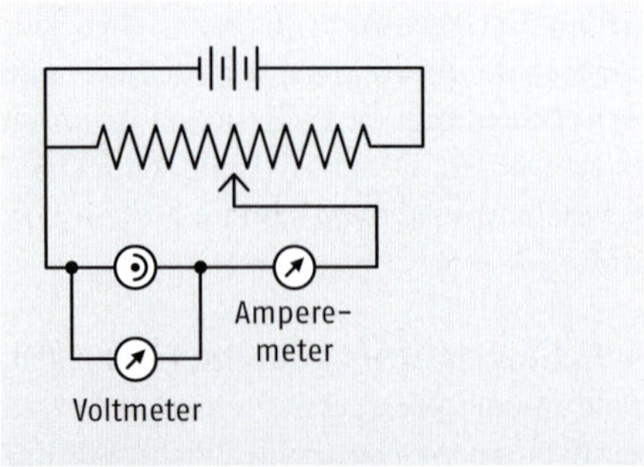

Abb. 2.36 Schaltschema für die Elektrogravimetrie

Zur Durchführung der Elektrolyse wird die gewünschte Spannung eingestellt. Sollte sich dabei eine zu hohe Stromdichte einstellen, so ist die Spannung zu verringern, ist sie dagegen zu gering, kann man durch Erwärmen oder durch Elektrolytzusatz eine schnellere Abscheidung erreichen. Zur Berechnung der Stromdichte an Platinnetzen kann man annehmen, dass die wirksame Oberfläche genau so groß ist wie die eines Blechzylinders gleicher Dimensionen. Für die üblichen Elektroden ergibt sich so eine Fläche von ca. $100\,cm^2$. Die benetzte Oberfläche einer Schale mit 9 cm Durchmesser beträgt bei 150 mL Füllvolumen $120\,cm^2$.

Gegen Ende der Elektrolyse, das sich meist durch ein Absinken der Stromdichte bemerkbar macht, kann die Spannung für einige Minuten um ca. 0,5 V erhöht werden, wenn nicht die Gefahr besteht, dass sich ein anderes anwesendes Metall abscheidet. Das Ende der Elektrolyse kann entweder durch tieferes Eintauchen der Elektroden in die Analysenlösung festgestellt werden, wobei die blanken Teile der Elektrode blank bleiben müssen (Cu, Co, PbO_2) oder man benutzt geeignete Tüpfelreagenzien (gesättigte alkoholische Lösung von Dimethylglyoxim für Ni).

Die Elektroden werden vor der Elektrolyse mit chloridfreier Salpetersäure gereinigt, mit Wasser abgespült und nacheinander mit Ethanol (Methanol) und Ether gewaschen. Sie sind dann nach wenigen Minuten trocken und werden ausgewogen. Nach der Elektrolyse werden die Elektroden unter Spannung mit dest. Wasser abgespült und ebenfalls nacheinander mit Ethanol und Ether gewaschen und gewogen. Aus der Platinschale wird die Lösung am besten unter Benutzung eines Pipettierballes abgehebert. Die Ablösung der Niederschläge kann bei Cu und Zn mit konzentrierter chloridfreier Salpetersäure erfolgen, Ni und Co löst man dagegen anodisch ab. Als Kathode schaltet man dabei einen Kupferdraht. Als Elektrolyt benutzt man verdünnte Säure. Analog wird PbO_2 kathodisch mit Cu als Anode gelöst. Über die allgemeine Behandlung von Platingeräten ►S. 267.

Elektrogravimetrische Bestimmungen

Bestimmung von Kupfer

Reaktionsprinzip: Die recht genaue elektroanalytische Bestimmung des Kupfers, die in manchen Fällen den gravimetrischen Bestimmungen durch Fällen als Sulfid oder Thiocyanat vorzuziehen ist, gelingt am besten in schwefelsaurer Lösung. Bei Anwesenheit von salpetriger Säure oder Salpetersäure, die kathodisch zu salpetriger Säure reduziert wird, setzt man zu ihrer Zerstörung vor der Elektrolyse der Lösung Harnstoff zu:

$$CO(NH_2)_2 + 2\,HNO_2 \longrightarrow CO_2\uparrow + 2\,N_2\uparrow + 3\,H_2O$$

Verfahrensfehler: Die Lösung darf kein Chlorid enthalten.

Arbeitsbereich: 2,0–0,5 mmol Cu (127–32 mg Cu)

Arbeitsgeräte: Elektrolysierstativ mit Elektroden (►S. 183); 150-mL-Bechergläser; 100-mL-Messkolben; 25-mL-Pipette; Messpipette; Thermometer.

Reagenzien: 18 mol/L H_2SO_4; 14 mol/L HNO_3; 2 mol/L $OC(NH_2)_2$ (wässerige Harnstofflösung); Aceton.

Arbeitsvorschrift: Als Kathode dient ein Platindrahtnetz, als Anode eine Platinspirale. Die Analysenlösung wird auf 70–80 mL verdünnte und mit 3 mL Schwefelsäure versetzt. Man elektrolysiert bei einer Spannung von ca. 2–2,5 V und einer Stromdichte von 0,2–0,6 A/dm^2. Um die Elektrolyse zu beschleunigen, erwärmt man die Lösung auf ca. 40 °C; jedoch ist ein zu starkes Verdampfen der Lösung zu vermeiden. Die Elektrolyse ist nach 30–60 min beendet. Das abgeschiedene Kupfer soll hellrot aussehen und fest an der Kathode haften.

Die Elektrolyse des Kupfers wird in der Praxis meist auch aus salpetersaurer Lösung vorgenommen. Zu 100 mL des Elektrolyten setzt man 2 mL Salpetersäure hinzu. Die Klemmenspannung soll 2–2,7 V bei einer Stromdichte von 0,2–0,6 A/dm^2 betragen. Um im Verlaufe der Elektrolyse entstehende HNO_2 zu entfernen, setzt man während der Elektrolyse alle 10–15 min je 5 mL Harnstoff-Lösung zu. Die Analysenlösung ist auf 40 °C zu erwärmen.

Bestimmung von Nickel

Reaktionsprinzip: Die Nickelbestimmung lässt sich mit guter Genauigkeit in kurzer Zeit durchführen. Die Elektrolyse darf jedoch nicht länger als unbedingt notwendig laufen, da sonst der Niederschlag teilweise oxidiert wird und die Ergebnisse zu hoch ausfallen.

Arbeitsbereich: 2,0–0,5 mmol Ni (117–29 mg Ni)

Arbeitsgeräte: S. unter Kupfer (s. oben).

Reagenzien: 13 mol/L NH_3; $(NH_4)_2SO_4$; $(N_2H_6)SO_4$; gesättigte Lösung von Dimethylglyoxim in 96%igem Ethanol; Aceton.

Arbeitsvorschrift: Als Kathode dient ein Platindrahtnetz, als Anode eine Platinspirale (►S. 183). Die chloridfreie Nickelsalzlösung wird mit 30–40 mL Ammoniaklösung, 8 g $(NH_4)_2SO_4$ und 1 g $(N_2H_6)SO_4$ versetzt, auf 70–80 mL verdünnt und auf 40–60 °C erhitzt. Die Elektrolyse wird bei 3–3,5 V und einer Stromdichte von 1,5–2 A/dm^2 durchgeführt. Die Elektrolyse muss nach 30 min beendet sein. Der Endpunkt ist erreicht, wenn beim Tüpfeln mit Dimethylglyoximlösung keine Farbreaktion mehr zu erkennen ist. Beim Zusatz des Reagenz zur Lösung tritt dann meistens noch eine schwache Rosafärbung auf, die jedoch von praktisch zu vernachlässigenden Ni-Mengen herrührt.

Bestimmung von Cobalt

Reaktionsprinzip: Die Cobaltbestimmung entspricht im wesentlichen der Nickelbestimmung.

Verfahrensfehler: Das abgeschiedene Cobalt enthält stets ca. 2–3 % Sauerstoff.

Arbeitsgeräte: S. unter Kupfer (►S. 185).

Reagenzien: 13 mol/L NH_3; $(NH_4)_2SO_4$; $(N_2H_6)SO_4$; Aceton.

Arbeitsvorschrift: Als Kathode dient ein Platindrahtnetz, als Anode eine Platinspirale. 25 mL der Analysenlösung werden mit 35–40 mL NH_3-Lösung, 5 g $(NH_4)_2SO_4$ und 1 g

$(N_2H_6)SO_4$ versetzt, auf 70–80 mL verdünnt und auf 70 °C erhitzt. Die Spannung soll ca. 2,2–2,4 V bei einer Stromdichte von 0,25–2 A/dm^2 betragen. Der dunkle Niederschlag ist auf der blanken Platinelektrode gut zu erkennen. Die Werte fallen jedoch 2–3 % zu hoch aus.

Bestimmung von Blei

Reaktionsprinzip: Blei lässt sich gut durch anodische Oxidation zum PbO_2 bestimmen. Ähnlich verhält sich lediglich Mangan, das als Mangan(IV)-dioxid-Hydrat abgeschieden wird. Durch dieses Verhalten wird eine Bestimmung neben einer ganzen Reihe anderer Kationen möglich.

Arbeitsgeräte: S. unter Kupfer (►S. 185).

Reagenzien: 14 mol/L HNO_3; Harnstoff.

Arbeitsvorschrift: Als Anode wird eine Platinschale, als Kathode eine rotierende Platinscheibe benutzt. 25 mL der Analysenlösung werden mit 15–20 mL HNO_3 angesäuert, auf 80–100 mL verd. und auf 60–70 °C erhitzt. Bei einer Spannung von 2–2,5 V stellt sich eine Stromdichte von 0,4–1,2 A/dm^2 ein. Zur Zersetzung von HNO_2 wird während der Elektrolyse mehrere Male eine Spatelspitze Harnstoff zugegeben. Der Endpunkt kann durch Verdünnen festgestellt werden. Die Lösung wird dann vorsichtig mithilfe eines Pipettierballes abgehebert. Danach spritzt man die Schale vorsichtig mit Wasser ab und hebert die Waschflüssigkeit ebenfalls ab. Die Schale trocknet man 1½ Stunden bei 220 °C. Der Niederschlag wird am besten durch kathodische Reduktion gelöst.

Berechnung:

$$m(\mathrm{Pb}) = [\lambda] \cdot (\mathrm{PbO_2})$$

$$\text{Umrechnungsfaktor } [\lambda] = \frac{M(\mathrm{Pb})}{M(\mathrm{PbO_2})} = 0{,}8662$$

Trennung von Kupfer und Blei

Reaktionsprinzip: Entsprechend der Einzelbestimmung des Bleis beginnt die Elektrolyse in stark saurer Lösung. Unter diesen Bedingungen wird nur wenig oder gar kein Kupfer kathodisch abgeschieden. Bei einer zu geringen Säurekonzentration besteht die Gefahr, dass sich auf dem niedergeschlagenen Kupfer metallisches Blei bildet. Erst nach vollständiger Oxidation zum Dioxid wird daher mit verdünntem Ammoniak die Säure fast vollständig neutralisiert, sodass sich jetzt auch das Kupfer quantitativ abscheiden kann.

Verfahrensfehler: Bei zu geringer Säurekonzentration scheidet sich auf der Kathode neben Kupfer auch Blei ab. Beim Neutralisieren darf pH = 7 auf keinen Fall überschritten werden, da sich sonst PbO_2 wieder löst.

Arbeitsgeräte: S. unter Kupfer (►S. 185).

Reagenzien: 14 mol/L HNO_3; Harnstoff; 2 mol/L NH_3; Aceton.

Arbeitsvorschrift: Als Anode dient wieder eine Platinschale, als Kathode eine rotierende Platinscheibe. Die Analysenlösung wird mit 15–20 mL HNO_3 angesäuert, auf 80–100 mL verdünnt und auf 60–70 °C erhitzt, bei einer Spannung von 2–2,5 V stellt sich eine Stromdichte von 0,4–1,2 A/dm^2 ein. Während der gesamten Bestimmung, also auch während der Kupferabscheidung, wird mehrere Male eine Spatelspitze Harnstoff zugesetzt. Nach vollständiger PbO_2-Abscheidung neutralisiert man vorsichtig mit Ammoniak. Nach beendeter Elektrolyse hebert man die Lösung mit dem Pipettierball ab, spült vorsichtig mit Wasser ab und trocknet die Schale 1,5 h bei 220 °C. Die Kathode wird wie üblich mit Ethanol und Ether oder mit Aceton getrocknet.

Trennung von Kupfer und Nickel

Reaktionsprinzip: Kupfer und Nickel werden nacheinander, und zwar Kupfer aus schwefelsaurer und Nickel aus ammoniakalischer Lösung, abgeschieden. Dabei besteht keine Gefahr, dass sich Nickel bereits bei der Kupferbestimmung mit abscheidet.

Verfahrensfehler, Arbeitsgeräte und Reagenzien: S. unter den Einzelbestimmungen (►S. 185 f.).

Arbeitsvorschrift: Als Kathode dient ein Platinnetz, als Anode eine Spirale. Die Lösung wird mit 3 mL H_2SO_4 versetzt, auf 50–60 mL verdünnt und auf 60 °C erwärmt. Man elektrolysiert bei einer Spannung von 2–2,5 V und einer Stromdichte von 0,2–0,6 A/dm^2. Nach vollständiger Kupferabscheidung werden die Elektroden aus der Lösung herausgehoben und mit wenig Wasser, das der Analysenlösung zugefügt wird, abgespült. Nach dem Kathodenwechsel neutralisiert man die Lösung mit Ammoniak, setzt weitere 30–40 mL Ammoniak sowie ca. 6 g $(NH_4)_2SO_4$ und 1 g $(N_2H_6)SO_4$ zu, erhitzt auf 40–60 °C und elektrolysiert bei 3–3,5 V und einer Stromdichte von 1,5–2 A/dm^2. Zur Endpunktserkennung s. Nickel-Einzelbestimmung (►S. 185).

2.6.4 Polarographie

Die Polarographie ist eine mikroanalytische Methode zur Bestimmung von Kationen, Anionen und neutralen Molekülen bis herab zu einer Konzentration von ca. 10^{-6} mol/L mit einem Relativfehler von 1–3 %. Sie ähnelt im Prinzip einer Elektrolyse zwischen zwei Quecksilber-Elektroden, nämlich einer tropfenden Kapillare mit einem inneren Durchmesser von ca. 0,05 mm, die mit einem Quecksilberreservoir verbunden ist, und dem Quecksilber, das am Boden des Elektrolytgefäßes liegt.

Theoretische Grundlagen

Infolge der geringen Oberfläche der Tropfelektrode ist die Stromstärke nur sehr gering, sodass sie mit einem Spiegelgalvanometer oder Mikroamperemeter gemessen werden muss. Dementsprechend ist aber auch die abgeschiedene Menge so klein, dass normalerweise die Konzentrationsänderung der Analysenlösung vernachlässigt werden kann. Als Messgröße dient die Stromstärke, die proportional der Konzentration des zu bestimmenden Stoffes ist. Bei Absolutbestimmungen muss daher stets das Volumen der Lösung bekannt sein.

Zur Bestimmung eines reduzierbaren Stoffes wird die Tropfelektrode als Kathode, das Bodenquecksilber als Anode geschaltet (bei oxidierbaren Stoffen muss umgepolt werden). Die Spannung wird dann langsam von Null beginnend bis auf 2 bzw. 3 V gesteigert. Enthält die Lösung keine besonders leicht reduzierbaren Bestandteile (z. B. Cu), so fließt unterhalb

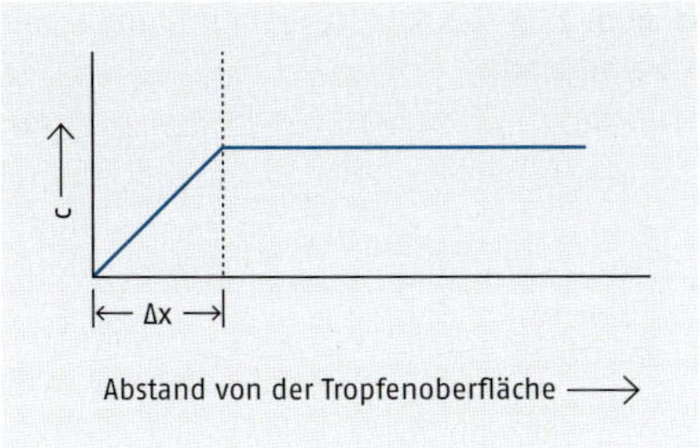

Abb. 2.37 Konzentrationsgefälle in der Diffusionsschicht des Quecksilbertropfens

der Zersetzungsspannung des edelsten Elementes höchstens ein sehr kleiner Strom, der Grundstrom. Erst mit steigender Spannung beginnt die Stromstärke zu steigen, erreicht aber bald einen konstanten Wert, den **Diffusionsstrom**.

Um eine Überlagerung des Diffusionsstromes durch eine Wanderung der Ionen im elektrischen Feld zu verhindern, setzt man einen Leitelektrolyten in einem ca. 50–100-fachen Überschuss zu. Dadurch wird die Ausbildung eines elektrischen Feldes in der Lösung unterdrückt. Die Zersetzungsspannung des Leitelektrolyten muss jedoch wesentlich höher liegen als die des zu untersuchenden Stoffes. Man benutzt hierzu oft Ammoniumsalzlösungen oder, vor allem zur Bestimmung von Alkaliionen, Tetraalkylammoniumverbindungen. Häufig werden auch Säuren angewandt.

Erhöht man die Spannung bis zur Zersetzungsspannung des nächstedleren Elementes, steigt die Stromstärke erneut an, um dann bald wieder konstant zu werden. So entsteht ein stufenförmiges Diagramm, das Polarogramm, in dem jede Stufe einem bestimmten Stoff zugeordnet werden kann.

Die Höhe einer Stufe, d. h. die Differenz zwischen dem Diffusionsstrom des betreffenden Stoffes, ist proportional der Konzentration des Stoffes in der Lösung. Zur quantitativen Auswertung benutzt man in der Regel Eichkurven.

Das Potenzial, bei dem die Stromstärke gerade die Hälfte des Diffusionsstromes erreicht hat, das sog. **Halbstufenpotenzial**, ist charakteristisch für einen bestimmten Stoff und im Gegensatz zur Zersetzungsspannung konzentrationsunabhängig. Es kann daher zur qualitativen Analyse herangezogen werden.

Im Bereich des Diffusionsstromes ist der geschwindigkeitsbestimmende Schritt die Diffusion der Teilchen an die Elektroden. Unmittelbar an der Tropfenoberfläche ist nämlich durch Reduktion die Konzentration aller reduzierbaren Teilchen auf Null gesunken. Ein Strom kann daher nur fließen, wenn aus der Lösung neue Teilchen herandiffundieren. Dadurch bildet sich an der Tropfenoberfläche eine Schicht von 1/300 bis 1/400 mm Stärke aus, in der ein Konzentrationsgefälle herrscht. Vereinfacht ist dieses Konzentrationsprofil in Abb. 2.37 dargestellt. Auf diesen Diffusionsvorgang lässt sich das **1. Fick'sche Gesetz** anwenden. Danach ist

$$\frac{\mathrm{d}n}{\mathrm{d}t} = -D \cdot q \cdot \frac{\mathrm{d}c}{\mathrm{d}x} = -D \cdot q \cdot \frac{c - c_0}{\Delta x}$$

($\mathrm{d}n/\mathrm{d}t$ = Anzahl der an der Oberfläche ankommenden Teilchen pro Zeiteinheit $\mathrm{d}t$, D = Diffusionskoeffizient, q = Oberfläche, $\mathrm{d}c/\mathrm{d}x$ = Konzentrationsgefälle in der Schicht von der Dicke $\mathrm{d}x$, c = Konzentration der Lösung, c_0 = Konzentration an der Oberfläche).

Der Diffusionskoeffizient D, die Schichtdicke $\mathrm{d}x$, und die Konzentration c sind während der Elektrolyse konstant. Auch die Oberfläche, die am Anfang der Lebensdauer eines

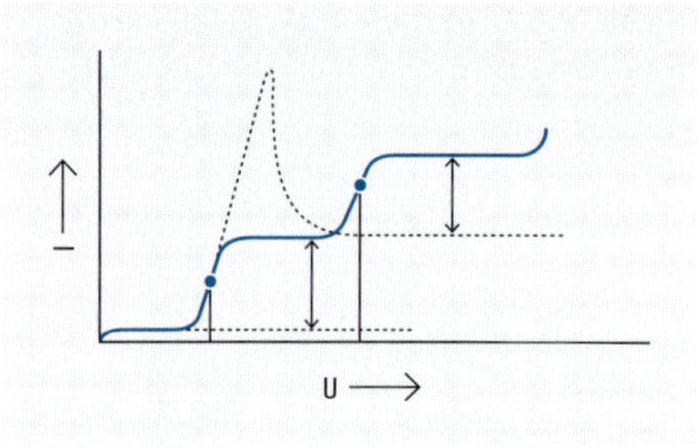

○ **Abb. 2.38** Schematische Darstellung eines Polarogramms

Tropfens sehr klein ist, dann allmählich wächst und beim Abreißen des Tropfens wieder sehr klein wird, kann im Mittel als konstant angesehen werden. c_0 ist nach dem oben Gesagten im Bereich des Diffusionsstroms Null. Dadurch vereinfacht sich die Gleichung zu:

$$\frac{dn}{dt} = k \cdot c \quad (k = \text{Konstante})$$

Da aber nach dem Faraday'schen Gesetz (▸S. 11) die Anzahl der pro Zeiteinheit abgegebenen Ladungen proportional der Stromstärke ist, wird verständlich, dass diese auch proportional der Konzentration der Lösung sein muss. Weiter folgt daraus, dass bei gleicher Konzentration und annähernd gleichem Diffusionskoeffizienten die Stufenhöhe eines Metallions mit der Ionenladung +2 ungefähr doppelt so hoch sein muss wie die eines Ions der Ionenladung +1. Die Stromstärke hängt jedoch außer von der Konzentration auch von der Ausströmgeschwindigkeit und der Tropfzeit des Quecksilbers sowie der Temperatur ab (Ilkovič-Gleichung).

Außerdem schwankt die Stromstärke im Rhythmus der Tropfen. Die dadurch auftretenden Schwankungen des Galvanometerausschlages können durch die sog. Galvanometerschaltung, bei der ein Widerstand in Serie und einer parallel zum Galvanometer geschaltet ist, in gewissen Grenzen gedämpft werden.

In gewissen Spannungsbereichen, vor allem in der Nähe der Zersetzungsspannung eines Stoffes, entstehen bisweilen infolge eines inhomogenen Feldes an der Tropfenoberfläche Strömungen, die die Diffusion stören und einen plötzlichen Stromanstieg über den normalen Diffusionsstrom hinaus zur Folge haben. Es bilden sich Maxima, die bei weiterem Stromanstieg teils langsam, teils aber auch sehr steil wieder absinken (○ Abb. 2.38). Diese meist unerwünschten Erscheinungen kann man durch Zusatz von Kolloiden, wie Gelatine oder Gummi arabicum unterdrücken.

In der Analysenlösung gelöster Sauerstoff kann ebenfalls reduziert werden, und zwar zuerst zum H_2O_2 und dann weiter zum H_2O. Dementsprechend treten zwei Stufen auf, die sich unter Umständen den anderen Stufen überlagern können. Man entfernt daher am besten den Sauerstoff durch Zusatz von Natriumsulfit oder durch Einleiten von Reinstickstoff (während der Messung muss das Einleiten jedoch unterbrochen werden).

Messanordnung

Eine einfache Messanordnung zur polarographischen Bestimmung von Kationen kann nach ○ Abb. 2.39 leicht mit einfachen Mitteln selbst zusammengestellt werden.

Von einer Spannungsquelle (2 bzw. 4 V) wird über eine Kohlrauschtrommel eine variable Spannung, die mit dem Voltmeter gemessen wird, abgegriffen und an die beiden

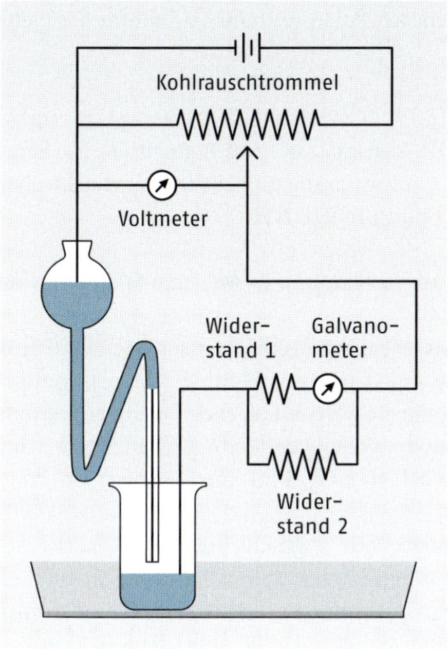

Abb. 2.39 Einfache Messanordnung für die Polarographie

Elektroden angeschlossen. Im Stromkreis liegen das Galvanometer und der Widerstand 1, parallel wird der Widerstand 2 geschaltet. Durch Abstimmen der Widerstände und des Galvanometers kann man den Grenzfall, den Übergang zwischen Schwing- und Kriechfall, einstellen und somit die durch das Tropfen verursachten Schwankungen dämpfen. Die Länge der Kapillare soll bei einem Durchmesser von ca. 0,05 mm ca. 10 cm betragen. Die Tropfgeschwindigkeit der in die Lösung eintauchenden Kapillaren kann durch entsprechende Stellung des Quecksilber-Niveaugefäßes auf ca. 1 Tropfen pro 1–3 Sekunden eingestellt werden. Es ist darauf zu achten, dass der Quecksilberfaden in der Kapillare nicht abreißt, da sonst der Stromkreis unterbrochen wird.

Achtung: Bei der Arbeit mit Quecksilber ist auf peinlichste Sauberkeit zu achten (▸S. 356). Aus diesem Grunde sind die Tropfkapillare und die Analysenlösung in einer Wanne unterzubringen! Alle Arbeiten mit Quecksilber dürfen nur über dieser Wanne durchgeführt werden!

Polarographische Bestimmungen

In der Praxis benutzt man handelsübliche Geräte, die die Spannung innerhalb der gewählten Grenzen automatisch verändern. Der Diffusionsstrom wird elektronisch verstärkt und von einem Schreibgerät registriert. Die aufgezeichneten Kurven lassen sich dann leicht auswerten. Darüber darf jedoch nicht vergessen werden, dass die schwächste Stelle der ganzen Anlage die Tropfelektrode und der chemische Vorgang an der Elektrode ist.

Bestimmung von Kupfer und Zink nebeneinander

Zur Veranschaulichung des polarographischen Verfahrens im Praktikum lässt sich mit der Apparatur (Abb. 2.39) die Bestimmung von Kupfer und Zink gut durchführen.

Die Aufgabe besteht aus drei Teilen: Aufnahme des Polarogramms, Aufnahme der Eichkurven und Ausführung der Analyse.

Reagenzien: Cu-Lösung I (0,60 mg Cu^{2+}/mL); Cu-Lösung II (3,00 mg Cu^{2+}/mL). Zn-Lösung I (0,60 mg Zn^{2+}/mL); Zn-Lösung II (3,00 mg/Zn^{2+}/mL); gesättigte Na_2SO_3-Lösung (frisch bereitet); 0,5%ige wässerige Gummi-arabicum-Lösung; Leitelektrolyt: Lösung aus gleichen Volumina 1 mol/L NH_4Cl und 1 mol/L NH_3.

Aufnahme des Polarogramms: Das Polarogramm soll zeigen, in welchem Spannungsintervall die Stromstärke konstant bleibt.

Das Bodenquecksilber wird 4–5-mal mit Wasser im Schütteltrichter ausgeschüttelt und dann 1 cm hoch (oder bis zu einer Marke) in ein trockenes 50-mL-Becherglas gefüllt. Wassertropfen auf dem Hg werden mit Filtrierpapier entfernt. Folgende Lösungen werden zugesetzt und mit einem kleinen Glasstab, der in der Lösung verbleibt, gut durchgemischt: 10 mL Leitelektrolyt, 1 mL Gummi arabicum, 1 mL Na_2SO_3, 5 mL Cu-Lösung I, 5 mL Zn-Lösung I.

Zu Beginn der Messung wird eine Spannungsquelle angeschlossen, die Kohlrauschtrommel KT auf Null gestellt, das Quecksilber durch kurzes Anheben des Niveaugefäßes zum Tropfen gebracht und der Ausschlag des Galvanometers (Nullwert, Grundstrom) abgelesen. Danach wird KT auf 50 eingestellt (bei insgesamt 1000 Teilstrichen). Man beobachtet jetzt ein Schwanken des Galvanometerausschlages im Rhythmus des abfallenden Quecksilbertropfens, wobei der Maximalwert abgelesen wird. Weitere Messungen werden in Schritten zu 50 Einheiten der Kohlrauschtrommel ausgeführt, bis der Lichtzeiger aus dem Messbereich herauswandert (KT ca. 750). Danach wird durch Senken des Quecksilberniveaugefäßes das Tropfen unterbrochen und die Lösung verworfen.

In einem Diagramm werden die Zeigerausschläge des Galvanometers gegen die Skalenteile der Kohlrauschtrommel aufgetragen. Es zeigt sich, dass etwa zwischen 200 und 500 Skalenteilen (Cu-Stufe) und zwischen 600 und 800 Skalenteilen (Zn-Stufe) die Stromstärke konstant bleibt.

Aufnahme der Eichkurven: Zur Ermittlung der Eichkurve wird das gewaschene Quecksilber bis zur gleichen Höhe wie vorher in ein trockenes Becherglas gefüllt und mit Filterpapier getrocknet.

Zuerst wird die Cu-Eichkurve aufgenommen. Die Eichlösung hat folgende Zusammensetzung: 10 mL Leitelektrolyt, 2 mL Gummi arabicum, 1 mL Na_2SO_3-Lösung, 5 mL Cu-Lösung I.

Die Messung erfolgt wie oben, jedoch jetzt nur bei Stellung 0 und bei je 5 Stellungen im Bereich des Diffusionsstromes. Zur Ermittlung des nächsten Eichpunktes werden 0,2 mL der Cu-Lösung II zugesetzt. Dadurch steigt die Cu-Konzentration der Eichlösung. Messung wie oben. Dieser Zusatz wird noch 5-mal wiederholt, also insgesamt 6-mal vorgenommen.

Nach Abschluß der Cu-Messungen wird die Zn-Eichkurve aufgenommen. Die Eichlösung hat die folgende Zusammensetzung: 10 mL Leitelektrolyt, 2 mL Gummi arabicum, 1 mL Na_2SO_3-Lösung, 5 mL Zn-Lösung I, 0,2 mL Cu-Lösung II.

Gemessen werden 5 Einstellungen im Bereich des Cu-Diffusionsstromes (200–500 Skalenteile) sowie 5 Einstellungen im Bereich des Zn-Diffusionsstromes (600–800 Skalenteile). Zur Ermittlung der nächsten Eichpunkte werden 6-mal je 0,2 mL Zn-Lösung II zugesetzt.

Bei der Zeichnung der Eichkurven wird die Konzentration des Cu bzw. Zn in mg/mL (Abszisse) gegen die Stromstärke in Skalenteilen des Galvanometers (Ordinate) aufgetragen.

Die Diffusionsstromstärke des Cu errechnet sich aus dem Galvanometerausschlag im KT-Bereich von 200 bis 500 (Cu-Stufe), vermindert um den Ausschlag bei der Stellung 0, für Zn aus dem Galvanometerausschlag im KT-Bereich von 600 bis 800 (Zn-Stufe), vermindert um den Ausschlag im KT-Bereich von 200 bis 500 (Cu-Stufe). Bei der Berechnung der Konzentration muss das Gesamtvolumen einschließlich der Zusätze, jedoch ausschließlich des Bodenquecksilbers berücksichtigt werden.

Ausführung der Analyse: Es werden 5 mL Analysenlösung verwendet. Zusätze und Messung wie oben. Man bestimmt die Stromstärke für Cu und für Zn und ermittelt die zugehörige Konzentration für Cu und Zn. Nach Multiplikation mit dem Volumen der Messlösung erhält man die Masse Cu bzw. Zn in mg, enthalten in dem vorgelegten aliquoten Anteil = 5 mL Analysenlösung.

2

2.6.5 Konduktometrie

Die konduktometrische Titration oder Leitfähigkeitstitration ist eine maßanalytische Methode, bei der nach jedem Reagenzzusatz der Ohm'sche Widerstand der Analysenlösung bzw. dessen reziproker Wert, der Leitwert, gemessen wird. Die Messwerte werden graphisch aufgetragen. Dabei erhält man Geraden, die sich im Äquivalenzpunkt schneiden (o Abb. 2.40).

Die Messpunkte in unmittelbarer Nähe des Äquivalenzpunktes weichen oft von diesen Geraden ab (punktierter Kurvenverlauf). Im Gegensatz zu anderen Methoden ist es hier also nicht notwendig, den Titrationsendpunkt genau zu erfassen, sondern er wird durch Extrapolation ermittelt.

Diese Methode besitzt, ähnlich wie die Potenziometrie, Bedeutung vor allem bei Titrationen, für die kein geeigneter Indikator zur Verfügung steht. Auch in trüben oder farbigen Lösungen kann man gute Ergebnisse erzielen. Der Nachteil der Konduktometrie besteht vor allem darin, dass möglichst wenig Fremdelektrolyt zugegen sein darf, denn der Widerstand einer Lösung hängt von allen anwesenden Ionen ab. Bei zu vielen Fremdionen ist daher kaum mehr eine Widerstandsänderung festzustellen. Bei Verwendung hochempfindlicher Geräte kann man allerdings heute schon bei einem bis etwa 500-fachen Überschuss an Fremdelektrolyt arbeiten.

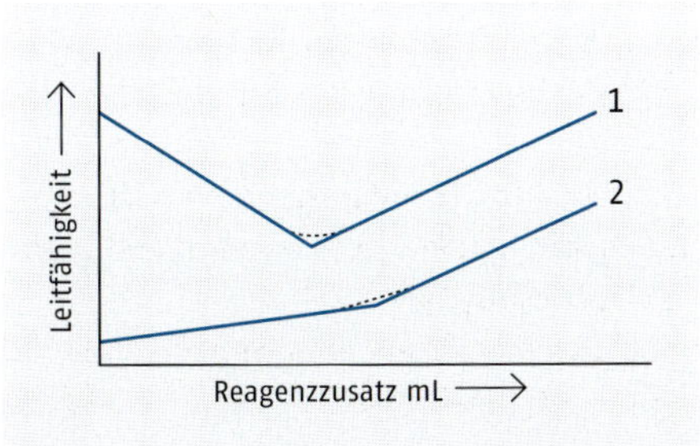

o **Abb. 2.40** Typen von Titrationskurven bei der Konduktometrie. Abnahme (Kurve 1) bzw. Zunahme (Kurve 2) der Leitfähigkeit bis zum Äquivalenzpunkt

Tab. 2.31 Ionenäquivalentleitfähigkeit in $cm^2\Omega^{-1}\ mol^{-1}$ bei 18 °C

H^+	315	Ag^+	54,3	OH^-	174	I^-	66,5
Li^+	33,4	$\frac{1}{2}\,Mg^{2+}$	46	F^-	46,6	NO_3^-	61,7
Na^+	43,5	$\frac{1}{2}\,Ca^{2+}$	51	Cl^-	65,5	CH_3COO^-	35,0
K^+	64,6	$\frac{1}{2}\,Sr^{2+}$	50,6	Br^-	67	$\frac{1}{2}\,SO_4^{2-}$	68,3
Cs^+	68	$\frac{1}{2}\,Ba^{2+}$	55				

Leitfähigkeit von Elektrolytlösungen

Der Leitwert *G* hängt bei einer Elektrolytlösung vor allem von der Anzahl der Ionen zwischen den Elektroden, also von der Konzentration, der Ionenladung und der Beweglichkeit ab. Darüber hinaus wird er noch erheblich durch die Zähigkeit des Lösemittels, die wieder temperaturabhängig ist, beeinflusst.

Wegen der linearen Abhängigkeit der Leitfähigkeit von der Konzentration kann eine Verdünnung während der Titration die Werte derart verschieben, dass eine Auswertung nicht mehr möglich ist. Ein Zusatz von Wasser, vor allem auch das Abspritzen von Tropfen von der Bürette, muss daher unbedingt unterbleiben. Aus dem gleichen Grund benutzt man zur Titration Mikrobüretten mit möglichst konzentrierten Maßlösungen.

Die Beweglichkeit der Ionen ist eine Funktion des hydrodynamischen Widerstandes, den das Lösemittel den Ionen entgegensetzt. Man sollte daher erwarten, dass die Ionen einer Gruppe des PSE, also beispielsweise die Alkaliionen, mit steigender Ordnungszahl eine geringere Beweglichkeit haben. Tatsächlich aber tritt, wie ◘ Tab. 2.31 zeigt, eine Vergrößerung der Beweglichkeit und damit der Ionenäquivalentleitfähigkeit (►S. 169 f.) auf.

Die Ursache für diese Erscheinung ist die Hydratation, die sich bei kleinen Ionen stärker bemerkbar macht als bei großen. Besonders auffallend sind die hohen Beweglichkeiten des H^+- und des OH^--Ions. Für diese Teilchen nimmt man einen besonderen Wanderungsmechanismus an. Man stelle sich vor, dass die H_2O-Moleküle der Lösung Ketten bilden. Lagert sich an das eine Ende der Kette ein H^+-Ion an, dann können die Bindungen der H_2O-Moleküle umklappen, und am anderen Ende der Kette wird wieder ein H^+-Ion ausgestoßen. Dadurch wird praktisch nur die Ladung transportiert, nicht aber das H^+-Ion selbst; es bleibt ihm also ein großer Teil des mit Reibung verbundenen Weges erspart (○ Abb. 2.41). Ähnliches gilt auch für die OH^--Ionen.

Die Abnahme der Zähigkeit und damit die Zunahme der Leitfähigkeit beträgt ca. 2,5 % pro °C Temperaturerhöhung. Während gewöhnlicher Titrationen tritt selten eine wesentliche Temperaturänderung auf. Man braucht sie daher nicht besonders zu berücksichtigen.

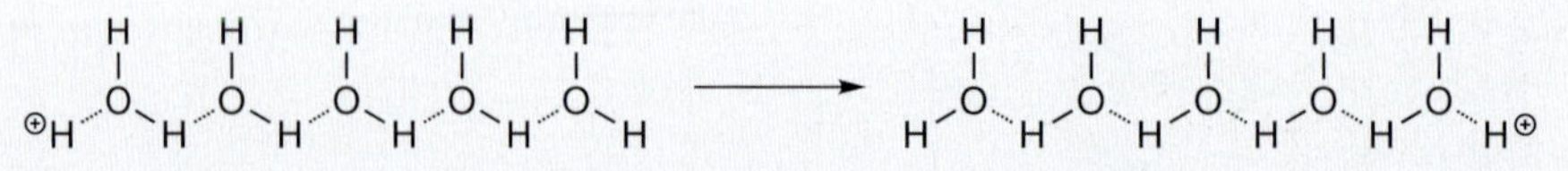

○ **Abb. 2.41** Wanderungsmechanismen des H^+-Ions

Bei sehr langsam verlaufenden Reaktionen muss dagegen auf Temperaturkonstanz geachtet werden.

Kurvenformen

Die Form der Kurven wird in der Hauptsache durch die Beweglichkeit der bei der Reaktion hinzukommenden und verschwindenden Ionen bestimmt. Durch die Wahl geeigneter Maßlösungen kann daher der Kurvenverlauf entscheidend beeinflusst werden (z. B. die Fällungstitrationen mit $AgCH_3COO$). Diese Möglichkeit ist außerordentlich wichtig, da sich der Äquivalenzpunkt um so genauer bestimmen lässt, je spitzer der Winkel ist, unter dem sich die Geraden schneiden. Darüber hinaus hängt die Kurvenform vor allem vom Dissoziationsgrad der Verbindung und der Konzentration der Lösung ab.

Titriert man eine starke Säure mit einer starken Lauge, z. B. HCl mit NaOH, so hat die Lösung am Anfang wegen der großen Beweglichkeit der H^+-Ionen eine hohe Leitfähigkeit. Bei Zusatz von NaOH treten die OH^--Ionen mit H^+-Ionen zu Wasser zusammen. Die H^+-Ionen werden also durch Na^+-Ionen ersetzt. Die Cl^--Ionenkonzentration bleibt dabei erhalten. Insgesamt muss also die Leitfähigkeit proportional zum Fortschritt der Titration sinken (o Abb. 2.42).

$$H^+ + Cl^- \xrightarrow{+NaOH} Na^+ + Cl^- + H_2O$$

315	66	44	66	Ionenäquivalentleitfähigkeit $/cm^2\Omega^{-1}\,mol^{-1}$

Nach Überschreiten des Neutralpunktes erfolgt keine Reaktion mehr. Durch weiteren Zusatz erhöht sich jetzt lediglich die Gesamtionenkonzentration der Lösung. Die Leitfähigkeit steigt also wieder an. Enthält die Lauge Carbonat, tritt an die Stelle eines scharfen Schnittpunktes eine Abrundung. Die Steigung der Kurvenäste ist bei Verwendung konzentrierter Lösungen in der Regel stärker ausgeprägt. Damit lässt sich auch der Äquivalenzpunkt besser und genauer ermitteln. Man soll daher die Analysenlösung nicht unnötig verdünnen.

Bei der Titration einer schwachen Säure mit einer starken Lauge, z. B. Essigsäure mit NaOH, besitzt die Lösung wegen der geringen Dissoziation der Säure anfangs nur geringe Leitfähigkeit. Durch Neutralisation mit NaOH entsteht dagegen das stark dissoziierte Salz, die Leitfähigkeit muss also zunehmen. Nach dem Neutralpunkt steigt dann die Kurve wegen der großen Beweglichkeit der OH^--Ionen steiler an. Infolge Hydrolyse des Salzes gehen die beiden Kurvenäste allmählich ineinander über (o Abb. 2.43, Kurve 2). Allerdings macht sich die Pufferwirkung des entstandenen Salzes bemerkbar. Nach dem ersten Zusatz von NaOH entsteht stark dissoziiertes $NaCH_3COO$, das die Dissoziation der Essigsäu-

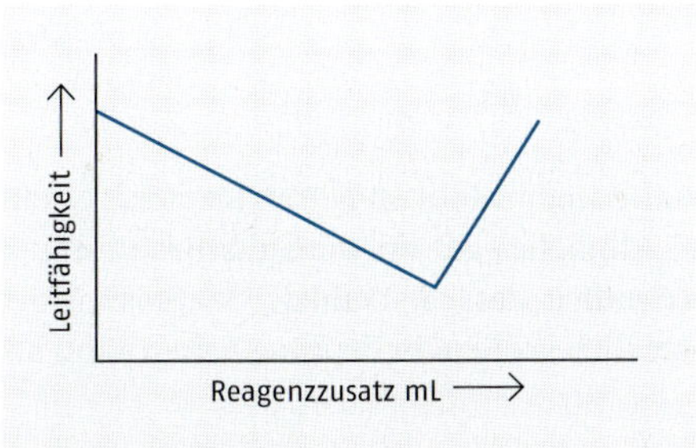

o Abb. 2.42 Änderung der Leitfähigkeit bei der Titration von starker Säure mit starker Base

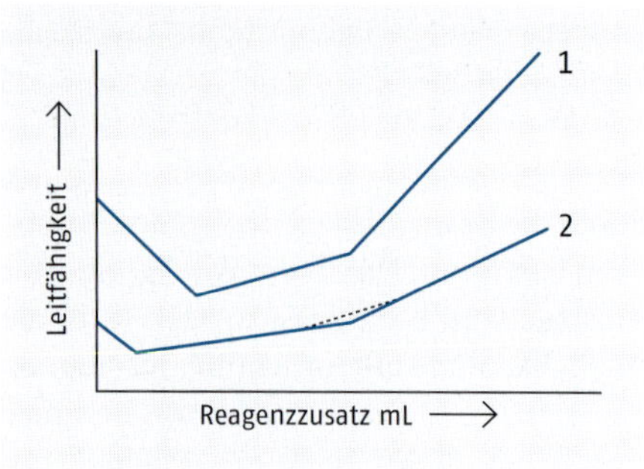

Abb. 2.43 Änderung der Leitfähigkeit bei der Titration von ($HCl + CH_3COOH$) mit NaOH (1) bzw. CH_3COOH mit NaOH (2)

re zurückdrängt. Da das Natriumion eine kleinere Beweglichkeit besitzt als das H^+-Ion, sinkt die Leitfähigkeit zunächst etwas ab. Erst bei weiterem Zusatz überwiegt das stark dissoziierte $NaCH_3COO$, sodass die Kurve wieder ansteigt (Abb. 2.43, Kurve 2).

$$\left.\begin{matrix} CH_3COOH & \\ CH_3COO^- + & H^+ \\ 35 & 315 \end{matrix}\right\} \xrightarrow{+NaOH} \left.\begin{matrix} CH_3COOH & \\ CH_3COO^- + & Na^+ \\ 35 & 44 \end{matrix}\right\} \xrightarrow{+NaOH} CH_3COO^- + Na^+$$

Zwei Säuren, deren Dissoziationskonstanten sich genügend unterscheiden, können auch nebeneinander bestimmt werden. Abb. 2.43, Kurve 1 zeigt den Kurvenverlauf einer Titration von HCl und CH_3COOH nebeneinander. Der starke Leitfähigkeitsabfall entspricht der Neutralisation der HCl, der langsame Anstieg zeigt die Neutralisation der Essigsäure an. Der steile Anstieg schließlich rührt wieder vom Reagenzüberschuss her.

Größere Unterschiede in den Dissoziationskonstanten mehrbasiger Säuren machen sich wie z. B. bei der Phosphorsäure durch mehrere schwach ausgeprägte Knickpunkte in den Titrationskurven bemerkbar. Eine exakte Auswertung ist hier allerdings kaum mehr möglich.

Für argentometrische Fällungstitrationen lässt sich die Konduktometrie ebenfalls gut einsetzen. An Stelle des sonst üblichen Silbernitrats kann man hier jedoch eine Silberacetatmaßlösung verwenden. Bei der Reaktion werden die Halogenidionen durch das Anion des Silbersalzes ersetzt:

$$\begin{matrix} K^+ & + & Br^- & \xrightarrow{+AgCH_3COO} & AgBr\downarrow & + & K^+ & + & CH_3COO^- \\ 65 & & 68 & & 0 & & 65 & & 35 \end{matrix}$$

$$\begin{matrix} K^+ & + & Br^- & \xrightarrow{+AgNO_3} & AgBr\downarrow & + & K^+ & + & NO_3^- \\ 65 & & 68 & & 0 & & 65 & & 62 \end{matrix}$$

Im Falle des Acetats fällt der erste Ast der Kurve also steiler als beim Nitrat. Dadurch erhält man einen wesentlich schärferen Schnittpunkt. Ähnliches gilt für die Sulfatbestimmung mit Bariumacetatlösung. Diese Beispiele zeigen deutlich, dass die Wahl der Maßlösung bei der Konduktometrie unter Umständen eine wesentlich größere Bedeutung haben kann als bei anderen Titrationen.

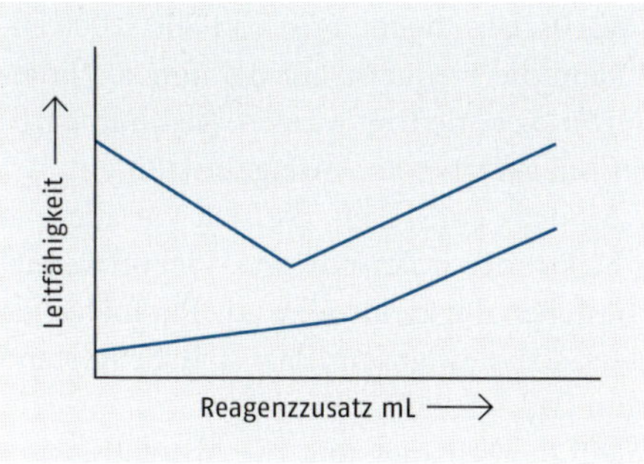

○ Abb. 2.44 Änderung der Leitfähigkeit bei der Verdrängungstitration (obere Kurve: NH_4Cl mit NaOH; untere Kurve: $NaCH_3COO$ mit HCl)

Verdrängungstitrationen, wie die Titration von $NaCH_3COO$ mit HCl oder von NH_4Cl mit NaOH, lassen sich ebenfalls gut ausführen.

NH_4^+	+	Cl^-	$\xrightarrow{+NaOH}$	NH_3	+	H_2O	+	Na^+	+	Cl^-
64		66		0		0		44		66

(○ Abb. 2.44 obere Kurve)

Na^+	+	CH_3COO^-	$\xrightarrow{+HCl}$	Na^+	+	Cl^-	+	CH_3COOH
44		35		44		66		0

(○ Abb. 2.44 untere Kurve)

Messanordnung

Die Widerstände werden mit einer **Wheatstone'schen Brücke** gemessen (○ Abb. 2.45). Diese besteht aus 4 Brückenwiderständen, nämlich dem unbekannten Widerstand R_x, einem Vergleichswiderstand R_V sowie einem kalibrierten Messdraht, der durch den Schleifkontakt *S* in die beiden Widerstände *a* und *b* geteilt wird. Die Brücke wird durch eine Wechselstromquelle gespeist. In der Brückendiagonale liegt das Nullinstrument, das Stromlosigkeit anzeigt, wenn die Bedingung $R_x/R_V = a/b$ erfüllt ist. Der unbekannte Widerstand R_x ergibt sich dann zu $R_x = R_V \cdot a/b$. Die Messgenauigkeit der Brücke ist am größten, wenn das Brückenverhältnis $a/b = 1$ ist, d. h. wenn *S* in der Mitte steht. Nach beiden Seiten hin nimmt sie dagegen ab. Aus diesem Grund soll der Vergleichswiderstand in der gleichen Größenordnung liegen wie der unbekannte.

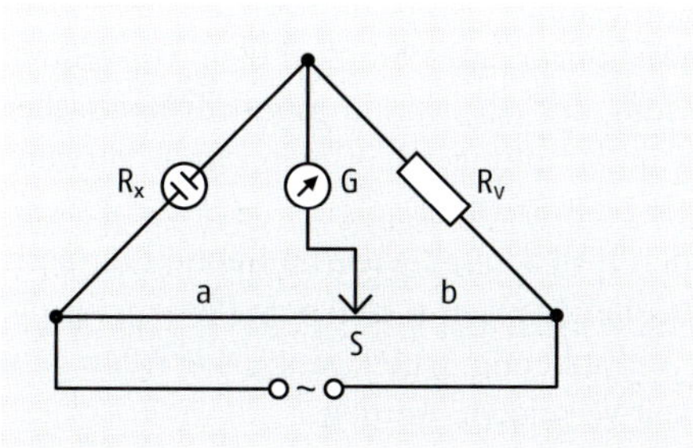

○ Abb. 2.45 Wheatstone'sche Brückenschaltung

Als Stromquelle dient im Allgemeinen ein Wechselstromgenerator von 800–1000 Hz. Wegen der Gefahr der Elektrodenpolarisation kann die Frequenz nur bei hohen Widerständen, z. B. in nichtwässerigen Lösemitteln, auf 50 Hz erniedrigt werden. Als Nullinstrument verwendet man einen Transistorverstärker mit geeignetem Anzeigeinstrument.

Als Leitfähigkeitsgefäße wurden zahlreiche Modelle entwickelt, die sich vor allem in der Gefäßform, der Stellung und der Größe der Elektroden unterscheiden. Viel verwendet werden auch Tauchelektroden. In allen Fällen bestehen die Elektroden aus Platinblechen oder -drähten, die meist platiniert sind. Sie müssen so befestigt sein, dass sich ihr Abstand und damit die Zellenkonstante nicht ändern kann (vgl. ▸ S. 169).

Außer zur Endpunktsindizierung wird die Leitfähigkeitsmessung zur Absolutbestimmung benutzt, z. B. für die Reinheitsprüfung von Wasser (Leitfähigkeitswasser) und die Elektrolytbestimmung von Zuckerlösungen (Aschebestimmung im Zucker). In diesen Fällen gibt die absolute Größe der Leitfähigkeit Aufschluss über die Reinheit der untersuchten Produkte.

Titration mit konduktometrischer Endpunktsanzeige

In die Analysenlösung wird eine Tauchelektrode so tief eingetaucht, dass der Flüssigkeitsspiegel etwa 0,5 cm über dem oberen Rand der Elektrodenbleche steht. Nun wird die Wheatstone'sche Brücke auf Null abgeglichen und der Widerstand oder die Abschnitte a und b des kalibrierten Messdrahtes abgelesen. Unter ständigem Rühren wird die Maßlösung in Anteilen von je 0,2 mL aus der Mikrobürette zugesetzt. Dabei ist darauf zu achten, dass der Tropfen gerade von der Bürette abfällt; denn ein Abspritzen mit Wasser würde zu erheblichen Fehlern führen. Nach jedem Zusatz wird die Brücke wieder auf Null abgeglichen und die Messwerte abgelesen. Insgesamt soll etwa doppelt so viel Maßlösung zugesetzt werden, wie zur quantitativen Umsetzung notwendig ist.

Zur Auswertung werden die reziproken Werte der Widerstände bzw. die Werte b/a gegen die verbrauchten mL Maßlösung aufgetragen. Durch die Messpunkte werden zwei Geraden gelegt, die sich im Äquivalenzpunkt schneiden. Die Punkte in der Nähe des Äquivalenzpunktes bleiben dabei unberücksichtigt.

2.7 Optische Methoden

2.7.1 Kolorimetrie und Photometrie

Das Grundprinzip beider Methoden besteht darin, eine farbige Lösung herzustellen, wobei der gesuchte Stoff oder das gesuchte Element in eine lichtechte, farbige, lösliche Verbindung eingebaut oder überführt wird oder eine Farbreaktion auslöst bzw. steuert.

Die **Kolorimetrie** ist ein Verfahren zur Konzentrationsermittlung durch optischen (in der Regel visuellen) Vergleich der Probelösung unbekannter Konzentration mit einer Standardlösung derselben Substanz. Zur Messung wird unzerlegtes (weißes) Licht verwendet. Die **Photometrie** dagegen beruht auf der Messung der Absorption monochromatischer Strahlung durch eine Lösung. Monochromatische Strahlung erhält man durch Verwendung von Filtern oder Monochromatoren (Gitter oder Prismen).

Die Vorteile der optischen Analysenmethoden sind Schnelligkeit und hohe Empfindlichkeit. Um diese Vorzüge auszunutzen, sollten die Lösungen vom Anfang bis zum Ende der chemischen Operationen klar bleiben und zeitraubende Arbeitsgänge, wie Fällungen, Filtrationen und Destillationen, nach Möglichkeit vermieden werden.

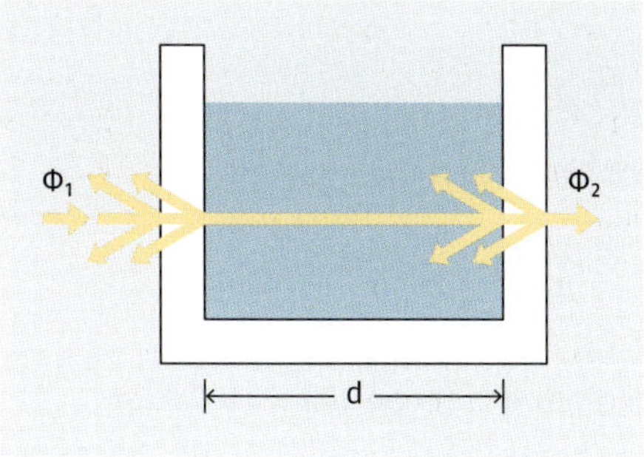

Abb. 2.46 Strahlengang durch eine Küvette

Grundbegriffe und Grundgesetze

Wenn ein aus weißem Licht bestehender Strahl einen mit einer Flüssigkeit gefüllten Glastrog (Küvette) durchsetzt, so erfolgt eine Lichtschwächung (Abb. 2.46). Der austretende Lichtstrom Φ_2 ist kleiner als der auftreffende Lichtstrom Φ_1. Unter Lichtstrom bzw. **Strahlungsleistung** versteht man die in der Zeiteinheit auf die Küvette fallende Lichtenergie; Einheit ist Lumen bzw. Watt. Der Verlust ist durch Reflexionen an den Grenzflächen Luft/Glas und Glas/Flüssigkeit, durch Absorption in den Küvettenwänden, durch Streuung an suspendierten Teilchen, hauptsächlich aber auch Absorption in der Flüssigkeit bedingt. Die durch Reflexion und Absorption in den Glaswänden verursachten Verluste werden nie rechnerisch berücksichtigt; sie werden experimentell mithilfe einer Kompensationsküvette, die das reine Lösemittel oder eine Blindlösung enthält, eliminiert. Man verfährt dabei so, dass entweder die Probeküvette und die Kompensationsküvette nacheinander in den Strahlengang oder gleichzeitig beide Küvetten in zwei gleich intensive Strahlenbündel geschoben werden. Die Lichtschwächung durch Streuung lässt sich bei klaren Lösungen durch sorgfältiges und sauberes Arbeiten auf ein vernachlässigbares Maß herabdrücken. Die Verminderung des Lichtstromes durch Absorption kann nun über den gesamten sichtbaren Wellenlängenbereich ungefähr gleich sein – die Lösung erscheint dem Auge dann grau – oder sie kann sich in den einzelnen Spektralbereichen verschieden stark auswirken. In diesem Falle erscheint die Lösung farbig, und zwar ist die Farbe des auftretenden Lichtbündels zur Farbe der absorbierten Strahlung komplementär. Absorbiert eine Lösung im grünen Bereich, so erscheint sie purpurrot, absorbiert sie im gelben Bereich, so erscheint sie blau. Das Ausmaß der Absorption einer Substanz wird üblicherweise als Funktion der Wellenlänge wiedergegeben; den Kurvenverlauf bezeichnet man als **Absorptionsspektrum**.

Obwohl viele Begriffe und Gesetzmäßigkeiten auch in den Bereichen der ultravioletten und infraroten Strahlung gelten, sollen die folgenden Betrachtungen auf den sichtbaren Bereich des Spektrums beschränkt bleiben.

Schickt man monochromatische Strahlung durch eine Küvette mit einer absorbierenden Lösung (die Reflexionsverluste an den Phasengrenzflächen und die durch Absorption in den Küvettenwandungen bedingte Lichtschwächung sollen dabei vernachlässigt werden), so nimmt der Lichtstrom um so mehr ab, je weiter er in die absorbierende Flüssigkeit eindringt und je größer die Konzentration des absorbierenden Mediums ist, d. h., die relative Abnahme des Lichtstromes ist der Anzahl der im Strahlengang befindlichen absorbierenden Teilchen proportional. Bezeichnet man mit $-d\Phi$ die Abnahme des Lichtstromes Φ, wenn die Anzahl der absorbierenden Teilchen um den Betrag dn zunimmt, so erhält man mit k' als Proportionalitätsfaktor

$$-\mathrm{d}\Phi = \Phi \cdot k' \cdot \mathrm{d}n$$

Durch Umformen und Integration in den angegebenen Grenzen ergibt sich

$$-\int_{\Phi_0}^{\Phi} \frac{\mathrm{d}\Phi}{\Phi} = k' \int_0^n \mathrm{d}n, \qquad -\ln\frac{\Phi}{\Phi_0} = k' \cdot n.$$

Die Einführung dekadischer Logarithmen ändert nur den Proportionalitätsfaktor

$$-\lg\frac{\Phi}{\Phi_0} = k \cdot n$$

Φ_0 ist der in die Lösung eintretende Lichtstrom, n die Anzahl der Teilchen entlang der Schichtdicke d, innerhalb der der Lichtstrom auf den Wert Φ abnimmt. Die dimensionslose Größe Φ/Φ_0 bezeichnet man als **Transmissionsgrad** τ_i, den negativen Logarithmus von τ_i als **Extinktion E:**

$$-\lg\frac{\Phi}{\Phi_0} = -\lg\tau_\mathrm{i} = E = k \cdot n.$$

Da die Teilchenzahl n der Konzentration c und der Schichtdicke d proportional ist, resultiert schließlich das **Lambert-Beer'sche Gesetz**

$$E = \varepsilon \cdot c \cdot d$$

mit der neuen Proportionalitätskonstanten ε, dem **Extinktionskoeffizienten.**

Nach IUPAC wäre ε als molarer (dekadischer) Absorptionskoeffizient zu bezeichnen und statt E wird das Symbol A (spektrales dekadisches Absorptionsmaß) empfohlen. Enthält eine Probe mehrere absorbierende Teilchenarten, so addieren sich die Einzelextinktionen für jede Teilchenart zur Gesamtextinktion der Probelösung. Da Φ Werte zwischen Φ_0 und Null annehmen kann, variiert demnach $E = -\lg(\Phi/\Phi_0)$ zwischen Null und Unendlich. Höhere Extinktionen als 2 lassen sich aber bei der Messung selten verwerten, weil der Bereich, in dem eine zufriedenstellende analytische Genauigkeit gilt, begrenzt ist.

Der Extinktionskoeffizient ε ist von der Wellenlänge λ abhängig. Die Funktion $\varepsilon = f(\lambda)$ gibt die Absorptionskurve wieder, sie ist typisch für die absorbierende Substanz. Gibt man d in cm und c in mol/L an, so erhält ε die Dimension ($\mathrm{L\ mol^{-1}\ cm^{-1}}$). Man bezeichnet ε dann als den molaren dekadischen Extinktionskoeffizienten. Für farbstarke Lösungen liegt ε in der Größenordnung $10^4\ \mathrm{L\ mol^{-1}\ cm^{-1}}$.

ε ist eine Materialeigenschaft (intensive Größe), während E eine Eigenschaft der Probe (extensive Größe) ist und sich mit der Konzentration und der Schichtdicke ändert.

Der Kolorimetrie liegt das **Beer'sche Gesetz** zugrunde. Es folgt aus dem Lambert-Beer'schen Gesetz durch Gleichsetzen von ε_1 und ε_2 (gleiche Substanzen!):

$$E_1 = \varepsilon_1 \cdot c_1 \cdot d_1\,; \qquad E_2 = \varepsilon_2 \cdot c_2 \cdot d_2.$$

Zwei solcher Lösungen weisen dann gleiche Extinktion auf, wenn

$$c_1 \cdot d_1 = c_2 \cdot d_2$$

oder

$$c_1 : c_2 = d_2 : d_1\,,$$

d. h. wenn sich die Konzentrationen umgekehrt wie die Schichtdicken verhalten.

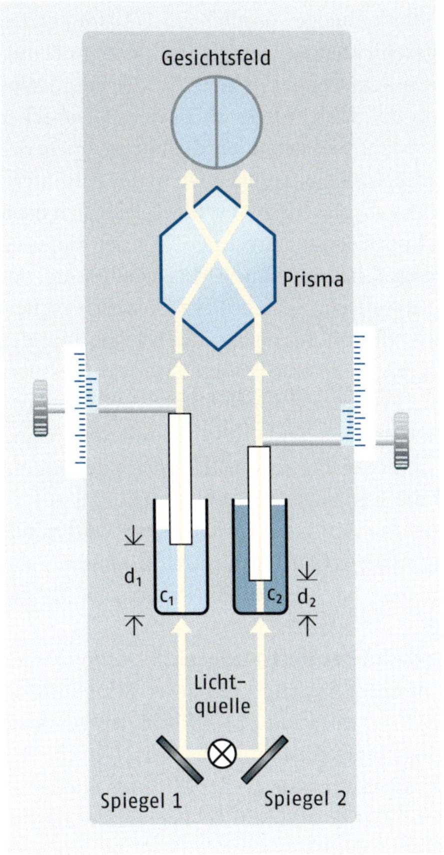

Abb. 2.47 Schematischer Strahlengang durch ein Dubosq-Kolorimeter

Geräte

Für die **Kolorimetrie** ergeben sich aus dem Beer'schen Gesetz zwei Anwendungsmöglichkeiten. Entweder arbeitet man bei gleichen Schichtdicken mit Vergleichslösungen unterschiedlicher Konzentration oder man variiert die Schichtdicke der Vergleichslösung bei konstanter Konzentration.

Im ersten Falle wird die zu untersuchende Lösung in eine Reihe gleichartiger Standardlösungen abgestufter Konzentration eingeordnet. Als Gefäße können Becher- oder Reagenzgläser verwendet werden. Dabei ist auf gleichmäßige Beleuchtung durch diffuses Licht zu achten. Als Hintergrund benutzt man weißes Papier oder eine beleuchtete Mattglasscheibe. Man kann auch die Konzentration der Lösung durch Verdünnen mit dem Lösemittel solange definiert ändern, bis die gleiche Farbintensität wie bei einer Vergleichslösung besteht oder bis die Farbintensität der Probelösung zwischen den Farbstärken zweier Vergleichslösungen liegt. Dieses Verfahren ist mehrmals durchzuführen und ein Mittelwert zu bilden.

Das zweite Prinzip liegt z. B. dem **Eintauchkolorimeter von *Dubosq*** (Abb. 2.47) zugrunde. Die von einer weißen Lichtquelle ausgehende Strahlung wird geteilt und durchsetzt in getrennten Strahlengängen zwei Küvetten. Die Schichtdicke dieser Küvetten lässt sich durch Eintauchen von Glasprismen mit planparallelen Grundflächen messbar verändern, wobei die Ablesung von d mithilfe eines Nonius gewöhnlich auf $1/10$ mm genau möglich ist. Nach dem Passieren der Flüssigkeitsschichten werden die Strahlenbündel mithilfe eines Doppelprismas wieder vereinigt, sodass im Okular nebeneinander zwei Halbkreisflächen zu beobachten sind. Man hält nun die Schichtdicke d_1 in dem Glasbecher mit der Vergleichslösung (Konzentration c_1) konstant und verändert die Eintauchtiefe des Glasstabes in der Küvette der Probelösung solange, bis kein Unterschied in der Farbintensität mehr wahrgenommen werden kann. Aus dem abgelesenen Wert für d_2 lässt sich nach $c_2 = c_1 \cdot d_1/d_2$ die Konzentration der Untersuchungslösung berechnen. Vor der Messung prüft man die Gleichmäßigkeit des Strahlenganges, indem man beide Küvetten mit der gleichen Flüssigkeit füllt und beide Tauchstäbe auf gleiche Schichtdicke einstellt. Erscheinen beide Gesichtsfeldhälften nicht gleich, so ist der Strahlengang durch Justierung der Beleuchtung solange zu korrigieren, bis der Unterschied verschwunden ist. Das Messverfahren setzt die Gültigkeit des Beer'schen Gesetzes voraus. Man prüft diese Voraussetzung für den Konzentrationsbereich c_1 bis c_2 nach, indem man beide Küvetten mit der Lösung größerer Konzentrationen (z. B. c_2) füllt, die Schichtdicke d_2 einstellt, die eine Lösung dann auf die Konzentration c_1 verdünnt und die Eintauchtiefe in diesem Gefäß auf d_1 einreguliert. Stellt man fest, dass die Gesichtsfeldhälften vor und nach dem Verdünnen nicht farbgleich sind, so ist die Voraussetzung nicht erfüllt. Man muss in diesem Falle eine empirische Eichkurve aufnehmen, indem man bei konstantem Produkt $c_1 \cdot d_1$ die Konzentration c_2 graphisch gegen $1/d_2$ aufträgt.

Auf dem gleichen Prinzip beruht das **Keilkolorimeter nach *Autenrieth-Königsberger*** (○ Abb. 2.48). Die Probelösung befindet sich in einer Küvette konstanter Schichtdicke. Die Küvette mit der Vergleichslösung bekannter Konzentration ist keilförmig ausgebildet. Dieser Glaskeil lässt sich durch einen Trieb längs einer Skala messbar verschieben. Die Strahlenbündel werden durch eine geeignete Optik nach Passieren der Küvetten wieder so zusammengeführt, dass die Vergleichsfelder von Küvette und Keil nebeneinander liegen. Durch Verschiebung des Keils werden beide Gesichtsfeldhälften auf den gleichen Farbreiz eingestellt. Die Schichtdicke d_0 des Keils ändert sich linear mit der Höhe und ist dem ab-

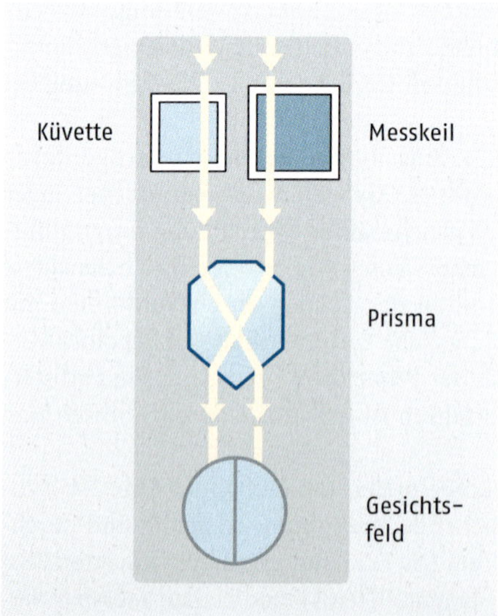

○ **Abb. 2.48** Schematischer Strahlengang durch ein Keilkolorimeter nach *Autenrieth-Königsberger*

gelesenen Skalenteil s proportional. Ist c_0 die Konzentration der Vergleichslösung im Keil, d die Schichtdicke der Untersuchungsküvette und a eine Eichung durch zu ermittelnde Konstante, so gilt

$$c = c_0 \cdot \frac{a \cdot s}{d}, \qquad c = K \cdot c_0$$

Das heißt, die Konzentration der unbekannten Lösung c ist der Verschiebung an der Skala proportional. Auch hier legt man für jeden zu bestimmenden Stoff eine empirische Eichkurve fest, die bei Gültigkeit des Beer'schen Gesetzes eine Gerade darstellt.

Die Kolorimetrie weist gegenüber der Photometrie den Vorzug auf, dass man mit billigeren Geräten arbeiten kann, die keine spektrale Zerlegung erfordern. Man benötigt aber Vergleichslösungen, die nicht immer haltbar sind und die zuweilen auch gar nicht zur Verfügung stehen.

Mithilfe der **„Mischfarbenkolorimetrie"** lässt sich die Fehlerbreite bei kolorimetrischen Messungen erheblich verbessern. Das geschieht durch Einschieben eines Farbglases vor das Okular. Das Farbglas wählt man in der Komplementärfarbe zur Lösung. Man stellt dann nicht mehr auf gleiche Farbsättigung, sondern auf gleichen Farbton ein.

In der **Photometrie** wird die Absorption in einem bestimmten engen Wellenlängenbereich bzw. bei streng monochromatischer Strahlung bei einer bestimmten Wellenlänge gemessen. Messgrößen sind die Extinktion E oder der Transmissionsgrad τ_i. Die Auswahl des Wellenlängenbereiches erfolgt bei den Filterphotometern durch Farb- oder Interferenzfilter, bei den Spektralphotometern durch spektrale Zerlegung des Lichtes mithilfe eines Monochromators. Statt mit einer weißen Lichtquelle kann man auch mit Metalldampflampen arbeiten, die ein diskontinuierliches Linienspektrum aussenden. Die gewünschte Spektrallinie wird dabei mithilfe von Sperrfiltern ausgesondert. Um die Empfindlichkeit eines Analysenverfahrens möglichst groß zu machen, wird man nach Möglichkeit die Wellenlänge des Absorptionsmaximums der Untersuchungslösung als Arbeitswellenlänge wählen. Folgende Apparateteile kennzeichnen den Aufbau eines Photometers:

- Strahlungsquelle (Glühlampe, Metalldampflampe, Leuchtdiode, Laser);
- Intensitätseinstellung (Irisblende, veränderlicher Spalt, Vorwiderstand der Lampe);
- Wellenlängeneinstellung (farbige Gläser oder farbige Folien als Spektralfilter, Interferenzfilter, Sperrfilter, Prismen oder Gitter als Monochromatoren);
- Probenbehälter (Küvetten);
- Empfänger (Auge, Sperrschichtzellen oder Photoelemente, Photozellen, Photosekundärelektronenvervielfacher, Thermosäule, Photoplatte);
- Anzeigegerät (Galvanometer, Schreiber).

Je nach der Art des Empfängers unterscheidet man zwischen visuellen und lichtelektrischen Photometern. Die visuellen Geräte arbeiten mit zwei Strahlengängen, die über zwei Spiegel erzeugt werden (vgl. ○ Abb. 2.49). In dem einen Strahlengang befindet sich die Küvette mit der Untersuchungslösung, in den zweiten Strahlengang kann eine Küvette mit einer Kompensationslösung eingebracht werden. Solche Geräte bezeichnet man als **Kompensationsphotometer**. Außerdem geht dieser Strahlengang durch eine Lichtschwächungsvorrichtung (Blende, Graukeil, Nicol'sche Prismen), mit deren Hilfe beide Gesichtsfeldhälften auf gleiche Helligkeit eingestellt werden können. Die Lichtschwächungsvorrichtung ist mit einer Skala gekoppelt, an der die Extinktion bzw. der Transmissionsgrad abgelesen werden kann. Die Anwendung des Kompensationsverfahrens erlaubt die Mes-

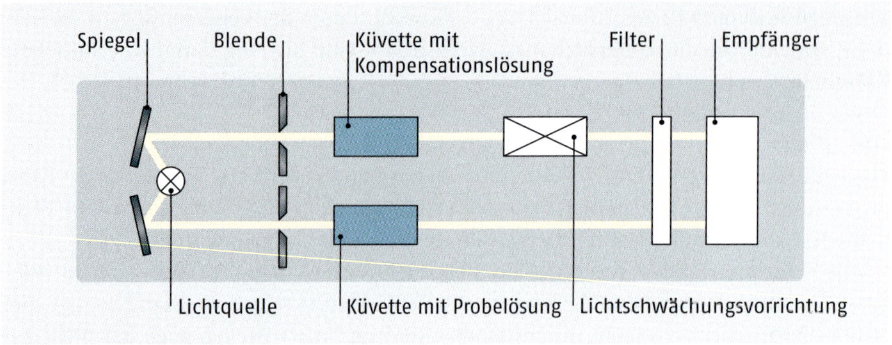

Abb. 2.49 Schematischer Aufbau eines Kompensationsphotometers mit zwei Strahlengängen

sung der Analysenfarbe auch in Lösungen mit Eigenfärbung und gestattet die Verwendung farbiger Reagenzien. Im ersten Fall erfolgt die Kompensation durch die farbige Grundlösung ohne Reagenzzusatz, im zweiten Fall durch einen Blindansatz ohne Analysensubstanz. Mithilfe von **Zweistrahlgeräten** können Intensitätsschwankungen der Lichtquelle weitgehend ausgeschaltet werden. In die lichtelektrischen Zweistrahlgeräte kann man zwei gleichartige Empfänger einbauen oder die über beide Lichtwege verteilte Strahlung in zeitlicher Aufeinanderfolge abwechselnd auf denselben Empfänger gelangen lassen.

Bei **Einstrahlgeräten** bringt man Probe- und Kompensationslösung nacheinander in denselben Strahlengang. Als Beispiel für ein Photometer mit nur einem Strahlengang soll das Arbeitsprinzip des Eppendorf-Photometers erläutert werden (Abb. 2.50):

Als Strahlungsquelle dient eine Metalldampflampe (Hg- oder Hg/Cd-Lampe), die zum Schutz gegen Spannungs- und Frequenzschwankungen über einen stabilisierten Transformator und eine Strombegrenzungsdrossel aus dem Wechselstromnetz gespeist wird. Aus dem Leuchtband der Lampe wird durch eine Blende ein Teil ausgeblendet. Das Licht gelangt dann durch eine Quarzoptik, mit der erreicht wird, dass die Messstrahlung in einem schmalen, exakt begrenzten Strahlenbündel die Küvette durchsetzt. Aus dem Lini-

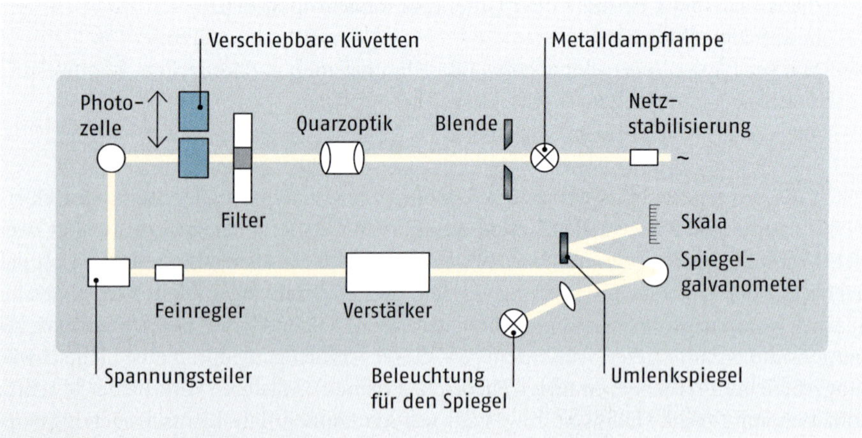

Abb. 2.50 Schematischer Aufbau des Eppendorf-Photometers

enspektrum der Lampe wird mithilfe eines geeigneten Filters eine Linie als streng monochromatische Messstrahlung isoliert. Der Lichtstrom fällt nach dem Durchgang durch die Küvette mit der zu messenden Lösung auf die lichtempfindliche Schicht einer Alkaliphotozelle und erzeugt dort einen Photostrom, dessen Größe dem auftreffenden Lichtstrom proportional ist. Dieser elektrische Strom ruft an einer Reihenschaltung von geeichten Widerständen, dem Spannungsteiler, eine dem Strom proportionale Spannung hervor, die in einem Wechselstromverstärker verstärkt und durch ein hochempfindliches Lichtmarkengalvanometer angezeigt wird. Die Küvetten befinden sich in einem schwenkbaren oder parallel verschiebbaren Halter, sodass sie nacheinander in den Strahlengang gebracht werden können.

2.7.2 Photometrische Bestimmungen

Als Anwendungsbeispiele sollen eine photometrische Bestimmung des Kupfers in Messing oder Bronze als Tetraamminkupferkomplex und eine photometrische Bestimmung des Mangans in Stahl als Permanganat mit dem Eppendorf-Photometer beschrieben werden.

Kupferbestimmung in Messing oder Bronze

Reaktionsprinzip: Cu^{2+}-Ionen bilden mit Ammoniak einen blauen Tetraamminkomplex, dessen Absorptionskurve bei 625 nm ein flaches Maximum aufweist. Bei 578 nm ist die Extinktion vom Anion des Komplexes unabhängig. Durch Zusatz von Weinsäure werden störende Metallionen komplexiert.

Reagenzien: 14,5 mol/L HNO_3; 40%ige Weinsäure-Lösung; 13 mol/L NH_3.

Arbeitsvorschrift: 0,200 g der Probe werden in einem 250-mL-Messkolben in 10 mL HNO_3 und 20 mL Weinsäure-Lösung gelöst. Die Lösung wird auf ca. 200 mL mit Wasser verdünnt, mit 30 mL Ammoniak versetzt und nach dem Abkühlen zur Marke mit Wasser aufgefüllt. Dann bestimmt man die Extinktion der Lösung bei 578 nm gegen destilliertes Wasser als Blindlösung.

Berechnung: Die Auswertung soll mithilfe einer Eichgeraden (o Abb. 2.51) erfolgen, die mit einer Standardlösung aufgenommen wird. Zu diesem Zweck löst man 1,9645 g $CuSO_4 \cdot 5\,H_2O$ in Wasser und verdünnt die Lösung in einem Messkolben auf 500 mL. Sie enthält 1 mg Cu/mL. Aus einer Bürette gibt man 8, 16, 24, 32 und 40 mL dieser Standard-

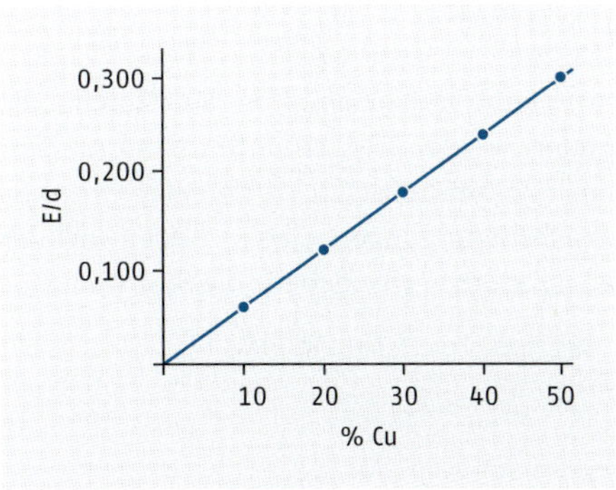

o **Abb. 2.51** Eichkurve zur Kupferbestimmung

Lösung jeweils in einen 100-mL-Messkolben und behandelt diese Lösung nach der Arbeitsvorschrift weiter, indem man 4 mL HNO_3 und 8 mL Weinsäure-Lösung zufügt, auf ca. 80 mL mit Wasser verdünnt, mit 12 mL Ammoniak versetzt, abkühlt und mit Wasser zur Marke auffüllt.

Die auf die Schichtdicke 1 cm bezogene Extinktion bei 578 nm trägt man gegen die Cu-Konzentration graphisch auf. Nach folgender Überlegung kann man die Abszisse der Eichgeraden unmittelbar in „Prozent Kupfer in der Probe“ eichen: Der abgemessenen Cu-Menge in 100 mL Lösung entspricht die 2,5-fache Menge in 250 mL Lösung. Letztere soll in 200 mg der Legierung enthalten sein, was einen Cu-Gehalt von $w(\mathrm{Cu}) = 10, 20, 30, 40$ bzw. 50 % entspricht.

Manganbestimmung in Stahl

Reaktionsprinzip: Mn^{2+}-Ionen werden in saurer Lösung durch Kaliumperiodat in der Siedehitze zu rotvioletten MnO_4^--Ionen oxidiert. Das Absorptionsmaximum des Permanganations liegt bei 525 nm. Störungen durch Eisen werden durch Zusatz von Phosphorsäure ausgeschaltet.

Reagenzien: Mischsäure ($H_3PO_4 + H_2SO_4$): in 700 mL dest. Wasser werden 150 mL 18 mol/L H_2SO_4 und 150 mL 15 mol/L H_3PO_4 eingegossen; 6,5 mol/L HNO_3; Kaliumperiodatlösung (10 g Kaliumperiodat in 250 mL der heißen Mischsäure lösen).

Arbeitsvorschrift: 0,100 g der Stahlspäne werden in ein 50-mL-Becherglas eingewogen, mit etwas dest. Wasser angefeuchtet und in 5 mL HNO_3 unter Erwärmen gelöst. Dann setzt man etwa 10 mL dest. Wasser zu, verkocht die Stickstoffoxide, kühlt ab, überführt in einen 50-mL-Messkolben, füllt mit dest. Wasser zur Marke auf und schüttelt um. Anschließend wird die Lösung über ein trockenes Filter in ein trockenes Becherglas filtriert. Vom Filtrat werden 10 mL in einem 25-mL-Messkolben überführt, mit 2 mL Kaliumperiodatlösung versetzt, 3 bis 4 min lang zum Sieden erhitzt und anschließend noch etwa 30 min lang auf 90 °C gehalten. Dann wird die Lösung auf 20 °C abgekühlt und mit dest. Wasser zur Marke aufgefüllt. Die Extinktion der Lösung misst man bei 546 nm gegen eine Blindprobe aus 10 mL der filtrierten Lösung, die man auf 25 mL verdünnt.

Berechnung: Die Berechnung soll mithilfe eines „Eichfaktors“, der über eine Eichgerade experimentell bestimmt wurde, nach folgender Formel erfolgen:

$$\%\,\mathrm{Mn} = f_{\mathrm{Eich}} \cdot \frac{E}{d} \quad (d \text{ in cm})$$

Zur Aufstellung der Eichgeraden dienen Normalstähle mit bekanntem Mn-Gehalt, die unter den gleichen Versuchsbedingungen analysiert werden. Folgende Betrachtung lässt erkennen, aus welchen Größen sich der Eichfaktor zusammensetzt: Wenn ε der Extinktionskoeffizient des Permanganats unter den Versuchsbedingungen, also in Gegenwart der Begleitstoffe und aller verwendeten Chemikalien ist, dann ergibt sich für die Stoffmengenkonzentration im Messkolben

$$c(\mathrm{MnO_4^-}) = \frac{1}{\varepsilon} \cdot \frac{E}{d}$$

Ist V das Volumen des Messkolbens, so enthält er an Permanganat bzw. Mangan

$$n(MnO_4^-) = n(Mn) = \frac{1}{\varepsilon} \cdot \frac{E}{d} \cdot V$$

Die Multiplikation der Stoffmenge n mit der molaren Masse des Mangans, $M(Mn)$, ergibt die Masse des Mangans $m(Mn)$

$$m(Mn) = \frac{1}{\varepsilon} \cdot \frac{E}{d} \cdot V \cdot M(Mn)$$

Da die Stahleinwaage $m_E = 0{,}100\,g$ war, ist der gesuchte Massenanteil

$$w(Mn) = \left[\frac{1}{\varepsilon} \cdot V \cdot \frac{M(Mn)}{m_E}\right] \cdot \frac{E}{d}$$

Der Klammerausdruck mal hundert wird zum analytischen Faktor f_{Eich} zusammengefasst:

$$\%\ Mn = w(Mn) \text{ in Prozent} = f_{Eich}\frac{E}{d} \approx 3{,}03\frac{E}{d\ (\text{in cm})}$$

2.7.3 Atomemissionsspektroskopie, Flammenphotometrie

Den Elektronen eines Atoms können diskrete Energiezustände zugeordnet werden. Diese Energiezustände sind durch die Wellenfunktionen (Orbitale) charakterisiert. Da aufgrund der unterschiedlichen Kernladung der einzelnen Elemente des Periodensystems die Orbitalenergien von Element zu Element variieren, ändern sich auch die Energiebeträge die aufgewendet werden müssen, um Elektronen von einem Energiezustand in einen höheren Energiezustand anzuregen. Diese angeregten Elektronen fallen nach einiger Zeit in den Grundzustand zurück. Dabei wird die überschüssige Energie in Form von Licht emittiert. Durch Messung der Wellenlänge des emittierten Lichts und damit des Energiebetrags ist es also möglich, die einzelnen Elemente qualitativ zu bestimmen. Im wesentlichen werden dazu zwei Messanordnungen verwendet. Im einen Fall wird die von den angeregten Atomen emittierte Wellenlänge der Strahlung gemessen, im anderen die von den Atomen im Grundzustand absorbierte Wellenlänge. Die Messanordnungen sind schematisch in ○ Abb. 2.52 und ○ Abb. 2.53 wiedergegeben. Das oben angegebene Prinzip kann nicht nur in der qualitativen Spektralanalyse, sondern auch in der quantitativ ausgelegten Flammenphotometrie verwendet werden. Es wird um so mehr Strahlung ausgesendet, je mehr Atome eines Elements in der Flamme sind, und die Intensität der Strahlung ist direkt proportional zur Konzentration des Elements in der Probe. Die beobachtete Intensität

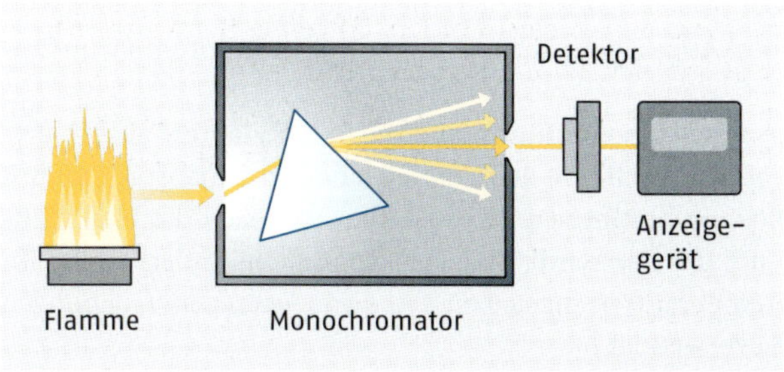

○ **Abb. 2.52** Aufbau eines Flammenphotometers (Atomemissionsspektroskopie)

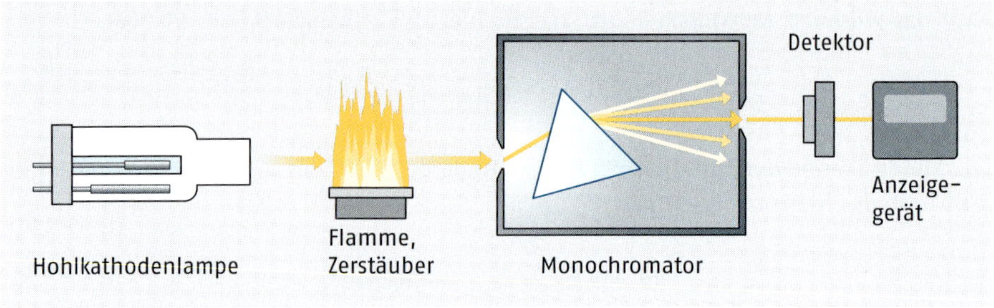

Abb. 2.53 Aufbau eines Atomabsorptionsspektrometers

weicht allerdings meist stark von dieser theoretisch linearen Gesetzmäßigkeit ab, weshalb in der Praxis mit Kalibrierkurven gearbeitet werden muss. Siehe hierzu auch das folgende Kapitel über die Atomabsorptionsspektroskopie.

2.7.4 Atomabsorptionsspektroskopie, AAS

Jedes Absorptionsspektrophotometer besteht aus einer Lichtquelle, einem Probenraum und es besitzt eine spezifische Anordnung zur Lichtmessung.

Als Lichtquelle wird in der Atomabsorptionsspektroskopie meistens eine Hohlkathodenlampe verwendet. Die Hohlkathodenlampe, deren Kathode aus einem ausgehöhlten Zylinder des zu bestimmenden Metalls besteht, erzeugt ein Emissionsspektrum des Elements, dessen Absorption gemessen werden soll (eine solche Vorgehensweise nennt man Resonanzanregung). Anode und Kathode sind in einen Glaszylinder eingeschlossen, der entweder mit Neon oder Argon gefüllt ist. Befindet sich zwischen Anode und Kathode eine elektrische Spannung, werden einige Atome des Füllgases ionisiert ($Ar \longrightarrow Ar^+$). Die positiv geladenen Ionen werden im elektrischen Feld beschleunigt und kollidieren mit der negativ geladenen Kathode, aus der sie einzelne Metallatome in einem Sputter-Prozess herausschlagen (M^0). Diese Atome werden dann durch Kollision mit den Ar^+-Ionen angeregt ($M^0 \longrightarrow M^*$) und emittieren beim Zurückfallen in den Grundzustand Licht mit der charakteristischen Wellenlänge (Tab. 2.32) des Kathodenmaterials ($M^* \longrightarrow M^0$).

Die Probenlösung ($M^+ + A^-$) wird in ein Brennersystem gesaugt und zerstäubt. Dann wird das so entstandene Aerosol ($M^+ + A^-$) mit dem Brennergas und evtl. oxidierenden Gasen vermischt. Kommt das Aerosol schließlich am Brennerkopf in die Flamme, verdampft das Lösemittel und es bleiben kleine Feststoffpartikel zurück (MA), die durch Temperaturerhöhung über eine Flüssigphase in die Gasphase übergehen können. Aus der Gasphase (MA) werden die Moleküle durch weitere Energiezufuhr (ΔT) atomisiert (M^0 + A^0) dann angeregt (M^*) und schließlich ionisiert ($M^+ + e^-$). Die Flammentemperatur ist somit ein wichtiger Parameter, der diese Prozesse steuert, denn für die Atomabsorptionsspektroskopie sollen möglichst nur Atome generiert werden, die sich in ihrem Grundzustand befinden ($M^0 + A^0$).

Die Anzahl der Atome im Grundzustand bestimmt nun die in der Flamme absorbierte Menge des Lichts. Die Konzentration wird durch den Vergleich der Probenabsorption mit der Absorption einer Standardlösung bestimmt und es ist klar, dass sich die Flammentemperatur zwischen der Messung des Standards und der Probe nicht ändern sollte. In Tab. 2.33 sind einige Flammentemperaturen angegeben. Für die meisten Untersuchungen werden Luft/Acetylen-Gemische verwendet.

Metall	Wellenlängen /nm
Lithium	670,8
Natrium	589,0 und 589,6
Aluminium	309,3
Blei	283,3
Arsen	189
Chrom	357,9
Kupfer	327,4
Nickel	352,4
Zink	213,9
Cadmium	288,8
Quecksilber	253,7

Tab. 2.32 Wellenlängen, bei denen einige ausgewählte Metalle mit der AAS bestimmt werden

Der Atomabsorptionsprozess ist in Abb. 2.53 wiedergegeben. Licht der Resonanzwellenlänge mit der ursprünglichen Strahlungsleistung Φ_0 durchläuft die Brennerflamme, die die zu bestimmenden Atome im Grundzustand enthält. Dabei wird die ursprüngliche Strahlungsleistung (Lichtintensität) um einen Betrag reduziert, der durch die Anzahl der Atome in der Brennerflamme bestimmt wird. Aus der hervorgerufenen Schwächung des Lichts kann man auf die Zahl der absorbierenden Atome, entsprechend dem Lambert-Beer'schen Gesetz schließen

$$\Phi = \Phi_0 \cdot e^{-acl}$$

(Φ = Strahlungsleistung; a = molarer Absorptionskoeffizient; c = Konzentration; l = Weglänge).

Danach sollte es egal sein, ob man mit kleiner Konzentration c und langer Weglänge l oder mit hoher Konzentration c und kleiner Weglänge misst. Streng gilt dies offenbar nur, wenn die einzelnen Metallatome keinerlei Wechselwirkungen untereinander eingehen, wie

Gasgemisch	Temperatur /°C
Luft/Methan	1875
Luft/Erdgas	1700–1900
Luft/Wasserstoff	2000–2050
Luft/Acetylen	2125–2400
N_2O/Acetylen	2600–2800

Tab. 2.33 Temperaturen einiger Gasflammen

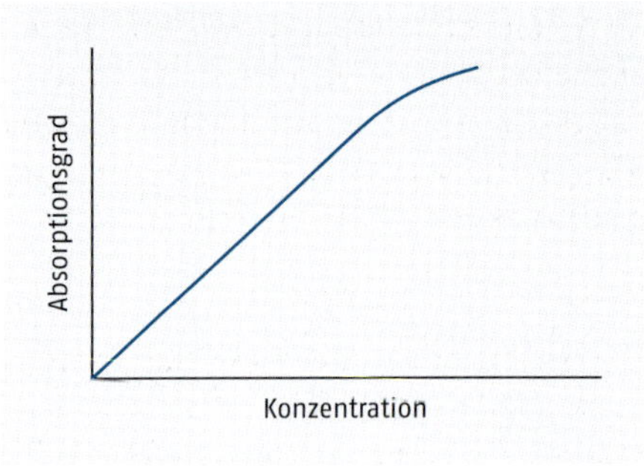

○ Abb. 2.54 Kalibrierkurve: Absorptionsgrad gegen Konzentration

es also für geringe Konzentrationen angenommen werden kann. Man kann deshalb sagen, dass das Lambert-Beersche Gesetz den Charakter eines Grenzgesetzes für kleine Konzentrationen hat. Weitere Einschränkungen sind:

- Die Konzentration gasförmig verdampfter Proben ist schwer anzugeben.
- Die Weglänge durch die Flamme ist nicht genau bestimmbar.
- Die Messbedingungen lassen sich nur schwierig über einen längeren Zeitraum konstant halten, weil Flammentemperatur, Gaszufuhr und Zufuhr der Probe sich leicht ändern können.

In der Praxis ergibt sich daher oft kein linearer Zusammenhang zwischen Absorption und Konzentration. Ein Diagramm (○ Abb. 2.54), in dem die Absorption A gegen die Konzentration aufgetragen ist, ergibt dann keine Gerade, sondern eine Kurve.

Da weder die Konzentration c noch die Weglänge l bekannt sind, lässt sich der Absorptionskoeffizient a auch nicht berechnen. Zur Auswertung der Analyse muss auch deshalb immer eine Kalibriergerade (oder Kurve) angelegt werden.

Bestimmung von Strontium

Zur Herstellung einer Standardlösung löst man 1,685 g $SrCO_3$ in 10 mL 1 : 1-Salpetersäure und verdünnt auf einen Liter. Die so erhaltene Lösung weist 1000 µg/mL Sr auf. Zur Messung verwendet man einen Lampenstrom von 10 mA. Als Brenngas Acetylen/N_2O-Gemisch in der oxidierenden Flamme, Luft/Acetylen-Gemische können auch verwendet werden, jedoch reduzieren hier Silicium, Aluminium, Titan, Zirconium, Phosphat und Sulfat das Signal bei allen Konzentrationen. Man bestimmt die Linie bei 460,7 nm mit einer Spaltbreite von 0,1 mm. Der optimale Arbeitsbereich befindet sich bei 0,02–10 µg/mL.

2.8 Gasanalyse

Die quantitative Analyse von Gasen unterscheidet sich in der Methode wesentlich von der Analyse fester oder flüssiger Substanzen, vor allem, weil sich ein Gas in relativ kurzer Zeit in dem zur Verfügung stehenden Raum gleichmäßig verteilt. Darüber hinaus unterscheidet es sich in der Dichte von den festen und flüssigen Substanzen ungefähr um den Faktor 1000. Dadurch werden besonders gravimetrische Bestimmungen außerordentlich erschwert. Aus diesem Grund tritt in vielen Fällen an die Stelle der Wägung die Volumenmessung. Das Volumen ist abhängig von der Temperatur des Gases und vom Druck, unter dem das Gas steht. Genaue gasanalytische Bestimmungen erfordern daher stets die Messung bzw. Kontrolle der drei Größen Volumen, Druck und Temperatur.

Die Gasanalyse spielt in Forschung und Praxis eine bedeutende Rolle. Zwar werden heute in vielen Fällen, vor allem für Routinemessungen, Kontrollen usw., physikalisch-chemische Messmethoden und Apparaturen eingesetzt. Die Überprüfung und Eichung dieser Geräte erfordert aber wieder die Anwendung der „klassischen" Gasanalyse, von der einige grundlegende Methoden in den folgenden Kapiteln beschrieben werden.

2.8.1 Grundlagen

Die quantitative Bestimmung eines oder mehrerer Gase in einem Gasgemisch erfordert die Kenntnis des Zusammenhangs zwischen den Messgrößen Druck p, Volumen V, Temperatur ϑ und Masse m bzw. Stoffmenge n, der durch die Gasgesetze beschrieben wird.

Gasgesetze

Die beiden Zustandsgrößen Volumen und Druck sind bei konstanter Temperatur nach dem **Boyle-Mariotte'schen Gesetz** einander umgekehrt proportional, d. h., das Produkt aus Druck und Volumen ist stets konstant.

$$p \cdot V = k \quad \text{bzw.} \quad p_1 V_1 = p_2 V_2$$

2

Die Temperaturabhängigkeit des Druckes eines Gases bei konstantem Volumen bzw. des Volumens bei konstantem Druck wird durch die beiden Formen des **1. Gay-Lussac'schen Gesetzes** beschrieben:

$$p_t = p_0(1 + \beta\vartheta), \quad V_t = V_0(1 + \alpha\vartheta)$$

Der Koeffizient α bzw. β ist in beiden Gleichungen gleich und besitzt den Wert 1/273,15 K. Hier bedeuten p_0 und V_0 einen beliebigen Druck bzw. ein beliebiges Volumen bei 0 °C ($\vartheta = 0\,°C$). Setzt man definitionsgemäß für die Temperatur, gemessen in °C,

$$\vartheta = T - 273{,}15\,\text{K} \quad \text{und}$$
$$T_0 = 273{,}15\,\text{K} \qquad (\vartheta = 0\,°\text{C})$$

so vereinfachen sich die Gleichungen:

$$p_t = p_0 \frac{T}{T_0}, \quad V_t = V_0 \frac{T}{T_0}$$

wobei T die Temperatur gemessen in K ist.

Ein Gas befindet sich definitionsgemäß im Standardzustand, wenn es bei 0 °C (T_0 = 273,15 K) unter einem Druck von 760 Torr entsprechend 1013 hPa (mbar) steht. In den Gleichungen wird dieser Standarddruck durch das Symbol p° gekennzeichnet. V° ist ein Volumen unter Standarddruck bei 0 °C.

Sowohl beim Boyle-Mariotte'schen als auch beim Gay-Lussac'schen Gesetz ist stets eine der drei Messgrößen p, V und ϑ bzw. T konstant, die zweite Größe kann dann willkürlich geändert werden, wobei sich die dritte Größe automatisch einstellt.

Häufig ist es allerdings in der Praxis notwendig, einen Wert zu berechnen, wenn die beiden anderen Größen geändert werden. In diesem Falle verwendet man eine einfache Gleichung, die sich durch Vereinigung des Boyle-Mariotte'schen und des Gay-Lussac'schen Gesetzes ergibt:

$$\frac{p^\circ \cdot V^\circ}{T_0} = \frac{p_1 \cdot V_1}{T_1} = \frac{p_2 \cdot V_2}{T_2} \qquad \text{(a)}$$

Als drittes Gesetz beschreibt das **Avogadro'sche Gesetz** den Zusammenhang zwischen der Masse m und dem Volumen V eines Gases. Danach nimmt ein Mol eines idealen Gases im Standardzustand einen Raum von 22,414 Litern ein. $V_m^\circ = 22{,}414\,\mathrm{L/mol}$ wird molares Standardvolumen genannt. Es gilt also die einfache Beziehung:

$$V^\circ = n \cdot V_m^\circ = \frac{m}{M} \cdot V_m^\circ \tag{b}$$

wobei V° ein bestimmtes Volumen bei p° und 0 °C, n die Stoffmenge in mol, m die Masse und M die molare Masse bedeuten. Führt man diese Beziehung (b) in Gleichung (a) ein und fasst die drei Größen p°, V_m° und T_0 zu einer Konstanten, der Gaskonstanten R, zusammen, so erhält man nach einer einfachen Umformung das ideale Gasgesetz

$$p \cdot V = n \cdot R \cdot T = \frac{m}{M} \cdot R \cdot T$$

Der Zahlenwert der Gaskonstanten $R = p^\circ \cdot V_m^\circ / T_0$ richtet sich nach den Dimensionen, in denen Druck und Volumen gemessen werden, z. B.:

$$\begin{aligned} V_m^\circ &= 22{,}414\,\mathrm{L/mol} \\ p^\circ &= 1{,}013\,\mathrm{bar} \\ T_0 &= 273{,}15\,\mathrm{K} \\ R &= 0{,}08314\,\mathrm{bar} \cdot \mathrm{L/(K \cdot mol)} \end{aligned}$$

Das ideale Gasgesetz ist streng nur auf **ideale Gase** anwendbar. Alle bekannten **realen Gase** weichen mehr oder weniger stark vom idealen Verhalten ab, und zwar im Allgemeinen um so stärker, je höher der Siedepunkt des Gases liegt. H_2 kommt z. B. dem idealen Verhalten recht nahe, während CO_2 erheblich abweicht. Aus diesem Grunde führte van der Waals Korrekturglieder in die ideale Gasgleichung ein.

Zur Reduzierung eines bei einer Temperatur ϑ und einem Druck p abgemessenen Gasvolumens auf Standardbedingungen genügt im Allgemeinen die nach V° aufgelöste Gleichung (a):

$$V^\circ = V \cdot \frac{p}{p^\circ} \cdot \frac{T_0}{T} = V \cdot \frac{p}{p^\circ} \cdot \frac{273}{273 + \vartheta} = V \cdot F$$

Die Logarithmen des Faktors F sind in den Gasreduktionstabellen (*Küster–Thiel*) für die gewünschten Wertepaare p und ϑ tabelliert.

Bei der Umrechnung auf Stoffmengen oder Massen, wie z. B. bei gasgravimetrischen, gastitrimetrischen und gasvolumetrischen Bestimmungen, machen sich die Abweichungen vom idealen Gasgesetz deutlich bemerkbar, da das molare Standardvolumen realer Gase meist kleiner als 22,414 L/mol ist. Es errechnet sich leicht aus der Dichte ϱ Gase bei 0 °C nach der Beziehung

$$V_m^\circ = \frac{M}{\varrho}$$

So ergibt sich für CO_2 ein Wert von 22,26 L/mol und für H_2 von 22,433 L/mol.

Geräte

Den drei Bestimmungsgrößen Volumen, Druck und Temperatur entsprechend schließt jede Gasanalyse die Messung dieser drei Größen ein.

Zur **Volumenmessung** steht eine Anzahl von Geräten zur Verfügung. Die Auswahl des Instruments richtet sich in erster Linie nach der Größe des Volumens, daneben aber auch nach den chemischen Eigenschaften.

Für Volumina bis 100 oder 200 mL benutzt man in der Regel eine Gasbürette. Diese besteht aus einem zylindrischen Glasrohr mit eingeätzter Teilung, das in einem Fuß eingegipst und am oberen Ende durch einen Kapillarhahn verschlossen ist. Der untere Ansatz, der aus dem Fuß herausragt, ist über einen Gummischlauch mit einem Niveaugefäß verbunden, das ebenfalls als zylindrisches Rohr oder als Kugel ausgebildet sein kann. Die beiden kommunizierenden Gefäße werden mit einer geeigneten Sperrflüssigkeit gefüllt. Zur Abmessung eines Gasvolumens wird das Gas durch Tiefstellen des Niveaugefäßes eingesaugt und nach Schließen des Hahnes unter Niveaugleichheit abgelesen. Nur unter dieser Bedingung ist der Druck in der Bürette gleich dem Außendruck. Hierbei muss die Bürette stets am Fuß und nicht am Messrohr gehalten werden, da sich die Handwärme sehr schnell auf das Gas überträgt und dadurch die Messung verfälscht. Eine Temperaturänderung von 20 °C auf 21 °C ergibt eine Volumenänderung von ca. 0,5 %.

Größere Mengen eines strömenden Gases können mit der „Gasuhr" gemessen werden. Dieser Gasmesser besteht aus einem zylindrischen Gehäuse, das bis etwas über die Hälfte mit einer Sperrflüssigkeit (Wasser oder Glycerinlösung) gefüllt ist und in dem sich eine in Kammern aufgeteilte, um eine waagerechte Achse drehbare Trommel befindet. Das durchströmende Gas setzt diese wie ein Wasserrad in Bewegung. Die Drehung wird auf ein Zeigerwerk übertragen, wodurch eine direkte Volumenablesung möglich wird.

Nicht ganz so genau arbeitet der auf Strömungsgeschwindigkeiten geeichte Rota-Messer. Kennt man die Zeit, kann man das Volumen leicht errechnen. Der Rota-Messer besteht aus einem senkrecht stehenden, leicht konischen Rohr mit eingeätzter Skala, in dem sich ein Kreisel befindet, dessen Durchmesser nur wenige Zehntelmillimeter kleiner ist als der des Rohres. Durchströmt das Gas das Rohr von unten nach oben, so wird der Kreisel je nach der Strömungsgeschwindigkeit mehr oder weniger hochgehoben und beginnt zu rotieren. Die Geräte müssen für jedes Gas besonders geeicht werden.

Als **Druckmesser** werden das Quecksilber-Barometer und Manometer verschiedener Bauart verwendet. Das Quecksilber-Barometer besteht aus einem etwa 1 m langen, an einem Ende geschlossenen, U-förmig gebogenen Rohr, das mit Quecksilber gefüllt ist. Die Teilung ist entweder auf dem Rohr selbst eingeätzt (Glasskalen) oder als Messingskala neben dem Rohr befestigt. Der Druck in mm Hg bzw. Torr ergibt sich aus der Differenz der beiden Quecksilbermenisken, d. h. aus der Differenz der Ablesungen an den beiden Schenkeln (beide Skalen sind auf einen gemeinsamen Nullpunkt bezogen). Da sich nun sowohl das Quecksilber als auch die Skalen (das Glasrohr bzw. die Messingskala) mit steigender Temperatur ausdehnen, muss noch eine Barometerkorrektur angebracht werden, und zwar werden bei Messungen zwischen 13 und 20 °C 2 mm und zwischen 20 und 29 °C 3 mm abgezogen. Genauere Korrekturwerte sind im *Küster–Thiel* angegeben (1 Torr = 1,3332 mbar).

Zur Messung kleiner Druckunterschiede, z. B. gegenüber dem Atmosphärendruck, dienen Differenzdruckmanometer, die mit Quecksilber, Paraffinöl oder Wasser gefüllt sind. Höhere Drücke (ca. 1–200 bar) werden durch Feder-Manometer, wie sie an den Reduzierventilen zu finden sind, angezeigt.

Zur **Temperaturmessung** dienen Thermometer, die nach Möglichkeit unmittelbar in das zu messende Gas hineinreichen sollen, zumindest aber in unmittelbarer Nähe aufgehängt werden müssen. Bei Analysen, bei denen Reaktionswärmen auftreten können

2

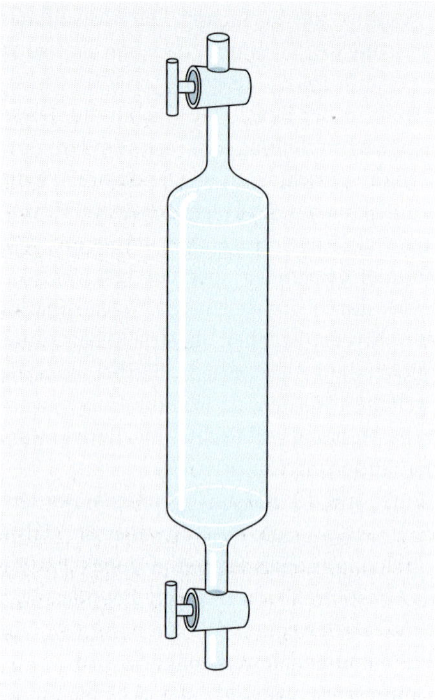

Abb. 2.55 Gaspipette

(Verbrennungsanalysen, Nitratbestimmung nach *Lunge*), muss auf vollständigen Temperaturausgleich mit der Umgebung geachtet werden.

Zur **Probenahme** von Gasen dienen meist Gaspipetten (Abb. 2.55), die mit Wasser gefüllt werden. Schließt man die Gaszuleitung an dem einen Ende an und lässt das Wasser am anderen Ende auslaufen, so füllt sich das Gefäß mit dem zu untersuchenden Gas.

Zum Aufbewahren von Gasen dienen häufig Pipetten der in Abb. 2.56 dargestellten Form. Sie sind mit einer Sperrflüssigkeit gefüllt. Für größere Volumina benutzt man Gasometer (Abb. 2.57).

Zahlreiche Gase kommen in **Stahlflaschen** unter Druck in den Handel. Diese Flaschen besitzen je nach dem Inhalt verschiedene Anstriche (► S. 282). Außerdem ist der Inhalt neben technischen Daten, Prüfstempeln usw. in die Stahlflasche eingeschlagen. Aus Sicherheitsgründen müssen nach gesetzlicher Vorschrift die Stahlflaschen stets gegen Umfallen gesichert sein und sollten in einem dafür vorgesehenen Sicherheitsschrank aufbewahrt werden.

Die Gase werden über geeignete Ventile den Stahlflaschen entnommen. Die Anschlussgewinde besitzen bei brennbaren Gasen Linksgewinde, bei allen anderen Gasen Rechtsgewinde. Eine Ausnahme bildet das Acetylen, das einen Klemmverschluss hat. Bei Sauerstoffventilen muss beachtet werden, dass sie völlig fett- und ölfrei gehalten werden.

Als Ventile werden meist Reduzier- oder Nadelventile benutzt. In den Reduzierventilen wird der Druck in der Flasche (bis 200 bar) auf einen beliebig einstellbaren Niederdruck reduziert. Wird der Gegendruck gleich dem eingestellten Druck, schließt sich das Ventil. So kann z. B. in einer verstopften Apparatur der Druck niemals höher als der eingestellte Druck steigen. Die Nadelventile dagegen bestehen nur aus einer konischen Nadel, die in

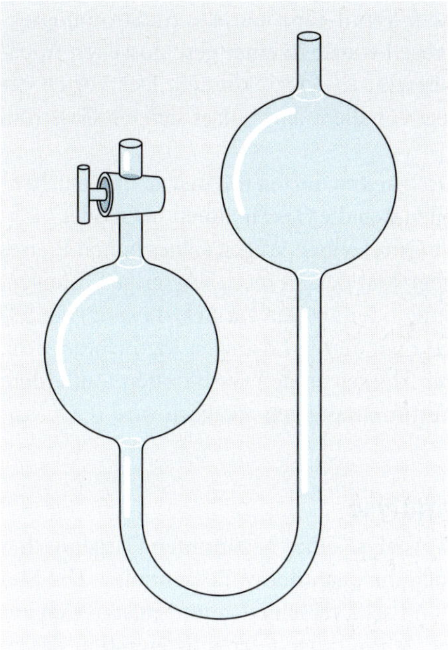

Abb. 2.56 Gaspipette zur Aufbewahrung von Gasen

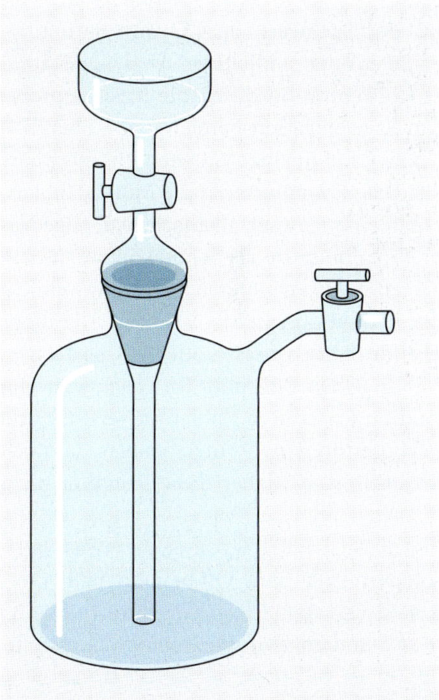

Abb. 2.57 Gasometer

einer ebenfalls konischen Düse sitzt. Mit diesem Ventil kann nur die Ausströmungsgeschwindigkeit reguliert werden, der Druck dagegen würde in einer geschlossenen Apparatur bis auf den Druck, der in der Flasche herrscht, ansteigen können. Der Vorteil des Nadelventils gegenüber dem Reduzierventil liegt vor allem darin, dass sich ein Gasstrom besser konstant halten lässt.

Die in der Gasanalyse verwendeten **Sperrflüssigkeiten** dürfen mit den zu untersuchenden Gasen chemisch nicht reagieren. Ferner sollen sich die Gase in ihnen nicht oder möglichst wenig lösen. Besonders geeignet ist daher Quecksilber. Wegen seines hohen Preises und der Giftigkeit des Dampfes benutzt man aber statt dessen meist wässerige Lösungen, z. B. gesättigte mit HCl angesäuerte NaCl-Lösung oder 20%ige Na_2SO_4-Lösung, die 5 % H_2SO_4 enthält (Kobe-Lösung). Außerdem setzt man diesen Lösungen Methylorange zu. Die gefärbte Lösung ermöglicht ein bequemeres Ablesen an den Gasbüretten. Außerdem erkennt man sofort, wenn die Lösung durch Verunreinigungen alkalisch wird (CO_2-Absorption!).

2.8.2 Chemische Methoden der Gasanalyse

Die Gasanalyse umfasst sowohl die qualitative Analyse eines bestimmten Gasgemisches bzw. das Erkennen eines Gasbestandteils als auch die quantitative Bestimmung. Die Methoden zur Untersuchung von Gasgemischen sind sehr verschieden und richten sich vor allem nach den anderen anwesenden Komponenten und nach der Konzentration des zu untersuchenden Gases. Die im Folgenden beschriebenen Methoden können daher nur prinzipielle Bestimmungsmöglichkeiten zeigen, die im speziellen Falle unter Umständen variiert werden müssen, wenn störende Begleitgase auftreten.

Qualitativer Nachweis

Nachweisreaktionen einiger wichtiger Gase z. B. der Nachweis von CO_2 mit Bariumhydroxid $Ba(OH)_2$ und H_2S mit Bleiacetatpapier sind aus der qualitativen Analyse bekannt. Wasserstoff erkennt man bei nicht zu geringer Konzentration durch die Knallgasprobe; denn Wasserstoff-Luft-Gemische explodieren im Konzentrationsbereich von 4,1 bis 75 % H_2. Umgekehrt kann man auf diese Weise auch Sauerstoff in einer Wasserstoffatmosphäre feststellen. Geringere Mengen Wasserstoff (bis 0,01 %) können durch die Molybdänblau-Reaktion nachgewiesen werden. Hierzu säuert man eine schwach alkalische 0,05%ige Natriummolybdatlösung, die das Natriumsalz der Protalbinsäure als Schutzkolloid enthält, mit 1 mol/L H_2SO_4 bis zur Gerinnung an und leitet das zu untersuchende Gas ein. In Gegenwart von H_2 färbt sich das Reagenz infolge Reduktion von Mo(VI) blau. Allerdings werden diese Reaktionen durch andere reduzierende Stoffe, wie H_2S oder CO, gestört.

Zum Nachweis von O_2 leitet man das Gas über gelben Phosphor. In Gegenwart von O_2 bilden sich weiße Nebel von P_2O_5. Diese Reaktion wird durch Kohlenwasserstoffe und einige andere organische Dämpfe sowie durch NH_3 gestört. Um O_2 in Leuchtgas, das noch verschiedene Kohlenwasserstoffe enthält, nachzuweisen, ist daher diese Reaktion nicht geeignet.

Zum Nachweis von CO benutzt man eine 0,5%ige NaCl-$PdCl_2$-Lösung, die etwas Natriumacetat enthält. CO reduziert Pd(II) zu elementarem Palladium. Oft benutzt man Filterpapierstreifen, die mit dieser Lösung getränkt sind und die sich in Gegenwart von CO schwarz färben. Auch bei dieser Reaktion stören H_2S und ungesättigte Kohlenwasserstoffe.

Tab. 2.34 Geeignete Absorptionslösungen für Gase

CO_2	30%ige KOH-Lösung (7 mol/L KOH)
O_2	25%ige Pyrogallol-Lösung und 60%ige KOH-Lösung (1 : 4)
CO	CuCl-Lösung (200 g CuCl + 250 g NH_4Cl + 750 g Wasser)
ungesättigte Kohlenwasserstoffe	20%iges Oleum

Die gesättigten Kohlenwasserstoffe der sog. Paraffinreihe (C_2H_6, C_3H_8 usw.) können wegen ihrer außerordentlich großen Reaktionsträgheit kaum qualitativ nachgewiesen werden. Ungesättigte Kohlenwasserstoffe der Ethylenreihe (C_2H_4, C_3H_6 usw.) entfärben dagegen Bromwasser, dessen Konzentration 0,05 % nicht überschreiten soll.

Absorptiometrie

Die Absorptiometrie ist eine quantitative gasanalytische Methode, bei der das zu bestimmende Gas in einer geeigneten Lösung absorbiert wird. Das Volumen des Gases wird vor und nach der Absorption gemessen und aus der Volumenverminderung der prozentuale Anteil des absorbierten Gases bestimmt. Die Konzentration der nach dieser Methode zu bestimmenden Gase soll möglichst nicht kleiner als 0,5 % sein, wenn nicht Spezialapparaturen zur Verfügung stehen. Im Praktikum muss mit einem Fehler von ca. 0,5 %, bezogen auf das Volumen der Gasprobe, gerechnet werden. Geeignete Absorptionslösungen zeigt ◘ Tab. 2.34.

CO_2 bildet mit Kalilauge CO_3^{2-}, O_2 oxidiert das Pyrogallol zu einer komplizierten, stark farbigen organischen Verbindung, CO bildet mit CuCl eine lockere Additionsverbindung der Zusammensetzung $CuCl \cdot CO \cdot 2\,H_2O$ und ungesättigte Kohlenwasserstoffe werden durch das Oleum in Alkylschwefelsäure, z. B. $H_3CCH_2SO_3H$, übergeführt.

Die Lösungen werden in Hempel-Pipetten gefüllt. Diese bestehen aus zwei kommunizierend miteinander verbundenen Glaskugeln. Jede dieser Kugeln hat ein Fassungsvermögen von ca. 150 mL (◘ Abb. 2.58 a). Vielfach werden auch Pipetten verwendet, die am unteren Teil eine Öffnung besitzen, die mit einem Stopfen verschlossen werden kann. In diese Geräte können feste Absorptionsmittel oder Glasstäbe, die die Oberfläche vergrößern und damit die Absorptionsgeschwindigkeit erhöhen, eingefüllt werden (◘ Abb. 2.58 b).

Die Bestimmung erfolgt in der Weise, dass man 100 mL des zu untersuchenden Gases in einer Gasbürette (▶S. 212) abmisst und die Bürette über eine Kapillarbrücke mit der Absorptionspipette verbindet. Nun werden die Hähne der Bürette und ggf. der Pipette geöffnet und das Gas durch Heben des Niveaugefäßes in die Absorptionspipette gedrückt. Nach kurzer Zeit holt man dann das Gas durch Senken des Niveaugefäßes zurück in die Bürette, bis der Meniskus der Absorptionslösung wieder an der gleichen Stelle des Kapillarrohres der Pipette steht. Jetzt wird der Hahn der Bürette geschlossen und unter Niveaugleichheit das Volumen abgelesen. Dies wird mehrfach wiederholt, bis das Volumen nicht mehr abnimmt. Die Volumenverminderung in mL ergibt direkt in % den Volumenanteil des zu bestimmenden Gases. Häufig ist es allerdings bequemer, eine beliebige Menge Gas abzumessen und dann den Volumenanteil auszurechnen.

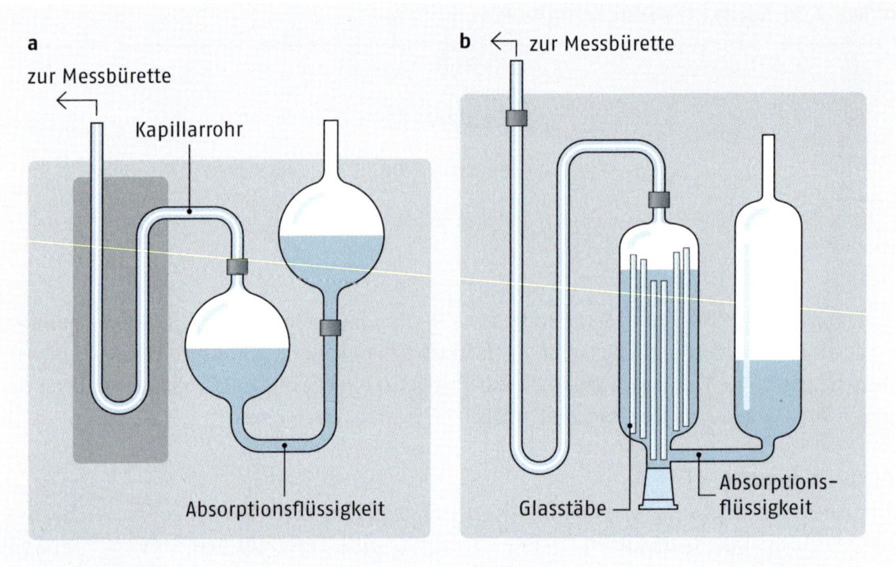

Abb. 2.58 a) Hempel-Absorptionspipette, b) Absorptionspipette mit unterer Öffnung

Verbrennungsanalyse

Oxidierbare Gase, vor allem Wasserstoff und Methan, können durch Verbrennung bestimmt werden. Aus der Volumenverminderung, gegebenenfalls nach der Absorption der Verbrennungsprodukte, ergibt sich dann die Konzentration der betreffenden Gase. Als Oxidationsmittel dient entweder Sauerstoff (Verbrennung in der Dennis-Pipette) oder CuO (Verbrennung in Jäger-Röhrchen).

Wasserstoffverbrennung in der Dennis-Pipette

Die Dennis-Pipette ist eine Gaspipette, in die eine heizbare Platinspirale eingesetzt ist (Abb. 2.59). Diese Pipette fasst ca. 200 mL und ist mit Wasser oder Sperrflüssigkeit bis zum Hahn gefüllt.

Vor Beginn der Bestimmung werden ca. 100 mL O_2 in einer Gasbürette genau abgemessen und in die Dennis-Pipette gedrückt. Jetzt wird die Heizung eingeschaltet und so reguliert, dass die Spirale schwach rot glüht. Nun verbindet man die Dennis-Pipette über ein Kapillarrohr mit der Gasbürette, in der das Analysengas abgemessen worden ist, und drückt das Gas ganz langsam durch Heben des Niveaugefäßes in die Dennis-Pipette. Durch die Verbrennungswärme glüht der Heizdraht meist heller. Um ein Durchbrennen zu verhindern, verringert man daher den Heizstrom etwas. Um eine vollständige Verbrennung zu erreichen, werden ca. 100 mL des Gases in die Gasbürette zurückgezogen und nochmals langsam in die Dennis-Pipette gedrückt. Nun schaltet man den Heizstrom ab, lässt abkühlen und zieht das Gas in die Gasbürette zurück. Da das Restvolumen evtl. mehr als 100 mL beträgt, verteilt man das Gas ggf. auf 2 Büretten. Bei der Verbrennung von Wasserstoff gilt:

$$2\,H_2 + O_2 \longrightarrow 2\,H_2O$$

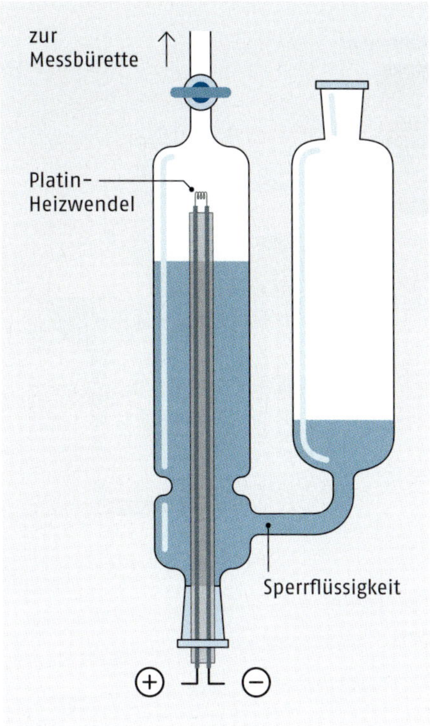

Abb. 2.59 Dennis-Pipette

Aus 2 Volumen H_2 und 1 Volumen O_2 entsteht flüssiges Wasser, dessen Volumen gleich Null zu setzen ist, da es Teil der Sperrflüssigkeit wird. Demnach entfallen $\frac{2}{3}$ der entstandenen Volumenverminderung auf den Wasserstoff.

Die Verminderung ergibt sich aus der Volumendifferenz von Analysengas + O_2 minus Restgas. Bei der Berechnung des Volumenanteils muss aber nur das Volumen des Analysengases zugrunde gelegt werden.

Beispiel: 100 mL O_2 + 100 mL Analysengas ergeben 179 mL Restgas. Volumenverminderung 21 mL. Davon entfallen $\frac{2}{3} \cdot 21\,\text{mL} = 14\,\text{mL}$ auf H_2. Das entspricht einem Volumenanteil $\varphi(H_2) = 14\,\%$. Die Genauigkeit beträgt ca. ± 0,5 % absolut. Erhebliche Fehler treten auf, wenn das Gas noch nicht wieder auf Zimmertemperatur abgekühlt ist.

Nach der gleichen Methode kann Methan in der Dennis-Pipette verbrannt werden. Bei der Reaktion entsteht ebenfalls flüssiges Wasser, außerdem jedoch CO_2:

$$CH_4 + 2\,O_2 \longrightarrow CO_2 + 2\,H_2O$$

Aus 1 Volumen CH_4 und 2 Volumen O_2 entsteht 1 Volumen CO_2. Demnach ist die halbe Volumenminderung gleich dem Methanvolumen. Außerdem kann man jetzt noch das entstandene CO_2 in KOH absorbieren und hieraus den Methananteil $\varphi(CH_4)$ ermitteln.

Verbrennung von H_2 oder CH_4 im Jäger-Röhrchen

Das Jäger-Röhrchen ist ein mit drahtförmigem CuO gefülltes Quarzröhrchen, in dem beim Durchleiten H_2 (bei 300 °C) und CH_4 (bei 950 °C) oxidiert werden. Dabei wird Kupferoxid

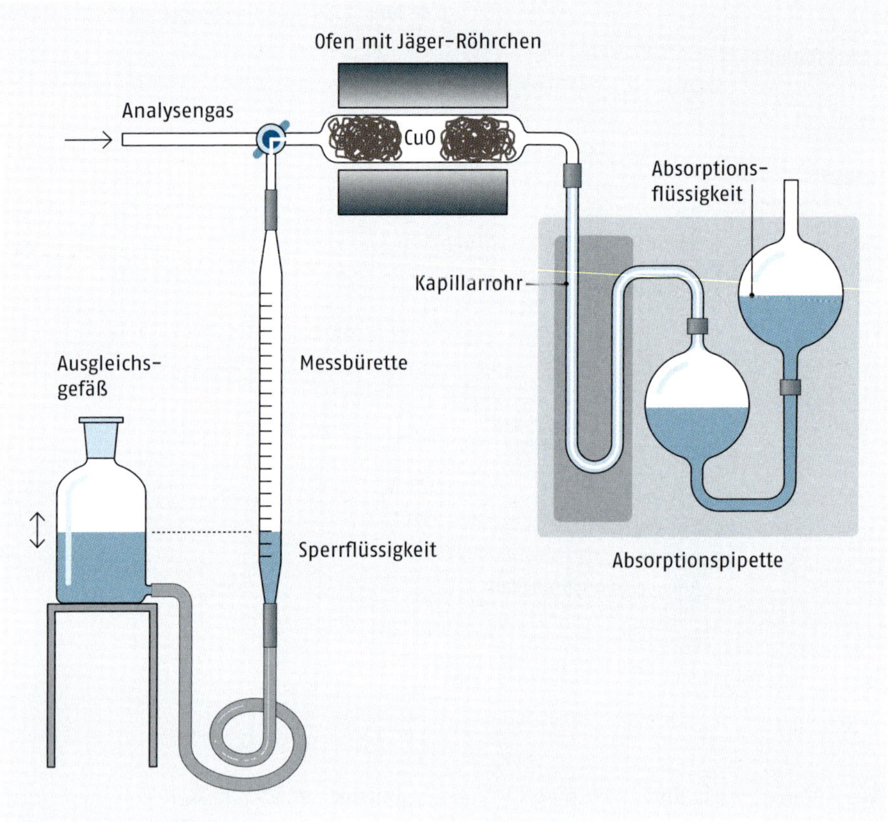

Abb. 2.60 Apparatur zur Verbrennung von H_2 oder CH_4

zu Kupfer reduziert:

$$H_2 + CuO \longrightarrow H_2O + Cu \quad \text{bzw.}$$
$$CH_4 + 4\,CuO \longrightarrow CO_2 + 2\,H_2O + 4\,Cu$$

Zur Bestimmung der beiden Gase wird das Jäger-Röhrchen mit der Gasbürette, die das abgemessene Gas enthält, und einer mit Sperrflüssigkeit gefüllten Gaspipette (Abb. 2.60) verbunden. Nach dem Öffnen der Hähne wird das Gas wiederholt durch das auf die entsprechende Temperatur aufgeheizte Jäger-Röhrchen in die Gaspipette gedrückt und dann wieder zurückgezogen. Nach dem Abkühlen des Gases kann die Volumenverminderung bestimmt werden. Sie gibt direkt den H_2-Gehalt an. Bei CH_4 tritt keine Volumenverminderung ein, vielmehr muss hier das entstandene CO_2 in KOH absorbiert werden. Nach der Bestimmung wird das CuO durch Überleiten von Sauerstoff bei 300 °C regeneriert.

Die unterschiedlichen Verbrennungstemperaturen für H_2 und CH_4 erlauben eine fraktionierte Bestimmung dieser Gase, wenn sie gemeinsam vorliegen. CO kann ebenfalls auf diese Weise bestimmt werden. Eine simultane Bestimmung aller drei Komponenten ist allerdings nicht möglich.

Gasvolumetrie

Zur gasvolumetrischen Bestimmung eignen sich Flüssigkeiten und feste Stoffe, die bei der Reaktion mit einem geeigneten Reagenz ein Gas entwickeln, dessen Volumen gemessen wird.

Nitrat- oder Nitritbestimmung nach *Lunge*

Nach dieser Methode werden vor allem Nitrate, Nitrite und die Ester der salpetrigen und der Salpetersäure im Nitrometer nach *Lunge* mit Quecksilber zu NO reduziert. Die Reaktion verläuft nach den Gleichungen:

$$2\,HNO_3 + 6\,Hg + 3\,H_2SO_4 \longrightarrow 2\,NO\uparrow + 3\,Hg_2SO_4 + 4\,H_2O \quad \text{bzw.}$$
$$2\,HNO_2 + 2\,Hg + H_2SO_4 \longrightarrow 2\,NO\uparrow + Hg_2SO_4 + 2\,H_2O$$

Das Nitrometer (○ Abb. 2.61) besteht aus einem kalibrierten Messrohr mit einem Zweiweghahn und einem trichterförmigen Ansatz und steht über einen dickwandigen Schlauch (Vakuumschlauch), der mit Metallschellen besonders gesichert ist, mit einem Niveaugefäß in Verbindung. Als Sperrflüssigkeit und gleichzeitig als Reduktionsmittel dient Quecksilber.

2

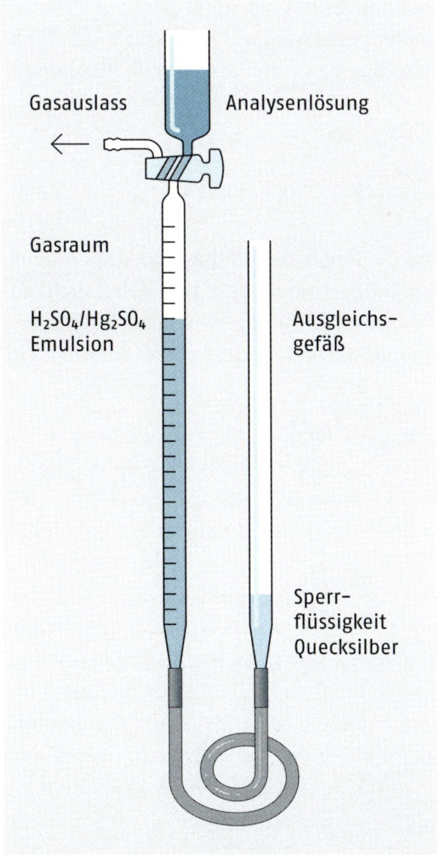

○ **Abb. 2.61** Nitrometer

Das Messrohr wird durch Heben des Niveaugefäßes vollständig mit Quecksilber gefüllt. Die Dichtigkeit des Hahnes wird bei tiefgestelltem Niveaugefäß geprüft. Innerhalb von ca. 5 min darf keine Luft eingesaugt werden. Andernfalls muss der Hahn frisch mit Siliconfett gefettet werden. Jetzt wird eine aliquote Menge der Analysenlösung (5 mL) in den trichterförmigen Ansatz einpipettiert und in das Messrohr vorsichtig eingesaugt, ohne dass dabei Luft eintritt. Dann wird 3-mal mit 4,5 mL konz. H_2SO_4 auf die gleiche Weise nachgespült. Dabei tritt eine beachtliche Erwärmung auf. Nun fasst man das Messrohr mit der einen Hand am oberen Ende, sodass das Hahnküken gegen Herausfallen gesichert ist, und mit der anderen Hand am unteren Ende und neigt das Rohr langsam. Die Reaktionsmischung darf dabei aber nicht in die Schlauchverbindung geraten. Durch ruckartiges Aufrichten mischt sich die Lösung mit dem Quecksilber. Meist beginnt nach mehrmaligem Mischen schon eine lebhafte Gasentwicklung. Man schüttelt solange, bis keine Volumenänderung mehr auftritt (ca. 10 min) und wartet, bis das Gas sich wieder vollständig abgekühlt hat. Über dem Quecksilber im Nitrometerrohr steht jetzt eine $H_2SO_4-Hg_2SO_4$-Emulsion, deren Dichte etwa 1/7 der Dichte des Quecksilbers beträgt. Man darf daher das Volumen nicht bei Niveaugleichheit ablesen, sondern muss den Quecksilberspiegel im Niveaugefäß um 1/7 der Emulsionshöhe über den Quecksilberspiegel im Messrohr halten. Nur unter dieser Bedingung gibt das abgelesene Gasvolumen die mL NO unter dem herrschenden Luftdruck an. Zum abgelesenen Volumen muss noch ein Korrekturglied addiert werden, das die Löslichkeit von NO in H_2SO_4 berücksichtigt. Es beträgt unter den angegebenen Bedingungen 0,1 mL. Zur Säuberung des Nitrometers wird wiederholt Wasser in das Messrohr gezogen und nach kräftigem Durchschütteln über den Kapillaransatz wieder herausgedrückt.

Die Gasreduktion erfolgt nach dem idealen Gasgesetz

$$V^\circ = V \cdot \frac{p}{p^\circ} \left(\frac{273{,}15}{273{,}15 + \vartheta} \right) = V \cdot F$$

In den Gasreduktionstabellen (*Küster–Thiel*) sind die Logarithmen dieses Faktors F tabelliert. Der dort angegebene Wert „0,9708 für Stickstoffbestimmungen“ darf dabei nicht addiert werden. Anschließend wird dann das auf Normalbedingungen reduzierte Volumen NO auf mg Substanz umgerechnet. Die Umrechnungsfaktoren findet man im *Küster–Thiel*, z. B.:

Abgelesenes Volumen	30,1 mL NO	
In der Emulsion gelöst	0,1 mL NO	
	30,2 mL NO	
Barometerstand (20 °C , Glasskala)	765 mm Hg	
Barometerkorrektur (*Küster–Thiel*)	– 2,6 mm Hg	
	≈ 762 mm Hg	von 0 °C, d. h. 762 Torr

Raumtemperatur 20 °C		
lg 30,2 mL	1,48001	
Gasreduktion auf Normalbedingungen (*Küster–Thiel*)	– 0,02961	(0,97039 – 1)
Umrechnung mL NO in mg HNO_3 (*Küster–Thiel*)	0,44938	
lg $m(HNO_3)$ in mg	1,89978	

Die Probe enthält also 79,39 mg HNO_3.

Die nach der volumetrischen Methode erzielten Ergebnisse sind sehr genau und der Fehler liegt bei ± 0,5 %. Fehlerquellen sind ungenügendes Schütteln, undichter Hahn, unvollständiger Temperaturausgleich oder Gasdurchtritt in das Niveaugefäß.

Carbonatbestimmung

Viele Carbonate werden bereits durch Behandeln mit HCl vollständig zersetzt. Eine sehr einfache, schnelle und bei Beachtung einiger Voraussetzungen auch hinreichend genaue Analysenmethode für die Carbonatgehalte von 5 bis 0,5 mmol CO_3^{2-} stellt die Zersetzung im „Backpulvergerät“ dar.

Das Unterteil des Gerätes (Abb. 2.62) wird bis zum seitlichen Schliff mit CO_2-gesättigter 2 mol/L HCl beschickt und danach das Schiffchen mit der festen Probesubstanz in den gut gefetteten Schliff geschoben. Das Oberteil ist bis dicht unter das Gaseinleitungsrohr mit CO_2-gesättigtem H_2O zu füllen und dicht mit dem oberen Stopfen zu verschließen. Man öffnet den Hahn und lässt überschüssiges Wasser durch die auf 1 mm Durchmesser verengte Auslaufspitze austreten, bis das entstehende Vakuum einen weiteren Auslauf des Wassers verhindert. Danach wird ein Messzylinder oder ein Wägegläschen unter den Hahn gestellt und die Probesubstanz durch Drehen des Schiffchens in die HCl geschüttet. Das entwickelte CO_2 verdrängt eine äquivalente Raummenge H_2O aus dem Oberteil (Normalbedingungen 1 mmol CO_2 ≙ 22,4 mL H_2O), die als Volumen (11 bis 110 mL) oder Gewicht (11 bis 110 g) bestimmt wird. Der genaue CO_3^{2-}-Gehalt muss unter Berücksichtigung von Temperatur und Luftdruck über das Gasgesetz berechnet werden. Vor einer neuen Füllung können mindestens 4 Bestimmungen vorgenommen werden. Zur Sättigung genügt zumeist ein 10 Minuten langes Durchleiten von CO_2 durch das verwendete Wasser bzw. die 2 mol/L HCl (größere Gaswaschflasche).

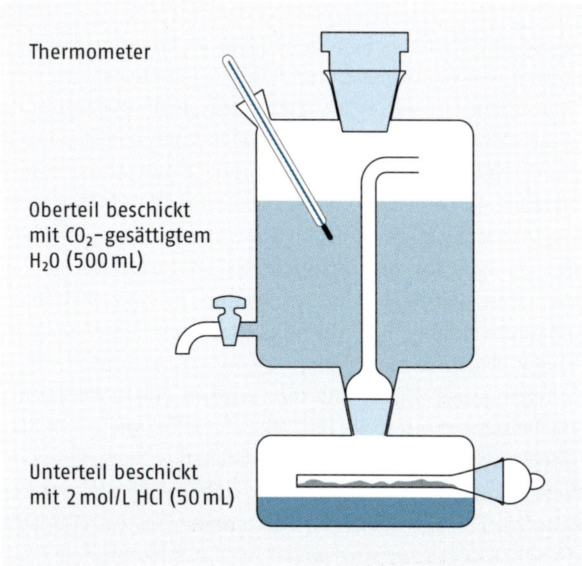

Abb. 2.62 „Backpulvergerät“

Gastitrimetrie

Ein in hoher Verdünnung vorliegendes Gas, z. B. CO_2 in der Luft, kann auf titrimetrischem Wege bestimmt werden. Das Gas wird in Intensivwaschflaschen durch eingestellte Lösungen herausgewaschen. Nach Durchgang von mehreren Litern oder Kubikmetern Gas wird dann das nicht verbrauchte Absorptionsmittel zurücktitriert. Da nahezu beliebig große Mengen Gas durchgesetzt werden können, hat diese Methode vor allem als Spurenbestimmung ihre Bedeutung erlangt. Zur Bestimmung des CO_2 in der Luft wird das Gas durch 0,05 mol/L $Ba(OH)_2$ geleitet und die überschüssige Lauge mit Oxalsäure gegen Phenolphthalein als Indikator zurücktitriert.

Im Praktikum wird das zu bestimmende Gas zweckmäßigerweise in einem 5- oder 10-Liter-Gasometer ausgegeben, an dem dann auch die Volumenablesung erfolgt. Das Gas wird dann durch 2 Intensivwaschflaschen gedrückt, die je 20 mL mit ausgekochtem Wasser weiter verdünnte ca. 0,05 mol/L $Ba(OH)_2$ enthalten. Der Faktor der Lauge wird kurz vor dem Versuch bestimmt. Bei der Rücktitration wird bis zur ersten Entfärbung des Indikators titriert. Ist eine größere Gasmenge notwendig, wird das Volumen mit einer Gasuhr gemessen, die hinter die Waschflaschen geschaltet wird, um eine Absorption des CO_2 in der Sperrflüssigkeit der Uhr zu vermeiden. Zur Berechnung wird das Gesamtvolumen auf Normalbedingungen reduziert

$$V^\circ = \frac{V \cdot p_B \cdot 273{,}15}{p^\circ \cdot (273{,}15 + \vartheta)} = V \cdot F$$

Der Logarithmus des Faktors F ist in den Gasreduktionstabellen für die betreffenden Werte von p_B und t aufgeführt (*Küster-Thiel*). Die Barometerkorrektur ist ebenfalls dort angegeben (vgl. ►S. 213). p_B = Luftdruck in Torr; p° = 760 Torr; 1 mbar ≙ 0,7501 Torr. Die Messergebnisse fallen nach dieser Methode wegen unvollständiger Absorption oft bis zu 10 % zu niedrig aus. Vor allem für Spurenbestimmungen ist diese Genauigkeit aber meist noch ausreichend.

Gasgravimetrie

Bei der gasgravimetrischen Bestimmung wird das betreffende Gas an einem geeigneten festen Sorbens festgehalten und durch Auswägung bestimmt. Diese Methode hat eine sehr weite Verbreitung vor allem in der quantitativen organischen Analyse zur Bestimmung des C- und H-Gehaltes organischer Verbindungen gefunden. Die Analysensubstanzen werden hierbei verbrannt und die Verbrennungsprodukte H_2O und CO_2 in Absorptionsröhrchen, die mit $CaCl_2$ bzw. Natronkalk (mit konz. NaOH gelöschtes CaO) beschickt sind, nacheinander sorbiert. Diese klassische Methode ist bis zur Mikroanalyse ausgebaut worden. Bereits ca. 5 mg Substanz genügen für eine quantitative C-H-Bestimmung. Für die Durchführung dieser Analysen sind allerdings sehr viele technische Einzelheiten zu beachten. Außerdem ist noch eine reiche Erfahrung notwendig, um zuverlässige Werte zu erhalten. Es sei daher nur das Prinzip beschrieben.

Die in ein kleines Platin-Schiffchen eingewogene Substanz wird in einem Porzellanrohr, das in der hinteren Hälfte nacheinander mit CuO, $PbCrO_4$, Cu, Silberwolle und Platinasbest gefüllt ist, im Sauerstoffstrom verbrannt. Eventuell entstehende Stickstoffoxide werden am Kupfer zu N_2 reduziert, Halogene werden durch die Silberwolle und Schwefel vor allem durch $PbCrO_4$ gebunden. Das aus dem Rohr austretende Gas enthält dann neben N_2 und O_2 nur H_2O und CO_2. Das Wasser wird zuerst im $CaCl_2$-Röhrchen, CO_2

danach im Natronkalk-Röhrchen absorbiert. Durch Bestimmung der Gewichtszunahme der Röhrchen wird der C- und H-Gehalt der Substanz ermittelt.

2.8.3 Physikalisch-chemische Methoden der Gasanalyse

Die physikalisch-chemischen Verfahren in der Gasanalyse können im Gegensatz zu den bisher beschriebenen oft kontinuierlich durchgeführt werden. Sie eignen sich deshalb besonders zur Überwachung der Zusammensetzung technischer Gase. Die Messergebnisse werden meist als elektrische Größen erhalten oder sind leicht in solche umzuwandeln. Änderungen in der Zusammensetzung können also sofort an den Instrumenten abgelesen werden. Auch können diese Anlagen mit Alarmeinrichtungen gekoppelt werden, die in Tätigkeit treten, wenn eine kritische Zusammensetzung über- oder unterschritten wird. Das bedeutet eine große Überlegenheit dieser Methoden gegenüber der klassischen Gasanalyse, bei der man auf Probenahmen angewiesen ist und bei der das Ergebnis oft erst nach Stunden vorliegt.

Wärmeleitfähigkeitsmethode

Die Wärmeleitfähigkeit ist eine für jedes Gas spezifische Größe. In Gemischen ergibt sich die Wärmeleitfähigkeit additiv aus den Beiträgen der Einzelgase, sodass bei binären Gemischen eine Bestimmung der Zusammensetzung möglich ist, wenn die Messgrößen der Einzelgase genügend unterschiedlich sind. Bei Anwesenheit von mehr als zwei Gasen ist die Bestimmung einer Komponente nur dann möglich, wenn das Verhältnis der anderen Bestandteile konstant bleibt oder ihre Wärmeleitfähigkeiten kaum voneinander abweichen. In der Praxis wird die Methode vor allem zur Bestimmung des CO_2 im Rauchgas benutzt, das bei optimaler Zusammensetzung aus N_2, CO_2 und wenig O_2 neben geringen Mengen anderer Bestandteile besteht (► S. 261 f.). N_2 und O_2 haben sehr ähnliche Wärmeleitfähigkeiten, die des CO_2 ist wesentlich geringer.

Die Wärmeleitfähigkeitskammer besteht aus einem Metallblock mit vier Bohrungen. Darin sind vier elektrisch geheizte Drähte gespannt, die zu einer Brücke (○ Abb. 2.63)

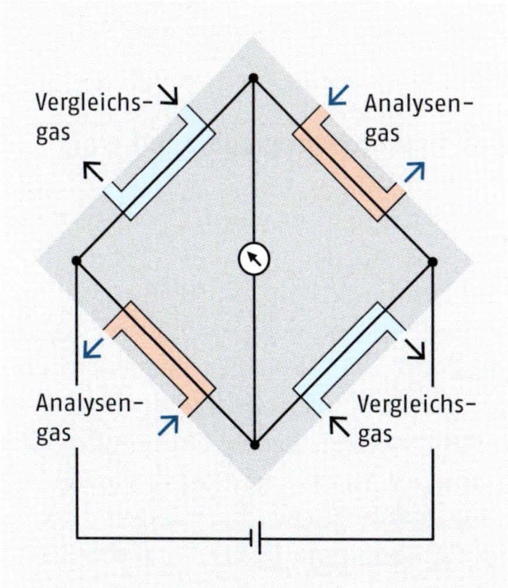

○ **Abb. 2.63** Schema einer Wärmeleitfähigkeitskammer

zusammengeschaltet sind. Zwei gegenüberliegende Äste der Brücke werden von einem Vergleichsgas (z. B. Luft), die anderen vom Analysengas umspült. Enthält das Analysengas CO_2, so wird die Wärme wegen der geringeren Wärmeleitfähigkeit des CO_2 nicht so stark abgeleitet, die Drähte in den Analysenkammern heizen sich also weiter auf. Dadurch verändert sich der Widerstand dieser Heizdrähte und die Brücke kommt aus dem Gleichgewicht. Je höher der CO_2-Gehalt ist, um so größer ist also der Ausschlag des Messgeräts.

Weitere Methoden

Von den normalerweise im Rauchgas vorkommenden Bestandteilen ist nur der Sauerstoff paramagnetisch (►S. 39). Alle anderen Gase stören daher die magnetische Messung nicht. Die Apparatur für die magnetische Sauerstoffbestimmung besteht in der Hauptsache aus einem starken Magneten, der den Sauerstoff anzieht. An der Stelle der größten Feldstärke wird das Gas durch einen Glühdraht erhitzt und verliert dadurch teilweise seinen Paramagnetismus. Nachströmendes kaltes Gas verdrängt nun das weniger stark angezogene warme Gas, wird jetzt selbst am Glühdraht erwärmt und durch nachfolgendes kaltes verdrängt. Auf diese Weise entsteht eine Strömung, deren Geschwindigkeit der O_2-Konzentration proportional ist und entsprechend den Heizdraht abkühlt. Dieser wieder ändert dadurch seinen Widerstand, der über eine Brückenschaltung gemessen wird.

Die elektrochemische Sauerstoffbestimmung nach *Tödt* nutzt die vom Partialdruck abhängige Löslichkeit des O_2 in Wasser (►S. 171) aus. Dabei wird aus zwei verschiedenen Elektroden und einer Pufferlösung bzw. dem zu untersuchenden technischen Wasser ein galvanisches Element gebildet, bei dem an der edlen Au-Kathode O_2 zu OH^--Ionen reduziert wird, während die unedlere Zn-Anode teilweise in Lösung geht. Die Stromstärke wird durch die Diffusion des Sauerstoffs an die Kathodenoberfläche bestimmt und ist somit seiner Konzentration in der Lösung proportional (s. Polarographie, ►S. 189).

Neben diesen gibt es zahlreiche andere physikalische und physikalisch-chemische Analysenmethoden, bei denen andere Eigenschaften der Gase zur Analyse benutzt werden. So lässt sich z. B. die Verbrennungswärme eines Gases ermitteln, wenn das Gas an einem elektrisch geheizten Pt-Draht oxidiert wird. Die frei werdende Energie erhöht die Temperatur des Drahtes und damit seinen Widerstand. Die Messanordnung entspricht der der Wärmeleitfähigkeitsmethode. Große Bedeutung, besonders für organische Gase und Dämpfe, hat die Messung der Infrarotabsorption.

Bestimmung von Leuchtgas durch Adsorptions-Gaschromatographie mit einer einfachen Eigenbau-Apparatur

Die Apparatur (○ Abb. 2.64) besteht aus einem Strömungsmesser, einem Quecksilbermanometer, einer Dosierschleife mit einem Vol. von 5–10 mL, den mit Aktivkohle gefüllten Säulen (Gesamtlänge 3–4 m, Durchmesser ca. 5–10 mm) und dem mit 30%iger KOH gefüllten Azotometer. Zwischen Strömungsmesser und Dosierschleife sowie hinter Hahn 3 befinden sich Blasenzähler. Als Trägergas dient Reinst-CO_2, das einer Stahlflasche entnommen wird. Zwischen Stahlflasche und Apparatur wird, sofern kein gutes Nadelventil oder – besser – Membranventil zur Verfügung steht, zweckmäßig ein Druckpuffergefäß von 2 L Inhalt (Saugflasche) geschaltet. Vor Beginn der Analyse wird die Apparatur mit CO_2 ausgespült, bis im Azotometer nur noch sog. Mikrobläschen hochsteigen. Um die KOH nicht vorzeitig zu erschöpfen, lässt man das Gas beim Hahn 3 ins Freie abblasen und schaltet nur zur Reinheitsprüfung kurz das Azotometer ein. Während das Trägergas weiter durch die Apparatur strömt (Strömungsgeschwindigkeit ca. 40 mL/min), schließt man an

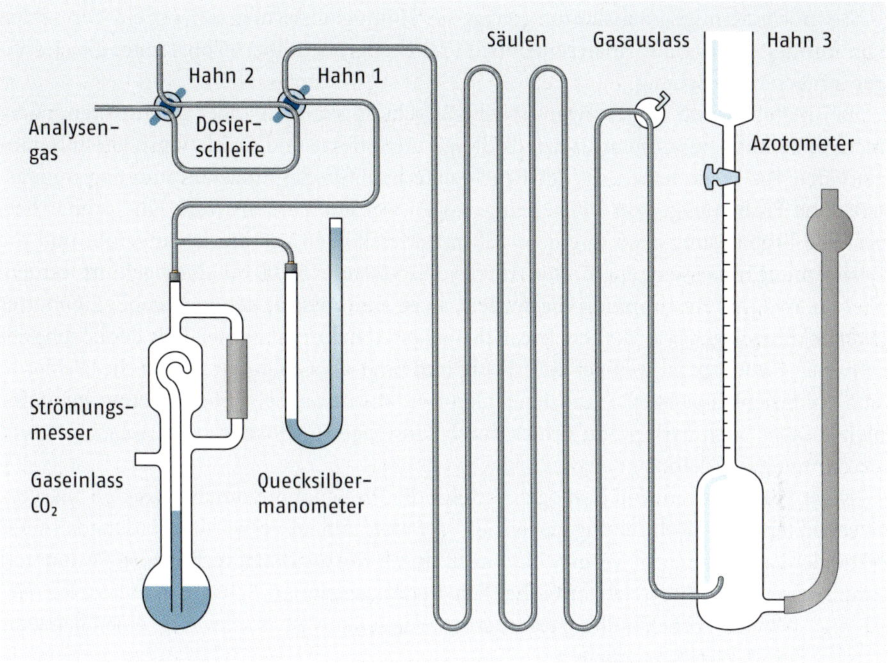

Abb. 2.64 Prinzipieller Aufbau einer Gaschromatographie-Apparatur

einen freien Stutzen des Hahnes 2 das Gefäß mit dem Analysengas an, spült die Schleife mit ca. 100 mL Gas durch und dreht Hahn 2 um 90°, sodass eine bestimmte Menge Gas in der Schleife eingeschlossen ist. Schließlich wird das Azotometer über den Hahn 3 angeschlossen und Hahn 1 um 90° gedreht. Der Trägergasstrom drückt jetzt das Analysengas vor sich her. Von nun an wird jede halbe Minute das Gasvol. im Azotometer abgelesen. Dabei muss das Niveaugefäß des Azotometers so gehalten werden, dass Niveaugleichheit herrscht.

Die Bestandteile des Leuchtgases treten in der Reihenfolge H_2, N_2, CO, CH_4 aus der Säule aus. Eventual vorhandenes O_2 wird nicht von N_2 getrennt. Die übrigen Komponenten liegen in zu geringer Konzentration vor, um in dieser einfachen Apparatur bestimmt werden zu können.

2.9 Chemische Materialkontrolle technischer Produkte

Aus der Fülle der analytischen Aufgaben der chemischen Materialkontrolle von technischen Produkten können hier nur einige typische Beispiele behandelt werden.

2.9.1 Praktische Vorbemerkungen

Zur richtigen Beurteilung technischer Produkte benötigt man die analytischen Daten eines tatsächlichen Durchschnitts. Bei der **Probenahme** muss beachtet werden, dass die Materialien in den Probemassenbereichen bis 100, 500 oder sogar 1000 mg häufig nicht homogen zusammengesetzt sind.

Bei pulverförmigen Substanzen genügt zur Homogenisierung zumeist ein Vermahlen von mindestens 10 g auf Analysenfeinheit (Teilchengröße unter 60 μm) unter gleichzeitiger inniger Vermischung.

Bei Metallen und Legierungen ist eine Mischung von Feil- oder Drehspänen häufig nicht einheitlich zusammengesetzt, da Steigerungseffekte und Oxidationshäute Inhomogenitäten zur Folge haben. In der Regel sollte hier für die Einzelbestimmung mindestens eine Probemenge von 500 mg eingewogen werden. Notfalls muss eine primär hergestellte Probelösung etwa in einem 250-mL-Messkolben zur Marke aufgefüllt und die Bestimmung mit einem pipettierten Anteil von 25,00 oder 50,00 mL durchgeführt werden. Werden mehrere Bestimmungen gefordert, so ist eine entsprechende Anzahl gesonderter „echter" Einwaagen erforderlich. Die mehrmalige Abnahme aliquoter Teile der Lösung aus nur einer Einwaage ist weniger zuverlässig und birgt die Gefahr systematischer Fehler in sich. In diesen „unechten" Parallelen fehlen zwar die unvermeidlichen Streuungen; dafür bleiben aber auch evtl. grobe Fehler durch Einwaage, Auflösung oder Aufschluss und Verdünnung unerkannt.

Klare Flüssigkeiten sind homogen. Erfolgt die Probenahme durch Abzapfen aus Vorratsbehältern oder Rohrleitungen, so sollte der erste Ablauf verworfen werden, da in der Nähe der Zapfstellen mit Verunreinigungen durch Korrosion zu rechnen ist. Pasten und Emulsionen sind oft ausreichend einheitlich. Bei Suspensionen, Schäumen, Aerosolen usw. ist eine spezielle Vorbehandlung erforderlich. Auch dann ist es schwierig, einen befriedigenden Durchschnitt zu erhalten.

2.9.2 Wasseranalyse

Wasser verschiedener Herkunft aus Brunnen, Leitungen, Gewässern, Flüssen und Meeren sowie in Form von Regen-, Trink-, Wasch- und Kesselwasser ist der wichtigste Grundstoff aller Lebensvorgänge und der meisten Betriebe und Produktionsstätten. Daher hat der Gesetzgeber die Wasserentnahme (Frischwasser) und besonders die Wasserabgabe (Abwasser) in strengen gesetzlichen Vorschriften geregelt. Die Wasseruntersuchung ist unter den Verhältnissen eines modernen Industriestaates zu einer umfangreichen Spezialwissenschaft angewachsen.

Sieht man von den zahlreichen industriellen, verkehrsbedingten und sanitären Verunreinigungen, wie synthetischen Waschmitteln (Detergenzien), Ölen, organischen Verbindungen, anorganischen Salzen und Fäkalien ab, so sind im Wasser vorzugsweise Ca^{2+}, Mg^{2+}, Na^{+} sowie Chloride, Carbonate und Sulfate und in geringem Umfang auch K^{+}, NH_4^{+}, Mn^{2+}, Fe^{2+}, Phosphate, Silicate, Nitrate und gelöste Gase (O_2, N_2, CO_2) anzutreffen. Die allgemeinen Beurteilungsgrößen der Wasserqualität sind Härte und Alkalität.

Die **Härte** wird in mmol/L als Stoffmengenkonzentration der Erdalkaliionen angegeben. Früher waren statt dessen national verschiedene „Grad"-Angaben gebräuchlich. Für diese Umrechnung gilt

$$\begin{aligned} c(\mathrm{Ca}^{2+}) = 1\,\mathrm{mmol/L} &\mathrel{\hat=} 5{,}6 \text{ deutsche Grad} \\ &\mathrel{\hat=} 7{,}0 \text{ englische Grad} \\ &\mathrel{\hat=} 10 \text{ französische Grad} \end{aligned}$$

Der „deutsche Grad" (°d, °DH oder D.G.) war definiert als die Erdalkaliionkonzentration äquivalent einem Gehalt von 10,00 mg CaO in einem Liter Wasser. Dies entspricht 7,13 mg

Tab. 2.35 Härte und Alkalität

Gesamthärte H_G **Kalkhärte H_{Ca}** **Magnesiahärte H_{Mg}**	**Carbonathärte H_K** **Kalk-Carbonathärte** **Kalk-H_K** **Magnesia-Carbonathärte** **Magnesia-H_K**		**Nicht-Carbonathärte H_{NK}** **bedingt durch: Hydroxid, Chlorid, Sulfat, Nitrat, Phosphat, Silicat, Humat usw.**
Querbeziehung: $H_G = H_K + H_{NK}$			
Gesamtalkalität MA Methylorange-Alkalität Hydroxid + Carbonat + Hydrogencarbonat	Teilalkalität PA Phenolphthalein-Alkalität Hydroxid + ½ Carbonat		Ätz-Alkalität Hydroxid
Befunde	Hydroxid	Carbonat	Hydrogencarbonat
1. PA = 0	0	0	MA
2. PA < 0,5 MA	0	2 PA	MA – 2 PA
3. PA = 0,5 MA	0	2 PA	0
4. PA > 0,5 MA	2 PA – MA	2 (MA – PA)	0
5. PA = MA	MA	0	0
Querbeziehungen in mmol: 1. und 2. $H_K = 0{,}5 \cdot MA$, 3. $H_K = PA$, 4. $H_K = MA - PA$			

Ca oder 7,2 mg MgO bzw. 4,33 mg Mg in einem Liter Wasser. Wasser mit einer Härte bis zu 0,7 mmol/L (4 °d) wird als (sehr) weich, über 3,2 mmol/L (18 °d) als hart bezeichnet.

Als **Alkalität** ist der zum Erreichen bestimmter pH-Werte erforderliche Säurezusatz festgelegt. Die Teilalkalität (der p-Wert) ist gegeben durch die mmol HCl/L Wasser bis zur Entfärbung von Phenolphthalein (pH = 8,2), die Gesamtalkalität (der m-Wert) durch die mmol HCl/L Wasser bis zum Methylorange-Umschlag (pH = 4,3). ◘ Tab. 2.35 gibt einen Überblick der wichtigsten Größen.

Bestimmung der Gesamthärte

Reaktionsprinzip: Die klassische Bestimmung der Gesamthärte erfolgt durch Titration einer Wasserprobe mit Kaliumpalmitat-Lösung (►S. 138). Die Gesamthärte kann jedoch einfacher und zuverlässiger durch komplexometrische Titration (►S. 145) festgestellt werden.

Störende Ionen und Verfahrensfehler: ►S. 145 (Mg-Bestimmung)

Arbeitsgeräte: 100-mL-Pipette; 300-mL-Weithals-Erlenmeyerkolben; 50-mL-Bürette; pH-Papier.

Reagenzien: Maßlösung: 0,01 mol/L $Na_2[H_2Y]$; weitere ►S. 145 (Mg-Bestimmung).

2

Arbeitsvorschrift: 100 mL des zu untersuchenden H_2O in Weithals-Erlenmeyerkolben pipettieren und weiter nach Vorschrift auf ▶S. 145 (Mg-Bestimmung) verfahren.

Berechnung: $H_G\,[\mathrm{mmol \cdot L^{-1}}] = 0{,}1 \cdot (V \text{ in mL})$ bzw. $H_G\,[°\mathrm{d}] = 0{,}5608 \cdot (V \text{ in mL})$.

Bestimmung der Kalkhärte

Reaktionsprinzip: Die Kalkhärte wird in alkalischer Lösung direkt komplexometrisch bestimmt.

Störende Ionen und Verfahrensfehler: ▶S. 146 (Ca-Bestimmung)

Arbeitsgeräte: S. oben unter Gesamthärte

Reagenzien: Maßlösung: 0,01 mol/L $Na_2[H_2Y]$; weitere Reagenzien ▶S. 146 f. (Ca-Bestimmung); die $MgCl_2$-Lösung entfällt.

Arbeitsvorschrift: 100 mL des zu untersuchenden H_2O in Weithals-Erlenmeyerkolben pipettieren und weiter nach Vorschrift auf ▶S. 146 (Ca-Bestimmung) verfahren.

Berechnung: $H_{Ca}\,[\mathrm{mmol/L\,Ca^{2+}}] = 0{,}1 \cdot (V \text{ in mL})$ bzw. $H_{Ca}\,[°\mathrm{d}] = 0{,}5608 \cdot (V \text{ in mL})$.

Bestimmung der Magnesiahärte

Berechnung: Sie errechnet sich einfach aus der Differenz:

$$H_{Mg} = H_G - H_{Ca}[\mathrm{mmol\,Mg^{2+}} \text{ oder } °\mathrm{d}\,H_{Mg}]$$

Benutzt man eine spezielle Maßlösung mit $c(Na_2[H_2Y]) = 0{,}0178$ mol/L, entspricht 1,00 mL Maßlösung gerade 1,0 °d.

Bestimmung der Gesamtalkalität (MA)

Reaktionsprinzip: Der Gesamtalkaligehalt kann durch direkte Titration mit einer eingestellten Säure gegen Methylorange als Indikator bestimmt werden. Mit dem Titrationsblindwert für destilliertes Wasser muss korrigiert werden.

Arbeitsgeräte: 100-mL-Pipette; 300-mL-Weithals-Erlenmeyerkolben; 50-mL-Bürette; Messpipetten.

Reagenzien: Indikator: 0,001 mol/L Methylorange in Wasser; Maßlösung: 0,1 mol/L HCl.

Arbeitsvorschrift: 100 mL des zu untersuchenden H_2O in Weithals-Erlenmeyerkolben pipettieren, mit 10 mL Indikatorlösung versetzen und in der Kälte mit Maßlösung von Orangegelb nach Rotorange gegen Vergleichslösung titrieren. Verbrauchtes Maßlösung-Volumen V in mL.

Berechnung: $MA\,[\mathrm{mmol/L}] = (V \text{ in mL}) - 0{,}05$.

Bestimmung der Teilalkalität (PA)

Reaktionsprinzip: Der Teilalkaligehalt kann durch direkte Titration mit einer eingestellten Säure gegen Phenolphthalein als Indikator bestimmt werden.

Arbeitsgeräte: 100-mL-Pipette; 300-mL-Weithals-Erlenmeyerkolben; 50-mL-Bürette; Messpipette.

Reagenzien: Indikator: 0,001 mol/L Phenolphthalein in 70 % Ethanol; Maßlösung: 0,1 mol/L HCl.

Arbeitsvorschrift: 100 mL des zu untersuchenden H_2O in Weithals-Erlenmeyerkolben pipettieren, mit 2,0 mL Indikatorlösung versetzen und in der Kälte mit Maßlösung von Rot nach Farblos titrieren. Verbrauchtes Maßlösung-Volumen V in mL.

Berechnung: PA [mmol/L] = (V in mL).

Die weitere Unterteilung der Gesamt- und Teilalkalität in Hydroxid, Carbonat und Hydrogencarbonat kann nach ◘ Tab. 2.35 erfolgen. Chlorid und Sulfat können gravimetrisch als AgCl (►S. 65) bzw. $BaSO_4$ (►S. 66) bestimmt werden. Bei allen sonstigen Prüfungen haben sich physikalische Verfahren immer mehr durchgesetzt; insbesondere sind die Photometrie für Fe^{3+}, Mn^{2+}, NO_3^-, SiO_2, PO_4^{3-} usw., sowie die Flammenphotometrie für Li^+, Na^+, K^+, Sr^{2+} und Ba^{2+} zu nennen. Über die O_2-Bestimmung im Wasser ►S. 225.

2.9.3 Mineralanalyse

Als **Mineralien** bezeichnet man alle in der Natur vorkommenden, nach stöchiometrischen Gesetzen aufgebauten, festen chemischen Verbindungen. Dazu rechnet man auch die gediegenen und legierten Elemente. In der Erdrinde hat man bis heute über 2000 Minerale gefunden, von denen jedoch nur einige Hundert weiter verbreitet sind und technische Bedeutung besitzen. Weitaus am häufigsten sind die silicatischen Mineralien, die etwa 95 % des Gesteins der Erdkruste bilden. Von wirtschaftlichem Interesse sind aber vor allem die in Lagerstätten angereicherten Oxide, Sulfide, Sulfate und Carbonate technisch wichtiger Elemente.

Nur selten kommen die Mineralien in der Natur in reiner Form vor. Im Allgemeinen sind mehrere Mineralien in unterschiedlichen Mengenverhältnissen sehr innig miteinander vermengt. Die den Hauptbestandteil verunreinigenden Mineralien bezeichnet man als **Gangart**. Bei der Mineralanalyse handelt es sich also um die Bestimmung der technisch interessanten Haupt- und Nebenbestandteile. Bei den üblichen Analysenverfahren werden Spurenelemente meist nicht erfasst.

Neben der Herstellung einer homogenen Probesubstanz (►S. 227) ist der Aufschluss besonders wichtig. Beim Behandeln einer Gesteinsprobe mit einer Mineralsäure verbleibt vielfach ein schwerlöslicher Rest, der oft aus silicatischer Gangart besteht. Meist wird dieser säureschwerlösliche Anteil nicht weiter untersucht, sondern als „Unlösliches" in das Analysenergebnis aufgenommen.

Für den Aufschluss schwerlöslicher Oxide, Sulfate und mancher Silicate ist die Schmelze mit Soda-Pottasche geeignet. Wenn Natrium und Kalium bestimmt werden sollen, muss die Probe häufig mit Flusssäure aufgeschlossen werden. Durch mehrfaches Abrauchen mit Flusssäure wird Silicium quantitativ als Siliciumtetrafluorid entfernt. Allerdings reagieren einige Mineralien wie Granate, Turmalin, Topas usw., mit Flusssäure nur langsam. Auch Borax, Borsäure und Bleiglätte (PbO) finden manchmal als Aufschlussmittel Anwendung.

Die aufgeschlossenen Proben werden mit verdünnter Salzsäure aufgenommen. Nach dem Abtrennen des Schwerlöslichen werden die interessierenden Bestandteile direkt nebeneinander oder nach geeigneten Trennoperationen nacheinander bestimmt.

Analyse eines Carbonats: Dolomit

Dolomit, $CaMg(CO_3)_2$, ist ein Doppelsalz, das durch Überschuss eines der Bausteine Calcit $CaCO_3$ oder Magnesit $MgCO_3$, unterschiedliche Zusammensetzung aufweisen kann. Ein Teil des Magnesiums ist mitunter durch Eisen oder Aluminium ersetzt. Dolomit ist allgemein von schwerlöslicher, silicatischer Gangart begleitet. Die Hauptbestandteile von Dolomit, Kalkstein, Kreide, Marmor und Magnesit sind neben Carbonat Calcium und Magnesium. Von den Nebenbestandteilen werden Eisen und Aluminium bestimmt.

Analysengang: Die Probe wird unter Erwärmen mit Salzsäure behandelt. Nach dem Abtrennen der schwerlöslichen Kieselsäure werden Eisen und Aluminium als Hydroxide gemeinsam abgetrennt. Dann werden entweder nacheinander Calcium als Oxalat und Magnesium als Magnesiumammoniumphosphat bzw. Magnesiumoxinat ausgefällt oder nebeneinander komplexometrisch bestimmt. In einer gesonderten Probe kann das durch Salzsäure in Freiheit gesetzte Kohlendioxid gasanalytisch bestimmt werden (►S. 225); jedoch genügt im Allgemeinen eine einfache Bestimmung des Glühverlustes.

Löseprozess

Arbeitsgeräte: 400-mL-Bechergläser (hohe Form, Jenaer oder Duranglas); Trockenschrank; Sandbad; Uhrgläser; Pipetten.

Reagenzien: 7 mol/L HCl

Arbeitsvorschrift: Ca. 1 g Substanz nach 2-stündigem Trocknen bei 90–100 °C im Trockenschrank einwägen, in Becherglas bringen und mit etwas Wasser anpasten. Dazu portionsweise insgesamt 10 mL HCl geben. Becherglas mit Uhrglas bedecken und auf Sandbad stellen (Einwaage m_E in mg).

Bestimmung von SiO_2 (Löserückstand)

Arbeitsgeräte: Zusätzlich Blaubandfilter; Porzellantiegel; Muffelofen.

Reagenzien: 14 mol/L HNO_3; 7 mol/L HCl

Arbeitsvorschrift: Durch Zugabe von 2 mL HNO_3 unter weiterem Erwärmen rein weiße, schwerlösliche Kieselsäure abscheiden. Zur vollständigen Dehydratisierung des SiO_2 auf dem Sandbad eindampfen, 2-mal mit je 2 mL HCl abrauchen und 30 min lang im Trockenschrank bei 110 °C erhitzen. Die Probe in dem noch warmen Becherglas mit 2 mL HCl durchfeuchten, mit 80 mL heißem Wasser aufnehmen und 15 min lang auf dem Sandbad warmhalten. Durch Filter dekantierend filtrieren und mit heißem Wasser nachwaschen. Filtrat auffangen für M_2O_3-Bestimmung. Filter im Tiegel veraschen und Rückstand in Intervallen von 45 min bei 1000 °C bis zur Gewichtskonstanz glühen. Auswaage $m(SiO_2)$ in mg.

Berechnung:

$$w(SiO_2) = \frac{m(SiO_2)}{m_E}$$

Bestimmung von M_2O_3 (Fe_2O_3 und Al_2O_3)
Arbeitsgeräte: 400-mL-Bechergläser; Weißbandfilter; Porzellantiegel; Muffelofen; Pipetten; Heizquelle.

Reagenzien: 3%iges H_2O_2; Methylrot; 2 mol/L NH_3 carbonatfrei; 2 mol/L HCl; Waschflasche: 2%ige NH_4NO_3-Lösung mit einigen Tropfen NH_3-Lösung.

Arbeitsvorschrift: Das salzsaure Filtrat der Kieselsäureabscheidung im Becherglas zur Oxidation von Fe^{2+} mit einigen Tropfen H_2O_2 versetzen und kurze Zeit kochen. Nach Zugabe einiger Tropfen Methylrot in der Hitze vorsichtig mit Ammoniak bis zum Indikatorumschlag versetzen. Den schleimigen Niederschlag von $Fe(OH)_3$ und $Al(OH)_3$ absetzen lassen und nur die überstehende Lösung durch Filter dekantierend filtrieren. Niederschlag im Becherglas in wenig warmer HCl lösen und in der gleichen Weise noch einmal fällen. Nach dem Absetzen über dasselbe Filter filtrieren und mit heißer Waschflüssigkeit nachwaschen. Gesamtfiltrat dient für die Ca- und Mg-Bestimmung. Filter im Tiegel veraschen und Rückstand in Intervallen von 45 min bei 1000 °C bis zur Gewichtskonstanz glühen. Auswaage $m(R_2O_3)$ in mg.

Berechnung:

$$w(M_2O_3) = \frac{m(M_2O_3)}{m_E}$$

Bestimmung von Calcium und Magnesium
Arbeitsgeräte und Reagenzien: ►S. 71 ff. bzw. ►S. 119 und ►S. 145

Arbeitsvorschrift: Nach Einengen des Filtrats der Fe/Al-Fällung auf ca. 100 mL entweder Ca als CaC_2O_4 abtrennen und permanganatometrisch titrieren sowie anschließend Mg nach Vorschrift auf ►S. 71 ff. als $Mg_2P_2O_7$ bzw. Mg-Oxinat bestimmen, oder Ca und Mg nebeneinander nach Vorschrift auf ►S. 145 komplexometrisch titrieren.

Berechnung:

$$w(Ca) = \frac{m(Ca)}{m_E} \quad \text{bzw.} \quad w(Mg) = \frac{m(Mg)}{m_E}$$

Bestimmung von CO_2 (Glühverlust)
Arbeitsgeräte: Trockenschrank; Porzellantiegel; Muffelofen.

Arbeitsvorschrift: ca. 1 g der im Trockenschrank 2 h lang bei 90–100 °C getrockneten Substanz im Porzellantiegel im Muffelofen langsam aufheizen und dann etwa 90 min lang bei 1000 °C glühen.

Berechnung:

$$w(CO_2) = \frac{\text{Gewichtsabnahme}}{\text{Einwaage}}$$

Analyse eines Silicats: Ultramarin

Ultramarin ist ein mineralischer Farbstoff, der natürlich vorkommt, aber auch künstlich dargestellt wird. Er ist im Allgemeinen blau; es treten aber auch andere Farben auf. Man verwendet ihn zum „Bläuen", d.h. um gelbliche Farbtöne zu überdecken. Der natürlich vorkommende Ultramarin (Lasurstein, Lapislazuli) wird auch für Schmuckzwecke verwendet. Der Ultramarin ist ein Aluminium-Natrium-Doppelsilicat mit variablem Gehalt an Natriumpolysulfid etwa der Formel $Na_3Al_6Si_6O_{24}S_x$ (x = 2–4); es treten erhebliche Schwankungen der Zusammensetzung auf. Natürlicher und meist auch synthetischer Ultramarin wird durch wässerige Mineralsäuren angegriffen, wobei Schwefelwasserstoff entweicht und Siliciumdioxid abgeschieden wird.

Analysengang: Im Ultramarin wird Siliciumdioxid, Natrium, Aluminium und Schwefel bestimmt. Das Mineral wird durch Behandeln mit Brom und Salpetersäure aufgeschlossen, die Kieselsäure durch Abrauchen dehydratisiert und als Siliciumdioxid ausgewogen. Im Filtrat lässt sich Aluminium durch Ammoniak als Hydroxid fällen und gravimetrisch bestimmen. Natrium wird im Filtrat des Aluminiumniederschlages gravimetrisch als Na_2SO_4 ermittelt. Die Bestimmung des Schwefels als Sulfat erfolgt in einem weiteren Teil des Filtrats der Siliciumdioxidfällung, nachdem Aluminium als Hydroxid entfernt worden ist.

Löseprozess

Arbeitsgeräte: 400-mL-Bechergläser (hohe Form, Jenaer- oder Duranglas); Trockenschrank; Sandbad; Uhrgläser; Pipetten.

Reagenzien: Br_2; 14 mol/L HNO_3; 7 mol/L HCl.

Arbeitsvorschrift: Ca. 1 g Substanz nach 2-stündigem Trocknen bei 90–100 °C im Trockenschrank einwiegen, in Becherglas bringen und mit etwas Wasser anpasten. Sodann 3 mL Br_2 hinzufügen (Abzug!), gut verrühren und mit 20 mL HNO_3 versetzen. Becherglas mit Uhrglas bedecken und auf Sandbad stellen. 2 h lang in der Wärme belassen, bis zur Trockne (HNO_3-frei) eindampfen, kurz abkühlen lassen und mit einigen Tropfen Wasser und 20 mL HCl aufnehmen, dann auf dem Sandbad eindampfen, erneut in 20 mL HCl aufnehmen und filtrieren (Einwaage m_E in mg).

Bestimmung von SiO_2 (Löserückstand)

Arbeitsgeräte, Reagenzien, Arbeitsvorschrift und Berechnung: S. Dolomit, ►S. 232

Analysenlösung

Salzsaures Filtrat der SiO_2-Fällung auf ca. 100 mL einengen, in 250-mL-Messkolben überführen und mit Wasser bis zur Marke auffüllen. Für die folgenden Bestimmungen daraus aliquote Teilmengen entnehmen.

Bestimmung von Aluminium

Arbeitsgeräte: 25-mL-Pipette; Heizquelle; 250-mL-Bechergläser (hohe Form); Schwarzbandfilter; Porzellantiegel; Muffelofen; Pipetten.

Reagenzien: Methylrot; 2 mol/L NH_3; Waschflasche: 2%ige NH_4NO_3-Lösung mit einigen Tropfen NH_3-Lösung.

Arbeitsvorschrift: 25 mL aus Messkolben entnehmen und mit 100 mL Wasser verdünnen. Nach Zugabe einiger Tropfen Methylrot bis fast zum Sieden erhitzen und mit Ammoniak bis zum Farbumschlag tropfenweise versetzen, kurz aufkochen. Niederschlag absetzen lassen und warm durch Schwarzbandfilter dekantierend filtrieren. Mit Waschflüssigkeit auswaschen. Filtrat dient zur Na-Bestimmung. Filter im Tiegel veraschen und Rückstand in Intervallen von 45 min bei 1000 °C bis zur Gewichtskonstanz glühen. Auswaage $m(Al_2O_3)$ in mg.

Berechnung:

$$w(Al_2O_3) = \frac{m(Al_2O_3)}{0{,}1 \cdot m_E}$$

Bestimmung von Natrium

Arbeitsgeräte: 400-mL-Bechergläser (hohe Form); Porzellantiegel; Heizquelle; Pipetten; Wasserbad.

Reagenzien: 2 mol/L H_2SO_4; gesättigte Ammoniumcarbonat-Lösung; festes Ammoniumcarbonat.

Verfahrensfehler: Zur Überführung in das neutrale Na_2SO_4 muss eine Zugabe von Ammoniumcarbonat erfolgen, um die Bildung von $Na_2S_2O_7$ aus $NaHSO_4$ rückgängig zu machen.

Arbeitsvorschrift: Das Filtrat der Al-Fällung bei Vorhandensein vieler NH_4-Salze im Becherglas auf dem Wasserbad bis fast zur Trockne eindampfen. Die erstarrenden Salzreste mit einem Glasstab immer wieder zerkleinern. Temperatur langsam steigern und NH_4-Salze durch Abrauchen entfernen. Rest mit 2–3 mL Wasser aufnehmen und in Porzellantiegel bringen. 2 mL H_2SO_4 hinzufügen und zur Trockne eindampfen. Rest über kleiner Flamme entwässern und vorsichtig auf schwache Rotglut bringen. Erkalten lassen, mit 3–4 Tropfen Ammoniumcarbonat-Lösung anfeuchten, vorsichtig über Brenner auf Rotglut bis eben zum Schmelzen bringen; Dauer: ca. 20 min. Abrauchen und Schmelzen mit erbsengroßem Stück Ammoniumcarbonat einmal wiederholen. Auswaage $m(Na_2SO_4)$.

Berechnung:

$$m(Na_2O) = [\lambda] \cdot m(Na_2SO_4)$$

Umrechnungsfaktor

$$[\lambda] = \frac{M(Na_2O)}{M(Na_2SO_4)} = 0{,}43636$$

$$w(Na_2O) = \frac{m(Na_2O)}{0{,}1 \cdot m_E}$$

Bestimmung von Schwefel

Arbeitsgeräte und Reagenzien: 50-mL-Pipette; s. oben und ►S. 68.

Arbeitsvorschrift: 50 mL Analysenlösung aus Messkolben entnehmen und Al nach obiger Vorschrift fällen. Die Bestimmung von Schwefel als Sulfat erfolgt dann nach der Vorschrift auf ►S. 237 f. Wegen des Umrechnungsfaktors auf Schwefel ►S. 68.

Berechnung:

$$w(S) = \frac{m(S)}{0{,}2 \cdot m_E}$$

Analyse eines Sulfids: Kupferkies

Kupferkies, $CuFeS_2$, gehört zu der großen Gruppe sulfidischer Erze, deren wichtigste Vertreter neben Kupferkies Bleiglanz, PbS, Zinkblende, ZnS und Pyrit, FeS_2, sind. Die Hauptbestandteile des Kupferkieses sind Kupfer, Eisen, Schwefel; daneben findet man als Gangart Siliciumdioxid. Der Aufschluss der Sulfide erfolgt entweder durch Oxidationsschmelze oder durch Salpetersäure-Salzsäure-Gemische. Zur vollständigen Überführung des Schwefels in Sulfat ist gegebenenfalls noch der Zusatz besonderer Oxidationsmittel notwendig.

Analysengang: Das Probematerial wird mit einem Salpetersäure-Salzsäure-Gemisch unter Zusatz von etwas Brom (zur quantitativen Oxidation des Schwefels zum Sulfat) aufgeschlossen. Nach mehrmaligem Abrauchen mit Salzsäure verbleibt Siliciumdioxid als schwerlöslicher Rückstand. Im Filtrat wird Schwefel als Bariumsulfat bestimmt. Kupfer wird parallel dazu als Kupfersulfid gefällt und entweder gravimetrisch bestimmt oder gelöst und iodometrisch oder elektrogravimetrisch ermittelt. Im Filtrat der Kupfersulfid-Fällung trennt man Eisen als Eisen(III)-oxidhydrat ab und bestimmt es gravimetrisch oder maßanalytisch.

Löseprozess

Arbeitsgeräte: 400-mL-Bechergläser (hohe Form, Jenaer- oder Duranglas); Uhrgläser; Pipetten.

Reagenzien: Br_2; 14 mol/L HNO_3; 7 mol/L HCl.

Arbeitsvorschrift: ca. 1 g Substanz einwägen, in Becherglas bringen und mit einem Gemisch von 15 mL HNO_3 und 5 mL HCl übergießen, einige Tropfen Br_2 zusetzen (Abzug!). Becherglas mit Uhrglas bedecken und über Nacht stehen lassen (Einwaage m_E in mg).

Bestimmung von SiO_2 (Löserückstand)
Arbeitsgeräte: Zusätzlich Blaubandfilter oder Filtertiegel A 1; Muffelofen; Sandbad.

Reagenzien: 7 mol/L HCl; 2 mol/L HCl.

Arbeitsvorschrift: Zur vollständigen Dehydratisierung des SiO_2 die Lösung auf dem Sandbad eindampfen, 2-mal mit je 2 mL 7 mol/L HCl abrauchen, mit 50 mL 2 mol/L HCl aufnehmen und durch Filter dekantierend filtrieren und mit heißem Wasser nachwaschen. Filter im Tiegel veraschen und Rückstand in Intervallen von 45 min bei 1000 °C bis zur Gewichtskonstanz glühen. Auswaage $m(SiO_2)$ in mg.

Berechnung:

$$w(SiO_2) = \frac{m(SiO_2)}{m_E}$$

Analysenlösung Salzsaures Filtrat der SiO_2-Fällung auf ca. 100 mL einengen, in einen 250-mL-Messkolben bringen und mit Wasser bis zur Marke auffüllen. Für die folgenden Bestimmungen daraus aliquote Teilmengen entnehmen.

2

Bestimmung von Schwefel
Arbeitsgeräte und Reagenzien: ►S. 68, zusätzlich 10%ige $[NH_3OH]Cl$-Lösung

Arbeitsvorschrift: 50 mL Analysenlösung aus Messkolben entnehmen, Fe^{3+} mit 2 mL $[NH_3OH]Cl$-Lösung zu Fe^{2+} reduzieren und nach Vorschrift auf ►S. 66 verfahren. Auswaage $m(BaSO_4)$ in mg.

Berechnung:

$$m(S) = [\lambda] \cdot m(BaSO_4)$$

Umrechnungsfaktor

$$[\lambda] = \frac{M(S)}{M(BaSO_4)} = 0{,}13737$$

$$w(S) = \frac{m(S)}{0{,}2 \cdot m_E}$$

Bestimmung von Kupfer
Arbeitsgeräte und Reagenzien: für a) ►S. 80 f. Für b) ►S. 81 f. und ►S. 125 f. Für c) ►S. 80 f. und ►S. 185; zusätzlich25-mL-Pipetten; 5 mol/L HNO_3; 2 mol/L NH_3; 2 mol/L CH_3COOH.

Arbeitsvorschrift: Kupfer kann gravimetrisch, iodometrisch oder elektrogravimetrisch bestimmt werden.

a) gravimetrisch: 25 mL Analysenlösung aus Messkolben entnehmen und als CuS nach Vorschrift auf ►S. 80 f. bestimmen.

b) iodometrisch: 25 mL Analysenlösung aus Messkolben entnehmen, mit Thioacetamid als CuS fällen (►S. 79), mit HNO_3 wieder auflösen, mit NH_3-Lösung bis zum Auftreten der blauen Farbe versetzen, mit CH_3COOH ansäuern und nach Zusatz von 2 g KI mit Thiosulfat-Lösung titrieren (►S. 126).

c) elektrogravimetrisch: 25 mL Analysenlösung aus Messkolben entnehmen, mit Thioacetamid als CuS fällen (►S. 80), mit 5 mol/L HNO_3 wieder auflösen, Stickstoffoxide verkochen und weiter nach Vorschrift auf ►S. 185 arbeiten.

Berechnung:

$$w(\mathrm{Cu}) = \frac{m(\mathrm{Cu})}{0{,}1 \cdot m_\mathrm{E}}$$

Bestimmung von Eisen

Arbeitsgeräte und Reagenzien: ►S. 85 bzw. ►S. 120 f.; zusätzlich Br_2-Wasser; 2 mol/L HCl.

Arbeitsvorschrift: Im Filtrat der CuS-Fällung überschüssiges Thioacetamid durch Eindampfen der Lösung zerstören, auf 100 mL verdünnen, mit 3–4 Tropfen Br_2-Wasser Fe^{2+} zu Fe^{3+} oxidieren, als $Fe(OH)_3$ fällen (►S. 84 f.) und Fe entweder gravimetrisch nach Vorschrift ►S. 85 oder nach Lösen in HCl maßanalytisch nach Vorschrift ►S. 120 bestimmen. Diese Titration erfordert die Cu-Abtrennung, weil $SnCl_2$ bei bestimmten Cl^--Konzentrationen auch Cu^{2+} reduziert.

Berechnung:

$$w(\mathrm{Fe}) = \frac{m(\mathrm{Fe})}{0{,}1 \cdot m_\mathrm{E}}$$

2.9.4 Glasanalyse (Anorganische Gläser)

Als Gläser werden amorphe Werkstoffe bezeichnet, die auf Grund eines Schmelzintervalles eine gute Verformbarkeit besitzen. Die „anorganischen" Gläser sind zumeist spröde und durchsichtig; sie leiten den elektrischen Strom schlecht. Neben den anorganischen Gläsern gibt es heute zahlreiche organische Gläser aus den verschiedensten Kunststoffen (z. B. Plexiglas), die aber hier ebenso wie die glasähnlichen keramischen Werkstoffe nicht behandelt werden.

Sieht man von einigen anorganischen Spezialgläsern ab, so enthalten sie alle als Hauptbestandteil mehr als 50 Gew.-% SiO_2. Bei der Analyse beschränkt man sich vielfach auf die Bestimmung einiger wesentlicher Kationengehalte in Form der Oxide, insbesondere Na_2O, K_2O, CaO, MgO, PbO, BaO, Al_2O_3. Einen kleinen Ausschnitt aus der Vielzahl anorganischer Gläser gibt ◘ Tab. 2.36. Für die Zuordnung einer Glasprobe zu den einzelnen Sorten sind folgende Vorproben auf Blei und Borsäure empfehlenswert.

Nachweis von Blei

Etwas Glaspulver wird an einem glühenden Magnesiastäbchen geschmolzen und danach in die Reduktionsflamme eines kräftigen Brenners gehalten. Eine schnell entstehende tiefgrauschwarze Färbung zeigt höhere Pb-Gehalte, d. h. ein typisches Bleiglas, an.

Nachweis von Bor

Glaspulver und CaF_2 werden im Verhältnis 1 : 1 mit einigen Tropfen 10 mol/L H_2SO_4 zu einem dicken Brei angerührt. Ein Anteil davon wird am Magnesiastäbchen in den äußers-

Tab. 2.36 Anorganische Gläser (EP = Erweichungspunkt)

Sorte	Typ	Verwendung	Beispiel der Zusammensetzung
Normalgläser (EP ≈ 600 °C)	Natrium-Kalkglas	Fenster, Flaschen	15 % Na_2O, 12 % CaO, 73 % SiO_2
	Thüringer Glas	billiges Geräteglas	13 % Na_2O, 10 % CaO, 7 % K_2O, 70 % SiO_2
	Böhmisches Glas	billiges Geräteglas	15 % K_2O, 9 % CaO, 76 % SiO_2
hochwertige Gerätegläser	Alumo-Boro-Silicat (EP 600–700 °C)	hochwertiges resistentes Geräteglas	Jenaer Glas 20 7,7 % Na_2O, 8,5 % Al_2O_3, 0,8 % CaO, 4,6 % B_2O_3, 3,9 % BaO, 74,5 % SiO_2
Spezialgläser	Blei-Silicat (EP ≈ 500 °C)	optische Gläser	Jenaer Silicatflint S 57 80 % PbO, 20 % SiO_2, 0,1 % As_2O_5
	Blei-Alumo-Borat (EP ≈ 500 °C)	lichtbrechendes Gebrauchs- und Ziergerät	Jenaer Boratflint S 7 32 % PbO, 56 % B_2O_3, 12 % Al_2O_3
	Alumo-Boro-Phosphat	isolierende Gläser u. a. m.	Jenaer Phosphatkron S 40 28 % BaO, 1,5 % As_2O_5, 59,5 % P_2O_5, 8 % Al_2O_3, 3 % B_2O_3
	Quarzglas (EP > 1100 °C)	Geräteglas	100 % SiO_2

ten Saum einer Bunsenbrennerflamme gebracht. Eine zunächst gelbgrüne und sodann rein grüne Flammenfärbung zeigt Bor an.

Die klassische quantitative Glasanalyse arbeitet fast ausschließlich mit gravimetrischen Bestimmungsmethoden, gegebenenfalls unter Einschaltung von Hydroxidtrennungen, deren Schwierigkeitsgrad und Zeitbedarf relativ groß ist. Auch hier haben neuere Methoden, insbesondere die komplexometrischen Titrationen und photometrische sowie flammenphotometrische Verfahren, einen wesentlichen Fortschritt gebracht.

Aufschluss von Glasproben

Reaktionsprinzip: Zum Aufschluss des Glases werden SiO_2 und auch B_2O_3 durch Abrauchen mit HF als SiF_4 bzw. BF_3 verflüchtigt. Zur Erleichterung der Umsetzung und Vertreibung letzter Fluoridmengen werden ausreichende Mengen der höher siedenden Mineralsäuren H_2SO_4 oder $HClO_4$ zugesetzt. Die Verwendung von $HClO_4$ anstatt H_2SO_4 ist stets dann empfehlenswert, wenn das Glas PbO oder BaO enthält, da schwerlösliche Sulfate die Wirksamkeit des Abrauchprozesses und die Weiterverarbeitung erschweren.

Verfahrensfehler: Die hohen Temperaturen gegen Ende des Abrauchprozesses von etwa 300 °C (H_2SO_4) bzw. 200 °C ($HClO_4$) können zu merklichen Verlusten an evtl. vorhandenem P_2O_5 führen.

2

Arbeitsgeräte: Stahlmörser; Platintiegel; Luftbad.

Reagenzien: 2,5 mol/L H_2SO_4 oder 5 mol/L $HClO_4$; konz. HF (38–40%ige).

Arbeitsvorschrift: Glasprobe im Stahlmörser feinst pulverisieren (Teilchengröße unter 60 µm). Vom Glaspulver bis m_E = 500 mg in Pt-Tiegel einwiegen, mit 5 mL H_2SO_4 oder $HClO_4$ anpasten und mit 10 mL HF versetzen. Auf dem Luftbad innerhalb von 30–60 min bis zum Rauchen erhitzen. 30 s lang am kräftigen Rauchen halten und abkühlen lassen.

Der Rückstand des Abrauchprozesses wird entweder direkt weiterverarbeitet oder daraus eine Lösung in einem 100-mL-Messkolben hergestellt, wenn mehrere Bestandteile bestimmt werden sollen.

Bestimmung von CaO im Normalglas

Reaktionsprinzip: Die Bestimmung erfolgt komplexometrisch durch direkte Titration des gelösten Aufschlusses mit 0,1 mol/L $Na_2[H_2Y]$ (Y = EDTA) gegen Calconcarbonsäure als Indikator (► S. 147). Wird gegen Erio T als Indikator titriert, so können summarisch MgO, CaO, BaO, PbO usw. erfasst werden, doch ist Al^{3+} mit Triethanolamin zu maskieren.

Verfahrensfehler: Der Verbrauch an Maßlösung liegt bei V = 6–9 mL. Die Streuung ist mit ±0,02 mL Maßlösung zu erwarten.

Arbeitsbereich: Normalglas enthält 9–12 % CaO, sodass bei einer Einwaage von $m_E \approx$ 400 mg Glas mit 36–48 mg CaO (0,6–0,9 mmol Ca) zu rechnen ist.

Arbeitsgeräte, Reagenzien und Arbeitsvorschrift: ► S. 147

Berechnung:

$$w(\mathrm{CaO}) = \frac{V \cdot c(\mathrm{Na_2[H_2Y]}) \cdot M(\mathrm{CaO})}{m_E} = \frac{V \cdot (0{,}1\ \mathrm{mmol/mL}) \cdot (56{,}08\ \mathrm{mg/mmol})}{m_E}$$

Bestimmung von Al_2O_3 in Jenaer Glas 20

Reaktionsprinzip: Die Bestimmung erfolgt komplexometrisch nach Versetzen des gelösten Aufschlusses mit 10 mL 0,1 mol/L $Na_2[H_2Y]$-Lösung (Y = EDTA) durch Rücktitration mit Zn-Maßlösung gegen Dithizon als Indikator (► S. 149).

Störende Ionen: Ca^{2+} und Ba^{2+} stören nicht. Pb^{2+} wird mittitriert und muss deshalb vor der Titration durch Fällung mit Thioacetamid als PbS abgetrennt werden.

Verfahrensfehler: Der Verbrauch $V = (f_{EDTA} \cdot 10{,}00\ \mathrm{mL} - f_{Zn} \cdot V_t)$ liegt bei 5,5–8 mL, entsprechend einer Rücktitration mit V_t = 4,5–2 mL Zn-Maßlösung. Die Streuung von V ist mit ±0,04 mL zu erwarten.

Arbeitsbereich: Alumo-Boro-Silicatgläser enthalten 7–10 % Al_2O_3, sodass bei einer Einwaage $m_E \approx$ 400 mg Glas mit 28–40 mg Al_2O_3 (0,55–0,8 mmol Al) zu rechnen ist.

Arbeitsgeräte, Reagenzien und Arbeitsvorschrift: ►S. 149

Berechnung:

$$w(Al_2O_3) = \frac{V \cdot c(Na_2[H_2Y]) \cdot M(\frac{1}{2}\,Al_2O_3)}{m_E} = \frac{V \cdot (0{,}1\,\text{mmol/mL}) \cdot (50{,}98\,\text{mg/mmol})}{m_E}$$

Bestimmung von PbO in Bleigläsern

Reaktionsprinzip: Die Bestimmung erfolgt komplexometrisch durch Titration des gelösten Aufschlusses mit 0,1 mol/L $Na_2[H_2Y]$ gegen Erio T als Indikator (►S. 145).

Verfahrensfehler: Al^{3+} wird mittitriert. Pb^{2+} muss deshalb vor der Titration durch Fällung mit Thioacetamid als PbS abgetrennt werden. Das gefällte PbS wird in $HClO_4$ gelöst und H_2S verkocht. Die Lösung mit 2 g Kaliumnatriumtartrat versetzen, mit NaOH neutralisieren, nicht mit NH_3. Dann erst wie bei der Mg^{2+}-Titration mit HCl + NH_3 puffern; pH = 10–10,5. Die Streuung ist mit ±0,04 mL Maßlösung entsprechend ± 0,9 mg PbO als normal anzusehen.

Arbeitsbereich: Bleigläser enthalten 30–80 % PbO, sodass bei einer Einwaage von $m_E \approx$ 250 mg Glas mit 75–200 mg PbO (0,34–0,9 mmol Pb) zu rechnen ist.

Arbeitsgeräte, Reagenzien und Arbeitsvorschrift: ►S. 146

Berechnung:

$$w(PbO) = \frac{V \cdot c(Na_2[H_2Y]) \cdot M(PbO)}{m_E} = \frac{V \cdot (0{,}1\,\text{mmol/mL}) \cdot (223{,}2\,\text{mg/mmol})}{m_E}$$

Bestimmung von K_2O, Na_2O, Fe_2O_3 und Mn_2O_3

Kalium kann gravimetrisch als Tetraphenylborat bestimmt werden (►S. 70), doch wird zur schnellen Erfassung von K_2O und Na_2O immer mehr die flammenphotometrische Methode bevorzugt. Die für die Farbe des Glases wichtigen Oxide Fe_2O_3 und Mn_2O_3 in der Größenordnung von 0,02–0,2 % können schnell und zuverlässig photometrisch als roter 2,2′-Bipyridinkomplex bzw. als violettrotes Permanganat bestimmt werden.

Für den praktischen Gebrauch, insbesondere der Gerätegläser, ist die Resistenz gegenüber Laugen, Säuren und Wasser von Bedeutung. Auf Grund von Kochbehandlungen und der dabei eintretenden Substanzverluste von Glasproben unterscheidet man jeweils 3 Laugen- bzw. Säureklassen.

Wasserbeständigkeit nach dem Glasgrieß-Titrationsverfahren

Reaktionsprinzip: Zur Ermittlung der Resistenz eines Glases gegen Wasser wird Glasgrieß längere Zeit mit Wasser in der Hitze behandelt und die dabei herausgelöste Na_2O-Menge, die als NaOH vorliegt, titrimetrisch mit HCl erfasst.

2

Tab. 2.37 Hydrolytische Klassen

Klasse	Verbrauch V /mL an 0,01 mol/L HCl pro 1 g Glas	gelöste Masse $m(Na_2O)$ /mg pro 1 g Glas	Glassorte
1	bis 0,1	bis 0,03	wasserbeständig; höchstwertiges Apparateglas
2	über 0,1 bis 0,2	über 0,03 bis 0,06	resistent; hochwertiges Apparateglas
3	über 0,2 bis 0,85	über 0,06 bis 0,26	hart; Flaschengläser
4	über 0,85 bis 2,0	über 0,26 bis 0,62	weich; Fenstergläser
5	über 2,0 bis 3,5	über 0,62 bis 1,08	sehr weich; Spezialgläser

Verfahrensfehler: Es werden zweckmäßig gleichzeitig $n = 3$ Parallel- und $n_B = 1$ Blindansätze durchgeführt und zur Beurteilung der Mittelwert $\bar{V} = f_{HCl}(\bar{V}_t - \bar{V}_b)$ verwendet. In diesem Fall ist mit einer Mittelwertstreuung von ±0,02 mL Maßlösung zu rechnen.

Arbeitsgeräte: Stahlmörser; Messingsiebe (DIN 1171: 0,5–0,3 mm); Magnet; 50-mL-Messkolben (30 min lang mit Wasserdampf ausdämpfen); Wasser-Umlaufthermostat (notfalls auch siedendes Wasserbad); 25-mL-Pipette; 150-mL-Weithals-Erlenmeyerkolben; 10-mL-Mikrobürette; Messpipette.

Reagenzien: CO_2-freies H_2O (Auskochen oder frisches Austauscherwasser); Maßlösung: 0,01 mol/L HCl; Indikator: 100 mg Methylrot mit 95%igem Ethanol zu 100 mL Lösung lösen; Pufferlösung: 92,8 mL 0,1 mol/L $C_6H_8O_7 \cdot H_2O$ (Citronensäurelösung) +107,2 mL 0,2 mol/L Na_2HPO_4 (pH = 5,2).

Arbeitsvorschrift: Mindestens 50 g des zu prüfenden Glases im Stahlmörser auf eine Korngröße von 0,3 bis 0,5 mm zerkleinern und aussieben. Eisenteilchen mit Magneten entfernen. 2,00 g Glasgrieß in Messkolben einwägen und noch verbliebene Feinstanteile durch sechsmaliges Spülen mit je 25 mL Wasser abschlämmen. Danach bis zum Halsansatz des Kolbens mit Wasser auffüllen, Glasgrieß gleichmäßig über den Kolbenboden verteilen und Kolben für $t = 60{,}0$ min in Thermostaten von 98,0 ± 0,2 °C einstellen. Während des Erhitzens nicht umschütteln! Durch Eintauchen in kaltes Wasser schnell auf 20 °C abkühlen, zur Marke auffüllen und 25 mL in Weithals-Erlenmeyerkolben pipettieren. Nach Zusatz von 0,10 mL Indikatorlösung mit Maßlösung gegen Vergleichspufferlösung titrieren.

Auswertung: Nach dem Verbrauch an Maßlösung unterscheidet man 5 hydrolytische Klassen (Tab. 2.37).

2.9.5 Legierungsanalyse

Geschmolzene Metalle sind in der Lage, sich gegenseitig zu lösen. Die erstarrten Mischungen heißen Legierungen und besitzen meist gegenüber den Reinmetallen erhöhte Festigkeit, Härte und Korrosionsbeständigkeit.

Die Metallkunde oder Metallurgie ist die Lehre, die sich mit dem Aufbau und den Eigenschaften der Metalle und Legierungen beschäftigt. Zu den wichtigsten Untersuchungsmethoden der Metallkunde gehören:

1. Die chemische Analyse und die Spektralanalyse. Sie geben Auskunft über die qualitative und quantitative Zusammensetzung einer Legierung.
2. Die Feinstrukturuntersuchung durch Röntgen- oder andere Strahlen.
3. Die mikroskopische Untersuchung.
4. Die thermische Analyse.

Als Bestandteil von Legierungen kommen neben Eisen besonders die Nichteisenmetalle (NE-Metalle) Kupfer, Zink, Zinn, Blei zusammen mit Mangan, Nickel, Cobalt und Antimon, ferner Aluminium und Magnesium vor. Chrom, Molybdän, Wolfram und Vanadium werden zur Erzielung ganz spezifischer Eigenschaften der betreffenden Legierung verwendet. Das gleiche gilt auch für den Gehalt der Legierungen – insbesondere bestimmter Eisensorten und Stahllegierungen – an Nichtmetallen: Schwefel, Phosphor, Silicium, Kohlenstoff. Einen Überblick über die wichtigsten in der Technik verwendeten Legierungen mit Haupt- und Nebenbestandteilen gibt die ◘ Tab. 2.38.

Mit dem Ziel, Material, Zeit und Geld zu sparen, sind die Eisen- und Nichteisenwerkstoffe genormt worden. Des Weiteren sind für genormte Werkstoffe Kurzzeichen eingeführt, um die Zusammenarbeit zwischen Hersteller, Lieferanten und Verbraucher zu vereinfachen und eindeutiger zu gestalten. So besteht das Kurzzeichen eines Nichteisenmetalls (NE-Metalles) aus einer Aneinanderreihung von Kennzeichen, die auf Herstellung, Verwendung, Zusammensetzung und besondere Eigenschaften hinweisen. Die die Zusammensetzung der Metalle und Legierungen kennzeichnenden chemischen Symbole gliedern sich in Angaben über den Grundstoff und über die Legierungszusätze. Grundstoff ist jeweils das Element mit dem größten Gehalt in der Legierung. Als Beispiel sei das Kurzzeichen für eine Guss-Zinn-Bronze G–SnBz 20 angeführt (G = Guss; Sn = chem. Symbol für Zinn; Bz = Bronze; 20 = Legierung enthält 20 % Sn).

Als Lösemittel für Legierungen dienen Salzsäure, Salpetersäure oder auch ein Gemisch von beiden. Für Legierungen, welche Schwefel, Phosphor, Silicium und Kohlenstoff enthalten, verwendet man in vielen Fällen Salpetersäure oder andere oxidierende Aufschlussmittel, da diese Elemente mit Salzsäure flüchtige Verbindungen bilden. Für Aluminiumlegierungen verwendet man gegebenenfalls auch Lauge. Konzentrierte Schwefelsäure dient als oxidierendes Lösemittel. Bei einigen Legierungen ist ein Schmelzaufschluss erforderlich, wie z. B. bei Ferrosilicium eine oxidierende Schmelze mit Alkalicarbonat und Natriumperoxid.

Die nachstehend beschriebenen Analysenmethoden einiger Metalllegierungen sind keine Universalvorschriften. In der Praxis müssen entsprechend der vorliegenden Probe oft andere Analysenverfahren herangezogen werden.

Messinganalyse

Messing ist eine Legierung mit den Hauptbestandteilen Kupfer und Zink. Je nach dem Kupfergehalt unterscheidet man Rotguss (> 80 % Kupfer), Gelbguss (65–80 % Kupfer) und Weißguss (< 50 % Kupfer). Als Nebenbestandteile können im Messing Zinn (bis zu 1 %), Blei (bis zu 2 %), Eisen (bis zu 1 %) und Nickel (bis zu 0,5 %) enthalten sein. Mitunter sind Spuren von Mangan, Aluminium, Antimon und Phosphor zugegen. Im Folgenden soll die

Tab. 2.38 Überblick über die Zusammensetzung einiger Legierungen

Legierungen	Hauptbestandteile	Nebenbestandteile
Bronzen		
Zinnbronze	Cu, Sn	
Rotguss	Cu, Sn, Zn	Pb, Ni
Aluminiumbronze	Cu, Al	Mn, Zn
Bleibronzen	Cu, Pb	
Messing	Cu, Zn	Pb (Sn, Fe, Ni, Mn)
Neusilber	Cu, Zn, Ni	Mn, Fe, Pb
Lagerhartblei	Pb, Sb, Sn	Cu, As, Fe
Letternmetall	Pb, Sb	Sn
Weißmetall	Pb, Sn, Cd	Sb, Cu, Fe
Blei- und Zinnlote	Pb, Sn	Sb (Cu, Fe, Ni)
Duraluminium	Al, Cu, Mg	Fe, Mn, Si
Elektron	Mg, Al	Zn, Mn, Si
Roheisen	Fe	Si, Mn, C, S, P
Baustähle (unlegiert)	Fe	C
Stahlguss	Fe	C
Grauguss	Fe	C
Temperguss	Fe	C
Schnell(dreh)stähle	Fe, W, Cr, V, Mo	C
Säurebeständige Stähle	Fe, Cr, Ni, Mn oder Si	

systematische analytische Untersuchung einer Messinglegierung unter Berücksichtigung der Bestandteile Kupfer, Blei, Zink und Nickel beschrieben werden.

Analysengang: Das Probematerial wird in Salpetersäure gelöst. Durch Abrauchen mit Schwefelsäure wird Blei als Bleisulfat abgeschieden und im Filtrat Kupfer entweder elektrogravimetrisch oder als Kupfer(I)-thiocyanat bestimmt. Aus der kupferfreien Lösung wird Nickel mit Dimethylglyoxim gefällt und anschließend Zink als Zinkdiphosphat oder komplexometrisch ermittelt.

Löseprozess
Arbeitsgeräte: 400-mL-Bechergläser (hohe Form); Heizquelle; Uhrgläser; Pipetten.

Reagenzien: 5 mol/L HNO_3; Ethanol oder Ether.

Arbeitsvorschrift: Etwa $m_E = 0{,}5$ g durch Waschen mit Alkohol oder Ether fettfrei erhaltene Messingspäne einwiegen und in Becherglas bringen. Sodann 25 mL HNO_3 zusetzen, Becherglas mit Uhrglas bedecken und Probe bei 60–80 °C lösen. Nach Beendigung der Reaktion Uhrglas und Wandungen des Becherglases mit Wasser abspritzen.

Bestimmung von Blei
Arbeitsgeräte, Reagenzien und Arbeitsvorschrift: S. Vorschrift auf ►S. 76 f

Berechnung:

$$m(\mathrm{Pb}) = [\lambda] \cdot m(\mathrm{PbSO_4})$$

Umrechnungsfaktor

$$[\lambda] = \frac{M(\mathrm{Pb})}{M(\mathrm{PbSO_4})} = 0{,}6832$$

$$w(\mathrm{Pb}) = \frac{m(\mathrm{Pb})}{m_\mathrm{E}}$$

Analysenlösung
Filtrat und Waschwasser der Pb-Bestimmung unter Abzug auf Heizplatte durch Abdampfen vom Ethanol befreien (nicht mit Flamme erhitzen!) und Lösung auf 50–70 mL einengen, nach Abkühlen auf Zimmertemperatur in einen100-mL-Messkolben bringen und mit Wasser bis zur Marke auffüllen. Für die folgenden Bestimmungen aliquote Teilvolumina entnehmen.

Bestimmung von Kupfer
Arbeitsgeräte und Reagenzien: Für a) ►S. 80; für b) ►S. 82 und zusätzlich 2 mol/L NaOH

Arbeitsvorschrift Die Bestimmung erfolgt elektrogravimetrisch oder gravimetrisch.

a) elektrogravimetrisch: 20 mL aus Messkolben entnehmen und nach Vorschrift auf ►S. 185 elektrolysieren.

b) gravimetrisch: 20 mL aus Messkolben entnehmen, 30 mL Wasser zugeben, mit NaOH-Lösung auf pH = 4–5 bringen und als CuSCN nach Vorschrift auf ►S. 82 f. bestimmen.

Berechnung:

$$w(\mathrm{Cu}) = \frac{m(\mathrm{Cu})}{0{,}2 \cdot m_\mathrm{E}}$$

Bestimmung von Nickel
Arbeitsgeräte und Reagenzien: ►S. 87; zusätzlich 2 mol/L HCl; 2 mol/L NH_3

Arbeitsvorschrift: Cu-freie Lösung (einschließlich Waschwasser) auf ca. 150 mL einengen, mit 25 mL HCl versetzen, mit NH_3-Lösung auf pH = 2–3 bringen (Zn muss in Lösung bleiben!) und weiter nach Vorschrift auf ►S. 87 verfahren.

Berechnung:

$$m(\mathrm{Ni}) = 0{,}20317 \cdot m([\mathrm{Ni}(\mathrm{C_4H_7N_2O_2})_2]); \quad w(\mathrm{Ni}) = \frac{m(\mathrm{Ni})}{0{,}2 \cdot m_\mathrm{E}}$$

Bestimmung von Zink

Arbeitsgeräte: für a) 400-mL-Bechergläser (hohe Form); Rührwerk; Porzellanfiltertiegel A 2; Witt'scher Saugtopf; Heizquelle; Trockenschrank; Muffelofen; 50-mL-Bürette; Pipetten (5, 20 und 25 mL); für b) 300-mL-Weithals-Erlenmeyerkolben; Pipetten; 50-mL-Bürette.

Reagenzien: für a) Fällungsreagenz: 6 g $(NH_4)_2HPO_4$ in 35 mL Wasser lösen; 14 mol/L HNO_3; 7 mol/L HCl; 2 mol/L NH_3; Methylrot. Für b) 2 mol/L NH_3; KCN; Indikator: Eriochromschwarz T (►S. 145); 4%ige Formaldehydlösung; Maßlösung: 0,01 mol/L Na_2H_2Y.

Arbeitsvorschrift Zink wird gravimetrisch oder komplexometrisch bestimmt.

a) gravimetrisch: Filtrat der Ni-Bestimmung (einschl. Waschwasser) mit HCl im Überschuss ansäuern, mit 25 mL HNO_3 versetzen und bis zur Trockne bzw. bis zum Rauchen der noch vorhandenen H_2SO_4 eindampfen. Zum erkalteten Rückstand 2–3 mL HCl und 50 mL warmes Wasser geben und mit NH_3-Lösung gegen Methylrot genau neutralisieren, sodann mit Wasser auf 150 mL auffüllen, zum Sieden erhitzen und langsam aus Bürette 35 mL Fällungsreagenz zufügen. Lösung nahe am Sieden halten, wobei sich der Niederschlag gut absetzt. Niederschlag ohne Erwärmung 2 h lang stehen lassen, durch Filtertiegel dekantierend filtrieren und Niederschlagsreste durch Filtrat in Tiegel bringen. Mit kaltem Wasser waschen. Tiegel im Trockenschrank bei 110 °C vortrocknen und danach im Muffelofen bei 900 °C in Intervallen von 45 min bis zur Gewichtskonstanz glühen. Auswaage $m(Zn_2P_2O_7)$ in mg.

b) komplexometrisch neben Cu und Ni: Aus Messkolben (Analysenlösung) aliquoten Teil (x mL; maximal bis 15 mg Zn) entnehmen und in einen Weithals-Erlenmeyerkolben bringen. Mit Wasser auf ca. 50 mL verdünnen und tropfenweise NH_3-Lösung zugeben, bis der Niederschlag eben verschwindet und die Lösung klarblau ist. Zur Maskierung von Cu^{2+} und Ni^{2+} wenige Spatelspitzen KCN (Lösung hell klar) und 1 Spatelspitze Indikator zugeben. Zur Demaskierung von Zn dieser blauen Lösung ca. 4 mL Formaldehydlösung zusetzen, und zwar so viel, dass die Farbe nach violett umschlägt und dann noch einige Tropfen bis zum roten Farbton. Jetzt sofort mit Maßlösung bis zum Farbumschlag nach Blau titrieren.

Berechnung: Für a):

$$m(\mathrm{Zn}) = 0{,}42914 \cdot m(\mathrm{Zn_2P_2O_7})$$

$$w(\mathrm{Zn}) = \frac{m(\mathrm{Zn})}{0{,}2 \cdot m_\mathrm{E}}$$

für b): 1 mL 0,01 mol/L Na_2H_2Y entspricht 0,6538 mg Zn.

$$w(\mathrm{Zn}) = \frac{m(\mathrm{Zn})}{(x/100) \cdot m_\mathrm{E}}$$

Bronzeanalyse

Als Bronzen bezeichnet man Legierungen des Kupfers mit Zinn, Aluminium, Silicium, Mangan, Blei usw. Auf Grund ihrer Zusammensetzungen werden unterschieden: Zinnbronzen, Zinngussbronzen und Sonderbronzen. Zinnbronzen enthalten bis zu 10 % Zinn, Gussbronzen bis zu 20 % Zinn. Als Nebenbestandteile können bis zu etwa 12 % die Elemente Zink, Blei und Eisen und mitunter in Spuren Phosphor zugegen sein. Unter Sonderbronzen versteht man im eigentlichen Sinne keine Kupfer-Zinn-Legierungen, sondern Legierungen des Kupfers mit den Elementen Silicium (Siliciumbronze mit ca. 5 % Silicium), Mangan (Manganbronze bis zu 30 % Mangan), Aluminium (Aluminiumbronze bis zu 20 % Aluminium) u. a. mehr. Im folgenden Abschnitt wird die Gesamtanalyse einer Zinnbronze mit den Nebenbestandteilen Blei und Zink beschrieben.

Analysengang: Das zur Analyse kommende Probematerial wird nach Entfettung mit Benzin oder Ether in Salpetersäure gelöst und Zinn als schwerlösliche Zinnsäure abgeschieden. Blei wird durch Abrauchen mit Schwefelsäure als Bleisulfat gefällt und in der filtrierten Lösung Kupfer entweder elektrogravimetrisch oder gravimetrisch als Kupfer(I)-thiocyanat bestimmt. Im Filtrat fällt man Zink entweder als Zinkammoniumphosphat oder bestimmt es komplexometrisch.

Löseprozess

Arbeitsgeräte: 400-mL-Bechergläser (hohe Form); Uhrgläser; Pipetten.

Reagenzien: 14 mol/L HNO_3; Ether oder Benzin.

Arbeitsvorschrift: Etwa m_E = 0,5 g durch Waschen mit Ether oder Benzin fettfrei erhaltene Bronzespäne einwiegen und in Becherglas bringen. Sodann mit Wasser anfeuchten, Becherglas mit Uhrglas bedecken und vorsichtig in kleinen Portionen 10 mL HNO_3 zusetzen. Nach Beendigung der Reaktion Uhrglas und Wandungen des Becherglases mit Wasser abspritzen. (Einwaage m_E in mg)

Bestimmung von Zinn

Verfahrensfehler: Bei einem Sn-Gehalt > 7 % schließt die abgeschiedene Zinnsäure leicht Cu, Pb und evtl. vorhandenes Fe in erheblichem Maße ein, sodass umgefällt werden muss. Bei Behandlung des Niederschlags mit $(NH_4)_2S_x$-Lösung geht Zinnsäure als $(NH_4)_2[SnS_3]$ in Lösung, während Cu, Pb und Fe schwerlösliche Sulfide bilden.

Arbeitsgeräte: Zusätzlich Heizplatte; Filterbrei-Tabletten; Reagenzgläser; Blaubandfilter; Muffelofen; Tiegel.

Reagenzien: 5 mol/L HNO_3; 2 mol/L HNO_3, konz. $(NH_4)_2S_x$-Lösung; 2 mol/L HCl; Waschflüssigkeit: 0,2 mol/L HNO_3 bzw. 0,2 mol/L CH_3COOH.

Arbeitsvorschrift: Lösung auf Heizplatte erhitzen, dabei unter Sdp. halten und langsam verdampfen lassen, bis nach 1 h 5 mL Lösung verbleiben (Zinnsäure scheidet sich gut ab). Dann mit 30 mL heißem Wasser verdünnen und 20–30 min lang warm stellen. Jetzt ¼ Filterbrei-Tablette in kleine Stücke zerreißen, in einem Reagenzglas mit Wasser gut schütteln und der Lösung beigeben. Nach Umrühren durch Blaubandfilter filtrieren, dabei evtl. getrübtes Filtrat nochmals durch Filter gießen und anschließend den Niederschlag 10-mal mit heißer 0,2 mol/L HNO_3 waschen. Bei Sn-Gehalten > 7 % jetzt Niederschlag mit $(NH_4)_2S_x$-Lösung digerieren, Rückstand abfiltrieren, mit heißer 5 mol/L HNO_3 vom Filter lösen und diese Lösung mit dem Hauptfiltrat vereinigen. $(NH_4)_2[SnS_3]$-Lösung auf ca. 80 °C erwärmen und mit HCl schwach ansäuern. Den aus SnS_2 und S bestehenden Niederschlag nach einigen Stunden oder besser am folgenden Tag abfiltrieren und mit CH_3COOH waschen. Filter trocknen und bei möglichst niedriger Temperatur veraschen. Zum Niederschlag 1 Tropfen 2 mol/L HNO_3 geben und im Muffelofen bei 1000 °C in Intervallen von 20–30 min bis zur Gewichtskonstanz glühen. Auswaage $m(SnO_2)$ in mg.

Berechnung:

$$m(\mathrm{Sn}) = [\lambda] \cdot m(\mathrm{SnO_2})$$

Umrechnungsfaktor

$$[\lambda] = \frac{M(\mathrm{Sn})}{M(\mathrm{SnO_2})} = 0{,}78765$$

$$w(\mathrm{Sn}) = \frac{m(\mathrm{Sn})}{m_\mathrm{E}}$$

Bestimmung von Blei, Kupfer und Zink

Arbeitsgeräte, Reagenzien, Arbeitsvorschrift und Berechnung: s. bei der Messinganalyse, ▶S. 243.

Leichtmetallanalyse

Neben Stahl finden in der Technik Leichtmetall-Legierungen (Dural, Hydronalium, Silumin, Elektron u. a.) Anwendung. Die Hauptlegierungsbestandteile sind Aluminium und Magnesium. Zusätze von anderen Metallen, z. B. von Silicium, Kupfer, Mangan, Zink, Eisen u. a. verbessern Festigkeit und Korrosionsbeständigkeit der Leichtmetall-Legierungen erheblich. Durch ihre Verwendung kann das Gewicht von Maschinen und sonstigen Konstruktionselementen stark vermindert werden.

Die wichtigsten Aluminiumlegierungen bestehen aus den Systemen: Aluminium-Magnesium, Aluminium-Silicium, Aluminium-Magnesium-Silicium, Aluminium-Kupfer-Magnesium, Aluminium-Zink-Magnesium, Aluminium-Zink-Kupfer, die in Knet- und Gusslegierungen eingeteilt werden.

Die Aluminiumknetlegierungen besitzen eine hohe Festigkeit und die Eigenschaft, sich plastisch verformen zu lassen. Sie können bis zu 7 % Magnesium, 6 % Zink, 5 % Kupfer, 1,5 % Mangan, 1,6 % Silicium, 0,5 % Eisen u. a. enthalten.

Die Aluminiumgußlegierungen zeichnen sich durch gute Dünnflüssigkeit der Schmelze, hohe Festigkeit und gute Bearbeitbarkeit durch Schneidwerkzeuge aus. Ihre Legierungsbestandteile sind: Silicium (≤ 13,5 %), Mangan (≤ 0,6 %), Kupfer (≤ 6 %), Magnesium (≤ 11 %), Eisen (≤ 1,5 %), Titan (≤ 0,3 %) u. a.

Magnesiumlegierungen enthalten Aluminium (≤ 10,0 %), Zink (≤ 3,2 %) und Mangan (≤ 0,6 %) als Nebenbestandteile. In Spuren sind mitunter Cer, Zirconium und Beryllium vorhanden. Zum Guss finden hauptsächlich Magnesium-Aluminium-Zink-Legierungen Anwendung, die ein relativ geringes spezifisches Gewicht besitzen und sich leicht bearbeiten lassen. Nachteilig für sie sind ihre geringe Korrosionsbeständigkeit und ihre schlechten Formgusseigenschaften. Die Magnesiumknetlegierungen entsprechen etwa in ihrer chemischen Zusammensetzung den Gusslegierungen, zeigen jedoch schlechtere technologische Eigenschaften. Aus den Knetlegierungen werden vor allem Pressteile gefertigt. Im Folgenden soll die Analyse eines Leichtmetalls mit den Bestandteilen Aluminium, Zink, Magnesium (bzw. Aluminium, Zink, Mangan) oder Aluminium, Magnesium (bzw. Aluminium, Kupfer, Mangan) beschrieben werden.

Analysengang: Enthält die Probe Zink, so wird entweder in einem Salzsäure-Schwefelsäure-Gemisch (Löseprozess I) oder in Natronlauge (Löseprozess II) gelöst. Ein kupferhaltiges Probenmaterial ist besser in einem Salpeter-Schwefelsäure-Gemisch (Löseprozess III) zu lösen. In den so erhaltenen Lösungen wird zuerst Zink bzw. Kupfer als Sulfid gefällt. Dieses kommt entweder direkt zur Auswaage, oder es wird gelöst, und die gravimetrische Bestimmung erfolgt als Zinkdiphosphat bzw. Kupfer(I)-thiocyanat.

Zink kann auch nach Abtrennung als Zinksulfid und Lösen des Niederschlages in Salpetersäure komplexometrisch titriert werden. Die Abtrennung und Bestimmung des Kupfers lässt sich auch elektrogravimetrisch vornehmen.

In den zink- bzw. kupferfreien Lösungen wird Magnesium als Magnesiumammoniumphosphat und danach Aluminium als Oxinat gefällt. Mangan wird in einer gesonderten Einwaage nach dem Bismutatverfahren, der Methode von *Procter-Smith* oder photometrisch bestimmt.

Löseprozess I

Arbeitsgeräte: 400-mL-Bechergläser (hohe Form); Uhrgläser; Heizplatte; Pipetten; Messzylinder.

Reagenzien: Mischsäure: 10 mL 7 mol/L HCl und 5 mL 18 mol/L H_2SO_4; 2 mol/L HNO_3.

Arbeitsvorschrift: 1,2–1,5 g Leichtmetallspäne einwiegen und in Becherglas bringen. Becherglas mit Uhrglas bedecken und Mischsäure in kleinen Portionen zugeben. Nach dem Nachlassen der Reaktion das Becherglas auf die Heizplatte stellen und die Probe in der Wärme weiter lösen. Bei nicht vollständigem Lösen einige Tropfen HNO_3 zusetzen. Sodann bis zur Vertreibung der HNO_3 und der Entstehung von weißen Nebeln eindampfen (erstarrende Salzreste dabei mit Glasstab bewegen). Erkalteten Rückstand mit 50 mL Wasser (evtl. in der Wärme) lösen (Einwaage m_E in mg).

Löseprozess II

Arbeitsgeräte: wie bei I.

Reagenzien: 12 mol/L NaOH; 14 mol/L HNO_3; 18 mol/L H_2SO_4; H_2SO_3.

Arbeitsvorschrift: 1,2–1,5 g Späne einwiegen, in Becherglas bringen und mit etwas Wasser befeuchten. Becherglas mit einem Uhrglas bedecken und langsam 15 mL NaOH-Lösung zusetzen. Nach Beendigung der Reaktion Uhrglas und Wandung des Becherglases mit Wasser abspritzen. Nach 1 h mit 80 mL Wasser verdünnen und über Nacht stehen lassen. Die trübe, dunkel gefärbte Lösung mit Mn im Rückstand nun vorsichtig mit HNO_3 so-lange versetzen, bis eine klare Lösung entsteht und dazu 5 mL H_2SO_4 geben. Eventuell kleine ausflockende Rückstände mit 2 Tropfen H_2SO_3 lösen, SO_2 vollständig verkochen und Lösung zur Trockne eindampfen. Rückstand mit 50 mL heißem Wasser aufnehmen (Einwaage in m_E in mg).

Löseprozess III
Arbeitsgeräte: wie bei I.

Reagenzien: Mischsäure: 30 mL 14 mol/L HNO_3 und 70 mL 18 mol/L H_2SO_4; 7 mol/L HCl.

Arbeitsvorschrift: Ca. 1 g Späne einwiegen, in Becherglas bringen und mit Wasser anfeuchten. Becherglas mit Uhrglas bedecken und vorsichtig in kleinen Portionen 15 mL Mischsäure zusetzen. Wenn die Reaktion nachlässt, noch 3–5 mL HCl zugeben. Auf Heizplatte bis zur Bildung weißen Nebels eindampfen und Lösung dann noch 30 min lang am Rauchen halten. Nach dem Erkalten mit 60–80 mL heißem Wasser lösen (Einwaage m_E in mg).

Bestimmung von Zink
Arbeitsgeräte: für a) zusätzlich Rührwerk; Filtertiegel A 2; Al-Block; CO_2-Stahlflasche; H_2S-Anlage. Für b) ►S. 73; für c) ►S. 146.

Reagenzien: für a) NH_4-Tartrat; 2 mol/L NH_3; Methylorange; H_2SO_4 (25,6 g 18 mol/L H_2SO_4 mit Wasser auf 100 mL auffüllen); $(NH_4)_2SO_4$; Waschflüssigkeit: H_2S-Wasser mit 1 g $(NH_4)_2SO_4$ pro 100 mL; S-Pulver. Für b) ►S. 73 und zusätzlich 5 mol/L HNO_3. Für c) ►S. 146 und zusätzlich 5 mol/L HNO_3.

Arbeitsvorschrift Zink kann gravimetrisch bzw. maßanalytisch bestimmt werden.

a) gravimetrisch: Lösung aus Löseprozess I oder II mit 2 g NH_4-Tartrat versetzen und mit NH_3-Lösung gegen Methylorange neutralisieren. Hierbei so lange rühren, bis der Niederschlag sich gerade wieder löst. Sodann 8 mL H_2SO_4 zugeben, auf 200 mL mit Wasser verdünnen und mit 3 g $(NH_4)_2SO_4$ versetzen, prüfen, ob pH = 2,9–3,3. Dann auf 70 °C erhitzen und 30 min lang H_2S in schneller Folge (2 Blasen/s) einleiten. Über Nacht stehen lassen und durch Filtertiegel dekantierend filtrieren. Mit Waschflüssigkeit waschen. Niederschlag mit Schwefelpulver leicht bestreuen und im Al-Block im CO_2-Strom auf 400 °C erhitzen. Nach Erreichen dieser Temperatur Heizung abstellen und Tiegel weiterhin im CO_2-Strom belassen, bis die Temperatur auf 200 °C abgesunken ist, dann in den Exsikkator stellen. Auswaage $m(ZnS)$ in mg.

b) gravimetrisch: ZnS wie unter a) fällen und abfiltrieren, dann Niederschlag mit HNO_3 lösen, H_2S verkochen und als $Zn_2P_2O_7$ nach Vorschrift auf ►S. 246 bestimmen. Vgl. Mn als $Mn_2P_2O_7$, ►S. 83 f.

c) maßanalytisch: Wie b), jedoch nach Verkochen des H_2S komplexometrisch wie Mg^{2+} bzw. Al^{3+} nach Vorschrift auf ►S. 146 bzw. ►S. 149 titrieren.

Berechnung: Für a):

$$m(\text{Zn}) = [\lambda]m(\text{ZnS})$$

Umrechnungsfaktor

$$[\lambda] = \frac{M(\text{Zn})}{M(\text{ZnS})} = 0{,}67098$$

für a), b) und c):

$$w(\text{Zn}) = \frac{m(\text{Zn})}{m_\text{E}}$$

Bestimmung von Kupfer

Arbeitsgeräte und Reagenzien: für a) ►S. 80 f.; für b) ►S. 81 und zusätzlich 2 mol/L NaOH; für c) ►S. 185.

Arbeitsvorschrift: Kupfer kann gravimetrisch oder elektrogravimetrisch bestimmt werden.

a) gravimetrisch: In Lösung aus Lösungsprozess III Cu als CuS nach Vorschrift auf ►S. 80 f. bestimmen.

b) gravimetrisch: CuS wie unter a) fällen und abfiltrieren, dann Niederschlag mit HNO_3 lösen, H_2S verkochen, mit NaOH-Lösung auf pH = 4–5 bringen und Cu als CuSCN nach Vorschrift auf ►S. 82 bestimmen.

c) elektrogravimetrisch: Lösung aus Lösungsprozess III nach Vorschrift auf ►S. 185 elektrolysieren.

Berechnung:

$$w(\text{Cu}) = \frac{m(\text{Cu})}{m_\text{E}}$$

Bestimmung von Magnesium

Arbeitsgeräte und Reagenzien: ►S. 73 und zusätzlich 250-mL-Messkolben; 50-mL-Pipette, 14 mol/L HNO_3; Weinsäurelösung (1 : 1).

Arbeitsvorschrift: Im Filtrat der Sulfidfällungen H_2S restlos verkochen und NH_4-Salze durch Eindampfen mit 50 mL HNO_3 zerstören. Eingedampfte Lösung bzw. durch Elektrolyse von Cu befreite Lösung in einen Messkolben füllen und mit Wasser bis zur Marke auffüllen. 50 mL aus Messkolben entnehmen, 20 mL Weinsäurelösung zusetzen und $MgNH_4PO_4$ nach Vorschrift aus ►S. 73 fällen. Für die Al-Bestimmung zwecks Einhaltung des Arbeitsbereiches evtl. nur aliquoten Teil des Filtrats der Mg-Bestimmung verwenden; V_y/V_F.

Berechnung:

$$w(\text{Mg}) = \frac{m(\text{Mg})}{0{,}2 \cdot m_\text{E}}$$

Bestimmung von Aluminium

Arbeitsgeräte, Reagenzien und Arbeitsvorschrift: ►S. 76 f. Maximal 27 mg Al^{3+}.

Berechnung:

$$w(\mathrm{Al}) = \frac{m(\mathrm{Al})}{0{,}2 \cdot (V_y/V_F) \cdot m_E}$$

Bestimmung von Mangan

Arbeitsgeräte: für a) 400-mL-Bechergläser (hohe Form); Uhrgläser; Heizplatte; Glasfiltertiegel 1 G 4; Witt'scher Saugtopf; Pipetten; 50-mL-Pipette; 50-mL-Bürette. Für b) ►S. 257. Für c) ►S. 206.

Reagenzien: für a) 14 mol/L HNO_3; Stickstoffoxide durch halbstündiges Durchleiten von Luft entfernen; 7 mol/L H_2SO_4; $NaBiO_3$; 2 mol/L HNO_3; Maßlösungen: 0,05 mol/L $Na_2C_2O_4$; 0,02 mol/L $KMnO_4$. Für b) ►S. 257. Für c) ►S. 206.

Arbeitsvorschrift: Mangan kann nach dem Bismutatverfahren, der Procter-Smith-Methode oder photometrisch bestimmt werden.

a) Bismutatverfahren: Einwaage so bemessen, dass nicht mehr als 40 mg Mn zur Analyse gelangen. Späne in Becherglas bringen. Becherglas mit Uhrglas bedecken, auf Heizplatte stellen und Probe vorsichtig mit 15 mL 14 mol/L HNO_3 lösen. Nach der ersten heftigen Reaktion langsam 5 mL H_2SO_4 zugeben. Nach vollständigem Lösen mit 15 mL 14 mol/L HNO_3 versetzen. Sodann 30 mL heißes Wasser zusetzen, aufkochen, abkühlen und 1,3 g $NaBiO_3$ zugeben. Lösung schütteln und 15 min lang stehen lassen. Währenddessen eine mit 2 mol/L HNO_3 versetzte $KMnO_4$-Lösung, die etwas $NaBiO_3$ enthält sowie anschließend 2 mol/L HNO_3 durch Glasfiltertiegel saugen. Vorlage wechseln und nun langsam die Analysenlösung durch Glasfiltertiegel filtrieren und mit 2 mol/L HNO_3 nachwaschen, bis diese farblos abläuft. Zum Filtrat 10 mL H_2SO_4, genau 50 mL $Na_2C_2O_4$-Lösung (Pipette!) geben, auf 70 °C erwärmen und mit $KMnO_4$-Lösung zurücktitrieren.

b) Methode nach *Procter-Smith*: ►S. 257.

c) photometrisch: ►S. 206.

Berechnung: für a) $m(\mathrm{Mn})$ in mg $\hat{=}$ $1{,}0988 \cdot 50 - V_t$ in mL. Für b) ►S. 257; für c) ►S. 206.

$$w(\mathrm{Mn}) = \frac{m(\mathrm{Mn})}{m_E}$$

Eisen- und Stahlanalyse

Gusseisen, Schmiedeeisen und Stahl sind Eisen-Kohlenstoff-Legierungen, die sich in ihrem Kohlenstoffgehalt unterscheiden.

Gusseisen enthält 2,6–5,3 % Kohlenstoff, Schmiedeeisen 0,1–0,5 % Kohlenstoff und Stahl gewöhnlich 0,5–1,7 % Kohlenstoff. Neben Kohlenstoff, der sowohl die Struktur als auch die Eigenschaften der Eisen-Kohlenstoff-Legierungen maßgebend beeinflusst, sind in allen Eisensorten Silicium, Schwefel, Phosphor und Mangan anzutreffen. Als weitere Legierungszusätze können in Stählen Aluminium, Chrom, Cobalt, Molybdän, Nickel, Vanadium, Titan, Wolfram, Kupfer und Stickstoff vorkommen. Man unterscheidet unlegierte und legierte Stähle. Im ersteren Fall ist das ein Stahl, bei dem die obere Grenze von 0,5 % Silicium, 0,8 % Mangan und 0,25 % Kupfer nicht überschritten wird. Im zweiten Fall handelt es sich um Stähle, bei denen die vorgenannten Gehaltsgrenzen überschritten wurden oder die zur Erzielung besserer Eigenschaften mit weiteren Metallen legiert wurden. „Niedrig legierte" Stähle (mit Nickel und Chrom) werden für höher beanspruchte Maschinenteile verwendet. „Hoch legierte" Stähle (mit Nickel, Chrom, Mangan, Silicium, Molybdän, u. a.) besitzen hohe Verschleißfestigkeit und Korrosionsbeständigkeit (Edelstähle wie V 2 A und V 4 A).

Bei Eisen- und Stahllegierungen interessieren in erster Linie die Legierungsnebenbestandteile. Im Folgenden wird die analytische Bestimmung von Silicium, Kohlenstoff, Phosphor, Schwefel, Chrom und Nickel im Gusseisen bzw. Stahl beschrieben.

Analysengang: Die zur Analyse kommenden Bohr- oder Drehspäne werden zuvor mit Ethanol oder Ether fettfrei gemacht und entsprechend der vorliegenden Legierungsart in Salzsäure, Salpetersäure oder in einem Gemisch von beiden gelöst. Säureunlösliche Legierungen sind durch eine oxidierende Schmelze (z. B. von Alkalicarbonat und Natriumperoxid) in einem Tiegel aufzuschließen. Zur Bestimmung der einzelnen Elemente empfiehlt es sich, gesonderte Einwaagen zu verwenden.

Bestimmung von Silicium

Reaktionsprinzip: Die Si-Abscheidung erfolgt nach dem Lösen der Probe (ausgenommen Ferrosilicium) in einer oxidierenden Säure (HNO_3) durch mehrmaliges Abrauchen mit HCl als SiO_2.

Verfahrensfehler: Löst man in HCl, so besteht die Gefahr, dass ein Teil des Si, das in den Legierungen fast immer als Silicid vorliegt, als SiH_4 entweicht. Neuerdings wird zum Lösen und Abrauchen ein $HClO_4/HNO_3$-Gemisch verwendet (Vorsicht! Nicht im Holzabzug abrauchen, da bei hochkonzentrierter $HClO_4$ Explosionsgefahr besteht; nur einen „voll ausgekachelten" Abzug mit eingebauten Heizplatten benutzen!). Da das abgeschiedene SiO_2 häufig Fremdsubstanzen einschließt, ist Abrauchen mit HF zur Prüfung auf Reinheit ratsam.

Arbeitsgeräte: 400-mL-Becher; Uhrgläser; Wasserbad; Sandbad; Blaubandfilter; Porzellantiegel; Trockenschrank; Muffelofen; Pipetten.

Reagenzien: 5 mol/L HNO_3; 7 mol/L HCl.

Arbeitsvorschrift: 1–2 g einer siliciumreichen oder 2–5 g einer siliciumarmen Legierung einwiegen und in Becherglas bringen. Becherglas mit Uhrglas bedecken und vorsichtig portionsweise mit der etwa zwölffachen Menge HNO_3 versetzen. Nach dem Nachlassen der Reaktion auf dem Wasserbad bis zur klaren Lösung erwärmen, Uhrglas mit heißem Wasser abspritzen und Lösung auf Sandbad bis zur Trockne eindampfen. Sodann mattbraunen Rückstand nach völligem Abkühlen im bedeckten Becherglas mit HCl (4 mL für je 0,5 g Einwaage) bis zum Lösen erwärmen und nochmals bis zur Trockne eindampfen. Mit warmer HCl (3 mL auf je 0,5 g Einwaage) aufnehmen, mit heißem Wasser verdünnen, absetzen lassen und durch Filter dekantierend filtrieren, Niederschlag mit heißem, salzsaurem Wasser waschen. Filter in Tiegel bringen, im Trockenschrank trocknen und anschließend veraschen. Rückstand bei 1000 °C im Muffelofen in Intervallen von 45 min bis zur Gewichtskonstanz glühen. Auswaage $m(SiO_2)$ in mg.

Berechnung:

$$m(\mathrm{Si}) = [\lambda] \cdot m(\mathrm{SiO_2})$$

Umrechnungsfaktor

$$[\lambda] = \frac{M(\mathrm{Si})}{M(\mathrm{SiO_2})} = 0{,}46743$$

$$w(\mathrm{Si}) = \frac{m(\mathrm{Si})}{m_\mathrm{E}}$$

Bestimmung von Kohlenstoff

Reaktionsprinzip: Kohlenstoff wird bei Temperaturen über 1100 °C im O_2-Strom zu CO_2 verbrannt und dieses absorptiometrisch bestimmt. Die abgekühlten Gase werden in einer Gasbürette aufgefangen und in eine mit Kalilauge gefüllte Gaspipette gedrückt. Aus der Volumenverminderung kann der C-Gehalt des Stahls berechnet werden.

Arbeitsgeräte: Apparatur nach ○ Abb. 2.65; O_2-Stahlflasche; Porzellanschiffchen.

Reagenzien: 30%ige KOH-Lösung.

Verfahrensfehler: Der O_2-Strom darf nicht zu stark sein, damit die Bürette nicht vor vollständiger Verbrennung des Stahls gefüllt ist.

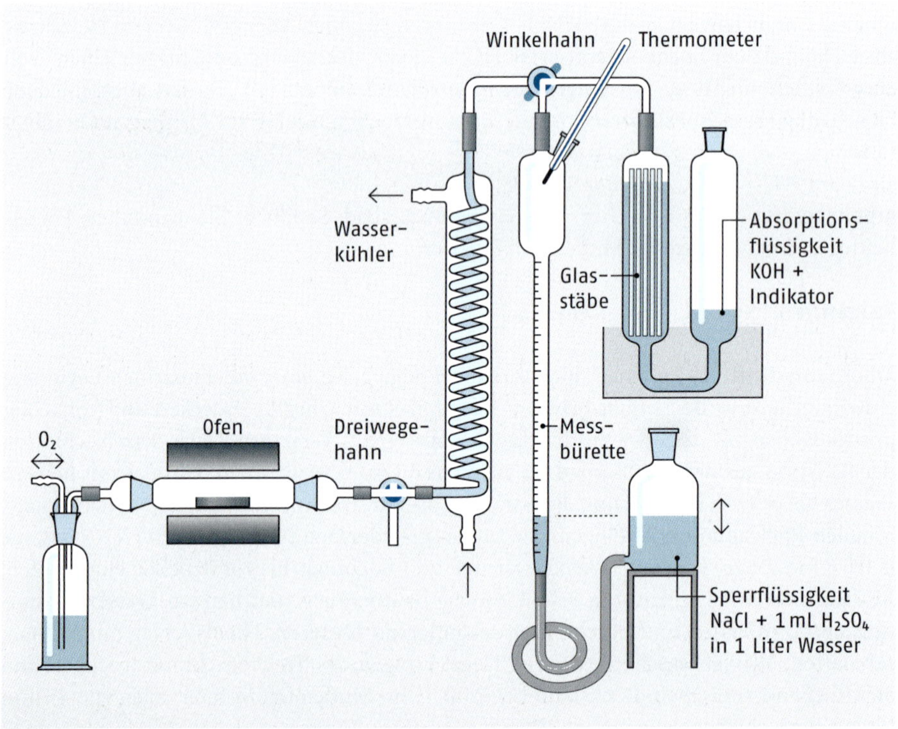

○ **Abb. 2.65** Apparatur zur C-Bestimmung im Stahl

Arbeitsvorschrift: O_2 wird mit dem Reduzierventil so eingestellt, dass man die Blasen in der Waschflasche gerade noch zählen kann. Die Verbindung zwischen der Waschflasche und dem Porzellanrohr des Röhrenofens wird durch einen Schlauch und einer Schliffverbindung hergestellt. O_2 durchströmt jetzt den Ofen und gelangt im Dreiwegehahn ins Freie. Nachdem die Apparatur gut mit O_2 ausgespült ist, wird die Apparatur vor dem Rohr geöffnet, das Porzellanschiffchen mit den eingewogenen Stahlspänen in das Rohr des Ofens eingeschoben und die Apparatur wieder mit der Wasserflasche verbunden. Gleichzeitig wird der Dreiwegehahn umgestellt, sodass das Gas in die Bürette gelangt. Das Niveaugefäß soll dabei so gehalten werden, dass der Spiegel der Sperrflüssigkeit nur wenig unter dem Flüssigkeitsspiegel in der Bürette liegt. Während der Verbrennung des Stahls wird O_2 bei richtig eingestellter Strömungsgeschwindigkeit fast vollständig verbraucht. Erst nach beendeter Reaktion beginnt dann der Spiegel wieder schneller zu sinken. Ist die Bürette einschließlich des verjüngten Teils gefüllt, wird der Dreiwegehahn wieder in die alte Stellung gedreht. Jetzt muss der gesamte Kohlenstoff als CO_2 in die Bürette gespült sein. Ist an der Bürette eine verschiebbare Skala angebracht, so wird diese jetzt bei Niveaugleichheit so eingestellt, dass der Flüssigkeitsmeniskus auf Null steht. Diese Nullpunktverschiebung ist hier im Gegensatz zu den bisher beschriebenen absorptiometrischen Verfahren zulässig, da die Volumendifferenz proportional dem C-Gehalt der Einwaage und unabhängig vom Gesamtvolumen ist, während sonst das Messergebnis auf das Ausgangsvolumen bezogen wird. Jetzt wird durch Drehen des Winkelhahns die Bürette mit der Absorptionspipette verbunden und das Gas in die Pipette gedrückt. Nach vollständiger CO_2-Absorption wird dann das Gas wieder in die Bürette zurückgeholt und die Volumenverminderung ΔV bestimmt. Außerdem müssen die Gastemperatur ϑ am Thermometer und der Barometerstand p_B abgelesen werden.

Berechnung: Die Skala der Gasbürette ist gewöhnlich schon auf % C geeicht. Dabei sind Standarddruck p° (1013 mbar), eine Bezugstemperatur ϑ' (z. B. 16 °C) und eine bestimmte Einwaage (1 g) zugrunde gelegt. Der Verrechnungsfaktor für Druck und Temperatur kann einer Tabelle entnommen oder nach der Gleichung

$$\frac{p^\circ \cdot \%\,C}{\vartheta' + 273{,}15\,K} = \frac{p_B \cdot \%\,C_{Ablesung}}{\vartheta + 273{,}15\,K}$$

errechnet werden. Er ergibt sich aus Gleichung 3 (▶Kap. 2.8.1), da % C proportional dem Volumen CO_2 ist. Für p_B ist selbstverständlich der korrigierte Barometerstand einzusetzen (▶S. 213 und ▶S. 223). Wenn die Gasbürette eine mL-Teilung trägt, muss die Rechnung nach dem idealen Gasgesetz durchgeführt werden, indem Gleichung 5 (▶Kap. 2.8.1) nach m aufgelöst wird:

$$m(CO_2) = \frac{p_B \cdot \Delta V \cdot M(CO_2)}{RT} = \frac{p_B \cdot \Delta V \cdot (44\,010\,mg/mol)}{(82\,518\,mL \cdot mbar/(K \cdot mol)) \cdot (\vartheta + 273{,}15\,K)}.$$

Der Wert für „R“ weicht um ca. 0,75 % von dem theoretischen Wert 83 143 mL · mbar/(K · mol) ab. Er wurde unter Benutzung des tatsächlichen molaren Volumens von CO_2 berechnet. Er enthält also bereits die Korrektur für die Abweichung von dem idealen Gasgesetz (▶S. 212). Der C-Gehalt wird dann durch einfache stöchiometrische Rechnung ermittelt (Bei Benutzung alter Barometer: 1 Torr ≙ 1,3332 mbar).

Bestimmung von Phosphor

Reaktionsprinzip: Die Probe wird in HNO_3 gelöst, wobei der als FeP vorliegende P teils zu H_3PO_3, teils zu H_3PO_4 oxidiert wird. Zur vollständigen Oxidation von H_3PO_3 dient $KMnO_4$.

$$FeP + 5\,H^+ + 2\,NO_3^- \longrightarrow H_3PO_3 + Fe^{3+} + 2\,NO + H_2O$$

$$5\,H_3PO_3 + 2\,MnO_4^- + 6\,H^+ \longrightarrow 5\,H_3PO_4 + 2\,Mn^{2+} + 3\,H_2O$$

Anschließend wird das überschüssige $KMnO_4$ durch Oxalsäure oder KNO_2 wieder reduziert und PO_4^{3-} in salpetersaurer Lösung als 8-Hydroxychinolinium-12-molybdo-1-phosphat gefällt. Die störende Komplexbildung des Fe^{3+} mit PO_4^{3-} wird durch Maskierung des Fe^{3+} mit Dinatriummethylendiamintetraacetat, Na_2H_2Y, verhindert. Enthält die Probe größere Mengen an Si, so raucht man das gebildete SiO_2 mit HF ab. Kleinere Mengen an Si lassen sich durch Zusatz einiger Tropfen HF leicht als SiF_4 entfernen.

Verfahrensfehler: HCl darf nicht als Lösemittel verwendet werden, da hierbei PH_3 entweichen würde.

Arbeitsgeräte: 400-mL-Bechergläser; Heizquelle; Pipetten; pH-Papier; 50-mL-Bürette.

Reagenzien: 2 mol/L HNO_3; HF; 3%ige $KMnO_4$-Lösung; 5%ige KNO_2-Lösung; 0,1 mol/L Sulfosalicylsäurelösung; 2 mol/L NaOH; 0,1 mol/L Na_2H_2Y.

Arbeitsvorschrift: Etwa 0,5 g Späne in Becherglas einwiegen und mit 60 mL HNO_3 unter Erwärmen lösen. Nach dem Lösen der Metallspäne 10–15 Tropfen HF zufügen (Tropfen dürfen die Glaswandung nicht berühren!) und Lösung ziemLich weit eindampfen (Salze dürfen noch nicht auskristallisieren!). Sodann Lösung mit Wasser auf 150 mL Gesamtvolumen verdünnen, mit 10–20 mL $KMnO_4$-Lösung versetzen und 5 min lang kräftig kochen (bei evtl. Entfärbung nochmals $KMnO_4$-Lösung zusetzen). Hiernach langsam KNO_2-Lösung zugeben, bis Analysenlösung gelbklares Aussehen hat und kein Bodensatz von MnO_2 mehr vorhanden ist. Dann Lösung kurz aufkochen, 2 mL Sulfosalicylsäurelösung zufügen und nach Einstellen auf pH = 2–3 mit NaOH-Lösung mit Na_2H_2Y-Lösung aus Bürette bis zum Verschwinden der Violettfärbung versetzen. Im Weiteren nach der auf ►S. 69 f. angegebenen Vorschrift verfahren. Die Auswaage $m([H_2Ox]_3[PMo_{12}O_{40}])$ beträgt ca. 10 mg.

Berechnung:

$$m(P) = [\lambda] \cdot m((H_2Ox)_3[PMo_{12}O_{40}])$$

Umrechnungsfaktor

$$[\lambda] = \frac{M(P)}{M((H_2Ox)_3[PMo_{12}O_{40}])} = 0{,}01370$$

$$w(P) = \frac{m(P)}{m_E}$$

Bestimmung von Schwefel

Reaktionsprinzip: Zur Bestimmung des Schwefels in Eisen- und Stahlsorten, besonders in solchen, die in HCl schwerlöslich sind, überführt man S durch einen Alkalicarbonat-Peroxid-Aufschluss in SO_4^{2-}, das als $BaSO_4$ ausgewogen wird. Üblich ist auch die der C-Bestimmung analoge Verbrennung nach Holthaus, mit Absorption des SO_2 in H_2O_2-haltiger 0,01 mol/L NaOH und Rücktitration mit H_2SO_4.

Arbeitsgeräte: ►S. 68 und zusätzlich Ni-Tiegel

Reagenzien: ►S. 68 und zusätzlich Na_2CO_3; Na_2O_2; 2 mol/L HCl.

Arbeitsvorschrift: 1,5 g Einwaage im Tiegel mit 5 g Na_2CO_3 und 10 g Na_2O_2 aufschließen. Schmelzkuchen mit Wasser auslaugen, Lösung einige Minuten zum Sieden erhitzen und filtrieren. Die erkaltete Lösung mit HCl auf pH = 2–3 bringen und nach der Vorschrift auf ►S. 68 weiterverfahren. Auswaage $m(BaSO_4)$ in mg.

Berechnung:

$$m(S) = [\lambda] \cdot m(BaSO_4)$$

Umrechnungsfaktor

$$[\lambda] = \frac{M(S)}{M(BaSO_4)} = 0{,}13734$$

$$w(S) = \frac{m(S)}{m_E}$$

Bestimmung von Mangan

Reaktionsprinzip: Nach dem Verfahren von Procter–Smith wird Mn^{2+} in salpetersaurer Lösung durch $(NH_4)_2S_2O_8$ in Gegenwart von $AgNO_3$ als Katalysator zu MnO_4^- oxidiert, das dann durch Titration mit Na_3AsO_3-Maßlösung von bekanntem Gehalt bestimmt wird (Methode a). Der Mn-Gehalt der Probe soll hierbei nicht mehr als $w(Mn) = 1{,}5\,\%$ betragen.

$$2\,Mn^{2+} + 8\,H_2O + 5\,S_2O_8^{2-} \longrightarrow 2\,MnO_4^- + 16\,H^+ + 10\,SO_4^{2-}$$

$$2\,MnO_4^- + 6\,H^+ + 5\,H_2AsO_3^- \longrightarrow 2\,Mn^{2+} + 5\,H_2AsO_4^- + 3\,H_2O$$

Enthält die Probe größere Mn-Mengen, so wird Mn^{2+} titrimetrisch nach dem Verfahren von Volhard–Wolff bestimmt (Methode b). Ferner kann Mn photometrisch bestimmt werden (Methode c).

Arbeitsgeräte: für a) 400-mL-Bechergläser; 1-L-Messkolben; 50-mL-Bürette; Heizquelle; Pipetten. Für b) ►S. 123; für c) ►S. 206.

Reagenzien: für a) 5 mol/L HNO_3; $AgNO_3$-Lösung (1,7 g/L); $(NH_4)_2S_2O_8$-Lösung (500 g/L); NaCl-Lösung (12 g/L); Maßlösung 1/100 mol/L Na_3AsO_3 (0,989 g As_2O_3 und 2 g $NaHCO_3$ in heißem Wasser lösen und im Messkolben mit Wasser bis zur Marke auffüllen. Der Titer wird zweckmäßig mithilfe eines Normalstahls von bekanntem Mn-

Gehalt empirisch bestimmt, da AsO_3^{3-} keine stöchiometrischen Werte liefert). Für b) ▶S. 123; für c) ▶S. 206.

Arbeitsvorschrift: Mangan wird titrimetrisch oder photometrisch bestimmt.

a) titrimetrisch: 0,2 g Späne einwiegen, in Becherglas bringen, mit 15 mL HNO_3 in der Wärme lösen und Stickstoffoxide restlos verkochen. Sodann die erkaltete Lösung mit 50 mL $AgNO_3$-Lösung und 2 mL $(NH_4)_2S_2O_8$-Lösung versetzen. Einige Minuten bei 60 °C zum vollständigen Rotwerden der Lösung erwärmen. Diese dann unter fließendem Wasser kühlen und nach Zugabe von 50 mL Wasser mit 3 mL NaCl-Lösung zur Ausfällung des Ag^+ versetzen. Anschließend mit Maßlösung bis zum Verschwinden der Rosafärbung titrieren.

b) titrimetrisch: wie bei a) lösen und nach Vorschrift auf ▶S. 123 verfahren.

c) photometrisch: ▶S. 206.

Berechnung: für a) Verbrauch mit empirisch ermitteltem Faktor multiplizieren. Für b) ▶S. 123; für c) ▶S. 206.

$$w(\mathrm{Mn}) = \frac{m(\mathrm{Mn})}{m_\mathrm{E}}$$

Bestimmung von Chrom

Reaktionsprinzip: In Gegenwart von $AgNO_3$ werden Cr^{3+}-Ionen in schwefelsaurer Lösung durch $(NH_4)_2S_2O_8$ zu $Cr_2O_7^{2-}$ oxidiert. Durch Zugabe von überschüssiger $FeSO_4$-Lösung wird das gebildete $Cr_2O_7^{2-}$ zu Cr^{3+} reduziert und der Überschuss an $FeSO_4$ durch $KMnO_4$-Lösung ermittelt. Vor der Reduktion des Cr(VI) wird das überschüssige $(NH_4)_2S_2O_8$ durch Kochen und das bei Anwesenheit von Mn gebildete MnO_4^- durch NaCl zerstört. $Cr_2O_7^{2-}$ kann auch direkt ferrometrisch (▶S. 130) bestimmt werden.

Arbeitsgeräte: 400-mL-Bechergläser (hohe Form); Heizquelle; Pipetten; 50-mL-Bürette.

Reagenzien: Mischsäure (▶S. 206, Mn-Bestimmung); 7 mol/L HNO_3; 2,5%ige $AgNO_3$-Lösung; 15%ige $(NH_4)_2S_2O_8$-Lösung; 5%ige NaCl-Lösung; Maßlösungen: 0,1 mol/L $FeSO_4$; 0,2 mol/L $KMnO_4$.

Arbeitsvorschrift: Etwa 1 g Späne einwiegen, in Becherglas bringen, mit 60 mL Mischsäure und 10 mL HNO_3 oxidierend lösen. Bis zur Nebelbildung einengen, kühlen und mit 300 mL Wasser verdünnen. Nach Zugabe von 2 mL $AgNO_3$-Lösung kochen und 20 mL $(NH_4)_2S_2O_8$-Lösung zugeben. Nach dem Entstehen der Orangefärbung Lösung mit 5 mL NaCl-Lösung versetzen und 10 min lang kochen. Nach Abkühlen auf Zimmertemp. (ca. 20 °C) $FeSO_4$-Lösung (V_1) zusetzen und Überschuss an $FeSO_4$ mit $KMnO_4$-Lösung (V_2) zurücktitrieren (▶S. 120). f_1 bzw. f_2 ist der Normierfaktor der entsprechenden Lösung.

Zur Reduktion des $Cr_2O_7^{2-}$ verbraucht: $V = V_1 \cdot f_1 - V_2 \cdot f_2$.

Berechnung: 1 mL 0,1 mol/L $FeSO_4$ ≙ 1,7332 mg Cr.

$$w(\mathrm{Cr}) = \frac{m(\mathrm{Cr})}{m_\mathrm{E}}$$

Bestimmung von Nickel

Reaktionsprinzip: Die Probe wird in Salzsäure gelöst. Zur Bindung (Maskierung) des Eisens dient ein Zusatz von Weinsäure. Ni^{2+} wird mit Dimethylglyoxim gefällt.

Arbeitsgeräte und Reagenzien: ►S. 87 und zusätzlich 600-mL-Bechergläser; 2 mol/L HCl; 7 mol/L HNO_3; Weinsäure; 2 mol/L NH_3-Lösung.

Arbeitsvorschrift: Etwa 1 g Späne einwiegen, in Becherglas bringen und in 20 mL HCl lösen. Lösung mit einigen mL HNO_3 oxidieren und zur Trockne eindampfen. Sodann mit HCl und Wasser aufnehmen, in Becherglas filtrieren und Filterrückstand mit salzsäurehaltigem H_2O auswaschen. Filtrat mit 7 g Weinsäure versetzen und ammoniakalisch machen (Lösung muss klar bleiben!). Sodann Lösung mit HCl auf pH = 2–3 bringen und weiter nach Vorschrift auf ►S. 87 verfahren.

Berechnung:

$$w(\mathrm{Ni}) = \frac{m(\mathrm{Ni})}{m_\mathrm{E}}$$

2

2.9.6 Analyse technischer Gase

Bei fast allen chemischen Prozessen, die in der Technik durchgeführt werden, entstehen gasförmige Haupt- oder Nebenprodukte. Zur Überwachung derartiger Reaktionen müssen Analysen der entstehenden Gase durchgeführt werden. Wichtige Anwendungen der Gasanalyse sind die Kontrolle der Heizgaserzeugung (Leuchtgasanalyse) und die Lenkung von Verbrennungsvorgängen (Rauchgasanalyse).

Leuchtgasanalyse nach *Orsat*

Leuchtgas wird durch Erhitzen von Steinkohlen unter Luftabschluss auf 1200–1300 °C gewonnen und hat etwa folgende, in Volumenanteilen ϕ angegebene Zusammensetzung: Kohlendioxid 2–3 %, Schwere Kohlenwasserstoffe (Ethen, Ethin, Benzol) 4 %, Sauerstoff 0,5 %, Kohlenmonoxid 8 %, Wasserstoff 50 %, Methan 30 % sowie Stickstoff 5 %.

Stadtgas ist ein Gemisch, das wechselnde Mengen von Leuchtgas, Wassergas und Spaltgas enthält. Sein Heizwert wird trotz unterschiedlicher Zusammensetzung konstant auf ca. 17 600 kJ/m^3 eingestellt. Spaltgas, das vor allem in Spitzenverbrauchszeiten dem Stadtgas beigemischt wird, erhält man durch katalytische Umsetzung von Schweröl, Erdgas, Propan oder Butan mit Wasserdampf und Luft.

Analysengang: Die Bestimmung des Leuchtgases erfolgt mit dem Orsat-Apparat, der aus einer Gasbürette, mehreren Absorptionspipetten, einer Dennis-Pipette und einem Jäger-Röhrchen besteht. Alle diese Teile (im Einzelnen schon auf ►S. 212 ff. beschrieben) sind durch ein Hahn- und Kapillarrohrsystem verbunden.

Arbeitsgeräte: Orsat-Apparat (○ Abb. 2.66): Gasbürette, Absorptionspipetten, Dennis-Pipette, Jäger-Röhrchen, Bunsenbrenner; Stromquelle.

Reagenzien: Absorptionsflüssigkeit (►S. 217); O_2 für Dennis-Pipette.

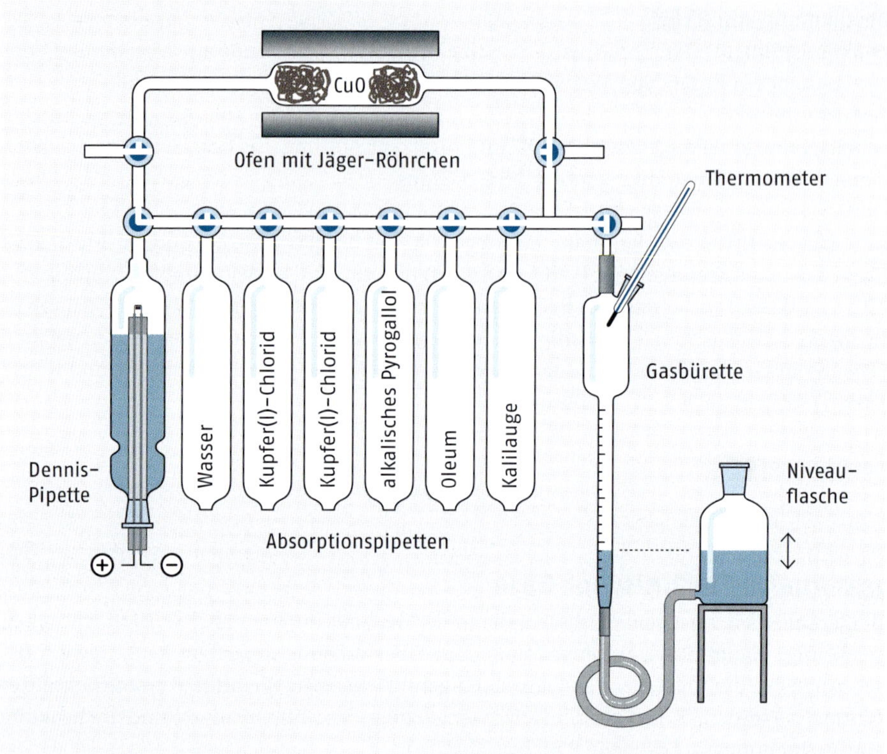

Abb. 2.66 Orsat-Apparatur

Verfahrensfehler: Die Bestimmung der einzelnen Gasbestandteile muss unbedingt in der Reihenfolge der oben angeführten Zusammensetzung durchgeführt werden. Auch darf man keine Bestimmung überspringen, da sonst erhebliche Fehler auftreten. So wird z. B. CO_2 auch in der alkalischen Pyrogallollösung oder O_2 in der CuCl-Lösung absorbiert. Gelber Phosphor kann für die Sauerstoffabsorption nicht benutzt werden, da ihn bereits Spuren von Kohlenwasserstoffen vergiften. Bei der Methan-Bestimmung treten Fehler auf, wenn das Gas außer CH_4 auch größere Mengen Ethan, C_2H_6, enthält. Die Absorptionsflüssigkeiten dürfen nicht in das Kapillarrohrsystem gelangen (Verstopfungsgefahr).

Arbeitsvorschrift: Das Gas in der Bürette abmessen (möglichst genau 100 mL) und mehrmals bis zur Volumenkonstanz in die KOH-Pipette einleiten. Danach Absorption der sog. schweren Kohlenwasserstoffe (ungesättigte Aliphaten, Benzol und Derivate) in Oleum. Die Ablesung erfolgt erst, nachdem das verbliebene Gasgemisch zur Entfernung von SO_2 (aus dem Oleum) durch KOH geleitet worden ist. Als dritter Bestandteil wird O_2 in alkalischer Pyrogallollösung absorbiert. Zur Bestimmung des CO stehen in der Regel zwei mit CuCl-Lösung gefüllte Pipetten zur Verfügung. Um das Gleichgewicht CO + CuCl + $2\,H_2O \rightleftharpoons CuCl \cdot CO \cdot 2\,H_2O$ möglichst auf die Seite der instabilen Additionsverbindung zu schieben, wird die Hauptmenge des CO im ersten, der Rest im zweiten Gefäß entfernt. H_2 und CH_4 werden fraktioniert, im Jäger-Röhrchen verbrannt, wobei eine mit Wasser gefüllte Absorptionspipette das Hin- und Herleiten des Analysengases während der

Verbrennung ermöglicht. Die gemeinsame Verbrennung durch O_2 in der Dennis-Pipette (►S. 219) liefert als indirekte Analyse weniger genaue Ergebnisse.

Berechnung: Bei 100 mL Ausgangsvolumen ergibt die jeweilige Volumen-Verminderung in mL den entsprechenden Volumenanteil des Gasbestandteils in Prozent. Bei der gemeinsamen Verbrennung von H_2 und CH_4 werden aus der Volumenverminderung (ΔV in mL) und dem entstandenen CO_2-Volumen beide Komponenten berechnet:

$$\text{adsorbiertes}CO_2\text{-Volumen in mL} \mathrel{\hat{=}} CH_4\text{-Volumenanteil in \%;}$$
$$\tfrac{2}{3}\ (\Delta V - 2 \cdot CO_2\text{-Volumen in mL}) \mathrel{\hat{=}} H_2\text{-Volumenanteil in \%.}$$

Nicht absorbierbares Restgas – Volumen ≙ N_2-Volumenanteil in %.

Eine genauere Bestimmung aller Bestandteile des Leuchtgases, insbesondere der schweren Kohlenwasserstoffe, ist nur mithilfe der Gaschromatographie möglich.

Rauchgasanalyse nach *Orsat*

Für den wirtschaftlichen Betrieb von Wärmekraftanlagen, in denen Energie durch Verbrennung kohlenstoffhaltiger Substanzen gewonnen wird, muss die bestmögliche Ausnutzung des Brennstoffes erreicht werden. Die Sauerstoffzufuhr zum Verbrennungsraum bestimmt im wesentlichen die Wärmeausbeute der Verbrennungsreaktion und auch die Zusammensetzung des Rauchgases, sodass die Verbrennung mithilfe einer laufenden Rauchgasanalyse in Richtung auf eine optimale Wärmeausbeute gesteuert werden kann.

2

Analysengang: Bei der Rauchgasanalyse nach Orsat werden nur vier Komponenten, CO_2, O_2, CO und N_2, bestimmt. Man benutzt hierzu eine vereinfachte Ausführung des beschriebenen Orsat-Apparates, die nur Absorptionspipetten mit KOH, alkalischer Pyrogallol-Lösung und CuCl-Lösung enthält.

Arbeitsgeräte, Reagenzien, Arbeitsvorschrift und Berechnung: ►S. 259 (und ►S. 213 ff.).

3 Präparative Chemie

Dieses Kapitel beschäftigt sich mit der Synthese von Laboratoriumspräparaten. Dazu werden in einem ersten Teil zunächst die allgemein benötigten Geräte und Arbeitstechniken vorgestellt. Im zweiten Teil dieses Kapitels finden sich dann die detaillierten Synthesebeschreibungen der einzelnen Verbindungen.

3.1 Geräte und Arbeitstechnik

3.1.1 Glasgeräte

Am häufigsten werden heute chemische Reaktionen in Glasapparaturen ausgeführt. Dabei bedient man sich nach dem Baukastenprinzip einer Reihe von Standardglasteilen, die über **Glasschliffe** miteinander verbunden werden. Die Schliffgrößen sind genormt und werden je nachdem, ob es sich um eine Hülse mit 29 mm Innendurchmesser oder um einen Kern mit 14,5 mm Außendurchmesser handelt, mit (HNS 29/32) bzw. (KNS 14.5/23) bezeichnet. Hierbei gibt die Zahl nach dem Strich die Länge des Schliffs in mm an.

Wichtige Teile dieses Baukastens sind Einhals-, Zweihals- oder Dreihalskolben, Kühler, Schliffthermometer, Übergangsstücke zwischen verschiedenen Schliffgrößen, Rührer, Trockenrohre und Hähne. Beim Zusammensetzen der Teile ist darauf zu achten, dass die Schliffe gefettet sind, um Glasabrieb zu vermeiden und die Verbindung abzudichten. Üblicherweise benutzt man hierfür ein Siliconfett (Baysilon®), ein Hochvakuumfett (Lithelen®) oder beim Arbeiten mit Halogenen ein perfluoriertes Fett (Voltalef®). Die Schliffe sind stets durch Klammern oder Federn zu sichern, sodass die Apparatur durch Druckschwankungen nicht geöffnet wird. Es ist auch unbedingt zu vermeiden, eine völlig geschlossene Apparatur zu konzipieren. Weitere wichtige Teile sind Reaktionsrohre und Ampullen, deren Glas die gestellten Anforderungen an die Temperatur erfüllt. ◻ Tab. 3.1 gibt einige wichtige Glassorten und ihre Eigenschaften an.

Reinigen von Glasgeräten – Geräte und Arbeitstechnik

Alle Glasgeräte sollten sofort nach Gebrauch gereinigt werden. Vor der eigentlichen Reinigung sollten die Schliffe (mit Petrolether) entfettet werden, um die Reinigungsbäder nicht zu überlasten. Als Reinigungsmittel kommen neben einfachen Scheuermitteln hauptsächlich Detergenzien wie z. B. Extran® (Fa. Merck) bzw. RBS® (Fa. Roth) infrage.

Tab. 3.1 Einige wichtige Glassorten und ihre Handelsnamen: Die Schnittflächen von Duran-50 erscheinen blau, die von Normalglas grün und die von Quarzglas weiß.

Glasart	linearer Ausdehnungskoeffizient	Erweichungspunkt	Verarbeitungstemperatur	zulässige Temperatur
	$\alpha \cdot 10^{-6}$ / °C	/°C	/°C	/°C
JENAer Glas®				
NORMALGLAS® Natronglas	9,0	712	700–995	460
FIOLAX® Borosilicatglas	4,9	733	750–1000	500
GERÄTEGLAS 20® Erdalkaliborosilicatglas	4,9	794	790–1170	500
SUPREMAX® Aluminiumsilicatglas	4,1	940	950–1235	700
DURAN® Borosilicatglas	3,2	817	815–1260	490
PYREX® Borosilicatglas	3,2	817	815–1260	490
QUARZGLAS	0,5–0,8	1400	950–2000	1200

Nach der Reinigung in einem Detergenzien-Bad werden die Glasgeräte mit destilliertem Wasser abgespült und in den Trockenschrank gelegt. Glasgeräte, die wegen ihrer Größe nicht in einem Trockenschrank untergebracht werden können, werden durch organische Flüssigkeiten (Ethanol, Aceton) und Trocknen im Luftstrom von Wasserresten im Inneren befreit. Oft genügt einfaches Durchleiten von Luft.

Glasbearbeitung

Zum Herstellen von einfachen Glasgeräten benötigt man folgende Hilfsmittel: Ein Tischgebläse, einen Glasschneider, einige Messingauftreiber und Absprengdrähte. Nachfolgend sind einige Grundarbeitstechniken zur Glasbearbeitung angegeben. **Dabei wird die Flamme nur zum Erwärmen benutzt, das Glas aber außerhalb der Flamme bearbeitet. Dies gilt insbesondere für das Glasblasen.**

1. Schneiden Im Wesentlichen gibt es drei verschiedene Verfahren, um Rohre oder Glasstäbe zu zerteilen:

- Das Rohr wird mit einem Glasschneider zu einem Viertel des Umfangs an der gewünschten Stelle eingeschnitten. Nun wird das Rohr so gefasst, dass der Schnitt zwischen beiden Händen liegt und gegen die Brust gekehrt ist. Durch leichtes Ziehen wird das Glasrohr auseinandergesprengt.

- Nach dem Einschneiden des Rohres wird eine Glasspitze oder ein Glasstab erhitzt, welche dann im heißen Zustand rechtwinklig auf den Glasschnitt gedrückt wird. Durch die thermische Spannung zerteilt sich das Glasrohr. Diese Technik wird vor allem zum Öffnen von Ampullen unter Schutzgas benutzt.
- Das Auseinandersprengen mit einem Absprengdraht wird hauptsächlich bei Rohren mit größerer Weite angewendet. Der glühende Draht muss dem Rohrumfang genau angepasst sein. Das eingeschnittene Rohr zerspringt, wenn es unter gleichmäßigem Drehen vom Draht berührt wird.

2. Rundschmelzen Zerteilte oder abgesprengte Glasrohre sind an den Schnittkanten scharf. Ihre Enden müssen daher rundgeschmolzen werden. Dazu wird das Rohrende in der leuchtenden Flamme bei gleichmäßiger Drehung erwärmt, sodass die Kanten erweichen. Je weiter das Rohr ist, desto vorsichtiger muss erwärmt werden.

3. Glasrohr biegen Um das Rohr an der gewünschten Stelle zu biegen, wird eine größere Strecke unter gleichmäßigem Drehen erwärmt. Hierbei ist es erforderlich, dass beide Hände im gleichen Rhythmus drehen, die rechte Seite des Rohres geschlossen ist und die linke Öffnung zum Mund geführt wird. Das erwärmte Rohr wird in die gewünschte Biegung gebracht. Dann wird hineingeblasen, damit das Rohr im Bogen einen gleichmäßigen Querschnitt bekommt. Je größer der Bogen (U-Bogen) sein soll, desto mehr Glasfläche des Rohres muss erwärmt werden.

4. Spitze ausziehen Man erwärmt das Glasrohr an der gewünschten Stelle und dreht gleichmäßig, bis eine Erweichung eintritt. Danach wird die erwärmte Strecke unter gleichmäßiger Drehung außerhalb der Flamme langsam auseinander gezogen, bis die gewünschte Spitzenlänge erreicht ist. Die Spitze wird dann in der Mitte auseinander geschnitten. Benötigt man eine besonders starkwandige Spitze, muss das Rohr an der erwärmten Stelle verdickt werden.

5. Rohr einseitig verschließen Um ein Rohr zu verschließen, zieht man dieses an der zu verschließenden Stelle gleichmäßig auseinander. Es entstehen zwei einseitig mit einer Spitze versehene Rohrenden. Diese erwärmt man mit einer scharfen, spitzen Flamme an der Stelle, wo die Verjüngung einsetzt. Unter gleichmäßigem Drehen erfolgt das Abziehen der Spitze innerhalb der Flamme. Das Rohr schließt sich an dieser Stelle und durch gleichmäßiges Drehen und Hineinblasen formt sich das Rohrende zu einem gewölbten Boden. Durch wiederholtes Erwärmen und Drehen bildet sich ein gleichmäßiger Boden.

6. Glasrohre aneinander setzen Beim Zusammensetzen gleichkalibriger Rohre muss man beachten, dass die Schnittflächen glatt sind und das Rohr, welches in der rechten Hand liegt, mit einem Korken einseitig verschlossen ist. Nun erfolgt die Erwärmung der Schnittflächen, die nach dem Erweichen leicht zusammengedrückt werden (dieser Vorgang erfolgt außerhalb der Flamme). Durch mehrmaliges Erhitzen der Schmelzstelle, gleichmäßiges Drehen und Hineinblasen erweitert sich das Rohr, verbindet sich restlos und wird durch leichtes Ziehen vollkommen geglättet. Werden verschiedene Weiten zusammengesetzt, so muss das weitere Rohr entsprechend verjüngt werden. Beim Zusammensetzen dieser Rohre ist unbedingt auf die richtige Haltung der Rohre zu achten. Die rechte Hand hält das beidseitig offene Rohr, die linke das einseitig verschlossene Rohr. Nach dem Zusammensetzen des erwärmten Rohres bläst man durch das Rohrende, welches die rechte Hand hält. Dabei beobachtet man die Schmelzstelle. Es ist darauf zu achten, dass nur Gläser gleicher Art miteinander verbunden werden, da sonst Spannungen im Glas unvermeidlich sind.

7. T-Stück anfertigen Zur Anfertigung einer T-oder V-Gabelung benötigt man zwei Rohrenden, ein längeres Hauptrohr und ein kürzeres Ansatzrohr. Das Hauptrohr, einseitig verschlossen, wird in die linke Hand genommen, und das kurze, einseitig verschlossene, in die rechte. Nun erwärmt man das Hauptrohr mit leuchtender Flamme an der gewünschten Stelle. Mit einer spitzen, scharfen Flamme wird ein Punkt der vorgewärmten Stelle erhitzt und herausgeblasen, sodass dieses Loch ungefähr dem Durchmesser des anzusetzenden Rohres entspricht. Nach Anwärmen des Ansatzrohres erfolgt das Zusammensetzen. Lochrand und Rohröffnung werden gleichmäßig erhitzt, dann leicht zusammengedrückt. Durch Hineinblasen und Ziehen entsteht die erste Verschmelzung. Nun wird die Schmelzstelle so oft erwärmt und aus dem rechten Winkel mit der linken Hand gedreht, bis eine gleichmäßige Verschmelzung erfolgt ist. Das Werkstück erwärmt man mit leuchtender Flamme, damit keine Spannungen auftreten.

8. Ampullen abschmelzen Um feste Substanzen und hoch siedende Flüssigkeiten einzuschmelzen, nimmt man ein dickwandiges Reagenzglas, das nur zu einem Drittel gefüllt werden darf. An das Reagenzglas setzt man zur bequemeren Handhabung ein gleichkalibriges Glasrohr an (s. o.). Das Abschmelzen erfolgt kurz unterhalb der Ansatzstelle in der Art, dass man unter gleichmäßigem Drehen erhitzt, das Glas zusammenfallen lässt und schließlich zu einer dünnen Kapillare auszieht. Diese wird mit spitzer Flamme endgültig abgeschmolzen. Beim Einschmelzen von Flüssigkeiten mit hohem Dampfdruck empfiehlt es sich, die Kapillare vor dem Eingießen in die Ampulle fertig zu stellen. Nach dem Ausfrieren der Flüssigkeit im Kältebad wird die Kapillare zugeschmolzen. Nach dem Zusammenschmelzen achtet man darauf, dass die Substanz nicht in den heißen Ampullenteil gelangt. Das Öffnen gefüllter Ampullen muss unter größter Vorsicht erfolgen (Schutzbrille!). Zuerst wird mit dem Handgebläse die Spitze der Kapillare erwärmt, bis das erweichte Glas durch Überdruck in der Ampulle aufgerissen wird. Anschließend wird der Kapillaransatz eingeritzt und abgesprengt (s. o.). Beim Schließen und Öffnen von Bombenrohren ist es ratsam möglichst einen Fachmann hinzu zu ziehen, denn bei unsachgemäßem Öffnen entweicht der Überdruck explosionsartig.

9. Durchbohren von Gummistopfen Das eigentlich recht einfache Durchbohren von Gummistopfen wird häufig falsch ausgeführt. Als Folge sitzen die Löcher schief, und die Wände der Bohrung verlaufen nicht geradlinig sondern krumm. Zum Lochbohren verwendet man einen Korkbohrer mit glatter und scharfer Schneide. Stumpfe Bohrer werden entweder mit einem Spezialschärfer oder von innen mit einer Rundfeile und von außen mit einer Flachfeile bearbeitet.

Den Durchmesser des Bohrers wählt man ein wenig kleiner als den des Rohres, das durch die Bohrung hindurchgeführt werden soll. Um beim Durchbohren die Bohrunterlage und den Bohrer nicht zu beschädigen, legt man am besten ein Brett aus weichem Holz unter. Dann wird der Gummistopfen mit der einen Hand auf dieser Unterlage festgehalten, mit der anderen bohrt man durch Drehen und leichten Druck, wobei der Bohrer genau senkrecht zur durchbohrenden Fläche stehen muss. Einige Tropfen Glyzerin auf der Bohrfläche erlauben ein gleichmäßiges Durchdrehen des Bohrers. Der Druck soll auf keinen Fall stark sein, sonst verbiegt sich der Gummistopfen und die oben geschilderten Mängel treten auf.

3.1.2 Platingeräte

Platin ist eines der widerstandsfähigsten Metalle. Wie kein zweiter Werkstoff ist es wegen seiner Beständigkeit gegen chemische Angriffe, seines hohen Schmelzpunktes (1768 °C) und seines niedrigen Dampfdruckes für Geräte des chemischen Labors geeignet. Seine Säurefestigkeit, vor allem seine vollkommene Widerstandsfähigkeit gegen Flusssäure, auch im Gemisch mit Schwefelsäure und/oder Salpetersäure, zusammen mit seiner Glühbeständigkeit, wird von keinem anderen Werkstoff erreicht. Reines Platin ist sehr weich und verliert eine bei seiner Verarbeitung zu Geräten eingetretene Verfestigung bereits während des Glühens bei 700 bis 1000 °C. Es ist deshalb in Laborgeräten durch geringe Zusätze anderer Edelmetalle wie Ir, Rh oder Au gehärtet.

Die Zerstörung von Platingeräten geht meist auf eine Legierungsbildung des Platins mit anderen Metallen oder Halbmetallen zurück. Diese Legierungen besitzen meist einen viel niedrigeren Schmelzpunkt als Platin, der bei den üblichen Arbeitstemperaturen überschritten wird. An erster Stelle in Bezug auf Schädlichkeit stehen die niedrig schmelzenden Metalle Pb, Sn, Sb oder Bi, die schon in geringen Konzentrationen den Schmelzpunkt des Platins stark erniedrigen. Deshalb stellt man beim Glühen Platintiegel nur auf ein Ton-, Quarz-, Platin- oder Nickeldreieck. Auch dürfen in ihnen keine Verbindungen von leicht reduzierbaren Metallen wie Gold, Silber, Blei, Zinn, Bismut, Arsen, Antimon oder Sulfide und Phosphate in Gegenwart reduzierender Substanzen geglüht oder geschmolzen werden. Das Gleiche gilt für Platindrähte, wie man sie für die Flammenfärbung benutzt. Ebenso erhitzt man Platin nicht mit einer leuchtenden, also Kohlenstoff enthaltenden Flamme. Auch der innere blaue Kegel der Bunsenflamme ist schädlich. In beiden Fällen entstehen Platin-Kohlenstoff-Legierungen, die den Tiegel brüchig machen. Weiterhin greifen alkalische Schmelzen der Alkalihydroxide, des Natriumperoxids, des Kaliumcyanids sowie des Lithium- und Magnesiumchlorids Platin an. Schmelzen von Soda und Pottasche dürfen dagegen auch in Platintiegeln vorgenommen werden.

Um einen Platintiegel zu reinigen, kann er mit sehr feinem Sand (Seesand) vorsichtig ausgescheuert werden. Eine bessere Reinigung erzielt man durch Ausschmelzen der Tiegel und Schalen mit Kaliumhydrogensulfat oder Kaliumdisulfat. Auch kann man Platingeräte mit Salzsäure **oder** Salpetersäure auskochen, aber auf keinen Fall mit beiden zusammen, da die Mischung aus einem Teil konz. HNO_3 und drei Teilen konz. HCl, das Königswasser, Platin löst. Dabei entsteht Chlor, das stark oxidierend wirkt und Nitrosylchlorid.

$$HNO_3 + 3\,HCl \longrightarrow NOCl + 2\,H_2O + Cl_2$$

Auch freie Halogene greifen Platin an. Man vermeide also, Platingeräte mit salzsauren Lösungen von Oxidationsmitteln, die Chlor entwickeln können, in Berührung zu bringen.

3.1.3 Arbeitstechnik

Erhitzen und Kühlen

Zum **Erhitzen** verwendet man im Labor den von *Robert Bunsen* entwickelten Gasbrenner. In seinem unteren Teil befindet sich eine Düse, aus der das Gas ausströmt, und eine Vorrichtung, um Luft in verschiedenen Mengen in das Brennerrohr einzulassen. Ist die Luftzufuhr vollständig abgedrosselt, so verbrennen die im Leuchtgas befindlichen brennbaren Gase (Wasserstoff und Kohlenwasserstoffe) mit **leuchtender Flamme**. Ein Teil der Kohlenwasserstoffe geht zunächst bei ungenügender Luftzufuhr in Kohlenstoff und Wasser über, die kleinen festen Kohlenstoffpartikelchen (Ruß) glühen auf und bringen damit die Flamme zum Leuchten. Lässt man Luft von unten zutreten, so verbrennen die Kohlenwasserstoffe zu Kohlendioxid und Wasser. Man erhält eine **nicht leuchtende Flamme**. In dieser sind zwei Zonen zu erkennen (o Abb. 3.1), ein innerer Flammenkegel, in dem keine Verbrennung stattfindet und der verhältnismäßig kalt ist, und der Flammenmantel. Man unterscheidet noch folgende Reaktionsräume:

- **1. Flammenbasis:** Diese ist verhältnismäßig kalt.
- **2. Schmelzraum:** etwas oberhalb des ersten Drittels der ganzen Flammenhöhe und von der inneren und äußeren Begrenzung des Flammenmantels gleich weit entfernt; hier herrscht die höchste Temperatur.
- **3. Unterer Oxidationsraum**
- **4. Oberer Oxidationsraum:** 3 und 4 (zwischen beiden Räumen ist Luftüberschuss vorhanden). Es herrschen oxidierende Bedingungen. Für kleinere Proben, wie Phosphorsalzperlen und dergleichen verwendet man am besten Raum 3.
- **5. Reduktionsräume:** 5 und 6, wobei 6 (oben) am heißesten ist und daher am stärksten reduzierend wirkt.

Eine noch bessere Reduktion erreicht man in der Spitze einer kleinen, etwa 2–3 cm hohen leuchtenden Flamme. Damit die Substanz beim Akühlen nicht wieder oxidiert wird, hält man sie einige Zeit in das Innere des Brennerrohres.

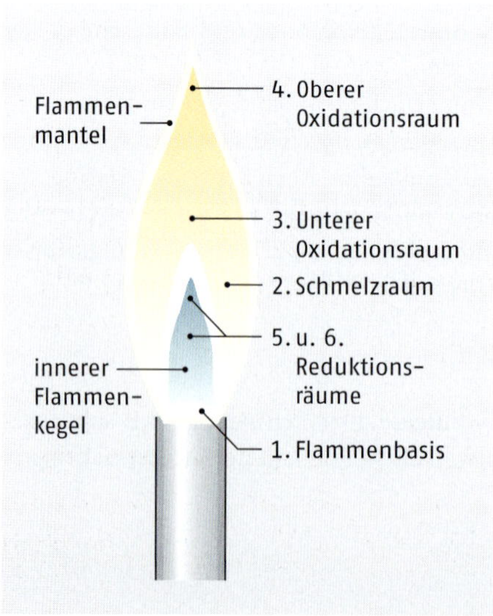

o **Abb. 3.1** Schema der Flamme eines Bunsenbrenners

bis	−20 °C	Eis-Kochsalz (3 : 1)
bis	−30 °C	Eis-$MgCl_2$ (3 : 2)
bis	−40 °C	Eis-$CaCl_2$ (2 : 3)
bis	−78 °C	Aceton-Trockeneis (CO_2)
bis	−196 °C	flüssiger Stickstoff

Tab. 3.2 Auswahl der gebräuchlichsten Kältemischungen

Ist die Luftzufuhr im Verhältnis zur Gaszufuhr zu groß, so „schlägt der Brenner durch", d. h. das Gas brennt im Inneren des Brennerrohres an der Gasaustrittsdüse. Man muss dann die Gaszufuhr völlig abstellen, die Lufteintrittsöffnung verkleinern und erneut nach Öffnen des Gashahns entzünden. Ein zurückgeschlagener Brenner riecht nach kurzer Zeit, er wird heiß und der Gummischlauch fängt an zu schmoren oder zu brennen. Soll daher eine Gasflamme unbeaufsichtigt brennen, so muss unbedingt durch Drosselung der Luftzufuhr ein Zurückschlagen verhindert werden.

Für hohe Temperaturen wird ein **Gebläsebrenner** benutzt, bei dem die Luft in komprimierter Form (Stahlflaschen bzw. Kompressor) zugeführt wird. Noch höhere Temperaturen erreicht man, wenn man Luft durch Sauerstoff aus einer Stahlflasche ersetzt.

Vor allem für präparative Arbeiten werden **Tiegel-, Röhren- oder Muffelöfen** eingesetzt. Sie haben gegenüber der Gasheizung den Vorteil, dass die Temperatur viel besser geregelt werden kann. Für Temperaturen bis 1000 °C verwendet man Widerstandsöfen mit Chromnickeldrahtwicklung. Darüber bis 1200 °C dienen Speziallegierungen, insbesondere Platinlegierungen, als Wicklungsdraht. Zur Messung und Regelung der Temperatur benutzt man Regler mit Thermoelementen. Bis 500 °C verwendet man Regler für Thermoelemente aus Eisen (Constantan), bis 1100 °C solche aus Nickel (Chrom/Nickel) und ab 1000 °C können Pt (Rh/Pt)-Thermoelemente benutzt werden. **Programmierbare Regler** bieten den Vorteil eines genau reproduzierbaren Temperaturprogramms. Sie werden daher immer häufiger eingesetzt. Beim Betrieb aller Öfen und Regler müssen die genauen Betriebsvorschriften für das jeweilige Gerät beachtet werden.

Zum **Kühlen** unter den Gefrierpunkt dienen Kältemischungen, eine Auswahl der gebräuchlichsten gibt ◘ Tab. 3.2.

Wesentlich ist eine Zerkleinerung des Eises auf Erbsengröße und eine gute Durchmischung.

Speziell für Bereiche bis −60 °C finden **Kryostate** Anwendung, die mit entsprechend tief schmelzenden Kältemitteln z. B. Methanol gefüllt werden. Die Reaktionsgefäße können dann in das Kältebad gehängt werden oder aber das Kältemittel wird durch ein Kühlmantelgefäß, in dem sich das Reaktionsgut befindet, gepumpt.

Trocknen und Trockenmittel

Feste Substanzen können durch Abpressen auf Filterpapier oder auf Tonplatten getrocknet werden. Naturgemäß ist der Trocknungsgrad bei diesen Verfahren nicht groß. Die letzten Feuchtigkeitsreste lassen sich durch Erhitzen im Trockenschrank oder durch Aufbewahren der Substanz in einem evakuierten Exsikkator (○ Abb. 3.2) über einem geeigneten Trockenmittel entfernen. In der Reihenfolge zunehmender Wirksamkeit sind die

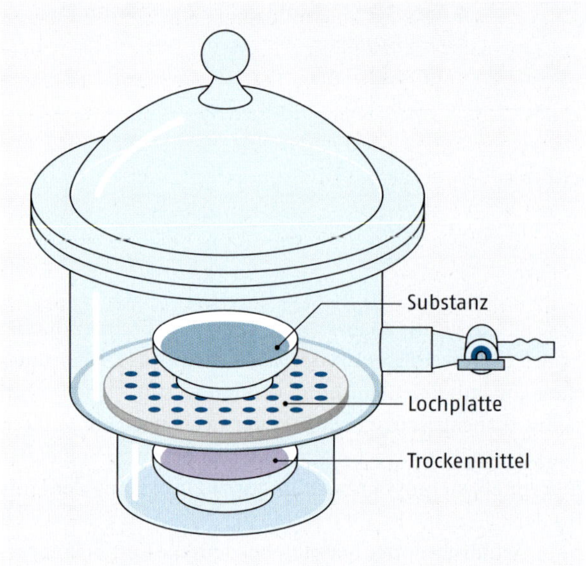

Abb. 3.2 Exsikkator

gebräuchlichsten Trockenmittel:

$$CaCl_2(\text{gekörnt, wasserfrei}) < \text{Silicagel } (SiO_2) < \text{konz. } H_2SO_4 < P_2O_5 \,.$$

Für NH_3-abgebende Substanzen kommen Natronkalk (NaOH + CaO) und NaOH infrage. In Trockentürmen eignet sich auch $NaNH_2$, das H_2O unter Abgabe von NH_3 bindet. Zum Trocknen bzw. Waschen von Gasen stehen H_2SO_4 oder konz. KOH-Lösung zur Verfügung. Feste Trockenmittel (Anwendung in Trockentürmen) sind $CaCl_2$, KOH, Natronkalk und P_2O_5.

Flüssigkeiten lassen sich von geringen Wassermengen durch Aufbewahren über $CaCl_2$, P_2O_5, CaO, wasserfreiem Na_2SO_4, Molekularsieb oder $Li[AlH_4]$ weitgehend befreien. Das Trockenmittel wird dabei der Flüssigkeit zugegeben. Wasserspuren können durch Einpressen von Natrium in Form von Na-Draht und anschließende Destillation entfernt werden, sofern die Flüssigkeit selbst nicht mit Natrium reagiert (vgl. z. B. absol. Ether ►S. 336). **Chlorierte organische Lösemittel, z. B. Dichlormethan, CH_2Cl_2, Chloroform, $CHCl_3$ oder Tetrachlorkohlenstoff, CCl_4, dürfen keinesfalls mit metallischem Natrium zusammengebracht werden (Explosionsgefahr!).**

Trennung durch Kristallisation oder Niederschlagsbildung

Viele Stoffe werden durch Fällen oder Kristallisieren getrennt und gereinigt. Das **Fällen** wird in der Regel in der Hitze vorgenommen, weil dann der Niederschlag kompakter und daher leichter filtrierbar anfällt. Beim **Kristallisieren** benutzt man zur Darstellung bestimmter Präparate die Eigenschaft, dass sie meistens in der Hitze löslicher sind als in der Kälte. Man löst also einen Überschuss eines Stoffes in der Hitze auf und kühlt ab. Beim Abkühlen tritt Kristallisation ein. Eine weitere Möglichkeit ist, das Lösemittel langsam verdampfen zu lassen, wodurch die Lösung aufkonzentriert wird und dabei das Präparat auskristallisiert. Je langsamer abgekühlt wird, um so besser sind die Kristalle ausgebildet. Dies gilt sowohl für Lösungen als auch für Schmelzen.

Zur Reinigung von Substanzen ist häufig ein **Umkristallisieren** erforderlich. Hierzu wird eine heiß gesättigte Lösung des Rohproduktes in einem geeigneten Lösemittel hergestellt, aus der beim Abkühlen die Substanz in größerer Reinheit wieder auskristallisiert. Voraussetzung ist, dass die Verunreinigungen eine größere Löslichkeit als die zu reinigende Substanz besitzen und in der erkalteten Lösung (Mutterlauge) gelöst bleiben.

Der Niederschlag oder die Kristalle müssen von der Mutterlauge getrennt werden. Das kann durch Dekantieren, Zentrifugieren, Filtrieren oder Absaugen geschehen. Beim **Dekantieren** lässt man den Niederschlag absitzen und gießt vorsichtig die klare Flüssigkeit ab. Dabei verbleibt aber meist recht viel Lösemittel, in dem natürlich noch ein Teil der Verunreinigungen vorhanden ist, in dem Bodenkörper. Man muss zur Reinigung erneut mit reinem Lösemittel versetzen, gut durchrühren, absitzen lassen und wieder abgießen. Diese Operation ist so oft zu wiederholen, bis der Nachweis auf die Verunreinigung negativ verläuft.

Während das Dekantieren allein meist kein gutes Trennverfahren von Niederschlag und Flüssigkeit darstellt, ist das **Zentrifugieren** bei kleineren Mengen, besonders beim qualitativen Arbeiten, wesentlich geeigneter. Durch die Zentrifugalkraft werden auch schlecht absitzende Niederschläge meist schnell an der Spitze des Zentrifugenglases so fest haftend angesammelt, dass die klare Lösung leicht abgegossen werden kann. Zur Reinigung wird der Niederschlag mit Wasser durchgerührt, wieder zentrifugiert und nach dem Abgießen der Flüssigkeit die Operation nochmals wiederholt. Zur Schonung der Zentrifuge müssen beide Zentrifugengläser gleiches Gewicht besitzen und sind daher stets gleich voll zu füllen. Bei Handzentrifugen dreht man mit gleichmäßiger Geschwindigkeit.

Zum **Filtrieren** wird in einen Glastrichter ein glattes Filter gelegt. Die Größe des Filters, das durch zweimaliges Falten eines runden Stücks Filterpapier hergestellt wird, richtet sich nach der Menge des Niederschlags (nicht nach der Flüssigkeitsmenge), wobei die Größe des Trichters so auszuwählen ist, dass etwa 1 cm des Randes frei bleibt. Man legt es zunächst trocken ein, befeuchtet mit destilliertem Wasser und drückt den Rand des Filters sorgfältig an den Trichter an, sodass zwischen Filter und Trichterwand keine Luftblasen hindurchgehen können. Für größere Flüssigkeitsmengen sind Faltenfilter vorzuziehen, die ein schnelleres Filtrieren ermöglichen.

Beim Filtrieren darf man das Filter nie ganz voll gießen, damit nichts über dessen Rand steigt. Hat man die gesamte Flüssigkeit abfiltriert, so wäscht man den Niederschlag gut aus, um ihn völlig von den noch in Lösung befindlichen Bestandteilen zu befreien. Am besten spritzt man aus einer Spritzflasche wenig destilliertes Wasser auf den Niederschlag, sodass er gerade mit Wasser bedeckt ist, lässt wieder abtropfen und wiederholt das so oft, bis die Prüfung auf Nebenprodukte negativ verläuft. Es ist dabei viel wirksamer, mit wenig Wasser öfter auszuwaschen und gut abtropfen zu lassen, als mit viel Wasser weniger oft auszuwaschen und schlecht abtropfen zu lassen. Für die Filtration heißer Lösungen, die sich möglichst wenig abkühlen sollen, gibt es **Heißwassertrichter**. Der Trichter wird dabei von außen mit heißem Wasser beheizt.

Zur Trennung von Flüssigkeiten und festen Stoffen ist bei präparativen Arbeiten das **Absaugen** besonders geeignet, indem man unter dem Filter einen Unterdruck herstellt. Die dafür verwendete Apparatur zeigt ○ Abb. 3.3. Sie besteht aus der Pumpe, der **Woulff'schen Flasche**, die mit einem Dreiwegehahn zum Einlassen von Luft versehen ist, dem Manometer sowie der eigentlichen Filtriereinrichtung. Als Trichter kann man für viele Zwecke den **Büchner-Trichter** (Nutsche) verwenden, auf dessen Siebplatte ein glattes, dicht anliegendes Filter aufgelegt wird. Besser sind Glasfilter, die eine poröse Platte aus gesintertem Glas

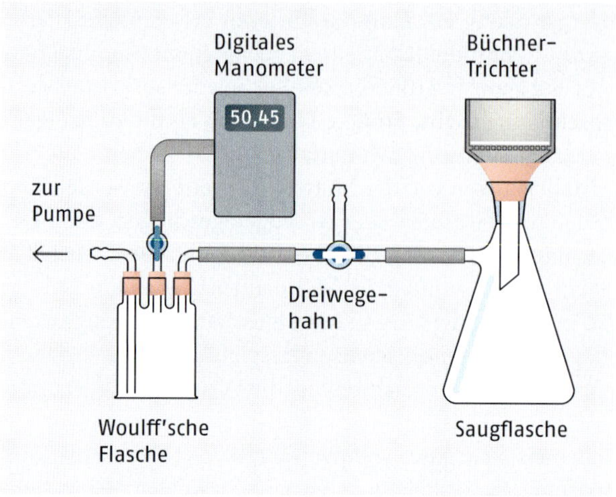

Abb. 3.3 Absaugvorrichtung mit Manometer

enthalten. Je nach Verwendungszweck gibt es Glasfilter der verschiedensten Form, Größe und Porenweite. Vor dem Einlassen von Luft in die evakuierte Apparatur ist der Hahn am Manometer stets zu schließen.

Das Waschwasser enthält stets noch kleine Anteile der in Lösung verbliebenen Verbindungen. Will man diese quantitativ weiterverarbeiten, so muss man Filtrat und Waschwasser vereinigen. Bei der qualitativen Analyse ist das aber nicht nötig, denn im Allgemeinen verbleiben beim Filtrieren nur wenige Prozente der gelösten Stoffe im Niederschlag, während sich der Hauptteil, der zum weiteren Nachweis völlig ausreicht, im Filtrat befindet. Um daher das Flüssigkeitsvolumen nicht allzusehr anwachsen zu lassen, und um ein dadurch notwendig gewordenes Eindampfen zu vermeiden, wird beim qualitativen Arbeiten das Waschwasser verworfen.

Der Niederschlag ist meistens weiter zu verarbeiten. Ist er schnell und leicht in irgendeiner Flüssigkeit löslich, so lässt man das Lösemittel (möglichst warm) auf das Filter auftropfen und fängt es in einem geeigneten Gefäß auf. Oder man stößt ein Loch durch die Spitze des Papierfilters und spült mit dem Lösemittel den Niederschlag heraus. Weiterhin kann man auch das Filter nebst Niederschlag aus dem Trichter entfernen, es öffnen und den Niederschlag in eine Porzellanschale überführen, wobei das Filter oben liegen muss. Man trocknet durch Auflegen von frischem Filterpapier und zieht das Filter ab.

Destillieren, Sublimieren, Extrahieren und Eindampfen

Bei der **Destillation** wird die flüssige Substanz durch Verdampfen von Begleitstoffen abgetrennt und wieder kondensiert. Die einfachste Form eines Destillationsapparates ist in Abb. 3.4 wiedergegeben. Entstehen bei der Destillation giftige Dämpfe, so wird der Saugstutzen der Vorlage über ein Glasrohr direkt mit dem Abzugskamin verbunden. Zum stoßfreien Sieden werden in den Destillationskolben einige Siedesteinchen gegeben.

Zur Destillation hoch siedender oder leicht zersetzlicher Stoffe benutzt man die **Vakuumdestillation**, wobei die Vakuumpumpe am Destillationsvorstoß angeschlossen wird (Abb. 3.22, S. 328). Für die Vakuumdestillation dürfen nur einwandfreie Rundkolben oder dickwandige Gefäße (als Vorlage) verwendet werden, niemals **Erlenmeyerkolben**! Die dazu notwendige Siedekapillare stellt man sich aus einem Glasrohr durch Ausziehen in

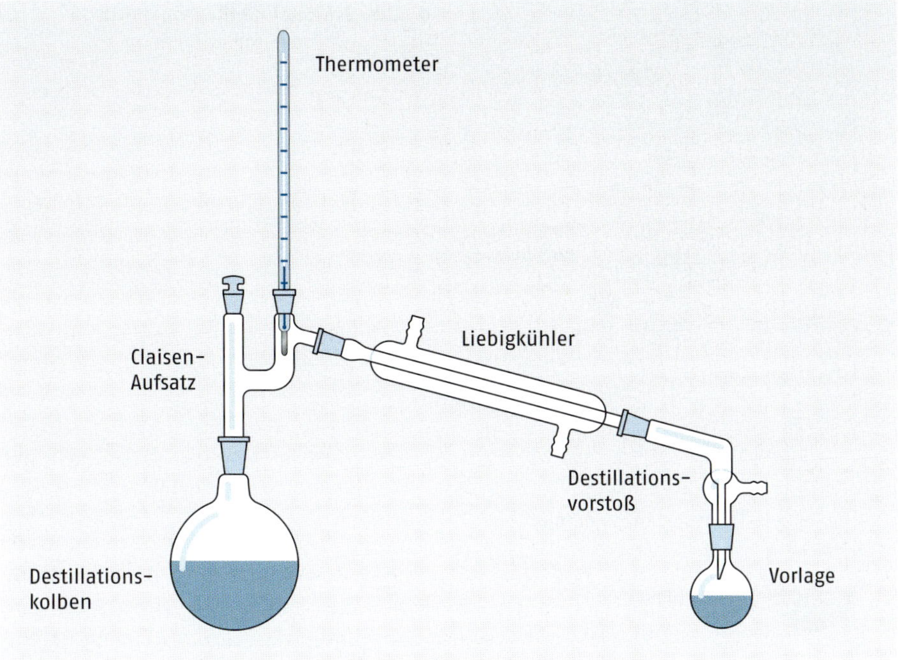

Abb. 3.4 Einfache Destillationsapparatur mit Claisen-Aufsatz und Thermometer, dessen Quecksilberreservoir sich unterhalb des Ansatzrohres befinden muss

der Gebläseflamme selbst her. Sie darf nicht zu dünnwandig sein (Gefahr des Abbrechens) und muss andererseits fein genug sein; beim kräftigen Hineinblasen sollten unter Wasser die Luftblasen einzeln und langsam herausperlen. Mangelhaftes Vakuum kann durch eine zu grobe Siedekapillare oder – häufiger – durch Undichtigkeiten an den Verbindungsstellen oder Schliffstopfen bedingt sein. Wurde ein Manometer benutzt, so ist nach beendeter Vakuumdestillation vor dem Einlassen der Luft in die evakuierte Apparatur der Hahn des Manometers stets zu schließen(!). Man versäume nie, bei Vakuumdestillationen eine splittersichere Schutzbrille zu tragen!

Die Trennung von zwei oder mehr flüchtigen Stoffen erfolgt im Allgemeinen durch **fraktionierte Destillation**. Ihre Durchführung ist auf ►S. 320 am Beispiel $SOCl_2/POCl_3$ näher beschrieben.

Stoffe, die in Wasser zwar schwer löslich sind, aber relativ hohen Dampfdruck besitzen (z. B. Iod), können durch eine **Wasserdampfdestillation** abgetrennt bzw. gereinigt werden. Dazu wird in die heiße wässerige Suspension Wasserdampf eingeleitet, der die flüchtige Substanz ihrem Dampfdruck gemäß mitnimmt und sie beim Kondensieren wieder abscheidet. Die wässerige Suspension siedet, wenn die Summe der Dampfdrücke dem Atmosphärendruck gleich geworden ist.

Die **Sublimation**, bei der ein Feststoff direkt in die Gasphase übergeht, dient zur Reinigung von leicht flüchtigen Feststoffen. Das fein zerkleinerte Rohprodukt wird in eine Sublimationsapparatur (Abb. 3.5) eingefüllt und ein Kühlfinger zur Abscheidung des Sublimats eingesetzt. Nachdem das Gefäß vorsichtig evakuiert wurde, erhitzt man das

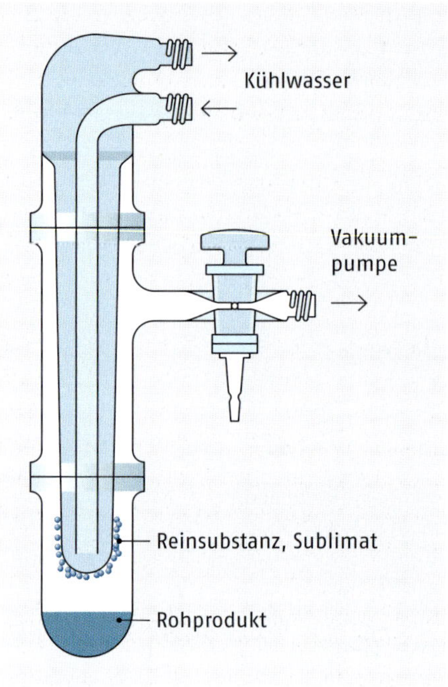

Abb. 3.5 Sublimationsapparatur

Rohprodukt in einem Heizbad. Darauf bildet sich am Kühlfinger ein Belag der Reinsubstanz aus.

Bei der **Extraktion** macht man sich die unterschiedliche Löslichkeit der zu extrahierenden Substanz in zwei verschiedenen, miteinander nicht mischbaren Lösemitteln zunutze.

Bei der Verteilung eines Stoffes zwischen zwei nicht oder begrenzt mischbaren Phasen stellt sich ein Gleichgewicht ein, das durch das Nernst'sche Verteilungsgesetz beschrieben wird. Danach ist der Quotient der Konzentrationen eines sich zwischen zwei Phasen verteilenden Stoffes bei gegebener Temperatur konstant,

$$\frac{c(A)_{\text{Phase 1}}}{c(A)_{\text{Phase 2}}} = K = \alpha$$

α wird Verteilungskoeffizient genannt. Das Gesetz ist jedoch nur dann erfüllt, wenn der Stoff in beiden Phasen den gleichen Molekularzustand besitzt. Die praktische Bedeutung des Ausschüttelns möge ein Zahlenbeispiel näher erläutern:

1 Mol des Stoffes A verteilt sich zwischen 1 Liter einer leichteren Oberphase und 1 Liter einer schwereren Unterphase im Verhältnis 9 : 1 ($\alpha = 9$). Demnach sind im Gleichgewicht in der Oberphase 0,9 mol/L, in der Unterphase 0,1 mol/L enthalten. Verdoppelt man das Volumen der Oberphase auf 2 Liter, so muss das Verhältnis der Konzentrationen erhalten bleiben. Es gilt demnach:

$$\left(0{,}45 + \frac{x}{2}\right) : (0{,}1 - x) = 9 : 1 \qquad x = 0{,}0474$$

In der Unterphase befinden sich jetzt 0,0526 mol/L, in der Oberphase 0,4737 mol/L. Günstiger ist es, das Volumen der Oberphase nicht zu verdoppeln, sondern nach Abtrennung erneut mit dem gleichen Volumen von einem Liter zu schütteln. Sind beim ersten Ausschüttelprozess 0,9 mol aus der Unterphase entfernt, so werden beim zweiten 0,09 mol in die Oberphase überführt. Am Ende hat man bei gleicher Volumenmenge der Oberphase die Konzentration in der Unterphase auf 0,01 mol/L im Vergleich zu 0,0526 mol/L reduziert.

Bei der Stoffverteilung zwischen zwei Phasen ergeben mehrere Einzelarbeitsgänge mit kleinen Volumina ein besseres Ergebnis als einmaliges Ausschütteln mit einem großen Volumen. Zur praktischen Ausführung wird die zu extrahierende Lösung mit dem Extraktionsmittel im Scheidetrichter gut durchgeschüttelt. Nach der Entmischung beider Phasen werden diese getrennt abgelassen.

Das **Eindampfen** von Flüssigkeiten wird in flachen Schalen mit großer Oberfläche ausgeführt. In diesen ist die Verdampfungsgeschwindigkeit größer als bei hohen Bechergläsern. Besondere Vorsicht beim Eindampfen ist geboten, wenn sich ein fester Körper ausscheidet. Dabei tritt leicht starkes Spritzen ein. Man muss in solchen Fällen umrühren und nicht zu heftig erhitzen. Soll die gesamte Flüssigkeit entfernt, also bis zur Trockne eingedampft werden, so ist besonders am Schluss mit fächelnder Flamme zu arbeiten. Besser erhitzt man dann auf dem Wasserbad, um Verspritzen und Zersetzen des Rückstandes durch Überhitzung zu vermeiden.

Kleine Flüssigkeitsmengen lassen sich, was für qualitatives Arbeiten wertvoll ist, schnell im Reagenzglas eindampfen, wenn man durch starkes Schütteln oder Auf- und Abbewegen das ganze Reagenzglas gleichmäßig erhitzt. In anderen Glasgefäßen darf nicht auf offener Flamme zur Trockne eingedampft werden, da diese infolge ungleichmäßiger Erhitzung zerspringen.

Schmelzpunktbestimmung

Ein sehr gutes Kriterium für die Reinheit einer Substanz ist der Schmelzpunkt, der bei Anwesenheit von Verunreinigungen mehr oder weniger stark herabgesetzt wird (Kryoskopie). Liegt der Schmelzpunkt zu tief, ist eine weitere Reinigung der Substanz durch Umkristallisation, Destillation, Sublimation usw. erforderlich.

Zur Schmelzpunktbestimmung füllt man eine einseitig zugeschmolzene Kapillare von ca. 5 cm Länge und ca. 1 mm ⌀ zu etwa einem Fünftel mit der trockenen Substanz und bringt sie in den Schmelzpunktbestimmungsapparat. In der Nähe des Schmelzpunktes (Smp.) soll der Temperaturanstieg gering sein. Sobald Verflüssigung eintritt, wird die Temperatur abgelesen und notiert.

3.1.4 Chromatographische Methoden

Die Bezeichnung Chromatographie geht auf den russischen Botaniker *Tswett* (1903) zurück, der kurz nach der Jahrhundertwende Blattfarbstoffe trennte, indem er einen Benzin-Extrakt der Blätter durch eine Säule laufen ließ, die übereinander Füllungen von Al_2O_3, $CaCO_3$ und Puderzucker enthielt. Beim Durchlaufen trennte sich das Farbstoffgemisch in mehrere voneinander getrennte Zonen, die beim Nachwaschen mit Lösemittel nur langsam in der Säule weiter nach unten wanderten. Er erhielt auf diese Weise ein Chromatogramm, ein Bild der Zusammensetzung des Farbstoffs (chromos = Farbe).

Heute versteht man unter Chromatographie allgemein Verfahren zur Trennung von Substanzen, wobei diese unterschiedlich zwischen einer stationären und einer mobilen Phase verteilt sind. Bei einer stationären Phase kann es sich um eine feste Phase (Sorbens), wie Al_2O_3, Kieselsäure, Aktivkohle oder Ionenaustauscherharze handeln. Ebenso sind

Trennflüssigkeiten und Gele als stationäre Phasen denkbar. Die stationäre Phase kann auch als Packung der Säule oder als chromatographisches Bett (**Dünnschichtchromatographie, DC**) bezeichnet werden.

Die mobile Phase durchströmt das Bett der stationären Phase in einer definierten Richtung. Sie kann flüssig (**Flüssigchromatographie, LC**) oder gasförmig (**Gaschromatographie, GC** ►S. 280) sein. In der GC spricht man auch vom Trägergas, in der LC vom Eluenten und in der DC vom Fließmittel.

Chromatographische Techniken werden oft nach dem Aggregatzustand der beiden beteiligten Phasen eingeteilt, z. B. gas-flüssig Chromatographie GLC (gas-liquid chromatography), gas-fest Chromatographie GSC (gas-solid chromatography) oder flüssig-fest-Chromatographie LSC (liquid-solid chromatography).

Unter Flüssigchromatographie versteht man alle Verfahren, die mit flüssiger mobiler Phase in der Säule oder in der planaren Schicht durchgeführt werden. Bei der heutigen Flüssigchromatographie verwendet man sehr kleine Teilchen und einen relativ hohen Eingangsdruck, sie wird mit dem Akronym **HPLC** (High Performance Liquid Chromatography) oder mit **Hochleistungs-Flüssigchromatographie** bezeichnet. In der DC spricht man in diesem Zusammenhang von HPLTC (High Performance Thin Layer Chromatography, Hochleistungs-DC).

Chromatographische Methoden werden ebenfalls nach ihren Retentionsmechanismen bezeichnet, so werden bei der Adsorptionschromatographie Unterschiede in den Adsorptionsaffinitäten der Analyten zur Oberfläche eines aktiven Festkörpers (GC) oder Unterschiede bei der Verteilung des Analyten zwischen mobiler Phase und Sorbens berücksichtigt.

Bei der **Verteilungschromatographie** beruht die Trennung auf Unterschieden der Löslichkeit der Analyten in der stationären Phase (GC), oder auf Unterschieden in den Löslichkeiten in der mobilen und stationären Phase (LC). Bei der **Ionenaustauschchromatographie** beruht die Trennung auf Unterschieden in den Ionenaustauschaffinitäten der einzelnen Analyten. Wenn anorganische Ionen getrennt und mit Leitfähigkeitsdetektoren oder durch indirekte UV-Detektion nachgewiesen werden, bezeichnet man dies auch als **Ionenchromatographie, IC**. Es gibt mittlerweile eine Vielzahl solcher Verfahren, die zur analytischen oder präparativen Stofftrennung eingesetzt werden. Im Rahmen dieses Buches werden nur ausgewählte chromatographische Methoden besprochen.

Dünnschichtchromatographie

Bei der DC-Methode wird die zu analysierende Substanz in einem geeigneten Lösemittel gelöst. Einen Tropfen hiervon trägt man auf der Startlinie als Fleck oder als Strich auf. Die Trennkammer (Entwicklungs- oder auch Elutionskammer) enthält das Fließmittel und kann mit dem Dampf der mobilen Phase gesättigt sein. Ebenso kann die Schicht vor dem Beginn der Trennung mit dem Dampf der mobilen Phase vorgesättigt werden. Üblicherweise erfolgt die Elution aufsteigend, dabei wird die mobile Phase durch Kapillarkräfte bewegt. Die absteigende Elution findet in der DC, im Gegensatz zur Papierchromatographie, kaum Anwendung. Danach wird die Schicht in einem Betrachtungsgerät bei definierten Wellenlängen des Lichts betrachtet. Dies kann direkt oder nach Besprühen oder Tauchen der Platte mit geeigneten Reagenzien erfolgen, wobei das Chromatogramm sichtbar wird (○ Abb. 3.6). Mit einem Densitometer können die Platten qualitativ oder quantitativ vermessen werden. Für die Dünnschichtchromatographie ist die stationäre Phase (oft Al_2O_3)

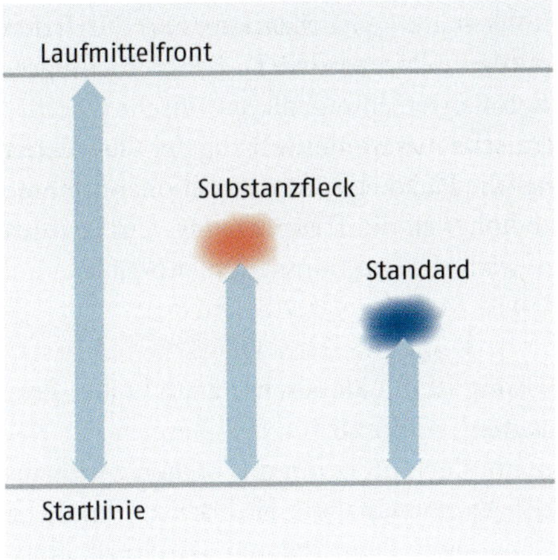

Abb. 3.6 Auswertung eines Dünnschicht- oder Papierchromatogramms

auf einem ebenen Träger fixiert. Bei der Papierchromatographie ist die stationäre Phase auch gleichzeitig Träger.

Papierchromatographie

Ein schwer trennbares Stoffgemisch kann in vielen Fällen leicht papierchromatographisch getrennt werden. Die papierchromatographische Methode zeichnet sich durch ihre Einfachheit, Schnelligkeit und Empfindlichkeit aus. Die Methode wurde 1944 von *Consden, Gordon* und *Martin* entdeckt.

Nach dem Lösen der Substanz wird ein Tropfen der Lösung auf chromatographisches Papier aufgetragen. Anschließend wird überschüssiges Lösemittel mit einem Fön entfernt. Ein Ende des Papierstreifens wird in das Laufmittel so getaucht, dass sich die aufgetragene Substanz 0,5 cm oberhalb der Flüssigkeitsmenge befindet. Durch die Kapillaren des Papiers wird das Laufmittel angesaugt. Es wandert über die Analysensubstanz hinweg und nimmt die einzelnen Komponenten entsprechend ihrer Adsorptionsfähigkeit am Papier verschieden weit mit. Nach Erreichen einer gewissen Laufstrecke wird der Vorgang unterbrochen und das Chromatogramm getrocknet (Abb. 3.6). Um die getrennten Stoffe sichtbar zu machen, sprüht man Nachweisreagenzien auf. Zwischen dem Startpunkt und der Laufmittelfront treten eine Anzahl voneinander getrennter Flecken auf. Jeder enthält eine Komponente der Analysensubstanz. Die Lage der Flecken wird durch den Verzögerungsfaktor, R_f-Wert, beschrieben. Der R_f-Wert, der stets < 1 ist und auf zwei Dezimalstellen genau angegeben wird, bezieht sich auf die Wanderstrecke des Probenflecks zur obersten sichtbaren Front des Laufmittels.

$$R_f = \frac{\text{Entfernung: Startpunkt} \leftrightarrow \text{Fleckmittelpunkt}}{\text{Entfernung: Startpunkt} \leftrightarrow \text{Laufmittelfront}}$$

Säulenchromatographie

In der Flüssigchromatographie wird die mobile Phase mit einem kontrollierten Volumenstrom durch Pumpen dem chromatographischen System zugeführt. In der Trennsäule befindet sich das Packungsmittel. Es ist ein adsorptions-aktiver oder modifizierter Festkörper, ein mit Trennmittel beschichtetes (imprägniertes) Trägermaterial oder ein gequollenes Gel. Der Festkörper kann vollständig porös sein oder aus einem unporösen Kern mit einer dünnen Außenschicht bestehen. Das Packungsmaterial ist charakterisiert durch den mittleren Teilchendurchmesser d_P und seinen mittleren Porenradius r_P. Für chromatographische Wirksamkeit sind daneben die Teilchengrößenverteilung, die spezifische Oberfläche, das spezifische Porenvolumen und die chemische Zusammensetzung der Oberfläche von Bedeutung. Je länger eine Säule ist, je kleiner die Partikelgröße der stationären Phase und je gleichmäßiger die Säule gepackt ist, desto höher ist die Trennleistung. Um letztlich definierte Anteile des Säuleneluats aufzufangen, wird ein Fraktionssammler benutzt.

Ionenchromatographie

Die Bestimmung ionischer Verbindungen in Lösung ist ein klassisches analytisches Problem mit einer Vielzahl von Lösungsmöglichkeiten. Während für den Bereich der Kationenanalytik ausreichend schnelle Analysenmethoden zur Verfügung stehen (Atomabsorption (AAS), Polarographie u. a.) wird für die Anionenanalytik als hochempfindliche Nachweismethode die Ionenchromatographie eingesetzt. Die Methode ist schnell, empfindlich, selektiv, simultan und die Trennsäulen sind über lange Zeit stabil.

In ○ Abb. 3.7 ist der typische Aufbau eines Ionenchromatographen als Skizze wiedergegeben. Dabei wird mittels einer Pumpe die mobile Phase durch das gesamte System gefördert. Das Aufbringen der Probe erfolgt mit einem Schleifeninjektor, ebenfalls schematisch dargestellt in ○ Abb. 3.7. Benötigt wird ein Dreiwegeventil, bei dem zwei Ausgänge über eine Probenschleife miteinander verbunden sind. Das Füllen der Probenschleife erfolgt bei Normaldruck. Nach Umschalten des Ventils wird die Probe in der Schleife durch die mobile Phase zum Trennsystem transportiert. Typische Injektionsvolumina liegen zwischen 10 und 100 µL. Die Säulenrohre der analytischen Trennsäule sind aus Epoxidharzen gefertigt und werden in der Regel bei Raumtemperatur betrieben. Als Detektor wird in

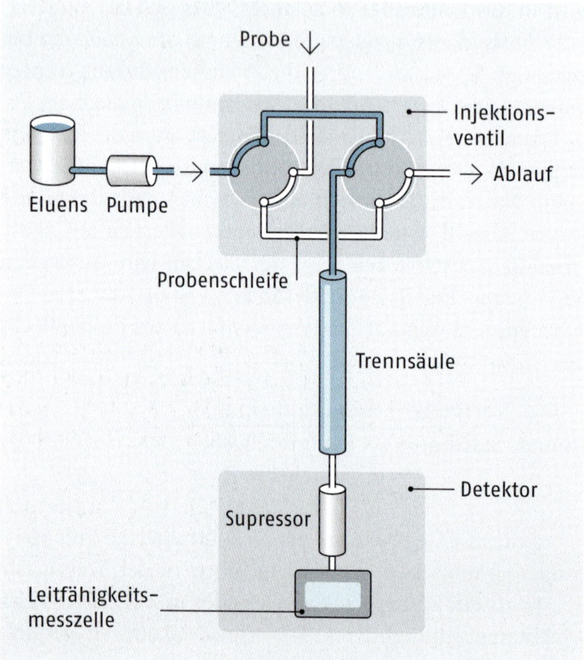

○ **Abb. 3.7** Skizze für den Aufbau eines Ionenchromatographen

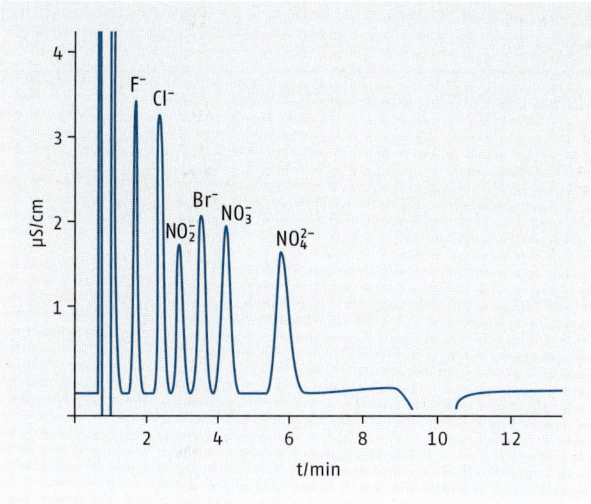

○ Abb. 3.8 Trennung verschiedener anorganischer Anionen. Eluens: 2,5 mmol Phthalsäure; Durchflussrate 5 mL/min; Detektion: direkte Leitfähigkeit; Injektionsvolumen ca. 130 μcm^3

der Ionenchromatographie meistens ein Leitfähigkeitsdetektor, der mit oder ohne Suppressorsystem eingesetzt wird, verwendet. Aufgabe des Suppressorsystems ist es, die hohe Grundleitfähigkeit des Eluens chemisch zu verringern und die zu analysierende Probe in eine stärker leitende Form überzuführen.

Im Unterschied zur klassischen Säulenchromatographie (HPLC), deren Säulenfüllung meistens aus Kieselgel besteht, verwendet man in der Ionenchromatographie vorwiegend organische Polymere als Trägermaterial. Der Grund hierfür liegt in der höheren pH-Stabilität des Materials. Während Kieselgelsäulen nur in einem pH-Bereich 2–8 eingesetzt werden können, sind Ionenaustauscher auf Polymerbasis auch im alkalischen Bereich stabil. Unter den zahlreichen organischen Verbindungen, die auf ihre Eignung als Substratmaterial für die Herstellung von Anionenaustauschern auf Basis organischer Polymere getestet wurden, haben Styrol/Divinylbenzol-Copolymere (stabil im pH-Bereich 0–14) sowie Polymethacrylat- und Polyvinyl-Harze wohl die größte Bedeutung. ○ Abb. 3.8 zeigt ein typisches Chromatogramm. Diese Polymere werden oft direkt auf der Oberfläche funktionalisiert, um eine höhere chromatographische Effizienz zu erzielen. Dazu wird das Harz aminiert (z. B. mit einem tertiären Amin).

Die chromatographische Trennung gleichsinnig geladener Ionen hat ihre Ursache in den unterschiedlichen Bindungsfestigkeiten der Ionen am Austauscher. Oft wird das Auseinanderziehen der Zonen auch durch einen Komplexbildner im Elutionsmittel erreicht, der mit den zu trennenden Ionen unterschiedlich starke Komplexe bildet. Allgemein werden nach dieser Methode chemisch sehr ähnliche Ionen (wie z. B. diejenigen der Seltenerdmetalle) getrennt. ▫ Tab. 3.3 informiert über verschiedene Trennverfahren der Ionenchromatografie.

Die einfache Trennung von Kationen und Anionen ist zur Beseitigung von Störungen bei gravimetrischen und maßanalytischen Bestimmungen gut geeignet. So macht z. B. die gravimetrische Bestimmung des Sulfats als Bariumsulfat bei Gegenwart einer Anzahl Kationen Schwierigkeiten, da diese bei der Fällung teilweise mitgerissen werden. Auch die acidimetrische Titration der Borsäure in Gegenwart mehrwertiger Alkohole wird durch

3

Tab. 3.3 Trennverfahren mit Ionenchromatographie (DAP = 2,3-Diaminopropionsäure; PDCA = Pyridin-2,6-dicarbonsäure)

Trennverfahren	Mechanismus	Funktionalität des Harzes	Eluenten	analysierbare Spezies
HPLC-Anionen	Ionenaustausch	$-NR_3^+$	Na_2CO_3/ $NaHCO_3$	F^-, Cl^-, Br^-, I^-, SCN^-, CN^-, $H_2PO_2^-$, HPO_3^{2-}, HPO_4^{2-}, $P_2O_7^{2-}$, $P_3O_{10}^{5-}$, NO_2^-, NO_3^-, S^{2-}, SO_3^{2-}, SO_4^{2-}, $S_2O_3^{2-}$, $S_2O_6^{2-}$, $S_2O_8^{2-}$, OCl^-, ClO_2^-, ClO_3^-, ClO_4^-, SeO_3^{2-}, $HAsO_3^{2-}$, WO_4^{2-}, MoO_4^{2-}, CrO_4^{2-}
HPLC-Kationen	Ionenaustausch	$-SO_3^-$	HCl/DAP	Li^+, Na^+, NH_4^+, K^+, Rb^+, Cs^+, Mg^{2+}, Sr^{2+}, Ca^{2+}, Ba^{2+}
		$-SO_3^-$/$-NR_3^+$	Oxalsäure PDCA	Fe^{2+}, Fe^{3+}, Cu^{2+}, Ni^{2+}, Zn^{2+}, Co^{2+}, Pb^{2+}, Mn^{2+}, Cd^{2+}, Al^{3+}, Ga^{3+}, V^{5+}, UO_2^{2+}, Lanthanide

bestimmte Kationen gestört. Durch Anwendung eines stark sauren Kationenaustauschers in der H^+-Form sind diese Kationen einwandfrei durch Austausch zu entfernen.

Gaschromatographie

In der Gaschromatographie wird das Trägergas aus Druckbehältern entnommen und über entsprechende Druckminderer und Gasflussregler als kontrollierter Volumenstrom in das Gerät eingespeist. Die Probenaufgabe erlaubt die Einführung einer festen, flüssigen oder gasförmigen Probe in die mobile Phase oder direkt in das chromatographische Bett. Bei Direktinjektion erfolgt die Probenaufgabe in den Strom der mobilen Phase. Normalerweise wird die Probe im gesondert beheizten Einlassteil sehr schnell im Trägerstrom außerhalb der Trennsäule verdampft (flash vaporizer), mit dem Trägergas vermischt und vollständig auf die Trennsäule gespült (direkte Probenaufgabe). Der Säulenofen enthält die Trennsäule. Sie befindet sich auf einer Temperatur unterhalb des Siedepunkts des Lösemittels, in dem die Probe gelöst ist. Häufig verwendet man zwischen Probenaufgabe und Trennsäule eine leere Vorsäule (retention gap), um eine Fokussierung der Probenbestandteile am Säulenanfang zu erreichen. Die Trennsäule ist entweder mit dem festen Adsorbens wie Aktivkohle, Silicagel oder Zeolithen gefüllt, man spricht dann von einer Adsorptions-Gaschromatographie, oder sie enthält einen für die betreffenden Gase völlig inaktiven Träger, der mit einer schwer flüchtigen Flüssigkeit imprägniert ist, es handelt sich dann um eine Verteilungs-Gaschromatographie. Durch die Apparatur streicht in konstantem Strom das Trägergas (H_2, He, N_2 oder CO_2). Vor der Trennsäule ist die Dosiereinrichtung in den Trägergasstrom eingeschaltet. Sie besteht entweder aus einer Dosierschleife oder man benutzt einen einfachen Gummiverschluss, der mit der Kanüle der Injektionsspritze durchstochen wird, um die Analysensubstanz in den Gasstrom einzuspritzen. Als Detektor wird im einfachsten Fall eine Wärmeleitfähigkeitszelle benutzt (►S. 225). Als Vergleichsgas dient dann das Trägergas.

Die meisten Detektoren, so auch die Wärmeleitfähigkeitszelle liefern eine Differentialanzeige. Im aufgezeichneten Diagramm, in dem die Höhe des Ausschlages gegen die Zeit oder gegen das durchgesetzte Volumen Trägergas aufgetragen ist, findet man für jede getrennt auftretende Komponente eine Bande (○ Abb. 3.9).

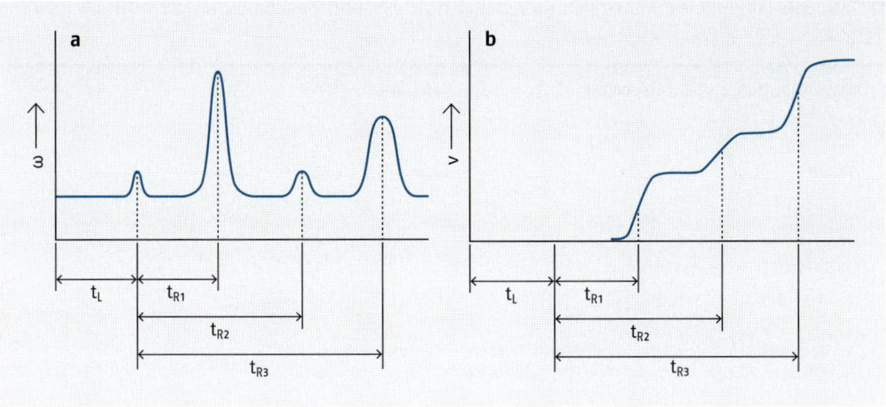

o Abb. 3.9 Gaschromatogramm: a) differentielle Ausgabe des Detektorsignals, b) integrale Anzeige

Je stärker das Gas in der Säule sorbiert wird, um so später tritt die Bande auf. Bei gegebener konstanter Strömungsgeschwindigkeit ist also eine Verzögerung, die sog. Retentionszeit t_R, charakteristisch für ein bestimmtes Gas. Sie ergibt sich aus der gesamten Laufzeit t_G vom Augenblick des Dosierens bis zum Maximum des Aufschlages minus der Laufzeit t_L eines Gases, das die Säule völlig ungehindert durchstreicht. Besonders bei der Verteilungschromatographie benutzt man zur Bestimmung von t_L meist die Luftbande, denn beim Dosieren gelangt fast immer etwas Luft in die Anlage. Ein quantitatives Maß ist die Fläche unter der Kurve oder, wenn die Banden nicht zu breit sind, auch die Höhe oder die Breite in halber Höhe. Das Detektorsignal kann jeweils differentiell oder integral ausgegeben werden.

3.2 Synthesevorschriften

Beim präparativen Arbeiten ist die Kenntnis der allgemeinen Arbeitsregeln unerlässlich. An dieser Stelle sei daher nochmals auf die vorangehenden Kapitel hingewiesen. Aus Gründen der Zeit- und Geldersparnis führt man jede einzelne Phase der Darstellung eines Präparats, vor dem Einsatz der Chemikalienhauptmenge, zunächst im kleinen Maßstab durch, sofern dies möglich ist. Von Anfang an sollte man versuchen, die Präparate in möglichst reiner Form zu erhalten. Nicht die Quantität sondern die Qualität ist in den meisten Fällen ausschlaggebend.

Zu jedem Präparat gehört ein Arbeitsprotokoll, das den Gang der Darstellung, aufgetretene Schwierigkeiten, besondere Beobachtungen usw. sowie Ausbeuteberechnung in Prozenten (mit Angabe des Bezugsstoffes) enthalten soll. Ebenso muss man die Toxizität und Umweltbelastung der einzelnen Präparate, ihrer Ausgangsverbindungen und Nebenprodukte berücksichtigen. Für Präparate empfiehlt es sich, stets Betriebsanweisungen zu erstellen, die die wichtigsten Informationen über den Darstellungsprozess enthalten (►Kap. 4.1.4).

Hinweis: Für Anfänger geeignete Präparate sind mit Ⓐ gekennzeichnet.

Tab. 3.4 Allgemeine Kennzeichnungsregel für Gase und Gasgemische nach DIN EN 1089-3 Tafel 1

Eigenschaften	Schulterfarbe	Beispiele
Giftig und/oder ätzend	Schulter: gelb	Ammoniak, Chlor, Fluor, Kohlenmonoxid, Stickoxid, Schwefeldioxid
Entzündbar	Schulter: rot	Wasserstoff, Methan, Ethylen, Formiergas, Stickstoff-Wasserstoffgemisch
Oxidierend	Schulter: blau	Sauerstoff, Lachgasgemische
Erstickend	Schulter: Leuchtendes Grün	Krypton, Xenon

3.2.1 Gase

Die meisten Laborgase sind kommerziell verfügbar und werden in Stahlflaschen geliefert. Aus diesen kann dann über ein Druckreduzierventil das Gas entnommen werden. **Druckgasflaschen** sind je nach Inhalt mit einer besonderen Farbe und Beschriftungshinweis gekennzeichnet, um Verwechselungen auszuschalten. Die DIN EN 1089-3 stellt ein System der Farbkennzeichnung von Gasflaschen dar, das eine zusätzliche Information über die Eigenschaften des Gasinhaltes (giftig, brennbar, oxidierend, inert) liefert. Eine verbindliche Kennzeichnung des Gasgemisches erfolgt jedoch am Gefahrgutaufkleber (▸Kap. 4.1). Die Farbkennzeichnung (Tab. 3.4) nach Norm ist nur für die Flaschenschulter festgelegt (außer bei medizinischen Gasen). Ebenfalls besitzen Druckgasflachen für verschiedene Gase unterschiedliche Anschlussgewinde, Tab. 3.5.

Die Farbe des zylindrischen Flaschenmantels ist in der DIN nicht festgelegt. In der Regel sind die Flaschenmäntel von Industriegasen grau und die von Medizin- und Inhalationsgasen weiß. Auf jeden Fall befindet sich auf einer Gasflasche ein Gefahrgutaufkleber, der die verbindlichen Angaben über den Inhalt der Gasflasche angibt:

- Gefahren- und Sicherheitshinweise
- Gefahrenpiktogramme
- Signalwort (Gefahr, Achtung)
- Reinheit des Gases
- Handelsname des Gaseherstellers

Tab. 3.5 Anschlussgewinde von Druckgasflaschen verschiedener Gase

Gas	Anschluss
Acetylen	Bügelanschluss (ähnlich INT-Tauchflaschen)
Druckluft	R5/8" Innengewinde
Inertgase (N_2, He, CO_2)	R3/4" Außengewinde
Sauerstoff	R5/8" Außengewinde
brennbare Gase (z. B. H_2)	R3/4" Außen-Linksgewinde

Tab. 3.6 Verschiedene Kategorien des GHS04-Symbols

verdichtetes Gas	verflüssigtes Gas	tiefgekühlt verflüssigtes Gas	gelöstes Gas
Compr. Gas; H280	Liquef. Gas; H280	Refr. Liquef. Gas; H281	Diss. Gas; H480

Achtung	Achtung	Achtung	Achtung
Enthält Gas unter Druck; kann bei Erwärmung explodieren	Enthält Gas unter Druck; kann bei Erwärmung explodieren	Enthält tiefgekühltes Gas; kann Kälteverbrennungen oder -verletzungen verursachen	Enthält Gas unter Druck; kann bei Erwärmung explodieren

- EG-Nummer bei Einzelstoffen
- UN-Nummer und Bennenung des Stoffes
- Hinweise des Gaseherstellers
- Name, Anschrift und Telefonnummer des Herstellers

Zusätzlich zu den Gefahrensymbolen (► Kap. 4.1) für das jeweilige Gas werden Gasflaschen mit dem GHS04-Symbol (Gasflasche, ◘ Tab. 3.6) gekennzeichnet. Man unterscheidet die vier Kategorien: verdichtetes Gas, verflüssigtes Gas, tiefgekühlt verflüssigtes Gas und gelöstes Gas.

Betrieb einer Druckgasflasche

Zunächst muss die Flasche gegen Umfallen gesichert werden. Nach dem Entfernen der Verschlusskappe wird das richtig gewählte Reduzierventil (Kennfarbe, Anschlussgewinde) angeschraubt, dabei ist der Zustand der Dichtung zu kontrollieren. Ist die Anschlussschraube mit dem Schraubenschlüssel angezogen, überzeugt man sich zuerst, ob das Abnahmeventil des Druckminderventils (◘ Abb. 3.10) geschlossen und die Stellschraube vollständig gelöst ist. Jetzt erst wird das Flaschenventil bis zum Anschlag geöffnet. Das erste Manometer zeigt den Flaschendruck an. Danach wird die Stellschraube so lange gedreht, bis das zweite Manometer den gewünschten Entnahmedruck anzeigt. Meist genügt ein Arbeitsdruck von 0,1 bar. Die Flasche ist jetzt betriebsbereit und das Entnahmeventil kann geöffnet werden. **Nach dem Gebrauch** schließt man das Flaschenventil und lässt den Druck aus dem Reduzierventil ab. Danach wird die Stellschraube vollständig gelöst und das Absperrventil am Niederdruckteil geschlossen. Wichtig: Beim Anschluss einer Druckgasflasche an eine Reaktionsapparatur (besonders aus Glas) muss diese mit einem Überdruckventil versehen sein. Für verflüssigte Gase (z. B. NH_3, Cl_2) kann man Nadelreduzierventile benutzen.

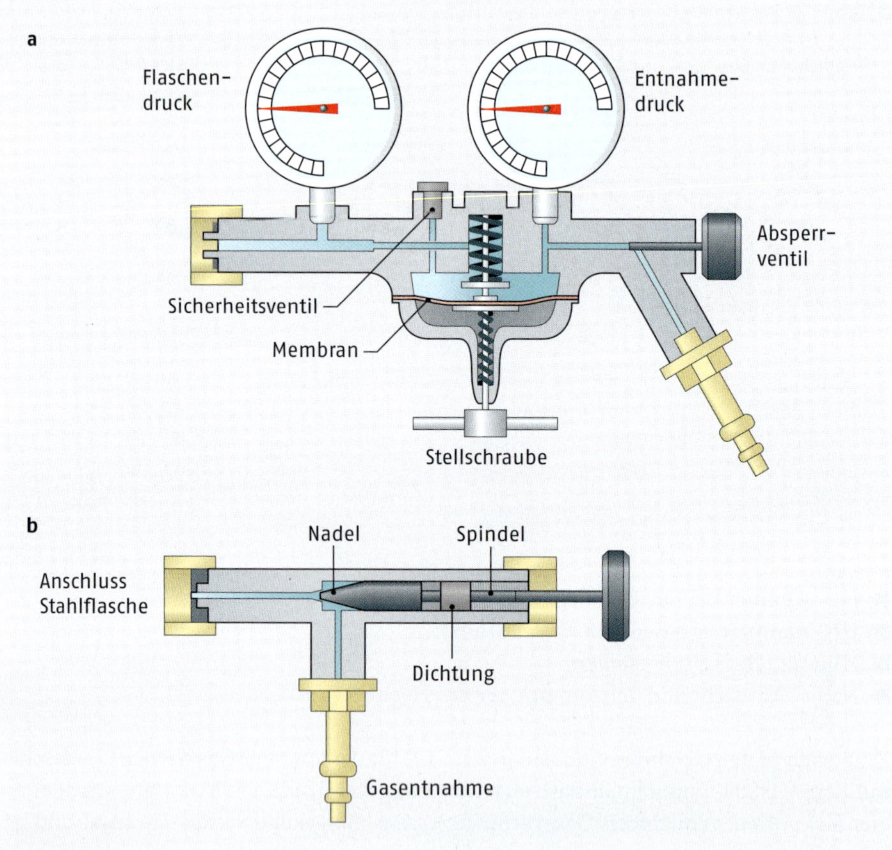

Abb. 3.10 Druckminderventile für Druckgasflaschen: a) Reduzierventil mit Manometer, b) Nadelreduzierventil

Synthese von Gasen im Labor

Bei der Darstellung von Gasen im Labor durch Einwirkung von Flüssigkeiten auf feste Stoffe hat sich der **Kipp'sche Apparat** („Kipp") bewährt (Abb. 3.11). Im „Kipp" wird relativ grobes Material (Stücke, Stangen, Würfel usw.) umgesetzt. Häufig werden Gase auch durch Einwirken von Flüssigkeiten oder Feststoffen aufeinander dargestellt. Zur Durchführung derartiger Reaktionen verwendet man zweckmäßig die in Abb. 3.12 wiedergegebene Gasentwicklungsapparatur (Gasentwickler). Sie besteht aus einem, je nach der erforderlichen Gasmenge dimensionierten, **Zweihalskolben**, der neben einem Gasableitungsrohr noch mit einem Tropftrichter versehen ist.

Bei der folgenden Aufzählung der für die Darstellung von Gasen geeigneten Reaktionen ist jeweils angedeutet, welches Gasentwicklungsgerät zweckmäßig ist. Zu den Gefahrstoffkennzeichnungen siehe ▸Kap. 4.1.

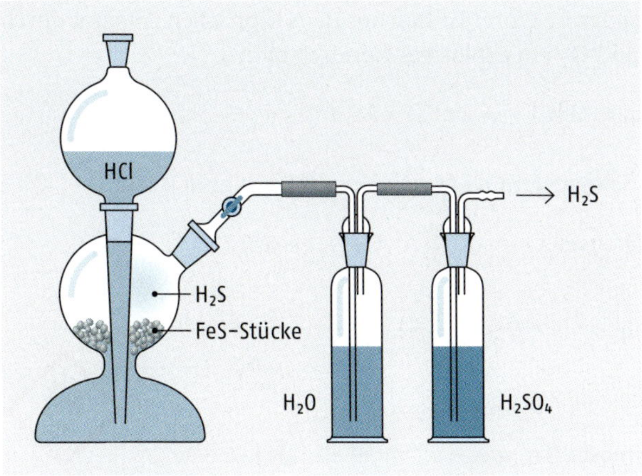

Abb. 3.11 Kipp'scher Apparat

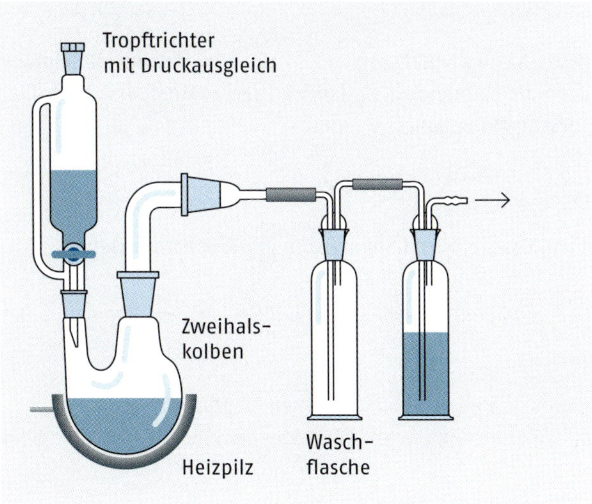

Abb. 3.12 Gasentwicklungsapparatur

Präparat: Wasserstoff, H_2 Ⓐ

Sdp. −252,9 °C; Smp. −259,3 °C

Farbloses, brennbares Gas, viel leichter als Luft, geruchlos. Bildet mit Luft, bzw. Sauerstoff oder Chlor, explosionsfähige Gemische. Rote Druckgasflasche.

Gefahr

Kipp Zur Gewinnung von H_2 wird der mittlere Behälter des Kipp'schen Apparats mit schwach verkupfertem arsenfreiem Stangenzink beschickt und bei geöffnetem Hahn so lange ca. 6 mol/L HCl von oben eingefüllt, bis der Säurestand das Zn erreicht. Nun wird der Hahn geschlossen und die obere Kugel mit Säure zu zwei Dritteln aufgefüllt. Beim Öffnen des Hahnes gelangt die Säure zum Zink und es entsteht H_2. Beim Schließen des Hahnes verdrängt der entstehende Überdruck die Säure aus dem Zinkbehälter, und die Reaktion kommt zum Stillstand.

Gefahrenhinweis: Zu Beginn der Reaktion ist Luft aus dem Kipp'schen Apparat durch Stickstoff zu vertreiben, da O_2 und H_2 ein explosives Gemisch bilden.

$$Zn + 2\,HCl \longrightarrow ZnCl_2 + H_2\uparrow$$

Gasentwickler Al-Grieß oder -Schnitzel, KOH (1 : 3); Vorsicht, schäumt stark!

$$2\,Al + 2\,KOH + 6\,H_2O \longrightarrow 2\,K[Al(OH)_4] + 3\,H_2\uparrow$$

Präparat: Sauerstoff, O_2

Gefahr

Sdp. −183 °C; Smp. −218,8 °C

Farbloses, brandförderndes geruchloses Gas, etwas schwerer als Luft Farbe der Druckgasflasche: blau (grau)

Gasentwickler $KClO_3$ und gut getrocknetes MnO_2 (10 : 1); MnO_2 bzw. das durch Erhitzen daraus entstehende Mn_3O_4 wirken als Katalysator (s. Jander Blasius Bd. I, ▸S. 186). Der Gasstrom kann durch die Temperatur gut reguliert werden.

$$2\,KClO_3 \xrightarrow{\text{Schmelze}} 2\,KCl + 3\,O_2\uparrow$$

Gefahrenhinweis: $KClO_3$ bildet mit oxidierbaren Substanzen explosive Gemische.

Präparat: Stickstoff, N_2 Ⓐ

Sdp. −195,8 °C; Smp. −210,0 °C

Farbloses, unsichtbares, ungiftiges, außerordentlich reaktionsträges Gas, nicht brennbar, etwas leichter als Luft
Farbe der Druckgasflasche: grau (dunkelgrün, schwarz)

Gasentwickler Vorsichtiges Erhitzen einer konz. Mischlösung $(NH_4)_2SO_4$ und $NaNO_2$ bis zum Einsetzen der Gasentwicklung. Die Reaktion verläuft dann ohne Wärmezufuhr weiter. Das Gas ist ziemlich stark mit NO und NH_3 verunreinigt, die jedoch mit Wasser ausgewaschen werden können.

$$NH_4NO_2 \longrightarrow 2\,H_2O + N_2\uparrow$$

Präparat: Kohlendioxid, CO_2 Ⓐ

Sublimationspunkt: −78,5 °C

Farbloses, unsichtbares, beständiges Gas, nicht brennbar, schwerer als Luft. Je nach eingeatmeter Konzentration wirkt das Gas erregend, betäubend oder erstickend. Farbe der Druckgasflasche: grau

Kipp Grobe Marmorstücke und ca. 6 mol/L HCl.

$$CaCO_3 + 2\,HCl \longrightarrow CaCl_2 + H_2O + CO_2\uparrow$$

Gasentwickler Gesättigte $KHCO_3$-Lösung und 50%ige H_2SO_4

$$2\,KHCO_3 + H_2SO_4 \longrightarrow K_2SO_4 + 2\,H_2O + 2\,CO_2\uparrow$$

Die Darstellung der folgenden Gase muss in einem gut ziehenden Abzug durchgeführt werden.

Präparat: Chlor, Cl_2

Sdp. −34 °C; Smp. −101,5 °C

Gefahr

Gelbgrünes, hochgiftiges, stark korrosives, wasserlösliches, nicht entzündbares Gas, schwerer als Luft, stechender Geruch.
Vernichtung: Einleiten in NaOH und Reduktion mit Thiosulfat.

Kipp Chlorkalkwürfel, 7 mol/L HCl; das entstehende Chlor ist durch CO_2 verunreinigt.

$$CaCl(OCl) + 2\,HCl \longrightarrow CaCl_2 + H_2O + Cl_2\uparrow$$

Gasentwickler Gefälltes $MnO_2 \cdot xH_2O$ und konz. HCl; die Cl_2-Entwicklung lässt sich durch Erwärmen regulieren.

$$MnO_2 + 4\,HCl \longrightarrow MnCl_2 + 2\,H_2O + Cl_2\uparrow$$

Zur Cl_2-Darstellung beschickt man den Kolben mit $K_2Cr_2O_7$, lässt aus dem Tropftrichter langsam ca. 4 mol/L HCl zufließen und erwärmt gelinde.

$$Cr_2O_7^{2-} + 6\,Cl^- + 14\,H^+ \longrightarrow 2\,Cr^{3+} + 7\,H_2O + 3\,Cl_2\uparrow$$

Präparat: Ammoniak, NH_3

Sdp. −33,4 °C; Smp. −77,7 °C

Gefahr

Farbloses, sehr leicht wasserlösliches, chemisch stabiles, kaum entzündbares, stark ätzendes Gas, bildet mit stark oxidierenden Gasen explosionsfähige Gemische.
Vernichtung: Einleiten in eine $NaNO_2$-Lösung.

Gasentwickler Zu festem NH_4Cl wird 60%ige KOH unter gelindem Erwärmen zugetropft.

$$NH_4Cl + KOH \longrightarrow KCl + H_2O + NH_3\uparrow$$

Erwärmen einer innigen Mischung von NH_4Cl mit gelöschtem Kalk.

$$2\,NH_4Cl + Ca(OH)_2 \longrightarrow CaCl_2 + 2\,H_2O + 2\,NH_3\uparrow$$

Präparat: Schwefeldioxid, SO_2 Ⓐ

Gefahr

Sdp. −10 °C; Smp. −75,5 °C

Farbloses, giftiges, wasserlösliches, stechend riechendes Gas, schwerer als Luft, zieht Feuchtigkeit aus der Luft an.
Vernichtung: Einleiten in NaOH und Oxidation mit H_2O_2

Gasentwickler 50%ige H_2SO_4 zu konz. $NaHSO_3$-Lösung tropfen lassen.

$$NaHSO_3 + H_2SO_4 \longrightarrow NaHSO_4 + H_2O + SO_2\uparrow$$

Präparat: Schwefelwasserstoff, H_2S Ⓐ

Gefahr

Sdp. −59,6 °C; Smp. −85,5 °C

Sehr giftiges, farbloses, sehr leicht entzündliches Gas, bildet mit Luft explosionsfähiges Gemisch. Schwerer als Luft. In bestimmten Konzentrationen Geruch nach faulen Eiern. **Vernichtung:** Einleiten in KI_3-Lösung, Einleiten in NaOCl-Lösung, Verbrennen zu SO_2

Kipp FeS in Stangen oder Stücken, 5 mol/L HCl; das Gas enthält H_2

$$FeS + 2\,HCl \longrightarrow FeCl_2 + H_2S\uparrow$$

Präparat: Chlorwasserstoff, HCl Ⓐ

Gefahr

Sdp. −84,9 °C; Smp. −114,2 °C

Farbloses, beständiges, stark korrosives, giftiges, ätzendes, unbrennbares, leicht wasserlösliches Gas, wenig schwerer als Luft, stechender Geruch
Vernichtung: Einleiten in NaOH

Gasentwickler Zu festem NH_4Cl wird 50%ige H_2SO_4 langsam zugetropft; nicht schütteln, sonst starkes Schäumen.

$$NH_4Cl + H_2SO_4 \longrightarrow (NH_4)HSO_4 + HCl\uparrow$$

Präparat: Bromwasserstoff, HBr

Gefahr

Sdp. −66,4 °C; Smp. −86,8 °C

Farbloses, leicht wasserlösliches, unbrennbares, stark korrosives Gas, raucht an feuchter Luft, stechender Geruch, giftig, viel schwerer als Luft **Vernichtung:** Einleiten in NaOH

Gasentwickler Zutropfen sirupöser H_3PO_4 zu KBr und schwaches Erwärmen.

$$KBr + H_3PO_4 \longrightarrow KH_2PO_4 + HBr\uparrow$$

Präparat: Stickstoffmonoxid, NO

Sdp. −151,8 °C; Smp. −163,5 °C

Gefahr

Farbloses, wenig wasserlösliches, geruchloses, giftiges Gas, nicht brennbar. An Luft Oxidation zu NO_2
Vernichtung: Einleiten in Amidoschwefelsäurelösung.

Kipp $NaNO_2$ in Stangen, verd. H_2SO_4

$$6\,NaNO_2 + 3\,H_2SO_4 \longrightarrow 3\,Na_2SO_4 + 2\,HNO_3 + 2\,H_2O + 4\,NO\uparrow$$

Gasentwickler Gesättigte $K_4[Fe(CN)_6]$-Lösung und festes KNO_2; verd. CH_3COOH zutropfen.

$$K_4[Fe(CN)_6] + KNO_2 + 2\,CH_3COOH \longrightarrow K_3[Fe(CN)_6] + 2\,KCH_3COO + H_2O + NO\uparrow$$

Präparat: Stickstoffdioxid, NO_2

N_2O_4: Sdp. 21,2 °C; Smp. −9,3 °C

Gefahr

Hochgiftiges, ätzendes, wasserlösliches Gas. Starkes Oxidationsmittel, schwerer als Luft, stechender Geruch
Vernichtung: Einleiten in Amidoschwefelsäurelösung

Gasentwickler Vorsichtiges Erhitzen von gut getrocknetem $Pb(NO_3)_2$.

$$2\,Pb(NO_3)_2 \longrightarrow 2\,PbO + O_2\uparrow + 4\,NO_2\uparrow$$

Präparat: Kohlenmonoxid, CO

Sdp. −191,5 °C; Smp. −205 °C

Gefahr

Farbloses, giftiges, hoch entzündliches Gas, etwas leichter als Luft, geruchlos. Gas-Luftgemische explosionsfähig. **Starkes Blutgift!**
Vernichtung: Verbrennen

Gasentwickler Zutropfen von konz. Ameisensäure zu konz. H_2SO_4 oder konz. H_3PO_4 bei 70–80 °C

$$HCOOH \longrightarrow H_2O + CO\uparrow$$

Vorsichtiges Erhitzen von Oxalsäure-Dihydrat mit konz. H_2SO_4 (Gewichtsverhältnis ca. 1 : 5) bis zur beginnenden Gasentwicklung. CO_2 wird in einer mit 50%iger KOH gefüllten Gaswaschflasche absorbiert.

$$H_2C_2O_4 \cdot 2\,H_2O \longrightarrow 3\,H_2O + CO_2\uparrow + CO\uparrow$$

3.2.2 Alkali- und Erdalkalimetalle

Alkali- und Erdalkalielemente sowie Al werden technisch durch Schmelzflusselektrolyse der entsprechenden Halogenide, Oxide usw. dargestellt. Um die gewöhnlich recht hohen Schmelzpunkte dieser Salze herabzusetzen, fügt man Flussmittel (CaF_2, $Na_3[AlF_6]$, KCl usw.) zu. Als Kathode verwendet man häufig Eisenstäbe. Anodenmaterial ist meistens Kohle (Acheson-Graphit). Arbeitet man in Graphittiegeln, dient oft der Tiegel selbst als Anode. Das entstehende Rohmetall wird durch Umschmelzen unter Flussmitteln (Mg) oder durch Destillation im Vakuum (Na, K, Rb, Cs) gereinigt.

Präparat: Magnesium, Mg

Smp. 648,8 °C; Sdp. 1090 °C

Gefahr

Silberweißes, glänzendes, sehr reaktionsfähiges Metall. Reagiert schon mit kaltem Wasser langsam unter Bildung von Wasserstoff. Verbrennt an Luft über 500 °C unter starker Wärmeentwicklung mit blendend weißem Licht.

Darstellung 100 g $MgCl_2 \cdot 6\,H_2O$, 40 g KCl, 15 g NH_4Cl, und 15 g CaF_2 werden innig vermischt und bis auf einen Rest von 10–20 g, der später beim Umschmelzen des Mg gebraucht wird, in einen Porzellantiegel von 6 cm ⌀ gefüllt. Das Substanzgemisch wird in einem elektrischen Ofen bei 260 °C entwässert. Der NH_4-Zusatz soll die Hydrolyse von $MgCl_2 \cdot 6\,H_2O$ beim Erhitzen verringern; das gemäß $MgCl_2 + H_2O \longrightarrow MgO + 2\,HCl$ entstehende MgO würde sonst das Zusammentreten der gebildeten Mg-Kügelchen verhindern. Als Anode dient ein Graphitstab, als Kathode ein verzinkter Eisenstab von 0,6 cm ⌀, der in einem schwer schmelzbaren Glasrohr von 1,5 cm Innendurchmesser steckt und durch einen Stopfen gehalten wird. Anordnung und Schaltung sind der schematischen Skizze (o Abb. 3.13) zu entnehmen.

Das Salzgemisch wird unter dem Abzug bis zur dünnflüssigen Schmelze (650–750 °C) erhitzt. Die Elektroden werden so eingesetzt, dass das Glasrohr fast den Tiegelboden berührt, die Elektroden selbst aber nur in die Oberfläche eintauchen. Man elektrolysiert bei 20 Volt Klemmenspannung und genau 2 Ampere. Die Temperatur ist so zu regeln, dass die Schmelze gerade noch nicht zu kristallisieren beginnt. Nach ca. 3 h (genaue Zeitmessung! Zeit und Stromstärke gehen in die Ausbeuteberechnung ein) wird der Versuch abgebrochen. Die Elektroden werden bei beginnender Kristallisation aus der Schmelze herausgenommen. Das Glasrohr enthält noch etwas Schmelze, die das gebildete Mg einschließt. Der untere Teil des Glasrohrs wird zerschlagen und das Salz unter CaF_2-Zusatz in einem kleinen Tiegel nochmals zusammengeschmolzen. Die auf der Schmelze schwimmenden Mg-Kügelchen lassen sich mit einem Eisendraht leicht zu einem Regulus vereinigen; andernfalls muss noch mehr CaF_2 zugesetzt werden. Nach dem Erkalten wird der Mg-Regulus mechanisch vom Salz abgelöst, kurz (!) in verd. HCl getaucht, getrocknet und

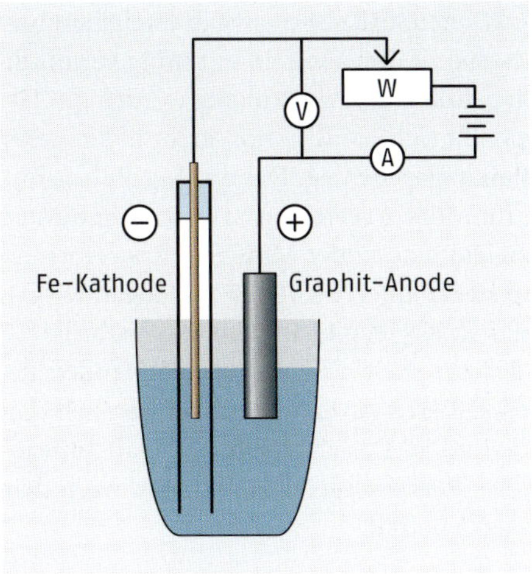

Abb. 3.13 Versuchsanordnung zur Schmelzflusselektrolyse;
W = Schiebewiderstand, V = Voltmeter,
A = Amperemeter

zur Ausbeutebestimmung gewogen.

$$MgCl_2 \longrightarrow Mg + Cl_2$$

Berechnung der Ausbeute 1 mol Elektronen (96 485 Coulomb) scheidet 0,5 mol Mg ≙ 12,15 g Magnesium ab. Hat man x Sekunden mit y Ampere elektrolysiert, ist die theoretische Ausbeute $\frac{x \cdot y \cdot 12{,}15}{96\,485}$ g Mg. Die praktische Ausbeute wird in Prozenten der theoretischen angegeben.

3.2.3 Darstellung von Metallen aus ihren Oxiden – Chrom, Mangan, Silicium, Bor (Aluminothermische Verfahren)

Die Bildungswärme von Al_2O_3 ist sehr groß ($2\,Al + \frac{3}{2}O_2 \longrightarrow Al_2O_3$ −1680 kJ/mol). Infolgedessen werden die meisten Metalloxide oder -sulfide von fein verteiltem Al unter Bildung der freien Elemente reduziert. Um die Reaktion in Gang zu bringen, genügt meist eine Initialzündung. Die Reaktion läuft dann von allein weiter und erzeugt die erforderlichen Temperaturen durch die Reaktionswärme selbst. Die Temperatur ist so hoch (2000–2500 °C), dass die ganze Masse schmilzt und sich Schlacke und Metall weitgehend voneinander trennen; ein Zusatz von Flussmitteln (CaF_2) begünstigt diese Trennung. Da die Reaktionswärme die Temperatur bestimmt, hat man es in der Hand, durch geeignete Wahl der Ausgangsstoffe die Reaktionstemperatur den jeweils vorliegenden Verhältnissen anzupassen. Einerseits darf die Reaktion nicht explosionsartig ablaufen (Abhilfe durch Verdünnen des Reaktionsgemisches mit überschüssigem Oxid oder Verwendung eines niederen Oxids, z. B. Mn_3O_4 anstelle von MnO_2), andererseits werden bei zu geringer Wärmetönung Schwefel oder sauerstoffreiche Verbindungen ($K_2Cr_2O_7$) zugesetzt. Wegen der hohen Reaktionstemperatur ist das aluminothermische Verfahren zur Darstellung von Metallen mit hohem Dampfdruck (Alkalimetalle, Pb, Zn) im Allgemeinen ungeeignet. Fast alle aluminothermisch dargestellten Metalle enthalten kleinere Mengen Al (≈ 1 %) und sind meist sehr spröde.

Die Durchführung aluminothermischer Reaktionen im Labormaßstab erfolgt am besten im Freien in kleinen Tontiegeln, die mindestens zu drei Vierteln mit innig vermischtem und gut getrockneten (!) Reaktionsgemisch gefüllt sind. Zweckmäßig werden die Tiegel in Kieselgur oder Sand eingebettet. Es empfiehlt sich die Reaktion nicht in kleineren Ansätzen durchzuführen, als in den Vorschriften angegeben ist. Das aus Mg-Pulver und BaO_2 bestehende Zündgemisch (3 : 2) – nicht im Mörser verreiben (!) – wird in dünner Schicht auf das Reaktionsgut aufgebracht. Dazu legt man in der Mitte eine kraterförmige Vertiefung an, füllt sie mit Zündmischung und steckt einen ca. 10–20 cm langen KNO_3-Papierstreifen hinein. Nach dem Anzünden des KNO_3-Papierstreifens (Schutzbrille (!)) zieht man sich sofort zurück und hält wegen der zuweilen recht heftig verlaufenden Reaktion (Fortsprühen glühender Teilchen) einen sicheren Abstand ein. Der Versuch darf nur in Gegenwart des Assistenten durchgeführt werden! Das entstandene Metall sammelt sich meist in Gestalt eines Regulus am Boden des Reaktionsgefäßes und wird nach dem Erkalten mechanisch von der anhaftenden Schlacke befreit.

Unsachgemäße Zündung kann zu schweren Unfällen führen. Häufig brennt der Zündstreifen nur bis zur Oberfläche des Reaktionsgemisches und erlischt dann, ohne dass die Reaktion in Gang kommt. Es muss in solchen Fällen mindestens 5 Minuten (Uhr!) gewartet werden, bevor ein neuer Zündversuch unternommen wird!

Präparat: Chrom, Cr

Smp. 1907 °C

Chrom ist ein weißes, glänzendes, hartes, sprödes Metall (Dichte 7,2 g/cm^3). Chrom löst sich in wässeriger Salz- und Schwefelsäure. In HNO_3 und Königswasser löst sich Chrom in der Kälte nicht.

Darstellung 70 g geglühtes Cr_2O_3, 25 g $K_2Cr_2O_7$ (geschmolzen und gepulvert) und 32 g Al-Grieß. Auf den Tiegelboden ca. 10 g CaF_2; 10 g Zündmischung.

Präparat: Mangan, Mn

Smp. 1244 °C

Achtung

Mangan ist ein hartes, sprödes Metall; in reinem Zustand silbrig weiß (Dichte 7,4 g/cm^3). Das nach dem aluminothermischen Verfahren dargestellte Metall läuft an der Luft bunt an. Fein verteiltes Mangan zersetzt sich in H_2O.

Darstellung **MnO_2 reagiert zu heftig.** 80 g MnO_2 werden daher durch Glühen (800–900 °C, 1 h) in Mn_3O_4 übergeführt und mit 20 g Al-Grieß (9/10 der stöchiometrischen Menge) innig vermischt. 10 g CaF_2 auf den Tiegelboden; 10 g Zündmischung (►S. 292).

$$8\,Al + 3\,Mn_3O_4 \longrightarrow 9\,Mn + 4\,Al_2O_3$$

Präparat: Silicium, Si

Smp. 1414 °C

Kristallisiertes Silicium wird beim Erhitzen an der Luft selbst bei 1000 °C nicht angegriffen (Siliciumdioxidschicht). Silicium ist in allen Säuren unlöslich. Es löst sich in HF bei Gegenwart von Oxidationsmitteln (HNO_3) und in konz. NaOH.

Darstellung 90 g feiner, gut getrockneter Quarz-Sand, 100 g Al-Grieß, 120 g Schwefelblume, Zündmischung (►S. 292). Nach Erkalten Tiegel zerschlagen, die ganze Masse in einer großen Porzellanschale mit Wasser übergießen (Abzug, mehrfach erneuern). Schließlich mit konz. HCl auskochen und dekantieren. Zur SiO_2-Entfernung die Kristalle in einer Pt-Schale 1 h mit warmer 40%iger HF behandeln.

Präparat: Bor, B

Smp. 2075 °C

Amorphes Bor ist ein braunes Pulver. Kristallisiertes Bor besitzt eine schwarzgraue Farbe. Durch konzentrierte HNO_3 wird Bor zu Borsäure oxidiert.

Darstellung 50 g wasserfreies B_2O_3, 75 g Schwefel und 100 g Al-Grieß, Zündmischung (►S. 292). Aufarbeitung wie bei Si. Das entstandene kristalline Bor ist stets Al-haltig (AlB_{12}).

Präparat: Zinn, Sn

Smp. 232 °C

Zinn ist ein silberweißes, glänzendes Metall von geringer Härte. Von verdünnten Säuren wird Zinn nur sehr langsam angegriffen. Am besten löst es sich in HCl.

Darstellung KCN kann Metalloxide zu den Elementen reduzieren, indem es selbst zu KOCN oxidiert wird. Dazu wird eine 1 : 1-Mischung von KCN und fein gepulvertem Zinnstein, SnO_2, im Porzellantiegel ca. 30 min am Gebläse geschmolzen und der Schmelzkuchen nach dem Erkalten mit Wasser extrahiert. Sn bleibt als Regulus zurück. Man prüft qualitativ auf Verunreinigungen (Fe, Cu, Pb).

$$2\,KCN + SnO_2 \longrightarrow Sn + 2\,KOCN$$

In gleicher Weise kann Sb aus SbOCl oder Sb_2O_5 dargestellt werden.

Vorsicht: KCN ist sehr giftig und entwickelt mit Säuren HCN (Abzug benutzen!).

3.2.4 Darstellung von Metallen aus ihren Sulfiden – Blei, Antimon

Es gibt hauptsächlich drei Methoden, auf trockenem Wege aus einem Sulfid das Metall zu erhalten:

- Röstreduktionsarbeit: Das Sulfid wird völlig abgeröstet („Verblaseröstung“) und das entstandene Oxid reduziert.

$$2\,PbS + 3\,O_2 \longrightarrow 2\,PbO + 2\,SO_2\uparrow$$
$$PbO + C \longrightarrow Pb + CO\uparrow$$

  Beispiel einer im großtechnischen Maßstab durchgeführten Röstreduktionsarbeit ist die Darstellung von Eisen aus Pyrit, FeS_2. Er wird zur H_2SO_4-Gewinnung abgeröstet und das gebildete Fe_2O_3 im Hochofen zu Roheisen verarbeitet.
- Röstreaktionsarbeit: Das Sulfid wird nur teilweise abgeröstet und das entstandene Oxid mit noch vorhandenem Sulfid unter Luftabschluss erhitzt:

$$2\,PbO + PbS \longrightarrow 3\,Pb + SO_2\uparrow$$

- Niederschlagsarbeit: Das Sulfid wird mit einem unedleren Metall erhitzt, welches das edlere Metall unmittelbar aus dem Sulfid in Freiheit setzt („niederschlägt“)

$$Sb_2S_3 + 3\,Fe \longrightarrow 2\,Sb + 3\,FeS$$

Präparat: Blei, Pb

Smp. 327,5 °C

Gefahr

Graues Metall. **Schwere Vergiftungsgefahr beim Einatmen von Dämpfen und Verschlucken von Bleistaub**

12 g PbS und 22 g PbO werden innig vermischt und in einen kleinen Tiegel gegeben, auf dessen Boden sich bereits als Flussmittel eine Schicht Na_2CO_3/K_2CO_2-Gemisch (1 : 1) befindet. Mit einer weiteren Schicht des Flussmittels bedeckt man das Reaktionsgemisch und erhitzt vor dem Gebläse ca. eine $\frac{3}{4}$ h auf dunkle Rotglut (Abzug). Während der Reaktion muss die flüssige Masse öfter mit einem Magnesiastäbchen umgerührt werden. Um einen gut ausgebildeten Regulus zu erhalten, steigert man kurz vor dem Ende der Reaktion die Temperatur bis zur hellen Rotglut, rührt gut durch, lässt erkalten, zerschlägt den Tiegel und laugt den Schmelzkuchen mit heißem Wasser gründlich aus.

Präparat: Antimon, Sb

Smp. 630,63 °C

Giftiges, wasserunlösliches, silberweißes, leicht pulverisierbares Halbmetall

Darstellung 25 g gepulverter Grauspießglanz, Sb_2S_3, 11 g Fe-Pulver, 2,5 g wasserfreies Na_2SO_4 und 0,5 g Holzkohlepulver werden innig vermischt und im bedeckten Tiegel vor dem Gebläse ca. 20 min so hoch erhitzt, dass die Schlacke erweicht, aber nicht völlig schmilzt. Nach dem Erkalten wird der Tiegel zerschlagen, der Sb-Regulus von Schlacken mechanisch befreit und gegebenenfalls mit heißem Wasser behandelt. Weitere Darstellungsmöglichkeiten ▶S. 293 bei Zinn.

3.2.5 Aufarbeitung von Rückständen

Präparat: Silber, Ag, aus Rückständen Ⓐ

Smp. 961,9 °C

Silber ist ein Edelmetall von weißem Glanz. Unter Luftzutritt geschmolzen nimmt 1 g Ag etwa 2 mL O_2 auf, wodurch der Smp. auf 950 °C erniedrigt wird. Beim Erstarren entweicht der Sauerstoff unter Hinterlassung von Hohlräumen. In Säuren löst sich Silber nur bei gleichzeitiger Oxidation.

Darstellung Mit ca. 6 mol/L HCl wird zunächst alles noch in Lösung befindliche Ag^+ gefällt, dann bis zur Zusammenballung des Niederschlags erhitzt, abfiltriert bzw. dekantiert und mit heißem Wasser ausgewaschen. Man schlämmt den Niederschlag in ca. 6 mol/L HCl auf, gibt Zn-Granalien im Überschuss zu und lässt über Nacht im Abzug stehen (Zementation). Nach Zusatz frischer HCl wird so lange erhitzt, bis sich der Zn-Überschuss restlos gelöst hat. Man dekantiert vom Ag, wäscht bis zum Ausbleiben der Cl^--Reaktion und löst dann in konz. HNO_3. Aus dieser Lösung fällt man erneut mit Cl^- und wiederholt die Reaktion; statt dessen kann das umgefällte AgCl auch in verdünnter NaOH suspendiert werden und in der Siedehitze so lange mit Formaldehyd- oder Traubenzuckerlösung versetzt werden, bis sich eine gut ausgewaschene Probe ohne Trübung (AgCl!) in Cl^--freier HNO_3 löst. Das so gewonnene Ag-Pulver wird abfiltriert, mit heißem Wasser gewaschen, getrocknet und in einem Tontiegel bei Gegenwart von Borax als Flussmittel in der Gebläseflamme zusammengeschmolzen.

Zur Gewinnung von $AgNO_3$ löst man das Ag-Pulver in Cl^--freier HNO_3 und dampft auf dem Wasserbad ein.

Fixierbäder werden deutlich ammoniakalisch gemacht und mit $(NH_4)_2S$-Lösung im geringen Überschuss versetzt. Nach 24-stündigem Stehen wird der Niederschlag abgenutscht, gut ausgewaschen, getrocknet, mit wasserfreiem Borax vermischt und bei ca. 1000 °C geschmolzen. Dabei zersetzt sich Ag_2S unter Bildung von Silber.

Präparat: Iod, I_2, aus Rückständen

Achtung

Smp. 113,7 °C; Sdp. 184,50 °C

Schwarzgraue, metallglänzende Schuppen. In Wasser sehr wenig, in Ethanol und vielen organischen Lösemitteln gut löslich. Die Dämpfe sind gesundheitsschädlich.

Darstellung Im Labor als Iodide oder Iodate anfallende Iodrückstände kann man durch vollständige Reduktion zu Iodid und anschließende Oxidation zu Iod aufarbeiten. Dazu wird die Lösung unter dem Abzug zunächst mit einer $NaHSO_3$-Lösung versetzt. Nach Zugabe von 1 mol/L Schwefelsäure bis zur deutlich sauren Reaktion wird die Lösung teilweise eingedampft, bis das gebildete SO_2 entfernt ist. Sollte sich kein SO_2 bilden, so muss weiteres $NaHSO_3$ zugegeben werden.

$$IO_3^- + 3\,HSO_3^- \longrightarrow I^- + 3\,SO_4^{2-} + 3\,H^+$$
$$HSO_3^- + H^+ \longrightarrow SO_2 + H_2O$$

Sofern ungelöste Rückstände vorhanden sind, wird die Lösung filtriert. Zum Filtrat, das sich in einem Rundkolben befindet, wird noch etwas 1 mol/L H_2SO_4 und anschließend eine $NaNO_2$-Lösung zugefügt, bis sich der Gasraum im Kolben durch gebildetes NO_2 braun färbt. Durch Schütteln kann auch das NO_2 zur Oxidation des Iodids dienen.

$$2\,I^- + 2\,NO_2^- + 4\,H^+ \longrightarrow I_2 + 2\,NO + 2\,H_2O$$
$$2\,I^- + NO_2 + 2\,H^+ \longrightarrow I_2 + NO + H_2O$$

Das gebildete NO wird dabei durch Sauerstoff aus der Luft wieder zu NO_2 oxidiert.

$$2\,NO + O_2 \longrightarrow 2\,NO_2$$

Nach beendeter Reaktion und Abdampfen des überschüssigen NO_2 wird das ausgefallene Rohiod auf einer Glasfilternutsche abgesaugt und über $CaCl_2$ oder 18 mol/L H_2SO_4 im ungefetteten Exsikkator gut getrocknet. Das trockene Iod kann dann noch durch Sublimation gereinigt werden.

Für die Aufarbeitung von organischen Iodverbindungen ist die Methode nicht geeignet.

Zur **Sublimation** gibt man das Rohprodukt in ein ausgussloses Becherglas, auf dem ein mit kaltem Wasser gefüllter Rundkolben sitzt. Beim langsamen Erhitzen auf dem Sandbad unter dem Abzug entweicht zunächst die im Iod enthaltene Feuchtigkeit und kondensiert sich am Rundkolben. Ehe ein Wassertropfen wieder in das Becherglas zurückfällt, wechselt man den Rundkolben gegen einen zweiten aus und verfährt in gleicher Weise, solange noch Feuchtigkeit vorhanden ist. Dann wird so hoch erhitzt, dass eine langsame Sublimation stattfindet, wobei sich Iod in schönen, metallisch glänzenden, schwarzvioletten Kristallen außen am Boden des Rundkolbens absetzt. Sofern vorhanden kann besser eine spezielle Sublimationsapparatur (○ Abb. 3.5, S. 274) verwendet werden.

Werden höhere Ansprüche an die Reinheit des Iods gestellt, muss man das Rohprodukt noch einer **Wasserdampfdestillation** (► S. 273) unterwerfen (erforderlich bei Gegenwart von Stärke) und das Iod vor der Sublimation mit feinst verteiltem KI (zur Zersetzung von ICl_3 usw.) verreiben.

Bei Gegenwart größerer Fe-Mengen in den Iodrückständen muss die Oxidation zur Zersetzung des $[Fe(NO)]^{2+}$-Komplexes in der Hitze vorgenommen werden.

Präparat: Quecksilber, Hg, aus Rückständen

Smp. −38,84 °C Sdp. 356,73 °C

Flüssiges, silbrig blankes Metall, bereits bei Zimmertemperatur flüchtige, **hochgiftige Dämpfe!**

Gefahr

Die Reinigung von Hg erfolgt im Allgemeinen in drei Stufen: (1) Entfernung äußerlich anhaftender, grober Verunreinigungen, (2) Beseitigung gelöster Fremdmetalle („Amalgame") durch Oxidation und (3) Trennung von Spuren edler Metalle durch Hochvakuumdestillation.

Darstellung Man filtriert das unreine Hg zunächst durch eine Glasfritte G2 (ohne Vakuum) oder G3 (mit Vakuum) oder man verwendet ein glattes trockenes Faltenfilter, in dessen Spitze mit einer Nadel einige Löcher angebracht werden. Die Oxidation aller gelösten Metalle erfolgt zweckmäßig durch Luft oder HNO_3. Dazu bringt man das filtrierte Hg in eine Saugflasche, deren Größe so gewählt ist, dass der Boden etwa 1–2 cm hoch mit Hg bedeckt ist. Man gibt ca. 3 mol/L HNO_3 hinzu und verschließt die Saugflasche mit einem dicht schließenden, einfach durchbohrten Gummistopfen, durch dessen Bohrung ein Glasrohr bis zum Boden reicht. Der SauganSatz wird über ein U-Rohr mit Iodkohle (zur Sorption der stark giftigen Hg-Dämpfe) an eine Vakuumpumpe angeschlossen. Man saugt so stark, dass das Hg in wallende Bewegung gerät. Die HNO_3 löst neben den unedlen Metallen auch etwas Hg auf. Alle Metalle, die unedler als Hg sind, werden aber zuerst gelöst. Nach 24 h gießt man die Lösung ab, wäscht mit Wasser, trocknet mit Filterpapier und filtriert wie oben beschrieben.

Reines Hg muss beim Stehen an Luft blank bleiben und darf in einer Porzellanflasche keinen Schweif hinterlassen.

Beim Arbeiten mit Hg ist dessen große Giftigkeit zu beachten. Einatmen von Hg-Dämpfen führt zu schweren chronischen Vergiftungen! Um ein Verspritzen von Hg zu vermeiden, werden alle Arbeiten in großen Kunststoffschalen durchgeführt. Verschüttetes Hg muss restlos mit einer Quecksilberzange oder einem spitzen amalgamiertem Cu-Blech aufgesammelt werden! In Ritzen eingedrungene kleinere Hg-Mengen können, falls andere Methoden versagen, mit einer mehrere mm hohen Schicht von Iodaktivkohle (Aktivkohle mit ca. 5 % Iod beladen) oder Mercurisorb® bedeckt werden.

Präparat: Uranylacetat-Dihydrat, $UO_2(CH_3COO)_2 \cdot 2\,H_2O$, aus Rückständen

Sdp. 110 °C Wasserverlust; 270 °C Zersetzung

Uranverbindungen sind schwach radioaktiv und sehr giftig.

Gefahr

Wegen der Radioaktivität und der starken Toxizität dürfen Arbeiten mit Uranverbindungen nur in einem speziell ausgerüsteten Labor durchgeführt werden.

Darstellung Die gesammelten Uranrückstände werden zunächst zusammen mit der überstehenden Lösung ca. 10 min lang zum Sieden erhitzt, um den größten Teil von möglicherweise enthaltenem Ethanol und Essigsäure zu vertreiben. Die siedende Lösung wird nun mit einer ausreichenden Menge von festem NH_4Cl (ca. 3 g/100 mL Lösung) und mit konz. Ammoniak bis zur stark ammoniakalischen Reaktion versetzt. Es fällt gelbes flockiges Ammoniumdiuranat aus. Man lässt abkühlen und dekantiert nach dem Absetzen des Niederschlags, wirbelt ihn mehrere Male (8–10-mal) mit Wasser auf und dekantiert wie vorher. Dadurch erreicht man eine weitgehende Abtrennung der Fremdionen. Wenn sich ein Teil des Niederschlags beim Dekantieren nicht mehr klar absetzt und kein Geruch nach NH_3 mehr festzustellen ist, wird das Diuranat auf einer Filternutsche abgesaugt und bei 80–100 °C getrocknet. Das getrocknete Produkt wird fein gepulvert, in einen Tiegel gebracht und im Al-Block 8–10 h auf 300–350 °C erhitzt. Wenn der größte Teil des Ammoniumdiuranats unter NH_3-Abgabe in Urantrioxid übergegangen ist (Farbvertiefung, rotes Lackmuspapier wird nicht mehr blau gefärbt), überführt man den Rückstand wieder in ein Becherglas. Je 10 g des Rückstandes werden mit ca. 70 mL Wasser auf dem Wasserbad auf ca. 80 °C erwärmt und der Bodensatz durch Zugabe von ca. 80–90%iger CH_3COOH in Lösung gebracht. Man filtriert die Lösung von schwer löslichem U_3O_8 ab; dieses entsteht manchmal in geringen Mengen beim Erhitzen des Diuranats. Nach dem Einengen des Filtrats auf ca. 20 mL auf dem Wasserbad lässt man erkalten und über Nacht auskristallisieren. Die erhaltenen Kristalle von Uranoxidacetat, $UO_2(CH_3COO)_2 \cdot 2\,H_2O$, werden abgesaugt, zweimal mit wenig essigsäurehaltigem Wasser gewaschen und bei Raumtemperatur an der Luft getrocknet.

Die Mutterlauge sammelt man zweckmäßig für eine spätere Aufarbeitung, da eine zweite Fraktion stets mit NH_4^+-Salzen verunreinigt ist.

3.2.6 Oxide, Peroxoverbindungen, Sulfide, Nitride und verwandte Verbindungen

Präparat: Zinn(II)-oxid, SnO Ⓐ

Blauschwarze, metallisch glänzende, kristalline Substanz; schwer löslich in Wasser, löslich in Säuren. Beim Erhitzen auf Rotglut tritt unter Aufglühen Verbrennung zu SnO_2 ein.

Darstellung Die Darstellung erfolgt aus $SnCl_2$ über das Zinn(II)-oxidhydrat, das beim Erhitzen in Gegenwart von Alkalilauge leicht zu dunklem, wasserfreiem SnO dehydratisiert wird. Dazu wird $SnCl_2 \cdot 2\,H_2O$ p. a. in möglichst wenig heißer 7 mol/L HCl gelöst und so lange konz. NaOH-Lösung zugeführt, bis die Flüssigkeit gegen Phenolphthalein alkalisch reagiert (Vorsicht, starkes Schäumen!). Das entstandene weiße Zinn(II)-oxidhydrat wird in der Flüssigkeit anschließend 2–3 h auf dem Sandbad erhitzt, wobei quantitative Umwandlung zu SnO eintritt. Die Reinigung erfolgt durch mehrmaliges Dekantieren mit destilliertem Wasser. Trocknung bei 110 °C.

Präparat: Thenards Blau, $CoAl_2O_4$, aus Rückständen Ⓐ

Intensiv blaue Substanz mit Spinellstruktur, sehr beständig gegenüber chemischen Einflüssen und hohen Temperaturen (Verwendung als Porzellanfarbe). Beim Schmelzen mit $KHSO_4$ tritt Zersetzung ein.

Darstellung Zu einer innigen, stöchiometrischen Mischung von käuflichem, basischem Cobalt(II)-carbonat bzw. CoO und Al_2O_3 setzt man die 1,5-fache Gewichtsmenge KCl als Flussmittel zu und erhitzt im Porzellantiegel auf ca. 1100 °C. Die erkaltete Schmelze wird zerkleinert und mit Wasser ausgekocht, bis die Reaktion auf Cl^- negativ ausfällt, und im Trockenschrank getrocknet.

$$CoO + Al_2O_3 \longrightarrow CoAl_2O_4$$

Präparat: Kaliumtetraperoxochromat(V), K_3CrO_8

Dunkelrotbraune Kristalle, mäßig löslich in kaltem Wasser, schwer löslich in Ethanol und Ether. In verschlossenen Gefäßen gut haltbar. Beim Erhitzen auf 170 °C tritt Zersetzung ein, die bei weiterer Temperatursteigerung explosionsartig verläuft. Peroxochromate sind in wässeriger Lösung bei gewöhnlicher Temperatur unbeständig und zerfallen unter Rückbildung von CrO_4^{2-} (alkalisches Gebiet) bzw. Übergang in Cr(III)-Verbindungen (saures Milieu).

Hinweis: Nicht in Ampullen einschmelzen!

Darstellung 60 mL 3%iges und 5 mL 30%iges H_2O_2 („Perhydrol") und 5 mL 50%ige KOH werden in einen 100 mL Erlenmeyerkolben gegeben und in einer Kältemischung (Eis-Kochsalz) unter gelegentlichem Umschwenken zu einem dicken Brei verarbeitet. Dann gibt man 5 g fein gepulvertes K_2CrO_4 zu und lässt es in der Kältemischung 2 h stehen. Der Inhalt ist nun aufgetaut und das Peroxochromat hat sich in Form kleiner rotbrauner Oktaeder abgeschieden. Sie werden durch eine Glasfritte abfiltriert, mit Ethanol gewaschen und im Exsikkator getrocknet.

$$2\,CrO_4^{2-} + 8\,H_2O_2 \longrightarrow 2\,Cr(O_2)_4^{2-} + 8\,H_2O$$

$$2\,Cr(O_2)_4^{2-} + 2\,OH^- \longrightarrow 2\,Cr(O_2)_4^{3-} + H_2O_2$$

$$\overline{2\,CrO_4^{2-} + 7\,H_2O_2 + 2\,OH^- \longrightarrow 2\,Cr(O_2)_4^{3-} + 8\,H_2O}$$

Beim Versetzen von Chromatlösungen mit H_2O_2 entstehen je nach Versuchsbedingungen (pH-Wert, Temperatur, H_2O_2-Konzentration) rote Peroxochromate(V), $[Cr(O_2)_4]^{3-}$, oder blaue Peroxochromate(VI), $[CrO_2(O_2)_2]^{2-}$, bzw. das blaue Peroxid, CrO_5.

Präparat: Kaliumperoxodisulfat, $K_2S_2O_8$

Gefahr

Smp. < 100 °C unter Zersetzung

Peroxodisulfate sind in trockenem Zustand beständig und wasserlöslich. Sie stellen starke Oxidationsmittel dar und oxidieren z. B. Mn(II), Pb(II) und Co(II) in ihren Salzlösungen zu schwer löslichen Oxiden oder Oxokomplexen höherer Oxidationsstufen. Cr^{3+} wird zu CrO_4^{2-}, Mn^{2+} zu MnO_2 (bei Gegenwart von Ag^+ zu MnO_4^-, Ag^+ zu Ag_2O_2 oxidiert usw.)

$K_2S_2O_8$ lässt sich am besten durch anodische Oxidation einer konzentrierten $KHSO_4$-Lösung (○ Abb. 3.14) darstellen. An der Anode bildet sich intermediär das Radikal HSO_4. Dieses setzt sich bei kleiner Stromdichte unter O_2-Entwicklung um:

$$2\,HSO_4 + H_2O \longrightarrow 2\,HSO_4^- + 2\,H^+ + \frac{1}{2}O_2$$

Bei hoher anodischer Stromdichte und tiefer Temperatur ist die Konzentration der HSO_4-Radikale an der Anode sehr groß, und es bildet sich Peroxodisulfat:

$$2\,HSO_4 \longrightarrow 2\,H^+ + S_2O_8^{2-}$$

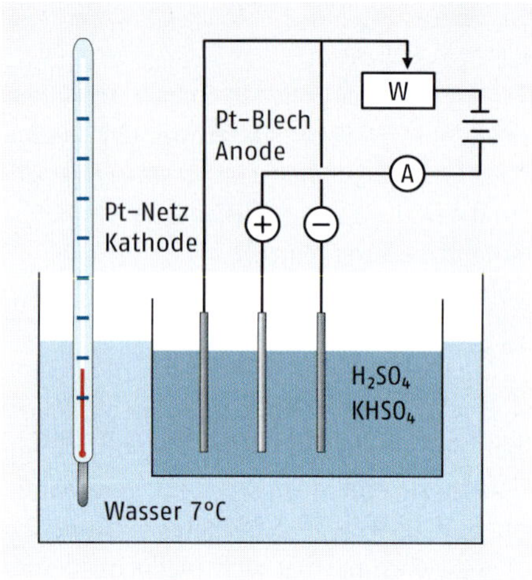

Abb. 3.14 Elektrolyseanordnung zur Darstellung von $K_2S_2O_8$

Darstellung In ein 1-Liter-Becherglas (niedere Form) füllt man 500 mL bei 10 °C gesättigte $KHSO_4$-Lösung. In die Mitte des Becherglases hängt man die Anode aus Pt-Blech mit den Abmessungen 1,4 × 4 cm. Parallel dazu werden an beiden Seiten im Abstand von 1,5 cm zwei als Kathoden dienende Pt-Netzelektroden mit einer Rahmenfläche von je 15 cm^2 angebracht. Das Elektrolysegefäß steht in einer Eis-Kochsalz-Mischung.

Man arbeitet bei höchstens 10 °C Elektrolyttemperatur (Thermometer!) mit einer anodischen Stromdichte von ca. 0,48 Ampere/cm^2 und ca. 8–12 Volt. Bei den oben angegebenen Dimensionen werden ca. 5,3 Ampere benötigt. Einige Minuten nach dem Einschalten des Stroms fällt an der Anode das ziemlich schwer lösliche $K_2S_2O_8$ aus. Man lässt die Elektrolyse ca. 2 h laufen, saugt dann die Kristalle ab, wäscht mit einigen mL Eiswasser, Ethanol und Ether, trocknet im Exsikkator und wiegt zur Ausbeutebestimmung (96 485 Coulomb $\triangleq \frac{1}{2}$ mol $K_2S_2O_8$). Zur Steigerung der Ausbeute empfiehlt sich ein Zusatz von etwas K_2CrO_4 zur $KHSO_4$-Lösung. CrO_4^{2-} wird an der Kathode zu Cr^{3+} reduziert und schlägt sich auf dieser als ein dünner $Cr(OH)_3$-Überzug nieder und verhindert so eine unerwünschte Reduktion von $S_2O_8^{2-}$ an der Kathode.

Präparat: Kaliumthioferrat(III), $K[FeS_2]$ bzw. $K_2[Fe_2S_4]$ Ⓐ

Permanganat-farbene, halbmetallisch glänzende Kristallnadeln, die an trockener Luft unbegrenzt haltbar sind; schwer löslich in Wasser

Darstellung Im bedeckten Porzellantiegel wird eine Mischung von 5 g Fe-Pulver, 25 g K_2CO_3, 5 g Na_2CO_3 und 30 g S langsam erhitzt, bis die Masse ruhig fließt, und dann ca. 1 h auf helle Rotglut gebracht. Nach sehr langsamer Abkühlung wird der Tiegel zerschlagen und der Schmelzkuchen mit warmem Wasser so lange digeriert, bis die anfänglich durch Thiohydroxoferrat(II), $[FeS(OH)_3]^{3-}$, grünen Extrakte farblos sind und sich nichts mehr löst. Falls kolloid lösliche Produkte in größerer Menge auftreten, war die

Temperatur zu niedrig. Die zurückgebliebenen $K[FeS_2]$-Kristalle werden mit Wasser und Ethanol gewaschen und möglichst rasch bei 100 °C getrocknet.

$$6\,Fe + 4\,K_2CO_3 + 13\,S \longrightarrow 6\,K[FeS_2] + K_2SO_4 + 4\,CO_2\uparrow$$

Präparat: Chrom(III)-sulfid, Cr_2S_3 Ⓐ

Schwarze, graphitähnlich glänzende Blättchen. Schwer löslich in nicht oxidierenden Säuren. Leicht löslich in HNO_3. Cr_2S_3 zersetzt sich oberhalb 1350 °C.

Darstellung Wasserfreies $CrCl_3$ wird im Porzellanschiffchen in einem schwer schmelzbaren Glasrohr auf 600–650 °C erhitzt und durch das Rohr 2 h ein sorgfältig getrockneter H_2S-Strom ($CaCl_2$-Trockenturm) geleitet. Man lässt im H_2S-Strom erkalten.

$$2\,CrCl_3 + 3\,H_2S \longrightarrow Cr_2S_3 + 6\,HCl$$

Das entweichende H_2S wird durch eine mit Natriumhypochlorit gefüllte Vorlage geleitet.

$$H_2S + 4\,ClO^- \longrightarrow HSO_4^- + H^+ + 4\,Cl^-$$

Cr_2S_3 lässt sich infolge seiner leichten Hydrolysierbarkeit nicht in wässeriger Lösung darstellen. Auf trockenem Wege erhält man ein in Wasser und selbst in Säuren schwer lösliches Produkt.

Präparat: Ammoniumkupfertetrasulfid, $(NH_4)CuS_4$ Ⓐ

Smp. 124,5 °C

Glänzend rote Prismen

Darstellung In eine Mischung von 200 mL konz. Ammoniak und 500 mL H_2O leitet man im geschlossenen Kolben unter Wasserkühlung H_2S bis zur Sättigung ein. Die Hälfte dieser Lösung wird dann bei 40 °C mit ca. 60 g Schwefelblume gesättigt, filtriert und mit der anderen Hälfte vereinigt. Man fügt zu dieser Lösung unter Umschwenken eine Lösung von 20 g $CuSO_4$ in 200 mL H_2O hinzu, bis ein eben verbleibender Niederschlag von CuS entsteht, und filtriert sofort durch ein großes Faltenfilter in einen Erlenmeyerkolben. Dieser soll vom Filtrat fast vollständig gefüllt sein. Beim Stehen im Eisschrank scheiden sich rote Kristalle ab. Sie werden abgesaugt, mit Wasser und Ethanol gewaschen und im Vakuumexsikkator getrocknet.

Einige Thiosalze leiten sich von Polysulfiden (z. B. S_4^{2-}, S_5^{2-}) ab, von denen am bekanntesten das Kupfersalz $(NH_4)Cu(S_4)$ ist. Man geht zu dessen Darstellung von Ammonipolysulfiden und entsprechenden Metallsalzen aus. Ähnliche Verbindungen sind vom Gold, $(Ph_4As)_2Au_2(S_8)$ (Ph = Phenyl), und Platin, $(NH_4)_2Pt(S_5)_3 \cdot 2\,H_2O$, bekannt.

Präparat: Magnesiumnitrid, Mg_3N_2 Ⓐ

Grünlich gelbes, lockeres Pulver, sehr empfindlich gegen Feuchtigkeit

$$Mg_3N_2 + 6\,H_2O \longrightarrow 3\,Mg(OH)_2 + 2\,NH_3$$

Fein verteiltes Mg kann bei höherer Temperatur in einem N_2-Strom mit dem Stickstoff reagieren. Wenn der N_2-Strom nicht hochrein ist, erhält man jedoch kein oxidfreies Produkt. In diesem Fall empfiehlt sich die Umsetzung mit NH_3. Über Mg-Feilspäne, die sich in einem Porzellanschiffchen in einem Keramikrohr befindet, wird NH_3 geleitet. Das Rohr ist über ein T-Stück mit einer Anlage zur Entwicklung von trockenem NH_3 und einer N_2-Leitung verbunden. Es ist außerdem mit Trockenrohren (CaO- und KOH-Plätzchen) abgeschlossen. Am Gasauslass befinden sich zur Absorption der Abgase zwei Waschflaschen (Sicherheitswaschflaschen), die mit verd. H_2SO_4 gefüllt sind.

Wenn die Luft vollkommen aus der Apparatur durch NH_3 verdrängt ist – man erkennt das daran, dass aus der zweiten Waschflasche keine Blasen mehr austreten – wird das Mg vier Stunden auf 800–850 °C erhitzt. Den Beginn der Nitrid-Entwicklung erkennt man am Aufglühen des Mg und ferner daran, dass H_2 entwickelt wird. Während der Hauptreaktion muss ein rascher NH_3-Strom zugeleitet werden, damit die Absorptionsflüssigkeit nicht zurücksteigt.

$$3\,Mg + N_2 \longrightarrow Mg_3N_2$$

Anschließend wird das Präparat bei der gleichen Temperatur im N_2-Strom behandelt, um absorbiertes NH_3 zu entfernen.

$$3\,Mg + 2\,NH_3 \longrightarrow Mg_3N_2 + 3\,H_2$$

3.2.7 Säuren und Basen – Synthesevorschriften

Säuren bzw. Basen werden präparativ allgemein nach folgenden Verfahren dargestellt.

- Aus Oxiden und H_2O:

$$SO_3 + H_2O \longrightarrow H_2SO_4$$
$$Li_2O + H_2O \longrightarrow 2\,LiOH$$

- Durch Hydrolyse:

$$PCl_5 + 4\,H_2O \longrightarrow H_3PO_4 + 5\,HCl$$
$$Mg_3N_2 + 6\,H_2O \longrightarrow 3\,Mg(OH)_2 + 2\,NH_3$$

- Durch Oxidation von Nichtmetallen bei Gegenwart von H_2O:

$$3\,P + 5\,HNO_3 + 2\,H_2O \longrightarrow 3\,H_3PO_4 + 5\,NO\uparrow$$

- durch Elektrolyse wässeriger Salzlösungen unedler Metalle
- durch doppelte Umsetzungen, falls das eine Reaktionsprodukt flüchtig, schwer löslich oder extrahierbar ist.
- durch Ionenaustausch

Präparat: Salpetersäure, HNO_3, wasserfrei

Gefahr

Smp. −42 °C, Sdp. 83 °C

HNO_3 ist eine farblose Flüssigkeit, $\varrho = 1{,}522\ g/cm^3$. Bei Siedetemperatur unter Atmosphärendruck und bei Aufbewahrung am Licht tritt langsam Zersetzung ein:

$$2\ HNO_3 \longrightarrow 2\ NO_2 + H_2O + \tfrac{1}{2}O_2$$

NO_2 löst sich in HNO_3 und färbt sie gelb oder bei größeren Konzentrationen rot (rauchende Salpetersäure). 69%ige wässerige HNO_3 ist ein azeotropes Gemisch. **Konz. HNO_3 wirkt stark ätzend und oxidierend.**

Darstellung In einen mit 25 mL konz. H_2SO_4 beschickten trockenen Destillationskolben gibt man unter guter Kühlung 30 g sorgfältig getrocknetes, fein gepulvertes KNO_3 und etwas $AgNO_3$ und lässt ca. 1 h verschlossen stehen. Dann wird vorsichtig destilliert und der zunächst übergehende, braun bis gelb gefärbte Vorlauf verworfen. Der bei 83–85 °C siedende Anteil besteht aus ziemlich reiner, Cl^--freier HNO_3, die nur ganz schwach gelb gefärbt ist. Sobald sich die übergehenden Gase bräunlich färben, wird die Destillation abgebrochen. Zur Darstellung größerer HNO_3-Mengen arbeitet man mit Schliffgeräten und destilliert wiederholt im Vakuum (Siedekapillare, Wasserbad, Schutzbrille), $Sdp._{26\,mbar}$ 36–38 °C.

$$KNO_3 + H_2SO_4 \longrightarrow KHSO_4 + HNO_3$$

Die Verdrängung aus ihren Alkalisalzen durch die schwerer flüchtige H_2SO_4 diente früher fast ausschließlich zur HNO_3-Darstellung. Heute erfolgt ihre großtechnische Gewinnung nach dem **Ostwald-Verfahren**, der katalytischen NH_3-Verbrennung.

Präparat: Arsensäure-Hemihydrat, $H_3AsO_4 \cdot \frac{1}{2}\,H_2O$

Gefahr

Klare, **sehr giftige,** hygroskopische Kristalle der Zusammensetzung $H_3AsO_4 \cdot \frac{1}{2}\,H_2O$

Darstellung In einem Zweihalskolben mit Tropftrichter (Abb. 3.12, S. 285) erwärmt man vorsichtig 50 g As_2O_3 und lässt gleichzeitig 50 mL konz. HNO_3 ($\varrho = 1{,}38\ g/cm^3$) zutropfen. Die sich entwickelnden Stickstoffoxide werden zweckmäßig zur Gewinnung von Nitrosylschwefelsäure in konz. H_2SO_4 eingeleitet (s. nachstehendes Präparat). Entstehen keine Stickstoffoxide mehr, dekantiert man vom Ungelösten und dampft zur Trockene ein. Der Rückstand wird mit wenig Wasser aufgenommen, durch eine Glasfritte filtriert und die Lösung abermals eingeengt, bis ein in die Flüssigkeit gehaltenes Thermometer 130 °C anzeigt. Man überlässt dann diese Lösung, die im kalten Zustand etwa Honigkonsistenz hat, im Eisschrank der Kristallisation (am besten im Exsikkator über H_2SO_4).

Präparat: Nitrosylhydrogensulfat, (NO)HSO$_4$ „Nitrosylschwefelsäure"

Smp. 73 °C unter Zersetzung

Weiße federartige bis blättrige, gegenüber Feuchtigkeit empfindliche Kristalle, unzersetzt löslich in konz. H_2SO_4

Gefahr

Darstellung Nitrosylschwefelsäure ist als ein gemischtes Anhydrid von HNO_2 und H_2SO_4 aufzufassen. Sie lässt sich demgemäß entweder aus (1.) HNO_3 und SO_2 ($HNO_2 + SO_3$) oder aus (2.) H_2SO_4 und (NO_2 + NO) darstellen:

$$HNO_3 + SO_2 \longrightarrow (NO)HSO_4$$
$$2\,H_2SO_4 + (NO + NO_2) \longrightarrow 2\,(NO)HSO_4 + H_2O$$

Das unerwünschte Auftreten von (NO)HSO$_4$ („Bleikammerkristalle") im Bleikammerprozess zur Darstellung von SO_3 ist darauf zurückzuführen, dass auch NO_2 (als gemischtes Anhydrid von HNO_2 und HNO_3) bei Gegenwart geringer H_2O-Mengen mit SO_3 bzw. SO_2 reagiert:

$$2\,NO_2 + H_2O + SO_3 \longrightarrow (NO)HSO_4 + HNO_3$$
$$2\,NO_2 + H_2O + SO_2 \longrightarrow (NO)HSO_4 + HNO_2$$

Bei Gegenwart größerer H_2O-Mengen tritt sofort Hydrolyse des (NO)HSO$_4$ in HNO_2 und H_2SO_4 ein, sodass bei der präparativen Darstellung auf weitgehenden Feuchtigkeitsausschluss zu achten ist.

1. In eine mit 40 mL einer rauchender HNO_3 (ϱ = 1,52 g/cm^3) gefüllte Gaswaschflasche wird unter Kühlung mit Eis-Kochsalz ein mäßig rascher Strom von sorgfältig getrocknetem SO_2 eingeleitet. Die Reaktion verläuft unter Wärmeentwicklung, die Temperatur soll nicht über +5 °C steigen. Aufarbeitung des Kristallbreies wie unter 2.
   Zum Einleiten von SO_2 bzw. (NO + NO_2) muss man durch Glasschliffe verbundene Glasrohre verwenden.
2. In einem mit 35 mL konz. H_2SO_4 beschickten, in einer Eis-Kochsalz-Mischung stehenden kleinen Erlenmeyerkolben wird so lange trockenes (NO + NO_2) eingeleitet, bis der Inhalt zu einem Brei von (NO)HSO$_4$ erstarrt ist. Man saugt rasch ab (Abzug!), wäscht mit Eisessig und trocknet im Exsikkator über P_2O_5. Die Glasteile dürfen dabei keinesfalls mit Gummischläuchen verbunden sein.

Präparat: Amidoschwefelsäure, (NH$_2$)HSO$_3$

Smp. 205 °C

Farblose Kristalle

Achtung

Darstellung In 56 mL konz. H_2SO_4 werden langsam 30 g Harnstoff unter Kühlung und Rühren eingetragen. Zur klaren Lösung fügt man unter Eiskühlung und Rühren nach und nach 90 mL 65–70%iges Oleum hinzu, wobei die Temperatur 45 °C nicht überschreiten darf. Von diesem Gemisch wird ein kleiner Teil auf dem Wasserbad bis zum Eintreten einer heftigen CO_2-Entwicklung erwärmt; sobald diese nachgelassen hat, wird ein weiterer Anteil zugefügt usw., bis alles zur Reaktion gebracht ist. Dann lässt man abkühlen, saugt auf einer Glasfritte ab, wäscht mit konz. H_2SO_4, saugt $\frac{1}{2}$ h Luft hindurch und presst auf Ton ab. Nach Stehen über Nacht an der Luft wird die rohe Säure in 200–250 mL siedendes Wasser gegeben, die Lösung sofort durch einen Heißwasserfilter filtriert und in Eis gekühlt. Die auskristallisierte, reine Amidoschwefelsäure wird abgesaugt, mit wenig eiskaltem Wasser gewaschen und getrocknet.

$$CO(NH_2)_2 + H_2S_2O_7 \longrightarrow 2\,(NH_2)HSO_3 + CO_2\uparrow$$

Der Ersatz eines Wasserstoffatoms im NH_3-Molekül durch die Sulfonsäuregruppe SO_3H^+ bzw. eines Wasserstoffatoms in der H_2SO_4 durch die NH_2-Gruppe führt zu Amidoschwefelsäure. Sie lässt sich sehr einfach aus Harnstoff (dem Diamid der Kohlensäure) und rauchender Schwefelsäure (Oleum, $H_2SO_4 \cdot SO_3$) darstellen.

Eine andere Möglichkeit zur Darstellung von Amidoschwefelsäure besteht in der Umsetzung von Hydroxylammoniumsulfat mit SO_2.

Gefahrenhinweis: Hydroxylamin und teilweise dessen Salze bilden beim starken Erwärmen mit der Luft explosionsfähige Gemische, die schwerer als Luft sind. Es besitzt eine lokale Reizwirkung auf Haut, Augen und Schleimhäute.

$$[NH_3OH]_2SO_4 + 2\,SO_2 \longrightarrow 2\,(NH_2)HSO_3 + H_2SO_4$$

Hydroxylammoniumsulfat wird in möglichst wenig Wasser gelöst und in die eiskalte Lösung SO_2 bis zur Sättigung eingeleitet. Man lässt diese Lösung in einem verschlossenen Erlenmeyerkolben einen Tag lang stehen, vertreibt dann das überschüssige SO_2 durch einen Luftstrom und lässt im Exsikkator über konz. H_2SO_4 kristallisieren. Die abgeschiedenen, farblosen Kristalle werden auf einer Glasfilternutsche abgesaugt und wie oben beschrieben weiter verarbeitet. Die rohe Amidoschwefelsäure kristallisiert man aus der 2–2,5-fachen Gewichtsmenge siedendem Wasser um.

Präparat: Natriumazid, NaN_3

Smp.: Zersetzung oberhalb 275 °C

Gefahr

Natriumazid zersetzt sich bei vorsichtigem Erwärmen auf 275 °C im Vakuum in gemäßigter Reaktion zu Na und N_2. Sämtliche Azide sind thermisch instabil. **Die Azide der Übergangsmetalle sind hochexplosiv. Keine Metallspatel verwenden.** NaN_3 bildet mit Säuren sehr giftige und hochexplosive HN_3. Die Dämpfe der HN_3 sind sehr giftig und verätzen die Schleimhäute. In wässeriger Lösung ist HN_3 eine schwache Säure ($pK_S = 4{,}67$)

Darstellung Die Darstellung erfolgt in zwei Stufen.

- 1. Natriumamid $NaNH_2$: In einem Fe-Schiffchen befinden sich 1–2 g krustenfreies Na. Das Schiffchen wird in ein schwer schmelzbares Rohr eingeführt und durch dieses bei 350 °C ein sorgfältig getrockneter (Natronkalktrockenturm) NH_3-Strom geleitet; NH_3 entnimmt man einer Stahlflasche oder stellt es nach ►S. 287 her. Das Ende der während des Wachstums mehrfach verändern, damit die Wachstumsgeschwindigkeit in Richtung aller Achsen gleich wird und ein völlig regelmäßig gebauter Einkristall entsteht.

Um weitere Keimbildung durch einfallenden Staub zu vermeiden, bedeckt man das Zuchtgefäß (Becherglas, Kristallisierschale) mit einem Uhrglas, das durch Glashäkchen oder mit Filterpapier auf Abstand zum Gefäßrand gehalten wird.

Präparat: Chrom(III)-Kaliumsulfat-Dodecahydrat, Chromalaun $KCr(SO_4)_2 \cdot 12\,H_2O$ Ⓐ

Smp. 89 °C unter Zersetzung

Im Durchlicht dunkelviolette, oktaedrische Kristalle. Im Auflicht erscheinen sie schwarz.

Darstellung Eine Lösung von 10 g $K_2Cr_2O_7$ in 100 mL Wasser und ca. 11 mL konz. H_2SO_4 wird in der Kälte mit ca. 7 mL Ethanol reduziert (gute Kühlung, Temperatur darf nicht über 40 °C steigen). Beim Stehenlassen kristallisiert der „Chromalaun".

Zur Züchtung großer Kristalle geht man von 30 g $KCr(SO_4)_2 \cdot 12\,H_2O$ aus und verfährt analog wie beim $KAl(SO_4)_2 \cdot 12\,H_2O$.

Präparat: Ammoniumeisen(III)-sulfat-Dodecahydrat, Eisenalaun, $(NH_4)Fe(SO_4)_2 \cdot 12\,H_2O$ Ⓐ

Smp. 40 °C

Schwach rosafarbene, oktaedrische Kristalle

Darstellung 27,8 g $FeSO_4 \cdot 7\,H_2O$ werden im Abzug unter Erwärmen in 50 mL 1 mol/L H_2SO_4 gelöst und dann 10 mL konz. HNO_3 zugegeben. Anschließend wird zum Sieden erhitzt, bis keine Stickstoffoxide mehr entweichen. Wenn eine Probe auf Fe^{2+} positiv ausfällt (Fe^{2+} + $K_3[Fe(CN)_6]$ gibt Turbulls Blau), muss die Oxidation wiederholt werden. Wenn kein Fe^{2+} mehr vorhanden ist, wird die Lösung auf 40–50 mL eingeengt. Nach Abkühlen auf Zimmertemperatur (auf jeden Fall unter 33 °C) gibt man 20 mL einer bei der gleichen Temperatur gesättigten $(NH_4)_2SO_4$-Lösung hinzu. Unter Verwendung einiger Alaun-Impfkristalle kristallisiert im Exsikkator über konz. H_2SO_4 „Eisenalaun" aus.

Präparat: Ammoniumeisen(II)-sulfat-Hexahydrat, „Mohr'sches Salz", $(NH_4)_2Fe(SO_4)_2 \cdot 6\,H_2O$ Ⓐ

Smp. 100 °C (unter Zersetzung)

Schwach bläulich grüne, in Wasser leicht lösliche Kristalle, die viel luftbeständiger als $FeSO_4$ sind.

Darstellung 5,6 g Fe-Späne (Blumendraht in kleinen Stücken) werden in der berechneten Menge 1 mol/L H_2SO_4 in der Wärme gelöst. Die Lösung wird von ausgeschiedenem Kohlenstoff abfiltriert und auf dem Wasserbad so weit eingeengt, dass sich gerade eine

Kristallhaut auszubilden beginnt. Unterdessen löst man 13 g $(NH_4)_2SO_4$ in 15 mL Wasser und engt ebenfalls in der Hitze bis zur Sättigung ein. Noch heiß werden beide Lösungen vereinigt. Nach dem Erkalten (am besten über Nacht) werden die ausgeschiedenen Kristalle abgesaugt, mit sehr wenig Wasser gewaschen und auf Filterpapier trockengepresst. Aus der Mutterlauge lässt sich durch Eindampfen eine zweite Kristallfraktion erhalten.

Präparat: Bariumdithionat-Dihydrat, $BaS_2O_6 \cdot 2\,H_2O$

Smp. 120 °C (unter Zersetzung)

Farblose Kristalle

Darstellung Die fein verteilten Oxidhydrate von Mn(IV) und Fe(III) oxidieren SO_3^{2-} zu $S_2O_6^{2-}$. Verwendet man MnO_2 zur Oxidation, kann das gelöste MnS_2O_6 durch Umsetzung mit $Ba(OH)_2$ in das gut kristallisierende Bariumdithionat überführt werden.

In eine Suspension von 25 g fein gepulvertem Braunstein, MnO_2, in 125 mL Wasser wird unter Kühlen mit Eiswasser SO_2 bis zur Sättigung eingeleitet. Ist der größte Teil des schwarzbraunen MnO_2 verschwunden, erwärmt man und fügt unter Umrühren eine gesättigte Lösung von 100 g $Ba(OH)_2 \cdot 8\,H_2O$ in 100 mL heißem Wasser zu. Das ausgefallene $Mn(OH)_2$ wird abfiltriert und mit heißem Wasser ausgewaschen. In das Mangan-freie Filtrat (Probe mit $(NH_4)_2S$ prüfen!) leitet man in der Siedehitze CO_2 ein, bis der Überschuss von $Ba(OH)_2$ als $BaCO_3$ vollständig ausgeschieden ist. Nach Filtration wird das Filtrat in einer Porzellanschale bis zum Auftreten einer Kristallhaut eingeengt und langsam abgekühlt. Die Kristalle werden abgenutscht und zwischen Filterpapier getrocknet.

Zur Darstellung einer wässerigen Lösung der freien Dithionsäure, $H_2S_2O_6$, setzt man zu einer BaS_2O_6-Lösung eine äquivalente (!) Menge H_2SO_4 zu und filtriert vom $BaSO_4$-Niederschlag ab.

Eine elegantere Methode zur Darstellung freier Säuren aus ihren Salzen ist der Ionenaustausch an Ionenaustauscherharzen (vgl. ►S. 112).

$$2\,SO_3^{2-} \longrightarrow S_2O_6^{2-} + 2\,e^-$$

$$2\,SO_2 + MnO_2 \longrightarrow MnS_2O_6$$

$$MnS_2O_6 + Ba(OH)_2 \longrightarrow Mn(OH)_2 + BaS_2O_6$$

Präparat: Natriummonosulfandisulfonat, $Na_2S_3O_6$ (Natriumtrithionat)

Durchsichtige, tafelförmige Kristalle

Darstellung Zu einer Lösung von 62 g $Na_2S_2O_3 \cdot 5\,H_2O$ in 50 mL Wasser lässt man unter dauerndem starken Rühren (Rührmotor) 52 mL 30%iges H_2O_2 („Perhydrol") langsam zutropfen, wobei durch gute Kühlung mit Eiswasser die Temperatur zwischen 0 und 10 °C zu halten ist. Nach kurzem Stehen reagiert die Flüssigkeit neutral; eine Probe bleibt beim Ansäuern klar. Durch starke (!) Abkühlung in Eis-Kochsalz-Mischung lässt sich fast das gesamte $Na_2SO_4 \cdot 10\,H_2O$ abscheiden. Man saugt schnell ab und lässt das Filtrat in Ethanol einfließen. Es fällt sofort wasserfreies $Na_2S_3O_6$ aus, das abgesaugt und an der Luft getrocknet wird.

$$2\,Na_2S_2O_3 + 4\,H_2O_2 \longrightarrow Na_2S_3O_6 + Na_2SO_4 + 4\,H_2O$$

Durch Oxidation von Thiosulfat erhält man Trithionat frei von anderen Polythionaten.

Präparat: Natriumtetrathioarsenat(V)-8-Wasser, $Na_3AsS_4 \cdot 8\,H_2O$

Blassgelbe, monokline Prismen. Die Verbindung schmilzt unter Zersetzung.

Gefahr

Darstellung 20 g As_2O_3 löst man in heißer NaOH, macht vorsichtig stark salzsauer und leitet H_2S ein. As_2S_3 wird abgefiltert und mit verdünnter HCl ausgewaschen. Zur Darstellung einer dem angewandten As äquivalenten Menge Na_2S löst man 24 g NaOH in 100 mL Wasser, halbiert die Lösung, leitet in die eine Hälfte bis zur Sättigung (Wägen!) H_2S ein ($NaOH + H_2S \longrightarrow NaHS + H_2O$) und vereinigt sie mit der anderen Hälfte ($NaOH + NaHS \longrightarrow Na_2S + H_2O$). In der so bereiteten Lösung werden das As_2S_3, und 4 g S in der Wärme gelöst. Auf dem Wasserbad engt man die klare Lösung vorsichtig bis zur Bildung einer Kristallhaut ein und lässt durch langsames Abkühlen kristallisieren.

$$3\,Na_2S + 2\,S + As_2S_3 \longrightarrow 2\,Na_3AsS_4$$

Präparat: Natriumtetrathioantimonat(V)-9-Wasser, $Na_3SbS_4 \cdot 9\,H_2O$
„Schlippe'sches Salz"

Smp. 87 °C

Hellgelbe Tetraeder. Die Verbindung zersetzt sich bei 234 °C.

Achtung

Darstellung Die Darstellung erfolgt in analoger Weise wie bei $Na_3AsS_4 \cdot 8\,H_2O$. Statt 20 g As_2O_3 verwendet man 45 g $SbCl_3$ oder 29 g Sb_2O_3, die man in 2 mol/L HCl löst.

Präparat: Natriummonothiotrioxoarsenat(V)-12-Wasser, $Na_3AsSO_3 \cdot 12\,H_2O$

Smp. 58–59 °C

Farblose, rhombische Säulen

Gefahr

Darstellung 20 g As_2O_3 werden in der genau berechneten Menge NaOH (24 g/100 mL) gelöst und mit 6,5 g Schwefel 1/2 h gekocht. Man filtriert von ungelöstem Schwefel ab, dampft bis zur beginnenden Kristallisation ein und lässt langsam abkühlen.

Präparat: Bariumtrithiocarbonat, $BaCS_3$

Gelbes Pulver, das sich mit roter Farbe in Wasser löst.

Darstellung Eine klare Lösung von 32 g $Ba(OH)_2 \cdot 8\,H_2O$ in 100 mL Wasser wird halbiert und in die eine Hälfte bis zur Sättigung (Wägen!) H_2S eingeleitet (Bildung von $Ba(HS)_2$). Dann gießt man die andere Hälfte dazu (Bildung von BaS). Beim Schütteln dieser Lösung mit 8 g CS_2 fällt $BaCS_3$ aus, das abfiltriert, zuerst mit wenig Wasser, dann mit halb verdünntem Ethanol, schließlich mit reinem Ethanol gewaschen und im Vakuumexsikkator getrocknet wird. Aus dem Filtrat fällt beim Waschen mit Ethanol weiteres $BaCS_3$.
Toxizität von CS_2: CS_2 ist eine **leicht entzündliche** und **giftige Flüssigkeit** (MAK-Wert 31,65 mg/m^3 = 10 ppm). Reaktionen mit CS_2 werden ausschließlich im Abzug durchgeführt.

$$BaS + CS_2 \longrightarrow BaCS_3$$

Präparat: Bariumphosphinat, $Ba(H_2PO_2)_2 \cdot H_2O$

Perlmuttglänzende Nadeln

Darstellung Durch Disproportionierung von Phosphor in alkalischer Lösung entsteht Phosphinat (Hypophosphit) neben giftigem PH_3. Die Darstellung muss unter einem gut ziehenden Abzug vorgenommen werden!

$$P_4 + 3\,OH^- + 3\,H_2O \longrightarrow 3\,[H_2PO_2]^- + PH_3\uparrow$$

In einem Zweihalskolben werden 15 g $Ba(OH)_2 \cdot 8\,H_2O$ in 200 mL Wasser gelöst, in der Kälte 5 g farbloser Phosphor, der unter Wasser in kleine Stücke zerschnitten wurde, zugegeben. Den Kolben versieht man mit einem Gaseinleitungs- und Gasableitungsrohr. Durch den Kolben wird zunächst zur Luftverdrängung N_2 geleitet. Dann drosselt man den N_2-Strom und erhitzt die Lösung zum Sieden. Nach Beginn der Reaktion entzünden sich bei klein gestelltem N_2-Strom die durch die Wasservorlage perlenden Gasblasen an der Luft (PH_3 enthält geringe Mengen des selbstentzündlichen P_2H_4). Besser ist es, den Gasstrom über ein Glasrohr in eine Bunsenbrennerflamme zu leiten. Wenn sich der Phosphor gelöst hat, wird CO_2 durchgeleitet, um das überschüssige $Ba(OH)_2$ als $BaCO_3$ zu entfernen. Durch Eindampfen der filtrierten Lösung bis zur beginnenden Kristallisation und Abkühlen erhält man Kristalle von $Ba[H_2PO_2]_2 \cdot H_2O$, die zur Reinigung aus Wasser umkristallisiert werden.
Toxizität von PH_3: Farbloses, hochgiftiges, etwas wasserlösliches, brennbares Gas (MAK-Wert 0,1 ppm). Mit Luft und anderen oxidierenden Stoffen können explosionsfähige Gemische entstehen. Ernste Vergiftungsgefahr beim Einatmen.
Entsorgung: Verbrennen.

Zur Darstellung der hypophosphorigen Säure, HPH_2O_2, wird eine wässerige $Ba[H_2PO_2]_2$-Lösung mit der äquivalenten (!) Menge 30%iger H_2SO_4 versetzt, $BaSO_4$ abfiltriert und das Filtrat weitgehend eingedampft (zuletzt möglichst im Vakuum über P_2O_5). Die zurückbleibende ölige Flüssigkeit bringt man durch Impfen mit einem HPH_2O_2-Kristall oder durch Abkühlen unter 0 °C zur Kristallisation (perlmuttglänzende Nadeln).

Auch durch Ionenaustausch (vgl. ►S. 112) ist eine verdünnte wässerige HPH_2O_2-Lösung erhältlich. Dazu wird eine mit Ablaufbahn versehene Austauschersäule (○ Abb. 2.11, S. 113) von ca. 40 cm Rohrlänge und ca. 3,5 cm ∅ mit Permutit RS (stark saurer Ionenaustauscher mit Sulfongruppen) beschickt, nachdem das Rohr zuvor mit destilliertem Wasser gefüllt wurde. Das Ionenaustauscherharz lässt man einige Stunden quellen. Dann wird die Säule mehrmals mit 3–5 mol/L HCl beschickt, die Säure abgezogen und solange mit destilliertem Wasser gewaschen, bis der Ablauf auf Zusatz von Ag^+ klar bleibt. Nun lässt man so viel Wasser ausfließen, bis dessen Oberfläche ca. 1cm über der Harzschicht steht, gibt auf die vorbereitete Säule eine Lösung von 25 g $Ba[H_2PO_2]_2 \cdot H_2O$ in ca. 200 mL Wasser und lässt langsam(!) so viel Flüssigkeit ab, bis der Ablauf gerade saure Reaktion zeigt. Nach 1–2-stündigem Stehen zieht man die Lösung langsam (ca. 2–5 mL/min) in eine gesonderte Vorlage ab. Wenn die Lösung gerade bis zur Harzschicht abgelaufen ist, werden zunächst ca. 50 mL, dann nochmals 25 mL destilliertes Wasser aufgegeben, die man ebenfalls langsam durchlaufen lässt. Nach Wechseln der Vorlage wird die Säule mit Wasser gründlich ausgewaschen, dann, wie vorstehend beschrieben, mit 3–5 mL/L HCl regeneriert und schließlich Cl^- frei gewaschen. Die Säule ist nun wieder für eine neue Verwendung bereit.
Die erhaltene Lösung freier HPH_2O_2 kann, wie oben beschrieben, eingeengt werden. Zur Darstellung kristalliner HPH_2O_2 sollten mindestens 2 Ansätze von je 25 g $Ba[H_2PO_2]_2 \cdot H_2O$ in 200 mL Wasser verarbeitet werden.

Präparat: Kaliumchlorat, $KClO_3$

Smp. 368 °C

Farblose, luftbeständige, perlmuttglänzende, monokline Blättchen. Thermische Zersetzung ab 400 °C. $KClO_3$ bildet mit oxidierbaren Substanzen höchstexplosive Gemische.

Gefahr

Darstellung Bei der Elektrolyse wässeriger KCl-Lösungen entsteht an der Kathode H_2 und KOH, an der Anode Cl_2. Sorgt man für eine Vermischung des Elektrolyten und arbeitet bei erhöhter Temperatur (50–60 °C), entsteht ClO_3^-. Der kathodisch entwickelte naszierende Wasserstoff reduziert sowohl Cl_2 als auch ClO_3^-, er verschlechtert also die Ausbeute. Um dies zu verhindern, setzt man wenig K_2CrO_4 zum Elektrolyten zu und bewirkt damit die Bildung eines festen Überzugs von Chromoxidhydrat auf der Kathode, der als Diaphragma wirkt.

Bei der Oxidation von einem Cl^- zu einem ClO_3^- werden 6 Elektronen abgegeben. Durch 1 mol Elektronen (≡ 96 485 Coulomb) entsteht $\frac{1}{6}$ mol $KClO_3$ ≙ 20,43 g $KClO_3$.

$$6\,Cl^- \longrightarrow 3\,Cl_2\uparrow + 6\,e^- \qquad \text{Anodenreaktion}$$

$$6\,H_2O + 6\,e^- \longrightarrow 6\,OH^- + 3\,H_2\uparrow \qquad \text{Kathodenreaktion}$$

$$3\,Cl_2 + 6\,OH^- \longrightarrow ClO_3^- + 5\,Cl^- + 3\,H_2O$$

In einem Becherglas werden 20 g KCl und 0,2 g K_2CrO_4 in 100 mL Wasser in der Wärme gelöst. Als Elektroden dienen 2 gleich große Pt-Bleche; als Kathodenmaterial kann auch Ni, Fe oder Cu verwendet werden. Man elektrolysiert bei ca. 50–60 °C mit einer anodischen Stromdichte von ca. 0,2 A/cm^2 (Oberfläche von Vorder- und Rückseite der Anode) und 10–14 V. Zur Durchmischung und Aufrechterhaltung einer schwach sauren Reaktion des Elektrolyten wird CO_2 durch die Lösung geleitet. Nach Durchgang einer Strommenge von 40–50 Amperestunden lässt man die Lösung erkalten, wobei sich die Hauptmenge $KClO_3$ ausscheidet. Das Eindampfen der Mutterlauge liefert eine zweite, weniger reine Fraktion. Enthält das Rohprodukt noch Cl^-, so muss das Salz umkristallisiert werden.

Präparat: Kaliumperchlorat, $KClO_4$

Smp. 525 °C

Weiße orthorhombische Kristalle. Zersetzung ab 400 °C

Gefahr

Darstellung Durch anodische Oxidation von $KClO_3$ bei tiefen Temperaturen entsteht $KClO_4$. Bei höheren Temperaturen überwiegt eine anodische O_2-Entwicklung, da das intermediär gebildete Radikal ClO_3 den H_2O-Molekülen unter Rückbildung von ClO_3^- Elektronen entzieht. Bei 50 °C verläuft dieser Vorgang ausschließlich in dieser Weise.

$$KClO_3 + H_2O \longrightarrow KClO_4 + 2\,H^+ + 2\,e^-$$
$$4\,ClO_3 + 2\,H_2O \longrightarrow 4\,ClO_3^- + 4\,H^+ + O_2\uparrow$$

Als Elektrolytlösung werden 12 g $KClO_3$ in 200 mL Wasser gelöst (gesätt. Lösung) und mit einigen Tropfen H_2SO_4 angesäuert. Um die Sättigung aufrechtzuerhalten, stellt man einen Filtertiegel mit festem $KClO_3$ in den Elektrolyten. Als Anode dient ein blankes Platinblech von ca. 10 cm^2 Fläche, also 20 cm^2 Oberfläche. Ihr steht eine gleich große Cu-Kathode in einem Abstand von ca. 3 cm gegenüber. Man elektrolysiert bei 10–40 V und einer anodischen Stromdichte von ca. 0,1 A/cm^2 (also ca. 2 A bei den gegebenen Dimensionen). Zur Kühlung stellt man das Elektrolysegefäß in Eis. Nach anfänglicher O_2-Entwicklung fallen bald $KClO_4$-Kristalle von der Anode herab. Nach 3 h wird die Elektrolyse abgebrochen, der Kristallbrei bei möglichst tiefer Temperatur abgenutscht und aus heißem Wasser umkristallisiert.

Präparat: Kaliumpermanganat, $KMnO_4$

Tiefpurpurrote, fast schwarze, metallisch glänzende, orthorhombische Prismen. Zersetzung ab 240 °C

Gefahr

Darstellung Durch Oxidationsschmelze wird aus MnO_2 zunächst K_2MnO_4 dargestellt, das dann anodisch zu $KMnO_4$ oxidiert wird. Durch Disproportionierung von K_2MnO_4 erhält man ebenfalls $KMnO_4$.

$$3\,MnO_2 + KClO_3 + 6\,KOH \longrightarrow 3\,K_2MnO_4 + KCl + 3\,H_2O$$
$$MnO_4^{2-} \longrightarrow MnO_4^- + e^-$$

10 g feinst gepulverter Braunstein wird mit 10 g KOH und 5 g $KClO_3$ in einem Fe-Tiegel unter Umrühren zusammengeschmolzen. Ist die Masse so zäh geworden, dass man sie nur

noch schwer rühren kann, wird sie aus dem Tiegel herausgekratzt und im Trockenschrank getrocknet. Sie wird fein pulverisiert und im Eisentiegel über 3 h auf 500 °C (unterhalb Rotglut) erhitzt; zum Fernhalten der reduzierend wirkenden Flammengase steht der Tiegel im Loch einer Keramikscheibe. Nach Beendigung der Reaktion löst man die zerkleinerte Masse in wenig Wasser und filtriert durch eine Glasfilternutsche. Das noch nicht umgesetzte MnO_2 wird durch die gleiche Behandlung möglichst weitgehend in Manganat(VI) überführt.

Die vereinigten stark alkalischen Lösungen werden zur elektrolytischen Oxidation in eine als Diaphragma wirkende Tonzelle gefüllt, die in einem größeren Becherglas mit 5%iger KOH steht. Kathoden-(KOH) und Anodenflüssigkeit (K_2MnO_4) müssen gleich hoch stehen. Als Anode dient ein Pt-Blech von 10–20 cm^2 Oberfläche, als Kathode 2–3 Fe-Bleche. Man elektrolysiert bei 10–14 Volt mit einer anodischen Stromdichte von 0,3 A/cm^2 und bei 50–60 °C. Nach einigen Stunden, wenn ein mit Wasser verdünnter Tropfen der Anodenflüssigkeit keinen grünlichen Schimmer mehr gibt, ist die Elektrolyse beendet. Es ist unbedingt darauf zu achten, dass alles MnO_4^{2-} oxidiert ist. Man kühlt dann die MnO_4^--Lösung mit Eis-Kochsalz-Mischung stark ab, wobei die Hauptmenge $KMnO_4$ auskristallisiert. Nach der Filtration durch ein Glasfilter wird durch Eindampfen der Mutterlauge eine zweite $KMnO_4$-Fraktion erhalten.

Präparat: Bariumferrat, $BaFeO_4$

Beim Ansäuern von Ferratlösungen erfolgt O_2-Entwicklung. Übergang von Fe(VI) in Fe(III):

$$2\,FeO_4^{2-} + 10\,H^+ \longrightarrow 2\,Fe^{3+} + \tfrac{3}{2}\,O_2 + 5\,H_2O$$

FeO_4^{2-} wirkt noch stärker oxidierend als MnO_4^-.

Darstellung Bariumferrat stellt man durch Erhitzen von Fe-Pulver mit KNO_3, anschließendes Auslaugen mit H_2O und Fällen mit $BaCl_2$ dar. Ferrate(VI) erhält man auch durch Oxidation von frisch gefälltem und in hoch konzentriertem KOH suspendierten Eisen(III)-oxidhydrat mit Cl_2 oder Br_2 oder durch anodische Oxidation von Gusseisen in warmer Natronlauge. Ferrate(VI) entsprechen in ihrer Zusammensetzung den Chromaten und Sulfaten (Isomorphie).

10 g Fe-Pulver und 20 g KNO_3 (durch Schmelzen entwässert und fein pulverisiert) werden innig vermischt und ca. 1 cm hoch auf ein Eisenblech geschichtet. An eine Stelle gibt man ca. 1 g eines Gemisches der beiden Komponenten im Verhältnis 1 : 1. Beim Erhitzen des Eisenbleches durch einen untergestellten Bunsenbrenner (an der Stelle mit dem 1 : 1-Gemisch muss besonders stark erhitzt werden) tritt Zündung ein. Unter Entwicklung eines weißen Nebels schreitet die Reaktion durch die gesamte Masse fort. Vorsicht! Hinter den Scheiben des Abzugs arbeiten! Nach dem Abkühlen wird die Reaktionsmasse mit 50 mL Eiswasser extrahiert und schnell durch eine Glasfilternutsche filtriert. Das rotviolette Filtrat versetzt man sofort (!) mit eiskalter $BaCl_2$-Lösung. Es entsteht ein Niederschlag von rotviolettem $BaFeO_4$, der nach längerem Stehen durch ein gehärtetes Filter abfiltriert, mit Wasser, wenig aldehydfreiem Ethanol und Ether gewaschen und im Vakuumexsikkator getrocknet wird.

Präparat: Bariumwolframat, $BaWO_4$ Ⓐ

Darstellung Als Beispiel einer Festkörperreaktion wird im Folgenden die Darstellung von Bariumwolframat beschrieben. Die Bausteine der einzelnen Kristallgitter werden teilweise bereits weit unterhalb des Schmelzpunktes beweglich, wodurch eine Reaktion nicht nur an der Berührungsstelle der Komponenten, sondern durch Diffusion stattfinden kann.

$$BaCO_3 + WO_3 \longrightarrow BaWO_4 + CO_2 \uparrow$$

5 g getrocknetes $BaCO_3$, innigst (!) vermischt mit der berechneten Menge trockenem WO_3, wird im Porzellantiegel einige Zeit auf ca. 600 °C erhitzt. Nach dem Abkühlen ist die ursprünglich gelbe Masse rein weiß geworden. Zum Nachweis des quantitativen Umsatzes prüft man auf CO_3^{2-}. Bei positivem Befund wird nochmals gründlich pulverisiert und das Erhitzen so lange fortgesetzt, bis kein CO_3^{2-} mehr nachweisbar ist. In entsprechender Weise können viele andere Wolframate, Molybdate, Vanadate, Niobate, Tantalate sowie auch Silicate, Titanate, Aluminate, Ferrate(III) usw. hergestellt werden.

Präparat: Bariumtitanat, $BaTiO_3$

Achtung

Darstellung Wegen seiner piezoelektrischen Eigenschaften wird Bariumtitanat in Piezozündern für Gasfeuerzeuge und vielen anderen elektronischen Bauteilen verwendet. Die folgende Feststoffsynthese ist eine Möglichkeit $BaTiO_3$ als Pulver herzustellen. Der eigentlichen Reaktion ist die Zersetzung von $BaCO_3$ vorgelagert. Zur besseren Diffusion der Reaktionspartner werden die Edukte zu einer Pille verpresst.

$$BaCO_3 + TiO_2 \longrightarrow BaTiO_3 + CO_2$$

Aus 2,13 g $BaCO_3$ und 0,8641 g TiO_2 wird ein Pressling hergestellt (Pressdruck: $8 \cdot 10^4$ N). Der Pressling wird in einem elektrisch beheizten Ofen etwa 20 h bei 1000 °C getempert. Danach wird der Pressling pulverisiert und zur Materialkontrolle röntgenographisch auf Phasenreinheit kontrolliert. Die Verbindung ist nach dieser Behandlung bis auf einen kleinen orthorhombischen Anteil weitgehend in ihrer tetragonalen Modifikation angefallen.

Präparat: Yttrium-Barium-Oxocuprat, $YBa_2Cu_3O_{7-x}$

Darstellung In einem Wägeschälchen werden 0,2 g Y_2O_3 abgewogen und in einen trockenen Achatmörser gegeben. Bariumperoxid, BaO_2 und Kupfer(II)-oxid, CuO werden entsprechend der Stoffmengenverhältnisse bei der Reaktion eingewogen und ebenfalls in den Mörser gegeben. Die Komponenten werden nun gründlich (10 min) gemörsert. Eine gute Durchmischung ist für das Gelingen des Experiments wichtig. Die Mischung muss am Ende homogen aussehen und darf keine sichtbaren Körnchen einer Einzelkomponente mehr enthalten. **Vorsicht:** Beim Mörsern keine Stäube erzeugen bzw. einatmen. Haut und Augenkontakt sind zu vermeiden. Hände nach der Präparation gründlich waschen.

Aus dem Gemisch werden jeweils 0,5 g Material bei einem Druck von 10 t zu zwei Tabletten von 13 mm Durchmesser gepresst. Diese Tabletten sind sehr zerbrechlich und entsprechend vorsichtig zu behandeln. Sollten sie dennoch zerfallen, so muss das Material erneut gemörsert werden. Die Tabletten werden vorsichtig auf eine Korundplatte gelegt und im Ofen auf 930 °C erhitzt. Die Aufheizphase dauert 16 h danach wird die Probe weitere 16 h bei dieser Temperatur gehalten. Dann wird der Ofen innerhalb von 5 h auf 450 °C abgekühlt und das Material weitere 16 h bei dieser Temperatur gehalten. Die fertigen Tabletten sollten ein dunkelgrau-schwarzes Aussehen besitzen. Das so erhaltene $YBa_2Cu_3O_{7-x}$ hat die orthorhombische Struktur mit $x < 0{,}1$; im Idealfall $x = 0$.

$$Y_2O_3 + 2\,BaO_2 + 3\,CuO \longrightarrow YBa_2Cu_3O_{7-x}$$

Supraleitende Materialien verlieren bei einer bestimmten tiefen Temperatur (der Sprungtemperatur, T_c) ihren elektrischen Widerstand. Für die Verbindung $YBa_2Cu_3O_{7-x}$ wurde 1986 von *Bednorz* und *Müller* eine Sprungtemperatur von 92 K (−181 °C) gefunden in einem Temperaturbereich, der mit flüssigem Stickstoff erreicht werden kann. Solche supraleitenden Materialien verdrängen unterhalb T_c die magnetischen Feldlinien aus ihrem Inneren heraus. Der Supraleiter verhält sich dann wie ein idealer Diamagnet. Das Magnetfeld in seinem Inneren ist dabei Null. Nach seinem Entdecker bezeichnet man dieses Phänomen als Meissner-Effekt.

Die Strukturen dieser Supraleiter leiten sich von der Perowskitstruktur (s. o.) ab. Dabei ist eine tetragonale Hochtemperatur und eine orthorhombische Tieftemperaturphase bekannt.

Nachweis des Meissner-Effekts: Man füllt ein Styroporgefäß mit flüssigem Stickstoff (**Vorsicht:** Flüssiger Stickstoff hat eine Temperatur von −196 °C! Schutzbrille und Handschuhe tragen) und kühlt darin vorsichtig die Supraleiter Tablette etwa 1 min. Um eine zu schnelle Aufwärmung der Tablette zu verhindern wird der für das Experiment benötigte Ringmagnet mitgekühlt. Mit einer Plastikpinzette (Metallpinzetten besitzen eine zu hohe Wärmeleitung) legt man den Ringmagnet auf eine Styroporunterlage und die Supraleitertablette mit der Pinzette vorsichtig darüber. Die Pille schwebt in einem Abstand von 2–3 mm frei über dem Magneten. Kritisch für das Gelingen ist, dass sowohl Magnet als auch Tablette ausreichend kalt sind, man muss also schnell arbeiten.

Präparat: Kupfer(I)-chlorid, CuCl

Achtung

Smp. 430 °C; Sdp. 1490 °C

Bei Gegenwart von Feuchtigkeit ist CuCl z. B. durch O_2 oxidierbar und lichtempfindlich. Es löst sich bei O_2-Ausschluss in starkem Ammoniak oder konzentrierter HCl. Diese Lösungen absorbieren CO unter Bildung der Verbindung $CuCl \cdot CO \cdot 2\,H_2O$ (Gasanalyse).

Darstellung 50 g $CuSO_4 \cdot 5\,H_2O$ und 25 g NaCl werden in einem Kolben mit 125 mL 7 mol/L HCl und ca. 20 g Cu-Pulver auf dem Wasserbad erhitzt, bis die blaue Farbe verschwunden ist. Dabei bildet sich ein Chlorokomplex des Cu(I), der als Na-Salz zunächst in Lösung gehalten wird. Die klare Lösung wird vom Rückstand dekantiert und in ca. 1 Liter ausgekochtes, SO_2-haltiges Wasser eingegossen. Es fällt weißes CuCl aus, da beim Verdünnen der unbeständige Komplex $[CuCl_2]^-$ weitgehend zerfällt. Der Niederschlag wird durch Dekantieren mit ausgekochtem SO_2-haltigem Wasser ausgewaschen, dann abgesaugt, mit Ethanol und Ether gewaschen und in ein trockenes Präparategläschen eingeschmolzen.

$$Cu^{2+} + Cu \longrightarrow 2\,Cu^+$$
$$Cu^+ + 2\,Cl^- \longrightarrow [CuCl_2]^-$$
$$[CuCl_2]^- \longrightarrow CuCl^- + Cl^-$$

Präparat: Chrom(II)-acetat-Dihydrat, $[Cr(CH_3COO)_2]_2 \cdot 2\,H_2O$

Dunkelrote Kristalle. Wenig löslich in Wasser und Alkohol. Trocknen über P_4O_{10} führt zur Abgabe von komplex gebundenem H_2O unter Farbänderung nach braun. Durch Oxidation verunreinigte Präparate zeigen weinrote bis rotviolette Farbe.

3

Darstellung Eine kalt gesättigte Lösung von 27 g $[Cr(H_2O)_6]Cl_3$ in H_2O und 2 mol/L-H_2SO_4 wird auf die Reduktorsäule (Jones-Reduktor aus Zn/Hg-Amalgam, ○ Abb. 3.16) gegeben und der Durchfluss mit dem Hahn so einreguliert, dass die in den Reaktionskolben tropfende Chromsalzlösung eine intensive blaue Farbe besitzt.

Danach gibt man aus dem Tropftrichter eine filtrierte Lösung von 75,6 g Natriumacetat in 100 mL Wasser. Die Mischung wird während der Niederschlagsbildung mehrmals für kürzere Zeit gerührt. Während der gesamten Reaktionsdauer lässt man N_2 als Schutzgas durch die Apparatur strömen. Nach beendeter Reaktion wird der Niederschlag in eine Schutzgasfritte gespült und vom Lösemittel abgetrennt. Der Niederschlag wird noch mehrmals mit abgekochtem destilliertem Wasser gewaschen, anschließend mit Ethanol und Ether getrocknet. Das Chrom(II)-acetat, ein dunkelrotes Pulver, muss vollständig trocken sein, um an der Luft stabil zu bleiben.

$$2\,Cr^{3+} + Zn \longrightarrow 2\,Cr^{2+} + Zn^{2+}$$
$$2\,Cr^{2+} + 4\,CH_3COO^- \longrightarrow [Cr(CH_3COO)_2]_2$$

Cr(II)-Salze sind starke Reduktionsmittel. Sie lassen sich durch Reduktion von Cr(III)-Salzen mit Zn in saurer Lösung unter Luftausschluss darstellen. Das durch seine Schwerlöslichkeit und relativ gute Beständigkeit ausgezeichnete Chrom(II)-acetat dient häufig als Edukt zur Darstellung anderer Cr(II)-Salze.

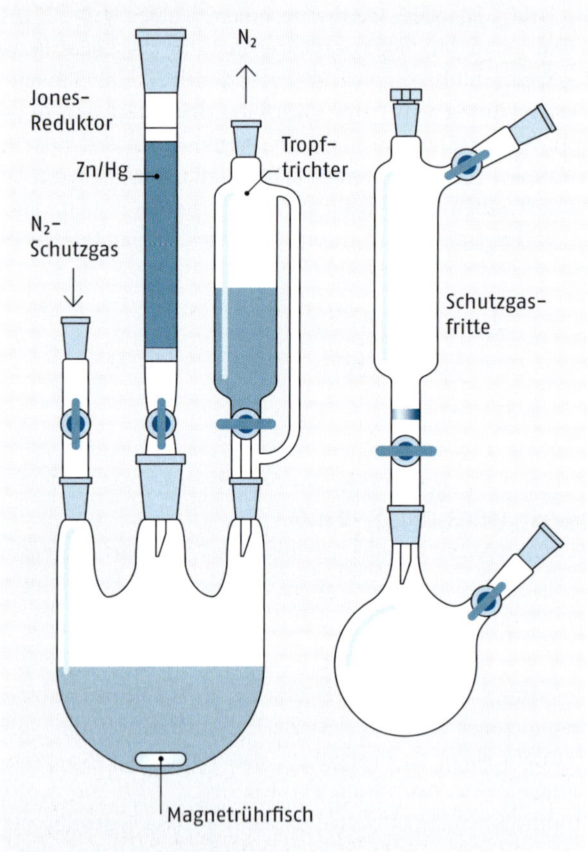

Abb. 3.16 Apparatur zur Erstellung von $[Cr(CH_3COO)_2]_2 \cdot 2\,H_2O$ und Schutzgasfritte zum Filtrieren des Endproduktes

Präparat: Hydroxylammoniumchlorid, $(NH_3OH)Cl$

Smp. 151 °C

Farblose Kristalle, ab 151 °C erfolgt langsame Zersetzung, gutes Reduktionsmittel

Achtung

Gefahrenhinweis: Hydroxylamin und teilweise dessen Salze bilden beim starken Erwärmen mit der Luft explosionsfähige Gemische, die schwerer als Luft sind. Es besitzt eine lokale Reizwirkung auf Haut, Augen und Schleimhäute.

Darstellung 40 g KNO_2 und 50 g KCH_3COO werden in 100 mL Eiswasser gelöst und 750 g fein gestoßenes Eis zugefügt. In diese Lösung leitet man SO_2, bis sie danach riecht; die Temperatur darf während der gesamten Reaktion nicht über 0 °C steigen. Dabei scheidet sich $K_2[HON(SO_3)_2]$ ab, das abgesaugt und mit Eiswasser gewaschen wird. Das Salz löst man in 500 mL 0,5 mol/L HCl, erhitzt 2 h zum Sieden und setzt dann in der Siedehitze so lange $BaCl_2$ hinzu, wie noch $BaSO_4$ ausfällt. Dieses wird abfiltriert und das klare Filtrat zur Trockne eingedampft. Der Rückstand von KCl und $(NH_3OH)Cl$ wird mit absolutem Ethanol (Darst. ►S. 335) extrahiert, wobei nur $(NH_3OH)Cl$ in Lösung geht. Durch Eindampfen des alkoholischen Filtrats auf dem Wasserbad erhält man $(NH_3OH)Cl$ in kristalliner Form, das aus wenig Wasser nochmals umkristallisiert werden kann.

$$HNO_2 + 2\,HSO_3^- \longrightarrow HON(SO_3)_2^{2-} + H_2O$$
$$HON(SO_3)_2^{2-} + 2\,H^+ \longrightarrow HON(SO_3H)_2$$
$$HON(HSO_3)_2 + 2\,H_2O \longrightarrow NH_2OH + 2\,H_2SO_4$$
$$NH_2OH + HCl \longrightarrow [NH_3OH]Cl$$

Präparat: Kaliumnitrosodisulfonat, „Fremys Salz", $K_2[ON(SO_3)_2]$

Die gelben bis orangefarbenen Kristallnadeln des $K_2[ON(SO_3)_2]$ lösen sich in Wasser mit violetter Farbe. In Lösung ist das Anion monomer, in fester Form dimer.

Sowohl geringe Säurespuren als auch Feuchtigkeit bewirken die Zersetzung des Präparats unter Gasentwicklung. Daher darf dieses nicht in Schraubgefäßen aufbewahrt werden (Explosion durch Druckanstieg). Gut getrocknete, reine Präparate sind in sauberen Glasgefäßen unter Vakuum unbegrenzt haltbar.

Darstellung 17,25 g $NaNO_2$ werden in 50 mL Eiswasser gelöst und mit 100 g Eis versetzt. Zu dieser Lösung werden unter kräftigem Rühren 50 mL einer frischen 5 mol/L Hydrogensulfit-Lösung (23,75 g $Na_2S_2O_5$ in 50 mL H_2O) gegeben. Anschließend fügt man noch 10 mL Eisessig hinzu. Dabei färbt sich die Lösung schwach gelb. Nach 3–6 min werden 12,5 mL 10 mol/L Ammoniak hinzugesetzt und dann unter Rühren 200 mL $KMnO_4$-Lösung (6,4 g $KMnO_4$ in 200 mL H_2O) innerhalb von 5 min zugetropft. Das abgeschiedene Mangandioxidhydrat lässt man kurz absitzen und filtriert durch ein Faltenfilter. Das violette Filtrat wird mit dem doppelten Volumen einer bei Zimmertemperatur gesättigten KCl-Lösung versetzt. Bei Eis/Kochsalz-Kühlung lässt man auskristallisieren; die überstehende Lösung wird fast farblos. Die Kristalle saugt man ab und wäscht hintereinander mit Eiswasser, Ethanol und Ether, denen vorher jeweils einige Tropfen konz. Ammoniak zugesetzt wurden, und trocknet im Vakuumexsikkator über KOH. Ausbeute 20–30 g.

$$HNO_2 + 2\,HSO_3^- \longrightarrow HON(SO_3)_2^{2-} + H_2O$$
$$6\,HON(SO_3)_2^{2-} + 2\,MnO_4^- \longrightarrow 6\,[ON(SO_3)_2]^{2-} + 2\,MnO_2 + 2\,OH^- + 2\,H_2O$$

3

3.2.9 Kovalente Verbindungen

Die Darstellung dieser Verbindungen muss bei weitgehendem Ausschluss von Feuchtigkeit unter einem gut ziehenden Abzug durchgeführt werden.

Halogenide der Elemente der 6. Hauptgruppe des PSE

Präparat: Thionylchlorid, $SOCl_2$

Smp. −101 °C; Sdp. 76 °C

Gefahr

Präparat: Phosphoroxidchlorid, $POCl_3$

Smp. 1 °C; Sdp. 105 °C

Stechend riechende, hydrolyseanfällige Flüssigkeiten

Gefahr

Darstellung Bei dieser Darstellung arbeitet man im Abzug. In einen 100 g PCl_5 (Darst. ▶S. 324) enthaltenden Zweihalskolben mit Rückflusskühler und $CaCl_2$ gefülltem Trockenrohr wird durch ein bis fast auf den Boden reichendes Gaseinleitungsrohr SO_2 eingeleitet. Eine Ableitung aus Glasrohr führt vom Kühler direkt in den Abzugskamin. Das SO_2 wird mit konz. H_2SO_4 getrocknet (2 Waschflaschen mit konz. H_2SO_4). Beim langsamen Einleiten bildet sich eine schwach gelbliche Flüssigkeit. Wenn sich alles PCl_5 gelöst hat, ist die Reaktion beendet.

Die Trennung des entstandenen $SOCl_2/POCl_3$-Gemisches durch fraktionierte Destillation wird zweckmäßig in der in ○ Abb. 3.17 wiedergegebenen, sehr gut getrockneten Apparatur durchgeführt. Die Vigreux-Kolonne bezweckt eine innige Berührung des rückfließenden Kondensats mit der aufsteigenden Dampfphase, wodurch die höher siedende Komponente aus der Dampfphase weitgehend herausgewaschen wird. Anstelle der Vorlage wird besser eine „Spinne“ (vgl. ○ Abb. 3.22, S. 327) mit mehreren Vorlagen verwendet. Am Saugstutzen ist ein Trockenrohr angeschlossen. Man destilliert langsam (!) und fängt folgende Fraktionen auf: bis 82 °C, bis 92 °C, bis 105 °C und bis 152 °C.

Die Fraktionen 1 und 4 bestehen schon aus fast reinem $SOCl_2$ bzw. $POCl_3$; 2 und 3 sind Gemische. Letztere zerlegt man in gleicher Weise wieder in 4 Fraktionen, wobei stets die gleich siedenden Anteile zusammengegossen werden. Das wird so oft wiederholt, bis die Fraktionen 2 und 3 sehr klein geworden sind. Schließlich destilliert man die Fraktionen 1 und 4 getrennt, wobei die bei 76–79 °C bzw. 101–108 °C siedenden Anteile aufgefangen werden.

Zur Prüfung auf Reinheit wird ein Tropfen $SOCl_2$ mit Wasser versetzt und mit Ammoniummolybdat auf PO_4^{3-} geprüft; ebenso zersetzt man $POCl_3$ mit Wasser und prüft nach Zusatz von H_2O_2 auf SO_4^{2-}. Es dürften jeweils nur sehr geringe Mengen nachweisbar sein, andernfalls muss nochmal destilliert werden.

$$PCl_5 + SO_2 \longrightarrow POCl_3 + SOCl_2$$

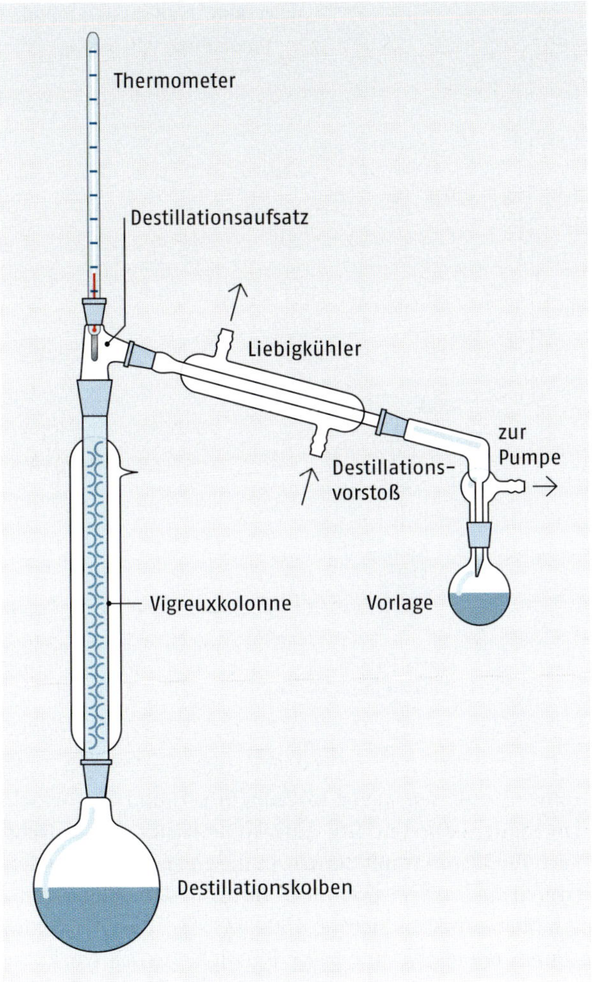

Abb. 3.17 Destillationsapparatur mit Fraktionieraufsatz

Präparat: Sulfurylchlorid, SO_2Cl_2

Smp. −51 °C; Sdp. 69 °C

Farblose stechend riechende Flüssigkeit, die sich bei längerem Stehen infolge teilweiser Dissoziation schwach gelb färbt. SO_2Cl_2 zersetzt sich mit Wasser zu H_2SO_4 und HCl; mit Alkalihydroxiden tritt unter Umständen explosionsartige Zersetzung ein.

Gefahr

Darstellung Die Umsetzung verläuft unter der katalytischen Wirkung von Aktivkohle glatt und nahezu quantitativ.

Die Darstellung erfolgt in der in Abb. 3.18 gezeigten Apparatur unter dem Abzug. Die Kugeln des Kugelkühlers werden abwechselnd mit einer Schicht loser Glaswolle und einer Schicht körniger Aktivkohle locker gefüllt. Nach Anstellen des Kühlwassers lässt

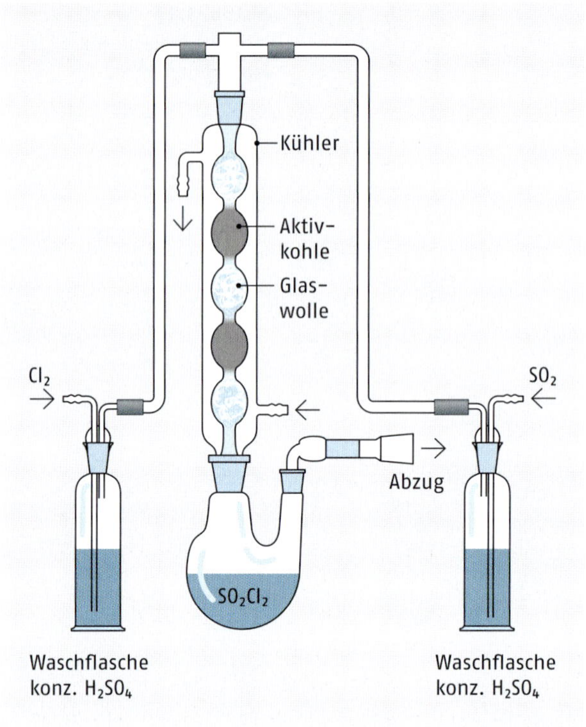

Abb. 3.18 Apparatur zur Darstellung von SO_2Cl_2

man ziemlich lebhaft gleiche Ströme (3–5 Blasen/s) von trockenem SO_2 und Cl_2 (Waschflaschen mit konz. H_2SO_4) in den Kühler eintreten. Die Aktivkohle sättigt sich zunächst mit SO_2 und Cl_2 bzw. SO_2Cl_2. Nach 10–30 min tropft SO_2Cl_2 in die gekühlte Vorlage. Das überschüssige Gasgemisch wird durch ein $CaCl_2$-Trockenrohr direkt in den Abzugskamin geleitet. Bei richtiger Dosierung bilden sich stündlich ca. 150 g SO_2Cl_2. Zur Entfernung von gelöstem Chlor leitet man durch die eisgekühlte gelbe Flüssigkeit einen trockenen N_2-Strom. Zur Reinigung der Flüssigkeit destilliert man aus einem trockenen Destillationskolben mit Fraktionieraufsatz (vgl. Abb. 3.17, S. 321) und fängt die bei 68–70 °C übergehenden Anteile gesondert auf.

$$Cl_2 + SO_2 \longrightarrow SO_2Cl_2$$

Wasserfreie Chloride: Zur Darstellung wasserfreier Chloride werden zwei relativ einfache Apparaturen benutzt, die in Abb. 3.19 und Abb. 3.20 schematisch wiedergegeben sind. Bei der Apparatur zur Darstellung flüchtiger Halogenide (Abb. 3.19) handelt es sich um ein abgestuftes Rohr aus Quarzglas, in dessen erweiterten Teil, der als Kondensationsraum für destillierende Stoffe dient, ein Kühlfinger ragt. Im engeren, heizbaren Teil des Rohres befindet sich ein Porzellanschiffchen mit den Ausgangsverbindungen. Es ist darauf zu achten, dass an der verjüngten Stelle des Reaktionsrohres keine Kondensation eintritt. Chloride, die bei Zimmertemperatur flüssig sind, werden am Kühlfinger niedergeschlagen und fließen bei leicht schräger Lage des Rohres in das Sammelgefäß. An der Wandung des

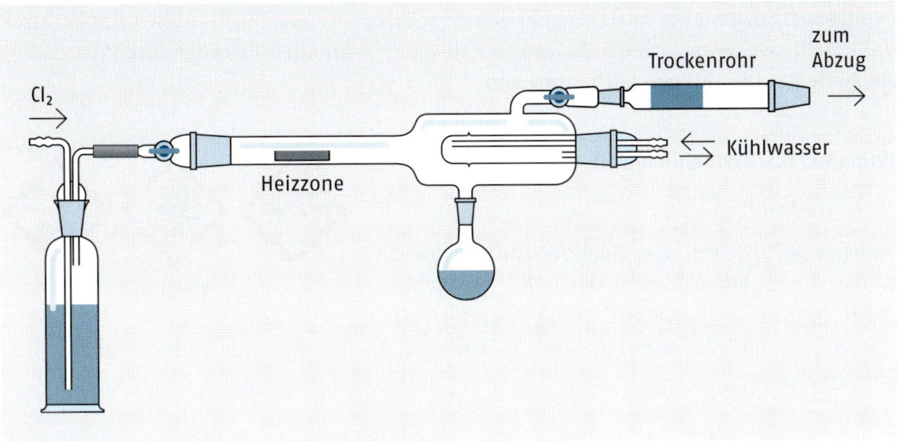

Abb. 3.19 Apparatur zur Darstellung flüchtiger Halogenide

erweiterten Rohres niedergeschlagene Chloride lassen sich durch Erwärmen dieser Stelle leicht entfernen und an den Kühlfinger überführen.

In der Apparatur nach Abb. 3.20 werden schwer flüchtige Chloride dargestellt. Hier ist an das Reaktionsrohr ein zweites Rohr angeschlossen. Mit dem Kratzer wird das Reaktionsprodukt an das Rohrende befördert und dort mit dem Stopfer in die Ampulle überführt. Die Führungen von Kratzer und Stopfer sind mit Gummimanschetten abgedichtet. Der Hals der Ampulle sollte so weit ausgezogen sein, dass das Abschmelzen der Ampulle mit einem Handgebläse an der Apparatur erfolgen kann. Nur so wird ein Luftzutritt völlig vermieden. Diese Apparatur eignet sich auch zur Reinigung von Substanzen durch Sublimation.

Die Heizung beider Apparaturen erfolgt je nach den Gegebenheiten mit dem Bunsenbrenner oder einem Ofen.

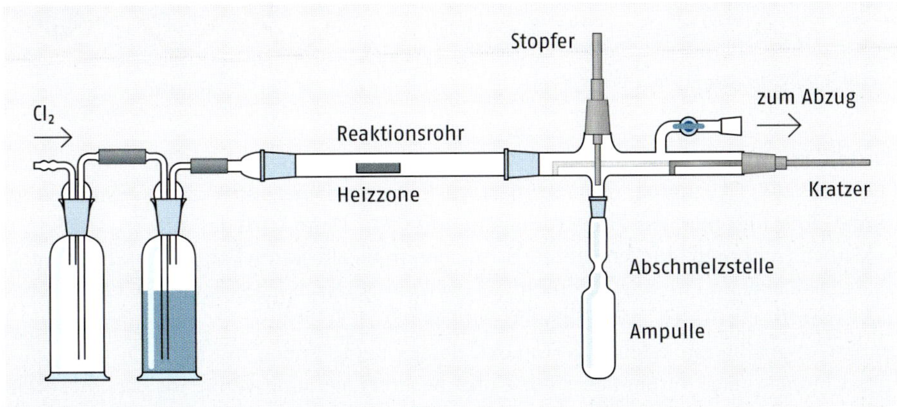

Abb. 3.20 Apparatur zur Darstellung schwer flüchtiger Halogenide

Die nachstehend beschriebenen Präparate werden zweckmäßig in diesen Apparaturen dargestellt. Sie lassen sich von Fall zu Fall abwandeln und den Erfordernissen der darzustellenden Verbindungen leicht anpassen.

Präparat: Dischwefeldichlorid, S_2Cl_2

Gefahr

Smp. −77 °C; Sdp. 137 °C

Gelbe, ölige Flüssigkeit, erstickend widerlich riechend. Weniger reine Produkte sind durch SCl_2 orange bis rötlich gefärbt. S_2Cl_2 hydrolysiert mit Wasser zu HCl, SO_2 und H_2S. Als Folgeprodukt bilden sich Schwefel, $H_2S_2O_3$ und Sulfandisulfonsäuren $H_2S_xO_6$ (Polythionsäuren).

Schwefel reagiert bei erhöhter Temperatur unter Bildung von S_2Cl_2, das wegen seiner Fähigkeit bis zu 67 % S zu lösen, bei der Kautschukvulkanisation eine Rolle spielt. Bei tiefen Temperaturen nimmt S_2Cl_2 Chlor unter Bildung von SCl_2 auf. Mit verflüssigtem Cl_2 entsteht SCl_4, das in Form von Komplexverbindungen ($SCl_4 \cdot SnCl_4$, $SCl_4 \cdot SbCl_3$, $SCl_4 \cdot AlCl_3$) auch bei Zimmertemperatur beständig ist.

In der leicht schräg gestellten Apparatur (○ Abb. 3.19) wird nach Luftverdrängung durch trockenes Cl_2 (Waschflasche mit konz. H_2SO_4) der im Schiffchen befindliche Schwefel im Cl_2-Strom vorsichtig erhitzt. In der gekühlten Vorlage sammelt sich ein mehr oder weniger dunkelrotes Öl. Die Chlorierung wird unterbrochen, wenn noch nicht aller Schwefel verbraucht ist. Das Rohprodukt destilliert man unter Zusatz von etwas Schwefel.

$$Cl_2 + 2\,S \longrightarrow S_2Cl_2$$

Halogenide der Elemente der 5. Hauptgruppe des PSE

Präparat: Phosphortrichlorid, PCl_3

Gefahr

Smp. −93,6 °C; Sdp.$_{1013\ mbar}$ 764,1 °C

Typisches Säurechlorid, PCl_3 bildet mit Wasser H_3PO_3 (beste Darstellungsmethode für H_3PO_3).

Darstellung Weißer P verbrennt in Cl_2 mit fahlgelber Flamme zu PCl_3, das durch überschüssiges Cl_2 zu PCl_5 (fest) oxidiert wird. Die trockene, leicht schräg gestellte App. (○ Abb. 3.19) füllt man zur Luftverdrängung mit CO_2. Dann wird das mit 20 g weißem P in kleinen trockenen Stücken gefüllte Schiffchen in das Reaktionsrohr eingeschoben und die eingedrungene Luft wieder durch CO_2 verdrängt. Nach Abstellen des CO_2-Stromes leitet man trockenes Cl_2 (Waschflasche mit konz. H_2SO_4) ein. Als Gaseinleitungsrohr wird zweckmäßig ein T-Stück verwendet, dessen beide Enden mit der CO_2- bzw. Cl_2-Entwicklungsanlage verbunden sind. Unter Feuererscheinung verbrennt der Phosphor. Bildet sich dabei ein weißes bis gelbgrünes Sublimat von PCl_5, so ist zu erwärmen und der Cl_2-Strom zu drosseln (ggf. mit CO_2 verdünnen). Entsteht dagegen ein gelbroter Beschlag von P, dann ist die Flamme zu verkleinern und der Cl_2-Strom zu verstärken. Das gebildete PCl_3 sammelt sich in der gekühlten Vorlage als farblose, schwere Flüssigkeit, die meist noch PCl_5 enthält. Nach Beendigung der Reaktion wird der Cl_2-Strom abgestellt und Cl_2 durch CO_2 verdrängt. Das Rohprodukt wird nach Zugabe von 0,5 g weißem P der fraktionierten Destillation (►S. 321) unterworfen und in 3 Fraktionen getrennt. Den Vorlauf bis 72 °C, das Hauptdestillat zwischen 72 °C und 76 °C und den Nachlauf bis 78 °C. Vor- und Nachlauf werden nochmals gesondert destilliert, wobei man die zwischen 72 °C und 76 °C übergehenden Anteile mit dem Hauptdestillat vereinigt; Letzteres wird schließlich abermals destilliert und liefert reines PCl_3.

$$3\,Cl_2 + 2\,P \longrightarrow 2\,PCl_3$$

Präparat: Phosphor(V)-chlorid, PCl_5

Gefahr

Sublimation 160 °C

PCl_5 ist eine weiße, häufig durch Cl_2 etwas grünlich gefärbte Kristallmasse, die oberhalb 100 °C ohne zu schmelzen zu sublimieren beginnt. Es wird durch wenig Wasser zunächst in $POCl_3$, mit mehr schließlich in H_3PO_4 umgewandelt. Bei 300 °C ist PCl_5 vollständig in PCl_3 und Cl_2 dissoziiert.

Darstellung Ein Dreihalskolben wird mit einem weiten, bis auf den Boden reichenden Gaseinleitungsrohr, einem Tropftrichter und einem Gasableitungsrohr ausgerüstet. Man füllt den Kolben unter dem Abzug mit trockenem Cl_2, zieht dann das Einleitungsrohr durch den Schliffkern in die Höhe und lässt sehr langsam aus dem Tropftrichter PCl_3 eintropfen. Man tropft immer dann zu, wenn der vorhergehende Tropfen sich völlig in festes PCl_5 umgewandelt hat. Man arbeitet also stets im Cl_2-Überschuss. Andernfalls kann PCl_3 von festem PCl_5 umhüllt werden und sich der Reaktion entziehen. Ist alles PCl_3 verbraucht, wird noch einige Minuten weiter Cl_2 eingeleitet und dann der Schliffkern durch einen Glasstopfen ersetzt.

$$Cl_2 + PCl_3 \rightleftharpoons PCl_5$$

Präparat: Diphosphortetraiodid, P_2I_4

Smp. 125,5 °C

Rote Nadeln, mit Wasser tritt Zersetzung zu H_3PO_4, PH_3 und HI ein.

Man löst 1 g weißen P und 8,818 g Iod getrennt in CS_2. Beide Lösungen werden ohne Verlust (!) gemischt, wobei die zuerst dunkelbraun gefärbte Mischlösung allmählich durchsichtig und rot wird. CS_2 wird unter Feuchtigkeitsausschluss in eine Vorlage abgedampft; man achte darauf, dass CS_2 nicht siedet, da sich sonst P_2I_4 leicht zersetzt. Noch vor der Abscheidung von Kristallen wird die warme Lösung langsam abgekühlt, wobei sich rote Nadeln abscheiden. Man dekantiert die Mutterlauge und trocknet im Vakuum unter Feuchtigkeitsausschluss.
Die Arbeiten müssen unter dem Abzug ausgeführt werden. CS_2 ist sehr giftig und leicht brennbar.

$$2\,I_2 + 2\,P \longrightarrow P_2I_4$$

Präparat: Phosphor(III)-iodid, PI_3

Smp. 61 °C

dunkelrote, säulenförmige Kristalle, die sehr luftempfindlich sind.

Gefahr

Darstellung 1 g weißer P und 12,27 g Iod werden in reinstem, schwefelfreiem CS_2 gelöst und beide Lösungen ohne Verlust (!) vereinigt. Die weiteren Arbeitsschritte erfolgen wie beim P_2I_4 und werden unter einem Abzug ausgeführt.

Die Arbeiten müssen unter dem Abzug ausgeführt werden. CS_2 ist sehr giftig und leicht brennbar.

$$3\,I_2 + 2\,P \longrightarrow 2\,PI_3$$

Präparat: Arsen(III)-chlorid, $AsCl_3$

Smp. –16 °C; Sdp. 130 °C

Farblose, lichtbrechende, an der Luft rauchende und **äußerst giftige** Flüssigkeit.

Gefahr

Darstellung Über 10 g gepulvertes As wird in der leicht schräg gestellten Apparatur (Abb. 3.19) ein getrockneter Cl_2-Strom geleitet. Das As entzündet sich meist von selbst und verbrennt im Gasstrom. Evtl. muss man durch schwaches Erwärmen die Reaktion starten. In der Vorlage sammelt sich das Rohprodukt. Dieses wird zur Bindung von gelöstem Chlor noch mit etwas As-Pulver versetzt und unter dem Abzug destilliert, wobei nur die bei 130–131 °C übergehende Fraktion aufgefangen wird.

$$2\,As + 3\,Cl_2 \longrightarrow 2\,AsCl_3$$

Präparat: Arsen(III)-iodid, AsI_3

Smp. 141 °C

Glänzende rote Tafeln oder Blättchen, **sehr giftig!**

Gefahr

Darstellung Unter dem Abzug kocht man eine Lösung von Iod in CS_2 mit überschüssigem As-Pulver unter Rückfluss, bis die Iodfarbe verschwunden ist, filtriert rasch ab und lässt auskristallisieren. Durch Einengen der Lösung wird eine weitere Kristallfraktion erhalten. Man kristallisiert in wenig CS_2 um.

$$2\,As + 3\,I_2 \longrightarrow 2\,AsI_3$$

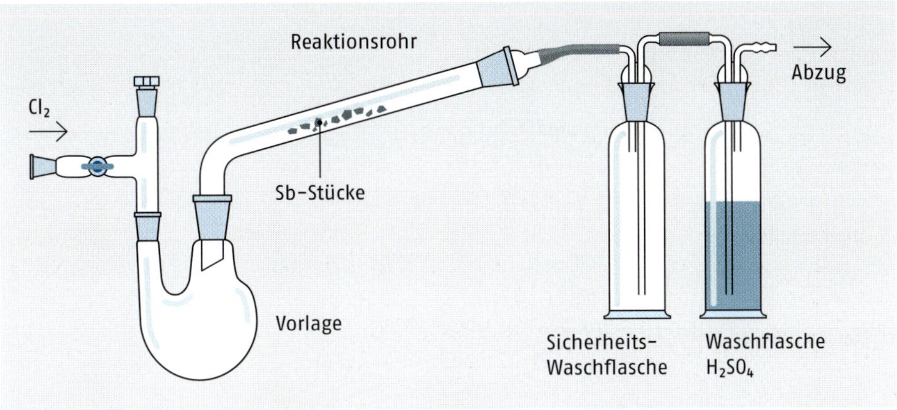

Abb. 3.21 Apparatur zur Darstellung von $SbCl_3$

Präparat: Antimon(III)-chlorid, $SbCl_3$

Smp. 73 °C; Sdp. 220 °C

Weiche kristalline Masse („Antimonbutter"), die stark hygroskopisch ist und bei der Hydrolyse in ein Gemisch basischer Salze übergeht („Algarotpulver"), **sehr giftig**!

Darstellung In das Reaktionsrohr (Abb. 3.21) bringt man einige Stücke reines Sb und leitet durch den Zweihalskolben einen trockenen Cl_2-Strom ein. Das Reaktionsrohr ist schwach zum Kolben hin geneigt. Die Reaktion wird durch Erwärmen des Reaktionsrohres mit einem Heizband in Gang gebracht. Wenn sich in dem Kolben genügend Rohchlorid gesammelt hat, unterbricht man den Cl_2-Strom und gibt noch einige Stückchen Sb in den Kolben. Man erwärmt und gibt zum Schluss noch etwas Sb-Pulver zur Beseitigung der letzten Reste $SbCl_5$ zu. Anschließend wird das $SbCl_3$ durch Destillation gereinigt, wobei die bei 220 °C siedenden Anteile direkt in einer Glasampulle aufgefangen und nach beendeter Destillation eingeschmolzen werden. **Diese Arbeiten müssen unter einem Abzug ausgeführt werden.**

$$2\,Sb + 3\,Cl_2 \longrightarrow 2\,SbCl_3$$

Präparat: Antimon(V)-chlorid, $SbCl_5$

Smp. 4 °C; Sdp. 140 °C
(unter Zersetzung in $SbCl_3 + Cl_2$)

$SbCl_5$ ist eine farblose, an feuchter Luft stark rauchende Flüssigkeit, die mit wenig H_2O die Hydrate $SbCl_5 \cdot H_2O$ und $SbCl_5 \cdot 4\,H_2O$ bildet und mit viel Wasser zu Antimonpentaoxidhydrat hydrolysiert.

Darstellung Unter dem Abzug leitet man in geschmolzenes $SbCl_3$, das sich im Destillationskolben einer sorgfältig getrockneten Vakuumdestillationsapparatur (Abb. 3.22)

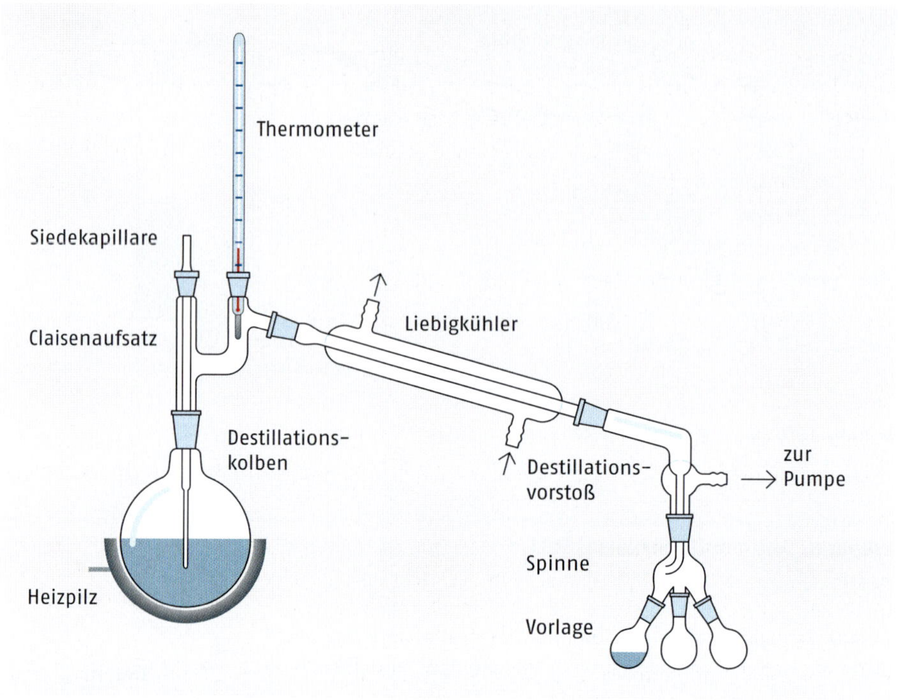

Abb. 3.22 Vakuumdestillationsapparatur

befindet, zuerst in der Wärme, dann in der Kälte bis zur Sättigung trockenes Cl_2 ein. Hierzu wird die Siedekapillare durch ein Einleitungsrohr ersetzt. Es entsteht eine schwere, blassgelbe, sehr hydrolyseanfällige Flüssigkeit.

Zur Reinigung darf $SbCl_5$ nicht bei Atmosphärendruck destilliert werden, da es beim Siedepunkt (140 °C) in Umkehrung der Bildungsgleichung bereits teilweise zerfällt. Bei 16–19 mbar dagegen siedet $SbCl_5$ bei ca. 68 °C unzersetzt.

Man ersetzt das Gaseinleitungsrohr durch eine Siedekapillare, die an ein Trockenrohr angeschlossen ist. Zunächst wird überschüssiges Cl_2 ausgetrieben. Man erhält einen kleinen Vorlauf. Ist die Temperatur auf 65 °C gestiegen, wird die Spinne gedreht und die bei 68 °C übergehende Hauptmenge gesondert aufgefangen. Diesen Anteil destilliert man nach Reinigung des Destillationskolbens nochmals. Wird bei 30 mbar destilliert, liegt der Siedepunkt bei ca. 79 °C (1 mbar ≙ 0,75 Torr)

$$SbCl_3 + Cl_2 \longrightarrow SbCl_5$$

Präparat: Antimon(III)-iodid, SbI_3

Smp. 168 °C; Sdp. 401 °C

Rote Blättchen

Achtung

Darstellung Eine konzentrierte Lösung von Iod in CS_2 wird unter dem Abzug mit fein gepulvertem Sb unter Rückfluss bis zum Verschwinden der Iodfarbe erwärmt, die grünlich gelbe Lösung wird filtriert und im Vakuum eingedampft. Es scheidet sich SbI_3 ab, das man durch Sublimation im CO_2-Strom bei 180 °C reinigt.

Die Arbeiten müssen unter dem Abzug ausgeführt werden. CS_2 ist sehr giftig und leicht brennbar.

$$2\,Sb + 3\,I_2 \longrightarrow 2\,SbI_3$$

Halogenide der Elemente der 4. Hauptgruppe des PSE

Präparat: Siliciumtetrachlorid, $SiCl_4$

Smp. −69 °C; Sdp. 58 °C

$SiCl_4$ ist eine farblose, an der Luft stark rauchende Flüssigkeit, die durch Wasser schnell hydrolytisch zersetzt wird. Es ist daher trocken aufzubewahren.

Achtung

Darstellung Im Schiffchen befinden sich 10 g aluminothermisch gewonnenes und feingepulvertes Si (Darst. ▶ S. 293). Zuerst wird die leicht schräg gestellte Apparatur (○ Abb. 3.22) unter dem Abzug mit trockenem Cl_2 (Waschflasche mit konz. H_2SO_4) gefüllt, bis alle Luft verdrängt ist. Erst dann beginnt man mit dem Erhitzen. Sobald die durch Aufglühen des Si bemerkbare Reaktion einsetzt (ca. 400 °C), braucht nur noch wenig erhitzt zu werden, da die Reaktion selbst reichlich Wärme entwickelt. Si setzt sich völlig um und sammelt sich als $SiCl_4$, verunreinigt durch Si_2Cl_6 und Si_3Cl_8, in der mit Eis-Kochsalz gekühlten Vorlage an. Das Rohprodukt wird zur Entfernung der Hauptmenge des gelösten Cl_2 ganz langsam destilliert, dann in einer trockenen, verschlossenen Flasche mit etwas Cu über Nacht stehen gelassen und schließlich der fraktionierten Destillation (▶ S. 321) unterworfen. $Sdp._{1013\,mbar}$: $SiCl_4$ 58 °C, Si_2Cl_6 145 °C, Si_3Cl_8 210–215 °C.

$$Si + 2\,Cl_2 \longrightarrow SiCl_4$$

Präparat: Trichlorsilan, $SiHCl_3$

Smp. −128 °C; Sdp. 33 °C

Farblose, sehr flüchtige und brennbare Flüssigkeit, die sich mit Wasser schnell zersetzt: die Rückreaktion bei 1000 °C liefert Reinstsilicium.

Gefahr

Darstellung Man arbeitet in gleicher Weise wie bei der Darstellung von $SiCl_4$, nur wird anstelle von Cl_2 sorgfältig getrocknetes HCl-Gas verwendet. Arbeitstemperatur 400–500 °C. Das entstehende Rohprodukt enthält $SiCl_4$ und wird durch fraktionierte Destillation gereinigt. Die Arbeiten führt man unter einem Abzug durch.

$$Si + 3\,HCl \rightleftharpoons SiHCl_3 + H_2\uparrow$$

Präparat: Zinntetrachlorid, $SnCl_4$

Smp. −34 °C; Sdp. 114 °C

Gefahr

Farblose, an der Luft rauchende, hygroskopische Flüssigkeit, die verschiedene Hydrate bildet. Mit viel Wasser erfolgt unter starker Erwärmung weitgehende Zersetzung zu kolloid in Lösung bleibender Zinnsäure.

Darstellung Ein Zweihalskolben, welcher Sn-Granalien enthält, wird mit einem Gaseinleitungsrohr, das bis zum Boden reicht, versehen. Das Ableitungsrohr führt direkt in den Abzugskamin. Zuerst wird ein langsamer, nach Bildung von Flüssigkeit ein lebhafter Strom von trockenem Cl_2 eingeleitet und das Einleitungsrohr immer so weit gehoben, dass es gerade in die Flüssigkeit eintaucht. Das Rohprodukt destilliert man über Zinngranalien unter dem Abzug. Aufbewahrung in einer zugeschmolzenen Ampulle.

$$Sn + 2\,Cl_2 \longrightarrow SnCl_4$$

Präparat: Zinntetraiodid, SnI_4

Smp. 143,5 °C; Sdp. 364 °C

Orangerote nadelförmige Kristalle

Darstellung Wasserfreie Iodide werden meist durch Umsetzung von Iod, gelöst in CS_2 (**Vorsicht: CS_2 ist feuergefährlich und sehr giftig**!), mit dem betreffenden fein verteilten Metall dargestellt.

Eine Suspension des Metalls in der betreffenden CS_2-Lösung kocht man unter Rückfluss auf dem Wasserbad und dampft nach beendeter Reaktion das Lösemittel (unter dem Abzug) in eine Vorlage ab. Das Rohprodukt wird aus einem geeigneten Lösemittel umkristallisiert bzw. unter Inertgasatmosphäre sublimiert.

$$Sn + 2\,I_2 \longrightarrow SnI_4$$

1 Gewichtsteil Sn-Pulver wird mit 6 Gewichtsteilen reinem CS_2 suspendiert. Unter Feuchtigkeitsausschluss gibt man allmählich die stöchiometrische Menge Iod zu. Bei größeren Ansätzen muss während der Zugabe mit Eis gekühlt werden. Die braunrote Lösung wird anschließend unter striktem Feuchtigkeitsausschluss vom überschüssigen Sn abgesaugt und im Vakuum zur Trockene eingedampft. Die zurückbleibenden Kristalle von SnI_4 können aus CS_2 umkristallisiert werden.

Halogenide der Elemente der 3. Hauptgruppe des PSE

Präparat: Aluminium(III)-chlorid, $AlCl_3$

Gefahr

Aluminiumchlorid besitzt im Dampfzustand (in der Nähe des Sublimationspunktes, 178 °C) die der Formel Al_2Cl_6 entsprechende Zusammensetzung.

Darstellung Man füllt unter dem Abzug die ganze Apparatur (o Abb. 3.19) zunächst mit HCl, bis alle Luft verdrängt ist (sonst Knallgasexplosion mit dem bei der Reaktion entstehenden H_2!). Dann wird das im Porzellanschiffchen befindliche Al in Form von Al-Grieß im kräftigen HCl-Strom (2 Waschflaschen mit konz. H_2SO_4) langsam so hoch erhitzt, dass weiße Dämpfe von $AlCl_3$ entstehen. Nach beendeter Reaktion wird das Reaktionsgas durch einen trockenen N_2-Strom ersetzt und das im Sublimationsrohr abgesetzte $AlCl_3$ sofort in eine Ampulle eingeschmolzen, da $AlCl_3$ mit Luftfeuchtigkeit unter Hydrolyse reagiert.

$$2\,Al + 6\,HCl \longrightarrow 2\,AlCl_3 + 3\,H_2\uparrow$$

$AlCl_3$ kann nicht durch einfaches Erhitzen von $AlCl_3 \cdot 6\,H_2O$ erhalten werden, da Hydrolyse eintritt (►S. 23).

$$2\,AlCl_3 \cdot 6\,H_2O \longrightarrow Al_2O_3 + 6\,HCl + 9\,H_2O$$

Präparat: Aluminium(III)-bromid, $AlBr_3$

Smp. 97,5 °C; $Sdp._{1013\ mbar}$ 255 °C

Gefahr

Aluminiumbromid liegt wie Aluminiumchlorid im Gaszustand dimer als Al_2Br_6 vor. $AlBr_3$ reagiert mit Wasser explosionsartig; daher beim Vernichten niemals Wasser zu $AlBr_3$, sondern dieses langsam in viel Wasser geben. Zur Reinigung des Säbelkolbens (o Abb. 3.23) wird am besten Ethanol verwendet.

Darstellung In einen von außen gut mit Eis gekühlten Zweihalskolben aus Duran- oder Pyrex-Glas (o Abb. 3.23) wird flüssiges Brom gegeben und in dieses Al-Späne in sehr kleinen Portionen hineingeworfen (Schutzbrille!). Nach jeder Zugabe muss gewartet werden, bis das Al restlos reagiert hat, was unter Umständen bis zu 5 Minuten dauern kann. Zur Vermeidung einer Überhitzung schüttelt man den Kolben während der Reaktion im Eisbad. Die Al-Teilchen verbrennen mit heftiger Reaktion. Man achte darauf, dass sich die glühenden Metallflitter nicht an der Glaswand festsetzen, weil sonst ein Springen des Kolben zu befürchten ist. Gegen Ende der Reaktion lässt die Reaktionsgeschwindigkeit nach, sodass das Gemisch durch äußere Wärmezufuhr flüssig gehalten werden muss. Nach beendeter Umsetzung vertreibt man das überschüssige Brom durch Einleiten eines trockenen (!) N_2-Stroms in das flüssige Reaktionsgemisch. Wenn der Kolbeninhalt nahezu farblos geworden ist, beginnt man bei gedrosselter N_2-Zufuhr mit der Destillation. $AlBr_3$ kondensiert im Säbelansatz zu einer weißen, häufig durch Brom leicht gelb gefärbten Kristallmasse. $AlBr_3$ wird aus dem Säbelansatz durch leichtes Erwärmen herausgeschmolzen und in einem trockenen Schlenkrohr (o Abb. 3.23) unter Schutzgas aufbewahrt.
Vorsicht: Brom wirkt stark ätzend!

$$2\,Al + 3\,Br_2 \longrightarrow 2\,AlBr_3$$

Die Synthese aus den Elementen verläuft hier so heftig, dass es besonderer Maßnahmen zur Ableitung der entwickelten Wärme bedarf.

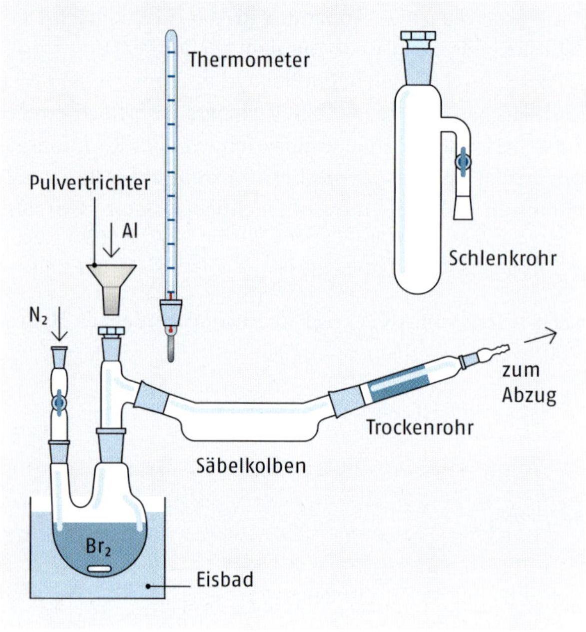

o Abb. 3.23 Darstellung von $AlBr_3$

Halogenide der Elemente der Nebengruppen des PSE

Präparat: Titan(IV)-chlorid, $TiCl_4$

Gefahr

Smp. −24 °C; Sdp. 136 °C

Farblose, stechend riechende Flüssigkeit, die an feuchter Luft stark raucht. Mit Wasser wird $TiCl_4$ hydrolysiert; HCl drängt die Hydrolyse so stark zurück, dass in konz. HCl mit Alkalichloriden Hexachlorotitanate(IV), $M_2[TiCl_6]$ entstehen. Mit NH_3 und Pyridin bildet $TiCl_4$ Additionsverbindungen.

Darstellung 50 g feinst gepulverter Rutil, TiO_2, werden mit 25 g Kienruß und 0,05 g MnO_2 als Katalysator innigst vermischt und mit wenig Stärkekleister zu einer dicken, gerade noch plastischen Masse zusammengeknetet. Man formt daraus Kugeln von ca. 0,5 cm ∅, die im Trockenschrank getrocknet und dann unter einer Schicht Ruß im Gebläseofen aufgeglüht werden. So vorbereitet, kommen sie in das sorgfältig getrocknete, leicht schräg gestellte Reaktionsrohr (o Abb. 3.22). Sie werden unter dem Abzug im trockenen Cl_2-Strom langsam erhitzt und allmählich auf dunkle Rotglut gebracht. Der Cl_2-Strom muss dabei so stark sein, dass man die Blasen in der mit konz. H_2SO_4 gefüllten Waschflasche gerade nicht mehr zählen kann. In der mit Eis-Kochsalzlösung gekühlten Vorlage sammelt sich $TiCl_4$; es enthält als Verunreinigung noch Cl_2 und evtl. $FeCl_3$, $SiCl_4$ und $VOCl_3$. Zur Reinigung wird von Feststoffen dekantiert und durch eine trockene Glasfilternutsche filtriert. Dabei ist zwischen Woulff'scher Flasche und Vakuumpumpe ein $CaCl_2$-Rohr und eine Kühlfalle zu schalten. Das Filtrat schüttelt man zur Cl_2-Entfernung mit etwas Cu-Spänen bis zur Farblosigkeit. Anschließend wird die Flüssigkeit wieder filtriert und der Destillation unterworfen.

$$TiO_2 + 2\,C + 2\,Cl_2 \longrightarrow TiCl_4 + 2\,CO\uparrow$$

Präparat: Chrom(III)-chlorid, $CrCl_3$

Smp. 1152 °C

Achtung

Glänzende, violette Blättchen. $CrCl_3$ ist im Cl_2-Strom sublimierbar. $CrCl_3$ ist in Wasser und Säuren unlöslich. Es löst sich jedoch in Wasser beim Zusatz von geringen Mengen $CrCl_2$.

Darstellung Grob gepulvertes Cr-Metall (10–20 g) wird in ein waagrechtes Quarz- oder Keramikrohr von 50 cm Länge und 3 cm ∅ gebracht und anschließend im Chlorstrom über einer Gebläseflamme erhitzt. Um eine Verstopfung durch die starke Volumenzunahme zu verhindern, ist es zweckmäßig, das Cr bei der Beschickung des Rohres auf eine weite Strecke zu verteilen. **Wesentlich ist, dass das Rohr zuvor durch einen vollkommen trockenen, starken Cl_2-Strom von jeglichen Luftresten befreit ist.** Dann erst steigert man die Temperatur so stark wie möglich, lässt erkalten und verdrängt das Chlor durch einen trockenen N_2-Strom. Im Rohr hat sich unter starker Volumenzunahme das $CrCl_3$ in glänzenden, violetten Blättchen abgeschieden.

Zur Reinigung wird $CrCl_3$ im Cl_2-Strom sublimiert, wiederholt mit konzentrierter Salzsäure ausgekocht, mit destilliertem Wasser bis zum Verschwinden der Reaktion auf Cl^- ausgewaschen und bei 200–250 °C getrocknet.

$$2\,Cr + 3\,Cl_2 \longrightarrow 2\,CrCl_3$$

Präparat: Wolfram(VI)-chlorid, WCl_6

Smp. 275 °C; Sdp. 347 °C

Gefahr

Blauschwarze Kristalle. Bei der Hydrolyse an feuchter Luft bildet sich gelbrotes $WOCl_4$ und gelbes WO_2Cl_2. Ob die Reaktion in der gewünschten Weise verlaufen ist, kann man deutlich an der Blauschwarzfärbung der Kristalle erkennen, die keine roten oder gelben Streifen aufweisen.

Darstellung Zur Darstellung des WCl_6 benutzt man ein SUPREMAX®-Rohr (►S. 264), oder besser ein Quarz-Rohr, das einige Einschnürungen besitzt (○ Abb. 3.24). Das Rohr ist beidseitig mit P_4O_{10}-Trockenrohren abgeschlossen. Am Gaseinlassteil des Rohres plaziert man ein Porzellan-Schiffchen mit Wolfram-Pulver. Dieses wird nun langsam im H_2-Strom auf 700–1000 °C erhitzt. **Wichtig: Vorher ist die gesamte Luft durch halbstündiges Spülen mit N_2 zu vertreiben (Knallgasreaktion!).** Nach dem Abkühlen ist ebenfalls das gesamte H_2 durch einen N_2-Strom zu vertreiben (Chlorknallgasreaktion!).

Danach leitet man den getrockneten Cl_2-Strom durch das Rohr und erhitzt die Stelle, an der das Schiffchen steht, allmählich auf 600 °C. Das blauschwarze Hexachlorid setzt sich unmittelbar hinter dem Schiffchen ab. Zur Reinigung von geringen Mengen Oxidchlorid

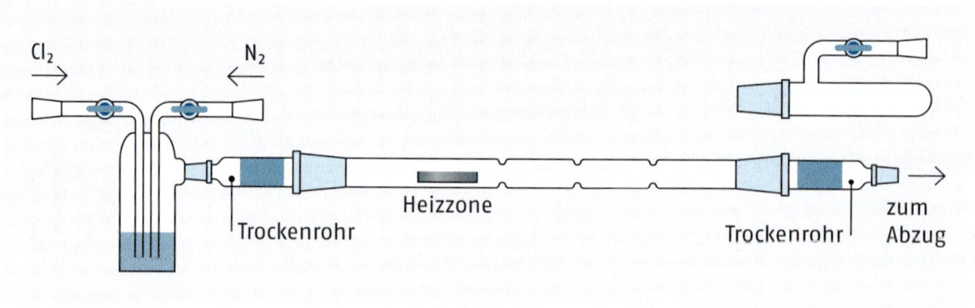

Abb. 3.24 Apparatur zur Chlorierung von Wolfram

wird WCl_6 im Cl_2-Strom im Rohr weiter sublimiert. Danach wird das Cl_2 mit trockenem N_2 verdrängt und das WCl_6 in eine Ampulle abgeschmolzen oder in ein Schlenkrohr überführt.

$$W + 3\,Cl_2 \longrightarrow WCl_6$$

WCl_6 ist wie die Halogenide anderer Elemente in der höchsten Oxidationsstufe nicht aus wässeriger Lösung darstellbar. Es kann durch Reaktion von Wolframpulver mit Cl_2 dargestellt werden. Dabei ist auf völligen Wasserausschluss und gutes Durchreagieren zu achten. Andernfalls bildet sich sehr leicht $WOCl_4$, das zusätzlich die Hydrolyse von WCl_6 an feuchter Luft katalysiert.

$$WCl_6 + H_2O \longrightarrow WOCl_4 + 2\,HCl\uparrow$$
$$WOCl_4 + 2\,H_2O \longrightarrow WO_3 + 4\,HCl\uparrow$$

Präparat: Nickel(II)-chlorid, $NiCl_2$

Smp. 1001 °C

Hellgelbes Pulver oder gelbe Kristallplättchen. Sublimation bei 1013 mbar und 993 °C. Fein verteiltes $NiCl_2$ ist hygroskopisch und färbt sich an der Luft grün.

Gefahr

Darstellung In einem Quarzrohr wird $NiCl_2 \cdot 6\,H_2O$ bei 150 °C getrocknet und das Reaktionsprodukt anschließend in einem chlorhaltigen HCl-Strom auf 400 °C erhitzt. Hat sich das gelbe $NiCl_2$ gebildet, so wird die Gaseinleitung unterbrochen und das Rohr an diesem Ende verschlossen. Anschließend wird das Präparat im Ölpumpenvakuum bei erhöhter Temperatur sublimiert. Zur Befreiung von HCl wird $NiCl_2$ im Hochvakuum über KOH bei 160 °C getempert.

$$NiCl_2 \cdot 6\,H_2O \longrightarrow NiCl_2 + 6\,H_2O$$

3.2.10 Ester, Alkohole, Ether

Präparat: Borsäuremethylester, $B(OCH_3)_3$

Sdp.$_{1013\,mbar}$ 68,7 °C

$B(OCH_3)_3$ ist eine wasserhelle Flüssigkeit, die mit grüner Flamme brennt und mit Wasser zu H_3BO_3 hydrolysiert.

Darstellung Borax oder H_3BO_3 wird mit einem nicht zu großen Überschuss an CH_3OH und einigen mL konz. H_2SO_4 (zur Aufnahme des bei der Reaktion entstehenden H_2O bzw. zum Freisetzen der Borsäure aus Borax) 1 h unter Rückfluss erhitzt und anschließend der Ester abdestilliert. Das Destillat enthält neben $B(OCH_3)_3$ noch CH_3OH. Zur weitgehenden Entfernung von CH_3OH fügt man etwas $CaCl_2$ (Solvatbildung mit CH_3OH) zu und lässt verschlossen über Nacht stehen. Falls 2 Schichten entstanden sind, trennt man in einem Scheidetrichter die untere (CH_3OH) ab und unterwirft die obere ($B(OCH_3)_3$) der fraktionierten Destillation (►S. 321) unter Verwendung einer wirksamen Kolonne. Sonst wird filtriert und langsam fraktioniert destilliert.

$$H_3BO_3 + 3\,CH_3OH \longrightarrow B(OCH_3)_3 + 3\,H_2O$$

Präparat: Ethanol, absolut, C_2H_5OH

Sdp.$_{1013\,mbar}$ 78,3 °C

Gefahr

Darstellung Reines, 96%iges Ethanol wird mit dem gleichen Gewicht körnigem CaO und etwas $Ba(OH)_2$ bis zur Gelbfärbung der Suspension unter Rückfluss gekocht (Heizpilz) und dann abdestilliert. Die Vorlage schützt man mit einem CaO-Röhrchen gegen Eindringen von Luftfeuchtigkeit. Das abdestillierte ca. 99,5%ige Ethanol ist für die meisten Zwecke ausreichend. Zur Darstellung 100%igen Ethanols wird das 99,5%ige Ethanol mit etwas mehr als der berechneten Menge krustenfreiem Na in kleinen Stücken, oder mit Natriumsuspension in Paraffin, versetzt und nach der restlosen Auflösung erneut destilliert. Der geringe Vor- und Nachlauf wird verworfen.

Präparat: Diethylether, $H_5C_2OC_2H_5$

Sdp.$_{1013\,mbar}$ 34,6 °C

Leicht flüchtige Flüssigkeit, die mit Luft höchstexplosive Gemische bildet

Gefahr

Darstellung Beim Stehen von Ethern an der Luft bilden sich Etherperoxide, die beim Abdestillieren zu heftigen Explosionen führen können. Peroxidhaltiger Ether färbt Titanoxidsulfatlösung beim Schütteln gelb bis orangegelb (Bildung von Peroxotitanat-Komplexen). Auch kann man mit Merckoquant®-Teststreifen auf Peroxid prüfen.

Zur Entfernung der Peroxide schüttelt man käuflichen Ether mit dem gleichen Volumen einer Lösung von 60 g $FeSO_4 \cdot 7\,H_2O$ und 6 mL konz. H_2SO_4 in 110 mL Wasser, trennt im Scheidetrichter und destilliert nach erneuter Prüfung auf Peroxid. Das Destillat wird über gekörntem, wasserfreiem $CaCl_2$ über Nacht stehen gelassen, dann filtriert, destilliert und über Na-Draht in einer braunen Flasche mit aufgesetztem $CaCl_2$-Röhrchen aufbewahrt. Statt des Na-Drahts kann man auch eine Natrium-Suspension in Paraffin verwenden. Bei Stehen über Na tritt keine Peroxidbildung auf.

3.2.11 Komplexverbindungen

Präparat: Kaliumhexafluorosilicat, $K_2[SiF_6]$

Weiße Kristalle

Darstellung Eine fein pulverisierte und trockene, innige Mischung von 50 g CaF_2 und 20 g SiO_2 (Quarz) wird in ein trockenes Tongefäß gefüllt, das man mit einem einfach durchbohrten, paraffinierten Korkstopfen verschließen kann. Durch die Bohrung führt ein zweimal gebogenes enges Glasrohr. An dieses ist das Rohr eines Trichters, der in ein mit 250 mL Wasser gefülltes Becherglas taucht, angeschlossen. Dadurch soll eine Verstopfung des Gaseinleitungsrohres durch entstehende Kieselsäure verhindert werden. Nun versetzt man die CaF_2/SiO_2-Mischung mit 250 mL konz. H_2SO_4, verschließt das Gefäß und erhitzt in einem Sandbad. Dabei entsteht SiF_4-Gas, das mit dem vorgelegten Wasser unter teilweiser Hydrolyse reagiert. Die Wärmezufuhr wird so reguliert, dass die Reaktion nicht zu heftig verläuft und alles SiF_4 absorbiert wird. Nach Beendigung der Gasentwicklung wird die ausgeschiedene gallertige Kieselsäure abfiltriert und die klare Lösung mit 2 mol/L KOH genau (!) neutralisiert. Die Lösung darf keinesfalls alkalisch reagieren, da sonst H_2SiO_3 ausfällt:

$$[SiF_6]^{2-} + 4\,OH^- \longrightarrow 6\,F^- + H_2SiO_3\downarrow + H_2O$$

$K_2[SiF_6]$ setzt sich bei der Neutralisation als blau irisierender Niederschlag ab. Man dekantiert, sammelt den Niederschlag auf einem Papierfilter und trocknet im Trockenschrank.

$$2\,CaF_2 + SiO_2 + 2\,H_2SO_4 \longrightarrow 2\,CaSO_4 + 2\,H_2O + SiF_4\uparrow$$
$$3\,SiF_4 + 3\,H_2O \longrightarrow H_2SiO_3\downarrow + 2\,H_2[SiF_6]$$
$$H_2[SiF_6] + 2\,KOH \longrightarrow K_2[SiF_6]\downarrow + 2\,H_2O$$

Präparat: Kaliumhexachlorostannat(IV), $K_2[SnCl_6]$ Ⓐ

Weiße kristalline Substanz, die an der Luft unverändert haltbar ist. Gut löslich in Wasser. Aus verdünnten Lösungen fällt beim Kochen $SnO_2 \cdot nH_2O$ aus.

Darstellung Eine salzsaure $SnCl_2$-Lösung wird mit Cl_2 gesättigt und in der Wärme mit gesättigter KCl-Lösung versetzt. Beim Abkühlen scheidet sich weißes $K_2[SnCl_6]$ ab, das abgesaugt mit wenig eiskaltem Wasser gewaschen und auf Ton im Exsikkator getrocknet wird.

In analoger Weise lässt sich **Ammoniumhexachlorostannat(IV)**, $(NH_4)_2[SnCl_6]$ („Pinksalz") darstellen.

$$Sn^{2+} + Cl_2 + 4\,Cl^- \longrightarrow [SnCl_6]^{2-}$$
$$[SnCl_6]^{2-} + 2\,K^+ \longrightarrow K_2[SnCl_6]\downarrow$$

Präparat: Kaliumhexachloroantimonat(V)-Monohydrat, $K[SbCl_6] \cdot H_2O$

Schwach grünlich gelbe, oktaederähnliche Kristalle

Achtung

Darstellung Man löst 0,1 mol Sb_2O_3 in verdünnter HCl, oxidiert mit Cl_2, fügt 0,2 mol KCl hinzu und lässt kristallisieren.

$$Sb^{3+} + Cl_2 + 4\,Cl^- \longrightarrow [SbCl_6]^-$$
$$[SbCl_6]^- + K^+ \longrightarrow K[SbCl_6]\downarrow$$

Präparat: Silbertetraiodomercurat(II), $Ag_2[HgI_4]$

Gefahr

Das gelbe $Ag_2[HgI_4]$ wird bei 35 °C orange und bei noch höherer Temperatur rot (**Thermochromie**). Die Farbänderungen (Modifikationswechsel) sind reversibel (**Enantiotropie**). $Ag_2[HgI_4]$, $Cu_2[HgI_4]$ (rot $\rightleftharpoons$ braun bei 70 °C) und ähnliche Verbindungen finden deshalb als Thermoskope (optische Thermometer) praktische Anwendung.

Darstellung Eine Lösung von $K_2[HgI_4]$ (Darstellung durch Auflösen von HgI_2 in KI-Lösung) wird mit $AgNO_3$ gefällt. Den gelben Niederschlag von $Ag_2[HgI_4]$ filtriert man ab, wäscht gut aus und trocknet.

$$HgI_2 + 2\,I^- \longrightarrow [HgI_4]^{2-}$$
$$[HgI_4]^{2-} + 2\,Ag^+ \longrightarrow Ag_2[HgI_4]\downarrow$$

Präparat: Tetramminkupfer(II)-sulfat-Monohydrat, $[Cu(NH_3)_4]SO_4 \cdot H_2O$ Ⓐ

Tief dunkelblaue Kristalle, an der Luft zersetzlich. Die Verbindung zersetzt sich oberhalb 30 °C langsam unter Abgabe von NH_3 und H_2O.

Darstellung 25 g $CuSO_4 \cdot 5\,H_2O$ werden unter Erwärmen in ca. 25 mL Wasser gelöst und mit konz. Ammoniak versetzt, bis sich der Niederschlag gerade wieder vollständig gelöst hat. Die Lösung wird nun in einem Messzylinder mit einem Ethanol-Wasser-Gemisch (1 : 1 Vol) vorsichtig ca. 1 cm hoch überschichtet, indem man das Gemisch langsam aus der Pipette an der Wand des Messzylinders herunterfließen lässt. Darüber wird in gleicher Weise und Höhe 96%iges Ethanol geschichtet. Man lässt das bedeckte Gefäß mehrere Tage in der Kälte ruhig stehen, nutscht die entstandenen $[Cu(NH_3)_4]SO_4 \cdot H_2O$-Kristalle ab und trocknet mit Ethanol und dann mit Ether.

$$CuSO_4 + 4\,NH_3 \longrightarrow [Cu(NH_3)_4]SO_4$$

Präparat: Hexammincobalt(II)-chlorid, $[Co(NH_3)_6]Cl_2$ Ⓐ

Rosarote Kristalle, die sich beim Erwärmen langsam zersetzen.
Der Komplex ist gut in konz. NH_3 löslich. An Luft erfolgt Oxidation.

Darstellung 5 g $CoCl_2 \cdot 6\,H_2O$ werden unter Luftausschluss in 14 mL Wasser erhitzt, mit konzentriertem Ammoniak bis zum vollständigen Lösen gekocht und dann filtriert. Zum heißen Filtrat fügt man N_2-gesättigtes (unter Rückfluss ausgekochtes) Ethanol hinzu, sodass in der Hitze eben eine bleibende Trübung eintritt. Man kühlt unter fließendem Wasser und filtriert den ausgeschiedenen Niederschlag ab. Er wird mit einem Gemisch von konz. Ammoniak und Ethanol, dann mit dem gleichen Gemisch (1 : 2), zuletzt mit luftfreiem, mit Ammoniak gesättigten Ethanol gewaschen. Man trocknet im Hochvakuum über KOH.

$$CoCl_2 + 6\,NH_3 \longrightarrow [Co(NH_3)_6]Cl_2$$

Präparat: Tetrammincarbonatocobalt(III)-nitrat-Hemihydrat, $[Co(CO_3)(NH_3)_4]NO_3 \cdot \frac{1}{2}\,H_2O$

Purpurfarbene Kristalle

Darstellung Eine Lösung von 10 g $(NH_4)_2CO_3$ in 50 mL Wasser und 25 mL konz. Ammoniak wird mit einer Lösung von 5 g $Co(NO_3)_2 \cdot 6\,H_2O$ in 10 mL Wasser versetzt und durch die tiefviolette Flüssigkeit ca. 3 h ein nicht zu schneller Luftstrom mit der Wasserstrahlpumpe gesaugt. Dabei schlägt die Farbe allmählich nach blutrot um. Man kocht dann auf ca. 30 mL ein, wobei alle 15 min 0,5 g $(NH_4)_2CO_3$ (insgesamt 3 g) zugesetzt werden. Nach Filtration wird unter Zugabe von weiteren 1 g $(NH_4)_2CO_3$ auf 20 mL eingeengt. Die ausgeschiedenen Kristalle werden nach dem Erkalten abgesaugt, erst mit Waser, dann mit verdünntem und schließlich mit reinem Ethanol gewaschen. Dann trocknet man bei 100 °C, Ausbeute ca. 2 g.

$$2\,Co(NO_3)_2 + 6\,NH_3 + 2\,(NH_4)_2CO_3 + \tfrac{1}{2}\,O_2 \\ \longrightarrow 2\,[Co(CO_3)(NH_3)_4]NO_3 \cdot \tfrac{1}{2}\,H_2O + 2\,NH_4NO_3$$

Präparat: Pentamminchlorocobalt(III)-chlorid, $[CoCl(NH_3)_5]Cl_2$

Violettrote Kristalle. Das Salz ist mit etwas $[Co(NH_3)_6]Cl_3$ verunreinigt.

Darstellung 3 g $[Co(CO_3)(NH_3)_4]NO_3 \cdot \frac{1}{2} H_2O$ in 40 mL Wasser werden mit ca. 4,5 mL konz. HCl angesäuert, bis alles CO_2 ausgetrieben ist. Dann wird schwach ammoniakalisch gemacht, mit 5 mL konz. Ammoniak versetzt und 45 min auf dem Wasserbad erhitzt. Nach dem Abkühlen gibt man 50 mL konz. HCl zu und erhitzt erneut 1 h auf dem Wasserbad. Die abgenutschten violettroten Kristalle werden mit Ethanol gewaschen und trockengesaugt. Ausbeute ca. 2 g.

$$[Co(CO_3)(NH_3)_4]^+ + 2\,Cl^- + 2\,H^+ \longrightarrow [Co(Cl)_2(NH_3)_4]^+ + H_2O + CO_2\uparrow$$

$$[Co(Cl)_2(NH_3)_4]^+ + NH_3 + H_2O \longrightarrow [Co(H_2O)(NH_3)_5]^{3+} + 2\,Cl^-$$

$$[Co(H_2O)(NH_3)_5]^{3+} + 3\,Cl^- \longrightarrow [CoCl(NH_3)_5]Cl_2 + H_2O$$

Präparat: Hexammincobalt(III)-chlorid, $[Co(NH_3)_6]Cl_3$ Ⓐ

Weinrote bis bräunlich rote, wasserlösliche Kristalle

Darstellung 24 g $CoCl_2 \cdot 6\,H_2O$ und 16 g NH_4Cl werden in 20 mL Wasser unter Schütteln fast gelöst. Man gibt 1–2 g Aktivkohle und 50 mL konz. Ammoniak zu und leitet anschließend einen kräftigen Luftstrom durch die Suspension, bis die ursprünglich rote Lösung gelbbraun ist. Zur Aufrechterhaltung der NH_3-Konzentration fügt man während des Oxidationsvorganges zweckmäßig noch etwas Ammoniak zu. Der Niederschlag von $[Co(NH_3)_6]Cl_3$ wird zusammen mit der Aktivkohle abgefiltert und der Filterrückstand in 1–2%iger HCl in der Hitze gelöst. Man filtriert noch heiß ab und fällt reines $[Co(NH_3)_6]Cl_3$ durch Zusatz von 40 mL konz. HCl und Abkühlen auf 0 °C. Der abfiltrierte Niederschlag wird zuerst mit 60%igem, dann mit 96%igem Ethanol gewaschen und bei 80–100 °C getrocknet. Ausbeute ca. 20 g.

$$4\,CoCl_2 + 4\,NH_4Cl + 20\,NH_3 + O_2 \longrightarrow 4\,[Co(NH_3)_6]Cl_3 + 2\,H_2O$$

Präparat: cis-Tetrammindinitrocobalt(III)-nitrat, $[Co(NO_2)_2(NH_3)_4]NO_3$ Ⓐ

Tiefgelbe Kristalle

Darstellung In einer Lösung von 6 mL (≙ 8,4 g) 65%iger HNO_3 ($\varrho = 1{,}4\,g/cm^3$) in 150 mL Wasser werden 10 g $[Co(CO_3)(NH_3)_4]NO_3 \cdot \frac{1}{2} H_2O$ ohne Erwärmen gelöst und nach und nach 20 g $NaNO_2$ zugegeben. Die Lösung wird im siedenden Wasserbad bis zur Bildung einer tiefbraunen Farbe erhitzt (ca. 7–8 min), schnell abgekühlt und mit 70 mL ≙ 100 g 65%iger HNO_3 versetzt. Entweichen von Stickstoffoxiden (Abzug!). Man lässt über Nacht stehen, saugt die Kristalle ab, wäscht mit verd. HNO_3 und Ethanol, reinigt durch Umkristallisieren aus verd. CH_3COOH und trocknet mit Ethanol. Ausbeute ca. 5 g.

Zur Überführung in **cis-$[Co(NO_2)_2(NH_3)_4]Cl$** wird 1 g $[Co(NO_2)_2(NH_3)_4]NO_3$ unter gelindem Erwärmen in 30 mL Wasser gelöst, 2 g NH_4Cl zugefügt, filtriert und in Portionen mit 10 mL Ethanol versetzt. Nach 24-stündigem Stehen werden die Kristalle abgesaugt, erst mit verdünntem und dann mit reinem Ethanol gewaschen und bei 100 °C getrocknet. Ausbeute 1 g.

$$[Co(CO_3)(NH_3)_4]^+ + NO_3^- + 2\,NO_2^- + 2\,H^+ \longrightarrow [Co(NO_2)_2(NH_3)_4]NO_3\downarrow + H_2O + CO_2\uparrow$$

Der Ersatz des zweizähnigen Liganden CO_3^{2-} durch zwei NO_2^- führt zum cis-Komplex.

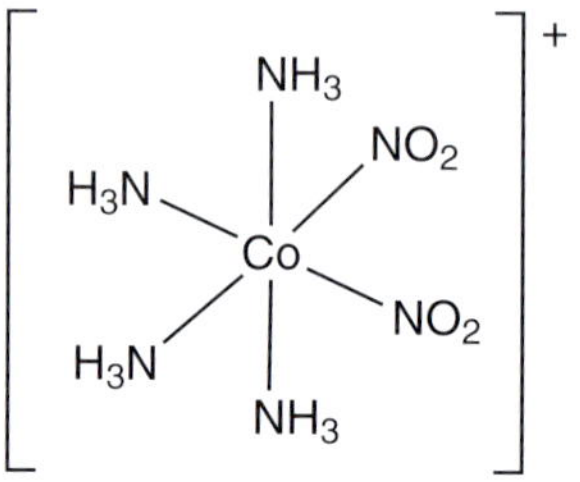

Präparat: Natriumpentacyanonitrosylferrat(III)-Diaquat, $Na_2[Fe(CN)_5(NO)] \cdot 2\,H_2O$

Rubinrote, luftbeständige, orthorhombische Kristalle, in Wasser und Alkohol leicht löslich. Die Lösung ist nicht beständig. Trivialname: Nitroprussidnatrium.

Darstellung 8 Teile gelbes Blutlaugensalz $K_4[Fe(CN)_6] \cdot 6\,H_2O$ werden mit 12 Teilen Wasser und 15 Teilen HNO_3 (Dichte 1,24) gelinde erwärmt, bis ein Tropfen der braunen Flüssigkeit mit einer $FeSO_4$-Lösung keinen blauen sondern einen dunkelgrünen Niederschlag ergibt. Nach längerem Stehen neutralisiert man die rote Flüssigkeit mit Na_2CO_3, kocht auf und gibt zur erkalteten Lösung etwa das doppelte Volumen Ethanol, in dem das gebildete $Na_2[Fe(CN)_5(NO)]$ löslich ist, während Salze wie $NaNO_3$, KNO_3 und das gelbe Blutlaugensalz sich nach einigem Stehen abscheiden. Die filtrierte Lösung wird zur Kristallisation eingedampft.

$$3\,[Fe(CN)_6]^{4-} + NO_3^- + 2\,NO + 4\,H^+ \longrightarrow 3\,[Fe(CN)_5(NO)]^{2-} + 3\,CN^- + 2\,H_2O$$

Präparat: trans-Tetrammindinitrocobalt(III)-chlorid, $[Co(NO_2)_2(NH_3)_4]Cl$ Ⓐ

Bräunlich rote Kristalle

Darstellung 10 g NH_4Cl und 13,5 g $NaNO_2$ werden in 80 mL Wasser gelöst, mit 12 mL 25%igem Ammoniak und einer Lösung von 9 g $CoCl_2 \cdot 6\,H_2O$ in 25 mL Wasser versetzt. Nach 4-stündigem Durchleiten von Luft fällt ein Niederschlag aus, der nach 12-stündigem Stehen abgesaugt und mit Wasser gut ausgewaschen wird. Das Waschwasser darf mit $(NH_4)_2C_2O_4$ keinen Niederschlag von Pentamminnitrocobalt(III)-oxalat mehr geben. Je 2 g Rohprodukt werden in 40 mL heißer verdünnter CH_3COOH gelöst, schnell filtriert und mit einer wässerigen Lösung von 4 g NH_4Cl gefällt. Nach Abkühlen und längerem Stehen saugt man die Kristalle ab, wäscht mit 90%igem Ethanol, dann mit absolutem Ethanol (Darst. ►S. 335) und trocknet im Exsikkator.

2 g trans-$[Co(NO_2)_2(NH_3)_4]Cl$ erhitzt man mit 1 g NH_4Cl und 1 mL konz. HCl in 40 mL Wasser bis zur Beendigung der Gasentwicklung. Das ausgefallene Rohprodukt wird mit HCl (1 : 1 Vol.) und Ethanol gewaschen. Durch Lösen in wenig lauwarmem Wasser und sofortiges Ausfällen mit konz. HCl entsteht der reine, wasserfreie Komplex trans-$[Co(NO_2)Cl(NH_3)_4]Cl$. Bräunlich rote Nadeln.

Wird das wasserfreie trans-$[Co(NO_2)Cl(NH_3)_4]Cl$ aus schwach essigsaurem Wasser umkristallisiert, erhält man das sog. **Esohydrat**, trans-$[Co(NO_2)Cl(NH_3)_4]Cl \cdot H_2O$, in roten Tafeln, die in kaltem Wasser schwer löslich sind. In heißem Wasser löst sich das Esohydrat unter Farbumschlag nach gelb zum isomeren trans-$[Co(NO_2)(NH_3)_4(H_2O)]Cl_2$, welches durch Säuren (HCl, HNO_3) ausgefällt werden kann. Die **Hydratisomerie** wird also durch den Farbwechsel äußerlich sichtbar.

$$2\,CoCl_2 + 8\,NH_3 + 2\,NH_4Cl + \tfrac{1}{2}\,O_2 \longrightarrow 2\,[CoCl(NH_3)_5]Cl_2 + H_2O$$

$$[CoCl(NH_3)_5]Cl_2 + 2\,NO_2^- \longrightarrow [Co(NO_2)_2(NH_3)_4]Cl\downarrow + 2\,Cl^- + NH_3$$

Präparat: Hexamminnickel(II)-chlorid, $[Ni(NH_3)_6]Cl_2$ Ⓐ

Feinkristallines, blauviolettes Pulver

Darstellung 50 mL einer konz. Lösung von cobaltfreiem $NiCl_2 \cdot 6\,H_2O$ werden mit einem Überschuss von konz. Ammoniak versetzt, dann unter fließendem Wasser gekühlt und die beginnende Ausscheidung des $[Ni(NH_3)_6]Cl_2$ durch Zusatz einer ammoniakalischen NH_4Cl-Lösung vervollständigt. Den Niederschlag saugt man ab, wäscht mit konz. Ammoniak, Ethanol und Ether.

$$NiCl_2 + 6\,NH_3 \longrightarrow [Ni(NH_3)_6]Cl_2$$

Präparat: Kaliumtetracyanonickelat(II), $K_2[Ni(CN)_4]$

Blassgelbes Pulver

Darstellung Aus einer wässerigen Lösung von 2 g $NiCl_2 \cdot 6\,H_2O$ wird NiS gefällt. Man löst den abgefilterten Niederschlag unter dem Abzug in einer warmen, konzentrierten, wässerigen Lösung von 2,3 g KCN und kocht die klare Lösung bis zur beginnenden Kristallisation ein. Die gelben bis orangeroten durchsichtigen Prismen von $K_2[Ni(CN)_4] \cdot 3\,H_2O$ können durch längeres Erhitzen auf 100 °C vom Kristallwasser befreit werden.
Vorsicht: KCN ist sehr giftig!

$$NiCl_2 + H_2S \longrightarrow NiS\downarrow + 2\,HCl$$

$$NiS + 4\,KCN \longrightarrow K_2[Ni(CN)_4] + 2\,K^+ + S^{2-}$$

Präparat: Kaliumtrioxalatochromat(III)-Trihydrat, $K_3[Cr(C_2O_4)_3] \cdot 3\,H_2O$ Ⓐ
Prächtige schwarzgrüne, an den Kanten blau durchscheinende Säulen

Darstellung Zur Lösung von 3,6 g Oxalsäure-dihydrat, $H_2C_2O_4 \cdot 2\,H_2O$, und 1,5 g neutralem Kaliumoxalatmonohydrat, $K_2C_2O_4 \cdot H_2O$, in 40 mL Wasser tropft man eine konz. wässerige Lösung von 1,2 g $K_2Cr_2O_7$ langsam unter Rühren zu. Die Lösung wird weitgehend eingedampft und durch langsames (!) Abkühlen zur Kristallisation gebracht.

$$K_2Cr_2O_7 + 7\,H_2C_2O_4 + 2\,K_2C_2O_4 \longrightarrow 2\,K_3[Cr(C_2O_4)_3] + 7\,H_2O + 6\,CO_2$$

$Cr_2O_7^{2-}$ kann durch $C_2O_4^{2-}$ reduziert werden, wobei $K_3[Cr(C_2O_4)_3] \cdot 3\,H_2O$ ohne störende Nebenprodukte anfällt.

Präparat: 12-Wolframo-1-phosphorsäure, $H_3[PW_{12}O_{40} \cdot aq]$ Ⓐ
Lichtgelbe oder grüne, in Wasser leicht lösliche Kristalle

Darstellung Zunächst wird das Natriumsalz, $Na_3[PW_{12}O_{40} \cdot aq]$, hergestellt, aus dem die freie Säure – nach der zur Darstellung freier Heteropolysäuren allgemein anwendbaren Extraktionsmethode von Drechsel – durch Ausschütteln der konzentrierten wässerigen Lösung des Natriumsalzes mit Ether und konz. HCl erhalten wird.

$$12\,Na_2WO_4 \cdot aq + Na_2HPO_4 + 23\,HCl \longrightarrow Na_3[PW_{12}O_{40} \cdot aq] + 23\,NaCl + 12\,H_2O$$
$$Na_3[PW_{12}O_{40} \cdot aq] + 3\,HCl \longrightarrow H_3[PW_{12}O_{40} \cdot aq] + 3\,NaCl$$

Alle Iso- und Heteropolysalze sowie die entsprechenden freien Säuren kristallisieren stets mit Wasser, da H_2O ein wesentliches Bauelement der Kristallstruktur dieser Verbindungen ist.

Eine Lösung von 5 g $Na_2WO_4 \cdot 2\,H_2O$ in ca. 8 mL Wasser wird mit 2,5 g $Na_2HPO_4 \cdot 12\,H_2O$ versetzt und bis zur völligen Auflösung des Salzes erhitzt. Man dampft bei ca. 80 °C bis zur Bildung einer Kristallhaut ein, setzt dann langsam unter Rühren 7,5 mL konz. HCl ($\varrho = 1{,}12\,g/cm^3$) zu (ein vorübergehend auftretender Niederschlag löst sich wieder klar auf) und verdampft erneut bis zur Bildung einer Kristallhaut. Die Flüssigkeit samt der ausgeschiedenen Kristalle wird nach dem Abkühlen in einen Scheidetrichter überführt. Man gibt unter Schütteln so viel Ether hinzu, dass sich 3 Schichten bilden: eine untere, ölige (etherische Lösung von $H_3[PW_{12}O_{40} \cdot aq]$, eine mittlere, wässerige sowie eine obere aus überschüssigem Ether bestehende. Die untere Schicht lässt man ablaufen. Der Ether wird abgezogen und dann aus 3 mL Wasser umkristallisiert. Eine gegebenenfalls auftretende Blaufärbung kann durch Zugabe von etwas Chlorwasser beseitigt werden.

Präparat: Natrium-12-Molybdo-1-silicat, $Na_4[SiMo_{12}O_{40} \cdot aq]$
Die Lösung ist nicht so stabil wie Lösungen anderer Heteropolysalze. Es ist daher wesentlich, die angegebenen Bedingungen, vor allem die H^+-Konzentration, sorgfältig einzuhalten.

Darstellung Die nachstehende Arbeitsvorschrift führt zu einer sauren Lösung des Natriumsalzes, $Na_4[SiMo_{12}O_{40} \cdot aq]$, wie sie als Nachweisreagenz für Rb^+ und Cs^+ Verwendung findet. Zur Darstellung des kristallisierten Natriumsalzes sowie der freien Säure (nach Drechsel) ist diese Lösung infolge ihres hohen $NaNO_3$-Gehaltes nicht ohne Weiteres geeignet.

$$12\,MoO_3 + 24\,NaOH + Na_2SiO_3 + 22\,HNO_3 \longrightarrow Na_4[SiMo_{12}O_{40} \cdot aq] + 22\,NaNO_3 + 23\,H_2O$$

In einem Rundkolben werden 6 g NaOH in 40 mL Wasser gelöst und die Lösung zum Sieden erhitzt. Im Laufe von ca. 15 min trägt man in die siedende Lösung 17,2 g ammoniumsalzfreies (!) MoO_3 portionsweise ein. Vor jeder neuen Zugabe muss MoO_3 vollständig in Lösung gegangen sein. Man unterbricht dann das Erhitzen, gießt 50 mL kaltes Wasser in die Lösung und setzt unter dauerndem, kräftigen Rühren vorsichtig 35 mL HNO_3 (25 mL 65%ige HNO_3, Dichte = 1,40 g/cm^3, und 10 mL Wasser) in kleinen Anteilen zu; dabei darf keine bleibende Fällung entstehen. Unmittelbar nach der HNO_3-Zugabe wird eine frisch bereitete Natriumsilicatlösung (2,8 g $Na_2SiO_3 \cdot 9\,H_2O$ in 12,5 mL 2 mol/L NaOH gelöst und ca. 10–15 min zur Aufspaltung in Orthosilicat gekocht) unter dauerndem Umrühren in dünnem Strahl in das Reaktionsgemisch gegeben. Die nunmehr intensiv gelb gefärbte Lösung engt man auf dem Wasserbad auf ca. 80 mL ein und filtriert gegebenenfalls von geringen Mengen des ausgeschiedenen Ammoniummolybdosilicats ab (bei Verwendung nicht ammoniumsalzfreier Reagenzien!).

3

3.2.12 Kolloide

Über die Grundlagen der Kolloidchemie ►S. 39.

Präparat: Eisen(III)-hydroxidsol

Die braunrote kolloidale Lösung ist in der Kälte haltbar, durch Kochen, Elektrolyse oder Elektrolytzusatz flockt sie jedoch aus.

Darstellung Bei Erhöhung des pH-Werts einer Fe(III)-Salzlösung durch langsame Zugabe von OH^- fällt nicht sofort $Fe(OH)_3$ aus, sondern es tritt unter Wasserabspaltung eine Kondensation zu höhermolekularen Teilchen ein.

6 g $(NH_4)_2CO_3$ werden in 25 mL heißem Wasser gelöst und nach dem Erkalten ca. zwei Drittel davon unter Rühren zu einer klaren (!) Lösung von 7,5 g $FeCl_3$ in 25 mL Wasser gegeben. Ein Zehntel dieser weitgehend neutralisierten Lösung wird abgegossen und der übrige Teil tropfenweise (!) mit $(NH_4)_2CO_3$-Lösung versetzt, bis sich der an der Eintropfstelle bildende Niederschlag von $Fe(OH)_3$ gerade nicht mehr auflöst. Zu dessen Auflösung gibt man nun einen Teil der vorher abgetrennten, noch schwach sauren Lösung hinzu.

Nach Beseitigung etwa vorhandener Trübungen durch Filtration kommt die Lösung sofort in eine Dialysierhülse, die man bis zur Meniskusgleichheit in ein mit destilliertem Wasser gefülltes Gefäß hängt. Das Wasser wird täglich erneuert. Durch Diffusion der Ionen bleibt in der Hülse eine reine, kolloide Lösung von Eisenhydroxid zurück. Die darin noch enthaltenen Cl^--Ionen sind vom Sol adsorbiert und lassen sich durch Fortsetzen der Dialyse nicht entfernen. Die Dialyse ist beendet, wenn im Dialysat keine Cl^--Ionen mehr nachgewiesen werden können.

Präparat: Kieselsäuresol

Klare, haltbare, kolloidale Lösung

Darstellung Sole von $SiO_2 \cdot aq$ werden durch vorsichtiges Ansäuern von Natriumsilicatlösungen erhalten, die infolge von Hydrolyse alkalisch reagieren.

20 g kristallines Natriumorthosilicat, $Na_2H_2SiO_4 \cdot 16\,H_2O$ werden in 70 mL heißem Wasser gelöst und die Lösung falls notwendig, filtriert. Nach dem Erkalten tropft man von dieser Lösung so viel in eine Mischung von 20 mL 37%iger HCl und 40 mL Wasser, bis die durch Phenolphthalein an der Eintropfstelle auftretende Rosafärbung gerade nicht mehr verschwindet. Zur Abtrennung störender Fremdionen wird die klare, kolloide Lösung so lange dialysiert (vgl. Eisen(III)-hydroxidsol), bis im Dialysat kein Cl^- mehr vorhanden ist.

Präparat: Vanadium(V)-oxidsol

Klares, orangerotes V_2O_5-Sol

Darstellung Man verreibt 1 g Ammoniummetavanadat in einer Reibschale mit etwas destilliertem Wasser und setzt unter weiterem Umrühren mit dem Pistill 10 mL 2 mol/L HCl zu. Den entstehenden Niederschlag von $V_2O_5 \cdot aq$ spült man mit der überstehenden Flüssigkeit auf ein Filter, lässt ablaufen und wäscht mit destilliertem Wasser aus. Das anfänglich klargelbe Filtrat beginnt nach einiger Zeit rötlich trüb abzulaufen. Man spritzt nun den Niederschlag vom Filter herunter in einen Erlenmeyerkolben und verdünnt auf 100 mL. Nach einigen Stunden hat sich der Niederschlag vollständig aufgelöst. Die Stäbchendoppelbrechung lässt sich jedoch erst nach längerem Stehen beobachten, wenn eine Ausbildung der stäbchenförmigen Kolloidpartikel möglich geworden ist.

Kolloides V_2O_5 besteht aus kleinen kristallinen Teilchen in Stäbchenform. Beim Umrühren der kolloiden Lösung richten sich die Stäbchen nach der Strömungsrichtung aus und erzeugen charakteristische Schlieren von seidigem Glanz (Strömungsdoppelbrechung).

Präparat: Silberiodidsol

Grünlich gelbes, milchiges Sol, das in Gegenwart von überschüssigem Elektrolyt (KI) infolge seiner negativen Aufladung lange haltbar ist. Dialyse würde in diesem Fall die Stabilität des Sols nur herabsetzen.

Darstellung 2–3 mL 0,2 mol/L KI werden mit destilliertem Wasser auf 100 mL verdünnt und 1–2 mL 0,1 mol/L $AgNO_3$ langsam hinzugegeben.

Präparat: Schwefelsol Ⓐ

Rötlich opaleszierendes S-Sol, das wochenlang haltbar ist.

Darstellung Man löst getrennt 7,2 g $Na_2SO_3 \cdot 7\,H_2O$ p. a. und 6,4 g $Na_2S \cdot 9\,H_2O$ p. a. in je 50 mL Wasser. Zu den 50 mL Na_2S-Lösung wird mit einer Pipette 1,5 mL der bereiteten Na_2SO_3-Lösung hinzugefügt. Zu der so erhaltenen Lösung gibt man unter ständigem Rühren tropfenweise eine Mischung von 10 mL destilliertem Wasser und 2,7 g konz. H_2SO_4, bis eben noch keine Trübung auftritt (ca. 8 mL). Die restlichen 48,5 mL Na_2SO_3-Lösung werden mit 5,5 g konz. H_2SO_4 versetzt und anschließend unter ständigem Rühren in die Na_2S-Lösung gegossen. Die Mischung wird 1 h in einem mit einem Uhrglas bedeckten Erlenmeyerkolben stehen gelassen. Danach filtriert man durch ein Faltenfilter, wäscht den Niederschlag von der Außenseite des Filters (!) mit ca. 100 mL destilliertem Wasser aus und peptisiert ihn auf dem Filter mit 300 mL destilliertem Wasser. Von der durchlaufenden, gelblich weißen, kolloidalen Lösung werden 5–10 mL in 300 mL Wasser eingegossen. Nach 24 h filtriert man von einem eventuell entstandenen, geringen Bodensatz ab.

$$SO_3^{2-} + 2\,S^{2-} + 6\,H^+ \longrightarrow 3\,S + 3\,H_2O$$

4 Anhang

4.1 Umgang mit gefährlichen Stoffen

Der Umgang mit Chemikalien und Gefahrstoffen wird in Deutschland durch das Chemikaliengesetz geregelt. Diesem untergeordnet ist die Gefahrstoffverordnung in deren Anhang I bezuggenommen wird auf Richtlinien der Europäischen Gemeinschaft. Sowohl Gesetz als auch Verordnung werden diesen Europäischen Richtlinien angepasst, in letzter Zeit insbesondere an die REACH-Verordnung als auch an die CLP-Verordnung.

- Die REACH-Verordnung (EG) Nr. 1907/2006 ist eine EU-Chemikalienverordnung, die am 1. Juni 2007 in Kraft getreten ist. REACH steht für Registration, Evaluation, Authorisation and Restriction of Chemicals, also für die Registrierung, Bewertung, Zulassung und Beschränkung von Chemikalien. Als EU-Verordnung besitzt REACH gleichermaßen und unmittelbar in allen Mitgliedstaaten Gültigkeit.
- Die CLP-Verordnung (EG) Nr. 1272/2008 setzt das GHS-Systems (Globally Harmonized System of Classification and Labelling of Chemicals) der UN in europäisches Recht um. In Deutschland ist demgemäß am 20. Januar 2009 die CLP-Verordnung (Classification, Labelling and Packaging; zu deutsch: Einstufung, Kennzeichnung und Verpackung) in Kraft getreten.

Zwischen beiden Verordnungen gibt es eine Reihe von Berührungspunkten. Dennoch sind die von den beiden Regelungen erfassten Regelungsbereiche nicht deckungsgleich. Die REACH-Verordnung gilt in erster Linie für Stoffe, und die von ihr aufgestellten Pflichten sind in weiten Teilen an Mengenschwellen gebunden.

Demgegenüber unterliegen alle Chemikalien – unabhängig davon, ob es sich um Reinstoffe oder Gemische handelt – vor dem Inverkehrbringen generell der Einstufungs- und Kennzeichnungspflicht, es sei denn, sie sind ausdrücklich von diesen Pflichten ausgenommen.

Die REACH-Verordnung nimmt an zahlreichen Stellen Bezug auf die Einstufung, beispielsweise beim Stoffsicherheitsbericht, bei der Informationsweitergabe in der Lieferkette oder beim Zulassungsverfahren. Die CLP-Verordnung hat die Bestimmungen der REACH-Verordnung zu Einstufung und Kennzeichnung von Chemikalien übernommen. Die Verpflichtung zur Übermittlung des **Sicherheitsdatenblattes** sowie die mit dem GHS weitgehend harmonisierten Vorgaben zu seiner Erstellung sind jedoch noch immer in der REACH-Verordnung enthalten.

- Weitere Informationen zum Thema findet man auf der Homepage der Europäischen Chemikalien Behörde ECHA (European Chemicals Agency) http://echa.europa.eu/home_en.asp
- Der REACH-Verordnungstext ist zugänglich unter: http://echa.europa.eu/legislation/reach_legislation_en.asp
- Die schon fertiggestellten Leitlinien findet man unter: http://echa.europa.eu/help/help_docs_en.asp
- Den aktueller Diskussionsstand von noch nicht abgeschlossenen Leitlinien in den verschiedenen Gremien gibt es unter: http://guidance.echa.europa.eu/guidance4_en.htm
- Die Listen zu den besonders besorgniserregenden Stoffen (SVHC; substances of very high concern) und sonstigen Unterlagen finden sich unter: http://echa.europa.eu/consultations/authorisation_en.asp

4.1.1 Einstufung

Für die Einstufung von Chemikalien wurden bisher zwei Arten der Einstufung und Kennzeichnung verwendet, die Selbsteinstufung und die Legaleinstufung. Während es sich bei der Selbsteinstufung um eine eigenverantwortliche Einstufung eines Stoffes bzw. Gemisches durch den Hersteller oder Importeur handelt, ist die Legaleinstufung eine amtlich vorgegeben Einstufung, die innerhalb der Europäischen Union verbindlich anzuwenden ist. Die CLP-Verordnung kennt ebenfalls beide Arten der Einstufung und Kennzeichnung, allerdings wird mit dem Begriff der „harmonisierten Einstufung" ein neuer Terminus für die Legaleinstufung eingeführt. Nach CLP-Verordnung hat die Einstufung eines legal eingestuften Stoffes gemäß dem Eintrag in Anghang VI Teil 3 der CLP-Verordnung zu erfolgen.

Gefahrenklassen und -kategorien

Die CLP-Verordnung definiert insgesamt 28 Gefahrenklassen: 16 für die physikalischen Gefahren, 10 für die Gesundheitsgefahren und 2 für die Umweltgefahren (◘ Tab. 4.1).

Die bisherigen Gefahrenbezeichnungen der „Stoff- und Zubereitungsrichtlinie" werden bei GHS durch Gefahrenklassen mit Abstufungen nach Gefahrenkategorien ersetzt: z. B. für die Gefahrenklasse 4 der physikalischen Gefahren „Entzündbare Flüssigkeiten" (○ Abb. 4.1).

4.1.2 Kennzeichnung und Verpackung

Die Kennzeichnung soll Personen, die mit einem Stoff oder einer Zubereitung umgehen, Hinweise auf die damit verbundenen Gefahren geben. Die Auswahl der Kennzeichnungselemente richtet sich in erster Linie nach dem Einstufungsergebnissen. Im Folgenden werden die wesentlichen Kennzeichnungselemente der CLP-Verordnung vorgestellt.

Einige wesentliche Unterschiede zwischen altem und neuem System treten bei der Vergabe der Gefahrensymbole/Gefahrenpiktogramme (○ Abb. 4.2) auf. Es entfallen zusätzlich die Gefahrenbezeichnungen nach „Stoff- und Zubereitungsrichtlinie", dafür verwendet die CLP-Verordnung Signalwörter als neue Kennzeichnungselemente. Ebenfalls im Gegensatz zum alten System verwendet die CLP-Verordnung keine Vorgaben zu obligatorischen und empfohlenen Sicherheitshinweisen, diese werden jedoch aktuell für das UN-GHS diskutiert.

Tab. 4.1 Die 28 Gefahrenklassen nach CLP-Verordnung

Gefahrenklassen Anhang I GHS-Verordnung		
physikalische Gefahren (Teil 2)	**Gesundheitsgefahren** (Teil 3)	**Umweltgefahren** (Teil 4)
1. explosive Stoffe/Gemische und Erzeugnisse mit Explosivstoff	1. Akute Toxizität	1. Gewässergefährdend
2. entzündbare Gase	2. Ätz/Reizwirkung auf die Haut	2. Die Ozonschicht schädigend
3. entzündbare Aerosole	3. Schwere Augenschädigung/ Augenreizung	
4. oxidierende Gase	4. Sensibilisierung der Atemwege oder der Haut	
5. Gase unter Druck	5. Keimzellenmutagenität	
6. entzündbare Flüssigkeiten	6. Karzinogenität	
7. entzündbare Feststoffe	7. Reproduktionstoxizität	
8. Selbstzersetzliche Stoffe und Gemische	8. Spezifische Zielorgan-Toxizität [Einmalige Exposition, Stot. SE]	
9. pyrophore Flüssigkeiten	9. Spezifische Zielorgan-Toxizität [Wiederholte Exposition, Stot. RE]	
10. pyrophore Feststoffe	10. Aspirationsgefahr	
11. Selbsterhitzungsfähige Stoffe und Gemische		
12. Stoffe und Gemische, die in Berührung mit Wasser Gase entwickeln		
13. oxidierende Flüssigkeiten		
14. oxidierende Feststoffe		
15. organische Peroxide		
16. korrosiv gegenüber Metallen		

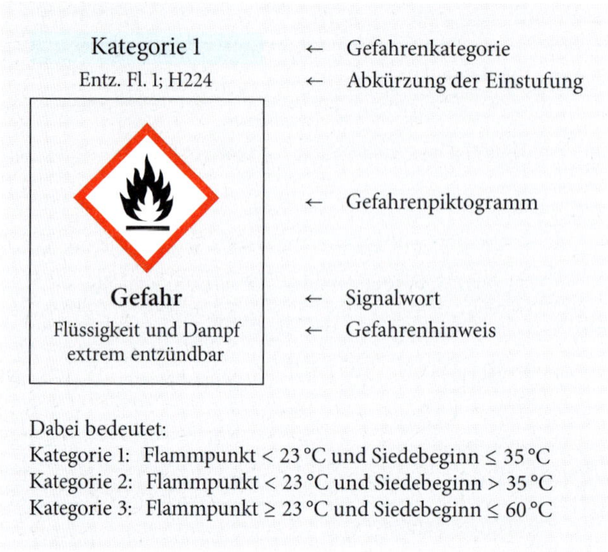

Abb. 4.1 Beispiel für die Kennzeichnung entzündbarer Flüssigkeiten

Abb. 4.2 Gefahrenpiktogramme nach GHS-System, gegliedert nach physikalischen, Gesundheits- und Umweltgefahren (Zeichencode, Pictogramm, Gefahrenkategorie und Gefahrenhinweis)

Tab. 4.2 Entsprechungen von alter (Stoff bzw. Zubereitungs-Richtlinie) und neuer (CLP-Verordnung) Rechtsgrundlage

	Rechtsgrundlage	
	Stoff- bzw. Zubereitungsrichtlinie 67/548EWG bzw. 1999/45/EG	**CLP-Verordnung** Nr. 1272/2008
Einstufungselemente	– Gefährlichkeitsmerkmale – Bezeichnungen der besonderen Gefahren (R-Sätze)	– Gefahrenklassen und -kategorien – Gefahrenhinweise (H-Sätze)
Kennzeichnungselemente	– Gefahrensymbole und Gefahrenbezeichnung – Bezeichnungen der besonderen Gefahren (R-Sätze) – Sicherheitsratschläge (S-Sätze) – Besondere Kennzeichnungsvorschriften	– Gefahrenpiktogramme – Signalwort – Gefahrenhinweise (H-Sätze) – Sicherheitshinweise (P-Sätze) – Ergänzende Gefahrenmerkmale und besondere Vorschriften für ergänzende Kennzeichnungselemente (EUH-Sätze)

Insbesondere ändern sich die Kennzeichnungselemente wie die Gefahrenklassen, Gefahrenkategorien, Gefahrenpiktogramme, die Signalwörter sowie die Gefahren- und Sicherheitshinweise. Die Piktogramme gliedern sich in fünf für physikalische Gefahren sowie in vier für Gesundheitsgefahren und eines für Umweltgefahren. Begleitet werden diese Piktogramme von einem Signalwort. Dabei werden die Signalwörter „Gefahr" für schwerwiegende Gefahrenkategorien und „Achtung" für weniger schwere Gefahrenkategorien verwendet (Tab. 4.2).

Gefahren- und Sicherheitshinweise

Weiterhin sind zur Kennzeichnung Gefahrenhinweise (H-Sätze, Hazard Statements) und Sicherheitshinweise (P-Sätze, Precautionary Statements) sowie zusätzliche EUH-Sätze für besondere Gefährdungen zu benutzen. Alle drei Hinweiskodierungen erhalten dreistellige Nummern. Die erste Ziffer der dreistelligen Nummer (z. B. H200) bezieht sich auf die Gefahrengruppe. So steht 2 für Physikalisch-chemische Gefahren, 3 für Gesundheitsgefahren und 4 für Umweltgefahren.

So steht z. B. in H300 das H für einen Gefahrenhinweis, die 3 für eine Gesundheitsgefahr und die 00 für den Hinweis „Lebensgefahr bei Verschlucken".

In den P-Sätzen z. B. P201 steht P für einen Sicherheitshinweis, die 1 für einen Allgemeinen Hinweis, die 2 für Vorsorgemaßnahmen, die 3 für Empfehlungen, die 4 für Lagerhinweise und die 5 für einen Entsorgungshinweis. Die folgende zweistellige Zahl gibt die laufende Nummer des Hinweises an.

Zum weiteren Studium der H, P und EUH-Sätze wird auf die Listen in den jeweiligen Verordnungen verwiesen. Wichtige Links zum Thema GHS findet man außerdem auf folgenden Internetseiten:

- Bundesanstalt für Arbeitsschutz und Arbeitsmedizin (BAuA-Poster) zur GHS-Kennzeichnung:
  www.baua.de/cln_137/de/Presse/Pressemitteilungen/2010/09/pm065-10.html

- BAuA-Poster mit P-Sätzen (den früheren S-Sätzen): www.baua.de/cae/servlet/contentblob/744412/publicationFile/92071/GHS-02.pdf
- BAuA-Poster GHS-Umwandlungshilfe: www.baua.de/cae/servlet/contentblob/1280908/publicationFile/96651/GHS-03.pdf
- Berufsgenossenschaft (BG) Chemie / GisChem – Umwandlungskonverter in GHS: www.bgchemie.de/webcom/show_page.php/_c-9/_nr-1/i.html www.gischem.de/ghs/konverter/index.htm
- United Nations Economic Commission for Europe (UNECE): Hier ist das Download von Gefahrenpiktogrammen möglich: www.unece.org/trans/danger/publi/ghs/pictograms.html
- Tabellen mit Signalwörtern, Gefahrenhinweisen (H-Sätzen) und Sicherheitshinweisen (P-Sätzen) in 23 Sprachen: http://ec.europa.eu/enterprise/sectors/chemicals/documents/classification/

4.1.3 Arbeitsplatzgrenzwerte TRGS 900

Technische Regeln für Gefahrstoffe (TRGS): www.baua.de/de/Themen-von-A-Z/Gefahrstoffe/TRGS/TRGS.html

Die Technischen Regeln für Gefahrstoffe (TRGS) geben den Stand der Technik, Arbeitsmedizin und Arbeitshygiene sowie sonstige gesicherte wissenschaftliche Erkenntnisse für Tätigkeiten mit Gefahrstoffen, einschließlich deren Einstufung und Kennzeichnung wieder. Sie werden vom Ausschuss für Gefahrstoffe (AGS) aufgestellt und von ihm der Entwicklung entsprechend angepasst. Die TRGS werden vom Bundesministerium für Arbeit und Soziales (BMAS) im Gemeinsamen Ministerialblatt (GMBl) bekannt gegeben.

Die TRGS 900 gliedert sich wie folgt:

1. Begriffsbestimmungen und Erläuterungen
   - Nach der Gefahrstoffverordnung (GefStoffV) ist der Arbeitsplatzgrenzwert (AGW) der Grenzwert für die zeitlich gewichtete durchschnittliche Konzentration eines Stoffes in der Luft am Arbeitsplatz in Bezug auf einen gegebenen Referenzzeitraum. Er gibt an, bei welcher Konzentration eines Stoffes akute oder chronische schädliche Auswirkungen auf die Gesundheit im Allgemeinen nicht zu erwarten sind (§ 3 Abs. 6 GefStoffV).
   - Arbeitsplatzgrenzwerte sind Schichtmittelwerte bei in der Regel täglich achtstündiger Exposition an 5 Tagen pro Woche während der Lebensarbeitszeit. Expositionsspitzen während einer Schicht werden entsprechend mit Kurzzeitwerten beurteilt.
   - Die Konzentration (C) eines Stoffes in der Luft ist die in der Einheit des Luftvolumens befindliche Menge dieses Stoffes. Sie wird angegeben als Masse pro Volumeneinheit oder bei Gasen und Dämpfen auch als Volumen pro Volumeneinheit. Für die Beurteilung der inhalativen Exposition ist der Massenwert als Bezugswert heranzuziehen. Die Umrechnung geschieht gemäß

$$C\left(\frac{\text{mL}}{\text{m}^3}\right) = \frac{\text{Molvolumen in L}}{\text{Molmasse in g}} \cdot C\left(\frac{\text{mg}}{\text{m}^3}\right)$$

   In dieser TRGS wird das Molvolumen auf eine Temperatur von 20 °C und einen Druck von 101,3 kPa bezogen und beträgt dann 24,1 L. Die Konzentration für Schwebstoffe wird in mg/m^3 für die am Arbeitsplatz herrschenden Betriebsbedingungen angegeben.

- Zu den Schwebstoffen gehören Staub, Rauch und Nebel. Staub ist eine disperse Verteilung fester Stoffe in Luft, entstanden durch mechanische Prozesse oder durch Aufwirbelung. Rauch ist eine disperse Verteilung fester Stoffe in Luft, entstanden durch thermische und/oder durch chemische Prozesse. Nebel ist eine disperse Verteilung flüssiger Stoffe in Luft, entstanden durch Kondensation oder durch Dispersion.
- Zur Beurteilung der Gesundheitsgefahren durch Schwebstoffe sind nicht nur die spezielle gefährliche Wirkung der einzelnen Stoffe, die Konzentration und die Expositionszeit, sondern auch die Partikelgestalt zu berücksichtigen.

2. Anwendung von Arbeitsplatzgrenzwerten und Erläuterungen
3. Liste der Arbeitsplatzgrenzwerte und Kurzzeitwerte
4. Verzeichnis der CAS-Nummern

4.1.4 Betriebsanweisung und Information der Beschäftigten, TRGS 555

Technische Regeln für Gefahrstoffe (TRGS): www.baua.de/de/Themen-von-A-Z/Gefahrstoffe/TRGS/TRGS.html

Die Technischen Regeln für Gefahrstoffe geben den Stand der sicherheitstechnisch, arbeitsmedizinischen, hygienischen sowie arbeitswissenschaftlichen Anforderungen an Gefahrstoffe hinsichtlich Inverkehrbringen und Tätigkeiten wieder. Sie werden vom Ausschuss für Gefahrstoffe (AGS) aufgestellt und angepasst. So regelt die TRGS 555 die Betriebsanweisung.

Die „Zusammensetzung/Angaben zu den Bestandteilen" sind im Sicherheitsdatenblatt gemäß Verordnung (EG) Nr. 1907/2006 in Abschnitt 3 und die „Möglichen Gefahren" in Abschnitt 2 anzugeben. In Sicherheitsdatenblättern, die nach der seit 1.6.2007 aufgehobenen Richtlinie 91/155/EWG erstellt wurden, sind die „Zusammensetzung/Angaben zu den Bestandteilen" im Abschnitt 2 und die „Möglichen Gefahren" im Abschnitt 3 aufgeführt. ◘ Tab. 4.3 erklärt, welche Daten aus dem Sicherheitsdatenblatt in eine Betriebsanweisung übernommen werden können.

Tab. 4.3 Vom Sicherheitsdatenblatt zur Betriebsanweisung

Sicherheitsdatenblatt	Betriebsanweisung
1 Bezeichnung des Stoffes bzw. der Zubereitung Firmenbezeichnung Handelsname **3 Zusammensetzung/Angaben zu den Bestandteilen*** Stoffbezeichnung/Identifikation	**Gefahrstoffbezeichnung**
2 Mögliche Gefahren Gefahrenbezeichnung, Besondere Gefahren für Mensch und Umwelt **15 Rechtsvorschriften** Kennzeichnung, Nationale Vorschriften	**Gefahren für Mensch und Umwelt**
7 Handhabung und Lagerung Handhabung, Lagerung Zusammenlagerungsverbote, -beschränkungen, -hinweise **8 Begrenzung und Überwachung der Exposition/Persönliche Schutzausrüstungen** Expositionsbeschränkungen, Persönliche Schutzausrüstung (Aufnahmeweg)	**Schutzmaßnahmen und Verhaltensregeln**
5 Maßnahmen zur Brandbekämpfung Geeignete Löschmittel, verbotene Löschmittel **6 Maßnahmen nach unbeabsichtigter Freisetzung** Personenbezogene Maßnahmen, Umweltschutzmaßnahmen, Verfahren zur Reinigung/Aufnahme	**Verhalten im Gefahrenfall**
4 Erste-Hilfe-Maßnahmen Allgemeine Hinweise nach oraler, dermaler, inhalativer Exposition ohne Hinweise für den Arzt	**Erste Hilfe**
13 Hinweise zur Entsorgung Produkt, Verpackungen **14 Angaben zum Transport** nur bei Gefahrgut	**Sachgerechte Entsorgung**

* Die „Zusammensetzung/Angaben zu den Bestandteilen" sind im Sicherheitsdatenblatt gemäß Verordnung (EG) Nr. 1907/2006 in Abschnitt 3 und die „Möglichen Gefahren" in Abschnitt 2 anzugeben. In Sicherheitsdatenblättern, die nach der seit 1.6.2007 aufgehobenen Richtlinie 91/155/EWG erstellt wurden, sind die „Zusammensetzung/Angaben zu den Bestandteilen" im Abschnitt 2 und die „Möglichen Gefahren" im Abschnitt 3 aufgeführt.

4.2 Entsorgung von Laborabfällen

Grundsätzlich gilt das Gesetz über die Vermeidung und Entsorgung von Abfällen (Abfallgesetz AbfG), das im Zweifelsfall zu Rate gezogen werden sollte. Der Studierende sollte sich insbesondere über folgende Punkte informieren:

- Verfahren zur Entsorgung oder Wiederaufbereitung
- Persönliche Schutzausrüstung
- Entsorgungsbehälter und Sammelstellen
- Aufsaugmittel
- Reinigungsmittel und -möglichkeiten

Nachfolgend können hier nur einige spezielle Hinweise gegeben werden.

4.2.1 Hinweise auf besondere Entsorgungsmaßnahmen

Alle Abfälle müssen entsorgt oder wieder aufbereitet werden. Jedem, der mit Chemikalien umgeht, sollte die Verpflichtung zur Entsorgung auch ohne Gesetz selbstverständlich sein, da von einer falschen Handhabung Schäden für Personen, Sachen und Umwelt ausgehen können. Besser ist es jedoch, Reststoffe nach Möglichkeit wieder aufzuarbeiten und so einer Wiederverwendung zuzuführen.

In diesem Abschnitt sollen nur einige praktische Hinweise zur Entsorgung der im Labor anfallenden Chemikalien gegeben werden. **Des Weiteren muss darauf hingewiesen werden, dass viele der abgedruckten „analytischen Nachweisreaktionen" ebenso gut unter dem Gesichtspunkt der sachgerechten Entsorgung beurteilt werden können.** So kann die

- **Entsorgung von Nitrit** analog der „Nachweisreaktion" für Nitrit (Jander Blasius, Bd. I, ▸Nachweis 5, S. 237) durchgeführt werden.

  $$HNO_2 + NH_3 \longrightarrow N_2\uparrow + 2\,H_2O$$

  oder besser

  $$HNO_2 + (NH_2)HSO_3 \longrightarrow N_2\uparrow + H_2SO_4 + H_2O$$

  Bei beiden Reaktionen entstehen insbesondere die umweltneutralen Stoffe Stickstoff und Wasser. Der Reaktion mit Amidosulfonsäure ist der Vorzug vor der Zersetzung durch Ammoniak (Geruchsbelästigung) zu geben.
- Ins **Abwasser** dürfen nur Stoffe gelangen, die ungiftig sind und Bestandteile von Lebensmittel sein können. Sie dürfen allerdings nur in kleinen Mengen und in verdünnter Form eingeleitet werden. Beispiele sind Säuren, wie HCl, H_2SO_4, HNO_3, H_3PO_4 und Laugen wie NaOH, KOH und NH_3, sofern eine Neutralisationsanlage vorhanden ist. Organische Lösemittel dürfen mit Ausnahme von Ethanol nicht ins Abwasser gelangen. Hierauf ist auch bei der Verwendung von Wasserstrahlpumpen und Rotationsverdampfern zu achten.
- **Organische Lösemittel** sind getrennt nach chlorierten und nicht chlorierten Lösemitteln zu sammeln und sollten nach Möglichkeit redestilliert werden. Bei Ethern ist hierbei vorher auf Peroxide zu prüfen.
- **Altöl** aus Heizbädern und Vakuumpumpen, das oft mit Chemikalien verunreinigt ist, sollte getrennt gesammelt werden.
- **Feinchemikalienreste** werden in den Originalflaschen zur Entsorgung gegeben, sofern sie nicht einer anderen Verwendung zugeführt werden können.

- **Schwermetallsalze z. B. As-, Cd-Verbindungen** und ihre Lösungen müssen in gesonderten Behältern gesammelt werden. Sie sind gegebenenfalls in Form ihrer am schwersten löslichen Salze zu entsorgen, bzw. aufzuarbeiten und wieder zu verwenden.

$$2\,As(OH)_3 + 3\,H_2S \longrightarrow As_2S_3 + 6\,H_2O$$
$$CdCl_2 + H_2S \longrightarrow CdS + 2\,HCl$$

- **Altquecksilber** sollte getrennt gesammelt und eventuell nach Reinigung wieder verwendet werden.
- Zur Aufbereitung von Hg, I, Ag und Uran aus Rückständen s. ▶S. 295
- **Chromschwefelsäure** und Cr(VI)-Salze müssen zu Chrom(III) reduziert werden, bevor sie beseitigt werden können. **Allerdings sollte die Verwendung von Chromschwefelsäure zur Reinigung von Glasgeräten ganz unterbleiben, da gute Detergenzien verfügbar sind.** Cr(VI)-Salze oder Lösungen sind mit Schwefelsäure (pH 2–3) anzusäuern und vorsichtig mit $NaHSO_3$ zu reduzieren (Jander Blasius Bd. I, ▶Nachweis 2, S. 353).

$$Cr_2O_7^{2-} + 3\,HSO_3^- + 5\,H^+ \longrightarrow 2\,Cr^{3+} + 3\,SO_4^{2-} + 4\,H_2O$$

  Aus dieser Chrom(III)-sulfat-Lösung fällt beim Versetzen mit NaOH beim pH 8–9 $Cr(OH)_3$ aus, welches in den Kanister für schwermetallsalzhaltige Abfälle gegeben werden kann.
- Die **Vernichtung von Natriumresten** geschieht durch Versetzen mit Alkohol (Propanol, Ethanol, Methanol), dabei bilden sich Natriumalkoholate. Keinesfalls darf Natrium in Wasser geworfen werden.
- Zur Entsorgung sind **Chlor, Schwefeldioxid, Chlorwasserstoff und Phosgen** in verdünnte Natronlauge einzuleiten. Für Chlor:

$$Cl_2 + 2\,OH^- \longrightarrow OCl^- + Cl^- + H_2O$$

  Das gebildete Hypochlorit wird mit Thiosulfat zerstört.

$$S_2O_3^{2-} + 4\,OCl^- + H_2O \longrightarrow 4\,Cl^- + 2\,SO_4^{2-} + 2\,H^+$$

  Die Reaktionslösungen, die in die Kanalisation gegeben werden dürfen, müssen vorher neutralisiert werden.
- **Brom** wird mit Natriumthiosulfat zu Bromid reduziert.

$$4\,Br_2 + S_2O_3^{2-} + 5\,H_2O \longrightarrow 8\,Br^- + 2\,SO_4^{2-} + 10\,H^+$$

- **Cyanide** lassen sich durch milde Oxidationsmittel bei pH 10–11 zu Cyanaten oxidieren, aus denen bei Zugabe von weiterem Oxidationsmittel bei pH 8–9 CO_2 und Stickstoff entstehen. Als besonders geeignet hat sich Natriumhypochlorit erwiesen.

$$CN^- + H^+ + OCl^- \rightleftharpoons CNCl + OH^-$$
$$CNCl + 2\,OH^- \rightleftharpoons OCN^- + Cl^- + H_2O$$
$$2\,OCN^- + 3\,OCl^- + H_2O \rightleftharpoons 2\,CO_2 + N_2 + 3\,Cl^- + 2\,OH^-$$

- **Weißer Phosphor** an Glaswandungen kann mit $KMnO_4$-Lösung in saurem Milieu vernichtet werden.

$$MnO_4^- + P \longrightarrow PO_4^{3-} + Mn^{2+}$$

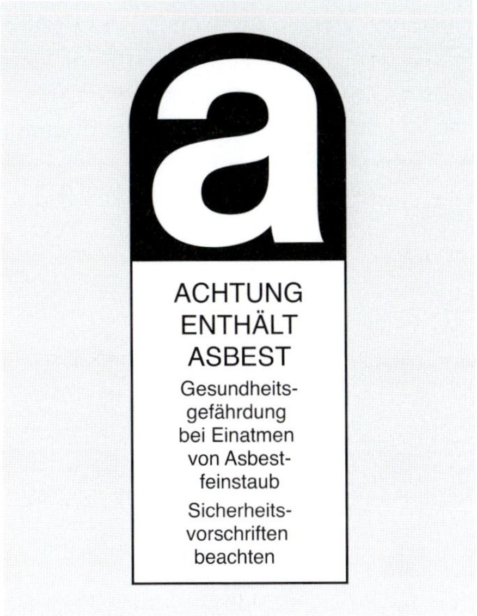

Abb. 4.3 Kennzeichnung von Asbest nach Anhang I GefStoffV

- **Filter und Aufsaugmassen**, auch Chromatographieplatten und Säulenfüllungen werden getrennt gesammelt und entsorgt.
- **Asbest** ist zur Entsorgung in reißfesten Foliensäcken zu sammeln, die staubdicht verschlossen werden. Die Behälter sind nach Anhang I der GefStoffV zu kennzeichnen (Abb. 4.3).

4

Chrysotilasbest (**fasriger Serpentin** $Mg_3[(OH)_4Si_2O_5]$) bildete die Grundlage der Asbestindustrie und fand besonders in Asbestbetonerzeugnissen Verwendung. Asbesthaltige Gefahrstoffe sind als Krebs erzeugende Gefahrstoffe eingestuft. Daneben verursachen sie, wie andere quarzhaltige Stäube die Staublungenerkrankung (Silikose, Asbestose). Deshalb ist beim Arbeiten mit solchen Stoffen stets ein wirksamer Mundschutz zu tragen. Die Technische Richtkonzentration in der Luft am Arbeitsplatz ist in der TRGS 102 festgelegt und beträgt zurzeit 250 000 Fasern/m^3. Die Fasern sind von einer Länge > 5 µm und einem Durchmesser < 3 µm. Das Verhältnis von Länge/Durchmesser muss größer sein als 3 : 1.

Die Benutzung von Asbest sollte für den Laboratoriumsgebrauch entfallen, da auch hier gute hitzebeständige Ersatzstoffe vorhanden sind.

Jeder, der in einem chemischen Laboratorium arbeitet, sollte sich der Problematik der Entsorgung von Chemikalien bewusst werden und darüber nachdenken, wie man Chemikalien einer adäquaten Entsorgung oder besser noch einer Aufarbeitung und Wiederverwendung zuführen kann.

4.3 Tabellen

Tab. 4.4 Übliche Konzentrationen der wichtigsten im Laboratorium ausstehenden Lösungen

Substanz	Massenanteil /%	Stoffmengenkonzentration /mol · L^{-1}
konz. H_2SO_4	96	18
verd. H_2SO_4	9	1
rauch. HNO_3	95	22
konz. HNO_3	65	14
verd. HNO_3	12	2
rauch. HCl	37	12
konz. HCl	32	10,2
halbkonz. HCl	25	7,7
verd. HCl	7	2
verd. Essigsäure	12	2
konz. NaOH	40	14
verd. NaOH	7,5	2
konz. Ammoniak	25 oder 33	13,3 oder 17,1
verd. Ammoniak	3,5	2
H_2O_2 „Perhydrol“	30	9,8
H_2O_2	3	1
NH_4Cl	5,3	1
$(NH_4)_2C_2O_4 \cdot H_2O$	6,6 (gesätt.)	0,46
$BaCl_2$	11,2	0,5
Na_2CO_3	9,7	1
$NaCH_3COO$	13,1	1
Na_2HPO_4	6,8	0,5
$(NH_4)_2S$[1]	–	1
$(NH_4)_2S_x$[2]	–	1
Ammoniummolybdat	gesätt.	–
$SnCl_2$	10,6	1 (in konz. HCl)

[1] 500 ml 2 mol/L NH_3 mit H_2S-Gas sättigen, bis 1 mL dieser Lösung in 1 mol/L $MgSO_4$ keinerlei Fällung erzeugt. Dann 500 ml 2 mol/L NH_3 zugeben. Die farblose Lösung ist ungefähr einen Monat haltbar.

[2] In 1 Liter $(NH_4)_2S$-Lösung 32 g Schwefel geben und unter mäßigem Erwärmen lösen. In dieser gelben $(NH_4)_2S_x$-Lösung ist $x \approx 2$.

Tab. 4.4 (Fortsetzung) Übliche Konzentrationen der wichtigsten im Laboratorium ausstehenden Lösungen

Substanz	Massenanteil /%	Stoffmengenkonzentration /mol · L^{-1}
$HgCl_2$	6,6 (gesätt.)	0,24
Ag_2SO_4	0,75 (gesätt.)	0,024
$(NH_4)_2SO_4$	12,4	1
$Ba(OH)_2 \cdot 8\,H_2O$	3,48 (gesätt.)	–
Pb-Acetat	7,3	0,2
$K_2Cr_2O_7$	13,4	0,5
KF	10,7	2
$Co(NO_3)_2$	0,02	–
$MgCl_2$	–	0,5
NH_4SCN	7,5	1
Dimethylglyoxim	gesätt. in Ethanol	–
8-Hydroxychinolin	3 in 10%iger Essigsäure	–
Phosphorsäure	70–85	11–14,7
$ZrO(NO_3)_2$	–	0,1
$AgNO_3$	7,9	0,5

Tab. 4.5 Dichte und Gehalt wässeriger Lösungen: Schwefelsäure (Entnommen aus *Küster-Thiel*, Rechentafeln für die chemische Analytik, 107. Aufl., 2011, mit freundlicher Genehmigung des Verlages Walter de Gruyter & Co., Berlin)

Dichte	H_2SO_4-Gehalt		Dichte	H_2SO_4-Gehalt		Dichte	H_2SO_4-Gehalt	
ϱ 20 °C	/Gew.-%	/mol · L^{-1}	ϱ 20 °C	/Gew.-%	/mol · L^{-1}	ϱ 20 °C	/Gew.-%	/mol · L^{-1}
1,000	0,2609	0,0266	1,125	18,09	2,075	1,250	33,82	4,310
1,005	0,9855	0,1010	1,130	18,76	2,161	1,255	34,42	4,404
1,010	1,731	0,1783	1,135	19,42	2,247	1,260	35,01	4,498
1,015	2,485	0,2595	1,140	20,08	2,334	1,265	35,60	4,592
1,020	3,242	0,3372	1,145	20,73	2,420	1,270	36,19	4,686
1,025	4,000	0,4180	1,150	21,38	2,507	1,275	36,78	4,781
1,030	4,746	0,4983	1,155	22,03	2,594	1,280	37,36	4,876
1,035	5,493	0,5796	1,160	22,67	2,681	1,285	37,95	4,972
1,040	6,237	0,6613	1,165	23,31	2,768	1,290	38,53	5,068
1,045	6,956	0,7411	1,170	23,95	2,857	1,295	39,10	5,163
1,050	7,704	0,8250	1,175	24,58	2,945	1,300	39,68	5,259
1,055	8,415	0,9054	1,180	25,21	3,033	1,305	40,25	5,356
1,060	9,129	0,9865	1,185	25,84	3,122	1,310	40,82	5,452
1,065	9,843	1,066	1,190	26,47	3,211	1,315	41,39	5,549
1,070	10,56	1,152	1,195	27,10	3,302	1,320	41,95	5,646
1,075	11,26	1,235	1,200	27,72	3,391	1,325	42,51	5,743
1,080	11,96	1,317	1,205	28,33	3,481	1,330	43,07	5,840
1,085	12,66	1,401	1,210	28,95	3,572	1,335	43,62	5,938
1,090	13,36	1,484	1,215	29,57	3,663	1,340	44,17	6,035
1,095	14,04	1,567	1,220	30,18	3,754	1,345	44,72	6,132
1,100	14,73	1,652	1,225	30,79	3,846	1,350	45,26	6,229
1,105	15,41	1,735	1,230	31,40	3,938	1,355	45,80	6,327
1,110	16,08	1,820	1,235	32,01	4,031	1,360	46,33	6,424
1,115	16,76	1,905	1,240	32,61	4,123	1,365	46,86	6,522
1,120	17,43	1,990	1,245	33,22	4,216	1,370	47,39	6,620

Tab. 4.5 (Fortsetzung) Dichte und Gehalt wässeriger Lösungen: Schwefelsäure

Dichte	H_2SO_4-Gehalt		Dichte	H_2SO_4-Gehalt		Dichte	H_2SO_4-Gehalt	
ϱ 20 °C	/Gew.-%	/mol · L^{-1}	ϱ 20 °C	/Gew.-%	/mol · L^{-1}	ϱ 20 °C	/Gew.-%	/mol · L^{-1}
1,375	47,92	6,718	1,505	60,62	9,303	1,635	72,09	12,02
1,380	48,45	6,817	1,510	61,08	9,404	1,640	72,52	12,13
1,385	48,97	6,915	1,515	61,54	9,506	1,645	72,95	12,24
1,390	49,48	7,012	1,520	62,00	9,608	1,650	73,37	12,34
1,395	49,99	7,110	1,525	62,45	9,711	1,655	73,80	12,45
1,400	50,50	7,208	1,530	62,91	9,813	1,660	74,22	12,56
1,405	51,01	7,307	1,535	63,36	9,916	1,665	74,64	12,67
1,410	51,52	7,406	1,540	63,81	10,02	1,670	75,07	12,78
1,415	52,02	7,505	1,545	64,26	10,12	1,675	75,49	12,89
1,420	52,51	7,603	1,550	64,71	10,23	1,680	75,92	13,00
1,425	53,01	7,702	1,555	65,15	10,33	1,685	76,34	13,12
1,430	53,50	7,801	1,560	65,59	10,43	1,690	76,77	13,23
1,435	54,00	7,901	1,565	66,03	10,54	1,695	77,20	13,34
1,440	54,49	8,000	1,570	66,47	10,64	1,700	77,63	13,46
1,445	54,97	8,009	1,575	66,91	10,74	1,705	78,06	13,57
1,450	55,45	8,198	1,580	67,35	10,85	1,710	78,49	13,69
1,455	55,93	8,297	1,585	67,79	10,96	1,715	78,93	13,80
1,460	56,41	8,397	1,590	68,23	11,06	1,720	79,37	13,92
1,465	56,89	8,497	1,595	68,66	11,16	1,725	79,81	14,04
1,470	57,36	8,589	1,600	69,09	11,27	1,730	80,25	14,16
1,475	57,84	8,699	1,605	69,53	11,38	1,735	80,70	14,28
1,480	58,31	8,799	1,610	69,96	11,48	1,740	81,16	14,40
1,485	58,78	8,899	1,615	70,39	11,59	1,745	81,62	14,52
1,490	59,24	9,000	1,620	70,82	11,70	1,750	82,09	14,65
1,495	59,70	9,100	1,625	71,25	11,80	1,755	82,57	14,78
1,500	60,17	9,202	1,630	72,67	11,91	1,760	83,06	14,90

Tab. 4.5 (Fortsetzung) Dichte und Gehalt wässeriger Lösungen: Schwefelsäure

Dichte	H_2SO_4-Gehalt		Dichte	H_2SO_4-Gehalt		Dichte	H_2SO_4-Gehalt	
ϱ 20 °C	/Gew.-%	/mol · L^{-1}	ϱ 20 °C	/Gew.-%	/mol · L^{-1}	ϱ 20 °C	/Gew.-%	/mol · L^{-1}
1,765	83,57	15,04	1,810	89,23	16,47	1,827	92,77	17,28
1,770	84,08	15,17	1,815	90,12	16,68	1,828	93,03	17,34
1,775	84,61	15,31	1,820	91,11	16,91	1,829	93,33	17,40
1,780	85,16	15,46	1,821	91,33	16,96	1,830	93,64	17,47
1,785	85,74	15,61	1,822	91,56	17,01	1,831	93,94	17,54
1,790	86,35	15,76	1,823	91,78	17,06	1,832	94,32	17,62
1,795	86,99	15,92	1,824	92,00	17,11	1,833	94,72	17,70
1,800	87,69	16,09	1,825	92,25	17,17			
1,805	88,43	16,27	1,826	92,51	17,22			

Tab. 4.6 Dichte und Gehalt wässeriger Lösungen: Salzsäure

Dichte	HCl-Gehalt		Dichte	HCl-Gehalt		Dichte	HCl-Gehalt	
ϱ 20 °C	/Gew.-%	/mol · L^{-1}	ϱ 20 °C	/Gew.-%	/mol · L^{-1}	ϱ 20 °C	/Gew.-%	/mol · L^{-1}
1,000	0,3600	0,98872	1,070	14,94	4,253	1,140	28,18	8,809
1,005	1,360	0,3748	1,075	15,48	4,565	1,145	29,17	9,159
1,010	2,364	0,6547	1,080	16,47	4,878	1,150	30,14	9,505
1,015	3,374	0,9391	1,085	17,45	5,192	1,155	31,14	9,863
1,020	4,388	1,227	1,090	18,43	5,509	1,160	32,14	10,22
1,025	5,408	1,520	1,095	19,41	5,829	1,165	33,16	10,59
1,030	6,433	1,817	1,100	20,39	6,150	1,170	34,18	10,97
1,035	7,464	2,118	1,105	21,36	6,472	1,175	35,20	11,34
1,040	8,490	2,421	1,110	22,33	6,796	1,180	36,23	11,73
1,045	9,510	2,725	1,115	23,29	7,122	1,185	37,27	12,11
1,050	10,52	3,029	1,120	24,25	7,449	1,190	38,32	12,50
1,055	11,52	3,333	1,125	25,22	7,782	1,195	39,37	12,90
1,060	12,51	3,638	1,130	26,20	8,118	1,198	40,00	13,14
1,065	13,50	3,944	1,135	27,18	8,459			

Tab. 4.7 Dichte und Gehalt wässeriger Lösungen: Salpetersäure

Dichte	HNO_3-Gehalt		Dichte	HNO_3-Gehalt		Dichte	HNO_3-Gehalt	
ϱ 20 °C	/Gew.-%	/mol · L^{-1}	ϱ 20 °C	/Gew.-%	/mol · L^{-1}	ϱ 20 °C	/Gew.-%	/mol · L^{-1}
1,000	0,3333	0,05231	1,130	22,38	4,012	1,260	42,14	8,426
1,005	1,255	0,2001	1,135	23,16	4,171	1,265	42,92	8,616
1,010	2,164	0,3468	1,140	23,94	4,330	1,270	43,70	8,808
1,015	3,073	0,4950	1,145	24,71	4,489	1,275	44,48	9,001
1,020	3,982	0,6445	1,150	25,48	4,649	1,280	45,27	9,195
1,025	4,883	0,7943	1,155	26,24	4,810	1,285	46,06	9,394
1,030	5,784	0,9454	1,160	27,00	4,970	1,290	46,85	9,590
1,035	6,661	1,094	1,165	27,76	5,132	1,295	47,63	9,789
1,040	7,530	1,243	1,170	28,51	5,293	1,300	48,42	9,990
1,045	8,398	1,393	1,175	29,25	5,455	1,305	49,21	10,19
1,050	9,259	1,543	1,180	30,00	5,618	1,310	50,00	10,39
1,055	10,12	1,694	1,185	30,74	5,780	1,315	50,85	10,61
1,060	10,97	1,845	1,190	31,47	5,943	1,320	51,71	10,83
1,065	11,81	1,997	1,195	32,21	6,107	1,325	52,56	11,05
1,070	12,65	2,148	1,200	32,94	6,273	1,330	53,41	11,27
1,075	13,48	2,301	1,205	33,68	6,440	1,335	54,27	11,49
1,080	14,31	2,453	1,210	34,41	6,607	1,340	55,13	11,72
1,085	15,13	2,605	1,215	35,16	6,778	1,345	56,04	11,96
1,090	15,95	2,759	1,220	35,93	6,956	1,350	56,95	12,20
1,095	16,76	2,913	1,225	36,70	7,135	1,355	57,87	12,44
1,100	17,58	3,068	1,230	37,48	7,315	1,360	58,78	12,68
1,105	18,39	3,224	1,235	38,25	7,497	1,365	59,69	12,93
1,110	19,19	3,381	1,240	39,02	7,679	1,370	60,67	13,19
1,115	20,00	3,539	1,245	39,80	7,863	1,375	61,69	13,46
1,120	20,79	3,696	1,250	40,58	8,049	1,380	62,70	13,73
1,125	21,59	3,854	1,255	41,36	8,237	1,385	63,72	14,01

Tab. 4.7 (Fortsetzung) Dichte und Gehalt wässeriger Lösungen: Salpetersäure

Dichte	HNO_3-Gehalt		Dichte	HNO_3-Gehalt		Dichte	HNO_3-Gehalt	
ϱ 20 °C	/Gew.-%	/mol · L^{-1}	ϱ 20 °C	/Gew.-%	/mol · L^{-1}	ϱ 20 °C	/Gew.-%	/mol · L^{-1}
1,390	64,74	14,29	1,450	79,43	18,28	1,502	97,23	23,18
1,395	65,84	14,57	1,455	80,88	18,68	1,503	97,49	23,25
1,400	66,97	14,88	1,460	82,39	19,09	1,504	97,74	23,33
1,405	68,10	15,18	1,465	83,91	19,51	1,505	97,99	23,40
1,410	69,23	15,49	1,470	85,50	19,95	1,506	98,25	23,48
1,415	70,39	15,81	1,475	87,29	20,43	1,507	98,50	23,56
1,420	71,63	16,14	1,480	89,07	20,92	1,508	98,76	23,63
1,425	72,86	16,47	1,485	91,13	21,48	1,509	99,01	23,71
1,430	74,09	16,81	1,490	93,49	22,11	1,510	99,26	23,79
1,435	75,35	17,16	1,495	95,46	22,65	1,511	99,52	23,86
1,440	76,71	17,53	1,500	96,73	23,02	1,512	99,77	23,94
1,445	78,07	17,90	1,501	96,98	23,10	1,513	100,00	24,01

Tab. 4.8 Dichte und Gehalt wässeriger Lösungen: Kaliumhydroxid

Dichte	KOH-Gehalt		Dichte	KOH-Gehalt		Dichte	KOH-Gehalt	
ϱ 20 °C	/Gew.-%	/mol · L^{-1}	ϱ 20 °C	/Gew.-%	/mol · L^{-1}	ϱ 20 °C	/Gew.-%	/mol · L^{-1}
1,000	0,197	0,0351	1,050	5,66	1,06	1,100	11,03	2,16
1,005	0,743	0,133	1,055	6,20	1,17	1,105	11,56	2,28
1,010	1,29	0,233	1,060	6,74	1,27	1,110	12,08	2,39
1,015	1,84	0,333	1,065	7,28	1,38	1,115	12,61	2,51
1,020	2,38	0,433	1,070	7,82	1,49	1,120	13,14	2,62
1,025	2,93	0,536	1,075	8,36	1,60	1,125	13,66	2,74
1,030	3,48	0,639	1,080	8,89	1,71	1,130	14,19	2,86
1,035	4,03	0,744	1,085	9,43	1,82	1,135	14,70	2,97
1,040	4,58	0,848	1,090	9,96	1,94	1,140	15,22	3,09
1,045	5,12	0,954	1,095	10,49	2,05	1,145	15,74	3,21

Tab. 4.8 (Fortsetzung) Dichte und Gehalt wässeriger Lösungen: Kaliumhydroxid

Dichte	KOH-Gehalt		Dichte	KOH-Gehalt		Dichte	KOH-Gehalt	
ϱ 20 °C	/Gew.-%	/mol · L^{-1}	ϱ 20 °C	/Gew.-%	/mol · L^{-1}	ϱ 20 °C	/Gew.-%	/mol · L^{-1}
1,150	16,26	3,33	1,280	29,25	6,67	1,410	41,26	10,37
1,155	16,78	3,45	1,285	29,73	6,81	1,415	42,71	10,52
1,160	17,29	3,58	1,290	30,21	6,95	1,420	42,15	10,67
1,165	17,81	3,70	1,295	30,68	7,08	1,425	42,60	10,82
1,170	18,32	3,82	1,300	31,15	7,22	1,430	43,04	10,97
1,175	18,84	3,94	1,305	31,62	7,36	1,435	43,48	11,12
1,180	19,35	4,07	1,310	32,09	7,49	1,440	43,92	11,28
1,185	19,86	4,19	1,315	32,56	7,63	1,445	44,36	11,42
1,190	20,37	4,32	1,320	33,03	7,77	1,450	44,79	11,58
1,195	20,88	4,45	1,325	33,50	7,91	1,455	45,23	11,73
1,200	21,38	4,57	1,330	33,97	8,05	1,460	45,66	11,88
1,205	21,88	4,70	1,335	34,43	8,19	1,465	46,09	12,04
1,210	22,38	4,83	1,340	34,90	8,33	1,470	46,53	12,19
1,215	22,88	4,95	1,345	35,36	8,48	1,475	46,96	12,35
1,220	23,38	5,08	1,350	35,82	8,62	1,480	47,39	12,50
1,225	23,87	5,21	1,355	36,28	8,76	1,485	47,82	12,66
1,230	24,37	5,34	1,360	36,73	8,90	1,490	48,25	12,82
1,235	24,86	5,47	1,365	37,19	9,05	1,495	48,67	12,97
1,240	25,36	5,60	1,370	37,65	9,19	1,500	49,10	13,13
1,245	25,85	5,74	1,375	38,10	9,34	1,505	49,53	13,29
1,250	26,34	5,87	1,380	38,56	9,48	1,510	49,95	13,45
1,255	26,83	6,00	1,385	39,01	9,63	1,515	50,38	13,60
1,260	27,32	6,13	1,390	39,46	9,78	1,520	50,80	13,76
1,265	27,80	6,27	1,395	39,92	9,93	1,525	51,22	13,92
1,270	28,29	6,40	1,400	40,37	10,07	1,530	51,64	14,08
1,275	28,77	6,54	1,405	40,82	10,22	1,535	52,05	14,24

Tab. 4.9 Dichte und Gehalt wässeriger Lösungen: Natriumhydroxid

Dichte	NaOH-Gehalt		Dichte	NaOH-Gehalt		Dichte	NaOH-Gehalt	
ϱ 20 °C	/Gew.-%	/mol · L^{-1}	ϱ 20 °C	/Gew.-%	/mol · L^{-1}	ϱ 20 °C	/Gew.-%	/mol · L^{-1}
1,000	0,159	0,0398	1,130	11,92	3,367	1,260	23,73	7,475
1,005	0,602	0,151	1,135	12,37	3,510	1,265	24,19	7,650
1,010	1,04	0,264	1,140	12,83	3,655	1,270	24,64	7,824
1,015	1,49	0,378	1,145	13,28	3,801	1,275	25,10	8,000
1,020	1,94	0,494	1,150	13,73	3,947	1,280	25,56	8,178
1,025	2,39	0,611	1,155	14,18	4,095	1,285	26,02	8,357
1,030	2,84	0,731	1,160	14,64	4,244	1,290	26,48	8,539
1,035	3,29	0,851	1,165	15,09	4,395	1,295	26,94	8,722
1,040	3,74	0,971	1,170	15,54	4,545	1,300	27,41	8,906
1,045	4,20	1,097	1,175	15,99	4,697	1,305	27,87	9,092
1,050	4,65	1,222	1,180	16,44	4,850	1,310	28,33	9,278
1,055	5,11	1,347	1,185	16,89	5,004	1,315	28,80	9,466
1,060	5,56	1,474	1,190	17,34	5,160	1,320	29,26	9,656
1,065	6,02	1,602	1,195	17,80	5,317	1,325	29,73	9,847
1,070	6,47	1,731	1,200	18,25	5,476	1,330	30,20	10,04
1,075	6,93	1,862	1,205	18,71	5,636	1,335	30,67	10,23
1,080	7,38	1,992	1,210	19,16	5,796	1,340	31,14	10,43
1,085	7,83	2,123	1,215	19,62	5,958	1,345	31,62	10,63
1,090	8,28	2,257	1,220	20,07	6,122	1,350	32,10	10,83
1,095	8,74	2,391	1,225	20,53	6,286	1,355	32,58	11,03
1,100	9,19	2,527	1,230	20,98	6,451	1,360	33,06	11,24
1,105	9,64	2,664	1,235	21,44	6,619	1,365	33,54	11,45
1,110	10,10	2,802	1,240	21,90	6,788	1,370	34,03	11,65
1,115	10,55	2,942	1,245	22,36	6,958	1,375	34,52	11,86
1,120	11,01	3,082	1,250	22,82	7,129	1,380	35,01	12,08
1,125	11,46	3,224	1,255	23,27	7,302	1,385	35,50	12,29

Tab. 4.9 (Fortsetzung) Dichte und Gehalt wässeriger Lösungen: Natriumhydroxid

Dichte	NaOH-Gehalt		Dichte	NaOH-Gehalt		Dichte	NaOH-Gehalt	
ϱ 20 °C	/Gew.-%	/mol · L^{-1}	ϱ 20 °C	/Gew.-%	/mol · L^{-1}	ϱ 20 °C	/Gew.-%	/mol · L^{-1}
1,390	36,00	12,51	1,440	41,03	14,77	1,490	46,27	17,23
1,395	36,49	12,73	1,445	41,55	15,01	1,495	46,80	17,49
1,400	36,99	12,95	1,450	42,07	15,25	1,500	47,33	17,75
1,405	37,49	13,17	1,455	42,59	15,49	1,505	47,85	18,00
1,410	37,99	13,39	1,460	43,12	15,74	1,510	48,38	18,26
1,415	38,49	13,61	1,465	43,64	15,98	1,515	48,90	18,52
1,420	38,99	13,84	1,470	44,17	16,23	1,520	49,44	18,78
1,425	39,49	14,07	1,475	44,69	16,48	1,525	49,97	19,05
1,430	40,00	14,30	1,480	45,22	16,73	1,530	50,50	19,31
1,435	40,51	14,53	1,485	45,75	16,98			

Tab. 4.10 Dichte und Gehalt wässeriger Lösungen: Ammoniak

Dichte	NH_3-Gehalt		Dichte	NH_3-Gehalt		Dichte	NH_3-Gehalt	
ϱ 20 °C	/Gew.-%	/mol · L^{-1}	ϱ 20 °C	/Gew.-%	/mol · L^{-1}	ϱ 20 °C	/Gew.-%	/mol · L^{-1}
0,998	0,0465	0,0273	0,974	5,75	3,29	0,950	12,03	6,71
0,996	0,512	0,299	0,972	6,25	3,57	0,948	12,58	7,00
0,994	0,977	0,570	0,970	6,75	3,84	0,946	13,14	7,29
0,992	1,43	0,834	0,968	7,26	4,12	0,944	13,71	7,60
0,990	1,89	1,10	0,966	7,77	4,41	0,942	14,29	7,91
0,988	2,35	1,36	0,964	8,29	4,69	0,940	14,88	8,21
0,986	2,82	1,63	0,962	8,82	4,98	0,938	15,47	8,52
0,984	3,30	1,91	0,960	9,34	5,27	0,936	16,06	8,83
0,982	3,78	2,18	0,958	9,87	5,55	0,934	16,65	9,13
0,980	4,27	2,46	0,956	10,40	5,84	0,932	17,24	9,44
0,978	4,76	2,73	0,954	10,95	6,13	0,930	17,85	9,75
0,976	5,25	3,01	0,952	11,49	6,42	0,928	18,45	10,06

Tab. 4.10 (Fortsetzung) Dichte und Gehalt wässeriger Lösungen: Ammoniak

Dichte	NH_3-Gehalt		Dichte	NH_3-Gehalt		Dichte	NH_3-Gehalt	
ϱ 20 °C	/Gew.-%	/mol · L^{-1}	ϱ 20 °C	/Gew.-%	/mol · L^{-1}	ϱ 20 °C	/Gew.-%	/mol · L^{-1}
0,926	19,06	10,37	0,910	24,03	12,84	0,894	29,33	15,40
0,924	19,67	10,67	0,908	24,68	13,16	0,892	30,00	15,71
0,922	20,27	10,97	0,906	25,33	13,48	0,890	30,68	16,04
0,920	20,88	11,28	0,904	26,00	13,80	0,888	31,37	16,36
0,918	21,50	11,59	0,902	26,67	14,12	0,886	32,09	16,69
0,916	22,12	11,90	0,900	27,33	14,44	0,884	32,84	17,05
0,914	22,75	12,21	0,898	28,00	14,76	0,882	33,59	17,40
0,912	23,39	12,52	0,896	28,67	15,08	0,880	34,35	17,75

Tab. 4.11 Dichte und Gehalt wässeriger Lösungen: Natriumcarbonat (Massenanteil auf wasserfreies Na_2CO_3 bezogen)

Dichte	Na_2CO_3-Gehalt		Dichte	Na_2CO_3-Gehalt		Dichte	Na_2CO_3-Gehalt	
ϱ 20 °C	/Gew.-%	/mol · L^{-1}	ϱ 20 °C	/Gew.-%	/mol · L^{-1}	ϱ 20 °C	/Gew.-%	/mol · L^{-1}
1,000	0,19	0,018	1,065	6,43	0,646	1,130	12,52	1,335
1,005	0,67	0,063	1,070	6,90	0,696	1,135	13,00	1,392
1,010	1,14	0,109	1,075	7,38	0,748	1,140	13,45	1,446
1,015	1,62	0,155	1,080	7,85	0,800	1,145	13,90	1,501
1,020	2,10	0,202	1,085	8,33	0,853	1,150	14,35	1,557
1,025	2,57	0,248	1,090	8,80	0,905	1,155	14,75	1,607
1,030	3,05	0,296	1,095	9,27	0,958	1,160	15,20	1,663
1,035	3,54	0,346	1,100	9,75	1,012	1,165	15,60	1,714
1,040	4,03	0,395	1,105	10,22	1,065	1,170	16,03	1,769
1,045	4,50	0,444	1,110	10,68	1,118	1,175	16,45	1,823
1,050	4,98	0,493	1,115	11,14	1,172	1,180	16,87	1,878
1,055	5,47	0,544	1,120	11,60	1,226	1,185	17,30	1,934
1,060	5,95	0,595	1,125	12,05	1,279	1,190	17,70	1,987

Tab. 4.12 Elektronenanordnung der Elemente (vereinfachte Darstellung)

	Element		1. Schale	2. Schale	3. Schale	4. Schale	5. Schale	6. Schale	7. Schale
1. Periode	1 H	Wasserstoff	1						
	2 He	Helium	2						
2. Periode	3 Li	Lithium	2	1					
	4 Be	Beryllium	2	2					
	5 B	Bor	2	3					
	6 C	Kohlenstoff	2	4					
	7 N	Stickstoff	2	5					
	8 O	Sauerstoff	2	6					
	9 F	Fluor	2	7					
	10 Ne	Neon	2	8					
3. Periode	11 Na	Natrium	2	8	1				
	12 Mg	Magnesium	2	8	2				
	13 Al	Aluminium	2	8	3				
	14 Si	Silicium	2	8	4				
	15 P	Phosphor	2	8	5				
	16 S	Schwefel	2	8	6				
	17 Cl	Chlor	2	8	7				
	18 Ar	Argon	2	8	8				
4. Periode	19 K	Kalium	2	8	8	1			
	20 Ca	Calcium	2	8	8	2			
	21 Sc	Scandium	2	8	8 + 1	2			
	22 Ti	Titan	2	8	8 + 2	2			
	23 V	Vanadium	2	8	8 + 3	2			
	24 Cr	Chrom	2	8	8 + 5	1			

Tab. 4.12 (Fortsetzung) Elektronenanordnung der Elemente

	Element		1. Schale	2. Schale	3. Schale	4. Schale	5. Schale	6. Schale	7. Schale
	25 Mn	Mangan	2	8	8 + 5	2			
	26 Fe	Eisen	2	8	8 + 6	2			
	27 Co	Cobalt	2	8	8 + 7	2			
	28 Ni	Nickel	2	8	8 + 8	2			
	29 Cu	Kupfer	2	8	8 + 10	1			
	30 Zn	Zink	2	8	8 + 10	2			
	31 Ga	Gallium	2	8	18	3			
	32 Ge	Germanium	2	8	18	4			
	33 As	Arsen	2	8	18	5			
	34 Se	Selen	2	8	18	6			
	35 Br	Brom	2	8	18	7			
	36 Kr	Krypton	2	8	18	8			
5. Periode	37 Rb	Rubidium	2	8	18	8	1		
	38 Sr	Strontium	2	8	18	8	2		
	39 Y	Yttrium	2	8	18	8 + 1	2		
	40 Zr	Zirconium	2	8	18	8 + 2	2		
	41 Nb	Niob	2	8	18	8 + 4	1		
	42 Mo	Molybdän	2	8	18	8 + 5	1		
	43 Tc	Technetium	2	8	18	8 + 6	1		
	44 Ru	Ruthenium	2	8	18	8 + 7	1		
	45 Rh	Rhodium	2	8	18	8 + 8	1		
	46 Pd	Palladium	2	8	18	8 + 10	0		
	47 Ag	Silber	2	8	18	8 + 10	1		
	48 Cd	Cadmium	2	8	18	8 + 10	2		
	49 In	Indium	2	8	18	18	3		

Tab. 4.12 (Fortsetzung) Elektronenanordnung der Elemente

	Element		1. Schale	2. Schale	3. Schale	4. Schale	5. Schale	6. Schale	7. Schale
	50 Sn	Zinn	2	8	18	18	4		
	51 Sb	Antimon	2	8	18	18	5		
	52 Te	Tellur	2	8	18	18	6		
	53 I	Iod	2	8	18	18	7		
	54 Xe	Xenon	2	8	18	18	8		
6. Periode	55 Cs	Caesium	2	8	18	18	8	1	
	56 Ba	Barium	2	8	18	18	8	2	
	57 La	Lanthan	2	8	18	18	8 + 1	2	
	58 Ce	Cer	2	8	18	18 + 2	8	2	
	|								
	64 Gd	Gadolinium	2	8	18	18 + 7	8 + 1	2	
	|								
	71 Lu	Lutetium	2	8	18	18 + 14	8 + 1	2	
	72 Hf	Hafnium	2	8	18	32	8 + 2	2	
	73 Ta	Tantal	2	8	18	32	8 + 3	2	
	74 W	Wolfram	2	8	18	32	8 + 4	2	
	75 Re	Rhenium	2	8	18	32	8 + 5	2	
	76 Os	Osmium	2	8	18	32	8 + 6	2	
	77 Ir	Iridium	2	8	18	32	8 + 7	2	
	78 Pt	Platin	2	8	18	32	8 + 9	1	
	79 Au	Gold	2	8	18	32	8 + 10	1	
	80 Hg	Quecksilber	2	8	18	32	8 + 10	2	
	81 Tl	Thallium	2	8	18	32	18	3	
	82 Pb	Blei	2	8	18	32	18	4	
	83 Bi	Bismut	2	8	18	32	18	5	

4

Tab. 4.12 (Fortsetzung) Elektronenanordnung der Elemente

	Element		1. Schale	2. Schale	3. Schale	4. Schale	5. Schale	6. Schale	7. Schale
	84 Po	Polonium	2	8	18	32	18	6	
	85 At	Astat	2	8	18	32	18	7	
	86 Rn	Radon	2	8	18	32	18	8	
7. Periode	87 Fr	Francium	2	8	18	32	18	8	1
	88 Ra	Radium	2	8	18	32	18	8	2
	89 Ac	Actinium	2	8	18	32	18	8 + 1	2
	90 Th	Thorium	2	8	18	32	18	8 + 2	2
	91 Pa	Protactinium	2	8	18	32	18 + 2	8 + 1	2
	92 U	Uran	2	8	18	32	18 + 3	8 + 1	2
	|								
	103 Lr	Lawrencium	2	8	18	32	18 + 14	8 + 1	2

Tab. 4.13 Tabelle der relativen Atommassen[1] 1995, bezogen auf A_r (^{12}C) = 12,0 . . .

Name	Symbol	Ordnungszahl	relative Atommasse
Actinium	Ac	89	227,0278
Aluminium	Al	13	26,981539
Americium	Am	95	243,0614*)
Antimon	Sb	51	121,760
Argon	Ar	18	39,948
Arsen	As	33	74,92159
Astat	At	85	209,9871
Barium	Ba	56	137,327
Berkelium	Bk	97	247,0703*)
Beryllium	Be	4	9,012182
Bismut	Bi	83	208,98037
Blei	Pb	82	207,2
Bor	B	5	10,811
Bohrium	Bh	107	262,12*)
Brom	Br	35	79,904
Cadmium	Cd	48	112,411
Caesium	Cs	55	132,90543
Calcium	Ca	20	40,078
Californium	Cf	98	251,0796*)
Cer	Ce	58	140,115
Chlor	Cl	17	35,4527
Chrom	Cr	24	51,9961
Cobalt	Co	27	58,93320
Curium	Cm	96	247,0703*)
Darmstadtium	Ds	110	(281)
Dubnium	Db	105	262,11*)

1) J. Phys. Chem. Ref. Data, 24, 1561 (1995);
*) angegeben ist die Atommasse des langlebigsten Isotops

Tab. 4.13 (Fortsetzung) Tabelle der relativen Atommassen[1] 1995, bezogen auf A_r (^{12}C) = 12,0 . . .

Name	Symbol	Ordnungszahl	relative Atommasse
Dysprosium	Dy	66	162,50
Einsteinium	Es	99	252,083*)
Eisen	Fe	26	55,845
Erbium	Er	68	167,26
Europium	Eu	63	151,965
Fermium	Fm	100	257,0915*)
Fluor	F	9	18,9984032
Francium	Fr	87	223,0197*)
Gadolinium	Gd	64	157,25
Gallium	Ga	31	69,723
Germanium	Ge	32	72,61
Gold	Au	79	196,96654
Hafnium	Hf	72	178,49
Hassium	Hs	108	(265)
Helium	He	2	4,002602
Holmium	Ho	67	164,93032
Indium	In	49	114,818
Iod	I	53	126,90447
Iridium	Ir	77	192,217
Kalium	K	19	39,0983
Kohlenstoff	C	6	12,011
Krypton	Kr	36	83,80
Kupfer	Cu	29	63,546
Lanthan	La	57	138,9055
Lawrencium	Lr	103	262,11*)
Lithium	Li	3	6,941

1) J. Phys. Chem. Ref. Data, 24, 1561 (1995);
*) angegeben ist die Atommasse des langlebigsten Isotops

Tab. 4.13 (Fortsetzung) Tabelle der relativen Atommassen[1)] 1995, bezogen auf A_r (^{12}C) = 12,0 . . .

Name	Symbol	Ordnungszahl	relative Atommasse
Lutetium	Lu	71	174,967
Magnesium	Mg	12	24,3050
Mangan	Mn	25	54,93805
Meitnerium	Mt	109	(266)
Mendelevium	Md	101	256,094[*)]
Molybdän	Mo	42	95,94
Natrium	Na	11	22,989768
Neodym	Nd	60	144,24
Neon	Ne	10	20,1797
Neptunium	Np	93	237,0482
Nickel	Ni	28	58,6934
Niob	Nb	41	92,90638
Nobelium	No	102	259,1009[*)]
Osmium	Os	76	190,23
Palladium	Pd	46	106,42
Phosphor	P	15	30,973762
Platin	Pt	78	195,08
Plutonium	Pu	94	244,064[*)]
Polonium	Po	84	208,982[*)]
Praseodym	Pr	59	140,90765
Promethium	Pm	61	144,9127[*)]
Protactinium	Pa	91	231,03588
Quecksilber	Hg	80	200,59
Radium	Ra	88	226,0254
Radon	Rn	86	222,0176[*)]
Rhenium	Re	75	186,207

[1)] J. Phys. Chem. Ref. Data, 24, 1561 (1995);
[*)] angegeben ist die Atommasse des langlebigsten Isotops

4

Tab. 4.13 (Fortsetzung) Tabelle der relativen Atommassen[1] 1995, bezogen auf A_r (^{12}C) = 12,0 . . .

Name	Symbol	Ordnungszahl	relative Atommasse
Rhodium	Rh	45	102,90550
Röntgenium	Rg	111	283*)
Rubidium	Rb	37	85,4678
Ruthenium	Ru	44	101,07
Rutherfordium	Rf	104	261,11*)
Samarium	Sm	62	150,36
Sauerstoff	O	8	15,9994
Scandium	Sc	21	44,955910
Schwefel	S	16	32,066
Seaborgium	Sg	106	263,11*)
Selen	Se	34	78,96
Silber	Ag	47	107,8682
Silicium	Si	14	28,0855
Stickstoff	N	7	14,00674
Strontium	Sr	38	87,62
Tantal	Ta	73	180,9479
Technetium	Tc	43	97,9072*)
Tellur	Te	52	127,60
Terbium	Tb	65	158,92534
Thallium	Tl	81	204,3833
Thorium	Th	90	232,0381
Thulium	Tm	69	168,9342
Titan	Ti	22	47,867
Uran	U	92	238,0289
Vanadium	V	23	50,9415
Wasserstoff	H	1	1,00794

1) J. Phys. Chem. Ref. Data, 24, 1561 (1995);

*) angegeben ist die Atommasse des langlebigsten Isotops

Tab. 4.13 (Fortsetzung) Tabelle der relativen Atommassen[1)] 1995, bezogen auf A_r (^{12}C) = 12,0 . . .

Name	Symbol	Ordnungszahl	relative Atommasse
Wolfram	W	74	183,84
Xenon	Xe	54	131,29
Ytterbium	Yb	70	173,04
Yttrium	Y	39	88,90585
Zink	Zn	30	65,39
Zinn	Sn	50	118,710
Zirconium	Zr	40	91,224

[1)] J. Phys. Chem. Ref. Data, 24, 1561 (1995);
[*)] angegeben ist die Atommasse des langlebigsten Isotops

4.4 Verzeichnis der Zeichen und Symbole

[ ]	Kennzeichnung von Komplexverbindungen, z. B. $K_4[Fe(CN)_6]$
$\longrightarrow$	Zeichen für einseitig verlaufende Reaktion
$\rightleftharpoons$	Zeichen für umkehrbare Reaktion (Gleichgewichte), z. B. $H_2 + I_2 \rightleftharpoons 2\,HI$
$\downarrow$	Zeichen für Bildung eines schwerlöslichen Niederschlages, z. B. $BaSO_4\downarrow$
$\uparrow$	Zeichen für Bildung einer flüchtigen Verbindung, z. B. $CO_2\uparrow$
$\approx$	annähernd gleich, etwa, ungefähr
$\hat{=}$	entspricht
∅	Durchmesser
(2 : 3)	Verhältniszahlen bezogen auf Gewichtsteile, z. B. Fe/KNO_3 (2 : 3) = 2 Gewichtsteile Fe auf 3 Gewichtsteile KNO_3
(2 : 3 Vol.)	Verhältniszahlen bezogen auf Volumenteile, z. B. konz. HCl/H_2O (2 : 3 Vol.) = 2 Volumenteile konz. HCl auf 3 Volumenteile Wasser
A	allgemeines Elementsymbol
A	Ampere [Coulomb · s^{-1}]
Å	Ångström = 10^{-8} cm
a	Aktivität
a	eine durch Eichung zu ermittelnde Konstante
at	Atmosphäre, technische; 1 at = 0,98 bar
α	Ausdehnungskoeffizient [K^{-1}]
α	Dissoziationsgrad
α	Verteilungskoeffizient
α_H	Wasserstoffkoeffizient zur Korrektur von Komplexstabilitätskonstanten
B	allgemeines Elementsymbol
bar	Bar, Einheit des Druckes
β	Druckkoeffizient [K^{-1}]
C	Coulomb
C	Gesamtkonzentration, [mol · L^{-1}]
C^-	Anion des Diethyldithiocarbamat
c	Konzentration in Gleichungen des Massenwirkungsgesetzes, mol/L, z. B. $\frac{c(H^+)\cdot c(OH^-)}{c(H_2O)} = K$
$c, c_1, c_2, c(X)$	Stoffmengenkonzentration, – einer Teilchenart X [mol · L^{-1}]
$c(eq.), c\left(\frac{X}{z*}\right)$	Stoffmengenkonzentration, bezogen auf Äquivalentteilchen
cal	Kalorie
cm	Zentimeter
D	Diffusionskoeffizient [$cm^2 \cdot s^{-1}$]
d	Schichtdicke [cm]
dH	Grad deutscher Härte, Maß für die Härte von Wasser 1 °d 10 mg CaO/L
dl	Teilstrecke (differentiell)

dP	Elektrischer Spannungsabfall (differentiell)
dm^2	Quadratdezimeter
E	Extinktion
E^0	Standardpotenzial
EDTA	Ethylendiamintetraessigsäure
EG	Erfassungsgrenze
e	Elementarladung [$1{,}6 \cdot 10^{-19}$ Coulomb]
e^-	Elektron
ε	Extinktionskoeffizient [10^4 $L \cdot mol^{-1} \cdot cm^{-1}$]
η	Überspannung [Volt]
F	Korrekturfaktor bei der Gasreduktion
F	Faraday-Konstante = 96 485 $C \cdot mol^{-1}$
f	Aktivitätskoeffizient
f_n	Normierfaktor einer Maßlösung
G	elektrischer Leitwert [$1/\Omega$]
GK	Grenzkonzentration
g	Gramm
γ	µg = 10^{-6} g
Hz	Hertz gleich 1 Schwingung s^{-1}, Maß für die Frequenz
HC	Diethylamidodithiocarbonat
H_4Y	Ethylendiamintetraessigsäure
h	Stufenhöhe bei der Polarographie
I	Stromstärke [Ampere]
J	Joule, Einheit der Energie
K	Kelvin, Einheit der thermodynamischen Temperatur
K	Konstante
K_L	Löslichkeitsprodukt
k	Konstante
kcal	Kilokalorie
κ	elektrische Leitfähigkeit [$\Omega^{-1} \cdot cm^{-1}$]
L	Liter
lm	Lumen, Einheit des Lichtstroms
l	Strecke, Abstand [cm]
λ	Wellenlänge
λ^+, λ^-	Ionenäquivalentleitfähigkeit für Kation bzw. Anion
Λ	Äquivalentleitfähigkeit [$\Omega^{-1} \cdot cm^2$]
M	molare Masse [$g \cdot mol^{-1}$]
m	molar, Konzentrationsangabe, 1 m = 1 $mol \cdot L^{-1}$

M	Elementsymbol für ein Metall
M	Molarität [mol · L^{-1}]
m	Masse
$m(X)$	Masse eines Elements oder einer Verbindung X
m_E	Einwaage
mbar	Millibar
mg	Milligramm
min	Minute
mL	Milliliter
mm	Millimeter
mol	Kurzzeichen für Mol, die gesetzliche Einheit der Stoffmenge
µm	Mikrometer = 10^{-4} cm
MWG	Massenwirkungsgesetz
N_A	Avogadro-Konstante = $(6{,}022137 \pm 0{,}000004) \cdot 10^{23}\ mol^{-1}$
n	Anzahl der Teilchen
$n(X)$	Stoffmenge, bezogen auf die Teilchenart X, [mol]
n	Normalität [Val · L^{-1}]
ν	Frequenz
nm	Nanometer = 10^{-7} cm
Ω	Ohm, Einheit des elektrischen Widerstandes
$[\omega]$	Analytischer Umrechnungsfaktor
PSE	Periodensystem der Elemente
pD	negativer dekadischer Logarithmus der Grenzkonzentration
pH	negativer dekadischer Logarithmus der Wasserstoffionenkonzentration bzw. genaue Wasserstoffionenaktivität
pK	negativer dekadischer Logarithmus der Gleichgewichtskonstanten
pM	negativer dekadischer Logarithmus einer Metallionenkonzentration
pT	negativer dekadischer Logarithmus der Wasserstoffionenkonzentration beim Umschlag eines Indikators
p	Druck [bar], [Torr], [Pa]
p°	Standarddruck, 1013,25 mbar = 1013,25 hPa (Hectopascal)
Φ, Φ_0	Lichtstrom, Strahlungsleistung
ϕ	Volumenanteil
q	Oberfläche, Querschnitt [cm^2]
r	Radius
R	allgemeine molare Gaskonstante $0{,}08314\ bar \cdot L \cdot K^{-1}\ mol^{-1} = 8{,}314\ W \cdot s \cdot K^{-1} \cdot mol^{-1}$
R	Elektrischer Widerstand
R_f	Retentionsfaktor, Verzögerungsfaktor
ϱ	Dichte [g · cm^{-3}]

S	Siemens, Einheit des elektrischen Leitwerts
s	Sekunde
T	thermodynamische Temperatur [K]
T_0	273,15 K = 0 °C
t, ϑ	Temperatur [°C]
t_L, t_R, t_G	Lauf- bzw. Retentionszeiten bei der Gaschromatographie
τ_i	spektraler (lösungs-)interner Transmissionsgrad
U	Spannung [V]
UV	Ultraviolett
U_p	Konzentrationspolarisation
U_R	Spannung an einem Ohm'schen Widerstand
u	Kurzzeichen für atomare Masseneinheit
$u^{\pm}$	Ionenbeweglichkeit [$cm^2 \cdot s^{-1} \cdot V^{-1}$]
V	Volumen
V_t, V_b	Maßlösungsvolumen bei Titration bzw. Blindtitration
V_n	normiertes Maßlösungsvolumen
V°	Volumen einer Gasmenge unter Standardbedingungen (bei p° und T_0)
ΔV	Volumendifferenz, -abnahme
W	Hydrodynamischer Widerstand
W	Messgröße
w(X)	Massenanteil des Stoffes X an der Gesamtmasse
w^+, w^-	Wanderungsgeschwindigkeit von Ionen [$cm \cdot s^{-1}$]
x	Schichtdicke
x, y	Umsetzungskoeffizienten
z	Ionenzahl, Zahl der aufgenommenen oder abgegebenen Elektronen
z^*	Äquivalenzzahl
Z	Zahl der reaktionsfähigen Teile

4.5 Verzeichnis der Wortabkürzungen

A.	Ethylalkohol, Ethanol	nachst.	nachstehend
Abb.	Abbildung	Nachw.	Nachweis
absol.	absolut	nasc.	nascierend (z. B. $H_{nasc.}$ für atomaren Wasserstoff)
App.	Apparat, Apparatur		
bes.	besonders	Nd.	Niederschlag
Best.	Bestimmung	OT	Objektträger
Bldg.	Bildung	p. a.	pro analysi
Darst.	Darstellung	Prod.	Produkt
Dest.	Destillation	Red.	Reduktion
dest.	destillieren, destilliert	red.	reduzieren, reduziert
E.	Ether	Rk.	Reaktion
Einfl.	Einfluss	s	Sekunde(n)
Einw.	Einwirkung	SA.	Sodaauszug
Entw.	Entwicklung	Sdp.	Siedepunkt
F.	Filtrat, Zentrifugat	Smp.	Schmelzpunkt
Fl.	Flüssigkeit	Tr.	Tropfen
fl.	flüssig	u.	und
frakt.	franktioniert	Unters.	Untersuchung
gesätt.	gesättigt	V.	Vergrößerung
Ggw.	Gegenwart	Verb.	Verbindung
Gew.	Gewicht	verd.	verdünnt
h	Stunde(n)	Verf.	Verfahren
Herst.	Herstellung	Vers.	Versuch
Konz.	Konzentration	Vol.	Volumen
konz.	konzentriert	vorst.	vorstehend
krist.	kristallisiert	W	Wasser
lösl.	löslich	wäss.	wässerig
Meth.	Methode	Z.	Zentrifugat
min	Minute(n)	Zers.	Zersetzung, Zerstörung

4.6 Literaturverzeichnis

Allgemeine und anorganische Chemie

Binder HH (1999) Lexikon der chemischen Elemente, 1. Auflage. S. Hirzel Verlag, Stuttgart

Binnewies M, Jäckel M, Willner H, Rayner-Canham G (2011) Allgemeine und anorganische Chemie, 2. Auflage. Spektrum Akademischer Verlag, Heidelberg

Cotton FA, Wilkinson G, Murillo CA, Bochmann M (1999) Advanced Inorganic Chemistry, 6. Auflage. John Wiley & Sons, New York

Holleman AF, Wiberg E (2007) Lehrbuch der anorganischen Chemie, 102. Auflage. W. de Gruyter & Co., Berlin

Riedel E (2010) Allgemeine und Anorganische Chemie, 10. Auflage. W. de Gruyter & Co., Berlin

Mortimer CE, Müller U (2010) Chemie, 10. Auflage. G. Thieme Verlag, Stuttgart

Präparative Chemie

Herrmann WA (Hrsg) (1996–2002) Synthetic Methods of Organometallic and Inorganic Chemistry (Herrmann/Brauer). G. Thieme Verlag, Stuttgart, Bd. 1 bis Bd. 10

Qualitative anorganische Analyse

Bock R (2001) Handbuch der analytisch-chemischen Aufschlussmethoden, 1. Auflage. Wiley-VCH, Weinheim

Gerdes E (2001) Qualitative Anorganische Analyse. 2. Auflage. Springer Verlag, Berlin

Häfner D (2009) Arbeitsbuch qualitative anorganische Analyse für Pharmazie- und Chemiestudenten, 3. Auflage. GOVI Verlag, Eschborn

Kunze UR, Schwedt G (2009) Grundlagen der quantitativen Analyse, 6. Auflage. Wiley-VCH, Weinheim

Schweda E (2012) Jander Blasius Anorganische Chemie I, Einführung und Qualitative Analyse, 17. Auflage. Wissenschaftliche Verlagsgesellschaft mbH, Stuttgart

Werner W (2000) Qualitative anorganische Analyse für Pharmazeuten und Naturwissenschaftler, 3. Auflage. Deutscher Apotheker Verlag, Stuttgart

Quantitative anorganische Analyse

Jander G, Jahr KF (2009) fortgeführt von Schulze G, Simon J, Maßanalyse, 17. Auflage. Walter de Gruyter, Berlin

Naumer H, Heller W (1997) Untersuchungsmethoden in der Chemie. Einführung in die moderne Analytik, 3. Auflage. G. Thieme Verlag, Stuttgart

Monographien

Meyer V (2009) Praxis der Hochleistungs-Flüssigchromatographie, 10. Auflage. Wiley-VCH, Weinheim

Weiß J (2001) Ionenchromatographie, 3. Auflage. Wiley-VCH, Weinheim

Gifte und Gefahrstoffe

Bundesverband der Unfallkassen (2006) Sicheres Arbeiten in chemischen Laboratorien. Einführung für Studenten, 7. Auflage

Deutsche Forschungsgemeinschaft (Hrsg) (2010) MAK- und BAT-Liste 2010. Wiley-VCH, Weinheim

Hörath H (2007) Gefährliche Stoffe und Zubereitungen, 7. Auflage. Wissenschaftliche Verlagsgesellschaft, Stuttgart

Hörath H (2007) Gefahrstoff-Verzeichnis, 7. Auflage. Deutscher Apotheker Verlag, Stuttgart

Kühn R, Birett K (2011) Merkblätter Gefährliche Arbeitsstoffe. Ecomed Verlagsgesellschaft, Landsberg

Roth L, Weller-Schäferbarthold U (2011) Gefährliche chemische Reaktionen, 23. Auflage. Ecomed Sicherheit, Landsberg

Nachschlagwerke und Tabellen

Küster FW, Thiel A (2011) Rechentafeln für die chemische Analytik, 107. Auflage. W. de Gruyter & Co., Berlin

Sachregister

A

Absaugvorrichtung 272
Absorptiometrie 217
Absorptionspipette 218
Absorptionsspektrum 199
Acheson-Graphit 290
Acidimetrie 94
Adsorption 41
Äquivalentkonzentration 16
Äquivalentmasse 90
äquivalente Stoffmenge 11
Äquivalentleitfähigkeit 170
Ag/AgCl-Elektrode 173
$AgNO_3$, Maßlösung 134
Aktivität 20
Alaun 308
Alkalimetalle 290
Alkalimetrie 94
Alkalität 229
α-Strahlen 2
Aluminium(III)-bromid, Darstellung 331
Aluminium(III)-chlorid, Darstellung 330
Aluminium, Bestimmung
- als Aluminiumoxinat 75
- in Leichtmetallen 251
- komplexometrisch 148

Aluminiumalaun 307
Aluminiumkaliumsulfat-Dodecahydrat, Darstellung 307
Aluminiumoxid, Bestimmung im Jenaer Glas 20 240
Aluminothermische Verfahren 291
Amberlite 112
Amidoschwefelsäure, Darstellung 304
Ammoniak, Darstellung 287
Ammoniumeisen(II)-sulfat-Hexahydrat, Darstellung 308
Ammoniumeisen(III)-sulfat-Dodecahydrat, Darstellung 308
Ammoniumhexachlorostannat(IV), Darstellung 337
Ammoniumkupfertetrasulfid, Darstellung 301
Ammoniumsalze, Titration mit NaOH 108
Amphoterie 7
Ampullen 263
Anhydride 8
- meso-Form 7
- meta-Form 7
- ortho-Form 7

Anionen 9
Anlagerungskomplex 37
Antimon
- Bestimmung als Sb_2S_3 78
- Darstellung 294

Antimon(III), Bestimmung iodometrisch 125
Antimon(III)-chlorid, Darstellung 327
Antimon(III)-iodid, Darstellung 328
Antimon(V)-chlorid, Darstellung 327
Antimonat(III), Bestimmung bromatometrisch 127
Archimedisches Prinzip 57
Argentometrie 134
Arsen(III)-iodid, Darstellung 326
Arsenat(III), Bestimmung bromatometrisch 127
Arsensäure-Hemihydrat, Darstellung 303
Arsentrichlorid, Darstellung 326
Arsentrioxid, Bestimmung iodometrisch 124
Atombindung 12, 13
Atomemissionsspektroskopie 207
Atomhypothese 2
Atommassen, relative 3, 373
Atommodelle 3
Atomradien 6
Austauschersäule 113
Avogadro'sche Konstante 33

B

Backpulvergerät 223
Bariumdithionat-Dihydrat, Darstellung 309
Bariumferrat, Darstellung 314
Bariumphosphinat, Darstellung 311
Bariumtitanat, Darstellung 315
Bariumtrithiocarbonat, Darstellung 311
Bariumwolframat, Darstellung 315
Bestimmungsverfahren 55
Bezugselektrode 172
Bindigkeit 26
Bindung
- homöopolare 12
- koordinative 14
- kovalente 12

Bindungsarten 8
Blei, Bestimmung
- als $PbSO_4$ 77
- elektrogravimetrisch 187
- in Bronze 248
- in Messing 245

Blei, Darstellung 294
Blei, Nachweis in Gläsern 238
Blindanalysen 94
Blindwerte 53
Bor, Darstellung 293
Borax, Titration mit HCl 109
Borsäure, Titration mit NaOH 107
Borsäuremethylester, Darstellung 335
Brenzcatechinviolett 144
Bromatometrie 127
Bromide, Bestimmung nach Fajans 136
Bromthymolblau 102
Bromwasserstoff, Darstellung 288
Brønsted-Basen 16
Brønsted-Säuren 16
Bronzeanalyse 247
Büchner-Trichter 271
Büretten 57
Bunsenbrenner 268

C

Cadmium
- Abtrennung 154
- Bestimmung durch Maskierung 159

Cadmiumreduktor 130
Calcium, Bestimmung
- komplexometrisch 146
- mit $KMnO_4$ 119

Calciumcarbonat, Titration mit HCl 109
Calconcarbonsäure 144
CaO, Bestimmung in Normalglas 240
Carbamato-Komplexe 149
Carbonatbestimmung 223
Cer(IV)-sulfat-Maßlösung 129
Cerimetrie 129
Chelatkomplexe 36
chemisches Gleichgewicht 18
Chinhydron-elektrode 173, 175
Chlor, Darstellung 287
Chloride, Bestimmung
- als AgCl 65
- nach Mohr 135

Chlorwasserstoff, Darstellung 288
Chrom
- Bestimmung in Stahl 258
- Darstellung 292

Chrom(II)-acetat-Dihydrat, Darstellung 317
Chrom(III)-chlorid, Darstellung 333
Chrom(III)-Kaliumsulfat-Dodecahydrat, Darstellung 308
Chrom(III)-sulfid, Darstellung 301
Chromalaun 308
Chromatographie 275
Claisen-Aufsatz 273
Clathrate 43
$CoAl_2O_4$, Darstellung 298
Cobalt, Bestimmung
- als Tetrakis(pyridin)-cobalt(II)-thiocyanat 86
- elektrogravimetrisch 186
- komplexometrisch 147

Coulomb'sches Gesetz 6
Cupferron 153
Cupron 153
Cyanide, Bestimmung nach Liebig 137

D

Daniell-Element 30
DDTC-Komplexe 150
Dennis-Pipette 218
Destillation 272
- fraktionierte 273

Destillationsapparatur 273
Diamagnetismus 39
Dichromate, Bestimmung ferrometrisch 130
Dichromatometrie 128
Diethylether, Darstellung 335
Diffusionsstrom 189
Diphosphortetraiodid, Darstellung 325
Dipol 37
Diquecksilber(II)-ammoniumhydroxid-Dihydrat, Darstellung 307
Dischwefeldichlorid, Darstellung 324
Disproportionierung 29
Dissoziation 14, 20
Dissoziationsgrad 20
Dissoziationskonstante des Wassers 22
Dolomit 50, 232
Dowex 112
Druckgasflaschen 282
Dubosq-Kolorimeter 201
Dünnschichtchromatographie 276
Durchdringungskomplexe 37

E

Edelgaskonfiguration 11
EDTA
- Komplexe 140
- Maßlösung 145

Eintauchkolorimeter 201
Eisen(II), Bestimmung
- dichromatometrisch 128
- mit $K_2Cr_2O_7$ und $K_3[Fe(CN)_6]$ 129
- mit $KMnO_4$ 120, 121

Eisen(III), Bestimmung
- als Fe_2O_3 84
- mit $KMnO_4$ 121, 122

Eisen(III), Extraktion 156
Eisen(III)-hydroxidsol, Darstellung 343
Eisenalaun 308
Eisenanalyse 252
elektrische Leitfähigkeit 170
elektrischer Leitwert 170
elektrischer Widerstand 170
Elektrochemie 167
Elektrogravimetrie 179
Elektrolyse 300
Elektrolyt 168
Elektronegativität 13
Elektronenaffinität 5
Elektronenanordnung der Elemente 4
Elektronenladung 170
Elektronenpaarakzeptor 18
Elektronenpaardonator 18
Elektrophorese 40
Elementarladung 10, 168
Energieniveau 3
Eosin 134
Eosinnatrium-Lösung 137
Eppendorf-Photometer 204
Erdalkalimetalle 290
Erhitzen 268
Eriochromschwarz T 144
Erlenmeyerkolben 59, 272
Essigsäure, Titration mit NaOH 106
Ethanol, Darstellung 335
Ethylendiamintetra-essigsäure 140
Eukolloide 39
Extinktion 55
Extinktionskoeffizient 200
Extraktion 272, 274

F

Fällungsform 60
Fällungsverfahren 132, 138
- Grundlagen 132
- Indikatoren 133
- Titrationskurven 132

Faraday-Konstante 170
Fehler, systematischer 94
Feldstärke 168

Ferroin 117
Ferrometrie 130
Fick'sches Gesetz 189
Filtrieren 271
Flammenphotometer 60
Flammenphotometrie 207
Flocken 40
Formalladung 26
Fremys Salz 319

G

galvanisches Element 30
Gasanalyse 216
- Wärmeleitfähigkeitsmethode 225
Gaschromatograph 227
Gaschromatographie 280
Gaselektrode 173
Gasentwicklungsapparatur 285
Gasgravimetrie 224
Gasometer 215
Gaspipette 214
Gastitrimetrie 224
Gebläsebrenner 269
Gel 41
Gesetz der Elektroneutralität 30
Glas, Aufschluss 239
Glasanalyse 238
Glasbearbeitung 264
Glaselektrode 173, 175
Gläser 239
Glasfiltertiegel 63
Glasgeräte 263
Glasgrieß-Titrationsverfahren 241
Glassorten 264
Gravimetrie 55, 60
- Abscheidung 61
- Filtration 63
- Grundlagen 60
- Nachbehandlung 64
- Vorbehandlung 61
Gummistopfen 266

H

Hauptgruppen 9
Hauptquantenzahl 4
Heißwassertrichter 271
Hexacyanoferrat(II)-Komplexe 39
Hexacyanoferrat(III)-Komplexe 39
Hexammincobalt(II)-chlorid, Darstellung 338
Hexammincobalt(III)-chlorid, Darstellung 339
Hexamminnickel(II)-chlorid, Darstellung 341
Hydrolyse 23
Hydrolysentrennung 152
Hydroniumion 15
Hydroxidfällung 151
- pH-Bereiche 85
8-Hydroxychinolin 68
Hydroxylammoniumchlorid, Darstellung 318

I

ideales Gasgesetz 2
Indikatorbasen 99
Indikatorelektrode 172
Indikatoren 17, 99
Indikatorsäuren 99
Iod
- aus Rückständen 295
- Maßlösung 124
Iodometrie 123
Ionenäquivalentleitfähigkeit 169, 170
Ionenaustauschchromatographie 165
Ionenaustauscher 60, 110, 111
Ionenbeweglichkeit 168, 170
Ionenbindung 12, 13
Ionenchromatographie 278
Ionengitter 12
Ionenladung 25, 26
Ionenlehre 8
Ionenpotenzial 15
Ionenprodukt des Wassers 22
Ionisierungsenergie 5
isoelektrischer Punkt 40
Isotope 3
Isotopengemisch 3

K

Kalium, Bestimmung als Kaliumtetraphenylborat 70
Kaliumbromat, Maßlösung 127
Kaliumchlorat, Darstellung 312
Kaliumhexachloroantimonat(V)-Monohydrat, Darstellung 337
Kaliumhexachlorostannat(IV), Darstellung 336
Kaliumhexafluorosilicat, Darstellung 336
Kaliumnitrosodisulfonat, Darstellung 319
Kaliumpalmitat, Maßlösung 138
Kaliumperchlorat, Darstellung 313
Kaliumpermanganat 118
- Darstellung 313
Kaliumperoxodisulfat, Darstellung 299
Kaliumtetracyanonickelat(II), Darstellung 341
Kaliumtetraperoxochromat(V), Darstellung 299
Kaliumthioferrat(III), Darstellung 300
Kaliumtrioxalatochromat(III)-Trihydrat, Darstellung 342
Kalomelelektrode 173
Kältemischung 269
- Aceton-Trockeneis 269
- Eis-$CaCl_2$ 269
- Eis-Kochsalz 269
- Eis-$MgCl_2$ 269
- flüssiger Stickstoff 269
Kanalstrahlen 2
Kathodenstrahlen 2
Kationen 8
Keilkolorimeter 202
Kernladungszahl 3
$K_4[Fe(CN)_6]$, Bestimmung cerimetrisch 130
Kieselsäuresol, Darstellung 344
Kipp'scher Apparat 284
Kistallisation 270
Kjeldahl-Trennung 162
koagulieren 40
Kohlendioxid, Darstellung 286
Kohlenmonoxid, Darstellung 289
Kohlenstoff, Bestimmung in Stahl 254
Kohlrausch'sches Gesetz 169

Kohlrauschtrommel 190
Kolloidchemie 39
Kolloide
- hydrophile 39
- hydrophobe 39
Kolorimeter 60
Kolorimetrie 198
- Geräte 201
Komplexbeständigkeit 142
Komplexbeständigkeitskonstante 38
Komplexbildungskonstante 38
Komplexchemie 36
Komplexe 36
Komplexometrie 140
- Titrationen 142
Komplexone 140
Komproportionierung 29
Konduktometrie 55, 193
- Messanordnung 197
- Titrationskurve 193
Königswasser 267
Konzentrationspolarisation 180
Koordinationszahl 36
koordinative Bindung 14
Kryostate 269
Kühlen 268
Kupfer(I)-chlorid, Darstellung 316
Kupfer, Bestimmung
- als CuS 79
- als CuSCN 81
- elektrogravimetrisch 185
- in Bronze 205, 248
- in Leichtmetallen 251
- in Messing 205, 245
- iodometrisch 126
- neben Zn 191
Kupferkies 236

L

Lackmus 102
Ladung 170
Le Chatelier-Prinzip 19
Legierungsanalyse 242
Leichtmetallanalyse 248
Leistung 170
Leuchtgasanalyse 259
Lewatit 112
Lewis-Basen 14, 18, 36
Lewis-Säuren 14, 18, 36
Ligand 36
Loschmidt'sche Zahl 3
Löslichkeitsprodukt 18, 24

M

Magnesium, Bestimmung
- als Magnesiumdiphosphat 71
- als Magnesiumoxinat 73
- in Leichtmetallen 251
- komplexometrisch 145
- mit Kaliumpalmitat 138
Magnesium, Darstellung 290
Magnesium-8-hydroxychinolinolat 36
Magnesiumnitrid, Darstellung 302
Mangan
- Bestimmung
  - als MnP_2O_7 83
  - in Leichtmetallen 252
  - in Stahl 206, 257
- Darstellung 292
Mangan(II), Bestimmung nach Volhard-Wolff 122
Maskierung 158
- durch Aminopolycarbonsäuren 161
Maßanalyse 89
Masse-Energie-Äquivalenzgesetz 1
Massenwirkungsgesetz 7, 18
Maßlösungen, Herstellung 92
Meissner Effekt 316
Messgefäße 57
Messinganalyse 243
Messzylinder 57
Metallbindung 14
Metallcarbamate, Fällungsgruppen 155
Metalle 5
Metallindikatoren 144
Metallphthalein 144
Methylisobutylketon 157
Methylorange 100, 102
Methylrot 102
MIK 157
Mikromol-Verfahren 52
Millimol-Verfahren 52
Mischfarbenkolorimeter 203
Mischkristallbildung 43
Mitfällung 41
Mohr'sche Waage 60
Mohr'sches Salz 308
Mol 33
Molalität 16
Molbegriff 3
Molybdophosphation 68
Murexid 144

N

Nadelreduzierventil 284
Natrium-12-Molybdo-1-silicat, Darstellung 342
Natriumamid, Darstellung 305
Natriumazid, Darstellung 305, 306
Natriumcarbonat, Titration mit HCl 110
Na-Diphenylamin-p-sulfonat 118
Na-N-Methyldiphenylamin-p-sulfonat 118, 128
Natriummonosulfandisulfonat, Darstellung 309
Natriummonothiotrioxoarsenat(V)-12-Wasser, Darstellung 310
Natriumpentacyanonitrosylferrat(III)-Diaquat, Darstellung 340
Natriumtetrathioantimonat(V)-9-Wasser, Darstellung 310
Natriumthioarsenat(V)-8-Wasser, Darstellung 310
Natriumthiosulfat, Maßlösung 124
Natriumtrithionat 309
Nebengruppen 9
Nebenquantenzahl 4
Nernst'sches Gesetz 169, 180
Nernst'sches Verteilungsgesetz 274
Neutralisation 17
Neutralisationskurve 95, 98
Neutralisationsverfahren 94
Neutronen 3
NH_4SCN, Maßlösung 135
Nichtmetalle 5
Nickel(II)-chlorid, Darstellung 334

Nickel(II)-diacetyldioxim 36
Nickel, Bestimmung
- als Bis-[dimethylglyoximato]-nickel(II) 87
- elektrogravimetrisch 186
- in Messing 245
- in Stahl 259
Niederschlagsarbeit 294
Niederschlagsbildung 270
Nitrilotriessigsäure 140
Nitrometer 221
Nitrosylhydrogensulfat, Darstellung 304

O

Öfen 269
Ohm'sches Gesetz 168
Oklusion 43
Oktettregel 12
Orbitalmodell 4
Ordnungszahl 3, 11
Orsat-Apparatur 260
Oxalat, Bestimmung mit $KMnO_4$ 118
Oxidation 24
Oxidationsstufe 26
- maximale 27
Oxidationszahl 27
Oxin 75
Oxinatfällung, pH-Abhängigkeit 75
Oxoniumion 15

P

PAN 144
Papierchromatographie 277
PAR 144
Paramagnetismus 39
PbO, Bestimmung in Bleiglas 241
Pentamminchlorocobalt(III)-chlorid, Darstellung 339
Peptisation 40
Perchlorat, Bestimmung durch Ionenaustausch 113
Periodensystem 2
- Zusammenhänge 8
Periodizität der Eigenschaften 5
Permanganation 25
Permanganometrie 118
Permutit 112
o-Phenanthrolineisen(II)-sulfat 118
Phenolphthalein 102
Phosphat, Bestimmung
- als 8-Hydroxychinolinium-12-molybdo-1-phosphat 68
- durch Ionenaustausch 113
Phosphor, Bestimmung in Stahl 256
Phosphoroxidchlorid, Darstellung 320
Phosphorpentachlorid, Darstellung 325
Phosphortrichlorid, Darstellung 324
Phosphortriiodid, Darstellung 326
Photometer 60
Photometrie 198
Pinksalz 337
Pipetten 57
Platingeräte 185, 267
Platinnetzkathode 184
Poggendorf'sche Schaltung 176
Polarisation der Elektronenhülle 13
Polarisationsspannung 180
Polarogramm 190
Polarograph 60
Polarographie 188
- Messanordnung 191
- Theorie 188
Potenziometrie 172
Prinzip vom kleinsten Zwang 19
Probenahme 49
Probevorbehandlung 49
Protonen 3
Puffer 95
Pufferlösung 23
Pyknometer 60
1-[2-Pyridylazo]-2-naphthol 144
4-[2-Pyridylazo]-resorcin 144
Pyrogallol 153

Q

quantitative Analyse 49
- Bestimmungsverfahren 55
- Bewertungsgrundlagen 51
- Fehler 52, 53
- Mikromol-Verfahren 52
- Millimol-Verfahren 52
- Standard-Arbeitsbereiche 52
Quecksilber aus Rückständen 296
Quecksilber, Bestimmung durch Maskierungsreaktion 158

R

Radioaktivität 2
Redoxgleichungen 28
Redoxindikatoren 115, 118
Redoxpotenziale 30
- pH-Abhängigkeit 115
Redoxreaktionen 26
Redoxtitrationen, Fehler 118
Redoxverfahren 114
- Grundlagen 114
- Titrationskurven 115
Reduktion 24
Reduzierventil 284
Regler 269
Reproduzierbarkeit 94
Rhodamin 6 134
Röstreaktionsarbeit 294
Röstreduktionsarbeit 294

S

Salpetersäure, Darstellung 303
Sauerstoff, Darstellung 286
Säulenchromatographie 277
Säurestärke 7
Scheidetrichter 157
Schlippe'sches Salz 310
Schmelzflusselektrolyse 291
Schmelzpunktsbestimmung 275
Schrägbeziehung 5
Schutzgasfritte 318
Schwefel, Bestimmung in Stahl 257
Schwefeldioxid, Darstellung 288
Schwefelsäure, Titration mit NaOH 105
Schwefelsol, Darstellung 345
Schwefelwasserstoff 80
- Darstellung 288

Silber
- aus Rückständen 295
- Bestimmung nach Volhard 136
Silberiodidsol, Darstellung 344
Silicium
- Bestimmung in Stahl 253
- Darstellung 293
Siliciumtetrachlorid, Darstellung 329
Sol 39
Spannung 170
Spannungsreihe 30, 31
Spektrometer 60
Sperrflüssigkeit 216
Stahlanalyse 252
Standardpotenziale 30, 115
Standardwasserstoffelektrode 31
Stickstoff, Darstellung 286
Stickstoff, Kjeldahl-Destillation 162
Stickstoffdioxid, Darstellung 289
Stickstoffmonoxid, Darstellung 289
stöchiometrische Gesetze 1
stöchiometrisches Rechnen 33
Stoffmengenkonzentration 16
Stromstärke 170
- Stromstärke-Spannungskurven 55, 179
Styrol 111
Sublimation 272, 273, 296
Sublimationsapparatur 274
Sulfate, Bestimmung als $BaSO_4$ 66
Sulfurylchlorid, Darstellung 321
Suspension 39
Synproportionierung 29

T

Tautomerie 99
Tetrammincarbonatocobalt(III)-nitrat-Hemihydrat, Darstellung 338
cis-Tetrammindinitrocobalt(III)-nitrat, Darstellung 339
trans-Tetrammindinitrocobalt(III)-chlorid, Darstellung 340
Tetramminkupfer(II)-sulfat-Monohydrat, Darstellung 337
Thenards Blau 298
Thioacetamid 78
Thymolphthalein 102
Titan(IV)-chlorid, Darstellung 332
Titerlösung 89
Titerstellung 94
Titerstellung, HCl
- mit HgO 104
- mit Na_2CO_3 104
Titerstellung, NaOH 105
Titration
- direkte Titration 93
- nach Ionenaustausch 110
- Rücktitration 93
- umgekehrte Titration 94
Titrationskurven 95
Titrierexponenten 95
Titrimetrie 55, 89
- Arbeitsbedingungen 102
- Fällungstitration 90
- Fehlerquellen 102
- Grundlagen 89
- Komplexbildungstitration 90
- Neutralisationstitration 90
- Redoxtitration 90
- Titerstellung 103
- Umrechnungsfaktor 90
Trennmethoden 54
Trennungen 150
- As/Sb/Sn 164
- Co/Ni 165
- Cu/Ni 188
- Cu/Pb 187
- durch Extraktion 155
Trichlorsilan, Darstellung 329
Trockenmittel 269
Tyndallphänomen 39

U

Überspannung von Wasserstoff 181
Ultramarin 234
Umkristallisieren 271
Umrechnungsfaktor 90
Uranylacetat-Dihydrat, aus Rückständen 297
Urotropinverfahren 84

V

Vakuumdestillation 272
Vakuumdestillationsapparatur 328
Valenzelektronen 4, 11
Valenzstrichformel 13
Vanadium(V)-oxidsol, Darstellung 344
Verbrennungsanalyse 218
Verdünnungsgrad 21

W

Waagen 56
Wägeform 60
Wägegläser 57
Wärmeleitfähigkeitskammer 225
Wärmeleitfähigkeitszelle 280
Wasser
- Gesamtalkalität 230
- Gesamthärte 229
- Kalkhärte 229, 230
- Magnesiahärte 229, 230
- Teilalkalität 231
Wasseranalyse 228
Wasserdampfdestillation 273
Wasserhärte 228
Wasserstoff, Darstellung 285
Wasserstoffelektrode 171
Wasserstoffperoxid, Bestimmung mit $KMnO_4$ 120
Wertigkeit 26
Witt'scher Saugtopf 64
Wolfram(VI)-chlorid, Darstellung 333
12-Wolframo-1-phosphorsäure, Darstellung 342
Woulff'sche Flasche 271

X

Xylenolorange 144

Y

Yttrium-Barium-Oxocuprat, Darstellung 315

Z

Zentralatom 36
Zentrifugieren 271
Zink, Bestimmung
- als $Zn[Hg(SCN)_4]$ 82
- durch Maskierung 159
- in Bronze 248
- in Leichtmetallen 250
- neben Cu 191
Zinn(II)-oxid, Darstellung 298
Zinn, Bestimmung in Bronze 247
Zinn, Darstellung 293
Zinntetrachlorid, Darstellung 330
Zinntetraiodid, Darstellung 330
zufälliger Fehler 53
Zurückhalteträger 43

Personenverzeichnis

A

Archimedes 1
Avogadro 2, 35

B

Becker 3
Becquerel 2
Bednorz 316
Beer 201
Berzelius 60
Bohr 3
Bosch 18
Bothe 3
Boyle 211
Brønsted 16
Bunsen 268

C

Chadwick 3
Curie, Marie 2
Curie, Pierre 2

D

Dalton 1, 2
Daniell 30
Dennis 218
Doll 156
Drechsel 342

E

Einstein 1

F

Faraday 11, 190

G

Gay-Lussac 89, 133
Goldstein 2

H

Haber 18
Hempel 217
Holthaus 257

I

Ilkovič 190
Incze 104

J

Jäger 218

K

Kjeldahl 162
Klaproth 60
Knietsch 18
Kohlrausch 169
Kolthoff 41

L

Lambert 210
Lavoisier 1
Lewis 18
Liebig 139
Lomonossow 1
Lunge 214, 221

M

Mariott 211
Meissner 316
Mendelejeff 2
Meyer 2
Mohr 133
Müller 316

N

Nernst 31, 115, 169, 174, 180

O

Orsat 259
Ostwald 99

P

Pauling 13
Plücker 2
Procter 249
Proust 1

R

Reinhardt 121
Rose 60
Rutherford 2

S

Schwarzenbach 139, 140
Smith 249
Specker 156

T

Tödt 226
Tyndall 39

V

Volhard 136

W

Wickbold 139
Willlard 161
Winter 161
Witt 252

Z

Zimmermann 121

Der Autor

Eberhard Schweda studierte in Tübingen Chemie und promovierte im Fach Anorganische Chemie bei Prof. Dr. Dr. Joachim Strähle. Es folgten Auslandsaufenthalte am Agricultural Research Council (University of Sussex) und zwei Jahre in der Arbeitsgruppe von LeRoy Eyring am Center of Solid State Science der Arizona State University. Nach der Habilitation 1992 folgte 1996 die Ernennung zum Professor. Im Jahre 1994 war Professor Schweda als Gastdozent (DAAD) am National Key Laboratory for Rare Earth Materials Chemistry and Applications an der Beijing University. Sein Arbeitsgebiet ist die Anorganische Festkörperchemie der Seltenerd-Oxide und -Nitride und die der keramischen Materialien sowie ihre Untersuchung mittels röntgenographischer Methoden. Seit 1987 ist Professor Schweda mitverantwortlicher Herausgeber und seit 2010 alleiniger Autor beider Bände des Jander-Blasius.